"十二五"普通高等教育本科国家级规划教材

国家级线上线下混合式一流课程配套教材

物理化学简明教程

第三版

邵 谦　陈 伟　杨 静　主编

化学工业出版社

·北京·

内容简介

《物理化学简明教程》于2014年入选“十二五”普通高等教育本科国家级规划教材，包括热力学基本原理、多组分系统热力学、化学平衡、相平衡、电化学、统计热力学初步、界面现象、化学动力学和胶体化学共9章内容。本书注重基础和应用，在组织内容和例题、习题时，注意物理化学与工程技术、生产生活的联系，并适当引入学科前沿，以加深读者对物理化学的理解和认识。本书对应课程配套有线上课程（www. cipeke. com）、在线测试（www. cipece. com），对一些重难点讲解、动画、拓展阅读配有二维码，读者可扫码学习。本书采取双色印刷，突出了重点，可方便理解和学习。

《物理化学简明教程》（第三版）可作为高等院校化学、化工、材料、环境、生物工程、食品、轻化工程等专业的教材，也可供农、林、医、地质、冶金、安全工程等相关专业的师生使用。

图书在版编目（CIP）数据

物理化学简明教程 / 邵谦，陈伟，杨静主编.
3版. -- 北京 : 化学工业出版社，2024. 7.（2024.11重印）-- （“十二五”普通高等教育本科国家级规划教材）（国家级线上线下混合式一流课程配套教材）. -- ISBN 978-7-122-45795-0

Ⅰ. 064

中国国家版本馆CIP数据核字第202445QH88号

责任编辑：宋林青 李 琰　　文字编辑：刘志茹
责任校对：王 静　　装帧设计：关 飞

出版发行：化学工业出版社（北京市东城区青年湖南街13号 邮政编码100011）
印　　装：河北京平诚乾印刷有限公司
880mm×1230mm 1/16 印张23 字数612千字
2024年11月北京第3版第2次印刷

购书咨询：010-64518888　　售后服务：010-64518899
网　　址：http://www. cip. com. cn
凡购买本书，如有缺损质量问题，本社销售中心负责调换。

定　　价：49. 80元

《物理化学简明教程》(第三版)

编写组

主　编: 邵　谦　陈　伟　杨　静

副主编: 黄永清　孙海清　孔　霞

编　者: 邵　谦　陈　伟　杨　静　黄永清
孙海清　孔　霞　梁　敏　葛瑞翔
步琦璟　马　敏　靳　涛　冯悦兵
毕　野　黄仁和　于　昊　刘　蕾

前言

《物理化学简明教程》于2011年出第一版，于2014年被列为教育部“十二五”普通高等教育本科国家级规划教材，2015年出版了第二版。近年来，随着教育信息化的发展，为落实国家教育数字化战略，实现数字技术与教材内容深度融合，教材的编写工作面临着更高的要求。因此，在第二版的使用过程中，我们在继续保持本教材注重应用及工科特色的基础上，建设完成了多维度的《物理化学》数字化教学资源，包括图片、动画视频、全部课程的微课视频，其中每个知识点都以问题为导向进行教学设计，有机融入学科前沿、课程思政，实现课程内容高阶性，还建成了由近5000道题组成的《物理化学在线题库》，完成了集国家级规划教材、线上教学资源、在线试题库于一体的立体化教学资源，并开展线上线下混合式教学实践。以第二版教材为配套教材的物理化学课程于2023年被评为国家级线上线下混合式一流课程。

本版在数字化教学资源建设的基础上进一步修订为新形态教材，为保证延续性，保留了基本框架，同时，更新了教材中的部分学科前沿及来自科研应用实践的例题及习题，以进一步突出注重应用及工科特色。主要修订及特色如下。

1. 新形态教材 为满足学生自主学习和在线学习的需要，教材提供线上学习平台，包括线上课程（www.cipeke.com）、在线测试（www.cipece.com）等，一些重要知识点的微课视频、动画视频、拓展资料等也在教材中适时提供二维码链接。

2. 可读性 为进一步增加教材的可读性，改变了教材的版式，将原教材每章开始时的内容提要及本章要求改为导读形式，内容更偏向于引导读者了解章节之间的关联，起到既见树木又见森林的作用。同时，本版改为双色印刷，以突出重点，方便理解和学习。

3. 题目源于科研应用实践 本版修订了部分例题及课后习题，从文献或应用实践中凝练出问题，并附上文献，供学生参考，使学生在学习物理化学知识的同时，了解理论与实际的结合及科研方法和学科前沿。在此特别要致敬华东师范大学朱传征先生，是他给我们的再版工作提出了如此好的建议。

本次修订由山东科技大学和齐齐哈尔大学从事物理化学教学的教师共同完成。修订分工如下：绪论，山东科技大学邵谦；第1章，齐齐哈尔大学陈伟，山东科技大学黄永清、邵谦和孙海清；第2、4、5章，山东科技大学邵谦、葛瑞翔、马敏；第3、7、9章，山东科技大学杨静、孔霞、步琦璟；第6、8章，山东科技大学黄永清；附录，山东科技大学邵谦。配套微课视频主讲，山东科技大学邵谦、杨静、黄永清、孔霞。修订过程中，山东科技大学物理化学课程组的靳涛、黄仁和、于昊、刘蕾和齐齐哈尔大学的梁敏、冯悦兵、毕野也做了许多工作。全书由邵谦统稿、定稿，邵谦、陈伟、杨静任主编。

使用本书作教材的教师可向出版社索取配套课件：songlq75@126.com。

由于编写水平所限，书中疏漏和不当之处在所难免，衷心希望各位专家、老师和同学们不吝指正。

编者

2024年5月

第一版前言

物理化学是化学、化工及其相关专业如环境、材料、生物、能源、矿物加工工程等专业的重要专业基础课，历来深受广大师生的重视。物理化学既是化学的一个分支学科，又是其他化学分支学科的理论基础，它在人才培养方面有着重要作用。科学技术的迅速发展，对高等学校的教与学提出了更高的要求。现在的大学教学既要求在校大学生要掌握越来越多的基础知识，这需要开设越来越多的课程；同时又要求给学生更多的自主学习时间，以提高学生的综合素质及创新能力。因此，在有限的时间内必须缩短课程授课的学时。但学时减少，课程的基本内容不能减少。鉴于此，编者在保证物理化学学科的系统性、完整性和科学性的前提下，认真总结多年教学的经验，同时参考大量的国内外优秀物理化学教材，本着系统基本原理和方法、注重基础和应用、培养学生能力、叙述简明扼要的原则，编写了这部教材。

在内容安排上，既要系统完整、科学先进，又要注重基础和应用。因此，在编写时，尽量减少公式的繁琐推导，尽量多地将理论与实际相结合，体现在讲述过程及例题与习题中，多引用工程技术、生产生活中的实例，使理论性很强的物理化学知识变得具体而易接受。同时适当引入一些学科前沿的内容，拓宽学生的知识面，使学生能感触到物理化学学科的前沿。

从培养学生方法论和分析问题及解决问题的能力出发，在书中适时地引入科学史，尽可能使学生沿着科学家的思路去思考问题，自然得出结论。这样既让学生掌握了物理化学相关原理，又有助于提高学生的学习兴趣、开拓学生思路、培养学生科学的方法论，同时还可以增加教材的可读性。

为便于学生掌握物理化学的相关原理，每章开始均附有内容提要和学习要求，书中选编了较多的例题，每章后有思考题、概念题及习题，书后附有概念题和习题的答案。另外，为方便使用该教材的教师教学之用，本书还配有多媒体教学课件的光盘，使用本书作教材的院校可向出版社索取，songlq75@126.com。另外，还可参阅与本书配套的习题详解《物理化学学习指导》（黄永清，邵谦主编）。

本书所用的物理化学单位均采用国际单位制（SI）。

本书由热力学基本原理、多组分系统热力学、化学平衡、相平衡、电化学、统计热力学初步、界面现象、化学动力学和胶体化学 9 章组成。由邵谦任主编，杨静任副主编，孙海清、黄永清和刘玫参加编写。绪论和第 2、5 章由邵谦编写；第 1 章由孙海清编写；第 4 章由邵谦和刘玫编写；第 3、7、9 章由杨静编写；第 6、8 章由黄永清编写；附录由邵谦编写。全书由邵谦统稿、定稿。

本书可作为高等院校化工类、环境类、材料类、制药类、化学类等有关专业的教学用书，也可供其他相关专业使用，建议学时为 72～90 学时。也可作为相关专业研究生及科研和工程技术人员的参考用书。

本书在编写过程中，参阅了许多优秀的物理化学教材，在此谨向这些教材的作者表示衷心的感谢。

限于编者水平，书中疏漏和不当之处在所难免，恳望读者不吝指正，以便再版时修改和提高。

编者

2010 年 11 月

第二版前言

本书自2011年出版发行以来，因其简明及注重基础和应用、与实际相结合的特色，受到了普通工科院校的广泛欢迎，并于2014年被列为教育部“十二五”普通高等教育本科国家级规划教材。鉴于出版4年多来各兄弟院校和我校在使用过程中所发现的问题，编者认为有必要对本书进行修订。

第二版继续保持了“系统基本原理和方法、注重基础和应用、培养学生能力、叙述简明扼要”的原则，内容章节与第一版相同，为了更加突出注重应用的特色，适当地增加了一些与工程实际结合密切的概念及例题。如第2章介绍实际气体化学势时引入实际气体普遍化的状态方程及气体压缩因子的概念；在第4章介绍单组分相图时，引入临界状态、超临界流体的概念及其应用；在第7章表面张力一节，引入粉尘爆炸的原因，在介绍润湿角时引入矿物浮选中的亲水性矿物和疏水性矿物的概念等；在第7章介绍弯曲液面附加压力时，增加了有关实际炼钢中炉底沸腾现象的例题等。这次修订的另外一个方面就是进一步增加了教材的可读性，进一步丰富了科学史，并对教材中的一些描述进行了修订。

由于与本教材第一版配套的学习指导书于2015年年初出版，为了便于配套使用，所以本次修订没有对各章后的思考题、概念题及习题进行修订。

本书第二版的编写得到了齐齐哈尔大学从事物理化学教学的教师的大力支持。第一版中参加编写的山东科技大学的各位教师仍然负责相应章节的编写，即绪论和第2，5章由邵谦编写；第1章由孙海清编写；第4章由邵谦和刘玫编写；第3，7，9章由杨静编写；第6，8章由黄永清编写；附录由邵谦编写。齐齐哈尔大学的多位老师共同参加了第二版的编写工作，其中陈伟编写了第1章；梁敏编写了第3，9章；冯悦兵编写了第2章；毕野编写了第5章。山东科技大学的靳涛也参加了第7章的编写。第二版编写过程中，山东科技大学物理化学课程组的黄仁和、陈丽慧、于昊、刘蕾老师提出了许多修改建议。全书由邵谦统稿、定稿，邵谦、陈伟、杨静任主编。

为方便教学，本书有配套电子课件，使用本书做教材的院校可以向出版社免费索取，songlq75@126.com；与本书配套的《物理化学学习指导》（黄永清，邵谦主编，书号：978-7-122-21880-3）亦可供大家参考使用。

由于编者水平所限，书中疏漏和不当之处在所难免，衷心希望各位专家、老师和同学们不吝指正。

编者

2015年7月

目录

绪　论 / 001

第1章　热力学基本原理 / 006

第 5 章 电化学 / 167

第 6 章 统计热力学初步 / 225

第 7 章 界面现象 / 243

▶视频讲解
▶动画演示
▶拓展阅读

绪论

0.1 物理化学及其研究内容

化学是自然科学的一门重要学科，是研究物质组成、结构、性质与变化的科学，而物理化学是化学学科的一个分支。

罗蒙诺索夫

众所周知，任何一个化学变化总是与各种物理过程相联系。例如化学反应时常伴有物理变化，如体积的变化、压力的变化、热效应、电效应、光效应等，同时温度、压力、浓度的变化，光电照射、电磁场等物理因素的作用也都可能引起化学变化或影响化学变化的进行。因此，物质的物理现象和化学现象是紧密联系的。物理化学就是从物质的物理现象和化学现象的联系入手，运用物理学、数学等基础科学的理论和实验方法，研究化学变化包括相变化和压力、体积、温度变化基本规律的一门学科。这从其英文名称“physical chemistry”也可看出，物理化学不是“physics and chemistry”，而是用物理的方法手段从理论高度研究化学现象普遍规律的一门学科，是化学的理论基础，因而物理化学曾被称为理论化学。

奥斯特瓦尔德

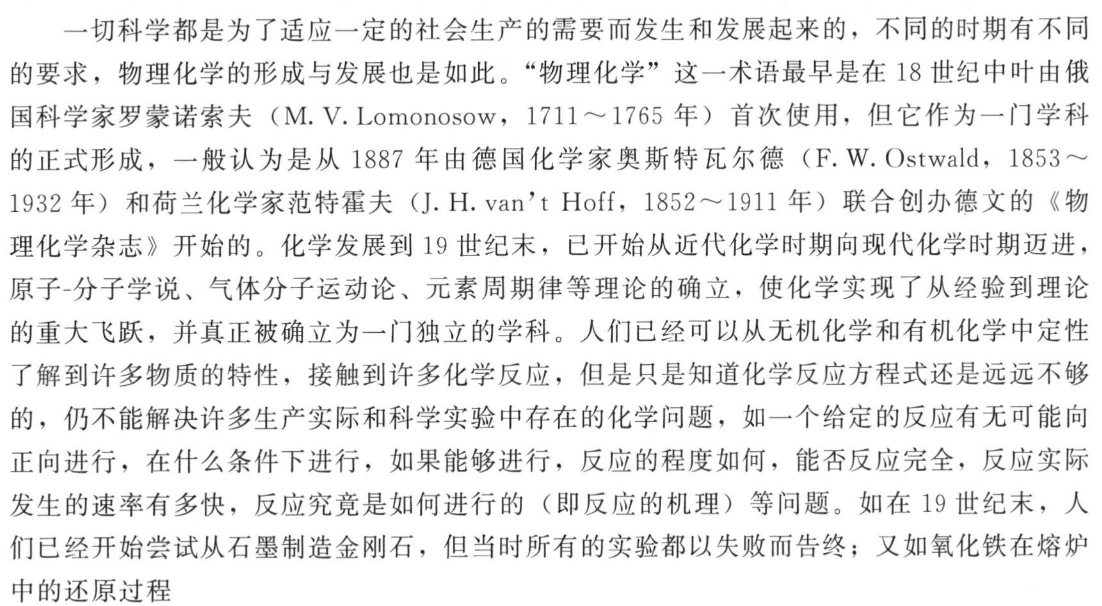

一切科学都是为了适应一定的社会生产的需要而发生和发展起来的，不同的时期有不同的要求，物理化学的形成与发展也是如此。“物理化学”这一术语最早是在 18 世纪中叶由俄国科学家罗蒙诺索夫（M. V. Lomonosow，1711～1765 年）首次使用，但它作为一门学科的正式形成，一般认为是从 1887 年由德国化学家奥斯特瓦尔德（F. W. Ostwald，1853～1932 年）和荷兰化学家范特霍夫（J. H. van't Hoff，1852～1911 年）联合创办德文的《物理化学杂志》开始的。化学发展到 19 世纪末，已开始从近代化学时期向现代化学时期迈进，原子-分子学说、气体分子运动论、元素周期律等理论的确立，使化学实现了从经验到理论的重大飞跃，并真正被确立为一门独立的学科。人们已经可以从无机化学和有机化学中定性了解到许多物质的特性，接触到许多化学反应，但是只是知道化学反应方程式还是远远不够的，仍不能解决许多生产实际和科学实验中存在的化学问题，如一个给定的反应有无可能向正向进行，在什么条件下进行，如果能够进行，反应的程度如何，能否反应完全，反应实际发生的速率有多快，反应究竟是如何进行的（即反应的机理）等问题。如在 19 世纪末，人们已经开始尝试从石墨制造金刚石，但当时所有的实验都以失败而告终；又如氧化铁在熔炉中的还原过程

范特霍夫

$$Fe_3O_4 + 4CO \xlongequal{} 3Fe + 4CO_2$$

在出口气体中含有很多 CO，曾认为是由于 CO 与矿石接触的时间不够，为此花费大量资金修建高炉，但结果 CO 含量并未减少。类似的问题还有许多。在物理化学理论建立之前，人们无法正确解释上述实验结果，也很难找到解决上述问题的方法。随着物理化学学科的形成及完善，上述诸多问题都得到了圆满的解决。

从物理化学的研究内容来看，物理化学理论体系有四大支柱，即化学热力学、化学动力学、量子化学和统计热力学。

（1）化学热力学

以热力学第一定律、热力学第二定律和热力学第三定律为理论基础，研究宏观化学体系

在气态、液态、固态、溶解态以及高分散状态的平衡物理化学性质及其规律性。化学热力学只考虑过程发生的可能性，而不考虑该过程发生的现实性，即在这种情况下，时间不是一个变量。属于这方面的物理化学分支学科有热化学、溶液化学、电化学、胶体化学和表面化学。利用相关原理可以解决上述化学变化的方向和限度问题。

（2）化学动力学

研究化学体系的动态性质，即研究由于化学或物理因素的扰动而引起体系中发生的化学变化过程的速率和变化机理。如果说热力学只考虑过程发生的可能性，那么动力学考虑的是过程发生的现实性。在这一情况下，时间是重要的变量。属于这方面的物理化学分支学科有化学动力学、催化化学和光化学。利用相关原理可以解决某一变化过程的速率和机理问题，使人们可以决定是否可利用这个反应来经济合理地生产产品或获取能量。

（3）量子化学和结构化学

如果说化学热力学研究的是宏观体系的宏观性质，那么物理化学中的量子化学和结构化学则是以量子理论为理论基础研究分子、原子的结构及运动与化学反应的关系，探索和揭示化学变化在微观上的内在原因。

（4）统计热力学

量子力学研究的是单个原子、分子的结构与性质，而热力学关注的是大量粒子（约 10^{23} 数量级）组成的宏观系统的宏观性质。原子、分子无时无刻不处于无尽的运动之中，宏观系统的性质并不是微观粒子性质的简单加和。统计热力学从量子力学的结果出发，通过对大量粒子进行统计平均，最后得到宏观系统的热力学性质，从微观层次阐明了热力学、动力学的基本定律和热力学函数的本质以及化学系统的性质和行为。因而，统计热力学可以看成是热力学与量子力学之间的一座桥梁，把宏观世界与微观世界很好地联系了起来。

本书将着重介绍化学热力学的基本原理及其在化学反应、相变、电化学以及表面胶体化学中的应用；介绍化学动力学的基本原理及其在一般化学反应和特殊化学反应中的应用；简单介绍用统计热力学处理化学问题的思路和方法。

0.2 物理化学的作用

物理化学是数学、物理学与化学的交叉所产生的学科，是化学学科的理论基础，是研究化学体系行为最一般的宏观和微观规律及理论。如不论是无机化学还是有机化学，都经常涉及物质的稳定性或者活性；不论是无机化学反应还是有机化学反应，在反应过程中都涉及能量的变化、发生反应的可能性大小、反应进行的快慢等。因此物理化学为无机化学、分析化学、有机化学等提供了最一般的原理，并由此形成了它们各自的理论和研究方法。同时，由于物理化学与化学学科其他分支学科的结合，极大地扩充了化学研究的领域，以致近几十年中出现了许多新的研究方向，如现代分析化学、激光化学、表面科学等。可以说，化学各分支学科间、化学与相邻学科间的交叉与渗透，主要是通过物理化学学科进行的。

纵观物理化学的发展史，其对社会发展、科学技术进步的推动作用可见一斑。物理化学从它建立起就在工业生产和科学研究中发挥了巨大的理论指导作用，反过来工业技术和其他学科的发展，特别是电子技术及各种物理测试手段的出现，又都极大地促进了物理化学的发展。

如 20 世纪初，热力学第一定律和热力学第二定律在溶液体系、多相平衡体系以及化学平衡中的应用，完善了溶液中反应的有关理论，使分析化学由一门技术发展为一门学科；阿伦尼乌斯（S. A. Arrhenius，1859～1927 年）关于化学反应活化能的概念，以及博登施坦（M. M. Bodenstein，1871～1942 年）和能斯特（W. H. Nernst，1864～1941 年）关于链反应的概念，对化学动力学的发展作出了重要贡献，使人们可以在理论上控制一个反应的快慢。

20世纪20～40年代物理化学研究已深入到微观的原子和分子世界，尤其是在1927年，海特勒（W. Heitler，1904～1981年）和伦敦（F. London，1900～1954年）对氢分子问题的量子力学处理，为1916年路易斯（G. N. Lewis，1875～1946年）提出的共享电子对的共价键概念提供了理论基础。1931年鲍林（L. Pauling，1901～1994年）和斯莱脱（J. C. Slater，1900～1976年）把这种处理方法推广到其他双原子分子和多原子分子，形成了化学键的价键理论。1932年，马利肯（R. S. Mulliken，1896～1986年）和洪特（F. Hund，1896～1997年）在处理氢分子的问题时根据不同的物理模型，采用不同的试探波函数，从而发展了分子轨道理论，改变了人们对分子内部结构的复杂性茫然无知的状况。

第二次世界大战后到20世纪60年代期间，物理化学在实验研究手段和测量技术，特别是各种谱学技术方面得到了飞速发展。电子学、高真空和计算机技术的突飞猛进，不但使物理化学的传统实验方法和测量技术的准确度、精密度和时间分辨率有很大提高，而且还出现了许多新的谱学技术。光谱学和其他谱学的时间分辨率和自控、记录手段的不断提高，使物理化学的研究对象超出了基态稳定分子而开始进入各种激发态的研究领域。光谱的研究弄清楚了光化学初步过程的实质，因为这些快速灵敏的检测手段能够发现反应过程中出现的暂态中间产物，使反应机理不再只是凭借对反应速率方程的猜测而得出的结论，促进了对各种化学反应机理的研究，对化学动力学的发展也有很大的推动作用。先进的仪器设备和检测手段也大大缩短了测定结构的时间，使结晶化学在测定复杂的生物大分子晶体结构方面有了重大突破，青霉素、维生素B_{12}、蛋白质、胰岛素的结构测定和脱氧核糖核酸的螺旋体构型的测定都获得了成功。

20世纪70年代以来，分子反应动力学、激光化学和表面结构化学的兴起使物理化学的研究对象从一般键合分子扩展到准键合分子、范德华分子、原子簇、分子簇和非化学计量化合物。在实验中不但能控制化学反应的温度和压力等条件，还可以对反应物分子的内部量子态、能量和空间取向实行控制。普里戈金（I. Prigogine，1917～2003年）等吸收物理和数学的研究成果，提出了耗散结构理论，使非平衡态理论研究获得了可喜的进展，加深了人们对远离平衡的体系稳定性的理解。

物理化学发展之快、作用之重大还可以从下列数据看出。根据统计，在历届诺贝尔化学奖获得者中，约50%是从事物理化学领域研究的科学家。在化学已渗透到几乎所有物质学科领域的今天，物理化学已成为一门极富生命力的化学基础学科，是一门无处不在的学科，是新的交叉学科形成和发展的重要基础。物理化学将在人类寻找新工艺、新材料、新能源以及提高效率、减少消耗、防止污染等方面提供越来越多的支持。

0.3 物理化学的学习方法

物理化学是化学、化工、应用化学、材料、生物工程、环境工程、能源、轻工、冶金等专业的一门极其重要的专业基础课程，逻辑性很强。要想学好物理化学，不但要有学习热情，而且要有学习方法，下面所提的几点学习方法供读者参考。

（1）正确理解基本概念、理论模型、公式的物理意义及应用条件

概念多、公式多、应用条件复杂是物理化学难学的重要原因之一。但是任何基础学科的理论体系总是由基础理论和基本方法所组成的，最基本的真正需要牢记的公式并不多。因此，学习物理化学，从一开始就要正确地理解基本概念、理论模型以及由此所得到的基本公式，理解公式的物理意义及应用条件，其他衍生的公式均可由基本定义、基本公式推导得到。所以，在学习物理化学过程中，如果注意学习自行推导公式的方法，则在推导过程中就自然了解了公式的使用条件和物理意义，无需死记硬背，许多问题就可以迎刃而解，学习物

理化学就会变得容易了。

（2）掌握科学的方法论

物理化学理论的形成、发展相应地形成了有价值的基本方法，如化学热力学中的状态函数法、标准状态法、循环法，相平衡中的热分析法，化学动力学中的隔离法、稳态近似法、平衡态法等。在物理化学的各个章节，都能看到相应的方法论，利用这些方法，可以将一个复杂的实际问题，经过适当的简化，利用数学方法导出简捷的结果。掌握并深刻领会这种科学方法，对于学习物理化学甚至其他有关学科都是十分有益的。

（3）多看书、多做习题

在学习物理化学过程中，许多同学都有这种感觉，就是课堂上都听懂了，但解课后习题仍有很大的困难，甚至课后看书未必都能看懂。这主要是由于该课程的理论性较强，而课堂讲授的内容是有限的。不会解题就等于没有掌握物理化学。因此为了掌握物理化学的基本原理和基本方法，逐步提高分析和解决实际问题的能力，课后要多看书，多思考，并通过演算习题，发现问题，再回头看书、思考。通过上述过程的反复，会发现物理化学并不是很难学，而且在反复学习的过程中，会更好地领会物理化学中提出问题、解决问题的科学方法和精神，从而使你利用这些方法创造性地分析和解决实际问题的能力逐步得到提高。这也是我们学习物理化学的重要任务。

0.4 物理量的表示及运算

物理化学中经常用定量公式来描述各物理量之间的关系，因此正确掌握物理量的表示方法和进行物理量的规范运算是学好物理化学的前提条件。

（1）物理量的表示

物理量通常用斜体的拉丁字母或希腊字母表示，有时用下标加以说明，下标如为物理量也用斜体，但其他说明性标记则用正体。例如，压力用 p 表示，密度用 ρ 表示，体积用 V 表示，而摩尔体积用 V_m 表示等。

物理量由数值和单位两部分组成。如 $p=100\mathrm{kPa}$，即压力 p 的数值为 100，单位为 kPa。单位一般用小写字母，如来源于人名，则第一个字母用大写，而且都用正体，如 m、s、K、Pa、$\mathrm{J\cdot mol^{-1}}$ 等。不可能出现没有单位的物理量，只是在物理量的量纲为 1 时可以不表示出来。例如，$\alpha=0.1$，说明物理量 α 的数值为 0.1，量纲为 1。

物理化学中的图或表格中都要有物理量，为了能简洁、明了地表示，同时又要区别量本身和用特定单位表示的量的数值，在表头或坐标轴表示特定单位的物理量时，可用物理量与其单位的比值表示，则表中的数值或坐标轴上的数值就可以用纯数。如在表头或坐标轴需要表示压力，若压力的单位为 Pa，则可表示为 p/Pa。当表中或数轴上的数值为 100 时，即表明 $p=100\mathrm{Pa}$。

（2）国际单位制

国际单位制是我国法定计量单位的基础，其英文名称是 Standard International Unit，简称为 SI 单位。

SI 单位中规定了 7 个基本物理量的单位，即

长度：m（米）　质量：kg（千克）　时间：s（秒）　电流：A（安培）

温度：K（开尔文）　物质的量：mol（摩尔）　光强度：cd（坎德拉）

用这 7 个基本物理量计算得到的其他物理量的单位也是 SI 单位，即 SI 导出单位。如能量的 SI 单位是 J（焦耳）、压力的 SI 单位是 Pa（帕斯卡）、浓度的 SI 单位是 $\mathrm{mol\cdot m^{-3}}$ 等。常见的 SI 导出单位见附录Ⅰ-2。

(3) 物理量的运算法则

① 单位相同的物理量才能相加减或相等法则　对于一个给定的表达式，通过各物理量的单位运算，可以确定表达式中比例系数的单位。

② 对数、指数和三角函数运算法则　物理化学中对物理量进行对数、指数和三角函数运算时，都要将物理量除以其单位，化为纯数后才能进行。例如，对于对数运算，若用 A 表示物理量，$[A]$ 表示单位，则关于物理量 A 的对数运算应写为 $\ln(A/[A])$。但为了简便起见，本书中 A 的对数不记作 $\ln(A/[A])$，只记作 $\ln A$。但实际运算时需将 A 除以 $[A]$ 化为纯数后再进行。如克劳修斯-克拉佩龙方程的不定积分式

$$\ln p=-\Delta_{\mathrm{vap}}H_{\mathrm{m}}/(RT)+C$$

式中，$\ln p$ 即为 $\ln(p/[p])$。

(4) 量方程式与数值方程式

科学技术中的方程式分为两类。一类是量方程式，只表示物理量之间的关系，是以量的符号代表量值组成的方程。如理想气体的摩尔体积 V_{m} 与压力 p、温度 T 之间的关系为

$$V_{\mathrm{m}}=\frac{RT}{p}$$

另一类是数值方程式，如

$$\frac{V_{\mathrm{m}}}{\mathrm{m^3 \cdot mol^{-1}}}=10^3\times\frac{\dfrac{R}{\mathrm{J \cdot mol^{-1} \cdot K^{-1}}}\times\dfrac{T}{\mathrm{K}}}{p/\mathrm{kPa}}$$

式中，10^3 是因为式中 p 的特定单位为 kPa 所致。若选用其他单位，或其他量的单位也发生变化的话，该数值也将随之改变。

可见数值方程式与选用的单位有关，而量方程式与选用的单位无关。因此，物理化学中通常采用量方程式。在计算时，先列出量方程式，再将数值和单位代入后进行计算。如计算在 25℃、100kPa 下理想气体的摩尔体积：

$$V_{\mathrm{m}}=\frac{RT}{p}=\frac{8.314\mathrm{J \cdot mol^{-1} \cdot K^{-1}}\times 298.15\mathrm{K}}{100\times 10^3\mathrm{Pa}}=2.479\times 10^{-2}\mathrm{m^3 \cdot mol^{-1}}$$

对于复杂运算，为了简便起见，一般可以不列出每一个物理量的单位，而直接给出最后单位。如上述计算也可写为：

$$V_{\mathrm{m}}=\frac{RT}{p}=\left(\frac{8.314\times 298.15}{100\times 10^3}\right)\mathrm{m^3 \cdot mol^{-1}}=2.479\times 10^{-2}\mathrm{m^3 \cdot mol^{-1}}$$

但为了确保计算结果的准确性，所有的物理量均应化为 SI 制单位后，再在方程式中直接代入数值，最终得到的结果肯定也是 SI 单位。

▶视频讲解
▶动画演示
▶拓展阅读

第 1 章　热力学基本原理

热力学基本原理（包括热力学第一定律、热力学第二定律和热力学第三定律）能从理论上解决诸如在一定条件下一个反应或过程能否进行、能量如何转化等人们在生产实践、科学研究中所关心的问题，特别是在能量转化和利用以及对物理、化学和生物等过程结果的定量预测方面提供了强有力的理论指导。

本章概要

1.1 和 1.2　热力学基本概念和热力学第一定律

在介绍热力学基本概念的基础上，介绍热力学第一定律，即能量守恒定律。明确一个过程中功和热这两种能量传递形式与系统热力学能变化之间的定量关系，解决了过程中能量转换的问题。解决热力学第一定律的问题就是确定过程中功、热和热力学能变化的问题。

1.3　体积功的计算、可逆过程

不同过程的体积功的计算，特别注意可逆过程体积功的计算。

1.4　焓与热容

过程热的计算，在特定条件下，为解决问题方便，由热力学第一定律引入了焓的概念。

1.5　热力学第一定律在单纯物理变化过程中的应用

热力学第一定律对理想气体和实际气体及在相变化过程中的应用。

1.6　热力学第一定律在化学反应中的应用——热化学

化学反应的热效应及化学反应焓变的计算，包括等温反应和非等温反应。

1.7、1.8 和 1.9　热力学第二定律的文字表述、卡诺循环和卡诺定理、熵函数

由自发过程的共同特征概括出热力学第二定律，并通过卡诺循环和卡诺定理推演出熵函数和克劳修斯不等式，只要比较过程的熵变和热温商就可以确定过程的方向，解决了判断过程方向的问题。

1.10　熵变的计算

通过克劳修斯不等式中的等式关系，设计可逆过程，计算各种过程的熵变。热力学第三定律提出的规定熵，解决了化学反应的熵变计算问题，为解决化学反应的方向和限度奠定了理论基础。

1.11　过程方向的判据

为更方便使用克劳修斯不等式判断过程方向，引入了亥姆霍兹函数判据 ΔA 和吉布斯函数判据 ΔG，只要能计算出 ΔA 或 ΔG 就能判断特定条件下过程的方向。

1.12　热力学函数关系式

热力学状态函数变化的计算是热力学基本原理应用的重要体现，通过热力学关系式可以灵活地计算各种过程的状态函数的变化或推导热力学关系式，以解决热力学问题，其中最基本的关系式是热力学基本方程和麦克斯韦关系式。

1.13　非平衡态热力学简介

简单介绍不可逆过程的热力学，包括线性非平衡态热力学和非线性非平衡态热力学。

热力学（thermodynamics）是研究热现象与其他形式能量相互转换过程中所应遵循的规律的科学。其研究对象是具有大量质点的宏观系统，研究范围包括机械能、热力学能、电能、化学能等各种形式的能量，以及热和功这两种能量相互传递的方式。其研究方法与一般的自然科学相同，主要采用归纳和演绎的方法，即通过总结大量经验事实、实验和观测数据，从中归纳出具有普遍意义的经验定律，并以其为理论依据，经过严格的数理逻辑推理，得到与热现象有关的各种状态变化和能量转化过程中的宏观规律，再用这些规律指导人们的各种实践活动。

热力学的理论体系主要是建立在两个经验定律的基础之上的，即热力学第一定律和热力学第二定律。这两个定律是人们通过大量经验事实总结归纳出来的，不能从逻辑上或用其他理论方法加以证明，但其正确性却已被无数次实验事实所证实。热力学第一定律主要用于计算变化过程中的能量效应，热力学第二定律主要用于解决变化的方向和限度问题。另外还有热力学第三定律，是一个关于低温现象的定律，阐明了物质规定熵的问题，它的应用虽然没有第一定律和第二定律广泛，但在有关化学平衡的计算问题中，有着重要的应用。

热力学是以具有高度可靠性和普适性的几个定律为基础的，从这些定律出发，经过严密的演绎和逻辑推理而得到的一般规律，当然也具有高度的可靠性。这是热力学的最大优点。另外，热力学只需知道系统的初始状态和最终状态及过程进行的条件，即可计算得出过程的方向和进行的限度。它不依赖物质微观结构的知识，也无需知道过程进行的机理，这是热力学之所以能简单方便地得到广泛应用的重要原因。但这也决定了它的局限性，即对过程方向和限度的判断，只是“知其然而不知其所以然”，不能给出微观的说明，不能解释过程进行的根本原因和所经过的历程。还有，热力学中不涉及时间的概念，所以无法给出过程进行的速率和所需的时间。也就是说，热力学只能判断过程的“可能性”，而与时间、速率有关的“现实性”问题它无法回答，这要依靠后面学习动力学理论来解决。

热力学是解决实际问题的一种非常有效的重要工具，在人们的生活、生产实践和科学研究中发挥着巨大的作用。化工生产中的能量衡算不仅与能量的合理利用有密切关系，而且决定着工艺路线的设计；在研制新的化工产品时，怎样控制条件才能使变化向所希望的方向进行，最大产率是多少，如何改变条件能使产率提高。这些都是需要热力学基本原理才能解决的问题。另外，在其他工业生产和一些热门研究领域，如人工合成金刚石、人工模拟固氮、以煤作为原料进行合成的C1化学、汽车尾气中NO的净化、超临界萃取和反应以及许多功能新材料的合成等等，也都需要热力学原理来指导研究方向和目标。例如由石墨人工合成金刚石的尝试，在很长一段时期内都没有成功。后来通过热力学计算才知道，只有当压力超过一定数值之后，石墨才有可能转变成金刚石，现在已经成功实现了这一转变。近年来，在热力学理论的指导下，通过改变反应条件，利用等离子体耦合反应，研究低压高温下金刚石的气相合成也已取得进展。

本章主要讨论热力学第一定律和第二定律及其基本应用，下面先从热力学的一些基本概念入手。

1.1 热力学基本概念

1.1.1 系统与环境

动画：敞开系统

热力学的研究对象称为系统（或称体系，system），系统外与系统密切相关且有相互作用的部分称为环境（surroundings）。系统与环境之间有一个界面，这个界面可以是实际的，也可以是假想的。根据系统与环境之间能量和物质交换的关系，可以把系统分为以下三类。

（1）敞开系统（open system） 也称开放系统。系统与环境之间既可以发生物质交换，又可以发生能量交换。比如敞口容器中盛有水，将水作为系统时，它与周围环境既可以交换物质（液态水分子既可以蒸发为气态，气态水分子也可以冷凝为液态），也可以交换能量（热），所以是敞开系统。

动画：封闭系统

（2）封闭系统（closed system） 也称密闭系统。系统与环境之间不能发生物质交换，但可以发生能量交换。比如上例中容器加盖密封，将容器和水看作系统时，它只能与环境发生热交换，所以是封闭系统。

动画：隔离系统

（3）隔离系统（isolated system） 也称孤立系统。系统与环境之间既不能发生物质交换，又不能发生能量交换。上例中如果容器为刚性绝热容器，那么容器和水就可以看作隔离系统。严格来讲，绝对的隔离系统是不存在的，但在适当的条件下可以近似地把某个系统看作隔离系统。有时为了处理问题方便，把封闭系统和系统影响所及的环境一起作为隔离系统来考虑。

处理实际问题时，系统与环境的选取具有多样性。究竟选取哪一部分物体作为系统，一般要以处理问题的方便为准则，而且明确所研究系统属于哪种类型至关重要。因为系统不同，描述它的热力学变量和适用的公式就不同。例如欲研究高压气体钢瓶中喷出部分气体后钢瓶中剩余气体的温度、压力等性质，就可以选择剩余的这部分气体作为系统，由于在喷射前后这部分气体的量没有变化，所以可以看作封闭系统，这样处理起来比较方便。这时喷出的那部分气体就属于环境的一部分了。

1.1.2 状态与状态函数

系统的状态（state）是系统物理性质和化学性质的综合表现。热力学中注重的是系统的宏观可测物理性质，如温度、压力、体积、热力学能、焓、熵等，这些性质称为状态性质。状态性质可以分为以下两类。

（1）广度性质（extensive property） 也称容量性质、广延性质。该类状态性质的数值与系统物质的量或物质的质量成正比，如物质的量、质量、体积以及后面将要学习的热力学能、焓、熵等。广度性质具有加和性，即整个系统的某个广度性质等于系统中各个部分该性质的加和。

（2）强度性质（intensive property） 这种性质的数值与系统物质的量或物质的质量无关，如温度、压力、密度等。强度性质不具有加和性，整个系统的某个强度性质与系统中任一部分的该强度性质在数值上相等。一般来说，两种广度性质相除可以得到一个强度性质。比如密度就是质量与体积两个广度性质相除得到的。

系统状态与状态性质之间存在单值对应关系，即系统状态确定，系统的全部状态性质也都有确定值，反之亦然。所以状态性质也可以称为状态函数（state function）或状态变量。

由于系统的各种性质之间是相互关联的，所以要确定系统的状态并不需要指定所有的性质，只需确定系统的某几个状态性质，其他状态性质也随之确定，系统的状态也就确定下来。至于确定哪些状态性质即可确定系统状态，则要视系统的具体情况而定。广泛的实验事实证明：对于单组分均相系统（即纯物质单相系统），要确定它的状态，只需要三个状态函数，如温度 T、压力 p 和物质的量 n；对于封闭系统（即 n 不变），只需要两个状态函数即可确定系统状态。那么任选两个状态函数，假设是温度 T 和压力 p，其他任意一个状态函数 X 即是 T 和 p 的函数，即

$$X=f(T,p)$$

例如，物质的量为 n 的某种物质，其状态就可由 T、p 来确定。状态确定后，其他性质如体积就可以有确定的值，即 $V=f(T,p)$，若该物质为理想气体，则

$$V=nRT/p$$

状态函数有以下几个重要特征。

（1）单值性　系统状态一定，各状态函数就都有唯一确定的数值，所以每一个状态函数都是状态的单值函数。

（2）异途同归，值变相等　当系统由某一状态变化到另一状态时，系统状态函数的改变量只取决于系统的始、末状态，而与变化的具体途径无关。假设 X 为系统任意一个状态函数，如果系统由始态 A 变化到终态 B，则 X 的改变量为

$$\Delta X = X_{\mathrm{B}} - X_{\mathrm{A}}$$

ΔX 只取决于始、末状态，而与变化的具体途径无关。

（3）周而复始，值变为零　当系统由某一状态经一循环过程又回到原来的状态时，由上式可得，$\Delta X = 0$，即系统的任一状态函数都不变。

（4）状态函数的微变 $\mathrm{d}X$ 为全微分　状态函数的数值可连续变化，在数学上应是一个全微分。若 $X = f(x, y)$，则其全微分为

$$\mathrm{d}X = \left(\frac{\partial X}{\partial x}\right)_y \mathrm{d}x + \left(\frac{\partial X}{\partial y}\right)_x \mathrm{d}y$$

利用全微分的另一个性质——X 的二阶导数与求导次序无关，则

$$\frac{\partial^2 X}{\partial x\ \partial y} = \frac{\partial^2 X}{\partial y\ \partial x} \quad 即 \quad \left[\frac{\partial}{\partial x}\left(\frac{\partial X}{\partial y}\right)_x\right]_y = \left[\frac{\partial}{\partial y}\left(\frac{\partial X}{\partial x}\right)_y\right]_x$$

以 $V = f(T, p)$ 为例，V 的全微分为

$$\mathrm{d}V = \left(\frac{\partial V}{\partial T}\right)_p \mathrm{d}T + \left(\frac{\partial V}{\partial p}\right)_T \mathrm{d}p$$

$$\left[\frac{\partial}{\partial T}\left(\frac{\partial V}{\partial p}\right)_T\right]_p = \left[\frac{\partial}{\partial p}\left(\frac{\partial V}{\partial T}\right)_p\right]_T$$

对于组成不变的多组分均相封闭系统，也有这一特点。这个全微分形式在以后热力学证明过程中经常用到。

1.1.3 过程与途径

系统由一个状态变化到另一状态，我们称系统发生了一个热力学变化过程，简称为过程（process）。系统的变化通常有简单状态变化（即 p、V、T 变化）过程、相变化过程和化学变化过程等。另外，根据系统状态函数的变化条件，可分为以下几种过程。

（1）等温过程（isothermal process）　系统由始态变化到终态，始态、终态以及变化过程中系统的温度保持不变，且都等于环境温度。

（2）等压过程（isobaric process）　系统由始态变化到终态，始态和终态的压力相等，且都等于环境压力。

（3）等容过程（isochoric process）　系统在变化过程中保持体积不变。在刚性容器中发生的变化一般是等容过程。

（4）绝热过程（adiabatic process）　系统在变化过程中与环境没有热的交换。通常在绝热容器中发生的过程可看作绝热过程；另外当变化太快而系统与环境之间来不及热交换或热交换量极少时，这样的过程也可近似看作是绝热过程。

（5）恒外压过程（constant pressure process）　系统在体积变化过程中，环境压力始终保持恒定不变，p_{ex}＝常数（constant）。此类变化过程中，系统的压力可能与环境的压力无关。如气体向真空中的膨胀过程属于恒外压过程，此时的恒外压 $p_{\mathrm{ex}} = 0$。

（6）循环过程（cyclic process）　系统从始态出发，经过一系列变化后又回到这个始态。经过循环过程，系统所有状态函数的改变量都等于零。

（7）可逆过程（reversible process）　此过程将在 1.3.2 中详细介绍。

除上述几种简单的单一过程外，在物理化学学习过程中，更多地经常涉及上述两种或

两种以上的单一过程共同复合而成的过程。如等温等压过程、等温等容过程、绝热可逆过程、绝热恒外压过程、等温可逆过程等。像这种系统由始态到终态的变化经由一个或多个具体步骤来完成，这些具体步骤的组合即称为途径（path）。例如一理想气体由始态（298K，10^5Pa）变到终态（373K，5×10^5Pa），可以先经过一个等温变化过程，再经过一个等压变化过程，这是一条途径（如图 1-1 中实线箭头所示两过程）；也可以先经过一个等压变化过程，再经过一个等温变化过程，这是另一条途径（如图 1-1 中虚线箭头所示两过程）。

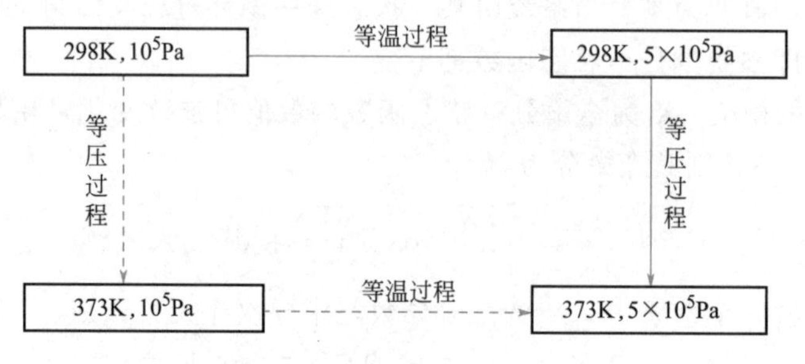

图 1-1　不同途径的示意图

1.1.4　热力学平衡状态

前面讨论所涉及的状态都是指热力学平衡状态。当系统的各种性质都不随时间而变化，则系统就处于热力学平衡状态（thermodynamic equilibrium state）。这时系统必须同时满足以下几个平衡条件。

（1）热平衡　系统内各个部分温度相等。

（2）力平衡　系统内各个部分之间及系统与环境之间，没有不平衡的力存在。在不考虑重力场的影响下，就是指系统中各个部分压力相等。

（3）相平衡　当系统中不止一个相时，物质在各相之间的分布达到平衡，各相的组成和数量不随时间变化。

（4）化学平衡　当系统中存在化学反应时，达到平衡后，系统的组成不随时间变化。

上述四个条件有一个得不到满足，则该系统就不处于热力学平衡状态，其状态就不能用简单的办法描述出来。在以后的讨论中，说系统处于某个状态，如不特别注明，即指处于热力学平衡状态。

1.2　热力学第一定律

热力学第一定律实际上就是能量守恒定律在涉及热现象的宏观过程中的具体表述。能量守恒定律在 19 世纪中叶就被公认为是自然界的一条普遍规律。英国物理学家焦耳（J. P. Joule，1818～1889 年）为该定律的确立作出了重大贡献。从 1840 年起，焦耳用了十多年的时间，做了大量实验，发现了热和功之间相互转化的定量关系，从而为能量守恒定律奠定了牢固的实验基础。

焦耳的一个典型实验装置如图 1-2 所示。在一个绝热容器中盛有一定量的水，利用重物的下降带动搅拌桨转动，因桨叶与水摩擦而将机械功转变成热，从而使水温上升。反复测定的结果发现，要使一定量的水温度升高 1℃，重物所做的功几乎相等。

为了验证这一结果，焦耳还设计了其他多种实验方法。如让线圈切割磁力线产生感应电流而使水温上升、通过压缩气体使水温上升、摩擦两块铁片使水温上升等。所得热功当量结果在实验误差范围内都一致。

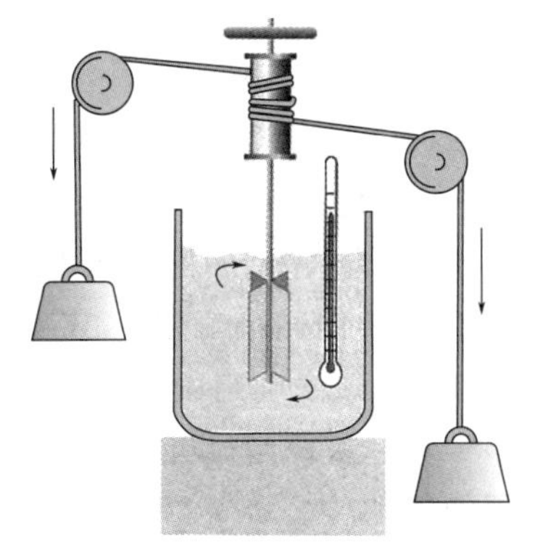
图 1-2　焦耳热功当量实验装置示意图

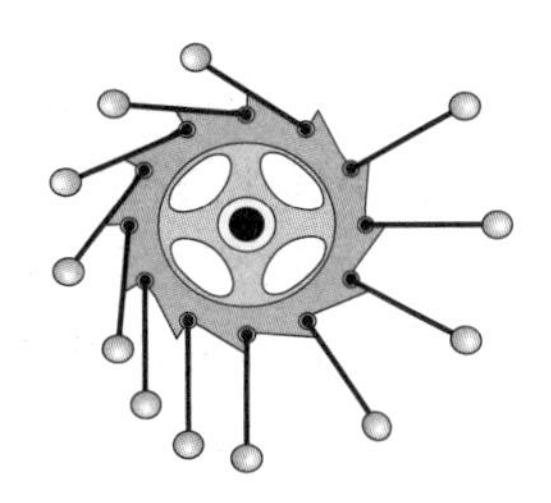
图 1-3　魔轮

1.2.1　热力学第一定律的文字表述

“能量既不能凭空产生，也不会被消灭，而只会从一种形式转化为另一种形式，或从一个物体转移到另一个物体，且总量保持不变”，这便是能量守恒定律。将它用于热力学系统，就是热力学第一定律。另外还有一种经典的表述方法：“不靠外界供给能量，自身也不消耗能量，却能连续不断地对外做功的机器叫第一类永动机，无数事实表明，第一类永动机是不可能制成的。”

历史上人们曾经热衷于研制各种类型的永动机，包括达•芬奇、焦耳这样的学术大家。其中最著名的第一类永动机是法国人亨内考在 13 世纪提出的“魔轮”（如图 1-3 所示），它通过安放在转轮上一系列可动的悬臂试图实现永动，右侧下行方向的悬臂在重力作用下会向下落下，远离转轮中心，使得下行方向力矩加大，而上行方向的悬臂在重力作用下靠近转轮中心，力矩减小，力矩的不平衡驱动魔轮的转动。但实际上由于左侧重锤数量更多，平衡了系统力矩，永动无法实现。

除了利用力矩变化的魔轮，还有利用浮力、水力等原理的永动机设计，但是经过试验，已确认这些永动机方案失败或仅是骗局，无一成功。在热力学体系建立后，人们通过严谨的逻辑证明了永动机是违反热力学基本原理的设想。1775 年法国巴黎科学院通过决议，宣布永不接受永动机，现在美国专利与商标局严禁将专利证书授予永动机类申请，而永动机这个名词现在更多地作为一种修辞被用来描述那些充满活力、不知疲倦的人。

1.2.2　热和功

系统能量的变化必须依赖于系统与环境之间的能量传递来实现，能量传递的形式分为两种，一种叫做“热”（heat），另一种叫做“功”（work）。系统与环境之间由于存在温度差而传递的能量称为“热”；除热以外其他形式传递的能量统称为“功”。热和功的单位都是能量单位 J（焦耳）。从微观角度来说，热是大量质点以无序运动方式传递的能量，而功是大量质点以有序运动的方式传递的能量。

我们知道，热总是与大量分子的无规则运动相联系着的。分子无规则运动的强度越大，则表征其强度的物理量——温度就越高。当两个温度不同的物体相接触时，由于无规则运动的混乱程度不同，二者就可能通过分子的碰撞而交换能量。经由这种方式传递的能量就是热。

在热力学中，热以符号 Q 表示，并规定系统吸热为正（即 $Q>0$），系统放热为负（即 $Q<0$）；功以符号 W 表示，其正负采用国际纯粹与应用化学联合会（IUPAC）的规定：当系统得到功，即环境对系统做功时取正值（即 $W>0$），当系统对环境做功时取负值（即 $W<0$）。在物理化学中常用的功有体积功、电功和表面功等。一般来说，各种形式的功都可

以看作强度因素与广度因素的变化量的乘积。例如

体积功＝－外压力(p_{ex})×体积的变化量(dV)

电功＝电势(E)×通过的电量(Q)

表面功＝表面张力(σ)×表面积的变化量(dA)

关于热和功，有一点必须明确，即二者都不是状态函数，它们的值与具体的变化途径有关。所以热和功的微小变化用符号"δ"表示（即 δQ 代表热的微小变化，δW 代表功的微小变化），以区别于状态函数用的全微分符号"d"。系统处于某一确定的状态时，不能说系统的热是多少、功是多少，或者说系统有多少热、有多少功，这都是没有意义的。只有当系统从某一状态变化到另一状态时，才能说这一变化过程的热和功是多少。

1.2.3 热力学第一定律的数学表达式

既然热和功是能量传递的两种形式，那么传递的这部分能量是从哪儿来的呢？只能是系统自身的能量。一般来说，系统的总能量可分为三部分：动能、势能和热力学能（thermodynamical energy），热力学能也称内能（internal energy），用字母 U 表示。

在物理化学中，通常是研究静止的系统，不做整体运动，所以动能为零；且系统一般不处于特殊的外力场中（如电磁场、离心力场等），所以势能也不予考虑。这样，只需考虑系统的热力学能，它是系统内部能量的总和，包括分子运动的平动能、转动能、振动能、电子及核的能量以及分子与分子之间相互作用的势能等。显然，热力学能是一个广度性质，与系统所含物质的量成正比。应该指出，由于人们对物质运动形式及粒子种类的认识在不断深入发展，所以系统内部包含的能量的形式也是难以穷尽的，因而热力学能的绝对值是无法确定的。但这一点对于解决实际问题并无妨碍，因为热力学只关注系统经历一个过程后热力学能的变化量。

设系统由状态 1 经历某一过程变化到状态 2，若在过程中系统与环境交换的热为 Q，功为 W，则根据能量守恒定律（不考虑动能和势能），系统的热力学能变化应为：

$$U_2-U_1=\Delta U=Q+W \tag{1-1a}$$

若系统发生了微小变化，则热力学能的变化为

$$dU=\delta Q+\delta W \tag{1-1b}$$

式(1-1a) 和式(1-1b) 即为热力学第一定律的数学表达式。如果将等号左边的热力学能扩展为所有能量，则两公式就代表了能量守恒定律。所以热力学第一定律和能量守恒定律并不完全等同，前者是后者用于热力学中的特殊表现形式。

应该注意，式(1-1a) 和式(1-1b) 通常只用于封闭系统。对于隔离系统的一切过程，由于与环境之间不存在能量交换，所以热和功都为零，系统的热力学能保持恒定。而对敞开系统，系统物质的量变化显然对系统的热力学能有影响，式(1-1a) 和式(1-1b) 也就不再适用了。

【例 1-1】 某封闭系统从状态 1 沿途径 a 变到状态 2，对环境做了 29J 的功，同时吸收了 45J 的热；沿途径 b 由状态 1 变到状态 2 时，对环境做功 117J；沿途径 c 由状态 2 回到状态 1，系统放热 79J。试求：

(1) 沿途径 b 变化时系统吸收或放出的热量；

(2) 沿途径 c 变化时系统的功。

解：对于途径 a，系统吸热 $Q_a=45J$；对环境做功 $W_a=-29J$。所以

$$\Delta_a U=Q_a+W_a=45J+(-29J)=16J$$

(1) 对于途径 b，系统对环境做功 $W_b=-117J$，途径 b 与途径 a 有相同的始终态，根据状态函数的特点，U 的改变

$$\Delta_b U=U_2-U_1=\Delta_a U=16J$$

所以 $$Q_b=\Delta_b U-W_b=16\text{J}-(-117\text{J})=133\text{J}$$

即系统吸热 133J；

(2) 对于途径 c，系统放热 $Q_c=-79\text{J}$，由于途径 c 与途径 a 的始终态互换，根据状态函数的特点，U 的改变

$$\Delta_c U=U_1-U_2=-\Delta_a U=-16\text{J}$$

所以 $$W_c=\Delta_c U-Q_c=-16\text{J}-(-79\text{J})=63\text{J}$$

即环境对系统做功 63J。

上例对状态函数 U 应用了“异途同归，值变相等”这一特点，但对于 Q 和 W 这两个并非状态函数的量，在相同始终态的不同途径中就有不同的数值。

1.3 体积功的计算、可逆过程

前面提到了体积功及其计算公式，由于体积功在热力学中占有重要地位，所以有必要具体讨论不同过程中体积功的计算。

体积功的计算及可逆过程

体积功是由系统体积变化引起的与环境之间交换的功。我们来讨论活塞筒中气体膨胀时所做的体积功（如图 1-4 所示）。设圆筒截面积为 A，有一个无质量、无摩擦的可移动理想活塞封住部分气体，外压力为 p_{ex}，则活塞上所受外力为 $p_{ex}\cdot A$。当气体膨胀，将活塞向外推出 $\mathrm{d}l$ 的距离时，所做的功应为

$$\delta W=-p_{ex}\cdot A\cdot \mathrm{d}l=-p_{ex}\cdot \mathrm{d}V \tag{1-2}$$

这就是体积功的计算公式。式中的负号是因为系统对环境做功，应为负值。将其积分，就可计算一个宏观过程的体积功。它对气体、液体、固体都适用，且不论是膨胀过程，还是压缩过程，都要用它来计算体积功。

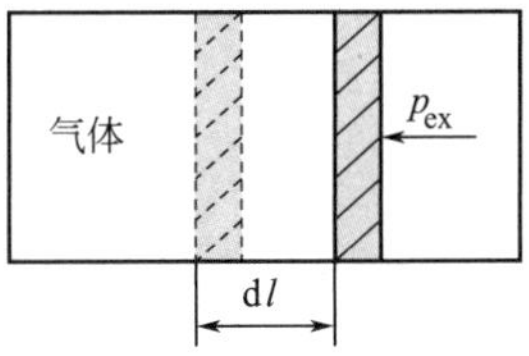

图 1-4 体积功示意图

1.3.1 不同过程的体积功

1.3.1.1 气体向真空膨胀

也称自由膨胀，这时外压力 $p_{ex}=0$，所以在膨胀过程中系统没有做体积功，即 $W=0$。

1.3.1.2 气体等外压膨胀

由于气体的终态应为平衡态，所以所加外压应等于终态时气体压力 p_2，变化过程如下（$V_1<V_2$，下同）

$$\boxed{p_1,V_1,T_1}\xrightarrow{p_{ex}=p_2}\boxed{p_2,V_2,T_2}$$

则该过程气体所做的功为

$$W_1=-\int_{V_1}^{V_2}p_{ex}\mathrm{d}V=-p_2\int_{V_1}^{V_2}\mathrm{d}V=-p_2(V_2-V_1)$$

可以用气体的 p-V 图将体积功表示出来，图 1-5(a) 中阴影部分即代表了此过程体积功 W_1 的绝对值。

1.3.1.3 气体经有限多次等外压膨胀

设气体由状态 1 膨胀到状态 2 是由两步等外压膨胀所组成，如下所示

$$\boxed{p_1,V_1,T_1}\xrightarrow{p_{ex}=p}\boxed{p,V,T}\xrightarrow{p'_{ex}=p_2}\boxed{p_2,V_2,T_2}$$

则该气体所做的功应为两步膨胀所做功之和，每一步所做功可用过程 2 的方法计算：

$$W_2=-p_{ex}(V-V_1)-p'_{ex}(V_2-V)=-p(V-V_1)-p_2(V_2-V)$$

图 1-5(b) 中阴影部分的面积即为 W_2 的绝对值。可以看出，在始态、终态相同的情况

下，$|W_2|>|W_1|$，即两步等外压膨胀中系统所做的功比一步等外压膨胀要多。以此类推，分步越多，系统所做的功也就越大。

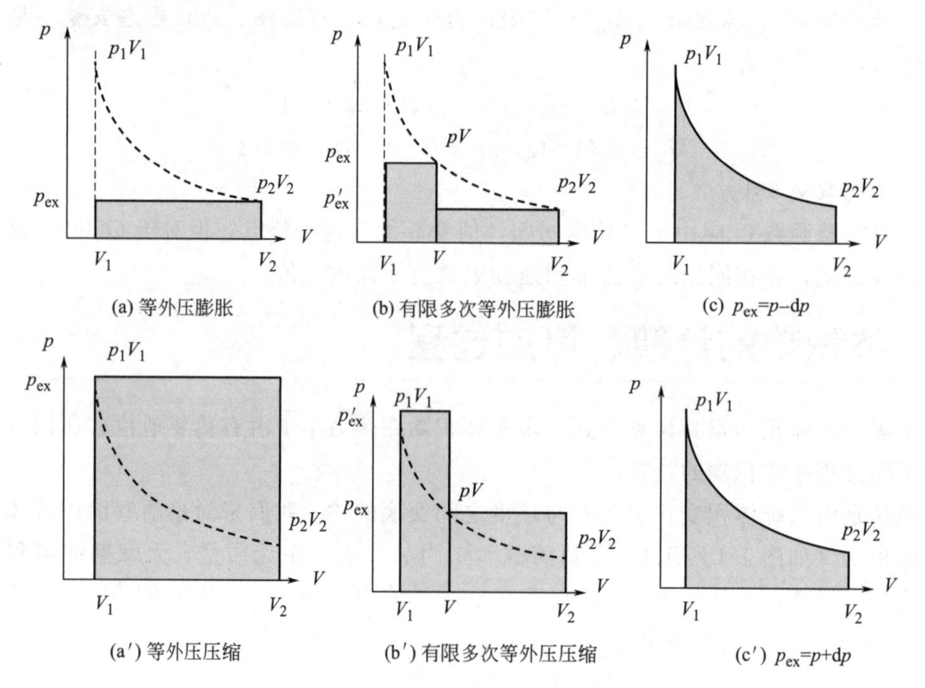

图 1-5 不同过程的体积功示意图

1.3.1.4 气体在膨胀过程中系统压力始终与外压相差无限小 dp

设想这样一个过程：活塞上放一堆很细小的粉末代表外压，每取走一粒粉末，外压就减少一个 dp，气体就膨胀 dV；通过一粒一粒依次取走粉末，使气体体积逐渐膨胀至 V_2。

p_1,V_1,T_1 —($p_{ex}=p_1-dp$)→ p,V,T —($p_{ex}=p_1-2dp$)→ p',V',T' → …… —($p_{ex}=p_2$)→ p_2,V_2,T_2

整个过程中外压始终比气体压力小 dp，即 $p_{ex}=p-dp$，所以系统所做功为

$$W_3=-\int_{V_1}^{V_2}p_{ex}dV=-\int_{V_1}^{V_2}(p-dp)dV=-\int_{V_1}^{V_2}p\,dV \tag{1-3}$$

上式中忽略了二阶无穷小 $dp\cdot dV$。图 1-5(c) 中阴影部分的面积即为 W_3 的绝对值。显然，与上两个过程相比，这种膨胀过程气体所做的功最大，$|W_3|>|W_2|>|W_1|$。

如果气体为理想气体且温度恒定，则可将理想气体状态方程代入上式，得

$$W=-\int_{V_1}^{V_2}p\,dV=-\int_{V_1}^{V_2}\frac{nRT}{V}dV=-nRT\int_{V_1}^{V_2}\frac{dV}{V}=nRT\ln\frac{V_1}{V_2}=nRT\ln\frac{p_2}{p_1} \tag{1-4}$$

1.3.1.5 凝聚态等压变温过程

计算凝聚态等压变温过程的体积功时常用到热膨胀系数 α_V，即等压条件下，每升高单位温度的体积膨胀率，其数学定义式为

$$\alpha_V=\frac{1}{V}\left(\frac{\partial V}{\partial T}\right)_p \tag{1-5}$$

但一般条件下凝聚态系统体积变化通常很小，所以温度变化不是非常大时其体积功往往可以忽略，即 $W_{凝聚态}\approx 0$。

【例 1-2】 水的热膨胀系数 $\alpha_V=2.1\times10^{-4}K^{-1}$。如果 $0.2dm^3$ 水在恒压 10^5Pa 下升温 25K，试计算体积功。

解：$W=-p_{ex}\Delta V=-p_{ex}(V\alpha_V\Delta T)=[-10^5\times(0.2\times10^{-3}\times2.1\times10^{-4}\times25)]J$

$=-0.11\text{J}$

由热容（参见 1.4.2.1）数据可以计算出该过程吸热 20800J，因此在凝聚态的变温过程中，相对于过程的热效应，由于体积功导致的对系统的能量变化完全可以忽略不计。

1.3.2 可逆过程

上述第 4 种膨胀过程属于热力学中一种极为重要的过程——可逆过程。系统从始态 A，经过一系列中间状态到达终态 B，如果此过程反向进行，系统由 B 态经过这一系列中间态到达 A 态，此时系统已恢复原状，同时环境也恢复原状而未留下任何不可消除的变化，那么从 A 态到 B 态（或从 B 态到 A 态）的过程就是热力学可逆过程（reversible process）。反之，如果任何方法都不能使系统和环境完全复原，则称为不可逆过程（irreversible process）。这里，系统和环境都恢复原状是可逆过程的一个宏观特点。

例如，若使上述第 4 种过程逆向进行，可将取下的粉末一粒一粒重新放回活塞上。每放回一粒粉末，外压就增加一个 $\mathrm{d}p$，气体就减小 $\mathrm{d}V$。当粉末全部放回后，系统恢复初始状态 $(p_1V_1T_1)$。整个过程中外压始终比系统压力大 $\mathrm{d}p$，即 $p_{\mathrm{ex}}=p+\mathrm{d}p$，所以系统所做功为

$$W_3'=-\int_{V_2}^{V_1}p_{\mathrm{ex}}\mathrm{d}V=-\int_{V_2}^{V_1}(p+\mathrm{d}p)\mathrm{d}V=-\int_{V_2}^{V_1}p\mathrm{d}V$$

上式中也忽略了二阶无穷小 $\mathrm{d}p\cdot\mathrm{d}V$。与前面的式(1-3) 相比，由于积分上下限互换，所以 $W_3'=-W_3$ [由图 1-5(c′) 与图 1-5(c) 中阴影部分的面积比较也可得出此结论]。这就说明，系统恢复原状后，环境中没有功的得失。另一方面，对系统来说，$\Delta U=0$，根据热力学第一定律 $Q+W=0$，所以 $Q=0$，即系统没有吸收或放出热，那么环境也没有热的得失。这样，系统恢复原状的同时，环境也恢复原状，这就是一个可逆过程。因此，式(1-4) 就是理想气体等温可逆过程体积功的计算式。

再看第 2 种过程逆向进行，要使系统恢复原状，需要加一个与 p_1 相等的恒定外压力，直到回到 1 状态达到平衡，此过程的功为

$$W_1'=-p_1(V_1-V_2)$$

图 1-5(a′) 中阴影部分面积即为 $|W_1'|$，可以看出，$|W_1'|>|W_1|$。同样可以求算第 3 种过程逆向进行时的功

$$W_2'=-p(V-V_2)-p_1(V_1-V)$$

从图 1-5(b′) 也可看出 $|W_2'|>|W_2|$。所以这两个过程逆向进行，系统恢复原状后，环境中有功的损失，而得到了等量的热。这是一个不可消除的变化（见 1.7 节），所以过程 2 和过程 3 都是不可逆过程。

从图 1-5 可以看出，在膨胀过程中可逆过程 4 所做功最大，因为外压始终比系统压力只差无限小，相当于系统对抗了最大外压；而在压缩过程中，可逆过程 4 的环境消耗的功最小，也是因为外压始终比系统压力只大无限小的数值，相当于环境施加了最小外压。所以，在等温可逆过程中，系统对环境做最大功，环境对系统做最小功。这是可逆过程的另一个宏观特点。

从以上叙述中还可看出可逆过程所具有的微观特点，即过程的推动力与阻力始终只相差无限小的数值。这样系统就会无限缓慢地经历一系列中间状态，而每一个中间状态就会无限接近于平衡态。整个可逆过程可以看作是由一系列连续的、渐变的平衡态所构成的。并且系统进行可逆过程时，完成任一有限量变化均需无限长的时间。

所以，严格来讲，可逆过程只是一个极限的理想过程，实际过程只能无限趋近于它。除了上面提到的过程 4，还有一些常见的可近似作为可逆过程的例子。如用一系列温差为无限小的热源无限缓慢地加热或冷却系统（过程中无摩擦）；保持相平衡的条件下进行的相变过程；通过可逆电池所进行的化学反应等。

可逆过程在平衡态热力学中占据着重要地位，有重大的理论和实际意义。首先，可逆过程能够提供或消耗最大的能量，是效率最高（不考虑时间因素）的过程，实际过程与之相比较，可以确定提高效率的方向和限度；其次，后面我们将看到，某些重要的热力学数据，只能通过可逆过程来求算。

【例 1-3】 试证明 1mol 范德华气体 [符合范德华方程 $\left(p+\frac{a}{V_m^2}\right)(V_m-b)=RT$，参见 2.3.2.1] 在等温可逆膨胀过程中所做的功为

$$W=RT\ln\frac{V_{m,1}-b}{V_{m,2}-b}+a\left(\frac{1}{V_{m,1}}-\frac{1}{V_{m,2}}\right)$$

证：这是气体的等温可逆膨胀过程，可用式(1-3a)，即

$$W=-\int_{V_{m,1}}^{V_{m,2}}p\mathrm{d}V_m=-\int_{V_{m,1}}^{V_{m,2}}\left(\frac{RT}{V_m-b}-\frac{a}{V_m^2}\right)\mathrm{d}V_m$$

$$=-RT\int_{V_{m,1}}^{V_{m,2}}\frac{\mathrm{d}V_m}{V_m-b}+a\int_{V_{m,1}}^{V_{m,2}}\frac{\mathrm{d}V_m}{V_m^2}$$

$$=RT\ln\frac{V_{m,1}-b}{V_{m,2}-b}+a\left(\frac{1}{V_{m,1}}-\frac{1}{V_{m,2}}\right)$$

将该结果与式(1-4) 相比较可以看出，任何气体在等温可逆过程中的体积功都可用式(1-3) 进行计算，只不过状态方程形式不同，导致最终的结果不同。

1.4 焓与热容

焓与热容

将热力学第一定律分别应用于等容和等压过程，可以得到两个重要推论，据此能够引申出几个有价值的概念，它们对第一定律的实际应用起着至关重要的作用。

1.4.1 焓的定义

对于热力学第一定律的表达式(1-1b)，将其中的 δW 看作两部分：一部分是体积功($-p_{ex}\mathrm{d}V$)，另一部分是除体积功以外的其他形式的功，简称非体积功，用 $\delta W'$表示。那么式(1-1b) 可变为

$$\mathrm{d}U=\delta Q-p_{ex}\mathrm{d}V+\delta W' \tag{1-6}$$

若封闭系统经历等容过程($\mathrm{d}V=0$)，且不做非体积功($\delta W'=0$)，则上式变为

$$\mathrm{d}U=\delta Q_V \tag{1-7a}$$

积分后可得

$$\Delta U=Q_V \tag{1-7b}$$

式中，Q_V 表示等容过程中系统吸收的热量。上式表明，封闭系统在不做非体积功的等容过程中所吸收的热在数值上等于系统热力学能的增量。

若封闭系统经历等压过程，且不做非体积功，则因等压过程中 p_{ex} 与系统压力 p 相等且为定值，所以式(1-6) 可变为

$$\mathrm{d}U=\delta Q_p-p\mathrm{d}V=\delta Q_p-\mathrm{d}(pV)$$

移项得

$$\mathrm{d}U+\mathrm{d}(pV)=\delta Q_p$$

即

$$\mathrm{d}(U+pV)=\delta Q_p$$

令

$$H=U+pV \tag{1-8}$$

则有

$$\mathrm{d}H=\delta Q_p \tag{1-9a}$$

积分后可得

$$\Delta H=Q_p \tag{1-9b}$$

式中，H 称为焓 (enthalpy)，由于 U、p 和 V 都是状态函数，所以它们的组合($U+pV$)即焓 H 也是由系统状态决定的状态函数，属于广度性质。上式表明，封闭系统在不做非体积

功的等压过程中所吸收的热在数值上等于系统焓的增量。

焓 H 虽然是在推导等压热的过程中引入的，但并不是只有等压过程才有焓变 ΔH。焓是系统的状态函数，系统任意一个确定的状态都有一个确定的焓值，所以任何一个状态改变的过程也都对应一个 ΔH。焓的定义中包含热力学能，所以焓的绝对值也是无法确定的。其单位是能量单位 J，但它并不是系统的一种能量，它并没有确切的物理意义。之所以要定义这样一个新函数，完全是因为它在实际应用中很重要，有了它，在处理热力学问题时就方便得多。

在用式(1-7) 或式(1-9) 的时候，要切记其适用条件：封闭系统；不做非体积功；等容或等压。三个条件缺一不可。同时还应明确，这两个公式既适用于组成不变的均相系统，也适用于有相变化和化学变化的系统。

1.4.2 热容

1.4.2.1 等容热容和等压热容

物质吸收热量，其温度一般要随之变化。物质在无相变、无化学变化且不做非体积功的均相封闭系统中，升高单位温度所需吸收的热量，定义为热容（heat capacity），用符号 C 表示，单位为 $\mathrm{J \cdot K^{-1}}$，用公式表示为

$$C = \delta Q / \mathrm{d}T \tag{1-10}$$

由于 δQ 是过程变量，如果不指定变化过程，热容就是一个数值不确定的物理量。另外热容还与物质所处的聚集状态（即气、液、固态等）有关。所以必须在确定的凝聚状态和过程中，物质的热容才有实际意义。

热力学中最常用的是等容热容 C_V 和等压热容 C_p，二者的定义所需的前提条件是：无相变化和化学变化且不做非体积功的均相封闭系统，等容或等压过程。前者确定系统的聚集状态，后者确定了过程。所以有

$$C_V = \frac{\delta Q_V}{\mathrm{d}T} = \left(\frac{\partial U}{\partial T}\right)_V \tag{1-11a}$$

$$C_p = \frac{\delta Q_p}{\mathrm{d}T} = \left(\frac{\partial H}{\partial T}\right)_p \tag{1-12a}$$

可以看出，C_V 和 C_p 都是状态函数，且为广度量。所以相应有摩尔等容热容 $C_{V,\mathrm{m}}$ 和摩尔等压热容 $C_{p,\mathrm{m}}$，这两者是强度量，单位为 $\mathrm{J \cdot K^{-1} \cdot mol^{-1}}$。

$$C_{V,\mathrm{m}} = \frac{C_V}{n} = \left(\frac{\partial U_\mathrm{m}}{\partial T}\right)_V \tag{1-11b}$$

$$C_{p,\mathrm{m}} = \frac{C_p}{n} = \left(\frac{\partial H_\mathrm{m}}{\partial T}\right)_p \tag{1-12b}$$

热容是可以通过实验测得的量，主要由量热实验直接测得，有时也可用统计热力学方法求算。热容是热力学的基本数据之一，在处理实际问题时有广泛而重要的应用。比如，如果知道系统的 $C_{V,\mathrm{m}}$ 值，便可由式(1-11b) 得到系统在等容变温过程中的热力学能变化

$$\Delta U = n\int_{T_1}^{T_2} C_{V,\mathrm{m}}\,\mathrm{d}T \tag{1-13}$$

如果知道 $C_{p,\mathrm{m}}$ 值，即可由式(1-12) 得到系统在等压变温过程中焓的变化

$$\Delta H = n\int_{T_1}^{T_2} C_{p,\mathrm{m}}\,\mathrm{d}T \tag{1-14}$$

要注意式(1-13) 和式(1-14) 的适用条件，必须满足 C_V 和 C_p 的定义所需的前提条件。

1.4.2.2 热容与温度的关系

物质的热容还与温度有关，一般随温度升高而增大。目前还不能从理论上推导热容与温度的关系，但是人们已经由实验数据归纳了许多经验关系式，通常所采用的经验公式有以下

两种形式：

$$C_{p,\mathrm{m}}=a+bT+cT^2 \tag{1-15a}$$

或

$$C_{p,\mathrm{m}}=a+bT+c'T^{-2} \tag{1-15b}$$

式中，a、b、c 和 c'都是经验常数，可在附录Ⅵ的热力学数据中查到，或查阅相关的参考书或手册。

应用上述经验公式时应注意以下几点。

① 查到的常数值只能在指定的温度范围内使用，如果超出这个范围太大，就不适用。

② 在实际计算过程中，如果温度变化范围不是太大，又没有特别说明，一般可以把物质的热容看作常数进行计算，这样可以避免复杂的积分，得到的结果也相差不大。

③ 在不同的书或手册上查到的常数值可能不同，但在多数情况下其计算结果差不多是相符的。

④ 式(1-15a) 与式(1-15b) 相比，在高温下使用后者产生的误差较小，所以高温技术的文献中常用后者。

【例 1-4】 1mol 氮气在 100kPa 下由 27℃ 升温至 627℃，求此过程的 ΔH。已知 $C_{p,\mathrm{m}}(N_2)=(27.32+6.226\times10^{-3}T-0.95\times10^{-6}T^2)\mathrm{J\cdot mol^{-1}}$。

解：该过程是等压过程，由式(1-14)，得

$$\Delta H=n\int_{T_1}^{T_2}C_{p,\mathrm{m}}\mathrm{d}T=n\int_{T_1}^{T_2}(a+bT+cT^2)\mathrm{d}T$$

$$=n\left[a(T_2-T_1)+\frac{1}{2}b(T_2^2-T_1^2)+\frac{1}{3}c(T_2^3-T_1^3)\right]$$

$$=1\mathrm{mol}\times\left[27.32\times(900-300)+\frac{1}{2}\times6.226\times10^{-3}\times(900^2-300^2)-\right.$$

$$\left.\frac{1}{3}\times0.95\times10^{-6}\times(900^3-300^3)\right]\mathrm{J\cdot mol^{-1}}=18.41\mathrm{kJ}$$

1.4.2.3 C_p 与 C_V 的关系

利用定义式和状态函数全微分的性质初步推导 C_p 与 C_V 的关系，本章学完热力学基本方程后，我们再进一步进行讨论。

对于一般封闭系统任何物质来说，因为

$C_p=\left(\frac{\partial H}{\partial T}\right)_p$，$C_V=\left(\frac{\partial U}{\partial T}\right)_V$，则

$$C_p-C_V=\left(\frac{\partial H}{\partial T}\right)_p-\left(\frac{\partial U}{\partial T}\right)_V=\left[\frac{\partial(U+pV)}{\partial T}\right]_p-\left(\frac{\partial U}{\partial T}\right)_V$$

$$=\left(\frac{\partial U}{\partial T}\right)_p+p\left(\frac{\partial V}{\partial T}\right)_p-\left(\frac{\partial U}{\partial T}\right)_V$$

内能是温度和体积的函数，可表示为：$U=f(T,V)$

由全微分的性质 $$\mathrm{d}U=\left(\frac{\partial U}{\partial T}\right)_V\mathrm{d}T+\left(\frac{\partial U}{\partial V}\right)_T\mathrm{d}V$$

所以等压下 $$\left(\frac{\partial U}{\partial T}\right)_p=\left(\frac{\partial U}{\partial T}\right)_V+\left(\frac{\partial U}{\partial V}\right)_T\left(\frac{\partial V}{\partial T}\right)_p$$

代入上式得 $$C_p-C_V=\left[\left(\frac{\partial U}{\partial V}\right)_T+p\right]\left(\frac{\partial V}{\partial T}\right)_p \tag{1-16}$$

可见，C_p 与 C_V 的差值是由于等压下物质的体积随温度发生变化而产生的。

若$\left(\frac{\partial V}{\partial T}\right)_p\approx0$，如凝聚态物质，在压力一定的条件下，其体积 V 随温度 T 的变化不大，则

$$C_p - C_V \approx 0,\text{或 } C_{p,\mathrm{m}} - C_{V,\mathrm{m}} = 0$$

对于理想气体，$\left(\frac{\partial U}{\partial V}\right)_T = 0$（见 1.5.1.1），则

$$C_p - C_V = p\left(\frac{\partial V}{\partial T}\right)_p = p\frac{nR}{p} = nR$$

$$C_{p,\mathrm{m}} - C_{V,\mathrm{m}} = R \tag{1-17}$$

而统计热力学可以证明，通常温度下，理想气体的摩尔等容热容

$$C_{V,\mathrm{m}} = \frac{i}{2}R \tag{1-18}$$

则理想气体的摩尔等压热容

$$C_{p,\mathrm{m}} = \frac{i+2}{2}R \tag{1-19}$$

对于单原子分子 $i=3$，双原子分子（或线形分子）$i=5$，多原子分子（非线形分子）$i=6$。

可以看出，常温下理想气体的 $C_{V,\mathrm{m}}$ 和 $C_{p,\mathrm{m}}$ 均可视为常数。另外，对于常温常压下的实际气体，式(1-18) 和式(1-19) 也基本符合。

1.5 热力学第一定律在单纯物理变化过程中的应用

前已述及，热力学第一定律可以用来计算热力学过程的能量效应，其实就是计算过程的 ΔU、ΔH、Q 和 W 这几个量的。下面就从最简单的情况，即气体的简单状态变化（即过程中只有气体的 p、V、T 变化而不发生相变或化学变化）入手，来了解第一定律的实际应用。

1.5.1 热力学第一定律对理想气体的应用

理想气体可以看成是分子之间的相互作用和分子自身的体积可以忽略不计的气体，是重要的热力学模型之一，热力学理论对它的应用最为成功，得到的规律也比较简单明了。事实上，真正的理想气体并不存在，只能看作是实际气体在压力趋于零时的极限情况。实际气体在低压时近似服从理想气体的规律，在讨论凝聚相系统的性质时往往也需要先知道理想气体的性质。因此，理想气体就成为首要研究的对象。

1.5.1.1 盖·吕萨克-焦耳实验

为了研究气体的热力学能与体积的关系，法国化学家盖·吕萨克(J. L. Gay-Lussac，1778～1850 年）于 1807 年、焦耳于 1843 年分别做了这样一个实验：将 A、B 两个容量相等的金属大容器置于水浴中，中间用旋塞 C 连通，A 端装入气体，B 端抽成真空[如图 1-6(a)所示]。让各部分彼此达热平衡后，打开旋塞，气体就由 A 端膨胀到 B 端，最终系统达到平衡[如图 1-6(b)所示]。实验观察整个过程温度计读数没有变化，这说明系统（即气体）与环境之间没有热交换，即 $Q=0$；同时，由于是气体向真空膨胀，体积功为零，也不存在非体积功，所以 $W=0$。根据热力学第一定律可得 $\Delta U=0$，所以结论是在这个气体的 p、V 变

动画：焦耳实验

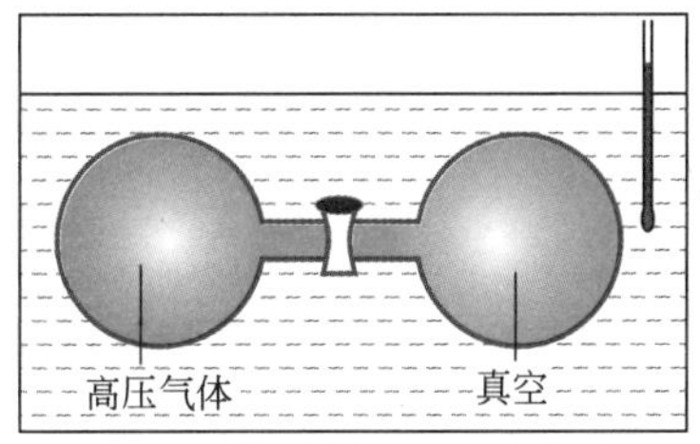

(a) 盖·吕萨克-焦耳实验(1)

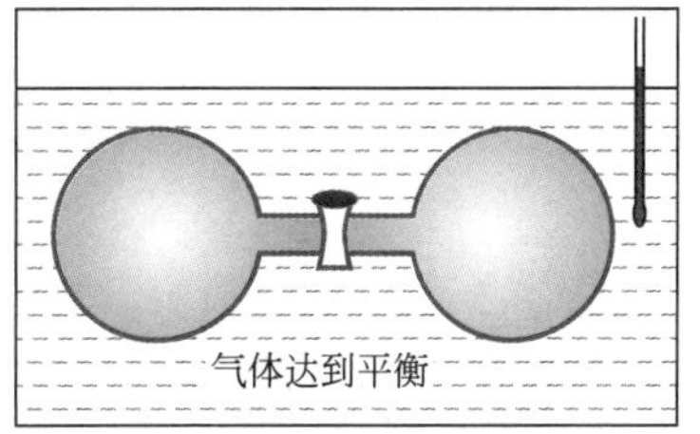

(b) 盖·吕萨克-焦耳实验(2)

图1-6 盖·吕萨克-焦耳实验装置示意图

化而 T 不变的过程中，气体的 U 不变。

由于这是一定量的纯物质单相系统，其状态可由 p、V、T 中任意两个变量来确定，即有 $U=U(T,V)$ 或 $U=U(T,p)$，根据状态函数的全微分性质，得

$$dU=\left(\frac{\partial U}{\partial V}\right)_T dV+\left(\frac{\partial U}{\partial T}\right)_V dT$$

$$dU=\left(\frac{\partial U}{\partial p}\right)_T dp+\left(\frac{\partial U}{\partial T}\right)_p dT$$

在上述实验中，$dV\neq 0$ 且 $dp\neq 0$，而 $dT=0$ 且 $dU=0$，所以可得

$$\left(\frac{\partial U}{\partial V}\right)_T=0 \tag{1-20a}$$

$$\left(\frac{\partial U}{\partial p}\right)_T=0 \tag{1-20b}$$

此式表明：在等温过程中，气体的热力学能不随体积或压力的改变而改变。值得注意的是，此式只是以焦耳实验的结论为依据，结合状态函数的全微分性质所得，并非严格的推导证明。但理想气体完全符合式(1-20)，即理想气体的热力学能仅是温度的函数，而与体积和压力无关，即 $U=U(T)$。这个结论有时也称为焦耳定律。

然而，对于实际气体来说，这个结论并不正确。从微观角度来看，实际气体的热力学能主要包含分子的动能和分子之间相互作用的势能，前者与温度有关，后者与分子间的距离即气体体积有关。所以实际气体的热力学能与温度和体积都有关系。

那么，问题出在哪里呢？只能是焦耳实验的结论不准确。原来，盖·吕萨克和焦耳由于当时条件所限，所做的实验是不够精确的。因为气体膨胀时实际上是要从环境（容器和水浴）吸收部分热量的，而水和金属容器的热容比气体的热容大很多，所以水温的变化很小，在当时的测温条件下是显示不出来的。后人曾多次改进重复该实验，发现温度确实略有改变，只是当气体初始压力逐渐降低时温度才趋于不变。由此可以合理推断，当压力趋于零，即为理想气体时（理想气体是实际气体在压力趋于零时的极限情况），温度不会改变，式(1-20）一定成立，也即理想气体的热力学能只是温度的函数。从微观角度讲，理想气体模型要求分子间无作用力，也就不存在势能，其热力学能也就只与温度有关，与体积无关。

对理想气体，还可得到

$$\left(\frac{\partial H}{\partial V}\right)_T=\left[\frac{\partial(U+pV)}{\partial V}\right]_T=\left(\frac{\partial U}{\partial V}\right)_T+\left[\frac{\partial(pV)}{\partial V}\right]_T=0+\left[\frac{\partial(nRT)}{\partial V}\right]_T=0 \tag{1-21a}$$

同理可得

$$\left(\frac{\partial H}{\partial p}\right)_T=0 \tag{1-21b}$$

所以，理想气体的焓也仅是温度的函数，而与体积和压力无关，即 $H=H(T)$。

另外，因为

$$C_V=\left(\frac{\partial U}{\partial T}\right)_V,C_p=\left(\frac{\partial H}{\partial T}\right)_p$$

而对于理想气体，U 和 H 都只是 T 的函数，所以有

$$C_V=\frac{dU}{dT}$$

$$C_p=\frac{dH}{dT}$$

即理想气体的 C_V 和 C_p 也都只是 T 的函数。而且有

$$dU=C_V dT \quad 或 \quad \Delta U=\int_{T_1}^{T_2} nC_{V,m} dT \tag{1-22}$$

$$dH = C_p dT \quad 或 \quad \Delta H = \int_{T_1}^{T_2} nC_{p,m} dT \tag{1-23}$$

上两式对于理想气体的任意简单状态变化过程都适用，而不必局限于等容或等压过程。这是两个很有用的公式，在关于理想气体的实际计算中，只要能得到过程的温度变化 ΔT，用这两式的积分形式就可求得 ΔU 和 ΔH。

1.5.1.2 理想气体绝热可逆过程

对于理想气体的简单状态变化即 p、V、T 变化过程，不论何种变化，其 ΔU 和 ΔH 都可以按照式(1-22) 和式(1-23) 的积分形式来计算，而 Q 和 W 则要根据实际过程求算。表1-1 列出了理想气体在一些常见的变化过程中的能量衡算的公式。从表中可以看出，计算关键是要找到过程的 ΔT 或 ΔV，也就是要知道始态和终态的 p、V、T 值。

表 1-1 理想气体在不同过程中 ΔU、ΔH、 Q 和 W 的计算公式

热力学 \ 过程	等温过程	等压过程	等容过程	绝热过程
ΔU	0	$nC_{V,m}\Delta T$	$nC_{V,m}\Delta T$	$nC_{V,m}\Delta T$
ΔH	0	$nC_{p,m}\Delta T$	$nC_{p,m}\Delta T$	$nC_{p,m}\Delta T$
Q	$-W$	ΔH	ΔU	0
W	$nRT\ln(V_1/V_2)$(可逆)	$-p\Delta V$	0	ΔU

其中绝热过程可以可逆地进行，也可以不可逆地进行。而理想气体绝热可逆过程是比较特殊的一类过程，下面对此进行详细讨论。

只要是绝热过程，无论可逆与否，由热力学第一定律，都有

$$dU = \delta W$$

即绝热过程的功只取决于始、终态。这时，若体系对外作功，热力学能必下降，体系温度必然降低，反之，则体系温度升高。因此，绝热压缩，使体系温度升高，而绝热膨胀，可获得低温。

在可逆条件下，由于可以用系统压力代替外压来计算体积功，所以有

$$nC_{V,m} dT = -p dV$$

将 $p = nRT/V$ 代入并整理，得

$$\frac{dT}{T} + \frac{R}{C_{V,m}} \frac{dV}{V} = 0$$

理想气体的 $C_{p,m} - C_{V,m} = R$，令 $\frac{C_{p,m}}{C_{V,m}} = \gamma$（称为绝热指数），则

$$\frac{R}{C_{V,m}} = \frac{C_{p,m} - C_{V,m}}{C_{V,m}} = \gamma - 1$$

代入前式，得

$$\frac{dT}{T} + (\gamma - 1)\frac{dV}{V} = 0$$

积分后可得 $$\ln(T/K) + (\gamma - 1)\ln(V/m^3) = 常数$$

或 $$TV^{\gamma-1} = 常数 \tag{1-24a}$$

分别将 $T = pV/nR$ 和 $V = nRT/p$ 代入，得

$$pV^{\gamma} = 常数 \tag{1-24b}$$

$$p^{1-\gamma} T^{\gamma} = 常数 \tag{1-24c}$$

式(1-24) 是理想气体绝热可逆过程的过程方程式。要注意它们与理想气体状态方程的区别：前者是理想气体在绝热可逆这样一个特定过程中所特有的 p、V、T 之间的关系，后者是理

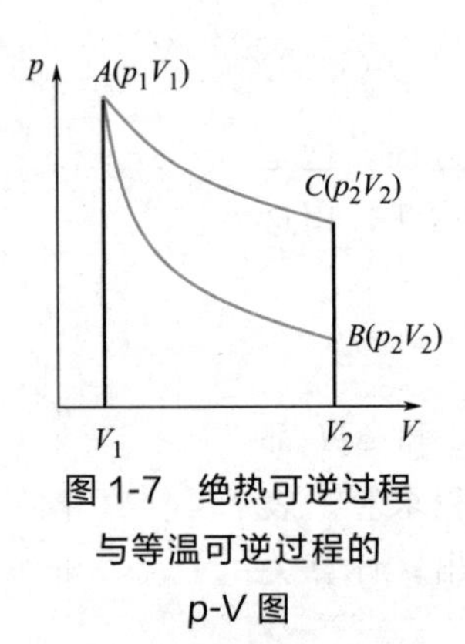

图 1-7 绝热可逆过程与等温可逆过程的 p-V 图

想气体在任何一个状态都应遵守的 p、V、T 之间的关系。

下面来比较一下理想气体的绝热可逆与等温可逆过程。两过程的 p、V 关系分别为：

绝热可逆过程 $pV^{\gamma}=$常数

等温可逆过程 $pV=$常数

若两过程从同一始态（p_1V_1）出发，膨胀到相同体积 V_2 的终态，则两过程的 p-V 曲线如图 1-7 所示。因为 $\gamma>1$，所以绝热线 AB 比等温线 AC 的斜率要大。根据体积功的定义，p-V 线下所覆盖的面积代表体积功的大小，所以理想气体在等温可逆过程中所做的功大于绝热可逆过程。

【例 1-5】 理想气体在 273K、1010kPa、$10dm^3$，经过下列三种不同过程，其终态压力均为 101kPa，计算各个过程的 W、Q、ΔU、ΔH。已知 $C_{V,m}=\frac{3}{2}R$。

（1）等温可逆膨胀；（2）绝热可逆膨胀；（3）绝热等外压膨胀。

解：
$$n=\frac{pV}{RT}=\frac{1010\times10^3\text{Pa}\times10\times10^{-3}\text{m}^3}{8.314\text{J}\cdot\text{mol}^{-1}\cdot\text{K}^{-1}\times273\text{K}}=4.45\text{mol}$$

（1）等温可逆膨胀，$\Delta U=0$，$\Delta H=0$，则

$$W=nRT\ln\frac{p_2}{p_1}$$
$$=4.45\text{mol}\times8.314\text{J}\cdot\text{mol}^{-1}\cdot\text{K}^{-1}\times273\text{K}\times\ln\frac{101}{1010}$$
$$=-23.3\text{kJ}$$
$$Q=-W=23.3\text{kJ}$$

（2）绝热可逆膨胀，$Q=0$

由 $p_1^{1-\gamma}T_1^{\gamma}=p_2^{1-\gamma}T_2^{\gamma}$，$\gamma=\frac{C_{p,m}}{C_{V,m}}=\frac{C_{V,m}+R}{C_{V,m}}=\frac{5}{3}$，得

$$T_2=T_1\left(\frac{p_2}{p_1}\right)^{(\gamma-1)/\gamma}=273\text{K}\times\left(\frac{101}{1010}\right)^{0.4}=108.7\text{K}$$

所以 $W=\Delta U=nC_{V,m}(T_2-T_1)$

$$=4.45\text{mol}\times8.314\text{J}\cdot\text{mol}^{-1}\cdot\text{K}^{-1}\times1.5\times(108.7-273)\text{K}=-9.12\text{kJ}$$

$$\Delta H=nC_{p,m}(T_2-T_1)$$
$$=4.45\text{mol}\times8.314\text{J}\cdot\text{mol}^{-1}\cdot\text{K}^{-1}\times2.5\times(108.7-273)\text{K}=-15.20\text{kJ}$$

（3）绝热等外压膨胀，$Q=0$，外压应等于终态压力 p_2

$$W=\Delta U$$
$$-p_2(V_2-V_1)=nC_{V,m}(T_2-T_1)$$
$$-p_2nR\left(\frac{T_2}{p_2}-\frac{T_1}{p_1}\right)=n\frac{3}{2}R(T_2-T_1)$$

代入 p_2 和 p_1，得 $T_2=\frac{16}{25}T_1=\frac{16}{25}\times273\text{K}=174.7\text{K}$

所以 $W=\Delta U=nC_{V,m}(T_2-T_1)$

$$=4.45\text{mol}\times8.314\text{J}\cdot\text{mol}^{-1}\cdot\text{K}^{-1}\times1.5\times(174.7-273)\text{K}=-5.46\text{kJ}$$

$$\Delta H=nC_{p,m}(T_2-T_1)$$
$$=4.45\text{mol}\times8.314\text{J}\cdot\text{mol}^{-1}\cdot\text{K}^{-1}\times2.5\times(174.7-273)\text{K}=-9.09\text{kJ}$$

由以上结果可以看出：

① 等温可逆过程所做的体积功最大，绝热不可逆过程所做的功最小；

② 由同一始态出发，经过绝热可逆过程和绝热不可逆过程不可能到达相同的终态；

③ 绝热不可逆过程不能用绝热可逆过程的过程方程式(1-24)，但只要是绝热过程，就有 $W=\Delta U$，这样可以得到只含有一个未知温度的方程式，解得温度，即可进行过程的能量衡算。

1.5.2 热力学第一定律对实际气体的应用

1.5.2.1 焦耳-汤姆逊实验——实际气体的节流膨胀

前已述及，焦耳实验不够精确。1852 年，在英国物理学家汤姆逊（W. Thomson，即开尔文 L. Kelvin，1824～1907 年）的提议下，焦耳做了另外一个气体膨胀的实验。

实际气体的节流膨胀

动画：实际气体的节流膨胀

实验装置如图 1-8 所示。在一绝热圆筒中间放置一个多孔塞（或素瓷），初态时多孔塞左端由活塞封闭一段气体，右端活塞紧贴多孔塞。向右推动左端活塞，气体就会通过多孔塞进入右端，并且推动右端活塞向右运动。由于多孔塞具有节流作用，气体压力会降低（$p_1>p_2$）。缓慢推动左端活塞，可保持整个过程中左端气体压力 p_1 和右端气体压力 p_2 始终不变。这种气体维持一定压力差的绝热膨胀过程称为“节流膨胀”(throttling expansion)。

实验观察到两边气体的温度也分别稳定于 T_1 和 T_2，且 $T_1 \neq T_2$。常温下多数气体的节流膨胀过程 $T_1>T_2$，极少数气体 $T_1<T_2$。

下面来讨论节流膨胀过程的能量效应。在左端，环境对气体做功

$$W_1=-p_1(0-V_1)=p_1V_1$$

在右端，气体对环境做功

$$W_2=-p_2(V_2-0)=-p_2V_2$$

所以总的功 $W=W_1+W_2=p_1V_1-p_2V_2$

由于圆筒绝热，$Q=0$，所以 $\Delta U=W$。把上式代入，有

$$U_2-U_1=p_1V_1-p_2V_2$$

移项，得 $U_2+p_2V_2=U_1+p_1V_1$

即 $H_2=H_1$，或 $\Delta H=0$

所以，气体的节流膨胀是一个绝热、恒焓、降压和变温的过程。

图 1-8 实际气体节流膨胀实验

1.5.2.2 焦耳-汤姆逊系数

上述节流膨胀实验中，气体的压力和温度都发生了变化。将温度变化与压力变化的比值，定义为焦耳-汤姆逊系数，简称焦-汤系数

$$\mu_{\text{J-T}}=\left(\frac{\partial T}{\partial p}\right)_H \tag{1-25}$$

$\mu_{\text{J-T}}$ 是强度性质。由 $\mu_{\text{J-T}}$ 的正负可判断一定条件下气体通过节流膨胀而液化的可能性。节流膨胀过程 $\mathrm{d}p<0$，所以可有以下三种情况。

① 若 $\mu_{\text{J-T}}>0$，则 $\mathrm{d}T<0$，即节流膨胀后气体温度降低，这称为致冷效应（或正效应）。常温下的一般气体就是如此，因此，有可能通过这种方法使气体液化。虽然这并不是最有效的方法，但它是最早实现空气液化的方法。

② 若 $\mu_{\text{J-T}}<0$，则 $\mathrm{d}T>0$，即节流膨胀后气体温度升高，这称为发热效应（或负效应）。在常温下，H_2 和 He 的 $\mu_{\text{J-T}}$ 为负值。

③ 若 $\mu_{\text{J-T}}=0$，则 $\mathrm{d}T=0$，即节流膨胀后气体温度不变，这称为零效应。

需要说明的是，对于理想气体，由于其分子间作用力和分子大小可以忽略不计，所以经节流膨胀后，其温度不变，即理想气体的 $\mu_{\text{J-T}}=0$，这与焦耳实验的结果相吻合。这一特性也清楚地说明了分子间的作用力在决定 $\mu_{\text{J-T}}$ 大小方面的作用。

实际气体在 $\mu_{J-T}=0$ 时的温度称为转化温度。实际上，实际气体因本性不同都有自己的转化温度（见表 1-2）。如 H_2 在 202K 时 $\mu_{J-T}=0$，202K 即为 H_2 的转化温度，在 202K 以上，其 μ_{J-T} 为负值，在 202K 以下，其 μ_{J-T} 为正值。从表中可见，常见气体中二氧化碳、氮气和氧气的转化温度都比较高，使其在通常温度下 μ_{J-T} 都为正值，都可以通过节流膨胀起到制冷效应，当制冷到温度低于气体物质的沸点时就可以使气体液化，且 μ_{J-T} 越大，其制冷效果越好。因此，节流膨胀是一种常见的制冷技术，通过控制制冷剂的流量和压力变化来实现制冷效果，具有制冷效果好、能耗低、操作简单等优点，广泛应用在如空调、冰箱、工业制冷设备、医疗制冷设备等家用和商用制冷设备中。

表 1-2　25℃、100kPa 下常见气体的转化温度（T_1）、正常凝固点（T_f）、正常沸点（T_b）和 μ_{J-T}

气体	T_1/K	T_f/K	T_b/K	$\mu_{J-T}/10^5 K \cdot Pa^{-1}$	气体	T_1/K	T_f/K	T_b/K	$\mu_{J-T}/10^5 K \cdot Pa^{-1}$
空气	603			0.189(50℃)	H_2	202	14.0	20.3	−0.03
CO_2	1500	194.7		1.11(27℃)	N_2	621	63.3	77.4	0.27
He	40		4.22	−0.062	O_2	764	54.8	90.2	0.31

注：数据选自 Atkins' Physical Chemistry. 12th ed by Peter Atkins，Julio de Paula，James Keeler. Oxford University Press，UK（2023）。

1.5.3　热力学第一定律对相变过程的应用

下面讨论热力学第一定律在物质相变过程中的应用。

相变是物质由一种聚集状态转变到另一种聚集状态的过程。图 1-9 给出了物质的各种聚集状态和相应的相变过程。

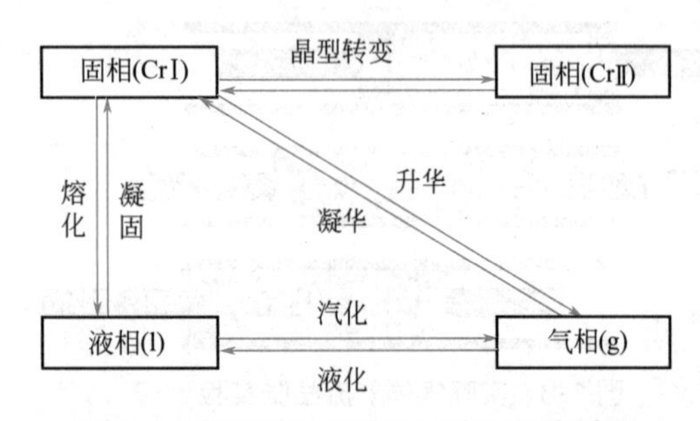

图 1-9　物质的各种聚集状态和相变过程

相变过程也有可逆和不可逆之分。物质在相平衡条件，即两相处于相同的温度与压力，且压力恰为此温度下该物质的饱和蒸气压下进行的相变为可逆相变，否则为不可逆相变。显然，可逆相变是个等温等压过程。

要想求算相变过程的能量效应，必须先判断是否是可逆相变。如果是可逆相变，则可按以下步骤计算。

（1）因为可逆相变是等压过程，若不做非体积功，则有相变热 $Q=\Delta_{相变}H$。对于各种相变过程，其焓变都用特定的符号表示，如

蒸发(汽化)焓　$\Delta_{vap}H=H(g)-H(l)$

熔化焓　$\Delta_{fus}H=H(l)-H(s)$

升华焓　$\Delta_{sub}H=H(g)-H(s)$

晶型转变焓　$\Delta_{trs}H=H(Cr\ \text{Ⅱ})-H(Cr\ \text{Ⅰ})$

它们相反过程的焓变均在前面添加负号即可。

如果 1mol 物质在相变前后均处于标准状态，则此时相变焓称为标准摩尔相变焓，符号为 $\Delta_{相变}H_m^{\ominus}$，其值可以用量热方法来测定，一般在手册中可以查到，在实际过程中如果压力不是很高也可以直接使用。

同一物质的标准摩尔相变焓之间存在如下关系：

$$\Delta_{sub}H_m^{\ominus}=\Delta_{fus}H_m^{\ominus}+\Delta_{vap}H_m^{\ominus} \tag{1-26}$$

这是因为由始态固相到终态气相有两种途径（如图 1-10 所示）：①由固相直接升华到气相，焓变为 $\Delta_{sub}H_m^{\ominus}$；②固相熔化为液相，焓变为 $\Delta_{fus}H_m^{\ominus}$，液相再汽化为气相，焓变为 $\Delta_{vap}H_m^{\ominus}$。由于焓是状态函数，焓变只与始终态有关。两种途径的焓变应相等，所以有式(1-26)。

(2) 因为可逆相变是等温、等压过程，所以体积功

$$W=-p(V_{相Ⅱ}-V_{相Ⅰ}) \tag{1-27}$$

这时只要得到两相的体积即可计算体积功。特别是，对于蒸发或升华这类由凝聚相转变为气相的过程，由于一般压力下 $V_g \gg V_l$（或 V_s），且气体可视为理想气体，所以上式可近似为

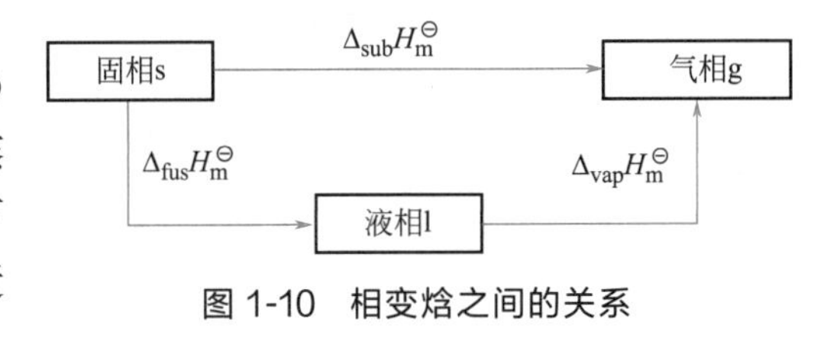

图 1-10　相变焓之间的关系

$$W=-pV_g=-n_gRT$$

式中，n_g 为气相物质的物质的量。

(3) 相变过程的 $\Delta_{相变}U$ 可以根据热力学第一定律 $\Delta_{相变}U=Q+W$ 或 $\Delta_{相变}U=\Delta_{相变}H-\Delta(pV)$ 计算。

对于不可逆相变过程，要计算 ΔH，则要在始态和终态之间设计另外一条变化途径，该途径应满足：其中的相变过程都是可逆相变，其他过程都是简单状态变化过程。则该途径各过程的 ΔH 之和即为所求不可逆相变过程的 ΔH。而 W 和 ΔU 的求算方法与可逆相变相同。具体举例如下。

【例 1-6】 在 298K、100kPa 下，1mol 液态水蒸发为同温同压下的水蒸气，试求该过程的 W、Q、ΔU、ΔH（只需要列出表达式）。

解：所求过程是等温等压的非可逆相变过程，$Q=\Delta H$

$$W=-p(V_g-V_l)\approx -pV_g=-nRT$$

求算 ΔH 需要设计如下过程

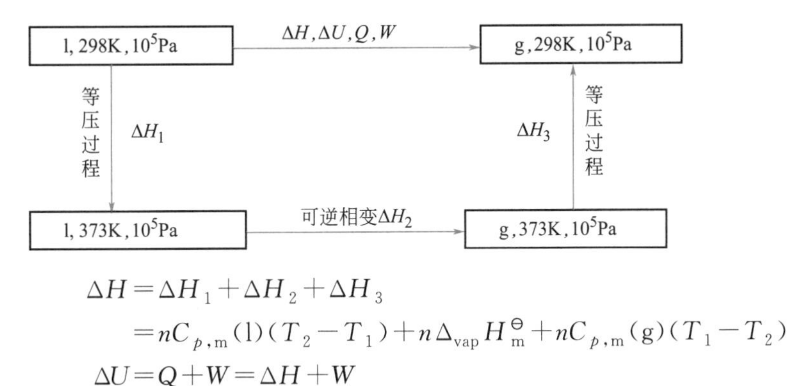

$$\Delta H=\Delta H_1+\Delta H_2+\Delta H_3$$
$$=nC_{p,m}(l)(T_2-T_1)+n\Delta_{vap}H_m^{\ominus}+nC_{p,m}(g)(T_1-T_2)$$
$$\Delta U=Q+W=\Delta H+W$$

如果给出或查表得到水的标准摩尔蒸发焓及液态水和气态水的等压热容数据，即可代入求算。

例 1-6 是等压条件下的不可逆相变，对于非等压条件下的不可逆相变，如 100℃、100kPa 下的液态水向真空蒸发为 100℃、100kPa 下的水蒸气，又该如何计算过程的能量变化呢？请读者自行分析。

1.6　热力学第一定律在化学反应中的应用——热化学

本节讨论利用热力学第一定律求算化学反应的能量效应，这部分也称为“热化学”。热化学数据可用来求算反应平衡常数和其他热力学量，也可用来指导工业生产中设备和工艺流程的设计。所以热化学研究具有重要的理论价值和实际意义。

1.6.1　热化学基本概念

1.6.1.1　化学反应的热效应

对一个化学反应，当生成物温度与反应物的温度相同，且反应过程中不做非体积功时，

反应系统吸收或释放的热量称为反应的热效应，简称反应热。若反应在等压条件下进行，则其热效应称为等压热 Q_p，它等于系统的反应焓变，用 $\Delta_r H$ 表示。这里 $\Delta_r H$ 应理解为“生成物总焓与反应物总焓之差”，即

$$\Delta_r H = \sum H(\text{生成物}) - \sum H(\text{反应物})$$

若反应在等容条件下进行，则其热效应称为等容热 Q_V，它等于系统的反应热力学能变，用 $\Delta_r U$ 表示。这里 $\Delta_r U$ 应理解为“生成物总热力学能与反应物总热力学能之差”，即

$$\Delta_r U = \sum U(\text{生成物}) - \sum U(\text{反应物})$$

如果某反应可经过等温等压和等温等容两个途径进行，则等压热和等容热之间有如下关系

$$Q_p = Q_V + (\Delta n)RT \quad \text{或} \quad \Delta_r H = \Delta_r U + (\Delta n)RT \tag{1-28}$$

其中 Δn 为生成物中气体的总物质的量与反应物中气体的总物质的量之差，且气体都视为理想气体。此关系式可由图 1-11 得出。从图中可以看出，等温等压下的反应与另一途径相当：先进行等温等容反应，再由生成物等温下进行简单状态变化。根据焓的定义和状态函数的特点，有

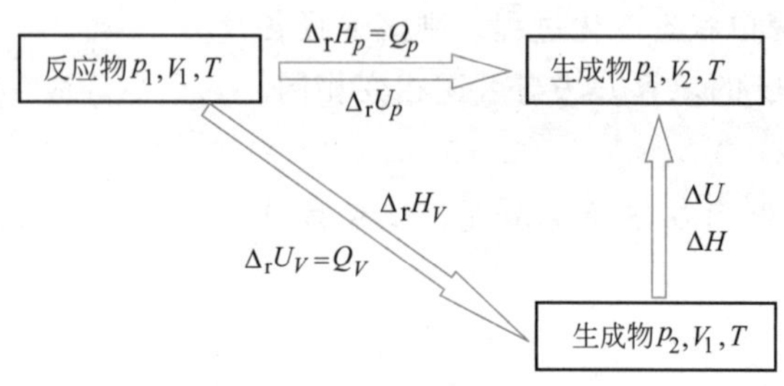

图 1-11　等压热与等容热的关系

$$\begin{aligned}\Delta_r H_p &= \Delta_r U_p + \Delta(pV)\\ &= \Delta_r U_V + \Delta U + p_1 \Delta V\end{aligned}$$

其中，$p_1\Delta V$ 这一项取决于生成物与反应物的体积差 ΔV，如果是凝聚态物质，反应前后体积变化不大，可以忽略不计。因此只需考虑其中的气体物质的体积，假定气体都是理想气体，则有 $p_1\Delta V=(\Delta n)RT$。ΔU 这一项是生成物在等温下的 pV 变化，对于其中的气体物质（看作理想气体），在等温下 $\Delta U=0$；对于凝聚态物质，等温过程的 ΔU 非常小，与化学反应的 $\Delta_r U$ 相比可以忽略不计。所以可以得到式(1-28)。利用这个关系可以由易于实验测定的热效应（一般是 Q_V）求得不易测定的热效应（Q_p）。

1.6.1.2　反应进度

对于任一化学反应 $a\text{A}+c\text{C} \longrightarrow d\text{D}+e\text{E}$，要想知道某一时刻反应进行的程度，仅用单一物质的物质的量的变化是不能描述的。但反应物质的物质的量变化与各自的化学计量系数之间有一定的关系，即

	aA	+	cC	$\longrightarrow$	dD	+	eE
0 时刻	$n_A(0)$		$n_C(0)$		$n_D(0)$		$n_E(0)$
t 时刻	$n_A(t)$		$n_C(t)$		$n_D(t)$		$n_E(t)$

则有
$$-\frac{n_A(t)-n_A(0)}{a} = -\frac{n_C(t)-n_C(0)}{c} = \frac{n_D(t)-n_D(0)}{d} = \frac{n_E(t)-n_E(0)}{e}$$

若要体现反应前后状态的变化，可将上述化学反应方程式改写为

$$0 = d\text{D} + e\text{E} - a\text{A} - c\text{C}$$

即
$$0 = \sum_{\text{B}} \nu_{\text{B}} \text{B}$$

式中，ν_B 为反应方程式中 B 物质的化学计量系数，要注意其取值，对于反应物要取负值，对于生成物取正值（下同）。所以，上述比值可表示为

$$\frac{n_A(t)-n_A(0)}{\nu_A} = \frac{n_C(t)-n_C(0)}{\nu_C} = \frac{n_D(t)-n_D(0)}{\nu_D} = \frac{n_E(t)-n_E(0)}{\nu_E}$$

可见，在反应过程中虽然不同物质的量的变化情况不尽相同，但是各物质的量的变化与其计

量系数的比值彼此相等。因此，可以用这个比值来表示反应进行的程度，定义 t 时刻反应进度为

$$\xi=\frac{n_B(t)-n_B(0)}{\nu_B} \tag{1-29a}$$

式中，ξ 的单位是 mol。

反应进度的微分定义式为

$$d\xi=\frac{dn_B}{\nu_B} \tag{1-29b}$$

将上式积分，若反应开始时，反应进度为 ξ_0，B 的物质的量为 $n_B(\xi_0)$；反应 t 时刻时，反应进度为 ξ，B 的物质的量为 $n_B(\xi)$，则

$$\int_{\xi_0}^{\xi} d\xi=\int_{n_B(\xi_0)}^{n_B(\xi)}\frac{dn_B}{\nu_B}$$

得反应进度变化量为

$$\Delta\xi=\xi-\xi_0=\frac{\Delta n_B}{\nu_B}$$

若规定反应开始时 $\xi_0=0$，则

$$\xi=\frac{\Delta n_B}{\nu_B} \tag{1-29c}$$

对于反应进度，应注意以下两点。

① 反应进行到某一时刻，用任一反应物或生成物计算所得的反应进度都是相等的，这是用 ξ 来表示反应进行程度的最大优点。

② 由于 ξ 定义式中包含 ν_B，所以 ξ 必须与具体的化学反应方程式相联系才有意义，即 ξ 的数值与反应式的写法有关。

例如，合成氨工业中，利用 9mol 氮气和 18mol 氢气反应后生成 4mol 氨气。下面按照两个不同写法的反应方程式，来计算反应进度并进行比较。

(a) $N_2+3H_2 \longrightarrow 2NH_3$　　　(b) $1/2N_2+3/2H_2 \longrightarrow NH_3$

无论按照哪个方程式，反应都要按照 $N_2:H_2:NH_3=1:3:2$ 的比例进行，所以

	$n(N_2)$/mol	$n(H_2)$/mol	$n(NH_3)$/mol
0 时刻	9	18	0
t 时刻	7	12	4

按照反应式(a) 来计算

$$\xi=\frac{(7-9)\text{mol}}{-1}=\frac{(12-18)\text{mol}}{-3}=\frac{(4-0)\text{mol}}{2}=2\text{mol}$$

按照反应式(b) 来计算

$$\xi=\frac{(7-9)\text{mol}}{-0.5}=\frac{(12-18)\text{mol}}{-1.5}=\frac{(4-0)\text{mol}}{1}=4\text{mol}$$

可以看出，反应式写法不同时，如果生成物物质的量相同，那么反应进度就不同；如果反应进度相同，则生成物物质的量就不同。

1.6.1.3 标准状态的规定

由于一些热力学函数如热力学能 (U)、焓 (H)、吉布斯函数 (G) 等的绝对值不能测量，能测量的是这些量在某一变化过程中的变化值 ΔU、ΔH、ΔG。因此为了讨论问题方便，使同一物质在不同的化学反应中能够有一个公共的参考状态，有必要引入标准状态这个

概念。标准状态简称为标准态。按照 GB 3102.8—93 中的规定，标准态时的压力即标准压力 $p^{\ominus}=100\mathrm{kPa}$。对于反应物和生成物的标准态，有如下规定。

① 气体的标准态：标准压力 $p^{\ominus}$ 下的理想气体纯物质；

② 液体和固体的标准态：标准压力 $p^{\ominus}$ 下的液体和固体纯物质；

③ 溶液中溶质的标准态：标准压力 $p^{\ominus}$ 下服从亨利定律（见 2.4 节）的 $c_{\mathrm{B}}=1\mathrm{mol\cdot dm^{-3}}$ 或 $b_{\mathrm{B}}=1\mathrm{mol\cdot kg^{-1}}$ 的假想溶液中的溶质。

应注意，标准态的规定中只规定了压力，而没有规定温度。而实际上作为一个确定的状态，除了要有确定的压力和纯物质的聚集状态，还要有确定的温度。所以，同一种物质在不同温度下的标准态也是不一样的。在用标准态时，应指明温度。如果不加说明，通常认为是在常温（298.15K）下的标准态。

1.6.1.4 反应的标准摩尔焓变

同一个化学反应进行的程度不同，其焓变 $\Delta_{\mathrm{r}}H$ 的数值就不同。所以 $\Delta_{\mathrm{r}}H$ 与反应进度有关。这样，不同反应的 $\Delta_{\mathrm{r}}H$ 就无法相比较。为了解决这一问题，定义单位反应进度（$\Delta\xi=1\mathrm{mol}$）时反应的焓变为反应的摩尔焓变 $\Delta_{\mathrm{r}}H_{\mathrm{m}}$，即

$$\Delta_{\mathrm{r}}H_{\mathrm{m}}=\frac{\Delta_{\mathrm{r}}H}{\Delta\xi}=\sum\nu_{\mathrm{B}}H_{\mathrm{m}}(\mathrm{B}) \qquad (1\text{-}30)$$

其单位一般为 $\mathrm{kJ\cdot mol^{-1}}$。

反应物和生成物均处于标准状态时的摩尔焓变称为反应的标准摩尔焓变，用符号 $\Delta_{\mathrm{r}}H_{\mathrm{m}}^{\ominus}$ 表示。

1.6.1.5 热化学方程式

表示化学反应与反应热之间关系的方程式称为热化学方程式，书写热化学方程式应包含下列内容。

① 在反应方程式中要标明各物质的聚集状态，固体若有不同的晶型，则应标明晶型。气体应注明压力，不注明则指压力为 $p^{\ominus}$。

② 以 $\Delta_{\mathrm{r}}H_{\mathrm{m}}$ 表示等压反应热效应时，应注明温度和压力，如不注明则指温度为 298.15K、压力为 $p^{\ominus}$。

例如： $\mathrm{H_2(g)+I_2(g)\longrightarrow 2HI(g)} \qquad \Delta_{\mathrm{r}}H_{\mathrm{m}}^{\ominus}=-51.8\mathrm{kJ\cdot mol^{-1}}$

这就是一个热化学方程式，它表示温度为 298.15K、压力为 $p^{\ominus}$ 时，按此方程式进行 1mol（反应进度）反应时的热效应为 $-51.8\mathrm{kJ\cdot mol^{-1}}$。注意必须是已经完成了 1mol 反应，也就是说，如果 HI 的初始量为 0mol，则必须是有 2mol HI 生成时反应的热效应才为 $-51.8\mathrm{kJ\cdot mol^{-1}}$。并不是说 1mol H_2 与 1mol I_2 混合，就有这么多热量放出。实际上由于反应进行到一定程度就达到平衡，1mol H_2 与 1mol I_2 反应不会生成 2mol HI。

另外，由于反应进度与方程式的写法有关，根据式(1-30)，$\Delta_{\mathrm{r}}H_{\mathrm{m}}$ 的数值也与方程式的写法有关。如

$$\mathrm{2H_2(g)+O_2(g)\longrightarrow 2H_2O(l)} \qquad \Delta_{\mathrm{r}}H_{\mathrm{m}}^{\ominus}=-571.6\mathrm{kJ\cdot mol^{-1}}$$

$$\mathrm{H_2(g)+1/2O_2(g)\longrightarrow H_2O(l)} \qquad \Delta_{\mathrm{r}}H_{\mathrm{m}}^{\ominus}=-285.8\mathrm{kJ\cdot mol^{-1}}$$

从上面的例子也可以看出，化学反应的热效应数值较大，一般能达到几百个 $\mathrm{kJ\cdot mol^{-1}}$，而前面所涉及的相变热一般为几十个 $\mathrm{kJ\cdot mol^{-1}}$，简单 pVT 变化过程的吸放热一般不超过几个 $\mathrm{kJ\cdot mol^{-1}}$。了解这几种变化的热效应水平，有助于我们估计某一变化的热效应大致数量级，对计算结果进行验证，同时也能忽略一些次要因素，简化计算。

化学反应焓变的计算

1.6.2 化学反应焓变的计算

下面我们来讨论一下化学反应焓变的数据如何获得。原则上讲，可以通过实验测定得到

反应热，从而得到反应焓变。但有些反应的热效应很难用实验方法测得，比如反应不完全或有副反应存在等，这时就要考虑能否用已知反应热数据通过热力学计算得到反应焓变。下面列举几种计算方法。

1.6.2.1 由已知反应焓变求未知反应焓变

科学家-盖斯

盖斯定律是计算反应焓变的所有热力学方法的基础。1840 年，俄国科学家盖斯（G. H. Hess）通过分析大量热化学实验数据得到结论：一个化学反应，在整个过程是等压或等容时，不论是一步完成还是分几步完成，该反应的热效应总是相同。这就是盖斯定律。

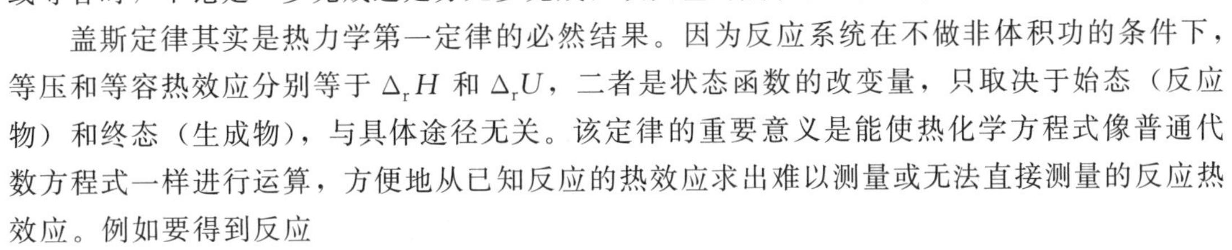
盖斯定律其实是热力学第一定律的必然结果。因为反应系统在不做非体积功的条件下，等压和等容热效应分别等于 $\Delta_r H$ 和 $\Delta_r U$，二者是状态函数的改变量，只取决于始态（反应物）和终态（生成物），与具体途径无关。该定律的重要意义是能使热化学方程式像普通代数方程式一样进行运算，方便地从已知反应的热效应求出难以测量或无法直接测量的反应热效应。例如要得到反应

$$2C(s)+O_2(g)\longrightarrow 2CO(g) \qquad \Delta_r H^\ominus_{m,1} \tag{1}$$

的热效应 $\Delta_r H^\ominus_{m,1}$，因反应很难停留在产物 CO 这一步，造成测定困难。这时可以用下面两个反应的热效应数据来求算。

$$C(s)+O_2(g)\longrightarrow CO_2(g) \qquad \Delta_r H^\ominus_{m,2} \tag{2}$$

$$2CO(g)+O_2(g)\longrightarrow 2CO_2(g) \qquad \Delta_r H^\ominus_{m,3} \tag{3}$$

这两个反应都可以完全进行，反应热比较容易测定。方程式(1)=(2)×2−(3)，根据盖斯定律

$$\Delta_r H^\ominus_{m,1}=\Delta_r H^\ominus_{m,2}\times 2-\Delta_r H^\ominus_{m,3}$$

需要注意的是，使用盖斯定律计算 $\Delta_r H_m$ 时，各分步反应所处条件应与总反应条件相同，各方程式中同一物质应处于同一状态，才能进行互算。

1.6.2.2 由标准摩尔生成焓计算

用盖斯定律虽然能够计算反应的热效应，但是需要引入已知热效应的辅助反应，用起来很不方便，有时也很难实现。那么，有没有可能根据给出的化学方程式直接计算反应焓变 $\Delta_r H_m$ 呢？如果已知参与反应的每种物质的焓的绝对值，那么就可根据反应焓变的定义用生成物焓的总和减去反应物焓的总和来计算。可惜实际上焓的绝对值是无法测定的。为此，可以设法为反应物和生成物寻找共同的标准参考态，用它们相对于标准参考态的焓的差值来解决 $\Delta_r H_m$ 的计算问题。

一种可用的标准参考态是最稳定的单质，因为反应物和生成物的元素是守恒的。规定在标准压力下，由最稳定的单质生成 1mol 某物质的反应的焓变，叫做该物质的标准摩尔生成焓，用符号 $\Delta_f H^\ominus_m$（B，相态，T）表示。这个反应也可以叫做这种物质的生成反应。注意，必须是生成 1mol 某物质，且生成物只有一种。例如

$$1/2H_2(g)+1/2Cl_2(g)\longrightarrow HCl(g) \qquad \Delta_r H^\ominus_m=-92.3kJ\cdot mol^{-1}$$

此反应就是 HCl(g) 的生成反应，HCl(g) 的标准摩尔生成焓可表示为 $\Delta_f H^\ominus_m(HCl,g)=-92.3kJ\cdot mol^{-1}$。但是下面这个反应

$$H_2(g)+Cl_2(g)\longrightarrow 2HCl(g) \qquad \Delta_r H^\ominus_m=-184.6kJ\cdot mol^{-1}$$

就不是 HCl(g) 的生成反应，$-184.6kJ\cdot mol^{-1}$ 也就不是 HCl(g) 的标准摩尔生成焓。还应看到，用符号 $\Delta_f H^\ominus_m$ 时一定要指明是哪种物质的生成焓，即在符号前面说明某物质或在符号后面加括号注明该物质。

根据上述生成焓的规定，显然可以得出“任一最稳定单质的标准摩尔生成焓都等于零”这一结论。这样，对于具有多种形态的单质，就要规定其最稳定的单质，如碳规定为石墨，

硫规定为正交硫，锡规定为白锡。磷比较特殊，虽然红磷比白磷稳定，但因白磷容易制得，因而过去一直将磷的标准参考态规定为白磷；但近些年来，有的文献已改用更稳定的红磷为标准参考态。因此，在应用磷及含磷化合物的标准摩尔生成焓数据时，一定要注意选用哪种磷作为标准参考态。例如下面两个反应

$$\text{C(石墨)} + O_2(g) \longrightarrow CO_2(g) \qquad \Delta_r H_m^{\ominus} = -393.5\text{kJ}\cdot\text{mol}^{-1}$$

$$\text{C(金刚石)} + O_2(g) \longrightarrow CO_2(g) \qquad \Delta_r H_m^{\ominus} = -395.4\text{kJ}\cdot\text{mol}^{-1}$$

第一个才是 CO_2 (g) 的生成反应，所以 $\Delta_f H_m^{\ominus}(CO_2, g) = -393.5\text{kJ}\cdot\text{mol}^{-1}$，而不等于 $-395.4\text{kJ}\cdot\text{mol}^{-1}$。

一些物质的标准摩尔生成焓（298.15K）数据列于附录表Ⅵ中。可以用生成焓来计算任意一个给定反应的反应焓变。如果已知反应式中各物质的标准摩尔生成焓，则利用盖斯定律就可以得出给定反应的标准摩尔焓变 $\Delta_r H_m^{\ominus}$ 等于生成物的标准摩尔生成焓与其化学计量系数乘积之和减去反应物的标准摩尔生成焓与其化学计量系数乘积之和，即

$$\Delta_r H_m^{\ominus}(T) = \sum_B \nu_B \Delta_f H_m^{\ominus}(B, T) \tag{1-31}$$

其中 B 代表参与反应的任一种物质，ν_B 为其化学计量系数。

【例 1-7】 求下列反应的标准摩尔焓变 $\Delta_r H_m^{\ominus}$

$$2Fe_2O_3(s) + 3\text{C(石墨)} \longrightarrow 4Fe(s) + 3CO_2(g)$$

已知 $\Delta_f H_m^{\ominus}(Fe_2O_3, s) = -824.2\text{kJ}\cdot\text{mol}^{-1}$，$\Delta_f H_m^{\ominus}$ $(CO_2, g) = -393.5\text{kJ}\cdot\text{mol}^{-1}$

解：根据生成焓的定义，可以得到如下方程式

(1) $2Fe(s) + 3/2O_2(g) \longrightarrow Fe_2O_3(s) \qquad \Delta_r H_{m,1}^{\ominus} = \Delta_f H_m^{\ominus}(Fe_2O_3, s)$

(2) $\text{C(石墨)} + O_2(g) \longrightarrow CO_2(g) \qquad \Delta_r H_{m,2}^{\ominus} = \Delta_f H_m^{\ominus}(CO_2, g)$

(2)×3−(1)×2，得所求方程式，根据盖斯定律，所求反应的 $\Delta_r H_m^{\ominus}$

$$\begin{aligned}\Delta_r H_m^{\ominus} &= \Delta_r H_{m,2}^{\ominus} \times 3 - \Delta_r H_{m,1}^{\ominus} \times 2 \\ &= \Delta_f H_m^{\ominus}(CO_2, g) \times 3 - \Delta_f H_m^{\ominus}(Fe_2O_3, s) \times 2 \\ &= -393.5\text{kJ}\cdot\text{mol}^{-1} \times 3 - (-824.2\text{kJ}\cdot\text{mol}^{-1} \times 2) \\ &= 467.9\text{kJ}\cdot\text{mol}^{-1}\end{aligned}$$

可以看出，上式与式(1-31) 相符，因石墨和 Fe(s) 的生成焓为零，所以没有出现这两项。

此外，为了计算水溶液中进行的离子反应的焓变，需要用到离子的标准摩尔生成焓数据。由于不存在单独生成一种离子的电离反应，所以无法像物质标准摩尔生成焓那样，直接用一种离子的生成反应的焓变来定义离子的生成焓。但离子生成焓用以计算反应焓变的方法还是与式(1-31) 相似的。如对于电离反应

$$H_2O(l) \longrightarrow H^+(\infty aq) + OH^-(\infty aq) \qquad \Delta_r H_m = 55.84\text{kJ}\cdot\text{mol}^{-1}$$

其中（∞aq）表示无限稀释水溶液（即再加水也不会多产生热），有

$$\Delta_r H_m = \Delta_f H_m(H^+, \infty aq) + \Delta_f H_m(OH^-, \infty aq) - \Delta_f H_m(H_2O, l) = 55.84\text{kJ}\cdot\text{mol}^{-1}$$

将 $\Delta_f H_m(H_2O, l) = -285.83\text{kJ}\cdot\text{mol}^{-1}$ 代入，得

$$\Delta_f H_m(H^+, \infty aq) + \Delta_f H_m(OH^-, \infty aq) = -229.99\text{kJ}\cdot\text{mol}^{-1}$$

可见，得到的是 H^+ 和 OH^- 两种离子的生成焓之和。如果规定 H^+ 的生成焓为零，即 $\Delta_f H_m(H^+, \infty aq) = 0$，将它作为统一标准，那么每一种离子相对于 H^+ 的生成焓数值即可作为该离子的生成焓。这样从上式中即可得到 OH^- 的生成焓为 $\Delta_f H_m(OH^-, \infty aq) = -229.99\text{kJ}\cdot\text{mol}^{-1}$。同样，可以通过 HCl(g) 的电离反应得到 Cl^- 的生成焓，等等。有了这些阴离子的生成焓数据，还可求得其他阳离子的生成焓。

1.6.2.3 由标准摩尔燃烧焓计算

除了上述以最稳定单质作为标准参考态，另外还可以选用标准状态下的燃烧产物作为标准参考态，因为不论生成物还是反应物，其燃烧产物是相同的。规定在标准状态下，1mol物质完全燃烧或完全氧化的反应的焓变称为该物质的标准摩尔燃烧焓，用符号 $\Delta_c H_m^\ominus$（B，相态，T）表示。所谓完全燃烧或完全氧化是指燃烧（氧化）产物必须是规定的几种：C 变为 $CO_2(g)$，H 变为 $H_2O(l)$，N 变为 $N_2(g)$，S 变为 $SO_2(g)$，Cl 变为一定组成的 HCl（水溶液）等。例如：反应

$$H_2(g)+1/2O_2(g) \longrightarrow H_2O(l) \qquad \Delta_r H_m^\ominus=-285.8\text{kJ}\cdot\text{mol}^{-1}$$

为 $H_2(g)$ 的完全燃烧反应，此反应的焓变即为 $H_2(g)$ 的标准摩尔燃烧焓，即

$$\Delta_c H_m^\ominus(H_2,g)=-285.8\text{kJ}\cdot\text{mol}^{-1}$$

而下面两个反应

$$2H_2(g)+O_2(g) \longrightarrow 2H_2O(l) \qquad \Delta_r H_m^\ominus=-571.6\text{kJ}\cdot\text{mol}^{-1}$$

$$H_2(g)+1/2O_2(g) \longrightarrow H_2O(g) \qquad \Delta_r H_m^\ominus=-241.8\text{kJ}\cdot\text{mol}^{-1}$$

由于前者不是 1mol $H_2(g)$ 的反应，后者燃烧产物不符合规定，所以二者的焓变都不是 $H_2(g)$ 的燃烧焓。

一些物质的标准摩尔燃烧焓（298.15K）数据列于附录表Ⅵ中。从燃烧焓也可计算反应焓变。如果已知反应式中各物质的标准摩尔燃烧焓，则同样利用盖斯定律可以得出反应焓变等于反应物的标准摩尔燃烧焓与其化学计量系数乘积之和减去生成物的标准摩尔燃烧焓与其化学计量系数乘积之和，即

$$\Delta_r H_m^\ominus(T)=-\sum_B \nu_B \Delta_c H_m^\ominus(B,T) \tag{1-32}$$

上式比式(1-31) 多了一个负号，这是因为参与反应的物质在燃烧反应是反应物，而在生成反应中是生成物。

【例 1-8】 求下列酯化反应在 298.15K 时的标准摩尔焓变 $\Delta_r H_m^\ominus$

$$CH_3COOH(l)+C_2H_5OH(l) \longrightarrow CH_3COOC_2H_5(l)+H_2O(l)$$

已知 $\Delta_c H_m^\ominus(CH_3COOH,l)=-875\text{kJ}\cdot\text{mol}^{-1}$，$\Delta_c H_m^\ominus$（$C_2H_5OH$，l）$=-1368\text{kJ}\cdot\text{mol}^{-1}$，$\Delta_c H_m^\ominus$（$CH_3COOC_2H_5$，l）$=-2231\text{kJ}\cdot\text{mol}^{-1}$。

解：根据燃烧焓的定义，可以得到如下方程式

(1) $CH_3COOH(l)+2O_2(g) \longrightarrow 2H_2O(l)+2CO_2(g) \quad \Delta_r H_{m,1}^\ominus=\Delta_c H_m^\ominus(CH_3COOH,l)$

(2) $C_2H_5OH(l)+3O_2(g) \longrightarrow 3H_2O(l)+2CO_2(g) \quad \Delta_c H_{m,2}^\ominus=\Delta_c H_m^\ominus(C_2H_5OH,l)$

(3) $CH_3COOC_2H_5(l)+5O_2(g) \longrightarrow 4H_2O(l)+4CO_2(g) \quad \Delta_r H_{m,3}^\ominus=\Delta_c H_m^\ominus(CH_3COOC_2H_5,l)$

(1)+(2)−(3)，得所求方程式，根据盖斯定律

$$\begin{aligned}\Delta_r H_m^\ominus&=\Delta_r H_{m,1}^\ominus+\Delta_r H_{m,2}^\ominus-\Delta_r H_{m,3}^\ominus\\&=\Delta_c H_m^\ominus(CH_3COOH,l)+\Delta_c H_m^\ominus(C_2H_5OH,l)-\Delta_c H_m^\ominus(CH_3COOC_2H_5,l)\\&=[-875-1368-(-2231)]\text{kJ}\cdot\text{mol}^{-1}=-12\text{kJ}\cdot\text{mol}^{-1}\end{aligned}$$

本例和上面例 1-7 求解反应焓变的思路和方法是相似的，都是根据物质生成焓或燃烧焓的定义得到所代表反应方程式，由这些方程式组合出所求反应方程式，再根据盖斯定律得到所求反应的焓变。这一求解过程说明了式(1-31) 和式(1-32) 的由来。以后处理“已知生成焓或燃烧焓，求算反应焓变”的问题时，可直接用式(1-31) 或式(1-32)，而不必给出类似例 1-7 和例 1-8 的求解过程。

用燃烧焓计算反应焓变常用于有机反应，因为大多数有机物可以燃烧，其燃烧焓可以测定，而其生成焓则很难得到。但使用时应注意燃烧焓数据的可靠性，因为燃烧焓数值都较

大，当用它们来求较小的反应焓变时，原始数据一个很小的误差就有可能造成所求数据很大的误差。

1.6.2.4 反应焓变与温度的关系——基希霍夫公式

前已述及，在表中可以查到常温（298.15K）下各种物质的生成焓和燃烧焓数据，那么用它们计算出的反应焓变也是常温下的数据。如果反应不在常温下进行，反应焓变该如何计算呢？

可以将式(1-30)两边在等压下对 T 求偏导，得

$$\left(\frac{\partial \Delta_r H_m}{\partial T}\right)_p = \left[\frac{\partial \sum_B \nu_B H_m(B)}{\partial T}\right]_p$$

由摩尔等压热容的定义式(1-12)，可得

$$\left[\frac{\partial H_m(B)}{\partial T}\right]_p = C_{p,m}(B)$$

代入前式，可得

$$\left(\frac{\partial \Delta_r H_m}{\partial T}\right)_p = \sum_B \nu_B C_{p,m}(B)$$

令

$$\Delta_r C_{p,m} = \sum_B \nu_B C_{p,m}(B)$$

则得

$$\left(\frac{\partial \Delta_r H_m}{\partial T}\right)_p = \Delta_r C_{p,m} \tag{1-33a}$$

上式表明，等压条件下化学反应的焓变随温度的变化是由于生成物与反应物的等压热容存在差别而引起的。将此式两边同乘以 dT 并进行定积分，可得

$$\Delta_r H_m(T_2) - \Delta_r H_m(T_1) = \int_{T_1}^{T_2} \Delta_r C_{p,m} \mathrm{d}T \tag{1-33b}$$

若各物质均处在标准状态下，则上式又可表示为

$$\Delta_r H_m^{\ominus}(T_2) - \Delta_r H_m^{\ominus}(T_1) = \int_{T_1}^{T_2} \Delta_r C_{p,m}^{\ominus} \mathrm{d}T \tag{1-33c}$$

式(1-33)称为基希霍夫（Kirchhoff）公式。其中若选用 T_1 为 298.15K，则利用该温度下的标准摩尔生成焓或标准摩尔燃烧焓数据，就可以得到 $\Delta_r H_m^{\ominus}(T_1)$，再借助于各物质的等压摩尔热容与温度的关系，就可以积分求得 $\Delta_r H_m^{\ominus}(T_2)$。一般可通过查表得到参加反应的各物质等压摩尔热容与温度的关系式，如同式(1-15a)的形式，并将其代入上式，得

$$\begin{aligned}\Delta_r H_m(T_2) &= \Delta_r H_m(T_1) + \int_{T_1}^{T_2} \Delta_r C_{p,m}^{\ominus} \mathrm{d}T \\ &= \Delta_r H_m(T_1) + \left[\sum \nu_B a_B (T_2 - T_1) + \frac{1}{2}\sum \nu_B b_B (T_2^2 - T_1^2) + \frac{1}{3}\sum \nu_B c_B (T_2^3 - T_1^3)\right]\end{aligned}$$

若在温度区间 T_1 至 T_2 内，参加反应各物质的等压摩尔热容几乎不随温度的变化而变化，则得到最简化的基希霍夫公式

$$\Delta_r H_m^{\ominus}(T_2) = \Delta_r H_m^{\ominus}(T_1) + \Delta_r C_{p,m}^{\ominus}(T_2 - T_1) \tag{1-33d}$$

上述基希霍夫公式除了可以用于计算化学反应的焓变随温度的变化外，还可以用于计算相变过程的焓变随温度的变化。但是在应用基希霍夫公式时应注意在所讨论的温度范围内，方程式两边的任一物质均不能发生相变化，否则，若有一种或几种物质发生相变化，则要按照状态函数法，设计途径，由已知温度下的标准摩尔反应焓，结合有关物质在相变温度下的摩尔相变焓及有关的等压摩尔热容，求算另一温度下的标准摩尔反应焓。

前已述及（见 1.6.1.5），物质由于温度变化引起的吸放热比反应热小两个数量级，加之计算 $\Delta_r C_{p,m}$ 过程中各种物质的热容值有正负抵消的因素，所以式（1-33c）中后面的积分

项比前两项数值要小得多，一般情况下可以近似认为 $\Delta_r H_m^{\ominus}(T_2) \approx \Delta_r H_m^{\ominus}(T_1)$，即反应热随温度的变化可以忽略不计。例如反应 $2Al(s)+3FeO_2(s) \longrightarrow Al_2O_3(s)+3Fe(s)$，由生成焓数据可以算得 $\Delta_r H_m^{\ominus}(298.15K) = -870kJ \cdot mol^{-1}$，根据式（1-33c）可算得 $\Delta_r H_m^{\ominus}(850K) = -872kJ \cdot mol^{-1}$。所以在一般温度变化不是很大且计算精度要求不高的情况下，可以把标准摩尔反应焓看作常数，用 298.15K 的数据进行计算即可。

1.6.2.5 绝热反应

以上所讨论的都是等温反应，即反应过程中所释放（或吸收）的热量能够及时逸散（或供给），始终态处于相同的温度。但是如果热量来不及逸散（或供给），则体系的温度就要发生变化，始终态的温度就不相同。一种极端情况是，热量一点也不能逸散（或供给）。燃烧爆炸反应几乎是瞬时完成，可以认为反应系统与环境是绝热的。

绝热反应不同于前面讨论的等温反应，此时系统的终态温度（即生成物温度）要发生改变。由于绝热，热量全部被产物吸收，温度可以达到最高。恒压燃烧反应所能达到的最高温度称为最高火焰温度；恒容爆炸反应，在产物达到最高温度时，系统内的压力也达到最大。因此计算最高火焰温度，爆炸反应的最高温度和最大压力，有着重要的理论及实际意义。

计算恒压燃烧反应的最高火焰温度的依据是

$$Q_p = \Delta H = 0$$

计算恒容爆炸反应的最高温度的依据是

$$Q_V = \Delta U = 0$$

下面以常压下（$p \approx 100kPa$）的恒压燃烧反应为例，说明计算最高火焰温度的原理。根据 $Q_p = \Delta H = 0$，其中反应焓变与温度的关系，可通过设计如下途径求出：

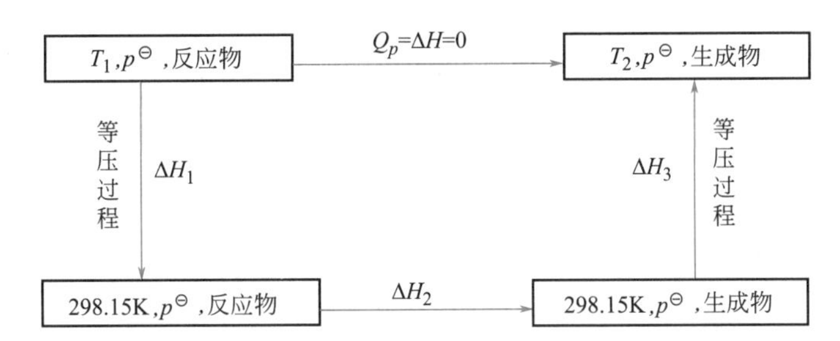

先把常压下温度为 T_1 的反应物从 T_1 改变到 298.15K，设想在 298.15K 时进行反应得到生成物，然后再把生成物从 298.15K 改变到终态温度 T_2。由于所求反应为等压下的绝热反应，所以 $Q_p = \Delta H = 0$。过程中的 ΔH_1 和 ΔH_3 可利用各个反应物及生成物的等压摩尔热容数据通过式(1-14) 计算；$\Delta H_2 = \Delta_r H_m^{\ominus}(298.15K)$，其数值可以通过查物质的标准摩尔生成焓或标准摩尔燃烧焓求得。由于焓是状态函数，所以有

$$\Delta H_1 + \Delta_r H_m^{\ominus}(298.15K) + \Delta H_3 = \Delta_r H_m^{\ominus} = 0$$

即

$$\Delta H_1 + \Delta_r H_m^{\ominus}(298.15K) = -\Delta H_3$$

上式左边可以计算出具体数值，右边是包含 T_2 的函数，所以可以解出终态温度 T_2。

在具体计算时需注意的是，因为燃烧产物的温度 T_2 很高，得到的水只能以气态形式存在，故在上述途径中 298.15K 时的反应产物中 H 元素的氧化产物应为水蒸气（H_2O，g）。这样，在水蒸气（H_2O，g）由 298.15K 升温至温度 T_2 时，就不必再考虑水（H_2O，l）的相变。此外，如果燃烧不是在化学计量的氧气中进行，而是在过量的氧气中燃烧或在空气中燃烧，在计算 ΔH_1 及 ΔH_3 时，还要考虑过量氧气及氮气的温度变化对其值的影响。

【例 1-9】 在 298.15K 和标准压力下，1mol 乙炔与理论量的空气（氧气与氮气摩尔比

为 1∶4）混合，燃烧反应瞬间完成，求系统所能达到的最高温度。

解：乙炔燃烧反应为

$$C_2H_2(g)+5/2O_2(g) \longrightarrow 2CO_2(g)+H_2O(g)$$

1mol $C_2H_2(g)$ 与理论量的空气反应，需 2.5mol $O_2(g)$，这样剩余 10mol $N_2(g)$，$N_2(g)$ 虽不参与反应，但它存在于反应系统中，也要吸收热量。把各气体都看作理想气体，可设计如下途径

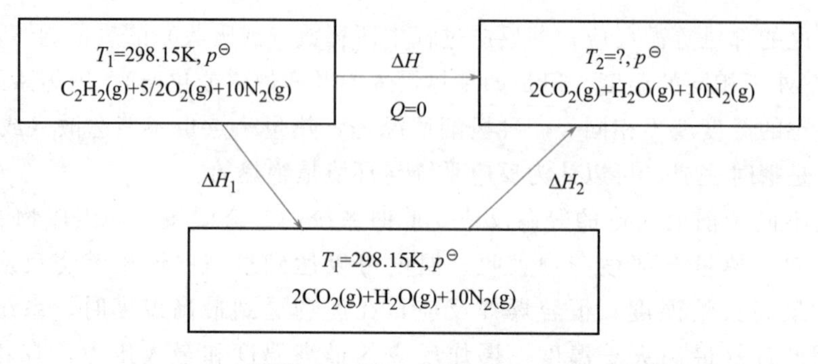

所以有
$$\Delta H_1+\Delta H_2=\Delta H=Q=0$$

其中
$$\Delta H_1=\Delta_r H_m^{\ominus}(298.15\text{K})=\sum_B \nu_B \Delta_f H_m^{\ominus}(\text{B},298.15\text{K})$$

查附录Ⅵ，有 $\Delta_f H_m^{\ominus}(CO_2,g)=-393.5\text{kJ}\cdot\text{mol}^{-1}$，$\Delta_f H_m^{\ominus}(H_2O,g)=-241.8\text{kJ}\cdot\text{mol}^{-1}$，$\Delta_f H_m^{\ominus}(C_2H_2,g)=226.7\text{kJ}\cdot\text{mol}^{-1}$

所以
$$\Delta H_1=(-393.5\times2-241.8-226.7)\text{kJ}=-1255.5\text{kJ}$$

另从附录Ⅵ中查得各物质的 $C_{p,m}$ 与温度的关系式（为便于计算，舍去第三项）

$$C_{p,m}(CO_2,g)=(26.75+42.26\times10^{-3}T/\text{K})\text{J}\cdot\text{mol}^{-1}\cdot\text{K}^{-1}$$
$$C_{p,m}(H_2O,g)=(29.16+14.49\times10^{-3}T/\text{K})\text{J}\cdot\text{mol}^{-1}\cdot\text{K}^{-1}$$
$$C_{p,m}(N_2,g)=(27.32+6.23\times10^{-3}T/\text{K})\text{J}\cdot\text{mol}^{-1}\cdot\text{K}^{-1}$$

于是得

$$\Delta H_2=\int_{298.15\text{K}}^{T_2}[(2\times26.75+29.16+10\times27.32)+(2\times42.26+14.49+10\times6.23)\times 10^{-3}T]\text{d}T$$
$$=\left[355.86(T_2/\text{K}-298.15)+\frac{1}{2}\times161.31\times10^{-3}(T_2^2/\text{K}^2-298.15^2)\right]\text{J}$$
$$=(80.655\times10^{-3}T_2^2/\text{K}^2+355.86T_2/\text{K}-113269)\text{J}$$

所以由 $\Delta H_1+\Delta H_2=0$，得

$$-1255500\text{J}+(80.655\times10^{-3}T_2^2+355.86T_2-113269)\text{J}=0$$

解得 $T_2=2467\text{K}$

实际的火焰温度往往比计算所得到的最高火焰温度低，其原因是多方面的。首先反应常常既不是完全的等压，又不是完全的绝热；另外在绝热反应过程中，由于温度发生变化也可能产生一些需要吸热的副反应；还有可能是燃烧不一定完全，以及部分化学能转变光能等。但是在恒压、绝热这两种极端情况下计算的火焰最高温度却有很重要的理论指导意义。

恒容爆炸反应的最高温度和最高压力的计算，除了利用 $Q_V=\Delta U=0$ 关系设计可循环途径外，还要利用反应的等压热和等容热的关系式(1-28)，通过物质的标准摩尔生成焓或标准摩尔燃烧焓求得 298.15K 时反应的焓变，进一步求得该温度下反应的内能变化。具体的计算过程读者可自行讨论，在此不再详述。

1.7 热力学第二定律的文字表述

热力学第一定律可以用来计算一个已发生过程的能量效应，但是如果需要判断一个热力学过程能否发生和能够进行到什么程度（即过程的方向和限度问题）的时候，热力学第一定律就无能为力了，这时就需要用到热力学第二定律。正如 1938 年美国物理学家埃姆顿（Emden）在《Nature》上所说："如果将自然界进行的过程比作一家大工厂，那么熵原理（指热力学第二定律）就占据着经理的位置，因为它决定了工厂经营的方式和方法；而能量原理（指热力学第一定律）只不过是会计，负责工厂的收支平衡。"这个比喻颇为形象地说明了两个定律的作用和关系。

要找到判断过程方向性的方法，需要先了解一下自然界中过程的方向性，来看下面几个例子。

（1）温度不同的两物体 A 和 B 相接触，热总是由高温物体 A 传入低温物体 B，直到两物体温度相等。

动画：传热过程

（2）在焦耳的热功当量实验中，重物下降带动搅拌桨转动，搅拌水使桨和水的温度上升。

（3）一定压力的理想气体向真空膨胀。

（4）两种不同的气体在同一容器中被隔板隔开，抽掉隔板，二者能自动混合均匀。

（5）锌片投入硫酸铜溶液发生 Zn 置换 Cu 的反应：

$$Zn+Cu^{2+}\longrightarrow Zn^{2+}+Cu$$

动画：
气体扩散过程

这些过程都是可以自动进行的，称为"自发过程"。很明显，这些自发过程都具有确定的进行方向。是什么因素决定了这些过程的方向性呢？表面看来，各有各的决定因素，如温度差、压力差、氧化还原能力等。那么，各种过程在本质上是否存在一个共同的决定因素呢？这就要分析一下这些自发过程有什么特点，如果能够从这一类过程中总结出一个共同特征，那么原则上就可以用这个特征作为判断过程方向性的判据。

1.7.1 自发过程的共同特征

自发过程有什么共同特征呢？答案其实很明显，就是自发过程具有一定的变化方向，而且都不会自动逆向进行。比如（1′）A 和 B 温度相等后，热不会自动从 B 传向 A，使二者回到原来的温度；（2′）搅拌桨和水的温度自动降低而重物被举起这一过程不会自动进行；（3′）气体不会自动收缩回到膨胀前的体积；（4′）混合气体不会自动分离成界限分明的两种气体；（5′）不会自动发生 Cu 置换出 Zn 的反应：$Zn^{2+}+Cu\longrightarrow Zn+Cu^{2+}$。符合"逆向过程不能自动进行"这一特点的过程，在热力学上就称为"不可逆过程"。无数经验表明，一切自发过程都有这一共同特征，即自发过程都是热力学的不可逆过程。

自发过程的共同特征是"不可逆性"，这也只能算是表面现象。下面来探讨一下造成自发过程具有"不可逆性"的根本原因是什么。根据 1.3.2 对不可逆过程的定义，其特点是"用任何方法都不能使系统和环境完全复原"。这是为什么呢？

以上面(1)、(3)、(5)三个自发过程为例，看看是什么因素使得系统和环境不能完全复原。我们不妨先来看看，要使系统和环境复原，需要满足怎样的条件。对于（1），可设想这样的途径：从 B 吸收热量 Q 使其降到原来的温度，将这部分热 Q 完全转变为功 W 而不产生其他变化，然后再把这些功 W 转化成热 Q（例如对 A 做电功等），从而使 A 升高到原来的温度。对于（3），理想气体真空膨胀过程中 $W=0$，$\Delta U=0$，$Q=0$。要使气体恢复原状，需要一个等温压缩过程，此过程中环境对系统做功 $|W|$，同时系统对环境放热 $|Q|$，且二者的量相等：$|W|=|Q|$（因系统的 $\Delta U=0$）。整个循环过程，系统复原，环境留下了得热失功的痕

迹，要使环境也复原，需要将环境得到的热完全转化为功，且不能引起其他变化。对于(5)，正向反应时系统要放热$|Q|$。要使反应逆向进行，需要对系统做电功$|W|$进行电解，同时系统还要放热$|Q'|$，系统复原时，$|W|=|Q|+|Q'|$（因系统的$\Delta U=0$）。环境也留下了得热失功的痕迹，要使环境复原，需要将环境得到的热完全转化为功，且不能引起其他变化。

科学家-克劳修斯

其他自发过程也可作类似的分析，得到类似的结果。这说明这些过程所产生的后果有其相通性。其中系统和环境能否都恢复原状，关键就在于能否实现“将热全部转化为功而不引起其他变化”。经验表明，这是不可能实现的。这是热与功的本质差异所决定的：功能够无条件地转化为热，而热转化为功却是有条件的。正是这一根本原因，决定了自发过程的不可逆性。德国物理学家克劳修斯（R. J. E. Clausius，1822～1888年）和英国物理学家开尔文（L. Kelvin，1824～1907年）也是在证明卡诺定理的过程中认识到热与功的这一差异，才总结归纳出热力学第二定律。

1.7.2 热力学第二定律的文字表述

类似上面提到的自发过程在自然界还有很多很多，它们都有其相通性。从一种过程的不可逆性可以推断另一种过程的不可逆性。这样人们就可以挑选其中具有代表性的过程作为普遍原理，用这一不可逆过程来概括其他不可逆过程，这样一个普遍原理就是热力学第二定律(Second Law of Thermodynamics)。最早提出热力学第二定律的是克劳修斯（1850年）和开尔文（1851年），他们各自用不同自发过程的不可逆性表述了热力学第二定律。

克劳修斯的说法：“不可能把热从低温物体传到高温物体，而不引起其他变化。”

开尔文的说法：“不可能从单一热源取热使其完全转变为功，而不引起其他变化。”

克劳修斯和开尔文的说法都是指某一件事情是“不可能”的，即指出某种自发过程的逆过程是不能自动进行的。克劳修斯的说法指明“热传导”［即自发过程（1）］的不可逆性，开尔文的说法指明“功转变为热”［即自发过程（2）］的不可逆性，这两种说法实际上是等效的。即假设一种表述成立，另一种表述也成立；而一种表述不成立，另一种表述也不成立（读者可试用反证法证明）。注意一定要有“不可能……不引起其他变化”这一条件，正是由于引起了无法消除的变化，才导致了这两种过程的“不可能”。比如，从单一热源取热使其完全转变为功，这是可能的，理想气体等温膨胀就是这样一个过程。但这一过程要引起气体体积增大，而前面讨论过，这个变化是无论用什么方法也不能完全消除的。

开尔文的说法也可以表述为：“第二类永动机是不可能造成的。”所谓第二类永动机是指从单一热源取热，并将所吸收的热全部变为功而不产生其他影响的机器。它并不违反能量守恒定律，但却永远造不成。为了区别于第一类永动机，所以称为第二类永动机（second kind of perpetual machine）。

人们研究永动机就是看重其做功能力，如果现实中存在第二类永动机，那么就可以从大气或海洋这样的大热源中无限制地取热，将其转变为功而不产生其他变化。这样大气和海洋就成为“取之不尽用之不竭”的能量来源了。可惜现实的经验告诉我们，这是不可能的。其实早在18世纪蒸汽机（也叫热机）作为一种做功机器就出现了，它必须在两个不同温度的热源之间工作，其基本原理如图1-12所示：系统（工作物质，比如水）从高温热源T_h吸热Q_h，将其一部分转变为功W，另一部分热Q_c传给低温热源，系统回到初始状态，这是一个循环过程。定义热机效率η为系统对环境所做的功W与从高温热源所吸收的热Q_h之比，即

图1-12 热机工作原理

$$\eta=-\frac{W}{Q_h} \tag{1-34}$$

负号是因为热机效率应为正值，而 Q_h 为系统吸收的热，为正值；W 为系统对环境所做的功，为负值。

另外，在上述循环过程中系统的 $\Delta U=0$，而根据热力学第一定律 $\Delta U=Q_h+Q_c+W$，所以有

$$\eta=-\frac{W}{Q_h}=\frac{Q_h+Q_c}{Q_h}=1+\frac{Q_c}{Q_h} \tag{1-35}$$

可以看出，热机效率 $\eta<1$。

1.8 卡诺循环和卡诺定理

早期的热机效率都是非常低下的，只有百分之几。人们一直致力于寻找提高热机效率的方法。同时，理论上的研究也不断开展。人们对这样的问题非常感兴趣：什么样的工作物质最理想？热机效率有没有极限值？等等。直到 19 世纪，这些问题才由年轻的法国工程师卡诺（N. L. S. Carnot，1796～1832 年）给出了答案。他的研究成果在理论上为提高热机效率指明了方向，同时对热力学第二定律的创立起了非常重要的作用。

1.8.1 卡诺循环和卡诺热机

动画：卡诺循环

1824 年，卡诺在他的《关于火的动力及产生这种动力的机器的研究》一书中，设计了这样一种热机：工作物质（可以是理想气体或水）经历由两个等温可逆过程和两个绝热可逆过程组成的循环过程，这种循环被称为卡诺循环（Carnot cycle），这种热机称为卡诺热机，也称可逆热机。

卡诺循环具体由以下 4 步组成（如图 1-13 所示）。

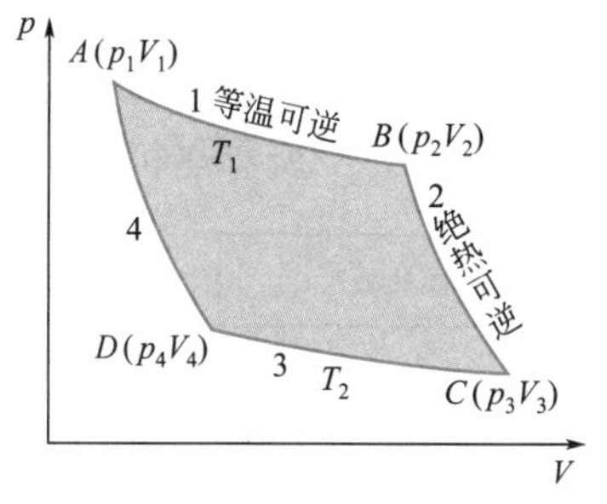

图 1-13 卡诺循环

第 1 步 等温可逆膨胀

系统（理想气体）与高温热源 T_1 接触，作等温可逆膨胀，由状态 $A(p_1,V_1,T_1)$ 变为状态 $B(p_2,V_2,T_1)$。此过程中 $\Delta U_1=0$，所以

$$Q_1=-W_1=nRT_1\ln\frac{V_2}{V_1}$$

W_1 在数值上等于曲线 AB 下覆盖的面积。

第 2 步 绝热可逆膨胀

系统离开热源，作绝热可逆膨胀，由状态 $B(p_2,V_2,T_1)$ 变为状态 $C(p_3,V_3,T_2)$。此过程中，$Q_2=0$，则

$$\Delta U_2=W_2=\int_{T_1}^{T_2} nC_{V,m}\mathrm{d}T$$

W_2 在数值上等于曲线 BC 下覆盖的面积。

第 3 步 等温可逆压缩

系统与低温热源 T_2 接触，作等温可逆压缩，由状态 $C(p_3,V_3,T_2)$ 变为状态 $D(p_4,V_4,T_2)$，D 与 A 要在同一绝热可逆线上。此过程中，$\Delta U_3=0$，所以

$$-Q_3=W_3=nRT_2\ln\frac{V_3}{V_4}$$

W_3 在数值上等于曲线 CD 下覆盖的面积。

第 4 步 绝热可逆压缩

系统离开热源，作绝热可逆压缩，由状态 $D(p_4,V_4,T_2)$ 变为状态 $A(p_1,V_1,T_1)$，回到始态。此过程中，$Q_4=0$，则

$$\Delta U_4=W_4=\int_{T_2}^{T_1} nC_{V,m}\mathrm{d}T$$

W_4 在数值上等于曲线 DA 下覆盖的面积。

对整个循环过程，有

$$\Delta U=0, Q=-W$$

$$Q=Q_1+Q_2+Q_3+Q_4=Q_1+Q_3,$$

$$W=W_1+W_2+W_3+W_4=W_1+W_3=nRT_1\ln\frac{V_1}{V_2}+nRT_2\ln\frac{V_3}{V_4}$$

总功 W 在数值上等于闭合曲线 $ABCDA$ 的面积。由于第 2 步是绝热可逆过程，由式(1-24a) 可得，

$$T_1V_2^{\gamma-1}=T_2V_3^{\gamma-1}$$

同理，对于第 4 步，可得

$$T_1V_1^{\gamma-1}=T_2V_4^{\gamma-1}$$

上两式相除，得$\frac{V_2}{V_1}=\frac{V_3}{V_4}$，代入上面的 W 计算式，得

$$W=nR(T_1-T_2)\ln\frac{V_1}{V_2} \tag{1-36}$$

所以卡诺热机的效率为

$$\eta=-\frac{W}{Q_1}=-\frac{nR(T_1-T_2)\ln\frac{V_1}{V_2}}{-nRT_1\ln\frac{V_1}{V_2}}=\frac{T_1-T_2}{T_1}=1-\frac{T_2}{T_1} \tag{1-37}$$

由上式可知，卡诺热机的效率只与两个热源的温度有关，两热源的温差越大，热机效率就越高。

1.8.2 卡诺定理

卡诺在提出可逆热机的同时，还给出了这样一条定理：所有工作于两个温度一定的热源之间的热机，以可逆热机的效率最大。这就是著名的卡诺定理。即 $\eta\leqslant\eta_R$，其中 η 代表所有热机的效率，η_R 代表可逆热机的效率。由于当时热力学第一定律尚未建立，卡诺采用当时盛行的“热质论”证明了他的定理。证明方法是错误的，但这并不影响这条定理的正确性。热力学第一定律建立以后，克劳修斯和开尔文分别以正确的方法证明了卡诺定理。

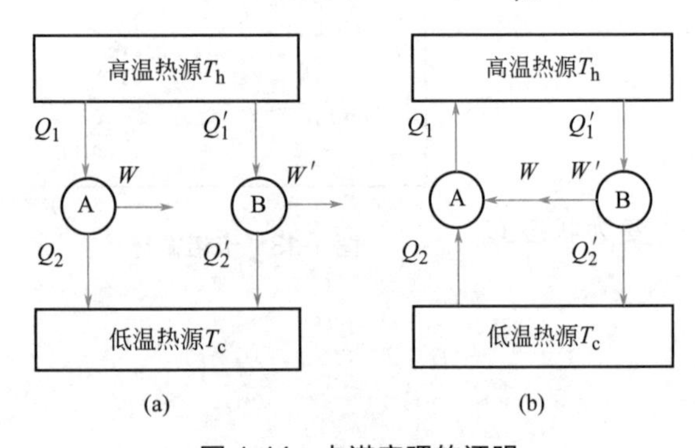

图 1-14 卡诺定理的证明

如图 1-14 所示，设在两个热源之间有 A、B 两台热机，A 为可逆热机，B 为任意热机。A、B 两热机正常工作时，分别可以从高温热源吸热 Q_1、Q_1'，做功 W、W'，向低温热源放热 Q_2、Q_2'[见图 1-14(a)]。今使 A 机倒转，与 B 组成联合热机，工作过程为：B 机从高温热源吸热 Q_1'，做功 W'，并向低温热源放热 Q_2'；所做功 W' 全部或部分（W）供给 A 机，使其倒转，从低温热源吸热 Q_2，向高温热源放热 Q_1 [见图 1-14(b)]。整个过程对两机中的工作物质为循环过程，所以根据热力学第一定律，对 A 机有

$$\Delta U_1=Q_1+Q_2+W=0$$

对 B 机有

$$\Delta U_2=Q_1'+Q_2'+W'=0$$

上两式相减，得

$$(Q_1'-Q_1)+(Q_2'-Q_2)+(W'-W)=0 \tag{1-38}$$

若 $W=W'$，即 B 机所做功全部供给 A 机，则是

$$Q_1'-Q_1=Q_2-Q_2'$$

假设 A 机效率小于 B 机，即 $\eta_A<\eta_B$，则由式(1-34) 可得

$$Q_1 > Q_1', \text{即 } Q_1' - Q_1 < 0$$

则

$$Q_2' - Q_2 > 0$$

所以上述联合热机运行的净结果为：从低温热源 T_c 吸热（$Q_2' - Q_2$），向高温热源 T_h 放热（$Q_1' - Q_1$），两者的量是相等的，除此之外，没有其他变化（做功是联合热机内部的过程，并没有对环境做功）。也就是说，联合热机从低温热源吸热并将其全部传入高温热源，且没有产生其他变化。如果这是不可能实现的，就可以说明 $\eta_A < \eta_B$ 这个假设是错误的，其反面即卡诺定理是正确的。克劳修斯在1850年正是通过这种方法证明了卡诺定理，并且在证明过程中意识到必须否定"将热从低温物体传到高温物体而不引起其他变化"的可能性，才能证明卡诺定理。这才有了热力学第二定律的克劳修斯说法。即必须首先承认热力学第二定律的正确性，才能证明卡诺定理。

不同于克劳修斯，开尔文令 $Q_1 = Q_1'$，由式(1-38)得

$$Q_2' - Q_2 = -(W' - W)$$

假设 $\eta_A < \eta_B$，则由式(1-34)得

$$-W < -W', \text{即} -(W' - W) > 0$$

所以

$$Q_2' - Q_2 > 0$$

这时联合热机运行的净结果为：从低温热源吸热（$Q_2' - Q_2$），并将其全部转变为功 $-(W' - W)$，除此之外，没有其他变化。要证明卡诺定理成立，就必须否定这种可能性。这才有了热力学第二定律的开尔文说法。

由以上讨论可以看出，热力学第一定律与第二定律结合，用反证法即可证明卡诺定理。

根据卡诺定理，还可得到以下推论：所有工作于两个温度一定的热源之间的可逆热机，其热机效率都相等。可以用类似上面的证明方法，用两台可逆热机组成联合热机进行证明，过程从略。从这一推论可知，可逆热机的效率与工作物质无关，所以在用到可逆热机效率时就可引用理想气体卡诺循环的结果了。

根据卡诺定理的可逆热机效率与工作介质无关这一推论，以空气作为工作介质设计的空气热机利用温差产生机械能，机械能也可转化成电能，使空气热机成为理想的绿色能源。适用于功率小的应用领域，如工业余热的利用、作为风力发电的补充解决部分居住小区的供电、野外应用、为电动汽车充电桩配置直流电源等。

卡诺定理在原则上给出了热机效率的极限值，虽然讨论的是热机效率问题，但它具有非常重要的理论意义。因为它得到了一个不等式，这个不等式反映的是热功转换的不可逆性，这就为热力学第二定律的定量描述提供了数学基础。即由此不等式出发可以得到热力学第二定律的数学表达式。因为所有的不可逆过程是互相关联的，由一个过程的不可逆性可以推断到另一个过程的不可逆性，因而该数学表达式就可以作为所有不可逆过程的共同的判别标准。

1.9 熵函数

自发过程的不可逆性，不仅取决于环境的状况，而且决定于系统的始态和终态。因此，系统必定有某个状态函数可以表征这种特性，这个状态函数就是熵。本节就来讨论熵的定义和物理意义。

1.9.1 可逆过程的热温商和熵的定义

对于理想气体的卡诺循环，由式(1-35)和式(1-37)可得，

$$\eta = 1 + \frac{Q_c}{Q_h} = 1 - \frac{T_c}{T_h} \quad \text{即} \quad \frac{Q_c}{T_c} + \frac{Q_h}{T_h} = 0 \tag{1-39}$$

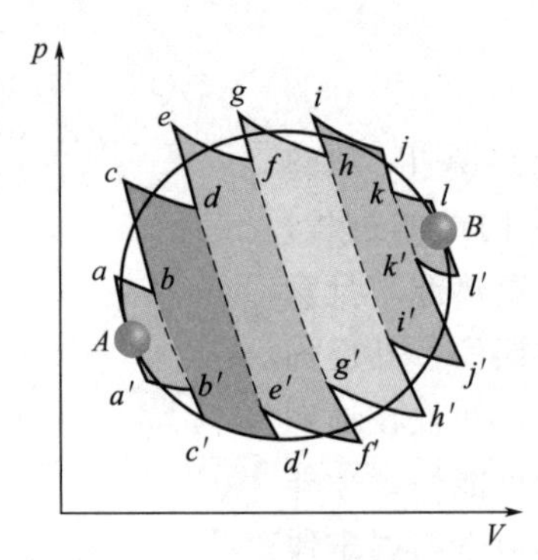

图 1-15　任意可逆循环

式中每一项都是热与温度的商，称为热温商。即理想气体在卡诺循环过程中，热温商之和为零。那么对于任意系统的任意可逆循环过程，有没有这样的结论呢？答案是肯定的。这可以通过下面的方法来说明。

如图 1-15 所示，曲线 ABA 代表任意可逆循环，可以将它划分成许多个小卡诺循环。其中虚线部分既代表前一个卡诺循环的绝热可逆膨胀过程，又代表后一个卡诺循环的绝热可逆压缩过程，两过程所做的功恰好相互抵消。这样，只要每一个卡诺循环划分得足够小，图中锯齿状曲线（实线）就可以无限接近曲线 ABA，即这无限多个小卡诺循环与可逆循环 ABA 效果相当。对于每一个小卡诺循环，根据式(1-39)，都有

$$\frac{\delta Q_1}{T_1}+\frac{\delta Q_2}{T_2}=0,\frac{\delta Q_3}{T_3}+\frac{\delta Q_4}{T_4}=0,\frac{\delta Q_5}{T_5}+\frac{\delta Q_6}{T_6}=0,\cdots$$

将上列各式相加，得

$$\frac{\delta Q_1}{T_1}+\frac{\delta Q_2}{T_2}+\frac{\delta Q_3}{T_3}+\frac{\delta Q_4}{T_4}+\frac{\delta Q_5}{T_5}+\frac{\delta Q_6}{T_6}+\cdots=0$$

即

$$\sum_i\left(\frac{\delta Q_i}{T_i}\right)_{\mathrm{R}}=0 \tag{1-40a}$$

在极限条件下，上式还可以写成沿封闭曲线的环路积分形式

$$\oint\left(\frac{\delta Q}{T}\right)_{\mathrm{R}}=0 \tag{1-40b}$$

即在任意可逆循环过程中，系统的热温商总和等于零。

如果将可逆循环 ABA 过程分为两段 $A\rightarrow B$ 和 $B\rightarrow A$，则式(1-40b) 可拆为两项，即

$$\oint\left(\frac{\delta Q}{T}\right)_{\mathrm{R}}=\int_{\mathrm{A}}^{\mathrm{B}}\left(\frac{\delta Q}{T}\right)_{\mathrm{R}_1}+\int_{\mathrm{B}}^{\mathrm{A}}\left(\frac{\delta Q}{T}\right)_{\mathrm{R}_2}=0$$

所以有

$$\int_{\mathrm{A}}^{\mathrm{B}}\left(\frac{\delta Q}{T}\right)_{\mathrm{R}_1}=-\int_{\mathrm{B}}^{\mathrm{A}}\left(\frac{\delta Q}{T}\right)_{\mathrm{R}_2},\text{即}\int_{\mathrm{A}}^{\mathrm{B}}\left(\frac{\delta Q}{T}\right)_{\mathrm{R}_1}=\int_{\mathrm{A}}^{\mathrm{B}}\left(\frac{\delta Q}{T}\right)_{\mathrm{R}_2}$$

上式表明，系统经由两个不同的可逆过程（R_1 和 R_2）由始态 A 到达终态 B，积分 $\int_{\mathrm{A}}^{\mathrm{B}}\left(\frac{\delta Q}{T}\right)_{\mathrm{R}}$ 的数值相等。根据状态函数的特点，这个积分必定代表了系统某个状态函数的改变值。这是一个新的状态函数，克劳修斯将它称为熵（entropy），用符号 S 表示。如果令 S_{A} 和 S_{B} 分别代表始态 A 和终态 B 的熵值，则熵变

$$S_{\mathrm{B}}-S_{\mathrm{A}}=\Delta S=\int_{\mathrm{A}}^{\mathrm{B}}\left(\frac{\delta Q}{T}\right)_{\mathrm{R}} \tag{1-41a}$$

若 A、B 两个状态非常接近，系统只经历了一个微小的变化过程，则可以写作微分形式

$$\mathrm{d}S=\left(\frac{\delta Q}{T}\right)_{\mathrm{R}} \tag{1-41b}$$

式(1-41) 就是熵的定义。根据此定义，熵的单位是 $\mathrm{J\cdot K^{-1}}$。且可以看出，熵是一个广度性质。

1.9.2　克劳修斯不等式——热力学第二定律的数学表达式

热力学第二定律的数学表达式

由卡诺定理可知，不可逆热机效率 η_{IR} 比可逆热机效率 η_{R} 要小，即 $\eta_{\mathrm{IR}}<\eta_{\mathrm{R}}$，由式(1-34) 和式(1-37) 可得，

$$1+\frac{Q_{\mathrm{c}}}{Q_{\mathrm{h}}}<1-\frac{T_{\mathrm{c}}}{T_{\mathrm{h}}},\text{即}\frac{Q_{\mathrm{c}}}{T_{\mathrm{c}}}+\frac{Q_{\mathrm{h}}}{T_{\mathrm{h}}}<0$$

上式表明，在不可逆循环过程中，热温商之和小于零。若系统与 n 个热源接触，吸收热

量分别为 Q_1，Q_2，…，Q_n，则上式可推广为

$$\sum_{i=1}^{n}\left(\frac{\delta Q_i}{T_i}\right)_{\mathrm{IR}}<0 \tag{1-42}$$

如果有如图 1-16 所示的一个不可逆循环过程：A→B 为不可逆过程，B→A 为可逆过程，则其热温商之和应符合式(1-42)，将其分为两部分，有

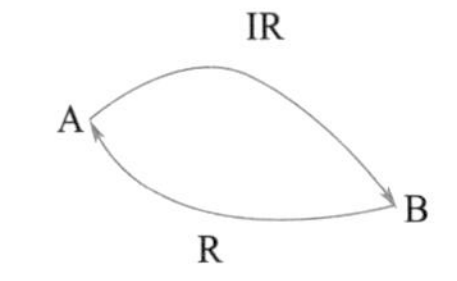

图 1-16　不可逆循环

$$\sum_{\mathrm{A}}^{\mathrm{B}}\left(\frac{\delta Q}{T}\right)_{\mathrm{IR}}+\sum_{\mathrm{B}}^{\mathrm{A}}\left(\frac{\delta Q}{T}\right)_{\mathrm{R}}<0$$

根据熵的定义式，上式中第二项

$$\sum_{\mathrm{B}}^{\mathrm{A}}\left(\frac{\delta Q}{T}\right)_{\mathrm{R}}=S_{\mathrm{A}}-S_{\mathrm{B}}$$

所以有

$$S_{\mathrm{B}}-S_{\mathrm{A}}>\sum_{\mathrm{A}}^{\mathrm{B}}\left(\frac{\delta Q}{T}\right)_{\mathrm{IR}},\text{即 }\Delta S>\sum_{\mathrm{A}}^{\mathrm{B}}\left(\frac{\delta Q}{T}\right)_{\mathrm{IR}} \tag{1-43}$$

将式(1-41) 和式(1-43) 合并，可得

$$\Delta S\geqslant\sum_{\mathrm{A}}^{\mathrm{B}}\left(\frac{\delta Q}{T}\right)\begin{cases}>,\text{不可逆}\\=,\text{可逆}\end{cases} \tag{1-44a}$$

此式被称为克劳修斯不等式。式中 T 应理解为环境温度，在可逆过程中，由于系统的温度与环境的温度处处相等，所以 T 就等于系统的温度。此式表明，对于确定的始态 A 和终态 B，若系统经历可逆过程，则过程中的热温商之和等于系统的熵变；若系统经历不可逆过程，则过程中的热温商之和小于系统的熵变。在此要注意，熵是状态函数，所以一旦始态和终态确定，熵变就有确定值，与过程无关；而热温商是随着过程不同而变化的。反之，也可以通过比较一个实际发生的过程的热温商之和与熵变值的大小关系，来判断此过程是否为可逆过程。因而式(1-44a) 也可以作为热力学第二定律的一种数学表达式。

对于一个微小的过程，式(1-44a) 可写为

$$\mathrm{d}S\geqslant\frac{\delta Q}{T}\begin{cases}>,\text{不可逆}\\=,\text{可逆}\end{cases} \tag{1-44b}$$

这是热力学第二定律更为普遍的表达式。

1.9.3　熵增原理

要利用式(1-44) 判断过程的可逆性，不仅需要计算系统的熵变，而且还需要知道系统与环境间传递的热以及环境的温度，应用起来并不方便。若系统绝热，则 $\delta Q=0$，式(1-44) 简化为

$$\mathrm{d}S\geqslant0\text{ 或 }\Delta S\geqslant0\begin{cases}>,\text{不可逆}\\=,\text{可逆}\end{cases} \tag{1-45}$$

此式表明，绝热系统只能发生 $\mathrm{d}S\geqslant0$ 的变化。

隔离系统必定是绝热的，所以式(1-45) 也适用。它表明，隔离系统的熵值不会减小；隔离系统进行不可逆过程，熵值要增大；进行可逆过程，熵值不变。

由于环境对于隔离系统不能产生任何作用，所以系统处于“不受外力，任其自然”的情况，这种情况下若发生不可逆的变化，则必定是自发的。因此在隔离系统中，一切自发的过程都引起熵值增加。一直增加到系统熵值最大，此最大值对应系统的一个平衡状态。因为前已述及，任何自发过程都是由非平衡态趋向于平衡态。达到平衡后，隔离系统中不会再有自发变化，其中发生的任何过程都只能是可逆的，此时熵值不再变化。这也成为判断不可逆过程限度的准则。

综上所述，有如下结论：隔离系统进行的任何自发过程，熵值总是增大，直到增至最大

值，此时系统达到平衡状态，熵值不再变化。这个原理称为熵增原理。

式(1-45) 还可用作隔离系统自发变化的判据。但一般系统都不是隔离系统，通常可以把系统与环境结合在一起，当作一个隔离系统，这样由于熵具有加和性，式(1-45) 变为

$$\Delta S_{iso}=\Delta S_{sys}+\Delta S_{sur}\geqslant 0 \tag{1-46}$$

式中，下标“iso”表示隔离系统；“sys”表示系统；“sur”表示环境。这时总的熵变就可以用来判别过程的方向与平衡。由于这样的隔离系统几乎涵盖了所有系统，所以上式也可以作为热力学第二定律的数学表达式。系统熵变 ΔS_{sys} 的计算方法将在下节讨论，环境的熵变可用下式来计算

$$\Delta S_{sur}=\frac{Q_{sur}}{T_{sur}}=\frac{-Q_{sys}}{T_{sur}} \tag{1-47}$$

因为通常环境总是很大的，以致它在吸、放热时温度几乎不变，这样，不管系统进行的过程是否可逆，都可以认为环境的吸、放热过程是可逆的，而且其热效应与系统的热效应数值相等，符号相反。故可以用上式来计算环境的熵变。

1.9.4 熵的物理意义

熵函数的引入是热力学的一个重大发展，如果说热力学第一定律是由热力学能 U 的引入而发展起来的，那么热力学第二定律的发展则是建立在熵函数的基础上的。熵函数虽然能准确指明自然界过程进行的方向和限度，但其物理意义却不像热力学能那样直观。下面讨论一下熵函数的物理意义。

1.9.4.1 熵是系统混乱程度的量度

1877 年，奥地利物理学家玻尔兹曼（L. E. Boltzmann，1844～1906 年）用统计热力学方法推导出一个熵与微观状态数之间的关系式（见 6.5.2）

$$S=k\cdot\ln\Omega \tag{1-48}$$

式中，k 为玻尔兹曼常数，$k=R/L$；Ω 为系统的微观状态数或称热力学概率。上式称为玻尔兹曼公式，它从微观的角度出发，用统计的观点从本质上描述了熵函数。

通过 6.5 节的学习我们将会知道，系统的一个宏观状态可由多种微观状态来实现，与某一宏观状态相对应的微观状态的数目即为 Ω。Ω 越大，相应的宏观状态的无序程度（也叫做混乱程度）就越大；Ω 越小，相应的宏观状态的混乱程度就越小，或者说有序程度就越大。结合式(1-48)，系统熵值的大小就反映了系统混乱程度的大小。所以，系统的熵函数是系统混乱程度的量度，即熵值越大，混乱度越大。这是熵函数的统计意义。

根据熵的这个物理意义，可以得到如下结论：

① 同一物质的三态中，气态的熵值最大，液态次之，固态最小；

② 对于确定的物质，温度升高，熵值增大；

③ 一定量的气体在等温时，体积越大，熵值越大。

综上所述，在隔离系统中，由混乱度小（有序程度大）的状态向混乱度大（无序程度大）的状态变化，是自发变化的方向，变化的限度是混乱程度达到最大，这就是热力学第二定律的本质。而作为系统混乱程度量度的熵函数，正是这种本质的宏观反映。

熵的概念虽然最初来源于热力学，但在逐渐发展的过程中被广泛引申应用到很多不同学科和领域。社会熵即是把熵由自然科学领域引申到人文社会科学领域而出现的一个重要概念，从宏观上表示社会生存状态及社会价值观的混乱程度。根据熵增原理，人类社会随着科学技术的发展和文明程度的提高，社会生存状况及价值观的混乱程度将不断加剧，社会熵随之增加，这给社会带来了诸多挑战和问题，需要各方共同面对并努力解决，才能应对社会的复杂性和不稳定性，推动资源的可持续利用和环境保护，促进社会的公平与正义。

1.9.4.2 熵是能量不可用程度的量度

上面所讨论的熵的物理意义是在微观层面上用统计的观点得出的，它反映了熵函数的本质。下面从宏观层面上来探讨一下。

如图 1-17 所示，设有三个大热源 T_A、T_B、T_C，且 $T_A>T_B>T_C$，现利用卡诺热机在 T_A 和 T_C 之间工作，从 T_A 吸热 Q，做功 W_1，则热机效率

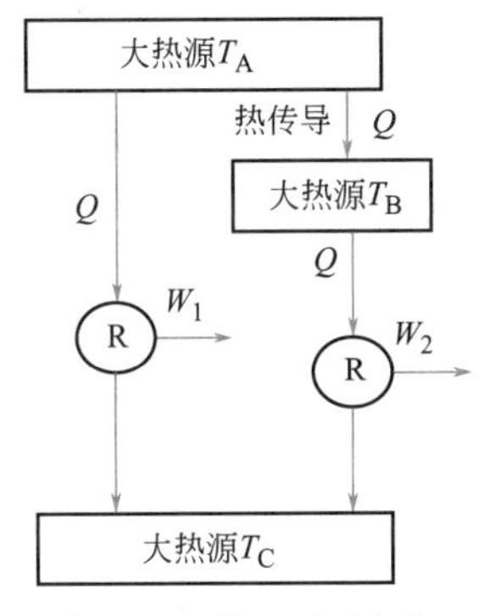

图 1-17　能量“降级”

$$\eta=-\frac{W_1}{Q}=\frac{T_A-T_C}{T_A}=1-\frac{T_C}{T_A}$$

所做的功为

$$|W_1|=\left(1-\frac{T_C}{T_A}\right)Q \tag{1-49}$$

其中$(T_C/T_A)Q$是不能转变成功的部分，这部分热称为不可用能。

同样用卡诺热机在 T_B 和 T_C 之间工作，从 T_B 吸热 Q，做功 W_2，则热机效率

$$\eta=-\frac{W_2}{Q}=\frac{T_B-T_C}{T_B}=1-\frac{T_C}{T_B}$$

所做的功为

$$|W_2|=\left(1-\frac{T_C}{T_B}\right)Q \tag{1-50}$$

其中$(T_C/T_B)Q$是不可用能。

比较式(1-49) 和式(1-50) 可以看出，由于热源的温度差别($T_B<T_A$)，导致不可用能的量增加了，做功能力变差了，其差值为

$$|W_1|-|W_2|=\left(\frac{T_C}{T_B}-\frac{T_C}{T_A}\right)Q=\left(\frac{Q}{T_B}-\frac{Q}{T_A}\right)T_C>0 \tag{1-51a}$$

此差值即为不可用能的增量。也就是说，存储于不同温度热源中的相同热量，其做功能力是不同的，高温热源的热做功能力强，低温热源的热做功能力差。那么，为什么会存在这种差别呢？

设想这样一个过程，将大热源 T_A 和 T_B 互相接触，使热 Q 从 T_A 传导到 T_B（由于都是大热源，温度都不变）。将两个热源看作系统，这就是一个在隔离系统中进行的不可逆过程，系统的熵值一定增大。根据式(1-58)（见 1.10 节），其增大值为

$$\Delta S=\left(\frac{Q}{T_B}-\frac{Q}{T_A}\right)$$

将此式代入式(1-51a)，得

$$|W_1|-|W_2|=T_C\Delta S>0 \tag{1-51b}$$

可见，不可用能的增量与系统的熵变成正比。即由于系统熵值的增大，导致了热量中不可用能的增大，热转变成功的能力变差。也就是说，系统的熵值越大，不可用能就越大。从这个意义上讲，熵的大小可以作为系统能量不可用程度的量度。这就是熵函数在宏观层面的物理意义。

同样数量的热，来自高温热源就有较高的做功能力，其利用价值较高，来自低温热源其做功能力就变差，利用价值也降低了。同是能量也有等级高低之分。在生产过程中高级能量“降级”为低级能量的现象普遍存在，如高温蒸气通过热传导降级为低温蒸气，做功能力也随之降低。如果全部传给环境，就完全失去做功能力，没有利用价值了。评价各种燃料的能量时，也不能只看量的多少，更重要的是看“等级”的高低。熵的这一物理意义对生产中的节能和能量的有效利用起着重要的指导作用，在工程上具有重要的实用价值。

1.10 熵变的计算

前已述及，可以用熵函数的变化来判别过程进行的方向与限度。因此，如何计算系统的熵变就成为十分关键的问题。下面就来讨论这一问题。

无论何种过程，其熵变的计算依据迄今为止只有它的定义式(1-41)，即要找到可逆过程的热温商。如果所求过程不可逆，那就必须在始态和终态之间设计一条可逆途径，通过可逆途径的热温商来计算熵变。

1.10.1 简单状态变化（p、V、T 变化）过程熵变的计算

1.10.1.1 等温过程

这里所说的等温过程属于简单状态变化，不存在相变和化学变化（下面的等压和等容过程也是如此）。不论实际过程是否可逆，都可以用可逆过程的热温商来计算熵变。因为熵是状态函数，如果是等温不可逆过程，那么可以在始态和终态之间设计一条等温可逆途径，用该途径计算所得熵变与原不可逆途径相等。

$$\Delta S=\frac{Q_{\mathrm{R}}}{T} \tag{1-52}$$

如果系统是理想气体，由于等温过程 $\Delta U=0$，$Q_{\mathrm{R}}=-W_{\mathrm{R}}$，则

$$\Delta S=\frac{Q_{\mathrm{R}}}{T}=\frac{-W_{\mathrm{R}}}{T}=nR\ln\frac{V_2}{V_1}=nR\ln\frac{p_1}{p_2} \tag{1-53}$$

上式即为理想气体等温过程的熵变计算公式。

【例 1-10】 5mol 理想气体在等温下经过：(1) 可逆膨胀；(2) 向真空膨胀过程，膨胀到体积为原来的 10 倍，分别求两过程的熵变，并判断过程的可逆性。

解：(1) 理想气体等温可逆膨胀，可用式(1-53)

$$\Delta S_{\mathrm{sys}}=nR\ln\frac{V_2}{V_1}=5\mathrm{mol}\times 8.314\mathrm{J\cdot mol^{-1}\cdot K^{-1}}\times\ln 10=95.72\mathrm{J\cdot K^{-1}}$$

而

$$\Delta S_{\mathrm{sur}}=-\frac{Q_{\mathrm{R}}}{T}=-\Delta S_{\mathrm{sys}}$$

所以

$$\Delta S_{\mathrm{iso}}=\Delta S_{\mathrm{sur}}+\Delta S_{\mathrm{sys}}=0$$

则该过程是可逆过程。

(2) 向真空膨胀

由于熵是状态函数，且始终态与 (1) 相同，所以该过程系统的熵变也与 (1) 相同，即

$$\Delta S_{\mathrm{sys}}=95.72\mathrm{J\cdot K^{-1}}$$

由于理想气体向真空膨胀过程的 $Q=0$，环境吸热为 0，所以

$$\Delta S_{\mathrm{sur}}=0$$

则

$$\Delta S_{\mathrm{iso}}=\Delta S_{\mathrm{sur}}+\Delta S_{\mathrm{sys}}=95.72\mathrm{J\cdot K^{-1}}>0$$

所以该过程不是可逆过程。

【例 1-11】 一封闭容器被一隔板隔成左右两室，左室有 $n_1$mol 理想气体 A，右室有 $n_2$mol 理想气体 B，A 与 B 的温度和压力均相等，抽去隔板后两气体在等温等压条件下混合，求此过程的熵变。

解：设左室气体 A 的体积为 V_1，右室气体 B 的体积为 V_2，容器总体积为 V，则有 $V=V_1+V_2$

对气体 A 而言，混合过程相当于等温下从始态 V_1 变为终态 V，应用式(1-53)，其熵变

$$\Delta S_1 = n_1 R\ln\frac{V}{V_1} = -n_1 R\ln\frac{V_1}{V}$$

其中
$$\frac{V_1}{V} = \frac{V_1}{V_1+V_2} = \frac{(n_1RT/p)}{(n_1RT/p)+(n_2RT/p)} = \frac{n_1}{n_1+n_2} = x_1$$

x_1 为 A 在混合气体中的摩尔分数，所以

$$\Delta S_1 = -n_1 R\ln\frac{n_1}{n_1+n_2} = -n_1 R\ln x_1$$

同理，对于气体 B，可得

$$\Delta S_2 = -n_2 R\ln\frac{n_2}{n_1+n_2} = -n_2 R\ln x_2$$

所以混合过程总的熵变为

$$\Delta S = \Delta S_1 + \Delta S_2 = -n_1 R\ln\frac{n_1}{n_1+n_2} - n_2 R\ln\frac{n_2}{n_1+n_2} = -R(n_1\ln x_1 + n_2\ln x_2)$$

上式中由于 x_1 和 x_2 均小于 1，所以 $\Delta S>0$。

这是等温等压下理想气体的混合过程，将两气体整体看作一个系统，由于混合过程中系统与环境之间既没有物质交换又没有能量交换，所以是一个隔离系统。隔离系统中发生熵变 $\Delta S>0$ 的过程，说明这是一个自发过程。

将以上结论推广到多种理想气体在等温等压下的混合过程，熵变应为

$$\Delta S = -R\sum_i n_i \ln x_i \tag{1-54}$$

1.10.1.2 等压变温过程

在等压条件下，系统由 p、V_1、T_1 变为 p、V_2、T_2，可以按照这样一个可逆过程来求算熵变：设想在 T_1 和 T_2 两个热源之间有一系列相差无限小的热源 $T_1+\mathrm{d}T$、$T_1+2\mathrm{d}T$、…、$T_2-\mathrm{d}T$，系统在等压条件下与这些热源依次接触，由 T_1 逐渐加热至 T_2。此可逆过程中

$$\Delta S = \int_{T_1}^{T_2}\frac{\delta Q_\mathrm{R}}{T}$$

由于是等压过程，$\delta Q_\mathrm{R} = C_p\mathrm{d}T$，代入上式，得

$$\Delta S = \int_{T_1}^{T_2}\frac{C_p}{T}\mathrm{d}T = \int_{T_1}^{T_2}\frac{nC_{p,\mathrm{m}}}{T}\mathrm{d}T \tag{1-55a}$$

如果已知 $C_{p,\mathrm{m}}$ 与 T 的关系式，将此关系代入上式进行积分即可求得熵变。一般当 T_1 和 T_2 相差不大时，或对于理想气体，可以近似把 $C_{p,\mathrm{m}}$ 看作常数，此时上式变为

$$\Delta S = nC_{p,\mathrm{m}}\int_{T_1}^{T_2}\frac{\mathrm{d}T}{T} = nC_{p,\mathrm{m}}\ln\frac{T_2}{T_1} \tag{1-55b}$$

式(1-55) 即为等压过程的熵变计算公式，不论实际过程是否可逆都可以适用。

1.10.1.3 等容变温过程

在等容条件下，系统由 p_1、V、T_1 变为 p_2、V、T_2，也可以设计类似上述等压变温过程中所设计的可逆过程，此时

$$\Delta S = \int_{T_1}^{T_2}\frac{\delta Q_\mathrm{R}}{T}$$

由于是等容过程，$\delta Q_\mathrm{R} = C_V\mathrm{d}T$，代入上式，得

$$\Delta S = \int_{T_1}^{T_2}\frac{C_V}{T}\mathrm{d}T = \int_{T_1}^{T_2}\frac{nC_{V,\mathrm{m}}}{T}\mathrm{d}T \tag{1-56a}$$

如果已知 $C_{V,\mathrm{m}}$ 与 T 的关系式，将此关系代入上式进行积分即可求得熵变。一般当 T_1 和 T_2 相差不大时，或对于理想气体，可以近似把 $C_{V,\mathrm{m}}$ 看作常数，此时上式变为

$$\Delta S=nC_{V,\mathrm{m}}\int_{T_1}^{T_2}\frac{\mathrm{d}T}{T}=nC_{V,\mathrm{m}}\ln\frac{T_2}{T_1} \tag{1-56b}$$

值得一提的是，式(1-55) 和式(1-56) 也可用于计算凝聚态系统变温过程的熵变，由于凝聚态的 $C_{p,\mathrm{m}}\approx C_{V,\mathrm{m}}$，此时不必区分等压或等容，热容为同一个值。

1.10.1.4 理想气体任意 p、V、T 变化过程

对于理想气体，若由始态 A(n，p_1，V_1，T_1) 经某一过程变化到终态 B(n，p_2，V_2，T_2)，由于 p、V、T 都发生了变化，用上述三个过程的计算熵变的方法均不能计算该过程的熵变。要想计算该过程的熵变，必须在始、终态间设计出可逆过程来计算。下面以具体实例来说明。

【例 1-12】 10mol 理想气体由 200dm^3、300kPa 膨胀至 400dm^3、100kPa，计算此过程的熵变。已知 $C_{p,\mathrm{m}}=50.21\mathrm{J\cdot K^{-1}\cdot mol^{-1}}$。

解：这是理想气体 p、V、T 都改变的过程，可设计成由两种可逆过程组成的途径来计算过程的熵变。可设计多种途径。

途径一　先由始态等压膨胀到终态体积，再等容变温到终态温度

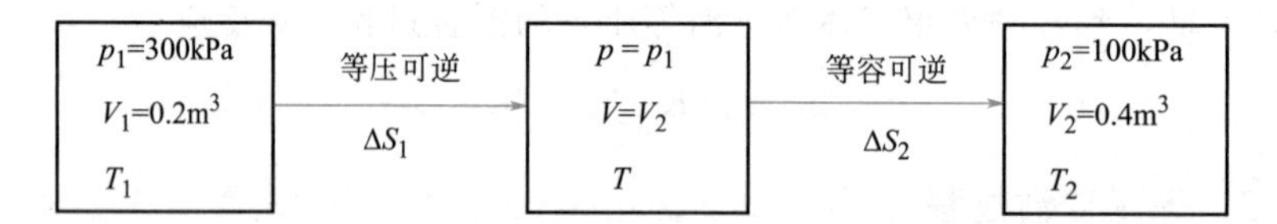

则
$$\Delta S=\Delta S_1+\Delta S_2$$

由于
$$T=\frac{pV}{nR}=\frac{p_1V_2}{nR},\ C_{V,\mathrm{m}}=C_{p,\mathrm{m}}-R$$

利用式(1-55b) 和式(1-56b)，则

$$\begin{aligned}\Delta S=\Delta S_1+\Delta S_2&=nC_{p,\mathrm{m}}\ln\frac{T}{T_1}+nC_{V,\mathrm{m}}\ln\frac{T_2}{T}=nC_{p,\mathrm{m}}\ln\frac{p_1V_2}{nRT_1}+nC_{V,\mathrm{m}}\ln\frac{nRT_2}{p_1V_2}\\&=nC_{p,\mathrm{m}}\ln\frac{p_1V_2}{p_1V_1}+nC_{V,\mathrm{m}}\ln\frac{p_2V_2}{p_1V_2}\end{aligned}$$

所以，有
$$\Delta S=nC_{p,\mathrm{m}}\ln\frac{V_2}{V_1}+nC_{V,\mathrm{m}}\ln\frac{p_2}{p_1} \tag{1-57a}$$

将题给始、终态的体积、压力的数据代入上式，则得

$$\begin{aligned}\Delta S&=10\mathrm{mol}\times\left[50.21\times\ln\frac{0.4}{0.2}+(50.21-8.314)\times\ln\frac{100}{300}\right]\mathrm{J\cdot mol^{-1}\cdot K^{-1}}\\&=-112.2\mathrm{J\cdot K^{-1}}\end{aligned}$$

途径二　先由始态等温膨胀到终态压力，再等压变温到终态温度

p_1=300kPa，V_1=0.2m^3，T_1 —等温可逆 ΔS_1→ $p=p_2$，V，T=T_1 —等压可逆 ΔS_2→ p_2=100kPa，V_2=0.4m^3，T_2

则
$$\Delta S=\Delta S_1+\Delta S_2=nR\ln\frac{p_1}{p_2}+nC_{p,\mathrm{m}}\ln\frac{T_2}{T_1} \tag{1-57b}$$

由于
$$\frac{T_2}{T_1}=\frac{p_2V_2}{p_1V_1}=\frac{100\times0.4}{300\times0.2}=\frac{2}{3}$$

并将始终态压力代入式(1-56b)，得

$$\Delta S=10\text{mol}\times\left(8.314\times\ln\frac{300}{100}+50.21\times\ln\frac{100\times0.4}{300\times0.2}\right)\text{J}\cdot\text{mol}^{-1}\cdot\text{K}^{-1}$$
$$=-112.2\text{J}\cdot\text{K}^{-1}$$

还可以设计成先由始态等温膨胀到终态压力，然后再等容变温到终态温度的途径，读者还可自行推导出第三个计算理想气体任意 p、V、T 变化过程熵变的计算式

$$\Delta S=nR\ln\frac{V_2}{V_1}+nC_{V,\text{m}}\ln\frac{T_2}{T_1}\tag{1-57c}$$

也可得到相同的计算结果。

式(1-57a)、式(1-57b) 和式(1-57c) 是计算理想气体任意 p、V、T 变化过程熵变的通式。由这三个公式还可以得出理想气体等温过程（$T_2=T_1$）、等压过程（$p_2=p_1$）和等容过程（$V_2=V_1$）熵变的计算式，即式(1-53)、式(1-55b) 和式(1-56b)。另外，这三个公式，还可以由热力学第一定律给出的可逆热与 p、V、T 变化的关系式：$\delta Q_\text{R}=\text{d}U+p\text{d}V(\delta W'=0)$和熵变定义式(1-41b) 的结合式直接推导得出，请读者试证之。

1.10.1.5 热传导

温度不同的两个大热源 T_1 和 $T_2(T_1>T_2)$ 相接触，有热量 Q 从 T_1 传导到 T_2，这是一个典型的自发过程，是不可逆的。为计算此过程的熵变，可设想这样一个可逆的热传导过程：在 T_1 和 T_2 之间放置无穷多个大热源，相邻热源之间的温度差只有无穷小 $\text{d}T$（如图 1-18 所示），现从左向右让相邻两热源依次分别接触，每次接触都有热量 Q 传入温度较低的热源，最终使热量 Q 传入 T_2。

图 1-18 可逆热传导示意图

在这个可逆热传导过程中，根据定义式，熵变应等于每个热源的热温商的加和。由于中间热源每一个都要跟相邻的热源接触两次（从左边热源吸热 Q 并向右边热源放热 Q），这样整个加和中，中间热源的热温商就相互抵消了，最后只剩下两头热源 T_1 和 T_2 的热温商，即

理想气体非等温混合过程的熵变计算

$$\Delta S=\frac{Q}{T_2}-\frac{Q}{T_1}\tag{1-58}$$

其中的负号是由于热源 T_1 是放热的。这就是热传导过程中熵变的计算公式。

1.10.2 相变化过程熵变的计算

1.10.2.1 可逆相变

纯物质两相平衡时，相平衡温度是相平衡压力的函数。在两相平衡压力和温度下进行的相变过程即是可逆相变。由于是在等温等压下进行的可逆过程，所以其熵变等于相变热与相变温度的商，即

$$\Delta S=\frac{\Delta_{相变}H}{T}\tag{1-59}$$

【例 1-13】 在 100kPa 下，1mol 液态水与 373.15K 的大热源接触，等温等压汽化为 1mol 水蒸气，已知此时水的摩尔蒸发焓为 40.66kJ·mol^{-1}，试求此过程的熵变。

解：根据题意，这是液态水蒸发成气态水的可逆相变过程，利用式(1-59)

$$\Delta S=\frac{n\Delta_\text{vap}H_\text{m}}{T}=\frac{1\text{mol}\times40.66\times10^3\text{J}\cdot\text{mol}^{-1}}{373.15\text{K}}=108.96\text{J}\cdot\text{K}^{-1}$$

1.10.2.2 不可逆相变

不是在相平衡温度或相平衡压力下的相变即为不可逆相变。如过冷液体凝固成固体、过饱和蒸气凝结成液体、过热液体蒸发为气体等过程均为不可逆相变过程。为计算不可逆相变过程的熵变，通常必须设计可逆过程，利用此可逆过程的热温商来计算该不可逆相变的熵变。可有多种设计途径，其要点是要把可逆相变设计成其中一个步骤，而其他步骤都是简单状态变化过程。

【例 1-14】 在－10℃、100kPa 下，1mol 过冷水等温凝结为冰，计算此过程的熵变。

解：虽然这是在等温等压下进行的相变，但由于温度－10℃不是相平衡时的温度（0℃），所以不能按照式(1-59) 直接计算该过程的熵变，应设计可逆过程来求算，可有多种途径。

途径一 由于 100kPa 下，冰的熔点为 0℃，故可设计可逆途径如下。

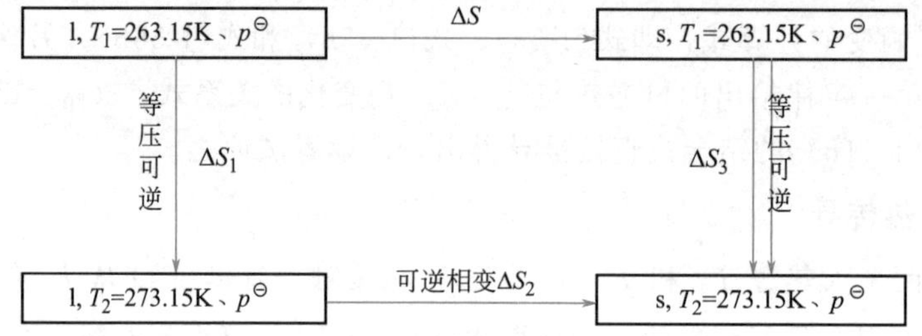

先将水等压可逆升温至 0℃，再在此温度和压力下使水可逆相变成冰，最后使冰等压可逆降温至－10℃。则利用式(1-55) 和式(1-59) 可得

$$\Delta S=\Delta S_1+\Delta S_2+\Delta S_3=nC_{p,\mathrm{m}}(\mathrm{H_2O,l})\ln\frac{T_2}{T_1}-\frac{n\Delta_{\mathrm{fus}}H_{\mathrm{m}}^{\ominus}}{T_2}+nC_{p,\mathrm{m}}(\mathrm{H_2O,s})\ln\frac{T_1}{T_2}$$

若已知水和冰的平均摩尔等压热容分别为 $C_{p,\mathrm{m}}(\mathrm{H_2O,l})=75.29\mathrm{J\cdot K^{-1}\cdot mol^{-1}}$ 和 $C_{p,\mathrm{m}}$ $(\mathrm{H_2O}$，s) $=36.40\mathrm{J\cdot K^{-1}\cdot mol^{-1}}$，0℃时冰的熔化热为 $333.5\mathrm{J\cdot g^{-1}}$。将它们代入上式，即可求得

$$\Delta S=1\mathrm{mol}\times(75.29-36.40)\mathrm{J\cdot K^{-1}\cdot mol^{-1}}\times\ln\frac{273.15\mathrm{K}}{263.15\mathrm{K}}-$$

$$\frac{1\mathrm{mol}\times18\mathrm{g\cdot mol^{-1}}\times333.5\mathrm{J\cdot g^{-1}}}{273.15\mathrm{K}}$$

$$=-20.53\mathrm{J\cdot K^{-1}}$$

途径二 还可以设计如下可逆途径：①水等温可逆降压至水在－10℃的饱和蒸气压 p_1^*；②在此温度和压力下水可逆相变为气态水；③气态水等温可逆降压至冰在－10℃的饱和蒸气压 p_s^*；④在此温度和压力下气态水可逆相变为冰；⑤冰等温可逆升压至 100kPa。

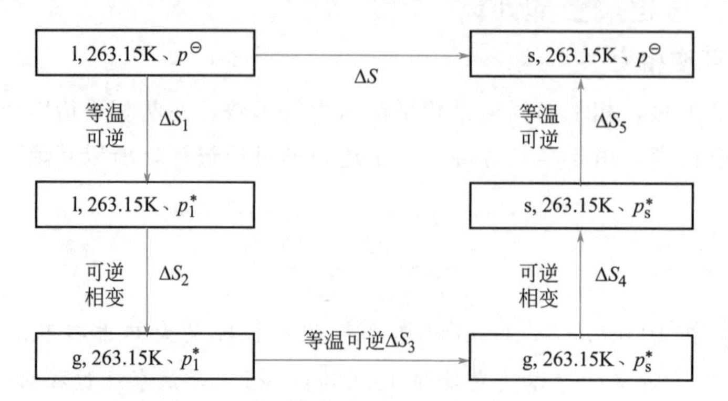

由于压力变化不是很大，凝聚态物质在等温变压过程中的熵变非常小，所以 ΔS_1 和 ΔS_5 两项相对于其他项可以忽略不计，则

$$\Delta S=\Delta S_1+\Delta S_2+\Delta S_3+\Delta S_4+\Delta S_5\approx\Delta S_2+\Delta S_3+\Delta S_4$$

$$=\frac{n\Delta_{vap}H_m}{T}+nR\ln\frac{p_1^*}{p_s^*}-\frac{n\Delta_{sub}H_m}{T}=nR\ln\frac{p_1^*}{p_s^*}-\frac{n\Delta_{fus}H_m}{T}$$

最后一步用到了式(1-26)。若已知−10℃时水和冰的饱和蒸气压分别为 $p^*(l)=285.7\text{Pa}$ 和 $p^*(s)=260.0\text{Pa}$，水在−10℃结冰时放热 $312.3\text{J}\cdot\text{g}^{-1}$。将它们代入上式即可求得

$$\Delta S=1\text{mol}\times8.314\text{J}\cdot\text{mol}^{-1}\cdot\text{K}^{-1}\times\ln\frac{285.7\text{Pa}}{260.0\text{Pa}}-\frac{1\text{mol}\times18\text{g}\cdot\text{mol}^{-1}\times312.3\text{J}\cdot\text{g}^{-1}}{263.15\text{K}}$$

$$=-20.58\text{J}\cdot\text{K}^{-1}$$

以上两种途径都可用来计算熵变，实际解决问题时要会根据所给的数据选择合适的途径来计算。上例中若再计算出实际相变过程的热温商，利用式(1-44) 或式(1-46) 就可以判断相变过程的可逆性。如途径一中，−10℃的水变为−10℃的冰所放出的热为

$$Q_p=\Delta H=\Delta H_1+\Delta H_2+\Delta H_3$$

$$=-n\Delta_{fus}H_m^{\ominus}+\int_{T_1}^{T_2}[C_{p,m}(H_2O,l)-nC_{p,m}(H_2O,s)]dT$$

$$=-n\Delta_{fus}H_m^{\ominus}+n[C_{p,m}(H_2O,l)-nC_{p,m}(H_2O,s)](T_2-T_1)$$

$$=-1\text{mol}\times18\text{g}\cdot\text{mol}^{-1}\times333.5\text{J}\cdot\text{g}^{-1}+1\text{mol}\times(75.29-36.40)\ \text{J}\cdot\text{K}^{-1}\cdot\text{mol}^{-1}\times10\text{K}$$

$$=-5.644\text{kJ}$$

此热效应也可以直接利用基希霍夫公式 (1-33d)，由已知可逆相变温度下的焓变求出不可逆相变温度下的焓变，结果是一样的。

则实际相变过程的热温商为

$$\frac{Q_p}{T}=\frac{-5.644\text{kJ}\times1000}{263.15\text{K}}=-21.45\text{J}\cdot\text{K}^{-1}$$

由于

$$\Delta S>\frac{Q_p}{T}$$

所以，过程不可逆。

在判断过程可逆性时，也可以先求出整个隔离系统的熵变，利用熵增原理来判断。对于这个例题，实际相变过程的热效应为−5.644kJ，即环境吸热 5.644kJ，所以环境的熵变为

$$\Delta S_{sur}=\frac{Q_{sur}}{T_{sur}}=\frac{5644\text{J}}{263.15\text{K}}=21.45\text{J}\cdot\text{K}^{-1}$$

$$\Delta S_{iso}=\Delta S_{sur}+\Delta S_{sys}=(-20.58+21.45)\text{J}\cdot\text{K}^{-1}=0.87\text{J}\cdot\text{K}^{-1}>0$$

由于隔离系统的熵变大于零，所以该相变过程为不可逆相变过程。

1.10.3 热力学第三定律和化学反应的熵变

隔离系统熵变的计算

上面讨论了各种过程熵变的求算方法，其根本都是基于熵的定义式。但对于变化前后物质发生改变的化学反应，这些方法就不能适用了。这就需要从别的思路考虑如何计算化学反应的熵变。如果能够知道各种物质的熵的绝对值，并把它们列表备查，则可以很方便地求算化学反应的熵变。但实际上熵的绝对值是无法求得的。那么能不能像 1.6 节中规定标准摩尔生成焓那样，人为规定一些参考状态作为熵值零点，然后再求得各种物质的熵的相对值，以这个相对值去计算反应的熵变呢？答案是肯定的。那么熵值零点在哪里呢？这就是热力学第三定律所要解决的问题。

热力学第三定律和化学反应的熵变

1.10.3.1 热力学第三定律

这一定律是 20 世纪初人们在研究极低温度下凝聚系统的熵变时提出的。1906 年，德国物理学家、化学家能斯特（W. H. Nernst，1864～1941 年）系统研究了低温下凝聚系统的化学反应，通过归纳总结大量的实验事实，提出一个假定：在温度趋于 0K 时的等温过程中，

凝聚态反应系统的熵值不变。这一假定后来被称为能斯特热定理，用公式表示为

$$\lim_{T\to 0}(\Delta S)_T=0 \tag{1-60}$$

1912 年，德国物理学家普朗克（M. K. E. L. Planck，1858～1947 年）将热定理推进了一步，提出假定：在 0K 时，纯凝聚态物质的熵值为零，即

$$\lim_{T\to 0}S(\text{纯物质})=0 \tag{1-61}$$

普朗克认为，如果任何反应系统都遵守式(1-60)，就表明 0K 时产物与反应物有相同的熵值，这样就可以把 0K 时的物质作为基态，规定基态物质有相同的熵值。这个规定熵值可以任意选择，选零当然最为方便。

普朗克的假定在 1923 年又被美国物理化学家路易斯（G. N. Lewis，1875～1946 年）和兰道尔（M. Randall，1888～1950 年）作了改进，将其表述为：在 0K 时，任何纯物质的完美晶体的熵值都为零。这也是热力学第三定律的一般表述。

1.10.3.2 标准摩尔熵

根据上述热力学第三定律，对纯物质有 $S(0\text{K})=0$，则要计算相同压力下温度为 T 时该物质的熵值 $S(T)$，根据状态函数的基本性质，有

$$\Delta S=S(T)-S(0\text{K})=S(T) \tag{1-62}$$

而根据式(1-55)，等压过程的熵变为

$$\Delta S=\int_{0\text{K}}^{T}\frac{\Delta Q_{\text{R}}}{T}=\int_{0\text{K}}^{T}\frac{C_p}{T}\text{d}T$$

所以有

$$S(T)=\int_{0\text{K}}^{T}\frac{\Delta Q_{\text{R}}}{T}=\int_{0\text{K}}^{T}\frac{C_p}{T}\text{d}T$$

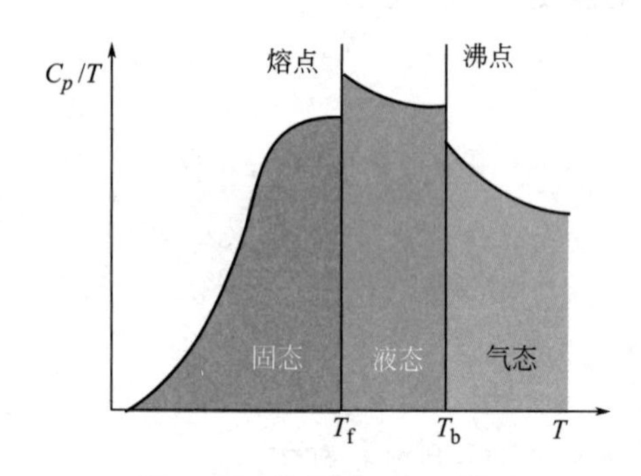

图 1-19 物质 C_p/T-T 关系曲线示意图

定义物质在温度 T 和标准压力 $p^{\ominus}$ 时的摩尔熵值 $S_{\text{m}}^{\ominus}$（B，相态，T）为物质的标准摩尔熵，该熵值可以通过上式计算。但要注意由于不同温度区间内 C_p 与 T 的关系不同，所以要分步进行积分。

图 1-19 为物质在 0K～T 范围内 C_p/T-T 关系曲线，可以看出，物质 C_p 与 T 的关系有 3 种不同形式；在熔点和沸点时物质要发生可逆相变，这两个温度点的熵变应按照式(1-59) 单独计算。另外，由于 0～15K 范围内物质热容很难获得，一般采用德拜（Debye）经验公式估算：$C_{p,\text{m}}=\alpha T^3$（式中，$\alpha$ 为经验常数，不同物质有不同值；T 的取值范围为 0～15K）。综上，某物质在温度 T 时的标准摩尔熵的计算公式为

$$S_{\text{m}}^{\ominus}(T)=\int_{0\text{K}}^{15\text{K}}\frac{\alpha T^3}{T}\text{d}T+\int_{15\text{K}}^{T_{\text{f}}}\frac{nC_{p,\text{m}}(\text{s})}{T}\text{d}T+\frac{n\Delta_{\text{fus}}H_{\text{m}}^{\ominus}}{T_{\text{f}}}+\int_{T_{\text{f}}}^{T_{\text{b}}}\frac{nC_{p,\text{m}}(\text{l})}{T}\text{d}T+\frac{n\Delta_{\text{vap}}H_{\text{m}}^{\ominus}}{T_{\text{b}}}+\int_{T_{\text{b}}}^{T}\frac{nC_{p,\text{m}}(\text{g})}{T}\text{d}T \tag{1-63}$$

1.10.3.3 化学反应熵变的计算——标准摩尔反应熵

人们利用式(1-63) 求得一些常用物质在 298.15K 时的标准摩尔熵 $S_{\text{m}}^{\ominus}$，见附表Ⅵ。有了这些数据，就可以方便地求算某化学反应在 298.15K 时的熵变 $\Delta_{\text{r}}S_{\text{m}}^{\ominus}$，称为标准摩尔反应熵。如对任意化学反应

$$0=\sum_{\text{B}}\nu_{\text{B}}\text{B}$$

其熵变可用下式求算

$$\Delta_{\text{r}}S_{\text{m}}^{\ominus}(298.15\text{K})=\sum_{\text{B}}\nu_{\text{B}}S_{\text{m}}^{\ominus}(\text{B},298.15\text{K}) \tag{1-64}$$

若需要求其他温度下的标准摩尔反应熵，则可根据熵变的定义式推导求得。由式(1-44)及式(1-10)可知

$$dS=\frac{\delta Q_R}{T}=\frac{CdT}{T} \tag{1-65}$$

所以在等压条件下

$$\left(\frac{\partial S}{\partial T}\right)_p=\frac{C_p}{T} \tag{1-66}$$

则对于化学反应则有

$$\left(\frac{\partial \Delta_r S_m^\ominus}{\partial T}\right)_p=\frac{\Delta_r C_{p,m}}{T} \tag{1-67a}$$

其中 $\Delta_r C_{p,m}=\sum_B \nu_B C_{p,m}(B)$，在 298.15K～$T$ 范围内做定积分，可得

$$\Delta_r S_m^\ominus(T)=\Delta_r S_m^\ominus(298.15K)+\int_{298.15K}^{T}\frac{\Delta_r C_{p,m}}{T}dT \tag{1-67b}$$

当温度变化不大时，物质的热容几乎不随温度的变化而变化，此时，物质的热容可以采用平均热容，$\Delta_r C_{p,m}$ 可以看为常数，上式可变为

$$\Delta_r S_m^\ominus(T)=\Delta_r S_m^\ominus(298.15K)+\Delta_r C_{p,m}\ln\frac{T}{298.15K}$$

当温度变化很大，物质的热容随温度的变化不能忽略时，可将关系式(1-15a)代入式(1-67b)，可得

$$\Delta_r S_m^\ominus(T)=\Delta_r S_m^\ominus(298.15K)+\int_{298.15K}^{T}\frac{\Delta_r a+\Delta_r bT+\Delta_r cT^2}{T}dT \tag{1-67c}$$

与讨论反应焓变随温度的变化情况相似，上式中积分项所得值相对于另外两项要小得多，所以很多情况下特别是温度变化不是很大时，积分项可以忽略，则有

$$\Delta_r S_m^\ominus(T)\approx\Delta_r S_m^\ominus(298.15K)$$

例如反应 $2CO(g)+O_2(g)\longrightarrow 2CO_2(g)$，经计算可得 $\Delta_r S_m^\ominus(298.15K)=-173J\cdot mol^{-1}\cdot K^{-1}$，用式(1-67c)计算出的 $\Delta_r S_m^\ominus(500K)=-168J\cdot mol^{-1}\cdot K^{-1}$；再如反应 $C_2H_2(g)+2H_2(g)\longrightarrow C_2H_6(g)$，计算得 $\Delta_r S_m^\ominus(298.15K)=-233J\cdot mol^{-1}\cdot K^{-1}$，同样用式(1-67c)计算出的 $\Delta_r S_m^\ominus(398.15K)=-247J\cdot mol^{-1}\cdot K^{-1}$。可见，温度对 $\Delta_r S_m^\ominus$ 的影响不大。

1.11 过程方向的判据

通过计算熵变，原则上就可以判别过程进行的方向和限度了，但这需要以隔离系统或绝热过程为前提，否则，还必须计算出过程的热温商，通过比较熵变和热温商的大小来判别过程进行的方向和限度。而一般变化在等温、等压或等容的条件下进行的情况比较常见，所以有必要讨论在这些条件下如何能更方便地判别过程的方向和限度。下面就来介绍为此目的而引入的两个新的状态函数。

过程方向的判据

1.11.1 亥姆霍兹函数 A

这个状态函数是以创建它的德国物理学家亥姆霍兹（Helmholtz，1821～1894年）的名字命名的，也叫亥姆霍兹自由能，以符号 A 表示。其定义为

$$A=U-TS \tag{1-68}$$

可以看出，A 的单位是能量单位 J，属于广度性质。

既然定义了这样一个函数，那么它有什么物理意义呢？将热力学第一定律的表达式(1-1b)代入第二定律的表达式(1-44b)，可得

$$dU-\delta W \leqslant T\,dS \tag{1-69}$$

如果是等温过程，则上式可写为

$$-\delta W \leqslant -dU+d(TS) \text{即} -\delta W \leqslant -d(U-TS)$$

这里出现了 $(U-TS)$，即

$$-\delta W \leqslant -dA \text{ 或} -W \leqslant -\Delta A \begin{cases} <,\text{不可逆} \\ =,\text{可逆} \end{cases} \tag{1-70a}$$

此式的物理意义为，在等温可逆过程中系统所做的功等于系统亥姆霍兹函数 A 的减少值，而在等温不可逆过程中前者小于后者。所以式(1-70a) 可以用来判断等温条件下过程是否可逆。上述物理意义还包含了这样一层意思，系统在等温过程中所能做功的最大值等于系统 A 的减小值。所以 A 就成为系统在等温过程中做功能力的量度，这也是过去 A 被称为功函的原因。另一方面，由定义式(1-68) 可得 $U=A+TS$，所以可以把 A 看作系统热力学能的一部分，这部分能量是可以做功的，即系统在过程中通过消耗这一部分能量来做功。由于它的消耗可以全部用来做功（等温可逆过程中），也可以部分用来做功甚至不做功，所以称为亥姆霍兹自由能。

如果是一个等温等容且不做非体积功的过程，则 $\delta W=0$，式(1-70a) 变为

$$dA \leqslant 0 \text{ 或 } \Delta A \leqslant 0 \tag{1-70b}$$

这里也是"="适用于可逆过程，"<"适用于不可逆过程。由于在上述条件下，系统所进行的不可逆过程只能是自发过程，所以式(1-70b)的意义为：在等温等容且不做非体积功的条件下，系统的自发变化总是向着亥姆霍兹函数 A 减少的方向进行，直至减少到最小值，此时系统达到平衡，所能进行的过程只能是可逆过程，A 值也不再变化。

科学家-吉布斯

1.11.2 吉布斯函数 G

这个状态函数也是以创建它的美国物理学家吉布斯（J. W. Gibbs，1839～1903 年）的名字命名的，也叫吉布斯自由能，以符号 G 表示。其定义为

$$G=H-TS=A+pV \tag{1-71}$$

可以看出，G 的单位也是能量单位 J，属于广度性质。

下面来看看 G 的物理意义。将式(1-69) 中的功表示成体积功和非体积功的加和，得

$$-(\delta W'-p_{ex}dV) \leqslant -d(U-TS)$$

在等温、等压条件下，p_{ex} 可用系统压力 p 替换，上式可写为

$$-\delta W' \leqslant -d(U+pV-TS) \text{或} -\delta W' \leqslant -d(H-TS)$$

所以有

$$-\delta W' \leqslant -dG \text{ 或} -W' \leqslant -\Delta G \begin{cases} <,\text{不可逆} \\ =,\text{可逆} \end{cases} \tag{1-72a}$$

此式的物理意义为，在等温等压可逆过程中系统所做的非体积功等于系统吉布斯函数 G 的减小值，而在等温等压不可逆过程中前者小于后者。所以式(1-72a) 可以用来判断等温等压条件下过程是否可逆。上述物理意义还包含了这样一层意思：在等温等压过程中，系统所能做的最大非体积功等于系统 G 的减小值。所以 G 就成为系统在等温等压过程中做非体积功能力的量度。由于系统 G 的减小可以全部用来做功（等温等压可逆过程中），也可以部分用来做功甚至不做功，所以也称为吉布斯自由能。

如果系统经历一个等温等压且不做非体积功的过程，则式(1-72a) 变为

$$dG \leqslant 0 \text{ 或 } \Delta G \leqslant 0 \tag{1-72b}$$

这里也是"="适用于可逆过程，"<"适用于不可逆过程。由于在上述条件下，系统所进

行的不可逆过程只能是自发变化，所以式(1-72b) 的意义为：在等温等压且不做非体积功的条件下，系统的自发变化总是向着吉布斯函数 G 减少的方向进行，直至减少到最小值，此时系统达到平衡，所能进行的过程只能是可逆过程，G 值也不再变化。

1.11.3 过程方向的判据

至此，已经有 S、A、G 三个状态函数可以用来判断过程的方向性了，现总结如下。

1.11.3.1 熵判据

对于隔离系统，有

$$\Delta S \geqslant 0 \begin{cases} >, \text{不可逆} \\ =, \text{可逆} \end{cases}$$

由于在隔离系统中，如果发生了不可逆过程，则必定是自发的。所以在隔离系统中，自发变化总是向熵增加的方向进行，变化的结果是系统熵值增到最大达到平衡状态。平衡后，系统中发生的任何过程都是可逆的。在隔离系统中不可能发生 S 值减小的过程。所以判别过程方向性的熵判据为

$$\Delta S \geqslant 0 \begin{cases} >, \text{自发} \\ =, \text{平衡} \\ <, \text{不可能} \end{cases} \tag{1-73}$$

1.11.3.2 亥姆霍兹函数判据

在等温等容且不做非体积功的过程中，有

$$\Delta A \leqslant 0 \begin{cases} <, \text{不可逆} \\ =, \text{可逆} \end{cases}$$

在上述条件下，系统处于不受外界作用，任其自然的情况，如果发生了不可逆过程，则必定是自发的。因此在等温等容且不做非体积功的条件下，自发变化总是向 A 减小的方向进行，变化的结果是系统 A 值减小到最小达到平衡状态。在此条件下不可能发生 A 值增大的过程。所以判别过程方向性的亥姆霍兹函数判据为

$$\Delta A_{T,V,W'=0} \leqslant 0 \begin{cases} <, \text{自发} \\ =, \text{平衡} \\ >, \text{不可能} \end{cases} \tag{1-74}$$

1.11.3.3 吉布斯函数判据

在等温等压且不做非体积功的过程中，有

$$\Delta G \leqslant 0 \begin{cases} <, \text{不可逆} \\ =, \text{可逆} \end{cases}$$

在上述条件下，系统处于不受外界作用，任其自然的情况，如果发生了不可逆过程，则必定是自发的。因此在等温等压且不做非体积功的条件下，自发变化总是向 G 减小的方向进行，变化的结果是系统 G 值减小到最小达到平衡状态。在此条件下不可能发生 G 值增大的过程。所以判别过程方向性的吉布斯函数判据为

$$\Delta G_{T,p,W'=0} \leqslant 0 \begin{cases} <, \text{自发} \\ =, \text{平衡} \\ >, \text{不可能} \end{cases} \tag{1-75}$$

要注意上述不可能过程并不是绝对的不可能，而是指在特定条件下的不可能。如果不符合这些前提条件，还是可能发生的。比如，如果一个化学反应的 $\Delta_r G_{T,p,W'=0} < 0$，说明在等温

等压不做非体积功的条件下，反应能够正向自发进行。而这时逆反应的 $\Delta_r G'_{T,p,W'=0}>0$，说明在等温等压不做非体积功的条件下，该逆向反应不可能自发进行。但是如果改变条件，比如环境对系统做比 $|\Delta_r G|$ 大的非体积功（如电解池中的电化学反应就是依靠外加电源做功才能进行的，见第 5 章），就有可能使反应反向进行。

1.11.4 ΔA 和 ΔG 的计算

ΔA 和 ΔG 可以用来判断过程进行的方向和限度，所以有必要讨论二者的计算方法。由于二者作为判据的条件之一都必须是在等温条件下，所以常需要考虑等温过程中二者的计算。根据所依据的公式不同，可以有如下两种计算方法。

1.11.4.1 根据定义式进行计算

根据 A 和 G 的定义式(1-68) 和式(1-71)，在等温过程中

$$\Delta A=\Delta U-T\Delta S \tag{1-76}$$

$$\Delta G=\Delta H-T\Delta S \tag{1-77}$$

所以只需求得过程中的 ΔU、ΔH 和 ΔS，就可得到 ΔA 和 ΔG。

在非等温的过程中

$$\Delta A=\Delta U-\Delta(TS)=\Delta U-(T_2S_2-T_1S_1)$$

$$\Delta G=\Delta H-\Delta(TS)=\Delta H-(T_2S_2-T_1S_1)$$

此类过程需求出 ΔU、ΔH、ΔS，并由所求的 $\Delta S=S_2-S_1$，能够确定始、终态的熵值 S_1、S_2，然后方可求算 ΔA、ΔG。

1.11.4.2 根据物理意义进行计算

根据 A 的物理意义，在等温可逆过程中系统 A 值的减少等于系统所做的功，即

$$\mathrm{d}A=\delta W_{\mathrm{R}}$$

在不做非体积功的条件下，有

$$\mathrm{d}A=-p\,\mathrm{d}V \tag{1-78a}$$

由始态 1 到终态 2 积分，可得

$$\Delta A=-\int_{V_1}^{V_2}p\,\mathrm{d}V \tag{1-78b}$$

只需知道过程中 p 与 V 之间的关系，即可代入此式进行积分求算 ΔA。在不同的系统和过程中，p 与 V 有不同的关系，具体有以下三种情况。

① 理想气体的等温可逆过程。将 p 用理想气体状态方程表示，可得

$$\Delta A=-\int_{V_1}^{V_2}\frac{nRT}{V}\mathrm{d}V=nRT\ln\frac{V_1}{V_2} \tag{1-79}$$

② 凝聚态物质的等温可逆过程。由于一般过程中压力变化都不是太大，凝聚态物质的体积随压力变化很小，可忽略不计，即 $\mathrm{d}V\approx 0$，所以此时有

$$\Delta A\approx 0 \tag{1-80}$$

③ 可逆相变过程。由于可逆相变是在等温等压下进行，所以有

$$\Delta A=p(V_1-V_2) \tag{1-81}$$

以上是 ΔA 的求算方法。而对于 ΔG，可利用定义式 $G=A+pV$，微分后得

$$\mathrm{d}G=\mathrm{d}A+\mathrm{d}(pV)=\mathrm{d}A+p\,\mathrm{d}V+V\mathrm{d}p$$

在不做非体积功的条件下，根据式(1-78a)，上式中 $\mathrm{d}A$ 与 $p\,\mathrm{d}V$ 可以相互抵消，所以有

$$\mathrm{d}G=V\mathrm{d}p \tag{1-82a}$$

上式积分后得

$$\Delta G=\int_{p_1}^{p_2}V\mathrm{d}p \tag{1-82b}$$

根据不同系统和过程中 p 与 V 的关系，也可以分为下面三种情况。

① 理想气体的等温可逆过程。将 V 用理想气体状态方程表示，可得

$$\Delta G=\int_{p_1}^{p_2}\frac{nRT}{p}\mathrm{d}p=nRT\ln\frac{p_2}{p_1}=nRT\ln\frac{V_1}{V_2} \tag{1-83}$$

与式(1-79) 比较可见，理想气体在等温可逆过程中 ΔG 与 ΔA 相等。

② 凝聚态物质的等温可逆过程。同样是由于一般过程中压力变化都不是太大，凝聚态物质的体积可近似看作与压力无关，所以此时有

$$\Delta G\approx V(p_2-p_1) \tag{1-84}$$

③ 可逆相变过程。由于可逆相变是在等温等压下进行，即 $\mathrm{d}p=0$，所以

$$\Delta G=0 \tag{1-85}$$

以上计算公式都是在等温可逆条件下得到的，如果实际过程等温不可逆，那么就必须在始态和终态之间设计一条可逆的途径，然后再计算。

【例 1-15】 10g 氦气在 127℃ 时压力为 5×10^5Pa，在等温下保持恒定外压为 10×10^5Pa，将其压缩至与外压平衡，试计算此过程的 W、Q、ΔU、ΔH、ΔS、ΔA、ΔG。（氦气可看作理想气体）

解：氦气的量 $n=\frac{10\mathrm{g}}{4\mathrm{g\cdot mol^{-1}}}=2.5\mathrm{mol}$

对于理想气体等温过程，$\Delta U=0$，$\Delta H=0$

$$Q=-W=p_{\mathrm{ex}}(V_2-V_1)=p_2\left(\frac{nRT}{p_2}-\frac{nRT}{p_1}\right)=nRT\left(1-\frac{p_2}{p_1}\right)$$

$$=2.5\mathrm{mol}\times8.314\mathrm{J\cdot mol^{-1}\cdot K^{-1}}\times400.15\mathrm{K}\times\left(1-\frac{10}{5}\right)=-8317\mathrm{J}$$

ΔS 可按照式(1-53) 计算

$$\Delta S=nR\ln\frac{p_1}{p_2}=2.5\mathrm{mol}\times8.314\mathrm{J\cdot mol^{-1}\cdot K^{-1}}\times\ln\frac{5}{10}=-14.41\mathrm{J\cdot K^{-1}}$$

ΔA 和 ΔG 可以按照定义式计算

$$\Delta A=\Delta U-T\Delta S=0+400.15\mathrm{K}\times14.41\mathrm{J\cdot K^{-1}}=5766\mathrm{J}$$

$$\Delta G=\Delta H-T\Delta S=0+400.15\mathrm{K}\times14.41\mathrm{J\cdot K^{-1}}=5766\mathrm{J}$$

ΔA 和 ΔG 还可按照式(1-77) 和式(1-81) 来计算，即

$$\Delta A=\Delta G=nRT\ln\frac{p_2}{p_1}$$

$$=2.5\mathrm{mol}\times8.314\mathrm{J\cdot mol^{-1}\cdot K^{-1}}\times400.15\mathrm{K}\times\ln\frac{10}{5}=5765\mathrm{J}$$

其结果与按照定义式的计算结果一致。

【例 1-16】 1mol 水在 100kPa 和 100℃ 下蒸发为气态，求此过程的 W、Q、ΔU、ΔH、ΔS、ΔA、ΔG。已知该条件下水的蒸发热为 $2258\mathrm{kJ\cdot kg^{-1}}$，水蒸气可视为理想气体。

解：这是一个等温等压下的可逆相变过程，则

$$\Delta H=Q=2258\mathrm{kJ\cdot kg^{-1}}\times18\times10^{-3}\mathrm{kg\cdot mol^{-1}}\times1\mathrm{mol}=40.64\mathrm{kJ}$$

$$W=-p(V_{\mathrm{g}}-V_{\mathrm{l}})\approx-pV_{\mathrm{g}}=-n_{\mathrm{g}}RT$$

$$=-1\mathrm{mol}\times8.314\mathrm{J\cdot mol^{-1}\cdot K^{-1}}\times373.15\mathrm{K}=-3.10\mathrm{kJ}$$

$$\Delta U=Q+W=40.64\mathrm{kJ}-3.10\mathrm{kJ}=37.54\mathrm{kJ}$$

$$\Delta S=\frac{Q}{T}=\frac{40640\mathrm{J}}{373.15\mathrm{K}}=109\mathrm{J\cdot K^{-1}}$$

ΔA 可以按照定义式计算，即

$$\Delta A=\Delta U-T\Delta S=Q+W-Q=W=-3.10\text{kJ}$$

或按照式(1-79) 计算，即

$$\Delta A=p(V_l-V_g)=W=-3.10\text{kJ}$$

ΔG 可以按照定义式计算，即

$$\Delta G=\Delta H-T\Delta S=Q-Q=0$$

或因为是可逆相变 $\qquad \Delta G=0$

【例 1-17】 求例 1-14 过程中的 ΔA 和 ΔG。

解：这是一个不可逆相变，例 1-13 已经给出了两种途径，其中途径二的每一步都是等温的，可以用于求算 ΔA 和 ΔG。

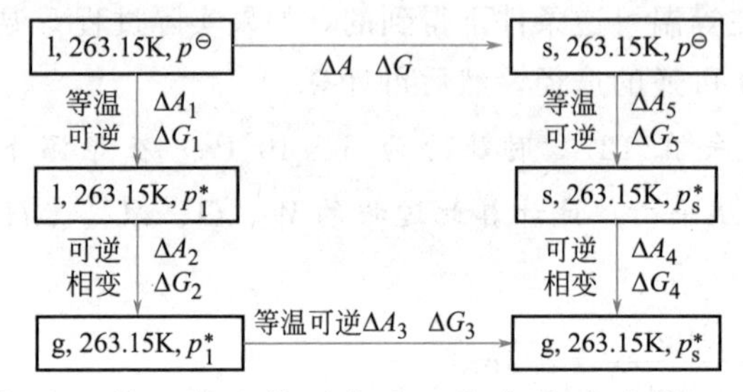

把气态水看作理想气体，第一步和第五步是凝聚态物质的等温可逆变化过程，则

$$\Delta A_1\approx 0,\ \Delta A_5\approx 0$$

$$\Delta G_1\approx V_l(p_l^*-p^{\ominus}),\ \Delta G_5\approx V_s(p^{\ominus}-p_s^*)$$

第二步是液态水的可逆汽化过程，则

$$\Delta A_2=p_l^*(V_l-V_g)\approx -p_l^*V_g=-n_gRT$$

$$\Delta G_2=0$$

第三步是气体的等温可逆变化过程，则

$$\Delta A_3=\Delta G_3=nRT\ln(p_s^*/p_l^*)$$

第四步是气态水的可逆凝华过程，则

$$\Delta A_4=p_s^*(V_g'-V_s)\approx p_s^*V_g'=n_gRT$$

$$\Delta G_4=0$$

所以

$$\Delta A=\Delta A_1+\Delta A_2+\Delta A_3+\Delta A_4+\Delta A_5=nRT\ln\frac{p_s^*}{p_l^*}$$

因 p_s^* 和 p_l^*，V_s 和 V_l 都相差不大，所以 ΔG_1 和 ΔG_5 可近似认为相互抵消，则

$$\Delta G=\Delta G_1+\Delta G_2+\Delta G_3+\Delta G_4+\Delta G_5\approx\Delta G_3=nRT\ln\frac{p_s^*}{p_l^*}$$

将-10℃时水和冰的饱和蒸气压 $p^*(\text{l})=285.7\text{Pa}$ 和 $p^*(\text{s})=260.0\text{Pa}$ 代入，可求得

$$\Delta A=\Delta G=1\text{mol}\times 8.314\text{J}\cdot\text{mol}^{-1}\cdot\text{K}^{-1}\times 263.15\text{K}\times\ln\frac{260.0\text{Pa}}{285.7\text{Pa}}=-206\text{J}$$

当然，如果题目给出冰在-10℃时的熔化热数值，也可以按照例 1-13 的方法先计算出 ΔS、ΔH 及 ΔU、然后按照式(1-76) 和式(1-77) 计算 ΔA 和 ΔG。

1.12 热力学函数关系式

迄今为止，已经由热力学第一定律得到状态函数 U 和 H，并将它们用于热力学过程的能量衡算，由热力学第二定律得到状态函数 S、A 和 G，并用它们来判断过程进行的方向和

限度。这些状态函数之间通过可以直接测量的状态函数 p、V、T 彼此相关联。通过热力学量之间的关系，就能用比较简单的实验或计算来代替那些较困难的实验或计算。下面就来总结一下这些状态函数之间的关系式，并导出一些有用的新的关系式。

1.12.1 定义式

按照定义

$$H=U+pV$$

$$A=U-TS$$

$$G=H-TS$$

由这三个定义式，可得 U、H、S、A 和 G 之间的关系为

$$H=U+pV==A+TS+pV$$

$$G=H-TS=U+pV-TS=A+pV$$

这几个热力学函数的定义式可用图 1-20 形象地表示。

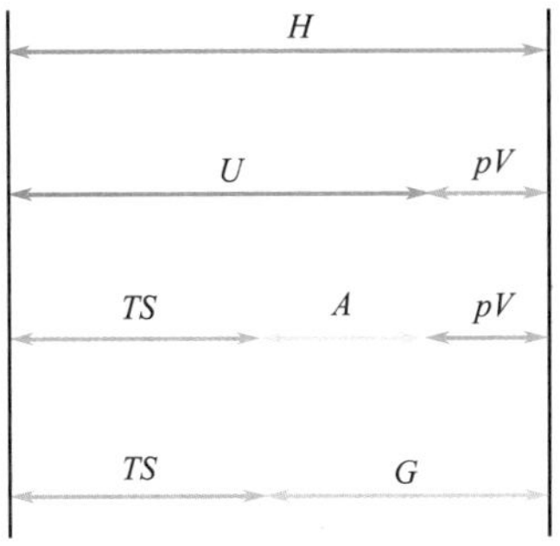

图 1-20 热力学函数间关系示意图

1.12.2 热力学基本方程

对于封闭系统的热力学第一定律的数学表达式(1-1b)，如果系统不做非体积功，则有 $\mathrm{d}U=\delta Q-p_{\mathrm{ex}}\mathrm{d}V$

若过程可逆，则系统压力 $p=p_{\mathrm{ex}}$，上式变为

$$\mathrm{d}U=\delta Q_{\mathrm{R}}-p\,\mathrm{d}V$$

根据熵的定义式(1-41b)

$$\mathrm{d}S=\frac{\delta Q_{\mathrm{R}}}{T}$$

代入前式，可得

$$\mathrm{d}U=T\mathrm{d}S-p\,\mathrm{d}V \tag{1-86}$$

将焓 H 的定义式微分，可得

$$\mathrm{d}H=\mathrm{d}U+\mathrm{d}(pV)=\mathrm{d}U+p\,\mathrm{d}V+V\mathrm{d}p$$

将式(1-86) 代入，得

$$\mathrm{d}H=T\mathrm{d}S+V\mathrm{d}p \tag{1-87}$$

同理可得

$$\mathrm{d}A=-S\mathrm{d}T-p\,\mathrm{d}V \tag{1-88}$$

$$\mathrm{d}G=-S\mathrm{d}T+V\mathrm{d}p \tag{1-89}$$

式(1-86)～式(1-89) 统称为热力学基本方程。从上面的推导可以看出，这四个热力学基本方程成立的前提条件是：①封闭系统；②不做非体积功；③可逆过程。但是由于式中所涉及的 5 个物理量都是状态函数，因此，只要始态和终态确定，无论过程是否可逆，此关系式都成立，所以第三个条件就不必要了。还有一点需要注意，这里所说的封闭系统，要求是组成不变的均相封闭系统。因为前已述及（1.1 节），这种系统只需指定两个状态函数即可确定系统的状态，如果选定 S 和 V 作为变量，则有 $U=U(S,V)$，正好符合式(1-86)。如果不是这种系统，比如有相变化或化学变化的系统，就需要用三个以上的变量来描述系统状态，式(1-86)～式(1-89) 也就不成立了，需要再增加变量才可以（见 2.2.1）。所以，热力学基本方程的适用条件可归纳为：组成不变的均相封闭系统、不做非体积功的任意过程。

1.12.3 热力学基本方程的派生公式

如果把 U 看作 S 和 V 的函数，即 $U=U(S,V)$，则 U 的全微分形式为

$$dU=\left(\frac{\partial U}{\partial S}\right)_V dS+\left(\frac{\partial U}{\partial V}\right)_S dV$$

将上式与式(1-86) 相对照，可以看出

$$\left(\frac{\partial U}{\partial S}\right)_V=T \tag{1-90}$$

$$\left(\frac{\partial U}{\partial V}\right)_S=-p \tag{1-91}$$

同理，式(1-87)、式(1-88)、式(1-89) 分别是函数 $H=H(S,p)$、$A=A(T,V)$、$G=G(T,p)$ 的全微分形式。所以有

$$\left(\frac{\partial H}{\partial S}\right)_p=T \tag{1-92}$$

$$\left(\frac{\partial H}{\partial p}\right)_S=V \tag{1-93}$$

$$\left(\frac{\partial A}{\partial T}\right)_V=-S \tag{1-94}$$

$$\left(\frac{\partial A}{\partial V}\right)_T=-p \tag{1-95}$$

$$\left(\frac{\partial G}{\partial T}\right)_p=-S \tag{1-96}$$

$$\left(\frac{\partial G}{\partial p}\right)_T=V \tag{1-97}$$

式(1-90)～式(1-97) 称为热力学基本方程的派生公式，或称为微分导出式，在分析、解决问题时经常用到。

1.12.4 麦克斯韦关系式

对函数 $Z=f(X,Y)$，利用全微分的另一个性质——Z 的二阶导数与求导次序无关，可得

麦克斯韦关系式及应用

$$\frac{\partial^2 Z}{\partial X\,\partial Y}=\frac{\partial^2 Z}{\partial Y\,\partial X}$$

对于系统的状态函数 $U=U(S,V)$，用上式可得

$$\frac{\partial^2 U}{\partial S\,\partial V}=\frac{\partial^2 U}{\partial V\,\partial S}$$

即
$$\left[\frac{(\partial U/\partial S)_V}{\partial V}\right]_S=\left[\frac{(\partial U/\partial V)_S}{\partial S}\right]_V$$

将式(1-90) 和式(1-91) 代入，得

$$\left(\frac{\partial T}{\partial V}\right)_S=-\left(\frac{\partial p}{\partial S}\right)_V \tag{1-98}$$

同样方法，将这一性质分别用于 $H=H(S,p)$、$A=A(T,V)$、$G=G(T,p)$ 三个函数，并将式(1-92)～式(1-97) 分别代入，得

$$\left(\frac{\partial T}{\partial p}\right)_S=\left(\frac{\partial V}{\partial S}\right)_p \tag{1-99}$$

$$\left(\frac{\partial S}{\partial V}\right)_T=\left(\frac{\partial p}{\partial T}\right)_V \tag{1-100}$$

$$\left(\frac{\partial S}{\partial p}\right)_T=-\left(\frac{\partial V}{\partial T}\right)_p \tag{1-101}$$

式(1-98)～式(1-101) 统称为麦克斯韦关系式。

1.12.5 关系式的应用

上述热力学关系式在热力学公式的推导及证明中有非常重要的作用，同时还有一个重要作用是可以用容易测定的偏导数来代替那些不容易直接测定的偏导数。例如，可以利用式(1-100)，由易测定的$\left(\frac{\partial p}{\partial T}\right)_V$求出不易直接测定的$\left(\frac{\partial S}{\partial V}\right)_T$。下面再举几个应用热力学关系式的例子。

1.12.5.1 证明焦耳定律

前面1.5节中讲到焦耳定律[式(1-20)]，当时只是根据实验结果合理推论而得，并没有严格证明。现用上述热力学关系式证明如下。

对于组成确定的封闭系统，根据热力学基本方程式(1-86)

$$\mathrm{d}U = T\mathrm{d}S - p\mathrm{d}V$$

在一定温度下，上式两边对V求偏导，得

$$\left(\frac{\partial U}{\partial V}\right)_T = T\left(\frac{\partial S}{\partial V}\right)_T - p$$

将Maxwell关系式(1-100)代入上式，得

$$\left(\frac{\partial U}{\partial V}\right)_T = T\left(\frac{\partial p}{\partial T}\right)_V - p \tag{1-102}$$

虽然$\left(\frac{\partial U}{\partial V}\right)_T$不能直接通过实验测定，但上式等号右边的$p$、$V$、$T$是可以实验测定的状态函数。只要测定在等容条件下系统p随T的变化关系或已知p、V、T关系，即可代入上式求算$\left(\frac{\partial U}{\partial V}\right)_T$。对于理想气体，已知其$p$、$V$、$T$的关系式即理想气体的状态方程$pV=nRT$，所以

$$\left(\frac{\partial p}{\partial T}\right)_V = \frac{nR}{V}$$

代入式(1-102)，得

$$\left(\frac{\partial U}{\partial V}\right)_T = \frac{nRT}{V} - p = 0$$

则式(1-20a)得证。

同样方法，可由热力学基本方程(1-87)和Maxwell关系式(1-101)得到

$$\left(\frac{\partial H}{\partial p}\right)_T = -T\left(\frac{\partial V}{\partial T}\right)_p + V \tag{1-103}$$

再利用理想气体状态方程也可得到

$$\left(\frac{\partial H}{\partial p}\right)_T = 0$$

式(1-102)和式(1-103)也称为热力学状态方程，是两个很有用的公式。根据这两个公式，只要知道实际气体的状态方程，就能求出等温下U和H随p或V的变化关系。比如，如果气体的状态方程符合范德华方程：

$$\left(p + \frac{a}{V_\mathrm{m}^2}\right)\left(V_\mathrm{m} - b\right) = RT$$

则有

$$\left(\frac{\partial p}{\partial T}\right)_V = \frac{R}{V_\mathrm{m} - b}$$

代入式(1-102)，得

$$\left(\frac{\partial U}{\partial V}\right)_T = \frac{RT}{V_\mathrm{m} - b} - p = \frac{a}{V_\mathrm{m}^2}$$

所以 $$dU=\left(\frac{\partial U}{\partial T}\right)_V dT+\left(\frac{\partial U}{\partial V}\right)_T dV=C_V dT+\frac{a}{V_m^2}dV$$

$$\Delta U=\int C_V dT+\int \frac{a}{V_m^2}dV$$

较之计算理想气体 ΔU 的公式，$\Delta U=\int C_V dT$，多了后面一项，它代表实际气体与理想气体的偏差大小。

【例 1-18】 试证明气体的焦耳-汤姆逊系数

$$\mu_{J\text{-}T}=\left(\frac{\partial T}{\partial p}\right)_H=\frac{1}{C_p}\left[T\left(\frac{\partial V}{\partial T}\right)_p-V\right]$$

证：对于组成不变的均相封闭系统，有 $H=f(T, p)$，其全微分形式

$$dH=\left(\frac{\partial H}{\partial T}\right)_p dT+\left(\frac{\partial H}{\partial p}\right)_T dp$$

在等焓条件下，$dH=0$，上式两边对 p 求偏导，得

$$0=\left(\frac{\partial H}{\partial T}\right)_p\left(\frac{\partial T}{\partial p}\right)_H+\left(\frac{\partial H}{\partial p}\right)_T$$

即 $$-\left(\frac{\partial H}{\partial p}\right)_T=\left(\frac{\partial H}{\partial T}\right)_p\left(\frac{\partial T}{\partial p}\right)_H$$

上式两边同乘以$\left(\frac{\partial p}{\partial H}\right)_T$，得

$$\left(\frac{\partial T}{\partial p}\right)_H\left(\frac{\partial p}{\partial H}\right)_T\left(\frac{\partial H}{\partial T}\right)_p=-1 \tag{1-104}$$

此式称为循环关系式，对于组成不变的均相封闭系统来说，任意三个状态函数之间都有这种关系。

上式中 $$\left(\frac{\partial T}{\partial p}\right)_H=\mu_{J\text{-}T},\ \left(\frac{\partial H}{\partial T}\right)_p=C_p$$

所以有 $$\mu_{J\text{-}T}=\left(\frac{\partial T}{\partial p}\right)_H=-\frac{1}{C_p}\left(\frac{\partial H}{\partial p}\right)_T$$

将式(1-103) 代入，即得

$$\mu_{J\text{-}T}=\left(\frac{\partial T}{\partial p}\right)_H=\frac{1}{C_p}\left[T\left(\frac{\partial V}{\partial T}\right)_p-V\right]$$

根据这一关系，如果已知气体的状态方程，即可求得 $\mu_{J\text{-}T}$，并可讨论其值的正负。

1.12.5.2 热容差 C_p-C_V

在 1.4.2.3 中利用热容的定义式和状态函数全微分的性质推导了 C_p 与 C_V 的关系。此关系还可以利用 Maxwell 关系式进一步推导。在等压条件下，由式(1-65) 可得式(1-66)，即$\left(\frac{\partial S}{\partial T}\right)_p=\frac{C_p}{T}$，同理，在等容条件下，由式(1-65) 可得

$$\left(\frac{\partial S}{\partial T}\right)_V=\frac{C_V}{T} \tag{1-105}$$

令纯物质的熵是温度和体积的函数，即 $S=S(T,V)$，则有全微分

$$dS=\left(\frac{\partial S}{\partial T}\right)_V dT+\left(\frac{\partial S}{\partial V}\right)_T dV$$

将上式两边在等压条件下对 T 求偏导，得

$$\left(\frac{\partial S}{\partial T}\right)_p=\left(\frac{\partial S}{\partial T}\right)_V+\left(\frac{\partial S}{\partial V}\right)_T\left(\frac{\partial V}{\partial T}\right)_p$$

将式(1-106)和式(1-105)代入上式，得

$$C_p - C_V = T\left(\frac{\partial S}{\partial V}\right)_T \left(\frac{\partial V}{\partial T}\right)_p \tag{1-106}$$

再将 Maxwell 关系式(1-100)代入，得

$$C_p - C_V = T\left(\frac{\partial p}{\partial T}\right)_V \left(\frac{\partial V}{\partial T}\right)_p \tag{1-107}$$

至此，只要知道系统的 p、V、T 关系式，就可求得 $C_p - C_V$。

对理想气体，$pV = nRT$，有

$$\left(\frac{\partial p}{\partial T}\right)_V = \frac{nR}{V}, \left(\frac{\partial V}{\partial T}\right)_p = \frac{nR}{p}$$

代入式(1-107)，得

$$C_p - C_V = nR，即\ C_{p,\mathrm{m}} - C_{V,\mathrm{m}} = R$$

对于凝聚态物质，由于不易得到等容下压力随温度的变化关系，为了避免出现$\left(\frac{\partial p}{\partial T}\right)_V$这一项，可将式(1-106)中的$\left(\frac{\partial S}{\partial V}\right)_T$利用 Maxwell 关系式(1-101)变为

$$\left(\frac{\partial S}{\partial V}\right)_T = \frac{(\partial S/\partial p)_T}{(\partial V/\partial p)_T} = -\frac{(\partial V/\partial T)_p}{(\partial V/\partial p)_T}$$

代入式(1-106)，得

$$C_p - C_V = -T\left(\frac{\partial V}{\partial T}\right)_p^2 \left(\frac{\partial p}{\partial V}\right)_T \tag{1-108}$$

定义物质的等压热膨胀系数

$$\alpha = \frac{1}{V}\left(\frac{\partial V}{\partial T}\right)_p$$

及等温压缩系数

$$\kappa = -\frac{1}{V}\left(\frac{\partial V}{\partial p}\right)_T$$

二者都是可测定的量。代入式(1-108)，得

$$C_p - C_V = \frac{TV\alpha^2}{\kappa} \tag{1-109}$$

由于凝聚态物质的热容通常都是在等压条件下测定，得到的是 C_p，要想得到 C_V，就可利用这个热容差公式来求得。

1.12.5.3 吉布斯函数 G 与压力 p 的关系

由热力学基本方程式(1-89) $\mathrm{d}G = -S\mathrm{d}T + V\mathrm{d}p$，在等温条件下，得

$$\mathrm{d}G = V\mathrm{d}p$$

对上式积分，得

$$\Delta G = \int_{p_1}^{p_2} V\mathrm{d}p \tag{1-110}$$

此式与式(1-82b)相同。对于理想气体，将 V 用理想气体状态方程表示，并积分可得式(1-83)

$$\Delta G = \int_{p_1}^{p_2} \frac{nRT}{p}\mathrm{d}p = nRT\ln\frac{p_2}{p_1} = nRT\ln\frac{V_1}{V_2}$$

对于一定温度下的化学反应

$$\left[\frac{\partial(\Delta_r G_\mathrm{m})}{\partial p}\right]_T = \left[\frac{\partial\left[\sum \nu_\mathrm{B} G_\mathrm{m}(\mathrm{B})\right]}{\partial p}\right]_T = \sum \nu_\mathrm{B}\left[\frac{\partial G_\mathrm{m}(B)}{\partial p}\right]_T$$

由热力学基本方程的微分导出式(1-97) 可知

$$\left[\frac{\partial G_{\mathrm{m}}(\mathrm{B})}{\partial p}\right]_T=V_{\mathrm{m}}(\mathrm{B})$$

所以

$$\left[\frac{\partial(\Delta_{\mathrm{r}}G_{\mathrm{m}})}{\partial p}\right]_T=\sum\nu_{\mathrm{B}}V_{\mathrm{m}}(\mathrm{B})$$

即

$$\left[\frac{\partial(\Delta_{\mathrm{r}}G_{\mathrm{m}})}{\partial p}\right]_T=\Delta_{\mathrm{r}}V_{\mathrm{m}} \tag{1-111}$$

【例 1-19】 298.15K 下已知下列热力学数据

物 质	金刚石	石 墨
$\Delta_{\mathrm{c}}H_{\mathrm{m}}^{\ominus}/\mathrm{kJ\cdot mol^{-1}}$	−395.3	−393.4
$S_{\mathrm{m}}^{\ominus}/\mathrm{J\cdot K^{-1}\cdot mol^{-1}}$	2.43	5.69
密度(ρ)/$\mathrm{kg\cdot dm^{-3}}$	3.513	2.260

(1) 说明在 298K 和 $p^{\ominus}$ 压力下，由石墨转化为金刚石的变化能否自发进行。

(2) 假定密度和熵不随温度和压力变化，根据热力学计算说明单凭加热得不到金刚石，而加压则可以。

(3) 298K 时至少需要多大压力才能使石墨转化为金刚石。

解：(1)C(石墨)⟶C(金刚石)

这实际上是 C 的晶型转变，属于相变化，也可以用类似化学变化的方法处理，利用燃烧焓数据，根据式(1-32)，得

$$\begin{aligned}\Delta_{\mathrm{r}}H_{\mathrm{m}}^{\ominus}&=\Delta_{\mathrm{c}}H_{\mathrm{m}}^{\ominus}(\text{石墨})-\Delta_{\mathrm{c}}H_{\mathrm{m}}^{\ominus}(\text{金刚石})\\&=(-393.4+395.3)\mathrm{kJ\cdot mol^{-1}}=1.9\mathrm{kJ\cdot mol^{-1}}\end{aligned}$$

$$\begin{aligned}\Delta_{\mathrm{r}}S_{\mathrm{m}}^{\ominus}&=S_{\mathrm{m}}^{\ominus}(\text{金刚石})-S_{\mathrm{m}}^{\ominus}(\text{石墨})\\&=(2.43-5.69)\mathrm{J\cdot K^{-1}\cdot mol^{-1}}=-3.26\mathrm{J\cdot K^{-1}\cdot mol^{-1}}\end{aligned}$$

在温度为 298K 时，由吉布斯函数定义式得

$$\begin{aligned}\Delta_{\mathrm{r}}G_{\mathrm{m}}^{\ominus}&=\Delta_{\mathrm{r}}H_{\mathrm{m}}^{\ominus}-T\Delta_{\mathrm{r}}S_{\mathrm{m}}^{\ominus}\\&=1900\mathrm{J\cdot mol^{-1}}+298\mathrm{K}\times3.26\mathrm{J\cdot K^{-1}\cdot mol^{-1}}\\&=2871\mathrm{J\cdot mol^{-1}}>0\end{aligned}$$

所以在 298K 和 $p^{\ominus}$ 压力下，石墨向金刚石转变的过程不能自发进行。

(2) $\Delta_{\mathrm{r}}G_{\mathrm{m}}^{\ominus}=G_{\mathrm{m}}^{\ominus}(\text{金刚石})-G_{\mathrm{m}}^{\ominus}(\text{石墨})$

恒压下上式两边对 T 求偏导，并利用式(1-94)，得

$$\begin{aligned}\left[\frac{\partial\Delta_{\mathrm{r}}G_{\mathrm{m}}^{\ominus}}{\partial T}\right]_p&=\left[\frac{\partial G_{\mathrm{m}}^{\ominus}(\text{金刚石})}{\partial T}\right]_p-\left[\frac{\partial G_{\mathrm{m}}^{\ominus}(\text{石墨})}{\partial T}\right]_p\\&=-S_{\mathrm{m}}^{\ominus}(\text{金刚石})-[-S_{\mathrm{m}}^{\ominus}(\text{石墨})]\\&=3.26\mathrm{J\cdot K^{-1}\cdot mol^{-1}}\end{aligned}$$

可见，$\Delta_{\mathrm{r}}G_{\mathrm{m}}^{\ominus}$ 随温度升高而增大，所以越加热 $\Delta_{\mathrm{r}}G_{\mathrm{m}}^{\ominus}$ 值越正，不能使石墨向金刚石转变的过程自发进行。

根据式(1-111)，得

$$\begin{aligned}\left[\frac{\partial\Delta_{\mathrm{r}}G_{\mathrm{m}}}{\partial p}\right]_T&=V_{\mathrm{m}}(\text{金刚石})-V_{\mathrm{m}}(\text{石墨})\\&=\frac{12\times10^{-3}\mathrm{kg\cdot mol^{-1}}}{3.513\times10^{3}\mathrm{kg\cdot m^{-3}}}-\frac{12\times10^{-3}\mathrm{kg\cdot mol^{-1}}}{2.260\times10^{3}\mathrm{kg\cdot m^{-3}}}\\&=-1.894\times10^{-6}\mathrm{m^{3}\cdot mol^{-1}}<0\end{aligned}$$

可见，$\Delta_r G_m$ 随压力升高而减小，压力足够大时 $\Delta_r G_m$ 可能变为负值，此时石墨向金刚石转变的过程可以自发进行。

(3) 设压力为 p 时 $\Delta_r G_m^p=0$，此压力即为所求。因密度不随压力变化，所以 V_m 值也不随压力变化，根据上式，$\Delta_r G_m^{\ominus}$ 与压力成线性关系，将其在 $p^{\ominus}$ 到 p 范围内积分，可得

$$\Delta_r G_m^p-\Delta_r G_m^{\ominus}=-1.896\times10^{-6}\,\mathrm{m^3\cdot mol^{-1}}(p-p^{\ominus})$$

将 $\Delta_r G_m^p=0$，$\Delta_r G_m^{\ominus}=2871\mathrm{kJ\cdot mol^{-1}}$，$p^{\ominus}=10^5\mathrm{Pa}$ 代入，解得

$$p=1.51\times10^9\mathrm{Pa}$$

在本章的引言中曾提到石墨转化为金刚石的问题，通过上例可以看到，利用热力学计算可以方便地判断在一定条件下转变反应能否进行，并且能够指明使转变反应发生所需的条件。在常温下要想使石墨转变为金刚石至少要加压到 1.5 万个大气压才能实现。实际上考虑到速率问题，要在高温和更大的压力下才能实现这一转变。

【例 1-20】 已知 298K 时液体汞的热膨胀系数 $\alpha_V=1.82\times10^{-4}\mathrm{K^{-1}}$，密度 $\rho=13.5\times10^3\mathrm{kg\cdot m^{-1}}$，摩尔质量 $M=201\mathrm{g\cdot mol^{-1}}$。设外压改变时汞的体积不变，求 298K，压力从 100kPa 增加到 1MPa 时，1mol 汞的 ΔS、ΔU、ΔG。

解：由 Maxwell 关系式 $\left(\frac{\partial S}{\partial p}\right)_T=-\left(\frac{\partial V}{\partial T}\right)_p$，得 $\mathrm{d}S=-\left(\frac{\partial V}{\partial T}\right)_p\mathrm{d}p$，结合热膨胀系数定义 $\alpha_V=\frac{1}{V}\left(\frac{\partial V}{\partial T}\right)_p$，得

$$\mathrm{d}S=-V\cdot\alpha_V\mathrm{d}p$$

由题意可得 $V_m=\frac{M}{\rho}=\frac{201\times10^{-3}\mathrm{kg\cdot mol^{-1}}}{13.5\times10^3\mathrm{kg\cdot m^{-3}}}=14.9\times10^{-6}\mathrm{m^3\cdot mol^{-1}}$

故
$$\begin{aligned}\Delta S&=-V_m\cdot\alpha_V\Delta p=[14.9\times10^{-6}\times1.82\times10^{-4}\times(1-0.1)\times10^6]\mathrm{J\cdot K^{-1}}\\&=-2.44\times10^{-3}\mathrm{J\cdot K^{-1}}\end{aligned}$$

由热力学基本方程，得等温条件下

$$\Delta G=V_m\Delta p=[14.9\times10^{-6}\times(1-0.1)\times10^6]\mathrm{J}=13.4\mathrm{J}$$

$$\Delta U=Q+W=T\Delta S+W=[-2.44\times10^{-3}\times298+0]\mathrm{J}=-0.73\mathrm{J}$$

由计算结果可见，凝聚相系统与气体系统 pVT 变化过程的 ΔS、ΔU、ΔG 相比，大约小 3 个数量级，所以一般情况下，在等温过程中凝聚态系统的上述热力学量的变化可以忽略不计。

1.12.5.4 吉布斯-亥姆霍兹方程

在一定温度下，由式 $\Delta G=\Delta H-T\Delta S$，得

$$-\Delta S=\frac{\Delta G-\Delta H}{T}$$

由热力学基本方程的微分导出式(1-96)，得

$$\left(\frac{\partial\Delta G}{\partial T}\right)_p=-\Delta S$$

所以有

$$\left(\frac{\partial\Delta G}{\partial T}\right)_p=\frac{\Delta G-\Delta H}{T}$$

两边同除以 T，得

$$\frac{1}{T}\left(\frac{\partial\Delta G}{\partial T}\right)_p-\frac{\Delta G}{T^2}=-\frac{\Delta H}{T^2}$$

上式等号左边正好是 ($\Delta G/T$) 对 T 的微分，所以有

$$\left[\frac{\partial(\Delta G/T)}{\partial T}\right]_p=-\frac{\Delta H}{T^2} \tag{1-112}$$

同样方法，根据式 $\Delta A=\Delta U-T\Delta S$ 和式(1-94)，可得

$$\left(\frac{\partial \Delta A}{\partial T}\right)_V=-\Delta S=\frac{\Delta A-\Delta U}{T}$$

$$\left[\frac{\partial(\Delta A/T)}{\partial T}\right]_V=-\frac{\Delta U}{T^2} \tag{1-113}$$

式(1-112) 和式(1-113) 都称为吉布斯-亥姆霍兹方程，其中式(1-112) 最为常用。

在讨论化学反应问题时，常常遇到已知某一温度（如 298.15K）下反应的 $\Delta_r G_m$(298.15K)，求另一温度时反应的 $\Delta_r G_m(T)$ 的问题，这时就需要对式(1-112) 进行积分

$$\int \mathrm{d}\left(\frac{\Delta G}{T}\right)=-\int \frac{\Delta H}{T^2}\mathrm{d}T$$

利用 1.6 节中的基希霍夫公式，可以得到 $\Delta_r H_m$ 与 T 的关系式，将其代入上式积分即可得到 $\Delta_r G_m$ 与 T 的函数关系式。

【例 1-21】 已知合成氨反应 $N_2+3H_2 \longrightarrow 2NH_3$ 在 298.15K 及标准压力下，反应的 $\Delta_r G_m^\ominus(298.15\text{K})=-32.90\text{kJ}\cdot\text{mol}^{-1}$，$\Delta_r H_m^\ominus(298.15\text{K})=-92.22\text{kJ}\cdot\text{mol}^{-1}$，假设 $\Delta_r H_m^\ominus$ 不随温度变化，试求算 500K 时此反应的 $\Delta_r G_m^\ominus(500\text{K})$。

解：由式(1-112)，得

$$\mathrm{d}\left(\frac{\Delta G}{T}\right)=-\frac{\Delta H}{T^2}\mathrm{d}T$$

在 T_1 和 T_2 间进行定积分，得

$$\frac{\Delta_r G_m^\ominus(T_2)}{T_2}-\frac{\Delta_r G_m^\ominus(T_1)}{T_1}=\Delta_r H_m^\ominus\left(\frac{1}{T_2}-\frac{1}{T_1}\right)$$

所以

$$\begin{aligned}\Delta_r G_m^\ominus(500\text{K})&=\Delta_r G_m^\ominus(T_2)=T_2\left[\frac{\Delta_r G_m^\ominus(T_1)}{T_1}+\Delta_r H_m^\ominus\left(\frac{1}{T_2}-\frac{1}{T_1}\right)\right]\\&=500\text{K}\times\left[\frac{-32.90\text{kJ}\cdot\text{mol}^{-1}}{298.15\text{K}}-92.22\text{kJ}\cdot\text{mol}^{-1}\times\left(\frac{1}{500\text{K}}-\frac{1}{298.15\text{K}}\right)\right]\\&=7.26\text{kJ}\cdot\text{mol}^{-1}\end{aligned}$$

1.13 非平衡态热力学简介

前面所讨论的热力学基础及其应用均属于平衡态热力学（即经典热力学）范畴，它主要以热力学第一、第二、第三定律作为基础，通过逻辑推理而建立起来的，主要用于研究平衡态和可逆过程的问题。对于不可逆过程也有涉及，但也是在始终态都是平衡态的情况下，用始态和终态状态函数的变化量来判断过程进行的方向，并没有涉及过程本身是如何进行的。但在自然界中发生的一切实际过程都是处在非平衡态下进行的不可逆过程。例如，各种输运过程如热传导、物质的扩散、电极过程以及实际进行的化学反应过程等，随着时间的推移，系统均不断地改变其状态。对这些实际发生的不可逆过程的研究，促进了热力学从平衡态向非平衡态的发展。

另外，经典热力学的研究对象限制在系统与环境之间不发生物质交换的封闭系统，它认为“系统总是自发地趋向于平衡，趋向于无序”。然而趋向于平衡和无序并不是自然界的普遍规律。在现实世界发生的变化中，还存在另一类通过与外界环境交换物质和能量，在非平衡条件下进行的呈现宏观范围的时空有序的过程。例如，生物有机体的不断进化变得更复杂有序，许多树叶、花朵乃至蝴蝶翅膀上的花纹呈现出规则的图案，水蒸气凝结排列成有序的

雪花，颜色作周期变化的化学振荡反应等等。这些过程和现象都是经典热力学无法处理和解释的。所以有必要把热力学由平衡态的封闭系统推广到非平衡态的开放系统，形成非平衡态热力学，也称不可逆过程热力学。本节将对非平衡态热力学的基本思想方法和基本概念作一个初步介绍，对于更详细的内容，感兴趣的读者可以参阅相关文献和书籍。

1.13.1 非平衡态热力学基础

对非平衡态热力学的研究大致分为两个阶段。第一阶段是20世纪30年代起，随着美国物理化学家昂萨格（L. Onsager，1903～1976年）的倒易关系和比利时物理化学家和理论物理学家普里高津（I. Prigogine，1917～2003年）的最小熵产生原理的确立，开创了近平衡区的线性非平衡态热力学，它以近平衡态为研究对象，认为不可逆过程的发生是由于在广义力的推动下产生了广义流的结果，力和流的关系是线性的；非平衡定态是稳定的，不可能自发形成任何时空有序的结构。第二阶段是20世纪60年代起，以普里高津为代表的布鲁塞尔学派创立的远离平衡区的非线性非平衡态热力学基础，其核心是“耗散结构”理论。这两个阶段是交叉进行的，属于当今热力学研究的前沿领域。

下面先来了解一些非平衡态热力学基本概念和思想方法。

1.13.1.1 热力学第一定律和第二定律的广义表达式

封闭系统的热力学第一定律的表达式为 $dU=\delta Q+\delta W$。对于隔离系统，有 $dU=0$，即隔离系统的热力学能恒定。对于一般系统，由于与环境间存在物质和能量交换，故 U 值是不断变化的，其变化可以分成两项

$$dU=d_iU+d_eU \tag{1-114}$$

式中，d_iU 是系统内部过程所引起的 U 值变化；d_eU 是系统与环境的交换引起的内能变化。而前者相当于隔离系统的 U 值变化，所以有

$$d_iU=0 \qquad d_eU=dU=\delta Q+\delta W \tag{1-115}$$

这就是热力学第一定律更为一般的表达式。

与对热力学能的处理相类似，可以将系统的熵变分为两部分

$$dS=d_iS+d_eS \tag{1-116}$$

式中，d_iS 是系统内部的熵变；d_eS 是系统与环境相互作用（包括物质和能量的交流）而引起的系统的熵变。而前者相当于隔离系统的熵变，根据热力学第二定律，有

$$d_iS\geqslant 0 \tag{1-117}$$

这就是热力学第二定律最一般的数学表达式。它适用于任意宏观系统及其内部任意部分。

1.13.1.2 广义力和广义流

在开放的非平衡系统中，会产生物质扩散、热传导或离子迁移等不可逆过程，这些过程必然引起质量的扩散流、热流或电流等的产生，这些流统称为广义流，其定义为单位时间内通过系统单位面积的某种量，用符号 J 表示，它是一个矢量。而广义流的驱动力称为广义力，用符号 X 表示，它常常体现为物理量的梯度，如热流的驱动力是温度梯度（dT/dX），质量扩散流的驱动力是浓度梯度（dc/dX）等。

在一般的输运过程中，当力不是很大时，力与流常有线性关系存在

$$J=LX \tag{1-118}$$

式中，L 是不等于零的常数，称为唯象系数，其数值可由实验测得。我们所熟知的一些经验定律，如傅里叶热传导定律、牛顿黏度定律、费克第一扩散定律和欧姆电导定律，它们的数学表达式均可用式(1-117) 这种线性关系所包容。对这几个经验定律，L 分别为热导率、黏度、扩散系数和电导率。

1.13.2 线性非平衡态热力学

下面来介绍线性非平衡态热力学中几个重要的理论基础。

1.13.2.1 局域平衡假设

在非平衡态热力学中首要的问题是如何描述系统的状态。在经典热力学中，用几个状态函数就可以描述系统的一个平衡态。平衡系统的强度性质在系统内部是处处相等的，而非平衡系统内部至少有一种强度性质是处处不相同的。如，恒温下向真空膨胀的理想气体是一个典型的非平衡体系，在膨胀过程中，虽然系统内部各处的温度相等，但各处的压力是不相等的。所以不能用普适量描述非平衡系统的强度性质。另外，S、A、G 等状态函数在平衡系统中有明确的物理意义，这些也不适用于非平衡态。如果抛开这些状态函数，在非平衡态中另外定义一套变量，那么这些变量之间的关系式就很难与平衡态中状态函数的关系式相联系，反而使问题更加复杂化。

为了在非平衡态热力学中保留经典热力学的状态函数和关系式，普里高津等人提出了局域平衡假设（local-equilibrium hypothesis）。这个假设的主要内容如下。

① 设想把所讨论的处于非平衡态的系统分为许多很小的系统微元（简称系统元，system element）。在宏观上看每个系统元要足够小，以至于它的性质可以用该系统元内部的某一点（附近）的性质来代表；在微观上看又要足够大，即它包含足够多的分子，多到可用统计的方法进行处理，仍然可以看作是一个热力学的宏观系统。

② 假设在 t 时刻把处于非平衡态的某系统元与其周围的系统隔离开来，经过极短时间 $\mathrm{d}t$ 之后，即在（$t+\mathrm{d}t$）时刻该系统元已达到平衡态。可以认为：每个系统元均极其微小，在每一瞬间系统元的分子实际分布情况都非常接近于平衡分布，因此 t 时刻与（$t+\mathrm{d}t$）时刻性质的差别非常微小，以致可以忽略不计。也就是说，在 t 时刻每一个系统元都可看作处于平衡状态，故可按经典热力学的办法为此系统元定义其热力学函数，并认为平衡态热力学公式皆可应用于每个系统元（但不适用于整个系统）。系统元之间相同的热力学量并不一定相等，所以对系统整体而言，它只是近平衡而不是平衡的状态。整个系统的热力学量是所有系统元的热力学量之和。

以上两个方面结合起来，便是局域平衡假设。其基本思想是：系统可以划分为许多微小的系统元，每一个系统元可以近似看作处于平衡态，可以用平衡态热力学公式表示其状态，整个系统的状态是非平衡的，其性质可由系统元状态加和来描述。局域平衡假设是非平衡态热力学的中心假设，也是讨论近平衡态线性热力学的基础。

1.13.2.2 昂萨格倒易关系

系统中可能存在多种不可逆过程，它们之间会相互影响，这种相互间的作用称为耦合(coupling) 关系。致使一种“流”可以是多种“力”所产生的，一种“力”也可以引起多种“流”。例如，温度梯度不仅引起热流，也可以引起扩散流；而浓度梯度也同时会引起扩散流和热流；多组分系统中，一种组分的浓度梯度不仅产生该组分的扩散流，也可以引起其他组分的扩散流，等等。这些都表明“力”和“流”之间具有交叉效应。

如果系统中存在 n 个“力”，且都不是很大，那么就有 n 种“流”，每一种流与每一个力之间都是线性关系（在近平衡区，这是合理的假定），由于耦合关系的存在，就有

$$J_j=\sum_{i=1}^{n}L_{j,i}X_i \tag{1-119}$$

这个线性关系称为唯象方程。比如，系统有 X_1 和 X_2 两种力，可产生 J_1 和 J_2 两种流，那么就有

$$J_1=L_{11}X_1+L_{12}X_2$$
$$J_2=L_{21}X_1+L_{22}X_2$$

式中，L_{11} 和 L_{22} 称为自唯象系数；L_{12} 和 L_{21} 称为交叉唯象系数或干涉系数。

1931 年，昂萨格推导出交叉唯象系数存在如下关系：

$$L_{12}=L_{21}$$

对于存在 n 个力和流的系统，更为一般的形式为：

$$L_{jk}=L_{kj} \tag{1-120}$$

这个关系称为昂萨格倒易关系（Onsager reciprocal relation），其物理意义是：第 j 个流 J_j 与第 k 个力 X_k 之间的唯象系数 L_{jk} 等于第 k 个流 J_k 与第 j 个力 X_j 之间的唯象系数 L_{kj}。

昂萨格倒易关系是近平衡区一个重要的基本关系，满足倒易关系的近平衡区叫严格线性区。有了倒易关系式，可以将唯象系数的数目减少近一半，对于求解不可逆过程的问题很有用。昂萨格因为此项研究成果对非平衡态热力学理论的贡献，获得 1968 年诺贝尔化学奖。

1.13.2.3 最小熵产生原理

再来考察一下式(1-115)

$$\mathrm{d}S=\mathrm{d_i}S+\mathrm{d_e}S$$

式中，$\mathrm{d_e}S$ 是系统与环境进行的物质和能量交换所引起的熵变，即由系统界面流入或流出的熵，称为熵流；$\mathrm{d_i}S$ 是由系统内部的不均匀性引起的不可逆过程的熵变，称为熵产生。下面来探讨一下熵产生项 $\mathrm{d_i}S$。

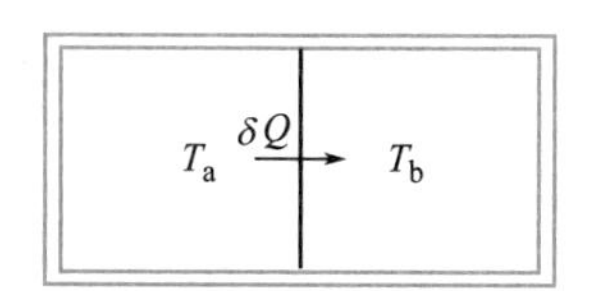

图 1-21 热传导过程

以隔离系统中的不可逆热传导过程为例。如图 1-21 所示，设隔离系统内部两部分 a 和 b 以透热板隔开，两边温度分别为 T_a 和 T_b（$T_a>T_b$），则会发生热传导。此过程的熵变即为系统内部的熵变，即熵产生 $\mathrm{d_i}S$。根据式(1-58)，有

$$\mathrm{d_i}S=\frac{\delta Q}{T_b}-\frac{\delta Q}{T_a}=\delta Q\left(\frac{1}{T_b}-\frac{1}{T_a}\right)$$

则单位时间熵产生即熵产生率（用 σ 表示）为

$$\sigma=\frac{\mathrm{d_i}S}{\mathrm{d}t}=\frac{\delta Q}{\mathrm{d}t}\left(\frac{1}{T_b}-\frac{1}{T_a}\right) \tag{1-121a}$$

令

$$J_h=\frac{\delta Q}{\mathrm{d}t},\ X_h=\frac{1}{T_b}-\frac{1}{T_a}$$

则式(1-120a) 可写为

$$\sigma=\frac{\mathrm{d_i}S}{\mathrm{d}t}=J_hX_h \tag{1-121b}$$

下标“h”表示“热”。J_h 是热传导速率，即单位时间内热的流量，根据前面的定义，它就是一种“流”；而 X_h 决定了热传导的方向，就是一种“力”。所以熵产生率是“流”和“力”的乘积。由于 $\mathrm{d_i}S\geqslant 0$，所以 $\sigma\geqslant 0$，这说明“流”和“力”必为同号，或同为零。如果系统中存在多种不可逆过程，有多种力和流，则有

$$\sigma=\frac{\mathrm{d_i}S}{\mathrm{d}t}=-\sum_i J_iX_i \tag{1-122}$$

对于隔离系统，不论其初始处于何种状态，最终总会达到平衡态，此时系统的熵为极大值，熵值不再随时间变化，即熵产生率 σ 为零，可以引起熵产生率的所有的“流”和“力”也都为零。

对于非平衡的开放系统，其中进行着多种不可逆过程，所以熵产生项 $\mathrm{d_i}S>0$。而熵流项 $\mathrm{d_e}S$ 则可能为正、负或零（视熵流的方向而定）。如果环境对系统施加的条件是固定的，如一定的温度差或一定的浓度差，则有可能提供一定的负熵流，使其与熵产生相抵消，系统

总的熵变 $dS \approx 0$。这就是说虽然系统内部存在不可逆过程，但系统可能维持不变的较低的熵值，也就是维持较为有序的稳定态（因熵值大小是系统混乱程度的量度）。这种稳定态称为非平衡定态，它不是热力学平衡态，而是一种相对稳定的状态，只要外界施加的限制条件不发生变化，这种稳定状态就可以一直维持下去。

例如，一根导热棒的两端同时与温度不同的两个热源相接触，维持热源温度不变，经过一段时间以后，导热棒会达到一种稳定的状态。在此定态，棒上各点的温度均不相同，但各点的温度是一定值，不再随时间而变化。此时棒内部稳定地进行着热传导过程，由于"力"（温度梯度）和"流"（热流）一直存在，熵产生率也不为零，但已达到极小值。

以上讨论说明，在线性非平衡区，在环境对系统所加的限制条件一定的情况下，系统的熵产生总是随时间而减小，直到一个非平衡定态，熵产生达到极小值。普里高津于 1945 年提出这一结论并从理论上给出了证明，并把它称为"最小熵产生原理"（principle of minmization entropy production）。它指出，当边界条件（环境对系统所加的限制条件）阻止系统达到平衡态时，系统将选择一个偏离平衡态最小的非平衡状态，即定态。

在非平衡态的线性区，当系统已处于定态，若系统受到微扰，系统可偏离定态。根据最小熵产生原理，这种偏离随时间的变化要逐渐减小，直至又回到定态，因此非平衡定态是稳定的。由于存在这个原理，系统在线性非平衡区就不可能出现新的时间或空间的有序结构。

1.13.3 非线性非平衡态热力学

上面讨论的都是处于近平衡区的线性非平衡系统，这种系统中的"力"的作用不是很大，"流"与"力"之间保持线性关系。当"力"很大时，"流"与"力"的关系式中的非线性项就不能忽略，系统也会偏离平衡态较远，进入远平衡区或者叫非线性非平衡区。进入非线性区后，系统的状态有可能返回原来的定态，也有可能继续偏离，这取决于非线性项的具体形式，即决定于系统的内部动力学行为。如果是后一种情况，那么就有可能建立另一种较为有序的稳定状态，这种状态与线性区的定态在时空结构上很不相同。

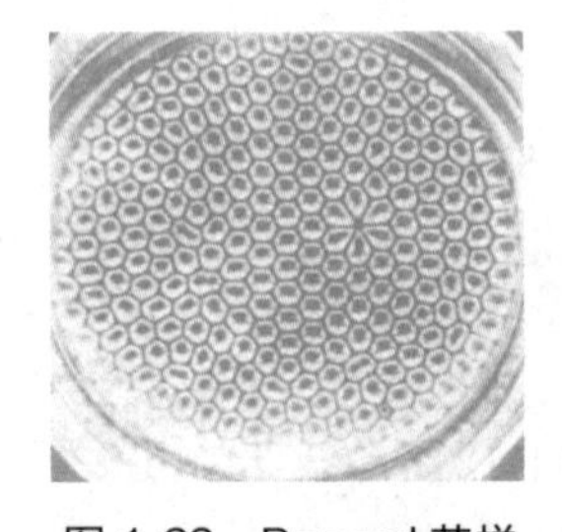
图 1-22 Benard 花样

下面来看一个典型的例子——伯纳德（Benard）对流实验。在两块大的平行板中间有一薄层液体，两板的温度分别为 T_1 和 T_2。当两板温度相等时，液体处于平衡态。升高下板温度，由于温度梯度的存在 $T_1 > T_2$，热量不断从下板通过流体流向上板。然而只要温度差 $\Delta T = T_1 - T_2$ 不是很大，从宏观上看，除了有热传导外，整个液体仍保持静止，这就是近平衡区的非平衡定态。继续增大两板温差 ΔT，就把液体越来越推向远离平衡的状态。当温差增大到超过某临界值 ΔT_c 时，液体的静止状态就会被突然打破，形成对流状态，在整个液层内出现排列整齐的六边形对流图案，如图 1-22 所示，这种规则的图案称为伯纳德花样。伯纳德花样一旦形成，只要 ΔT 保持不变，即使系统受到微扰，不久后也能恢复到原来的花样，这表明液体正处于一种较为有序的稳定状态。而且此时液体分子运动非常有规律，每个六边形中边缘液体向下流动，中心液体向上流动。这种系统内部由无序变为有序使其中大量分子按一定规律运动的现象叫自组织（self-organization）现象。

1969 年，普里高津在理论物理和生物学国际会议上第一次提出将这种远离平衡态的开放系统通过自组织形成的新的有序结构概括为"耗散结构"（dissipative structure，或 dissipative system），并给予理论上的说明。"耗散"一词是指为了维持这类有序结构，系统必须与外界环境不断地交换物质和能量，即不断地"耗散"能量，也就是只有开放系统才可能出现耗散结构。另外，还要求系统处于远离平衡态的非线性非平衡区，这也是必要条件。耗散结构理论奠定了非线性非平衡态热力学的基础，普里高津也因为创立这一理论而获得了

1977 年的诺贝尔化学奖。

耗散结构理论应用非常广泛，再来看几个例子。生物有机体“在其形态和功能两方面都是自然界中创造出来的最复杂最有组织的物体”，它是在同外界环境的相互作用中才得以生存和发展的，时时刻刻都要同外界环境交换物质和能量，一个生物作为一个整体来接受连续的能量流（例如，被植物用于光合作用的阳光）和物质流（如营养品），然后又转换为各种废物和能量排放到环境中去。而且，生物是在远离平衡态的条件下生存的，比如人和动物体内诸如消化、吸收等一系列新陈代谢过程就是远离平衡态的非线性相互作用。这就是说，生物体是一个开放的、远离平衡态的、非常复杂的有序客体，就是一个耗散结构。应用耗散结构理论，普里高津还对生命的起源作出了解释。他认为，一个生物结构的形成经历了一个漫长的发展和进化过程，它必须处于远离平衡的非线性系统中，当达到一定的临界阈值时，稳定结构变成不稳定，于是体系进化为一个新的自组织。生物就是通过这种连续不断的不稳定性的演变而产生的。另外，许多树叶、花朵、动物的皮毛以及蝴蝶、飞蛾翅膀上的花纹，常常呈现出美丽的颜色和规则的图案，这些也都属于空间有序的耗散结构。还有生物体内的生物化学反应随时间有规则地周期性振荡从而产生生物钟，这是生物有序在时间层面上的表现。

自然界中的一些物理和化学现象也可以用耗散结构理论来解释。比如激光的产生。激光是一种在远离平衡态条件下出现的典型的宏观有序结构。外界向激光器泵浦输入电压，当输入功率低于某一临界值时，激光活性物质的原子或分子所发出的都是无规则的自然光，强度很弱。然而一旦泵浦的功率超过某一临界功率，形势就会发生急剧的变化，各个原子或分子似乎被某种力量自动组织起来，以同样的频率、位相和方向发射光波。由于分子间的这种协同，使输出光成为方向性、单色性和相干性极好，而强度大大加强的激光。这一过程就是在非平衡态条件下系统进行自组织，利用环境输入的能量来维持从无序自然光向稳定有序的激光的演化。另外一个例子是化学振荡。苏联化学家贝洛索夫（Belorsov）在 1958 年发现用铈离子催化柠檬酸的溴酸氧化反应，控制反应物的浓度比例，容器内混合物的颜色会在黄色和无色之间出现周期性变化。这种反应系统中某组分的浓度随时间有规则周期性地变化，称为化学振荡。后来扎布廷斯基（Zhabotinsky）用丙二酸代替柠檬酸，不仅观察到颜色时而变红、时而变蓝的周期性变化，还看到反应系统中不同部位各种成分浓度不均匀的现象，呈现出宏观的有规律的空间周期分布（空间结构）和各成分浓度在时间和空间上作周期性变化的漂亮的图案（见图 1-23），这是一种时空有序结构，又称为化学波。以上反应通常简称为 B-Z 反应。其他一些自然现象，如水蒸气凝结成排列非常有序的雪花，天上的云有时会呈现鱼鳞状或条状的有序“队列”（即“云街”现象，如图 1-24 所示）等，也都是耗散结构。

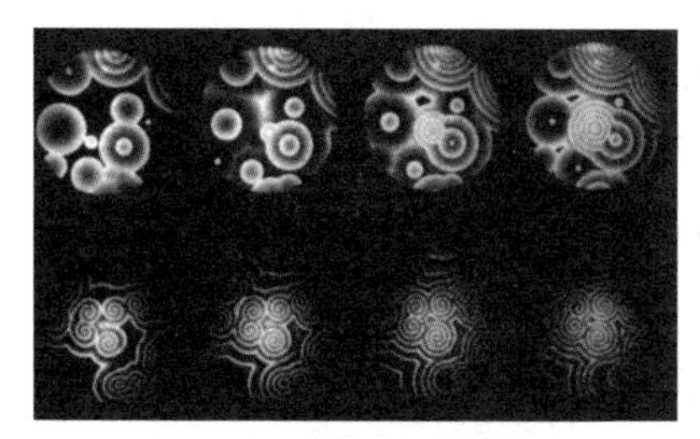
图 1-23　B-Z 反应所形成的化学波

图 1-24　“云街”现象

耗散结构理论大大加深了人们对远离平衡态的开放系统中有序结构或自组织行为的认识，对热力学理论的发展具有重大意义。它的影响涉及化学、物理、生物、天文等领域，对人们认识生命的起源，生命过程、宇宙的演化乃至人类社会的发展进步等都提供了新的理论启示。

从热力学理论的发展历程来看，经典热力学已经经历了一百年多的时间，其理论基础较为牢固，理论体系较为成熟和完善。相比较而言，非平衡态热力学是一门正在发展的学科，其完整性和系统性远不及经典热力学。但其应用领域却更为广泛，涉及许多宇宙奥秘以及与人类生存密切相关的问题，甚至哲学、社会科学中的许多问题，也都可以从中得到启示。非平衡态热力学理论的完善和发展将有助于进一步深化和拓宽其应用，具有广阔而美好的前景，是值得几代人为之努力奋斗的。

思考题

1. 下列说法是否正确，为什么？

(1) 状态函数改变，状态一定改变；状态改变，所有状态函数都改变。

(2) 根据热力学第一定律，能量不能无中生有，所以一个系统要对外做功，必须从外界吸收热量。

(3) 物体温度越高，其热量（热能）越大；热力学能也越大。

(4) 系统温度升高，则一定吸热；如果温度不变，则既不吸热也不放热。

(5) 气体反抗一定外压做绝热膨胀，则有 $\Delta H = Q = 0$。

(6) 绝热过程有 $Q=0$，$W=\Delta U$，绝热过程有可逆和不可逆之分，但 ΔU 只有一个值，所以功 W 也只有一个值，即 $W_R = W_{IR} = \Delta U$。

(7) 自发过程一定是不可逆过程，不可逆过程也一定是自发的。

(8) 不可逆过程的熵值永不减少。

(9) 在一个绝热系统中，发生了不可逆过程，则无论用什么方法都不能使系统恢复到原来的状态了。

(10) 熵增加的过程一定是不可逆过程；熵增加的过程一定是自发过程。

(11) 冷冻机可以从低温热源吸热放给高温热源，这与 Clausius 的说法不符。

(12) 由于 $\mathrm{d}U=\left(\frac{\partial U}{\partial T}\right)_V \mathrm{d}T+\left(\frac{\partial U}{\partial V}\right)_T \mathrm{d}V=C_V \mathrm{d}T+\left(\frac{\partial U}{\partial V}\right)_T \mathrm{d}V=\delta Q+\left(\frac{\partial U}{\partial V}\right)_T \mathrm{d}V$，与 $\mathrm{d}U=\delta Q-p_{\mathrm{ex}}\mathrm{d}V$ 相比较，可得 $\left(\frac{\partial U}{\partial V}\right)_T=-p_{\mathrm{ex}}$。

2. 在一绝热箱中装有水，连接电阻丝，由蓄电池供应电流，试问在下列情况下，系统的 Q、W 及 ΔU 的值是大于零，小于零，还是等于零？（假定电池放电时无热效应）

系统	电池	电阻丝	水	水＋电阻丝	电池＋电阻丝
环境	水＋电阻丝	水＋电池	电池＋电阻丝	电池	水

3. 试回答下列问题。

(1) 在一个绝热的房间里放置一台电冰箱，将冰箱门打开，并接通电源使其工作，过一段时间之后室内的平均气温将如何变化？为什么？

(2) 用 N_2 和 H_2（摩尔比为 1∶3）反应合成 NH_3，实验测得在温度 T_1 和 T_2 时反应放出的热分别为 $Q_p(T_1)$ 和 $Q_p(T_2)$，当用此数据来验证基希霍夫公式时，与下述公式的计算结果不符，这是为什么？

$$\Delta_r H_m(T_2)-\Delta_r H_m(T_1)=\int_{T_1}^{T_2}\sum_B \nu_B C_{p,m}(B)\mathrm{d}T$$

(3) 在玻璃瓶中发生如下反应

$$H_2(g)+Cl_2(g)\xrightarrow{h\nu}2HCl(g)$$

将所有气体都看作理想气体，反应前后系统 p、V、T 均未发生变化，因为理想气体的 U 仅是温度的函数，所以该反应的 $\Delta_r U=0$。这个结论对不对，为什么？

(4) 用盖斯定律进行热化学计算时，必须满足什么条件？

(5) 一隔板将一个绝热刚性容器分为左右两室，两室内气体温度相等，压力不等。现将隔板抽去，当容器内气体达到平衡后，若以全部气体作为系统，则 Q、W、ΔU、ΔS 为正，为负，还是为零？

(6) 如右图，圆筒壁内侧装有很多个排列的几乎无限紧密的销钉，活塞无质量无摩擦。当自右而左逐个拔出销钉时，活塞几乎无限缓慢地左移，气体几乎无限缓慢地膨胀。这一过程是否可逆过程，为什么？

真空 气体

销钉 活塞

3题图

(7) 在 298K 和 100kPa 时，反应 $2H_2O(l) \longrightarrow 2H_2(g)+O_2(g)$ 的 $\Delta_r G_m>0$，说明该反应不能自发进行。但实验室内常用电解水的方法制备氢气，这两者有无矛盾？

4. 在下面的 p-V 图中，由 A 点出发，分别经过等温可逆和绝热可逆过程到达相同的压力或体积（图中 BC 线）。

(1) 指出各图上的等温线和绝热线。

(2) 若由 A 点出发，经过绝热不可逆过程到达上述相同的压力或体积（图中 BC 线），则压力或体积落在 BC 线的什么位置上？

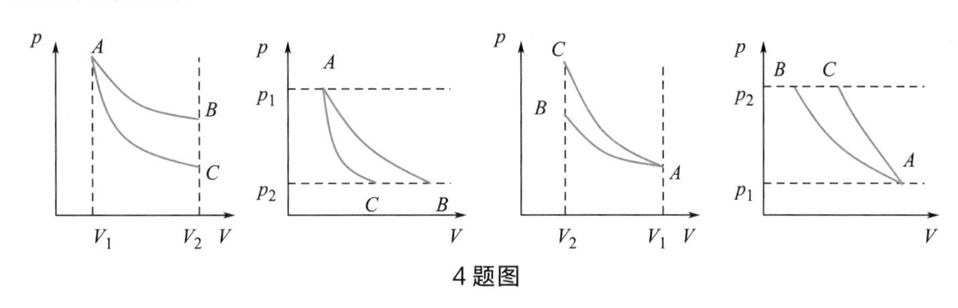

4题图

5. 请给出下列公式的适用条件。

$W=-p\Delta V$；$W=nRT\ln(p_2/p_1)$；$Q_p=\Delta H$；$\Delta H=nC_{p,m}\Delta T$；$pV^\gamma=$常数；

$dU=TdS-pdV$；$\Delta S=nR\ln(V_2/V_1)$；$\Delta S=nC_{p,m}\ln(T_2/T_1)$；$\Delta G=\Delta H-T\Delta S$；

$\Delta G=\int V dp$；$\Delta A=W$。

6. 下列关系式中，哪些正确，哪些不正确？

(1) $\Delta_c H_m^\ominus$(S,正交)$=\Delta_f H_m^\ominus(SO_3,g)$(正交硫是硫的最稳定单质)；

(2) $\Delta_c H_m^\ominus$(金刚石,s)$=\Delta_f H_m^\ominus(CO_2,g)$；

(3) $\Delta_f H_m^\ominus(CO_2,g)=\Delta_f H_m^\ominus(CO,g)+\Delta_c H_m^\ominus(CO,g)$；

(4) $\Delta_c H_m^\ominus(H_2,g)=\Delta_f H_m^\ominus(H_2O,g)$；

(5) $\Delta_c H_m^\ominus(N_2,g)=\Delta_f H_m^\ominus(2NO_2,g)$；

(6) $\Delta_c H_m^\ominus(SO_2,g)=0$；

(7) $\Delta_f H_m^\ominus(C_2H_5OH,g)=\Delta_f H_m^\ominus(C_2H_5OH,l)+\Delta_{vap} H_m^\ominus(C_2H_5OH)$；

(8) $\Delta_c H_m^\ominus(C_2H_5OH,g)=\Delta_c H_m^\ominus(C_2H_5OH,l)+\Delta_{vap} H_m^\ominus(C_2H_5OH)$。

7. 请指出下列过程中 ΔU、ΔH、ΔS、ΔA、ΔG 何者为零。

(1) 理想气体不可逆等温压缩；

(2) 理想气体节流膨胀；

(3) 实际流体节流膨胀；

(4) 实际气体可逆绝热膨胀；

(5) 实际气体不可逆循环过程；

(6) 氢气和氧气在绝热钢瓶中反应生成水；

(7) 绝热恒容没有非体积功时发生化学变化；

(8) 绝热恒压没有非体积功时发生化学反应。

8. 分别说明在什么条件下，下列各等式成立。

(1) $\Delta U=0$；(2) $\Delta H=0$；(3) $\Delta S=0$；(4) $\Delta A=0$；(5) $\Delta G=0$。

9. 根据熵的统计意义定性地判断下列过程中系统熵变的正负。

(1) 水蒸气冷凝成水；

(2) $CaCO_3(s) \longrightarrow CaO(s)+CO_2(g)$；

(3) 乙烯聚合成聚乙烯；

(4) 气体在固体表面吸附。

概念题

1. 将硫酸铜水溶液置于绝热箱中，插入两个铜电极，以蓄电池为电源进行电解，下列哪个系统可以看作封闭系统？

(A) 绝热箱中所有物质　　(B) 两个铜电极

(C) 蓄电池和铜电极　　(D) 硫酸铜水溶液

2. 下面的说法不符合热力学第一定律的是

(A) 在隔离系统内发生的任何过程中，系统的内能不变

(B) 在任何等温过程中系统的内能不变

(C) 在任一循环过程中都有 $W=-Q$

(D) 在理想气体自由膨胀过程中，$Q=\Delta U=0$

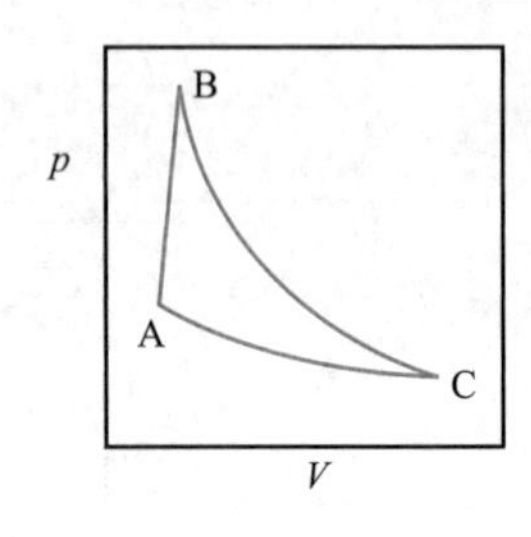

3. 理想气体由相同的初态 A 分别经历两过程：一个到达终态 B，一个到达终点 C。过程表示在 p-V 图中（见右图），其中 B 和 C 刚好在同一条等温线上，则

(A) $\Delta U(A\rightarrow C)>\Delta U(A\rightarrow B)$

(B) $\Delta U(A\rightarrow C)=\Delta U(A\rightarrow B)$

(C) $\Delta U(A\rightarrow C)<\Delta U(A\rightarrow B)$

(D) 无法判断两者大小

4. 关于焓的说法，哪一项正确？

(A) 系统的焓等于等压热　　(B) 系统焓的改变值等于等压热

(C) 系统的焓等于系统的含热量　　(D) 系统的焓等于 U 与 pV 之和

5. 一定量的理想气体由同一始态出发，分别经等温可逆和绝热可逆两个过程压缩到相同压力的终态，以 H_1 和 H_2 分别表示两个过程终态的焓值，则

(A) $H_1>H_2$　　(B) $H_1<H_2$　　(C) $H_1=H_2$　　(D) 二者关系不确定

6. 一定量的单原子理想气体，从始态 A 变化到终态 B，变化过程未知。若 A 态与 B 态的压力与温度都已确定，那么可以求出

(A) 气体膨胀所做的功　　(B) 气体热力学能的变化

(C) 气体分子的质量　　(D) 气体的热容

7. 等容条件下，一定量的理想气体，当温度升高时内能将

(A) 降低　　(B) 升高　　(C) 不变　　(D) 不确定

8. 一定量理想气体在绝热条件下对外做功，则内能的变化是

(A) 降低　　(B) 升高　　(C) 不变　　(D) 不确定

9. 下列公式适用于理想气体封闭系统任意 p、V、T 变化过程的为

(A) $\Delta U=Q_V$　　(B) $W=-nRT\ln(p_1/p_2)$

(C) $\Delta U=n\int_1^2 C_{V,\mathrm{m}}\mathrm{d}T$　　(D) $\Delta H=\Delta U+p\Delta V$

10. 实际气体的节流膨胀过程，下列哪一种描述是正确的？

(A) $Q=0$、$\Delta H>0$、$\Delta T>0$　　(B) $Q>0$、$\Delta H=0$、$\Delta T<0$

(C) $Q=0$、$\Delta H=0$、$\Delta p>0$　　(D) $Q=0$、$\Delta H=0$、$\Delta p<0$

11. $2C(石墨)+O_2(g)\longrightarrow 2CO(g)$的反应热 $\Delta_r H_m^{\ominus}$ 等于

(A) $\Delta_c H_m^{\ominus}$(石墨)　　(B) $2\Delta_f H_m^{\ominus}(CO)$

(C) $2\Delta_c H_m^{\ominus}$(石墨)　　(D) $\Delta_f H_m^{\ominus}(CO)$

12. 关于热力学第二定律，下列说法不正确的是

(A) 第二类永动机是不可能制造出来的

(B) 把热从低温物体传到高温物体，不引起其他变化是不可能的

(C) 一切实际过程都是热力学不可逆过程

(D) 功可以完全转化为热，而热不能全部转化为功

13. 在 100℃和 25℃之间工作的热机最大效率为

(A) 100%　　(B) 75%　　(C) 25%　　(D) 20%

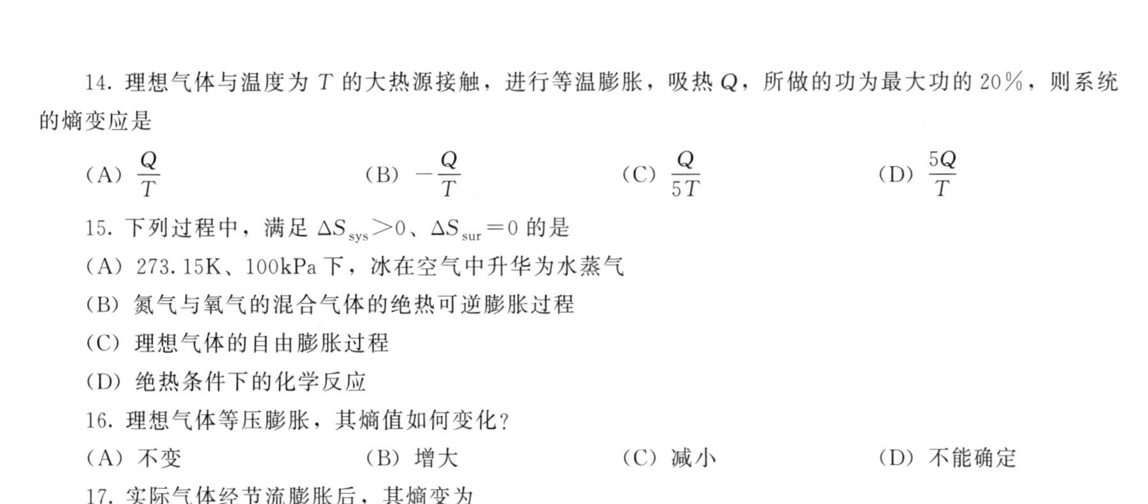

14. 理想气体与温度为 T 的大热源接触，进行等温膨胀，吸热 Q，所做的功为最大功的 20%，则系统的熵变应是

(A) $\frac{Q}{T}$　　(B) $-\frac{Q}{T}$　　(C) $\frac{Q}{5T}$　　(D) $\frac{5Q}{T}$

15. 下列过程中，满足 $\Delta S_{sys}>0$、$\Delta S_{sur}=0$ 的是

(A) 273.15K、100kPa 下，冰在空气中升华为水蒸气

(B) 氮气与氧气的混合气体的绝热可逆膨胀过程

(C) 理想气体的自由膨胀过程

(D) 绝热条件下的化学反应

16. 理想气体等压膨胀，其熵值如何变化？

(A) 不变　　(B) 增大　　(C) 减小　　(D) 不能确定

17. 实际气体经节流膨胀后，其熵变为

(A) $\Delta S=nR\ln\frac{V_2}{V_1}$　　(B) $\Delta S=-\int_{p_1}^{p_2}\frac{V}{T}\mathrm{d}p$

(C) $\Delta S=\int_{T_1}^{T_2}\frac{C_p}{T}\mathrm{d}T$　　(D) $\Delta S=\int_{T_1}^{T_2}\frac{C_V}{T}\mathrm{d}T$

18. 一个由气相变为凝聚相的化学反应在等温等容条件下自发进行，则下列各组熵变中，哪一组是正确的？

(A) $\Delta S_{sys}>0$，$\Delta S_{sur}<0$　　(B) $\Delta S_{sys}<0$，$\Delta S_{sur}>0$

(C) $\Delta S_{sys}<0$，$\Delta S_{sur}=0$　　(D) $\Delta S_{sys}>0$，$\Delta S_{sur}=0$

19. 对于封闭系统，下列各组关系中正确的是

(A) $A>U$　　(B) $A<U$　　(C) $G<U$　　(D) $H<A$

20. 吉布斯函数的含义应该是：

(A) 是体系能对外做非体积功的能量

(B) 是在可逆条件下体系能对外做非体积功的能量

(C) 是等温等压可逆条件下体系能对外做非体积功的能量

(D) 按定义 $G=H-TS$ 理解

21. 标准压力，273.15K 下水凝结为冰，系统的下列热力学量何者为零？

(A) ΔU　　(B) ΔH　　(C) ΔS　　(D) ΔG

22. 理想气体等温过程的 ΔA

(A) $>\Delta G$　　(B) $<\Delta G$　　(C) $=\Delta G$　　(D) 与 ΔG 关系不确定

23. 下列偏微分中，大于零的是

(A) $\left(\frac{\partial U}{\partial V}\right)_S$　　(B) $\left(\frac{\partial H}{\partial S}\right)_p$　　(C) $\left(\frac{\partial A}{\partial T}\right)_V$　　(D) $\left(\frac{\partial G}{\partial T}\right)_p$

24. 下列为强度性质的是

(A) S　　(B) $(\partial G/\partial p)_T$　　(C) $(\partial U/\partial V)_T$；　　(D) C_V

习题

1. 1mol 理想气体由 350K、100kPa 的始态，先绝热压缩到 450K、200kPa，环境做功 2.5kJ；然后恒容冷却到压力为 100kPa 的终态，系统放热 4.5kJ。试求整个过程的热力学能变化 ΔU。

2. 求 1mol 理想气体在等压下升温 1K 时所做的体积功。

3. 10mol 理想气体，压力为 1000kPa，温度为 27℃，试求出下列等温过程的功：

(1) 反抗恒定外压 100kPa，体积膨胀 1 倍；

(2) 反抗恒定外压 100kPa 等温膨胀至平衡终态；

(3) 等温可逆膨胀到气体的压力为 100kPa。

4. 已知冰和水的密度分别为 $0.92\times10^3\,\mathrm{kg\cdot m^{-3}}$ 和 $1\times10^3\,\mathrm{kg\cdot m^{-3}}$，现有 1mol 水发生如下变化：

(1) 在 0℃、100kPa 下变为冰；

(2) 在100℃、100kPa下变为水蒸气（可视为理想气体）。

试求各过程的功。

5. 求1mol水蒸气由100kPa、100℃等压加热至400℃所需吸收的热。

(1) 按照水蒸气平均热容 $C_{p,m}(H_2O,g)=35J\cdot mol^{-1}\cdot K^{-1}$ 计算；

(2) 按照附录表Ⅵ中水蒸气 $C_{p,m}$ 与 T 的关系式进行计算。

6. 在一容积为 $20dm^3$ 的刚性容器内装有氢气，在17℃时压力为 1.2×10^5Pa。现对容器加热，使内部氢气压力升高至 6×10^5Pa，则此时氢气温度为多少K？此过程吸热多少J？氢气可看作理想气体。

7. 1mol单原子分子理想气体经历以下两条途径由始态0℃、$22.4dm^3$ 变为终态273℃、$11.2dm^3$，试分别计算各途径的 Q、W、ΔU、ΔH。

(1) 先等压，再等容；

(2) 先等温可逆，再等压。

8. 1mol理想气体于27℃、101.325kPa状态下受某恒定外压等温压缩到平衡，再由该状态下等容升温至97℃，则压力升到1013.25kPa。求整个过程的 Q、W、ΔU、ΔH。已知该气体的 $C_{V,m}=20.92J\cdot mol^{-1}\cdot K^{-1}$，且不随温度变化。

9. 气体氦自0℃、5×10^5Pa、$10dm^3$ 的始态经 (1) 绝热可逆膨胀；(2) 对抗恒定外压 10^5Pa 做绝热不可逆膨胀，使气体终态压力均为 10^5Pa，求两种情况的 ΔU、ΔH、W 各为多少。

10. 100g氮气，温度为0℃，压力为101kPa，分别进行下列过程：

(1) 等容加热到 $p=1.5\times101kPa$；

(2) 等压膨胀至体积等于原来的两倍；

(3) 等温可逆膨胀至压力等于原来的一半；

(4) 绝热反抗恒外压膨胀至体积等于原来的二倍，压力等于外压。

求各过程的 ΔU、ΔH、Q、W（设 N_2 为理想气体，且 $C_{p,m}=3.5R$）。

11. 1mol单原子分子理想气体，始态为25℃、2×10^5Pa，现分别经历下列过程使其体积增大至原来的两倍，试计算每种过程的末态压力以及 Q、W 和 ΔU。

(1) 等温可逆膨胀；

(2) 绝热可逆膨胀；

(3) 沿 $p=0.1V_m+b$ 的可逆过程膨胀，式中 b 为常数，p 以 10^5Pa、V_m 以 $dm^3\cdot mol^{-1}$ 为单位。

12. CO_2 气体通过一节流孔膨胀，压力由 $50\times100kPa$ 降至100kPa，相应地温度由25℃降至−39℃，试计算 $\mu_{J\text{-}T}$。若 CO_2 的沸点为−78.5℃，当25℃的 CO_2 经过一步节流膨胀使温度降至其沸点（此时压力假定为100kPa），试计算25℃时 CO_2 的压力。

13. 在等压条件下将2mol、0℃的冰加热，使之变成100℃的水蒸气，求该过程的 ΔU、ΔH、W 和 Q。已知：冰的 $\Delta_{fus}H_m=6.02kJ\cdot mol^{-1}$，$\Delta_{vap}H_m=40.64kJ\cdot mol^{-1}$，液态水的 $C_{p,m}=75.3J\cdot K^{-1}\cdot mol^{-1}$。

14. 方解石形态的 $CaCO_3(s)$ 转化为多晶文石时，热力学能变化为 $0.21kJ\cdot mol^{-1}$。计算当压力为100kPa时1mol方解石转化为多晶文石过程的焓变和热力学能变化的差。已知方解石和多晶文石的密度分别为 $2.71g\cdot cm^{-3}$ 和 $2.93g\cdot cm^{-3}$。

15. 试分别由生成焓和燃烧焓数据计算反应 $3C_2H_2(g)\longrightarrow C_6H_6(l)$ 在298.15K时的 $\Delta_rH_m^{\ominus}$ 和 $\Delta_rU_m^{\ominus}$。

16. 已知乙酸和乙醇的标准摩尔燃烧焓分别为 $-874.54kJ\cdot mol^{-1}$ 和 $-1366kJ\cdot mol^{-1}$，$CO_2(g)$ 和 $H_2O(l)$ 的标准摩尔生成焓分别为 $-393.51kJ\cdot mol^{-1}$ 和 $-285.83kJ\cdot mol^{-1}$。反应 $CH_3COOH(l)+C_2H_5OH(l)\longrightarrow CH_3COOC_2H_5(l)+H_2O(l)$ 的 $\Delta_rH_m^{\ominus}=-9.20kJ\cdot mol^{-1}$。所有数据都是298.15K下的。试计算乙酸乙酯的标准摩尔生成焓。

17. 298.15K时，根据下列反应的标准摩尔反应焓，计算 $AgCl(s)$ 的标准摩尔生成焓。

(1) $Ag_2O(s)+2HCl(g)\longrightarrow 2AgCl(s)+H_2O(l)$　　$\Delta_rH_m^{\ominus}=-324.9kJ\cdot mol^{-1}$

(2) $H_2(g)+Cl_2(g)\longrightarrow 2HCl(g)$　　$\Delta_rH_m^{\ominus}=-184.62kJ\cdot mol^{-1}$

(3) $H_2(g)+1/2O_2(g)\longrightarrow H_2O(l)$　　$\Delta_rH_m^{\ominus}=-285.83kJ\cdot mol^{-1}$

(4) $4Ag(s)+O_2(g)\longrightarrow 2Ag_2O(s)$　　$\Delta_rH_m^{\ominus}=-61.14kJ\cdot mol^{-1}$

18. 已知 $CO(g)$ 和 $CO_2(g)$ 的标准摩尔生成焓 $\Delta_fH_m^{\ominus}$ 分别为 −110.53 和 $-393.51kJ\cdot mol^{-1}$；在

298～500K 温度范围内，O_2(g)、CO(g)、CO_2(g) 的平均等压摩尔热容分别为 30.56J·mol^{-1}·K^{-1}、29.4J·mol^{-1}·K^{-1}和 41.29J·mol^{-1}·K^{-1}。试求在 500K、100kPa 时，反应 CO(g) $+\frac{1}{2}O_2(g) \longrightarrow CO_2(g)$ 的 $\Delta_r H_m^{\ominus}$ (500K) 和 $\Delta_r U_m^{\ominus}$ (500K)。假定气体为理想气体。

19. 已知 I_2(s) 熔点为 113.5℃，熔化热为 16.74kJ·mol^{-1}，沸点为 184.3℃，汽化热为 42.68kJ·mol^{-1}；I_2(s) 和 I_2(l) 的平均等压摩尔热容分别为 55.64J·K^{-1}·mol^{-1}和 62.76J·K^{-1}·mol^{-1}；H_2(g)、I_2(g) 和 HI(g) 的平均等压摩尔热容均为 3.5R。

反应 $H_2(g)+I_2(s) \longrightarrow 2HI(g)$的 $\Delta_r H_m^{\ominus}$(18℃)=49.45kJ·mol^{-1}。

求此反应在 200℃时的等压反应焓。

20. 在 298.15K 和标准压力下，1mol 甲烷与过量 100%的空气（氧气与氮气摩尔比为 1∶4）的燃烧反应瞬间完成，求系统的最高火焰温度。所需数据可查附录。

21. 某一热机的低温热源温度为 40℃，若高温热源温度为：

(1) 100℃(100kPa 下水的沸点)；

(2) 265℃(5MPa 下水的沸点)。

试分别计算卡诺热机的效率。

22. 现有工作于 800K 和 300K 两热源间的不可逆热机和可逆热机各一台，当从高温热源吸收相同的热量 800kJ 后，不可逆热机对外做功 300kJ。试计算两台热机的热机效率和可逆热机对外所做的功。

23. 在 298K 时，将 2mol、200kPa 的某单原子理想气体分别恒温可逆膨胀和恒温对抗恒外压膨胀到终态平衡压力为 100kPa。分别计算两个过程的 Q、W、ΔS_{sys}、ΔS_{sur} 和 ΔS_{iso}，并判断过程的可逆性。

24. 在 0.1MPa 下，1mol NH_3(g) 由 −25℃变为 0℃，试计算此过程中 NH_3 的熵变。已知 NH_3 的 $C_{p,m}$/J·K^{-1}·mol^{-1}=24.77+37.49×10^{-3}(T/K)。若热源的温度为 0℃，试判断此过程的可逆性。

25. 5mol He(g)，可看作理想气体，已知 $C_{V,m}=1.5R$，从始态 273K、100kPa 变到终态 298K、1000kPa，计算该过程的熵变。

26. 有 5mol 某双原子理想气体，已知其 $C_{V,m}=2.5R$，从始态 400K、200kPa，经绝热可逆压缩至 400kPa 后，再真空膨胀至 200kPa，求整个过程 Q、W、ΔU、ΔH、ΔS。

27. 0℃、0.2MPa 的 1mol 理想气体沿着 p/V=常数的可逆途径到达压力为 0.4MPa 的终态。已知 $C_{V,m}=2.5R$，求过程的 Q、W、ΔU、ΔH、ΔS。

28. 3.45mol 理想气体从始态 100kPa、15℃出发，先在一等熵过程中压缩到 700kPa，然后在等容过程中降温至 15℃。求整个变化过程的 Q、W、ΔU、ΔH、ΔS。已知 $C_{V,m}$=20.785J·K^{-1}·mol^{-1}。

29. 在 300K、100kPa 下，2mol A 和 2mol B 的理想气体等温、等压混合后，再等容加热到 600K。求整个过程的熵变。已知 $C_{V,m}(A)=1.5R$，$C_{V,m}(B)=2.5R$。

30. 一容器被隔板隔成左右两室，左边装有 1dm^3、10^{5}Pa、25℃的理想气体 A，右边装有 3dm^3、2×10^{5}Pa、25℃的理想气体 B，抽出隔板，使两气体均匀混合达到平衡态，求混合过程的熵变。

31. (1) 在 10^{5}Pa 下，1mol 100℃的氮气与 0.5mol 0℃的氦气混合；(2) 在 10^{5}Pa 下，1mol 100℃的氮气与 0.5mol 100℃的氦气混合。设上述气体均为理想气体，试求以上两过程的 ΔS 各为多少?

32. 在绝热容器中，将 0.10kg、283K 的水与 0.20kg、313K 的水混合，求混合过程的熵变。设水的平均比热容为 4.184J·K^{-1}·g^{-1}。

33. 两块质量相同的铁块，温度分别为 T_1 和 T_2，二者通过彼此热传导达到相同的温度，将它们看作一个系统，设此过程没有热的损失。试证明系统的熵变为下式，并利用此式说明该过程为自发的不可逆过程。

$$\Delta S = C_p \ln \frac{(T_1+T_2)^2}{4T_1T_2}$$

34. 苯的正常熔点为 5℃，摩尔熔化焓为 9916J·mol^{-1}，$C_{p,m}$(l)=126.8J·K^{-1}·mol^{-1}，$C_{p,m}$(s)=122.6J·K^{-1}·mol^{-1}。求 101325Pa 下 1mol −5℃的过冷苯凝固成−5℃的固态苯的 ΔS，并判断过程的可逆性。

35. 过冷的 CO_2(l) 在−59℃时其蒸气压为 465.8kPa，而同温度下 CO_2(s) 的蒸气压为 439.2kPa。试求 1mol 过冷 CO_2(l) 在此温度、$p^{\ominus}$下凝固过程的熵变，并判断过程的可逆性。已知过程中放热 189.5J·g^{-1}。

36. 将 1mol I_2(s) 从 298K、100kPa 的始态，转变成 457K、100kPa 的 I_2(g)，计算此过程的熵变和

457K 时 I_2(g) 的标准摩尔熵。已知 I_2(s) 在 298K、100kPa 时的标准摩尔熵为 $S_m^{\ominus}(I_2,s)=116.14J\cdot K^{-1}\cdot mol^{-1}$，熔点为 387K，标准摩尔熔化焓 $\Delta_{fus}H_m^{\ominus}(I_2,s)=15.66kJ\cdot mol^{-1}$。已知在 298～457K 的范围内，固态与液态碘的摩尔等压热容分别为 $C_{p,m}(s)=54.68J\cdot K^{-1}\cdot mol^{-1}$，$C_{p,m}(l)=75.59J\cdot K^{-1}\cdot mol^{-1}$，碘在沸点 457K 时的摩尔蒸发焓为 $\Delta_{vap}H_m(I_2,l)=25.52kJ\cdot mol^{-1}$。

37. 求 400℃时反应 $CO(g)+2H_2(g)\longrightarrow CH_3OH(g)$ 的 Δ_rH_m 和 Δ_rS_m。已知甲醇的正常沸点为 64.7℃，摩尔蒸发焓为 $35.27kJ\cdot mol^{-1}$，其他所需数据见下表：

物　质	CO(g)	H_2(g)	CH_3OH(g)	CH_3OH(l)
$\Delta_fH_m^{\ominus}(298.15K)/kJ\cdot mol^{-1}$	−110.525	0		−238.66
$\overline{C}_{p,m}/J\cdot K^{-1}\cdot mol^{-1}$	30.2（25～400℃）	29.3（25～400℃）	59.2（64.7～400℃）	77.2（25～64.7℃）
$S_m^{\ominus}/J\cdot K^{-1}\cdot mol^{-1}$	197.674	130.684		126.8

38. 用合适的判据证明

（1）373K、200kPa 下，液态水比水蒸气更稳定；

（2）263K、100kPa 下，冰比液态水更稳定。

39. 把 1mol He 在 127℃和 0.5MPa 下等温压缩至 1MPa，试求其 Q、W、ΔU、ΔH、ΔS、ΔA、ΔG。He 可作为理想气体。（1）设为可逆过程；（2）设压缩时外压自始至终为 1MPa。

40. 1mol 单原子理想气体，从始态 273K、100kPa，分别经下列可逆变化到达各自的终态，试计算过程的 Q、W、ΔU、ΔH、ΔS、ΔA 和 ΔG。已知该气体在 273K、100kPa 的摩尔熵 $S_m=100J\cdot K^{-1}\cdot mol^{-1}$。

（1）等温下压力加倍；

（2）等压下体积加倍；

（3）等容下压力加倍；

（4）绝热可逆膨胀至压力减少一半；

（5）绝热不可逆反抗 50kPa 恒外压膨胀至平衡。

41. 1mol $C_6H_5CH_3$ 在其正常沸点 110.6℃时蒸发为 101325Pa 的气体，求过程的 Q、W、ΔU、ΔH、ΔS、ΔA、ΔG。已知在该温度下 $C_6H_5CH_3$ 的摩尔蒸发焓为 $33.38kJ\cdot mol^{-1}$。与蒸气相比较，液体的体积可略去，蒸气可作为理想气体。（1）设外压为 101325Pa；（2）设外压为 10132.5Pa。

42. 已知在 0℃、100kPa 下水的熔化焓为 $6.009kJ\cdot mol^{-1}$。水和冰的摩尔热容分别为 $75.3J\cdot K^{-1}\cdot mol^{-1}$ 和 $36.4J\cdot K^{-1}\cdot mol^{-1}$；冰在 −5℃时的蒸气压为 401Pa。试计算：

（1）−5℃时过冷水凝结成冰的过程的 ΔS、ΔG，并判断过程的可逆性；

（2）过冷水在 −5℃时的蒸气压。

43. 将装有 0.1mol 乙醚的微小玻璃泡放入 35℃、$10dm^3$ 的密闭容器内，容器内充满 100kPa、$x$mol 氮气。将小泡打碎，乙醚完全气化并与氮气混合，已知乙醚在 101.325kPa 时的沸点为 35℃，此时的蒸发热为 $25.104kJ\cdot mol^{-1}$。试计算：

（1）混合气中乙醚的分压；

（2）氮气的 ΔH、ΔS 及 ΔG；

（3）乙醚的 ΔH、ΔS 及 ΔG。

44. 在 600K、100kPa 压力下，生石膏的脱水反应为

$$CaSO_4\cdot 2H_2O(s)\longrightarrow CaSO_4(s)+2H_2O(g)$$

试计算：该反应进度为 1mol 时的 Q、W、ΔU_m、ΔH_m、ΔS_m、ΔA_m、ΔG_m。已知各物质在 298K、100kPa 的热力学数据为：

物　质	$\Delta_fH_m^{\ominus}/kJ\cdot mol^{-1}$	$S_m^{\ominus}/J\cdot K^{-1}\cdot mol^{-1}$	$C_{p,m}/J\cdot K^{-1}\cdot mol^{-1}$
$CaSO_4\cdot 2H_2O$(s)	−2021.12	193.97	186.20
$CaSO_4$(s)	−1432.68	106.70	99.60
H_2O(g)	−241.82	188.83	33.58

45. 某实际气体服从状态方程：$pV=nRT+ap$（a 为大于零的常数）。若 C_p，C_V 均为常数，试证明：$\mathrm{d}S=C_V\mathrm{d}\ln p+C_p\mathrm{d}\ln(V-a)$。

46. 某气体的状态方程为 $pV_{\mathrm{m}}=RT(1+bp)$，其中 b 是大于零的常数。试证明对此气体，有：

（1）$\left(\dfrac{\partial U}{\partial V}\right)_T=bp^2$；

（2）$C_{p,\mathrm{m}}-C_{V,\mathrm{m}}=R(1+bp)^2$；

（3）$\mu_{\mathrm{J\text{-}T}}=0$。

47. 证明：

（1）$\left(\dfrac{\partial U}{\partial V}\right)_p=C_p\left(\dfrac{\partial T}{\partial V}\right)_p-p$；

（2）$\left(\dfrac{\partial p}{\partial V}\right)_S=\dfrac{C_p}{C_V}\left(\dfrac{\partial p}{\partial V}\right)_T$；

（3）若等压下某化学反应的 $\Delta_{\mathrm{r}}H_{\mathrm{m}}$ 与 T 无关，则该反应的 $\Delta_{\mathrm{r}}S_{\mathrm{m}}$ 亦与 T 无关。

▶视频讲解
▶动画演示
▶拓展阅读

第2章　多组分系统热力学

第1章所讨论的热力学系统是单组分或者是多组分组成不变的均相封闭系统，而常遇到的却是多组分且组成可变的系统，即多组分系统。一旦系统的组成发生变化，系统的状态及性质将与各组分的物质的量或系统的组成有关，因此就不能单纯用第1章中的热力学关系式来讨论多组分系统的热力学问题，而需要引入新的概念。

本章在引入偏摩尔量和化学势两个重要概念的基础上，进一步讨论不同系统中各组分化学势的表示法及其在讨论多组分系统的物理性质中的应用。

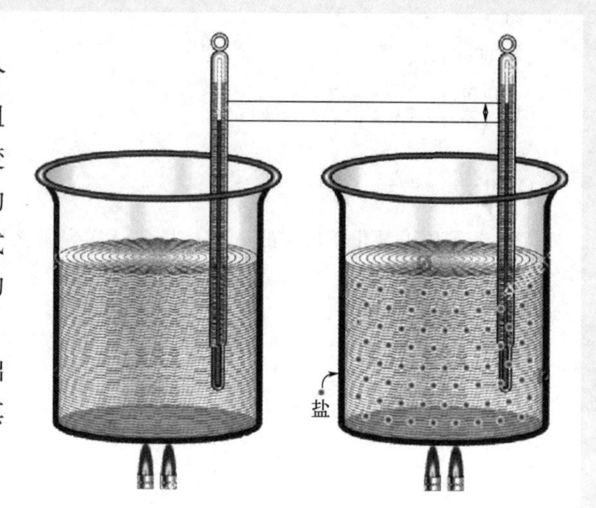

本章概要

2.1　偏摩尔量

在多组分系统中，每一组分广度性质的摩尔量要用偏摩尔量来表示。

2.2　化学势

作为偏摩尔量的一个例子，通过偏摩尔吉布斯函数及热力学基本方程得到了适用于多组分系统的热力学基本方程及可用于判断所有过程方向的化学势判据。

2.3　气体物质的化学势

利用化学势与压力的关系，得到气体组分化学势的表达式。

2.4　理想液态混合物和理想稀溶液的化学势

先讨论了稀溶液中溶剂和溶质分别遵守的拉乌尔定律和亨利定律两个经验定律，再根据液态混合物中各个组分所遵循的定律不同将液态混合物分为理想液态混合物和理想稀溶液，并得出各个组分的化学势的表达式，并且利用化学势得出理想液态混合物的热力学通性。

2.5　稀溶液的依数性

利用化学势的概念讨论稀溶液中溶质对溶液某些性质的影响，包括溶剂的蒸气压下降，沸点升高，凝固点降低，渗透压的产生，这些性质只与溶质的粒子数有关，与溶质的本性无关，故称为依数性。

2.6　实际溶液中各组分的化学势

以理想液态混合物和理想稀溶液为参考，引入活度和活度系数，分别对实际溶液中的各组分偏离拉乌尔定律或亨利定律的情况进行修正，从而得到实际溶液中各组分的化学势表达式。

人们在研究化学变化、相变化以及溶液性质等问题时，如研究混合气体的反应、溶液中的反应、溶液的蒸发等，常遇到的是多组分且组成可变的系统。这种由两种或两种以上的组分组成的系统被称为多组分系统。一旦系统的组成发生变化，系统的状态将与各组分的物质的量或系统的组成有关，因此就不能单纯用第 1 章中的热力学关系式来讨论多组分系统的热力学问题。

多组分系统可以是单相，也可以是多相的。对于多相系统，可以把它分为几个单相系统分别加以研究，因此，只要了解了多组分单相系统的热力学研究方法，就可以解决多组分多相系统的热力学问题。为了在热力学上讨论问题方便，常把多组分单相系统分为混合物（mixture）和溶液（solution）两大类，并采用不同的方法加以研究。对于混合物中的各组分不区分为溶剂（solvent）和溶质（solute），各组分均选用同样的标准态，服从相同的经验定律；而对溶液中的各组分则区分为溶剂和溶质，并以不同的标准态加以研究，各组分分别服从不同的经验定律。按其聚集状态分类，混合物可分为气态混合物、液态混合物和固态混合物，溶液可分为液态溶液（简称为溶液）、固态溶液（通常称为合金或固溶体），但没有气态溶液。按溶液中溶质的导电性能分类，溶液又可分为电解质溶液和非电解质溶液。本章仅讨论非电解质溶液，电解质溶液将在第 5 章中讨论。

为了将热力学定律应用于化学，特别是应用于多组分系统，美国物理化学家吉布斯在 1876～1878 年所发表的《论非均相物体的平衡》论文中以严密的数学形式和严谨的逻辑推理，导出了数百个公式，其中引入了化学势的概念，并由此推导出了组成可变的多相、多组分系统的热力学基本方程，从而为用热力学原理解决相变过程和反应过程的方向和限度问题奠定了坚实的理论基础。之后，美国化学家路易斯于 1901 年和 1907 年先后提出了逸度和活度的概念，通过对真实体系用逸度代替压力，用活度代替浓度，就可将根据理想条件推导的热力学关系式推广用于真实体系，为解决化学化工中的实际问题提供了极大的便利。

本章首先介绍多组分系统的两个重要概念——偏摩尔量与化学势，然后进一步讨论不同系统中各组分化学势的表示法及其应用。

2.1 偏摩尔量

对于单组分均相封闭系统，其任意一种广度性质的热力学函数 X（如 U、H、S、A、G 等）只是温度 T 和压力 p 的函数，即

$$X=X(T,p)$$

如果已知某温度 T 和压力 p 时单组分系统中物质的摩尔量 X_{m}，则可算出物质的量为 n 时该物质的热力学函数值 X，$X=nX_{\mathrm{m}}$，即单组分系统的广度性质具有加和性。

但对于多组分均相系统，其广度性质（除质量以外）的状态函数不仅与温度和压力有关，还与系统的组成有关。为了区别于多组分系统，在后面的讨论中把单组分系统中的广度性质的函数符号的右上角标上“*”号。例如，用 $V^*_{\mathrm{m,B}}$、$U^*_{\mathrm{m,B}}$、$H^*_{\mathrm{m,B}}$、$S^*_{\mathrm{m,B}}$、$A^*_{\mathrm{m,B}}$和 $G^*_{\mathrm{m,B}}$ 分别表示纯物质 B 的摩尔体积、摩尔热力学能、摩尔焓、摩尔熵、摩尔亥姆霍兹函数和摩尔吉布斯函数。

动画：
偏摩尔量的概念

以乙醇和水混合形成的溶液体积为例。在 298K、$p^{\ominus}$时，1g 乙醇的体积为 1.267cm^3，1g 水的体积为 1.004cm^3。按不同比例配制 100g 的乙醇水溶液，实际测得的溶液体积如表 2-1 所示。

表 2-1 乙醇与水混合时的体积变化

乙醇浓度 $w_{乙醇}/\%$	$V_{乙醇}/cm^3$	$V_{水}/cm^3$	$V_{乙醇}+V_{水}/cm^3$	$V_{乙醇+水}/cm^3$	$\Delta V/cm^3$
10	12.67	90.36	103.3	101.84	1.19
20	25.34	80.32	105.66	103.22	2.42
30	38.01	70.28	108.29	104.84	3.45
40	50.68	60.24	110.92	106.93	3.09
50	63.35	50.20	113.55	109.43	4.12
60	76.02	40.16	116.18	112.22	3.96
70	88.69	30.12	118.81	115.25	3.56
80	101.4	20.08	121.44	118.56	2.88
90	114.0	10.04	124.07	122.25	1.82

由表 2-1 可以看出，乙醇与水混合后所得溶液体积并不等于两组分在纯态时的体积加和，即

$$V_{乙醇+水} \neq V_{乙醇} + V_{水}$$

也可以表示为

$$V_{溶液} \neq n_1 V_{m,1}^* + n_2 V_{m,2}^*$$

同时，100g 溶液的体积随其中乙醇和水的量的不同而不同。这主要是因为两种物质的分子结构大小不同及分子间的相互作用不同所致，混合过程中由于作用力发生变化，使体积也发生变化。

其他的广度性质的状态函数也是如此，说明多组分系统的广度性质不具有加和性。因此，在讨论多组分系统的状态时，除指明温度和压力外，还必须指明系统中每种物质的量，即需引入新的概念来代替对于纯物质所用的摩尔量的概念。

2.1.1 偏摩尔量的定义

若由组分 B、C、D，…形成多组分均相系统，则系统中任一广度性质的状态函数 X 可表示为：

$$X = X(T, p, n_B, n_C, n_D, \cdots)$$

当系统的状态发生微小变化时，广度性质 X 也有相应的变化，即

$$dX = \left(\frac{\partial X}{\partial T}\right)_{p,n_B} dT + \left(\frac{\partial X}{\partial p}\right)_{T,n_B} dp + \sum_B \left(\frac{\partial X}{\partial n_B}\right)_{T,p,n_{C\neq B}} dn_B \tag{2-1}$$

式中，偏导数下标 n_B 表示系统中所有组分的量均不变；$n_{C\neq B}$ 表示除指定的物质 B 外其他组分的量均不变。则在等温、等压条件下，式(2-1) 可写为

$$dX = \sum_B \left(\frac{\partial X}{\partial n_B}\right)_{T,p,n_{C\neq B}} dn_B \tag{2-2}$$

定义

$$X_B = \left(\frac{\partial X}{\partial n_B}\right)_{T,p,n_{C\neq B}} \tag{2-3}$$

X_B 称为物质 B 的某种广度性质 X 的偏摩尔量（partial molar quantity）。其物理意义为在温度、压力及除了组分 B 以外其余各组分的物质的量均不改变的条件下，广度性质 X 随组分 B 的物质的量 n_B 的变化率。也可理解为在等温、等压条件下，在一个足够大的某一定组成的多组分系统中，加入 1mol 物质 B 所引起的系统广度性质 X 的变化量。因为是偏导数的形式，故称为偏摩尔量。如 V_B 为偏摩尔体积；G_B 为偏摩尔吉布斯函数。

将偏摩尔量的定义式代入式(2-1) 中，得

$$dX = \left(\frac{\partial X}{\partial T}\right)_{p,n_B} dT + \left(\frac{\partial X}{\partial p}\right)_{T,n_B} dp + \sum_B X_B dn_B \tag{2-4}$$

式(2-4) 就是多组分均相系统中广度性质的状态函数的全微分表达式。

对于纯物质，$X_B = X_{m,B}^*$，即纯物质的偏摩尔量与摩尔量相同。

使用偏摩尔量时需注意以下几点。

（1）只有系统的广度性质的状态函数才有偏摩尔量，强度性质的状态函数不存在偏摩尔量，因为只有广度性质才与系统中物质的量有关。常用到的多组分均相系统中组分 B 的偏摩尔量如下。

偏摩尔体积 $V_B=\left(\frac{\partial V}{\partial n_B}\right)_{T,p,n_{C\neq B}}$

偏摩尔热力学能 $U_B=\left(\frac{\partial U}{\partial n_B}\right)_{T,p,n_{C\neq B}}$

偏摩尔焓 $H_B=\left(\frac{\partial H}{\partial n_B}\right)_{T,p,n_{C\neq B}}$

偏摩尔熵 $S_B=\left(\frac{\partial S}{\partial n_B}\right)_{T,p,n_{C\neq B}}$

偏摩尔亥姆霍兹函数 $A_B=\left(\frac{\partial A}{\partial n_B}\right)_{T,p,n_{C\neq B}}$

偏摩尔吉布斯函数 $G_B=\left(\frac{\partial G}{\partial n_B}\right)_{T,p,n_{C\neq B}}$

（2）只有在等温、等压条件下，保持除 B 以外的其他组分的量不变时，某广度性质对某组分 B 的物质的量的变化率才能称为偏摩尔量。

（3）多组分系统必须是均相系统。

（4）偏摩尔量为两个广度性质变化之比，因而是一种强度性质，它与系统中总的物质的量的多少无关。但偏摩尔量除与温度、压力有关外，还与系统的组成有关。

【例 2-1】下列偏导数是否为偏摩尔量？

（1）$\left(\frac{\partial A}{\partial n_B}\right)_{T,V,n_{C\neq B}}$；（2）$\left(\frac{\partial H}{\partial V}\right)_{T,p,n}$；（3）$\left(\frac{\partial V}{\partial n_1}\right)_{T,p,n_2}$。

其中 V 是水(1) 与乙醇(2) 组成的气-液两相平衡体系的体积。

解：均不是。（1）不是等温等压条件；（2）不是对 n_B 的偏微商；（3）不是均相系统。

2.1.2 偏摩尔量的集合公式

在等温、等压下，由式(2-4) 可得

$$\mathrm{d}X=\sum_B X_B\mathrm{d}n_B \tag{2-5}$$

在保持各组分的偏摩尔量不变的情况下，对上式积分，即按照原系统中各物质的比例微量地加入各个组分，使系统中各物质的比例保持不变，所以 X_B 不变，则积分后

$$X=\int_0^X \mathrm{d}X=\sum_B\int_0^{n_B}X_B\mathrm{d}n_B=\sum_B n_BX_B$$

即

$$X=\sum_B n_BX_B \tag{2-6}$$

式(2-6) 称为偏摩尔量的集合公式，该式说明系统的任一广度性质的总值等于各组分偏摩尔量与其物质的量的乘积之和。对于多组分系统，虽然任一广度性质一般不等于混合前各纯物质所具有的对应广度性质的加和，但却等于各组分偏摩尔量与其物质的量的乘积之和。例如，若一个系统只有 1，2 两种物质组成，仍以系统的体积为例，则系统的体积不能用各纯组分的摩尔体积加和得到，但只要知道了各个组分的偏摩尔体积，就可确定系统的总体积，即

$$\begin{aligned}V&=n_1V_1+n_2V_2\\&\neq n_1V_{m,1}^*+n_2V_{m,2}^*\end{aligned}$$

将式(2-6) 写成更一般的形式为

$$V=\sum_{B}n_BV_B \qquad U=\sum_{B}n_BU_B$$

$$H=\sum_{B}n_BH_B \qquad S=\sum_{B}n_BS_B$$

$$A=\sum_{B}n_BA_B \qquad G=\sum_{B}n_BG_B$$

【例 2-2】有一乙醇和水形成的均相混合物，水的摩尔分数为 0.4，乙醇的偏摩尔体积为 $57.5\text{cm}^3\cdot\text{mol}^{-1}$，混合物的密度为 $0.8494\text{g}\cdot\text{cm}^{-3}$，试计算此混合物中水的偏摩尔体积。

解：已知水的摩尔分数 $x_1=0.4$

乙醇的偏摩尔体积 $V_2=57.5\text{cm}^3\cdot\text{mol}^{-1}$

混合物的密度 $\rho=0.8494\text{g}\cdot\text{cm}^{-3}$

则 1mol 该混合物中水的物质的量 $n_1=0.4\text{mol}$，乙醇的物质的量 $n_2=0.6\text{mol}$，其体积 V 为：

$$\begin{aligned}V&=\frac{n_1M_1+n_2M_2}{\rho}\\&=\frac{0.4\times18.01\text{g}\cdot\text{mol}^{-1}+0.6\times46.07\text{g}\cdot\text{mol}^{-1}}{0.8494\text{g}\cdot\text{cm}^{-3}}\text{cm}^3\\&=41.02\text{cm}^3\cdot\text{mol}^{-1}\end{aligned}$$

动画：
偏摩尔量的测定

根据偏摩尔量的集合公式，$V=n_1V_1+n_2V_2$，水的偏摩尔体积 V_1

$$\begin{aligned}V_1&=\frac{1}{n_1}(V-n_2V_2)\\&=\left[\frac{1}{0.4}\times(41.02-0.6\times57.5)\right]\text{cm}^3\cdot\text{mol}^{-1}\\&=16.3\text{cm}^3\cdot\text{mol}^{-1}\end{aligned}$$

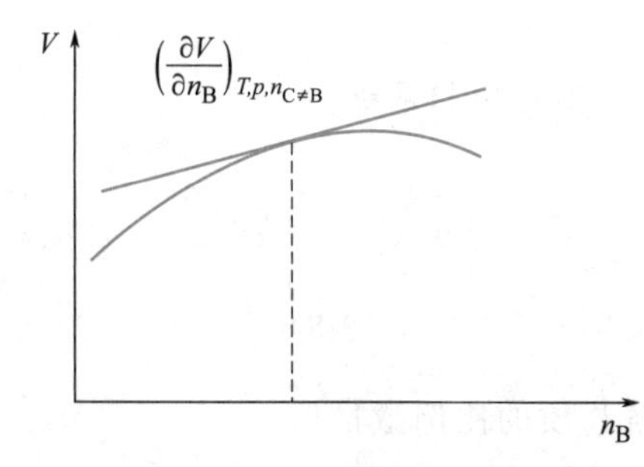

图 2-1 偏摩尔体积测定原理示意图

可见，通过测定一定组成下混合物的密度，即可测得该组成下的偏摩尔体积。如果测定不同组成下的密度和体积，就可以得到混合物体积-组成的关系曲线，利用此关系曲线就可以确定任一组分下的偏摩尔体积，这就是实验测定偏摩尔体积的基本原理。对于两组分体系的具体方法是在一定温度和压力下，向物质的量一定的液体组分 C 中，不断加入组分 B 形成混合物，随着物质 B 的加入，系统的体积不断发生变化，测量出加入 B 物质的量 n_B 不同时混合物的体积 V，作 V-n_B 图，如图 2-1 所示。过 V-n_B 曲线上任一点作曲线的切线，此切线的斜率 $\left(\frac{\partial V}{\partial n_B}\right)_{T,p,n_{C\neq B}}$ 即为组分 B 在该组成时的偏摩尔体积 V_m。

利用类似的方法，测定体系中其他状态函数随组成的变化关系，同样可以得到该状态函数的偏摩尔量。

2.1.3 吉布斯-杜亥姆方程

在一定 T、p 下，若在体系中不是按原系统中各物质的比例加入各组分时，则混合物的组成将发生改变，其偏摩尔量 X_B 也将随之发生改变。对集合公式(2-6) 微分得

$$\text{d}X=\sum_{B}n_B\text{d}X_B+\sum_{B}X_B\text{d}n_B$$

与式(2-5) 比较得

$$\sum_{B}n_B\text{d}X_B=0 \tag{2-7a}$$

将此式除以 $n=\sum n_B$，得

$$\sum_{B} x_B \mathrm{d}X_B = 0 \tag{2-7b}$$

若为二组分混合物，则式(2-7a) 可变为

$$n_1 \mathrm{d}X_1 + n_2 \mathrm{d}X_2 = 0 \tag{2-7c}$$

或

$$\mathrm{d}X_1 = -\frac{n_2}{n_1}\mathrm{d}X_2 \tag{2-7d}$$

式 (2-7a)～式(2-7d) 均称为吉布斯-杜亥姆（Gibbs-Duhem）方程。该方程描述了在一定 T、p 下，均相混合物的组成发生变化时，各组分的同一偏摩尔量之间的相互依赖关系。对于二组分单相系统，当组成发生变化时，如果一组分的偏摩尔量增大，则另一组分的偏摩尔量必然减小，且增大与减小的比例与混合物中二组分的摩尔分数成反比。若利用 2.1.2 中的方法测得物质 1 的偏摩尔量变化，则可利用式(2-7d) 求出物质 2 的偏摩尔量。所以，吉布斯 - 杜亥姆方程是研究二组分溶液中溶剂和溶质相互关系的依据。

2.2 化学势

2.2.1 化学势的定义

在所有偏摩尔量中，由于偏摩尔吉布斯函数 G_B 在化学热力学中有特殊的重要性，热力学上将它定义为化学势（chemical potential），用符号 μ_B 表示，单位为 $\mathrm{J \cdot mol^{-1}}$。即在多组分单相系统中，物质 B 的化学势为

$$\mu_B \xlongequal{\text{def}} G_B = \left(\frac{\partial G}{\partial n_B}\right)_{T,p,n_{C\neq B}} \tag{2-8}$$

μ_B 表明一定 T、p 下，除组分 B 以外的各组分都不变时，系统吉布斯函数随组分 B 的物质的量的变化率。

对于多组分均相系统，其吉布斯函数可以表示为温度、压力及各个组分的物质的量的函数，即

$$G = G(T, p, n_B, n_C, n_D, \cdots)$$

其全微分为

$$\mathrm{d}G = \left(\frac{\partial G}{\partial T}\right)_{p,n_B}\mathrm{d}T + \left(\frac{\partial G}{\partial p}\right)_{T,n_B}\mathrm{d}p + \sum_{B}\left(\frac{\partial G}{\partial n_B}\right)_{T,p,n_{C\neq B}}\mathrm{d}n_B \tag{2-9}$$

因为组成不变时

$$\left(\frac{\partial G}{\partial T}\right)_{p,n_B} = -S,\ \left(\frac{\partial G}{\partial p}\right)_{T,n_B} = V$$

将化学势的定义式(2-8) 代入式(2-9) 得

$$\mathrm{d}G = -S\mathrm{d}T + V\mathrm{d}p + \sum_{B}\mu_B \mathrm{d}n_B \tag{2-10}$$

由状态函数的定义式

$$G = H - TS,\ H = U + pV,\ A = U - TS$$

可得

$$U = G + TS - pV$$

所以

$$\mathrm{d}U = \mathrm{d}G + T\mathrm{d}S + S\mathrm{d}T - p\mathrm{d}V - V\mathrm{d}p$$

推出

$$\mathrm{d}U = T\mathrm{d}S - p\mathrm{d}V + \sum_{B}\mu_B \mathrm{d}n_B \tag{2-11}$$

同理可得

$$\mathrm{d}A = -S\mathrm{d}T - p\mathrm{d}V + \sum_{B}\mu_B \mathrm{d}n_B \tag{2-12}$$

$$\mathrm{d}H = T\mathrm{d}S + V\mathrm{d}p + \sum_{B}\mu_B \mathrm{d}n_B \tag{2-13}$$

式 (2-10)～式(2-13) 是多组分均相系统的四个热力学基本方程，它们不仅适用于组成

可变的均相封闭系统，也适用于敞开系统，较第 1 章所讨论的组成不变的热力学基本方程更具有普遍意义。

另一方面，由式(2-10) 可得，在等温、等压条件下

$$dG_{T,p}=\sum_{B}\mu_{B}dn_{B} \tag{2-14}$$

这里，μ_B 即是偏摩尔吉布斯函数。在等熵等容条件下，由式(2-11) 可得

$$dU_{S,V}=\sum_{B}\mu_{B}dn_{B}$$

所以 $$\left(\frac{\partial U}{\partial n_{B}}\right)_{S,V,n_{C\neq B}}=\mu_{B}$$

同理，由式(2-12) 和式(2-13) 可得

$$dA_{T,V}=\sum_{B}\mu_{B}dn_{B} \qquad \left(\frac{\partial A}{\partial n_{B}}\right)_{T,V,n_{C\neq B}}=\mu_{B}$$

$$dH_{S,p}=\sum_{B}\mu_{B}dn_{B} \qquad \left(\frac{\partial H}{\partial n_{B}}\right)_{S,p,n_{C\neq B}}=\mu_{B}$$

即 $$\mu_{B}=\left(\frac{\partial G}{\partial n_{B}}\right)_{T,p,n_{C\neq B}}=\left(\frac{\partial H}{\partial n_{B}}\right)_{p,S,n_{C\neq B}}=\left(\frac{\partial A}{\partial n_{B}}\right)_{T,V,n_{C\neq B}}=\left(\frac{\partial U}{\partial n_{B}}\right)_{S,V,n_{C\neq B}} \tag{2-15}$$

式(2-15) 中 4 个偏导数都称为化学势，是化学势的广义定义式。在使用化学势时需注意以下几点。

① 要特别注意偏导数的下标，每个热力学函数所选择的独立变量彼此不同，不能把任意热力学函数对 n_B 的偏导数都叫做化学势。

② 偏摩尔量与化学势的关系。在表示化学势的 4 个偏导数中只有吉布斯函数的偏摩尔量与表示化学势的偏导数是一致的，其余 3 个广义化学势均不是偏摩尔量。相对于广义化学势，偏摩尔吉布斯函数被称为狭义化学势，因为在生产实际或科学实验中，等温、等压的条件用得最普遍，所以这个化学势用得最多。以后所讲化学势，若未加特别注明，都是指这个狭义化学势。

③ 化学势的物理意义。因为在等温、等压、不做其他功的条件下，$dG_{T,p}<0$ 为能够自发进行的过程，所以 $\sum\mu_{B}dn_{B}<0$ 的过程为能够自发进行的过程；当 $\sum\mu_{B}dn_{B}=0$ 时，过程即达到平衡。因此可以说，物质的化学势是决定物质传递方向和限度的强度因素。

2.2.2 化学势与压力、温度的关系

根据狭义化学势的定义及偏微商的规则，可以导出化学势与压力、温度的关系。

已知 $$\mu_{B}=\left(\frac{\partial G}{\partial n_{B}}\right)_{T,p,n_{C\neq B}},\ \left(\frac{\partial G}{\partial p}\right)_{T,n_{B}}=V$$

则 $$\begin{aligned}\left(\frac{\partial \mu_{B}}{\partial p}\right)_{T,n_{B}}&=\left[\frac{\partial}{\partial p}\left(\frac{\partial G}{\partial n_{B}}\right)_{T,p,n_{C\neq B}}\right]_{T,n_{B}}\\&=\left[\frac{\partial}{\partial n_{B}}\left(\frac{\partial G}{\partial p}\right)_{T,n_{B}}\right]_{T,p,n_{C\neq B}}=\left(\frac{\partial V}{\partial n_{B}}\right)_{T,p,n_{C\neq B}}\\&=V_{B}\end{aligned} \tag{2-16}$$

式中，V_B 即物质 B 的偏摩尔体积。

同理，已知 $$\mu_{B}=\left(\frac{\partial G}{\partial n_{B}}\right)_{T,p,n_{C\neq B}} \qquad \left(\frac{\partial G}{\partial T}\right)_{p,n_{B}}=-S$$

可推导得 $$\left(\frac{\partial \mu_{B}}{\partial T}\right)_{p,n_{B}}=-S_{B} \tag{2-17}$$

S_B 即物质 B 的偏摩尔熵。

把式(2-16) 和式(2-17) 两个公式与纯物质的吉布斯函数与压力和温度的关系相比较可

以推知，多组分系统的热力学关系与纯物质的公式具有相同的形式，所不同的是用偏摩尔量代替相应的摩尔量即可。此结论可以推广到任一热力学函数之间的关系，如 $H_B=U_B+pV_B$、$A_B=U_B-TS_B$、$G_B=H_B-TS_B$ 等。

2.2.3 化学势判据及其应用举例

以上讨论的是多组分单相系统，若把相关关系式用于多组分多相系统，就可解决多组分多相系统的热力学问题。以吉布斯函数为例，对于多组分多相系统中的 α,β……每一个相，根据式(2-10) 均有

$$dG(\alpha)=-S(\alpha)dT+V(\alpha)dp+\sum_B \mu_B(\alpha)dn_B(\alpha)$$

$$dG(\beta)=-S(\beta)dT+V(\beta)dp+\sum_B \mu_B(\beta)dn_B(\beta)$$

……

对系统内所有的相求和得

$$dG=dG(\alpha)+dG(\beta)+\cdots=\sum_\alpha dG(\alpha)$$

因为各相的 T、p 均相同，所以

$$dG=-\sum_\alpha S(\alpha)dT+\sum_\alpha V(\alpha)dp+\sum_\alpha\sum_B \mu_B(\alpha)dn_B(\alpha)$$

推出

$$dG=-SdT+Vdp+\sum_\alpha\sum_B \mu_B(\alpha)dn_B(\alpha) \tag{2-18}$$

式中，$S=\sum_\alpha S(\alpha)$，$V=\sum_\alpha V(\alpha)$ 均是整个系统的性质。

同理可得

$$dU=TdS-pdV+\sum_\alpha\sum_B \mu_B(\alpha)dn_B(\alpha) \tag{2-19}$$

$$dA=-SdT-pdV+\sum_\alpha\sum_B \mu_B(\alpha)dn_B(\alpha) \tag{2-20}$$

$$dH=TdS+Vdp+\sum_\alpha\sum_B \mu_B(\alpha)dn_B(\alpha) \tag{2-21}$$

式(2-18)～式(2-21) 是多组分多相系统的热力学基本方程，既适用于封闭的多组分多相系统发生的 p、V、T 变化，相变化和化学变化过程，也适用于敞开系统。

在特定条件下，如等温等压及非体积功为零，或等温等容及非体积功为零时，由式(2-18) 和式(2-20) 及吉布斯判据和亥姆霍兹判据均可得到

$$\sum_\alpha\sum_B \mu_B(\alpha)dn_B(\alpha)\leqslant 0\begin{pmatrix}<0 & \text{自发}\\ =0 & \text{平衡}\end{pmatrix} \tag{2-22}$$

式(2-22) 为由热力学得到的物质平衡判据，由于在此判据中化学势起到决定性作用，故称为化学势判据，将此判据应用于相平衡和化学平衡系统，可得到相平衡和化学平衡条件。

现以相变化为例加以说明。假设一多组分系统中有 α 和 β 两个相，在等温、等压条件下，如果任一物质 B 在两相中具有相同的分子形式，其化学势分别为 $\mu_B(\alpha)$ 和 $\mu_B(\beta)$，若有 dn_B 的 B 物质从 α 相转移到 β 相，其他组分在各相中物质的量不变（见图 2-2），则 $dn_B(\alpha)=-dn_B(\beta)$。由化学势判据式(2-22) 可知

$$\sum_\alpha\sum_B \mu_B(\alpha)dn_B(\alpha)=\mu_B(\alpha)dn_B(\alpha)+\mu_B(\beta)dn_B(\beta)$$

$$=[\mu_B(\alpha)-\mu_B(\beta)]dn_B(\alpha)\leqslant 0$$

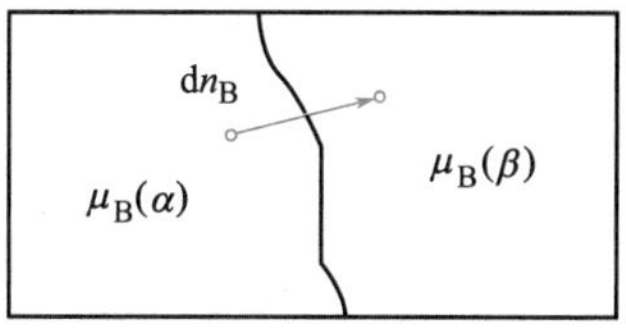

图 2-2 相间转移

因为 $dn_B(\alpha)<0$

所以 $$\mu_B(\alpha)-\mu_B(\beta)\geqslant 0 \begin{pmatrix} >0 & 自发 \\ =0 & 平衡 \end{pmatrix} \tag{2-23}$$

式(2-23) 即为相平衡判据。此式表明，在一定温度、压力条件下，任何物质在其化学势高的相中都不稳定，相变化自发进行的方向必然是朝着化学势减少的方向进行。当一种物质在不同相中的化学势相等时，该物质在不同相中就处于平衡状态。当系统中所有物质在不同相中的化学势都彼此相等时，即

$$\mu_B(\alpha)=\mu_B(\beta)$$

则整个系统才会处于相平衡状态。这就是相平衡条件。

化学势判据同样可用于化学变化，将在第 3 章中讨论。

【例 2-3】 在 101.325kPa 下，已知水的沸点是 100℃。请分析说明下列四个系统中水的化学势大小，并把它们从大到小排列成序。

(1) 101.325kPa、100℃的液态水；

(2) 101.325kPa、100℃的气态水；

(3) 202.650kPa、100℃的液态水；

(4) 202.650kPa、100℃的气态水。

解：在 101.325kPa、100℃下，由于液态水和气态水处于平衡状态，所以根据相平衡条件可知，水在两相中的化学势相等，即

$$\mu_1=\mu_2$$

由式(2-16) 知 $$\left(\frac{\partial \mu_B}{\partial p}\right)_T=V_B$$

对于纯物质，上式可写为

$$\left(\frac{\partial \mu_B^*}{\partial p}\right)_T=V_{m,B}^*$$

由于一定温度下气态水和液态水的摩尔体积均大于零，所以气态水和液态水的化学势均随压力的增大而增大，故

$$\mu_3>\mu_1, \mu_4>\mu_2$$

又因为气态水的摩尔体积大于液态水的，故在 100℃下，当压力由 101.325kPa 增大到 202.650kPa 时，气态水的化学势比液态水的化学势增大得更多，所以

$$\mu_4>\mu_3$$

故题中四种情况下水的化学势从大到小的排列顺序为

$$\mu_4>\mu_3>\mu_2=\mu_1$$

既然利用化学势可以判断相变化及化学变化过程的方向及限度，那么首先就必须知道各类物质的化学势的大小及其表示方法，下面将一一进行介绍。

2.3 气体物质的化学势

物质 B 的化学势 μ_B 就是其偏摩尔吉布斯函数 G_B，由于吉布斯函数的绝对值无法确定，故化学势的绝对值也无法确定，因此为了计算方便，在化学热力学中需选择一个标准状态作为计算的参考点。正如在 1.6.1.3 中所述，通常规定气体的标准态是在标准压力 $p^{\ominus}=100\text{kPa}$ 下具有理想气体性质的纯气体。该状态下的化学势称为标准化学势（standard chemical potential)，表示为 $\mu_B^{\ominus}$。由于标准态只限定了压力而没限定温度，所以标准态化学势 $\mu_B^{\ominus}$是温度 T 的函数，在使用标准态数据时应注明温度。

2.3.1 理想气体的化学势

由于化学势是温度、压力和组成的函数，由式(2-16) 即可讨论任意条件下理想气体的化学势。下面分两种情况讨论。

① 只有一种理想气体，其压力为 p。此时偏摩尔体积 V_B 用摩尔体积 $V_{m,B}$ 代替，且 $V_{m,B}=RT/p$，得

$$\left(\frac{\partial \mu_B}{\partial p}\right)_T=V_{m,B}$$

$$d\mu_B=V_{m,B}dp=\frac{RT}{p}dp=RTd\ln p$$

在温度 T 时，在标准压力 $p^\ominus$ 和任意压力 p 之间对上式进行积分

$$\int_{T,p^\ominus}^{T,p}d\mu_B=\int_{p^\ominus}^{p}RTd\ln p$$

$$\mu(T,p)-\mu_B^\ominus(T)=RT\ln\frac{p}{p^\ominus}$$

即

$$\mu(T,p)=\mu_B^\ominus(T)+RT\ln\frac{p}{p^\ominus} \tag{2-24}$$

式中，$\mu(T,p)$ 是理想气体 B 的化学势，它是 T、p 的函数；$\mu_B^\ominus(T)$ 是压力为 $p^\ominus$、温度为 T 时该纯理想气体的化学势，是标准化学势，它仅是温度的函数。

② 混合理想气体。由于理想气体分子自身的体积以及分子间相互作用力均可以忽略，所以当理想混合气体中某组分 B 的分压为 p_B 时，它的化学势表达式与该气体作为纯气体单独存在、温度为 T、$p=p_B$ 时的化学势表达式相似，只是以其分压 p_B 代替纯态物质的压力 p，即

$$\mu_B(T,p)=\mu_B^\ominus(T)+RT\ln\frac{p_B}{p^\ominus} \tag{2-25}$$

式中，标准态的化学势是分压 $p_B=p^\ominus$ 时的化学势，它也仅与温度有关，与压力、组成无关。可见，理想气体混合物中任一组分 B 的标准态是该气体单独存在、处于该混合物温度和标准压力 $p^\ominus$ 下的状态，也就是 $p=p^\ominus$ 的纯理想气体。

2.3.2 实际气体的化学势

在讨论实际气体的化学势时，同样可以按照讨论理想气体化学势的方法，先讨论纯实际气体的，再讨论混合实际气体的，而且计算纯实际气体化学势的基本公式仍然是式(2-16)，但要用该式计算就必须知道摩尔体积 V_m 与气体压力 p 之间的函数关系。对于理想气体，此关系遵循理想气体的状态方程，但对于实际气体，V_m-p 之间的函数关系就不再遵循理想气体的状态方程。因此，要按照式(2-16) 计算实际气体的化学势，就必须先知道实际气体的状态方程。

2.3.2.1 实际气体的状态方程

实际气体也称作真实气体。相对于理想气体的分子模型是分子间无相互作用、分子自身的体积可以忽略不计，实际气体分子之间有相互作用，且分子自身的体积不能忽略。当实际气体的压力趋于零时，实际气体分子之间的作用力趋于零，此时的实际气体可以近似看作理想气体。所以理想气体是实际气体压力趋于零时的极限情况。按照理想气体的分子模型，因分子间无相互作用力，所以理想气体在任何温度、任何压力下都不能液化。而对于实际气体，随着分子间距离的减小，分子之间引力增加，所以在降温或增压的情况下，有可能将实际气体液化。

描述实际气体的状态方程有很多，其共同特点是在理想气体的基础上作某些修正，当压力降得很低时，就还原为理想气体的状态方程。在这些众多的实际气体的状态方程中，用得比较多的是范德华（van der Waals）方程和维里（Virial）方程。

(1) 范德华方程

1873年，荷兰科学家范德华(J. D. van der Waals，1837～1923年)在他的博士论文“论液态和气态的连续性”中提出了自己的连续性思想。他认为，尽管人们在确定压力时除了考虑分子的运动外，还要考虑其他因素，但是在物质的气态和液态之间并没有本质区别，需要考虑的一个重要因素是分子之间的吸引力和这些分子所占的体积，而这两点在理想气体中都被忽略了。从以上考虑出发，范德华在理想气体状态方程中引入两个参量 a 和 b，分别表示分子间引力和分子的大小，从而对理想气体的状态方程作了压力和体积两项修正，得到了一个能较好地描述在较高压力下实际气体的范德华方程。

对于压力的修正，他认为实际气体分子之间是有引力的，当分子处于系统内部时，分子与周围分子的作用力对称，其合力为零。但当分子靠近器壁时，周围分子分布不对称，撞向器壁的分子受到系统内部分子向内的一种拉力，使分子的动量减小，从而使器壁承受的压力也减小。他把这种作用力称为内压力，内压力的大小与单位体积中的分子数成正比，用 a/V_m^2 表示内压力。而理想气体的压力是分子间无相互作用力时表现的压力，所以若用理想气体的状态方程处理实际气体，相当于如果实际气体分子之间的相互引力不复存在，则表现出的压力应高于压力 p，高出值即为内压力，所以压力项应被校正为 $(p+a/V_m^2)$。对于体积的修正，他认为实际气体分子自身是有体积的，而理想气体的摩尔体积是每摩尔气体分子自由活动的空间，若用理想气体的状态方程处理实际气体，应将1mol实际气体的 V_m 中扣除气体分子自身占有的体积 b，才是1mol实际气体自由活动的空间，即将气体的体积修正为 (V_m-b)。综合这两项修正，范德华方程表示为

$$\left(p+\frac{a}{V_m^2}\right)\cdot(V_m-b)=RT \tag{2-26a}$$

将 $V_m=V/n$ 代入上式，经整理可得气体物质的量为 n 的范德华方程

$$\left(p+\frac{n^2a}{V^2}\right)\cdot(V-nb)=nRT \tag{2-26b}$$

式中，a、b 称为范德华常数。a 值与气体分子种类有关，分子间引力越大，a 值越大。a 的单位是 $Pa\cdot m^6\cdot mol^{-2}$。$b$ 是1mol气体自身占有的体积，一般是分子真实体积的4倍。b 的单位是 $m^3\cdot mol^{-1}$。某些气体的范德华常数可以查表得到(见附录Ⅴ)。

范德华方程提供了一种实际气体的简化模型，从理论上分析了实际气体与理想气体的区别，是被人们公认的处理实际气体的经典方程。实践表明，许多气体在几个兆帕的中压范围内，其 p、V、T 性质能较好地服从范德华方程，计算精度要高于理想气体的状态方程。但由于范德华方程未考虑温度对 a、b 值的影响，所以在压力较高时，还不能满足工程计算上的需要。但是，范德华提出的从分子间相互作用力与分子本身体积两方面来修正压力、体积的思想与方法，为以后建立某些更多实际气体状态方程奠定了一定的基础。

(2) 维里方程

1901年，卡末林-昂尼斯(Kammerlingh-Onnes)同样是考虑实际气体分子之间有相互作用，提出了实际气体状态方程的维里表达式。维里一词来源于拉丁文 virial，是“力”的意思。维里表达式被称为维里方程，一般有两种形式：

$$pV_m=RT(1+Bp+Cp^2+Dp^3+\cdots) \tag{2-27}$$

$$pV_m=RT\left(1+\frac{B'}{V_m}+\frac{C'}{V_m^2}+\frac{D'}{V_m^3}+\cdots\right) \tag{2-28}$$

式中，B，C，$D\cdots$与 B'，C'，$D'\cdots$分别称为第二、第三、第四……维里系数。它们都是温度 T 的函数，并与气体的本性有关。两式中的维里系数有不同的数值和单位，其值通常由实验测得的 p、V、T 数据拟合得到。这种方程对压力较高的气体比较适合。

(3) 普遍化的状态方程

真实气体状态方程中含有与气体种类有关的特性常数，如范德华常数、维里系数等，但它不像理想气体状态方程一样是一个普遍化方程。因此，如何推导出一个具有普遍化的真实气体状态方程，一直是从事工程计算的人们颇感兴趣的课题。对于理想气体，在任何压力下，$pV/(nRT)=1$。对于实际气体，在 $p\to 0$ 时，$pV/(nRT)=1$。所以，在各种 T、p 条件下，实际气体偏离理想气体的程度可以用 $pV/(nRT)$ 偏离 1 的程度来衡量。令

$$Z \xlongequal{\text{def}} \frac{pV}{nRT} \quad 或 \quad Z \xlongequal{\text{def}} \frac{pV_m}{RT} \tag{2-29}$$

即

$$pV = ZnRT \quad 或 \quad pV_m = ZRT \tag{2-30}$$

式(2-30) 称为实际气体普遍化的状态方程，其中，Z 称为压缩因子，其大小可以反映真实气体对理想气体的偏差程度，它可以看作对理想气体状态方程进行修正的结果，即

$$Z=\frac{V_m(实际)}{V_m(理想)}$$

对于理想气体，在任意 T、p 下，$Z=1$。

对于实际气体，$Z<1$ 表示实际气体的 V_m 比理想气体的要小，即在该 T、p 下，实际气体比理想气体易于压缩，这是由于实际气体中分子间存在吸引力；反之，$Z>1$ 表示实际气体比理想气体难于压缩，这是由于实际气体中分子本身占有体积。

采用实际气体普遍化的状态方程，可以避免范德华方程、维里方程中含有与气体种类有关的特性常数问题，而且方程的形式简单，特别是求算实际气体的 V_m 非常方便，只要能确定某 T、p 下的压缩因子 Z，代入式(2-30) 即能求得该条件下的 V_m。因此，压缩因子 Z 的确定在处理有关实际气体的问题时，特别是在工程计算中非常重要。可以利用对应状态原理结合压缩因子图，确定不同条件及不同实际气体的压缩因子 Z，具体内容可在后续的相关课程中继续学习，在此不再详述。

2.3.2.2 纯实际气体的化学势

对于纯的实际气体，若气体服从维里方程，则把式(2-27) 代入式(2-16)，积分可得

$$\mu(T,p)=\mu^{\ominus}(T)+RT\ln\frac{p}{p^{\ominus}}+RT\int_{p^{\ominus}}^{p}(B+Cp+Dp^2+\cdots)\mathrm{d}p \tag{2-31}$$

这就是纯实际气体化学势的表达式。由式可见除右边最后一项以外，其余各项与理想气体化学势表达式相同，这最后一项就表示了实际气体化学势相对于理想气体化学势的偏差值，这个偏差主要是由于实际气体和理想气体在同样温度压力下摩尔体积不同造成的。

利用式(2-31) 表示纯实际气体化学势不仅形式复杂，而且使用起来十分不便。为了使实际气体的化学势也保持理想气体化学势的简单形式，1901 年路易斯引入了逸度（fugacity）的概念，用逸度 $\tilde{p}$ 来代替理想气体化学势表达式中的压力 p，把同温同压下实际气体与理想气体化学势的差别集中表现在对实际气体压力 $\tilde{p}$ 的校正上来，从而使实际气体化学势表达式在形式上与理想气体化学势相同，即

$$\mu(T,p)=\mu^{\ominus}(T)+RT\ln\frac{\tilde{p}}{p^{\ominus}} \tag{2-32}$$

式中，$\tilde{p}$ 称为逸度，又称为校正压力或有效压力，它与压力的关系相差一个校正因子，即

$$\tilde{p}=\varphi p \tag{2-33}$$

式中，φ 为校正因子，也称为逸度系数（fugacity coefficient），它不仅与气体的特性有关，还与气体所处的温度和压力有关。其数值可大于 1、可小于 1 或等于 1，反映了该气体与理

想气体偏差的程度。φ 越偏离于1，表明该气体的非理想性越大。当压力趋于零时，$\varphi \to 1$，$\tilde{p}=p$，此时实际气体的行为接近于理想气体。可以说理想气体是实际气体的一个特例，即

$$\lim_{p \to 0} \frac{\tilde{p}}{p}=1$$

需要注意的是，按照路易斯的方法，当用式(2-32)表示实际气体的化学势时，校正的是实际气体的压力，而没有改变标准态化学势 $\mu^{\ominus}(T)$，$\mu^{\ominus}(T)$ 仍然是该气体在温度 T、压力为 $p^{\ominus}$，且符合理想气体行为时的化学势，也称为标准态化学势，它亦仅是温度的函数。很显然，这个状态不是实际气体的真实状态，而是一个假想态。这一关系可从图2-3中看出。

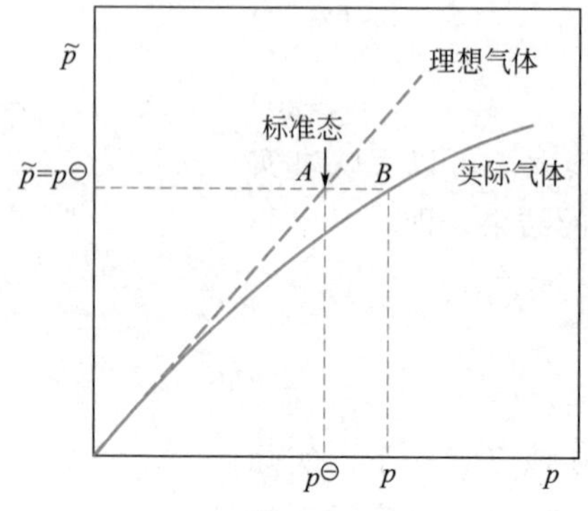

图2-3 实际气体和理想气体的 $\tilde{p}$-p 关系及气体的标准态

图中A点是理想气体 $p=p^{\ominus}$ 的状态，即标准态；而非理想气体 $\tilde{p}=p^{\ominus}$ 的状态是B点，A点和B点很明显代表两个不同的状态。虽然选择的是与理想气体相同的标准态，对实际气体来说是个假想态，但选择同样标准态的好处一是可避免多处引入修正，使表达式简单明了，二是标准态的规定并不会影响一个过程的化学势变化 $\Delta\mu$ 的计算。

2.3.2.3 混合实际气体中各组分化学势

按照路易斯的处理方法，对于混合实际气体中组分B的化学势的表达式，只需将理想气体混合物中组分B的化学势表达式中的分压 p_B 改写为逸度 $\tilde{p}_B$ 即可，即

$$\mu_B(T,p)=\mu_B^{\ominus}(T)+RT\ln\frac{\tilde{p}_B}{p^{\ominus}} \tag{2-34}$$

式中，$\mu_B^{\ominus}(T)$ 仍然是该气体在温度 T、压力为 $p^{\ominus}$，且符合理想气体行为时的化学势，即标准态化学势，此标准状态仍然是个假想状态。$\tilde{p}_B$ 是实际气体混合物中组分B的逸度，其定义为 $\tilde{p}_B=\varphi_B p_B$。校正因子 φ_B 是实际气体混合物中组分B的逸度系数。

实际气体混合物中组分B的逸度可根据路易斯-兰道尔（Lewis-Randall）提出的近似规则计算，其数学表达式为

$$\tilde{p}_B=\varphi_B p_B=\varphi_B^* p y_B=\tilde{p}_B^* y_B \tag{2-35}$$

式中，φ_B^* 和 $\tilde{p}_B^*$ 分别是纯态实际气体B在和混合气体处于同温、同压下的逸度系数和逸度；y_B 是实际气体B在混合气体中的摩尔分数。式(2-35)表明，混合气体中组分B的逸度等于组分B单独存在但和混合实际气体处于同温、同压下的逸度 $\tilde{p}_B^*$ 乘以它在混合气体中的摩尔分数。路易斯-兰德尔规则适用于气体的体积具有绝对加和性的气体，但压力增大时，体积的加和性往往有较大的偏差，因此路易斯-兰德尔规则是一个近似的规则，使用时须注意。

若要用式(2-32)和式(2-34)表示实际气体的化学势，必须知道在压力 p 时该气体的逸度 $\tilde{p}_B$，而逸度的计算归根结底是逸度系数 φ_B 的计算。计算逸度系数 φ_B 常用的方法有利用实际气体的状态方程（如范德华方程、维里方程等）解析计算法、纯气体的图解积分法和对应状态法。具体内容请参阅有关专著，在此不再详述。

2.4 理想液态混合物和理想稀溶液的化学势

在本章一开始曾提到为了在热力学上讨论问题方便，常把多组分单相系统分为混合物和溶液两大类，并采用不同的方法加以研究。对于混合物中的各组分不区分溶剂和溶质，各组

分均服从相同的经验定律；而对溶液中的各组分则区分为溶剂和溶质，各组分分别服从不同的经验定律。这里所说的经验定律就是拉乌尔定律和亨利定律，因此，为了讨论混合物和溶液中各组分的化学势，需要先了解这两个经验定律。

2.4.1 拉乌尔定律和亨利定律

拉乌尔定律和亨利定律

2.4.1.1 拉乌尔（Raoult）定律

在一定温度下，每种液体的饱和蒸气压是一定值。饱和蒸气压越大，该液体越易挥发，反之，液体越难挥发。如果将一杯糖水和一杯等量的清水同时放置，过一段时间会发现，清水比糖水蒸发得快。这说明糖水的蒸气压比清水的低，即在水中溶解了难挥发的溶质蔗糖后，该溶液的蒸气压下降了。因此，在同一温度下溶液的蒸气压总是低于纯溶剂的蒸气压。由于溶质是难挥发的，这里讲的溶液蒸气压实际上是指溶液中溶剂的蒸气压。纯溶剂蒸气压与溶液蒸气压之差为溶液的蒸气压下降（vapor pressure lowering）（如图 2-4 中的 Δp）。

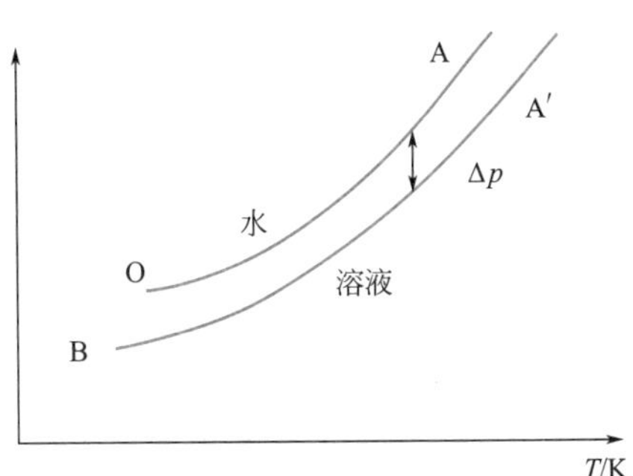

图 2-4 溶液的蒸气压下降示意图

从 1886 年到 1890 年，法国物理学家拉乌尔（F. M. Raoult，1830～1901 年）在系统地研究了含有非挥发性溶质的稀溶液的蒸气压之后，得出了如下规律：在一定温度下，稀溶液中溶剂的蒸气压等于纯溶剂的蒸气压与溶液中溶剂的摩尔分数的乘积。这一定量规律被称为拉乌尔定律（Raoult's law），用公式表示为

$$p_A = p_A^* x_A \tag{2-36}$$

式中，p_A^*、p_A 分别表示纯溶剂和溶液液面上溶剂的蒸气压；x_A 为稀溶液中溶剂 A 的摩尔分数。

若稀溶液仅由 A、B 两种物质组成，由于 $x_A + x_B = 1$，拉乌尔定律又可写成

$$p_A = p_A^*(1 - x_B)$$

即

$$\Delta p = p_A^* - p_A = p_A^* x_B \tag{2-37}$$

式(2-37) 是拉乌尔定律的另一种形式，它表明溶剂蒸气压的下降（Δp）仅与溶液中溶质的摩尔分数（x_B）成正比，比例系数为纯溶剂的蒸气压 p_A^*，而与溶质分子的性质无关。

用分子运动论可以对溶液中溶剂蒸气压下降的原因进行定性解释。液体的蒸气压是液体和蒸气建立平衡时的蒸气压力，因此液体的蒸气压与单位时间内由液面蒸发的分子数有关。由于溶质的加入，必然会降低单位体积溶液内所含溶剂分子的数目，溶液的部分表面也被难挥发的溶质所占据。所以单位时间内逸出液面的溶剂分子数相应减少，在液体和蒸气达到两相平衡时，溶液中溶剂的蒸气压必然低于纯溶剂的蒸气压。这就是 Raoult 定律的微观本质。

像氯化钙、五氧化二磷这些易潮解的物质常可被用作干燥剂，就是由于它们强的吸水性，使其表面在空气中因潮解而形成饱和溶液，该溶液的蒸气压比空气中水蒸气的分压小，从而使空气中的水分不断凝结进入溶液所致。

拉乌尔定律最初是从不挥发的非电解质稀溶液中总结出来的经验定律，后来又推广到溶剂、溶质都是液态的系统。在使用拉乌尔定律时必须注意以下几点。

① 用拉乌尔定律计算溶剂的蒸气压时，若溶剂分子有缔合现象，如水分子通常会发生缔合，在计算溶剂的物质的量时，其摩尔质量仍应采用气态分子的摩尔质量，如水的摩尔质量仍用 $18.01\text{g}\cdot\text{mol}^{-1}$，而不考虑分子的缔合等因素。

② 拉乌尔定律是一个稀溶液定律，溶液越稀，溶剂的蒸气压越服从拉乌尔定律。这是因为在稀溶液中，溶剂分子之间的引力受溶质分子的影响很小，即溶剂分子周围的环境与纯溶剂几乎相同，所以溶剂的蒸气压与溶质分子的性质无关。但当溶液浓度很大时，溶质分子对溶剂分子之间的引力就有显著的影响，因此溶剂的蒸气压就不仅与溶剂的浓度有关，还与

溶质的性质有关，从而就偏离拉乌尔定律。

③ 拉乌尔定律一般只适用于非电解质溶液，电解质溶液中的组分因存在电离现象，故拉乌尔定律不再适用。

根据对拉乌尔定律的讨论，若一液态混合物中各种分子之间的相互作用力完全相同，以物质B和物质C形成的混合物为例，混合物中任何一种物质B的分子无论全部被B分子包围，还是全部被C分子包围，还是部分被B分子部分被C分子包围，其处境与它在纯物质时的情况完全相同。则每个组分在所有的浓度范围之内都将遵循拉乌尔定律。把这种在一定温度和压力下，任一组分在所有浓度范围内都服从拉乌尔定律的液态混合物定义为理想液态混合物，即

$$p_B = p_B^* x_B \tag{2-38}$$

式中，下标“B”代表混合物中任意一个组分。

严格意义上的理想液态混合物只是一种抽象的模型，实际是不存在的，但有许多体系都极接近于理想液态混合物。如化学结构及其性质非常相似的同系物（如苯和甲苯，甲醇和乙醇）的混合物、光学异构体的混合物、同位素化合物（如 H_2O-D_2O）的混合物、立体异构体（如对、邻或间二甲苯）的混合物等都可以近似算作理想液态混合物。

【例 2-4】 两液体A、B形成理想液态混合物，在一定温度下液面上的平衡蒸气压 p 为 5.41×10^4 Pa 时，测得蒸气中A摩尔分数为 $y_A=0.45$，而在液相中A摩尔分数 $x_A=0.65$。求该温度下两种液体的饱和蒸气压。

解：根据拉乌尔定律和道尔顿分压定律，必有

$$p_A = p_A^* x_A = p y_A$$

所以

$$p_A^* = \frac{p y_A}{x_A} = \frac{5.41\times10^4\,\text{Pa}\times0.45}{0.65} = 3.75\times10^4\,\text{Pa}$$

则

$$p_B^* = \frac{p - p_A}{x_B} = \frac{p(1-y_A)}{x_B} = \frac{5.41\times10^4\,\text{Pa}\times(1-0.45)}{0.35} = 8.50\times10^4\,\text{Pa}$$

2.4.1.2 亨利（Henry）定律

1803年英国化学家亨利（W. Henry，1755～1836年）在研究一定温度下气体在溶剂中的溶解度时发现，气体的溶解度与气体的压力有关，并发现其他挥发性溶质也有类似规律。亨利在总结大量实验结果的基础上提出了稀溶液的另一个重要的经验规律，即“在一定温度和平衡状态下，气体在液体里的溶解度与该气体的平衡分压成正比”。这个经验定律被称为亨利定律。若溶质B的浓度用摩尔分数 x_B 表示，则亨利定律可表示为

$$p_B = k_{x,B} x_B \tag{2-39}$$

式中，p_B 是平衡时气体B在溶液液面上的分压；$k_{x,B}$ 是气体B的浓度用 x_B 表示时的比例系数，称为亨利常数，单位为Pa，其数值与温度、压力、溶剂和溶质的性质有关。表2-2列出了一些气体在25℃时的亨利常数。

表 2-2 几种气体在 25℃ 时的亨利常数 $k_{x,B}$

气体	$k_{x,B}/10^9$ Pa		气体	$k_{x,B}/10^9$ Pa	
	水为溶剂	苯为溶剂		水为溶剂	苯为溶剂
H_2	7.12	0.367	CO	5.79	0.163
N_2	8.68	0.239	CO_2	0.166	0.114
O_2	4.40		CH_4	4.18	0.0569

若溶质的浓度用质量摩尔浓度 b_B 或用物质的量浓度 c_B 表示，则相应的亨利定律表示

式为

$$p_B = k_{b,B} b_B \tag{2-40}$$

$$p_B = k_{c,B} c_B \tag{2-41}$$

式中，$k_{b,B}$ 和 $k_{c,B}$ 是对应的亨利常数。一定条件下对同一个溶液，不论其中组分 B 的组成用什么形式的浓度表示，液面上该组分的饱和蒸气压 p_B 应该是相同的。所以由于三种浓度的表示方法不同，数值不同，三种亨利常数的数值和单位也不同。

亨利定律最初是在气体溶解度实验中提出的，后来发现它适用于所有挥发性溶质的稀溶液，而且溶液越稀，挥发性溶质越能较好地服从亨利定律。这是因为在稀溶液中，溶质分子的周围绝大部分都是溶剂分子，因此溶质分子逸出液相的能力（即平衡蒸气压）不仅与溶质的浓度有关，还与溶质分子与溶剂分子之间的作用力有关。又因为在溶液较稀时，溶质和溶剂分子之间的作用力可看作常数，所以稀溶液中挥发性溶质的平衡分压与它在溶液中的摩尔分数成正比，比例系数即亨利常数则反映了溶质分子与溶剂分子之间的作用力大小。

虽然，亨利定律的式(2-39) 和拉乌尔定律的式(2-36) 形式类似，但由于在实际溶液中与在纯溶质中溶质所处的环境大不相同，所以亨利常数 $k_{x,B}$ 不可能等于 p_B^*。当溶剂分子对溶质分子的引力小于溶质分子本身之间的引力时，$k_{x,B} > p_B^*$；当溶剂分子对溶质分子的引力大于溶质分子本身之间的引力时，$k_{x,B} < p_B^*$；只有当溶剂分子与溶质分子之间的作用力相同时，$k_{x,B}$ 才能等于 p_B^*，这时亨利定律与拉乌尔定律相同，这种情况下是一种极为理想的情况，对应的混合物就是理想液态混合物。上述关于 $k_{x,B}$ 与 p_B^* 的比较可由图 2-5 表示。图中实线为溶液上方 B 组分的实际分压与溶液浓度 x_B 的关系，虚线为组分 B 服从亨利定律的曲线，点划线为组分 B 服从拉乌尔定律的曲线。

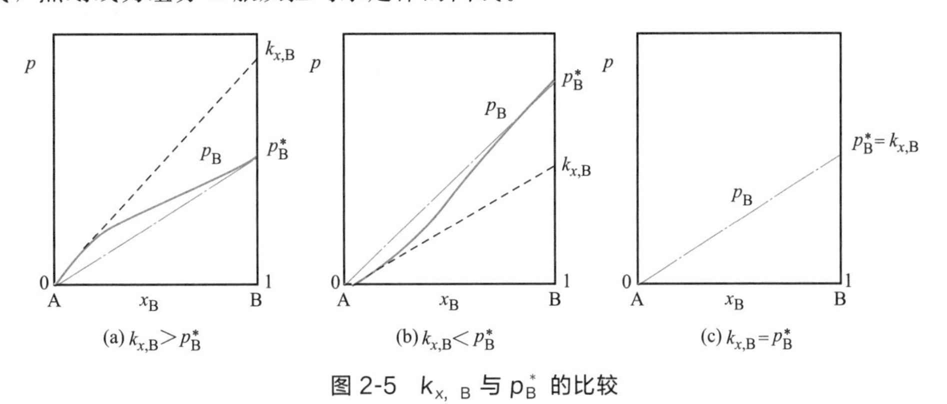

图 2-5 $k_{x,B}$ 与 p_B^* 的比较

除了满足稀溶液的条件，使用亨利定律时，还应注意以下几点。

① 如果溶液中溶有多种气体，在总压不大时，亨利定律分别适用于每一种气体，p_B 则为组分 B 在气相中的平衡分压，且近似认为与其他气体的分压无关。

② 溶质在气相和在溶液中的分子状态必须相同。如 HCl，在气相中为 HCl 分子，在液相中为 H^+ 和 Cl^-，则亨利定律不适用。

③ 升高温度或降低压力，降低了气体在溶液中的溶解度，溶液变稀，能更好地服从亨利定律。

从图 2-5 中可见，同一组分若同时满足亨利定律和拉乌尔定律，只能是理想液态混合物，实际溶液无法满足。经验表明，两种挥发性的溶剂和溶质组成一溶液时，在浓度很稀时，若溶剂遵守拉乌尔定律，则溶质必遵守亨利定律；若溶剂不遵守拉乌尔定律，则溶质一定不遵守亨利定律。把这种在一定的温度和压力下，在一定的浓度范围内，溶剂遵守拉乌尔定律，溶质遵守亨利定律的溶液定义为理想稀溶液（ideal-dilute solution）。值得注意的是，化学热力学中的稀溶液并不仅仅是指浓度很小的溶液。如果某溶液尽管浓度很小，但溶剂不遵守拉乌尔定律，溶质也不遵守亨利定律，那么该溶液仍不能称为理想稀溶液。很显然，不同种类的理想稀溶液，其浓度范围是不一样的。

【例 2-5】298K 时，已知 $H_2(g)$ 和 $O_2(g)$ 在水中的亨利常数 k_x 分别为 7.12×10^9Pa 和 4.40×10^9Pa。在相同温度和分压都是 10^5Pa 的压力下，分别求 $H_2(g)$ 和 $O_2(g)$ 在水中的溶解度（用摩尔分数表示）。

解：根据亨利定律 $p_B=k_{x,B}x_B$，则

$$x(H_2,g)=\frac{p_B}{k_{x,B}}=\frac{10^5\,\text{Pa}}{7.12\times10^9\,\text{Pa}}=1.4\times10^{-5}$$

$$x(O_2,g)=\frac{10^5\,\text{Pa}}{4.40\times10^9\,\text{Pa}}=2.3\times10^{-5}$$

可见，在相同的温度和压力下，亨利常数值大的，其溶解度反而小。

2.4.2 理想液态混合物的化学势

理想液态混合物中各组分的化学势

2.4.2.1 理想液态混合物中任一组分的化学势

在等温、等压条件下，当达到气、液两相平衡时，根据相平衡条件，混合物中任意一组分 B 在两相中的化学势相等，并且，若与液态混合物成平衡的总蒸气压力 p 不大，蒸气可近似作为理想气体混合物处理，则组分 B 在气相中的化学势可用理想气体混合物中组分 B 的化学势表示，即

$$\mu_B(l,T,p)=\mu_B(g,T,p)=\mu_B^{\ominus}(g,T)+RT\ln\frac{p_B}{p^{\ominus}} \tag{2-42}$$

式中，$\mu_B(l,T,p)$ 和 $\mu_B(g,T,p)$ 分别表示组分 B 在液相和在气相中的化学势。由于理想液态混合物中任一组分在全部浓度范围内均服从拉乌尔定律，即

$$p_B=p_B^*x_B$$

代入式(2-42)，并整理得

$$\mu_B(l,T,p)=\mu_B^{\ominus}(g,T)+RT\ln\frac{p_B^*}{p^{\ominus}}+RT\ln x_B \tag{2-43}$$

对于纯液体 B，$x_B=1$，故其化学势为

$$\mu_B^*(l,T,p)=\mu_B^{\ominus}(g,T)+RT\ln\frac{p_B^*}{p^{\ominus}}$$

将上式代入式(2-43)，得

$$\mu_B(l,T,p)=\mu_B^*(l,T,p)+RT\ln x_B \tag{2-44}$$

式(2-44) 就是理想液态混合物中任一组分 B 的化学势表达式，也可以作为理想液态混合物的定义式。

通常选温度 T、压力为 $p^{\ominus}$ 的纯液体的状态为液体的标准态，是温度的函数，其化学势符号表示为 $\mu_B^{\ominus}(l,T)$。显然，式(2-44) 中的 $\mu_B^*(l,T,p)$ 并不是纯液体的标准态化学势，其差别在于压力。但是在等温下由热力学基本方程可得

$$\left(\frac{\partial\mu_B^*}{\partial p}\right)_T=V_{m,B}^*$$

积分后得

$$\mu_B^*(l,T,p)=\mu_B^{\ominus}(l,T)+\int_{p^{\ominus}}^{p}V_{m,B}^*\,dp$$

式中，$V_{m,B}^*$ 是纯液体 B 在该温度下的摩尔体积。由于液体的摩尔体积受压力的影响不大，在压力 p 不是太大时，上式的积分项常可以忽略不计，则

$$\mu_B^*(l,T,p)\approx\mu_B^{\ominus}(l,T)$$

代入式(2-44)，得

$$\mu_B(l,T,p)=\mu_B^{\ominus}(l,T)+RT\ln x_B \tag{2-45}$$

或简写为

$$\mu_B=\mu_B^{\ominus}+RT\ln x_B \tag{2-46}$$

式(2-45) 或式(2-46) 就是液态混合物中任一组分 B 的化学势的近似表达式。

2.4.2.2 理想液态混合物的通性

根据形成理想液态混合物的分子模型，将几种纯物质混合得到的理想液态混合物在热力学上具有四个通性，即体积具有加和性、没有热效应、混合熵大于零和混合吉布斯函数小于零。这四个通性可利用理想液态混合物中化学势的表达式及热力学关系式加以证明。

① 体积具有加和性。即几种纯液体混合前后体积增量等于零，也就是

$$\Delta_{mix}V=0 \tag{2-47}$$

在温度、组成一定的条件下，将式(2-44) 对 p 求偏导数

$$\left(\frac{\partial\mu_B}{\partial p}\right)_{T,x}=\left(\frac{\partial\mu_B^*}{\partial p}\right)_T+0$$

因为

$$\left(\frac{\partial\mu_B}{\partial p}\right)_{T,x}=V_B,\left(\frac{\partial\mu_B^*}{\partial p}\right)_T=V_{m,B}^*$$

所以

$$V_B=V_{m,B}^*$$

则

$$\Delta_{mix}V=V_{混合后}-V_{混合前}=\sum_B n_BV_B-\sum_B n_BV_{m,B}^*=0$$

② 混合过程没有热效应，即混合前后总焓值不变，可表示为

$$\Delta_{mix}H=0 \tag{2-48}$$

将式(2-44) 两边同除以 T，得

$$\frac{\mu_B}{T}=\frac{\mu_B^*}{T}+R\ln x_B$$

在压力、组成一定的条件下，上式两边对 T 求偏导数，得

$$\left[\frac{\partial\left(\frac{\mu_B}{T}\right)}{\partial T}\right]_{p,x}=\left[\frac{\partial\left(\frac{\mu_B^*}{T}\right)}{\partial T}\right]_p+0$$

根据吉布斯-亥姆霍兹方程

$$\left[\frac{\partial\left(\frac{G}{T}\right)}{\partial T}\right]_p=-\frac{H}{T^2}$$

上式可写为

$$-\frac{H_B}{T^2}=-\frac{H_{m,B}^*}{T^2}\text{或 }H_B=H_{m,B}^*$$

则

$$\Delta_{mix}H=H_{混合后}-H_{混合前}=\sum_B n_BH_B-\sum_B n_BH_{m,B}^*=0$$

③ 具有理想的混合熵，混合熵大于零，即

$$\Delta_{mix}S>0 \tag{2-49}$$

在压力、组成一定的条件下，将式(2-44) 两边对 T 求偏导数，得

$$\left(\frac{\partial\mu_B}{\partial T}\right)_{p,x}=\left(\frac{\partial\mu_B^*}{\partial T}\right)_p+R\ln x_B$$

因为

$$\left(\frac{\partial\mu_B}{\partial T}\right)_{p,x}=-S_B,\left(\frac{\partial\mu_B^*}{\partial T}\right)_p=-S_{m,B}^*$$

所以上式可写为

$$-S_B=-S_{m,B}^*+R\ln x_B$$

即

$$S_B-S_{m,B}^*=-R\ln x_B$$

则
$$\Delta_{mix}S = S_{混合后} - S_{混合前} = \sum_B n_B S_B - \sum_B n_B S^*_{m,B}$$
$$= \sum_B n_B (S_B - S^*_{m,B}) = -R\sum_B n_B \ln x_B \tag{2-50}$$

或
$$\Delta_{mix}S = -nR\sum_B x_B \ln x_B \tag{2-51}$$

因为 $x_B<1$，所以 $\Delta_{mix}S>0$，又由于混合过程无热效应，且 $W'=0$，故混合过程是自发过程。

④ 混合吉布斯函数小于零，即
$$\Delta_{mix}G<0 \tag{2-52}$$

由式(2-44) 可得
$$\Delta_{mix}G_B = \mu_B - \mu_B^* = RT\ln x_B$$

所以整个系统的混合吉布斯函数为
$$\Delta_{mix}G = \sum_B n_B \Delta_{mix}G_B = RT\sum_B n_B \ln x_B \tag{2-53}$$

或
$$\Delta_{mix}G = nRT\sum_B x_B \ln x_B \tag{2-54}$$

上式也可通过 $\Delta_{mix}G=\Delta_{mix}H-T\Delta_{mix}S$ 证明。由于 $x_B<1$，所以 $\Delta_{mix}G<0$，而混合过程是在等温、等压及 $W'=0$ 条件下进行的，故该混合过程是自发过程。

【例 2-6】 在 25℃和常压条件下，求算下列过程的 ΔG。

(1) 将 1mol 纯态苯(A)加入大量的苯的摩尔分数为 0.200 的苯和甲苯(B)组成的理想液态混合物中；

(2) 从大量的氯苯(A)和溴苯(B)组成的含氯苯的摩尔分数为 0.200 的理想液态混合物中分离出 2mol 纯氯苯；

(3) 将 1mol 纯态苯(A)加入 5mol 苯的物质的量分数为 0.200 的苯和甲苯(B)组成的理想液态混合物中。

解：(1) 加入前，1mol 纯态苯的吉布斯函数为 G_1，则 $G_1=\mu_A^*$；加入混合物中后，其吉布斯函数为 G_2，则 $G_2=\mu_A$。由于混合物是大量的，苯的加入并没有改变原液态混合物的组成，即 x_A 不变，所以由理想液态混合物的化学势表达式(2-44) 直接可得
$$\Delta G = G_2 - G_1 = \mu_A - \mu_A^* = RT\ln x_A$$
$$= (8.314\times 298\times \ln 0.200)\text{J} = -3.99\text{kJ}$$

(2) 对于 2mol 的纯氯苯，在混合物时的吉布斯函数为 G_1，则 $G_1=2\mu_A$；在混合物中分离出以后，其吉布斯函数为 G_2，且 $G_2=2\mu_A^*$。由于混合物是大量的，分离出 2mol 的氯苯后，并没有改变原液态混合物的组成，即 x_A 不变，所以同样由理想液态混合物的化学势表达式(2-44) 直接可得
$$\Delta G = G_2 - G_1 = 2\mu_A^* - 2\mu_A = -2RT\ln x_A$$
$$= (-2\times 8.314\times 298\times \ln 0.200)\text{J}$$
$$= 7.97\text{kJ}$$

(3) 由题意可知，共有 2mol 苯(A)和 4mol 甲苯(B)参与此混合过程，可把该过程设计为如下循环过程

2mol A＋4mol B $\xrightarrow{3}$ 理想液态混合物 ($x_A=0.333$)

未混合　　　　完全混合

↓1　　　　↑2

1mol A＋理想液态混合物 ($x_A=0.200$)

部分混合

可见 $$\Delta G_1+\Delta G_2=\Delta G_3$$

则 $$\Delta G_2=\Delta G_3-\Delta G_1$$

由式(2-53) 可得

$$\begin{aligned}\Delta G_3&=\Delta_{\text{mix}}G_3=RT\sum_{\text{B}}n_{\text{B}}\ln x_{\text{B}}\\&=[8.314\times298\times(2\ln0.333+4\ln0.667)]\text{J}\\&=-9462\text{J}\end{aligned}$$

$$\begin{aligned}\Delta G_1&=\Delta_{\text{mix}}G_1=RT\sum_{\text{B}}n_{\text{B}}\ln x_{\text{B}}\\&=[8.314\times298\times(\ln0.200+4\ln0.800)]\text{J}\\&=-6198\text{J}\end{aligned}$$

所以 $$\Delta G_2=\Delta G_3-\Delta G_1=-9462\text{J}+6198\text{J}=3263\text{J}$$

理想稀溶液中各组分的化学势

2.4.3 理想稀溶液的化学势

与推导理想液态混合物各组分的化学势一样，在等温、等压条件下，当达到气、液两相平衡时，根据相平衡条件，稀溶液中任意一组分在两相中的化学势相等，并且，若与溶液成平衡的总蒸气压力 p 不大，蒸气可近似看作理想气体混合物处理，则稀溶液中任意一组分的化学势同式(2-42)，即

$$\mu_{\text{B}}(\text{l},T,p)=\mu_{\text{B}}(\text{g},T,p)=\mu_{\text{B}}^{\ominus}(\text{g},T)+RT\ln\frac{p_{\text{B}}}{p^{\ominus}}$$

但是由于在理想稀溶液中，溶剂和溶质分别遵守不同的规律，即 p_{B} 与浓度的关系式不同，因此它们各自的化学势表达式是不同的。若以 A 表示溶剂，以 B 表示溶质，由于溶剂服从拉乌尔定律，所以其化学势应与理想液态混合物中任一组分化学势的推导过程一样，表达式也相同，即

$$\mu_{\text{A}}(\text{l},T,p)=\mu_{\text{A}}^{*}(\text{l},T,p)+RT\ln x_{\text{A}} \tag{2-55}$$

式中，$\mu_{\text{A}}^{*}(\text{l},T,p)$ 是在 T、p 时纯溶剂 A 的化学势。如果压力不是太高，忽略压力对溶剂体积的影响，近似认为 $\mu_{\text{A}}^{*}(\text{l},T,p)\approx\mu_{\text{A}}^{\ominus}(\text{l},T)$，则上式变为

$$\mu_{\text{A}}(\text{l},T,p)=\mu_{\text{A}}^{\ominus}(\text{l},T)+RT\ln x_{\text{A}}$$

简写为

$$\mu_{\text{A}}=\mu_{\text{A}}^{\ominus}+RT\ln x_{\text{A}} \tag{2-56}$$

溶剂的标准态为在温度 T、压力为 $p^{\ominus}$，$x_{\text{A}}=1$ 的纯溶剂。

对于理想稀溶液中的溶质，因其遵循的是亨利定理，而亨利定律因浓度表示方法不同有三种形式，因此溶质化学势的表达式较溶剂的要复杂一些，而且随溶质浓度表示方法不同，标准态的选择也不同。现先以浓度用摩尔分数表示为例，将亨利定律 $p_{\text{B}}=k_{x,\text{B}}x_{\text{B}}$ 代入式(2-42)，得

$$\mu_{\text{B}}(\text{l},T,p)=\mu_{\text{B}}^{\ominus}(\text{g},T)+RT\ln\frac{k_{x,\text{B}}}{p^{\ominus}}+RT\ln x_{\text{B}}$$

或

$$\mu_{\text{B}}(\text{l},T,p)=\mu_{x,\text{B}}^{*}(\text{l},T,p)+RT\ln x_{\text{B}}$$

式中，$\mu_{x,\text{B}}^{*}(\text{l},T,p)$ 是在 T、p 和 $x_{\text{B}}=1$ 时仍能服从亨利定律的假想纯态溶质 B 的化学势，如图 2-6 中 R 点所示。实际上溶质 B 只在稀溶液中才服从亨利定律，所以当 $x_{\text{B}}=1$ 时仍能服从亨利定律的状态是一个假想态，而真实的纯态 B 如图 2-6 中 Q 点所示。但是 $\mu_{x,\text{B}}^{*}(\text{l},T,p)$ 仍不是标准态化学势，若将压力改为 $p^{\ominus}$，这个假想的纯态就是标准态了，同样如果压力不是太高，忽略压力对溶质体积的影响，近似认为 $\mu_{x,\text{B}}^{*}(\text{l},T,p)\approx\mu_{x,\text{B}}^{\ominus}(\text{l},T)$，则上式变为

$$\mu_{\text{B}}(\text{l},T,p)=\mu_{x,\text{B}}^{\ominus}(\text{l},T)+RT\ln x_{\text{B}}$$

图 2-6 溶液中溶质的浓度用 x_{B} 表示的标准态

简写为 $$\mu_B = \mu_{x,B}^{\ominus} + RT\ln x_B \tag{2-57}$$

式(2-57) 为稀溶液中溶质的浓度用 x_B 表示时溶质的化学势的表达式，该式与稀溶液中溶剂的化学势表达式(2-56) 具有完全相同的形式，但是它们标准态的意义不同。该式中标准态为温度 T、压力 $p^{\ominus}$、$x_B=1$ 的纯溶质，是个假想态。同实际气体的化学势表达式中的标准态是假想态一样，在此引入这个假想态可以使稀溶液中溶质的化学势的表示形式具有简单的形式，且在利用这个表达式求过程的 ΔG 或 $\Delta\mu$ 时，此参考态可以消去，不会影响计算。

同理，若溶质浓度分别用质量摩尔浓度 b_B 和 c_B 表示，亨利定律相应为 $p_B = k_{b,B} b_B$ 和 $p_B = k_{c,B} c_B$，用相似的处理方法可得到溶质化学势的另外两种表达式，即

$$\mu_B(l,T,p) = \mu_B^{\ominus}(g,T) + RT\ln\frac{k_{b,B}\cdot b^{\ominus}}{p^{\ominus}} + RT\ln\frac{b_B}{b^{\ominus}}$$

$$= \mu_{b,B}^{\ominus}(l,T) + RT\ln\frac{b_B}{b^{\ominus}}$$

简写为 $$\mu_B = \mu_{b,B}^{\ominus} + RT\ln\frac{b_B}{b^{\ominus}} \tag{2-58}$$

以及 $$\mu_B(l,T,p) = \mu_B^{\ominus}(g,T) + RT\ln\frac{k_{c,B}\cdot c^{\ominus}}{p^{\ominus}} + RT\ln\frac{c_B}{c^{\ominus}}$$

$$= \mu_{c,B}^{\ominus}(l,T) + RT\ln\frac{c_B}{c^{\ominus}}$$

简写为 $$\mu_B = \mu_{c,B}^{\ominus} + RT\ln\frac{c_B}{c^{\ominus}} \tag{2-59}$$

式(2-58) 和式(2-59) 中的标准态分别为在温度 T、压力 $p^{\ominus}$ 下，$b_B = b^{\ominus} = 1\text{mol}\cdot\text{kg}^{-1}$ 和 $c_B = c^{\ominus} = 1\text{mol}\cdot\text{dm}^{-3}$，且均服从亨利定律的假想状态，如图 2-7 所示。

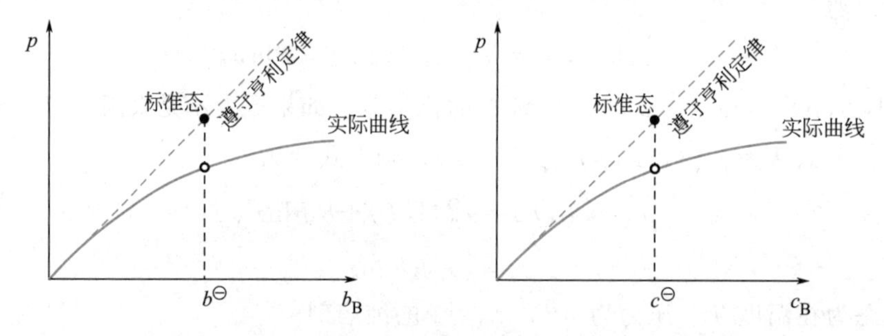

图 2-7 溶液中溶质的浓度用 b_B 和 c_B 表示时的标准态

显然，由于浓度的表示方法不同，这三个假想的标准态的数值不可能相等。但对于同一个溶质 B，不管浓度用何种方法表示，其化学势 μ_B 应该是同一个数值。

2.5 稀溶液的依数性

物质形成溶液以后，其许多性质会发生改变，但各类非电解质所形成的稀溶液却具有一些共同的性质，正如拉乌尔定律［式(2-37)］所示，在溶剂中加入非挥发性溶质后，与纯溶剂相比，溶液的蒸气压下降。除此性质以外，还有溶液的沸点升高、凝固点降低和产生渗透压。这些性质均只与溶质的粒子数有关，而与溶质的本性无关，因此被称为稀溶液的依数性(colligative properties)。

2.5.1 溶液的凝固点降低和沸点升高

2.5.1.1 凝固点降低和沸点升高的规律

凝固点（freezing point）是指在一定外压下（如大气压力），物质的液相和固相具有相

同蒸气压，可以平衡共存时的温度。而沸点（boiling point）是指液体的饱和蒸气压等于外压时的温度。一切纯物质都有一定的凝固点和沸点。但在纯溶剂中加入难挥发的溶质后，溶液的沸点和凝固点就会发生变化。

人们早在生活中就发现，在寒冷的冬天置于室外的水结冰的同时，同样置于室外腌制咸菜的缸里却没有结冰；煮沸的肉汤，要比同量的开水冷却得慢。这是由于溶液的凝固点较原溶剂的降低，而沸点却升高的原因。

为了寻找溶液的凝固点降低和沸点升高的规律，早在 1771 年英国化学家华特生（R. Watson）就测得了食盐水溶液的凝固点降低与盐的重量成正比，相同重量的不同盐的水溶液凝固点降低值不同。随后 1788 年英国物理化学家布拉格登（C. Blagden，1748～1820 年）又测定了食盐、氯化铵、酒石酸钾钠、硫酸镁、硫酸亚铁等一系列盐溶液的凝固点，发现凝固点降低值简单地依赖于盐和水的比例，如果几种盐同时溶于水中，则凝固点降低起加和作用。直到近 100 年以后，拉乌尔在研究溶液的凝固点降低时，才从根本上找到了溶液凝固点降低的规律。

拉乌尔和前人研究的不同之处在于他研究了有机化合物对水和其他溶剂凝固点的影响，并于 1882 年发表了他的研究报告，指出具有相同质量摩尔浓度的不同溶质的溶液，其凝固点降低都相同。如他列出了浓度均为 $0.1\mathrm{mol \cdot kg^{-1}}$ 的下列水溶液的凝固点：

甲醇	乙醇	葡萄糖	蔗糖
−0.181℃	−0.183℃	−0.186℃	−0.188℃

从而总结出溶液的凝固点降低只与溶质的质量摩尔浓度成正比，而与溶质的本性无关。如果用 ΔT_{f} 表示溶液凝固点较纯溶剂凝固点的降低值，则溶液凝固点降低值可用数学式表示为

$$\Delta T_{\mathrm{f}} = K_{\mathrm{f}} b_{\mathrm{B}} \tag{2-60}$$

式中，b_{B} 为溶质的质量摩尔浓度；K_{f} 称为溶剂的凝固点降低常数（cryoscopic constant），即溶液质量摩尔浓度为 $1\mathrm{mol \cdot kg^{-1}}$ 时的凝固点降低值，单位为 $\mathrm{K \cdot kg \cdot mol^{-1}}$。拉乌尔即根据上述实验结果总结出水的凝固点降低常数为 $1.86\mathrm{K \cdot kg \cdot mol^{-1}}$。

随后 1886～1890 年在拉乌尔系统研究溶液的蒸气压得出拉乌尔定律后，才真正找到了溶液的凝固点降低及沸点升高现象的根本原因是由于溶液的蒸气压下降了。下面以水溶液为例来简单说明。

图 2-8 为水、冰和溶液的蒸气压与温度的关系曲线。图中 OA、OB 分别表示纯水和冰的蒸气压随温度的变化曲线。由于在 100℃ 时水的饱和蒸气压与外压（一般为 101.3kPa）相等，所以纯水的正常沸点为 100℃（即 373.15K）；而水和冰两相平衡共存时，即两相具有相同蒸气压时的温度为 0℃（即 273.15K），所以冰的正常凝固点为 0℃，也称为水的冰点。由于加入溶质，溶液的蒸气压要比同一温度时水的蒸气压低，即溶液的蒸气压曲线为 BA'，所以在 100℃ 时，溶液的蒸气压必低于纯水的蒸气压，此时溶液不会沸腾，只有加热溶液，升高温度到 T_{b}，溶液的蒸气压才能等于外界大气压，溶液才会沸腾。因此，溶液的沸点 T_{b} 总是比纯溶剂的高，用 ΔT_{b} 表示溶液的沸点升高值。也正是由于溶液的蒸气压下降，使得在 0℃ 时，溶液的蒸气压低于溶剂的蒸气压，冰与溶液不能共存，只有在更低的温度下，才能使溶液的蒸气压与冰的蒸气压相等，即曲线 OB 和 $A'B$ 相交于 B 点，也就是温度下降到 T_{f} 时，溶液中才开始析出冰，这一温度就是溶液的凝固点，它比水的凝固点降低了 ΔT_{f}。

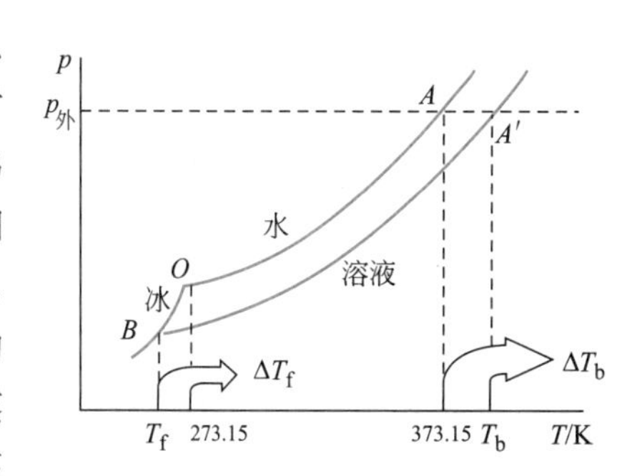

图 2-8　水、冰和溶液的蒸气压与温度的关系

可见，溶液的凝固点降低和沸点升高的根本原因是溶液的蒸气压下降，而根据拉乌尔定律，溶液蒸气压的下降程度只与溶质的浓度成正比，而与溶质粒子的种类与大小无关，因此溶液的凝固点降低和沸点升高也只与溶液的浓度成正比，这就很好地解释了上述拉乌尔由实验得出的溶液凝固点降低的经验式 [式(2-60)]。同样，拉乌尔也由实验确定了溶液沸点升高的数学表达式

$$\Delta T_b = K_b b_B \tag{2-61}$$

式中，K_b 为溶剂的沸点升高常数（ebullioscopic constant)，它也只取决于溶剂的本性而与溶质无关，单位为 $K\cdot kg\cdot mol^{-1}$。

不同溶剂的 K_b 和 K_f 值不同，表 2-3 列出了常用溶剂的 K_b 和 K_f 值。

表 2-3 几种溶剂的沸点、凝固点和 K_b、K_f 值

溶剂	T_b/K	K_b/$K\cdot kg\cdot mol^{-1}$	T_f/K	K_f/$K\cdot kg\cdot mol^{-1}$
水	373.15	0.512	273.15	1.86
乙酸	391.25	3.07	289.85	3.90
苯	353.35	2.53	278.15	5.12
乙醚	307.85	2.02	156.95	1.8
四氯化碳	349.85	5.03	250.25	32
樟脑	481.40	5.95	451.55	37.7

2.5.1.2 凝固点降低和沸点升高公式的热力学推导

式(2-60) 和式(2-61) 是拉乌尔通过实验所确定的有关溶液凝固点降低和沸点升高规律的经验式。随着多组分系统热力学理论的不断完善，利用热力学方法就可以推导出拉乌尔所提出的两个经验式。下面以凝固点降低公式为例加以说明。

设有一稀溶液，溶剂的摩尔分数为 x_A。在一定的 T，p 条件下，当建立固液平衡时，溶剂 A 在固相和溶液中化学势相等，即

$$\mu_A(l,T,p) = \mu_A^*(s,T,p)$$

由式(2-55) $\mu_A(l,T,p) = \mu_A^*(l,T,p) + RT\ln x_A$，得

$$\mu_A^*(s,T,p) = \mu_A^*(l,T,p) + RT\ln x_A$$

上式移项，得

$$-\ln x_A = \frac{\mu_A^*(l,T,p) - \mu_A^*(s,T,p)}{RT}$$

若用 $\Delta_{fus}G_{m,A}^*$ 表示由固态纯溶剂熔化为液态纯溶剂时的摩尔吉布斯函数变化量，则 $\Delta_{fus}G_{m,A}^* = \mu_A^*(l,T,p) - \mu_A^*(s,T,p)$，代入上式可得

$$\ln x_A = -\frac{\Delta_{fus}G_{m,A}^*}{RT}$$

在一定压力下将上式对 T 求偏导数，并引用吉布斯-亥姆霍兹方程，得

$$\left(\frac{\partial \ln x_A}{\partial T}\right)_p = -\frac{1}{R}\left[\frac{\partial}{\partial T}\left(\frac{\Delta_{fus}G_{m,A}^*}{T}\right)\right]_p = \frac{\Delta_{fus}H_{m,A}^*}{RT^2}$$

式中，$\Delta_{fus}H_{m,A}^*$ 是纯溶剂 A 的摩尔熔化焓，若忽略压力对它的影响，就可以用纯溶剂的标准摩尔熔化焓 $\Delta_{fus}H_{m,A}^{\ominus}$ 代替。当组成由 $x_A=1$ 变至任意 x_A 时，凝固点的温度由 T_f^* 变至 T_f，因为温度改变很小，可认为 $\Delta_{fus}H_{m,A}^{\ominus}$ 是常数，则将上式积分可得

$$\ln x_A = \frac{\Delta_{fus}H_{m,A}^{\ominus}}{R}\left(\frac{1}{T_f^*} - \frac{1}{T_f}\right) = \frac{\Delta_{fus}H_{m,A}^{\ominus}}{R}\left(\frac{T_f - T_f^*}{T_f^* T_f}\right) \tag{2-62}$$

如令 $$\Delta T_f = T_f^* - T_f, T_f^* T_f \approx (T_f^*)^2$$

则上式可变为 $$-\ln x_A = \frac{\Delta_{fus} H_{m,A}^{\ominus}}{R(T_f^*)^2} \cdot \Delta T_f$$

对于理想稀溶液，由于 x_B 很小，可作近似处理，

$$-\ln x_A = -\ln(1-x_B) \approx x_B \approx \frac{n_B}{n_A} = b_B M_A$$

其中，M_A 是以 $kg \cdot mol^{-1}$ 为单位的摩尔质量。将此近似关系代入上式，得

$$\Delta T_f = \frac{R(T_f^*)^2}{\Delta_{fus} H_{m,A}^{\ominus}} \cdot M_A b_B = K_f b_B \quad (2\text{-}63)$$

其中 $$K_f = \frac{R(T_f^*)^2}{\Delta_{fus} H_{m,A}^{\ominus}} \cdot M_A \quad (2\text{-}64)$$

式(2-63) 与拉乌尔从实验中所得到的凝固点降低的经验公式完全吻合，但从此式中却可以看到影响凝固点降低常数 K_f 的因素：纯溶剂的正常凝固点、纯溶剂的分子量以及纯溶剂的标准摩尔熔化焓 $\Delta_{fus} H_{m,A}^{\ominus}$。即 K_f 只与溶剂的性质有关，而与溶质的性质无关。

用相同的推导方法，可以得到沸点升高的公式

$$\Delta T_b = \frac{R(T_b^*)^2}{\Delta_{vap} H_{m,A}^{\ominus}} M_A b_B = K_b b_B \quad (2\text{-}65)$$

式中， $$\Delta T_b = T_b - T_b^*$$

$$K_b = \frac{R(T_b^*)^2}{\Delta_{vap} H_{m,A}^{\ominus}} \cdot M_A \quad (2\text{-}66)$$

可见，沸点升高常数 K_b 也只与溶剂的性质有关，而与溶质的性质无关。

值得注意的是，式(2-63) 和式(2-65) 是在两个条件下取得的：一是必须是理想稀溶液；二是析出的固体必须是固体溶剂，而不能是固溶体，否则上述结论不能适用。对式(2-63) 无论是非挥发性的还是挥发性的溶质均可适用，但对于式(2-65) 则只能适用于非挥发性溶质。

2.5.1.3 凝固点降低和沸点升高的应用

利用凝固点降低和沸点升高的依数性可以解释许多自然界及生活中的现象。如前面提到的在寒冷的冬天置于室外的水结冰而同样置于室外腌制咸菜的缸里却没有结冰，就是由于有盐的存在，使咸菜缸里的溶液较纯水的凝固点降低了；而烧沸的肉汤，要比同量的开水冷却得慢，是由于肉汤中溶有盐及蛋白质等其他溶质，使其沸点较纯水更高，冷却更慢。再如，越冬的蔬菜，随着气温的下降，贮存在蔬菜体内的淀粉进行水解，生成可溶于水的葡萄糖渗入蔬菜细胞液中，使蔬菜的含糖量慢慢升高，一方面使蔬菜具有耐寒性，另一方面使冬天的蔬菜口感更甜。

人们将稀溶液的凝固点降低和沸点升高的规律应用于生产和生活中，解决了很多实际问题。

利用凝固点降低的原理可以防冻。如在冬季进行建筑施工时，为了保证施工质量，降低混凝土的固化温度，常在浇注混凝土时加入少量盐类物质；向汽车的水箱中加入乙二醇等化学物质，可制成“不冻液”，使汽车在严寒中也能正常行驶。在下雪的路面上撒下融雪剂，雪就会融化，由于价格便宜、效果明显，人们通常选用氯化物作融雪盐，如氯化钠-水系统，最低温度可降到−22℃才开始结冰。但是由于氯化物对环境和路面破坏较为严重，后来，科学家们开发了以醋酸盐为主要成分的环保型融雪盐，但由于醋酸盐造价较高，应用范围受到限制。根据稀溶液的依数性原理，我国研究人员开发了一种沥青混合料，该混合料能有效延

缓积雪形成，且积雪较厚时，沥青混合料表面的冰或积雪融化速率更快。

除防冻以外，利用凝固点降低原理还可以监控一些液态产品的质量。如世界上奶业发达的国家均应用冰点检测监控生鲜牛奶的质量。牛奶的含水量为85.5%～88.7%，其中含有一定浓度的可溶性乳糖及氯化物等盐类，可将其视作分散有多种高分子物质和小分子物质的水溶液。由于原乳浓度能保持平衡，故原乳的冰点下降基本保持一致，只在很小范围内变动，国际公认的牛奶冰点平均值在−0.525～−0.521℃之间，我国国家标准中对合格生鲜牛奶冰点的推荐范围为−0.546～−0.508℃。如果在牛奶中无意或有意加入额外的水分，即相当于将该溶液稀释了，其冰点就比正常值升高；而外加可溶性有机、无机物质会使其冰点比正常值低。由此可通过测定牛奶的冰点来检测、监控其质量。

利用沸点升高的规律，在金属熔炼时，用构成沸点较高的合金溶液的方法，减少在高温下易挥发金属的蒸发损失。在有机化合物合成中，也常用测定该物质的熔点和沸点的方法来检验化合物的纯度，因为含杂质的化合物相当于是以化合物为溶剂的溶液，其熔点要比纯化合物的低，而沸点要比纯化合物的高。

溶液的凝固点降低和沸点升高规律在科学研究中的最显著应用是测定非电解质的分子量。由式(2-60) 和式(2-61) 可见，当 K 和 ΔT 已知时就可求得 b_B，进而可计算出待测物质的分子量。由于同一溶剂的 K_f 大于 K_b，导致相同浓度溶液的凝固点降低值较沸点升高值大，而且凝固点随压力的变化不像沸点那样明显，因此用凝固点降低法测定物质的分子量的实验误差较小，其应用比沸点升高法更为广泛。

【例 2-7】 吸烟对人体有害，香烟中的尼古丁是致癌物质。现将 0.6g 尼古丁溶于 12.0g 水中，所得溶液在 101.1kPa 下的凝固点为−0.62℃，试确定尼古丁的分子量。

解： 已知水的凝固点为 0℃，凝固点降低常数为 $1.86\text{K}\cdot\text{kg}\cdot\text{mol}^{-1}$，则

$$\Delta T_f=[0-(-0.62)]℃=0.62℃=0.62\text{K}$$

因为

$$\Delta T_f=K_f b_B=K_f\frac{m_B}{M_B m_A}$$

所以

$$M_B=\frac{K_f m_B}{\Delta T_f m_A}$$

式中，M_B 为溶质的摩尔质量，$\text{g}\cdot\text{mol}^{-1}$；$m_B$ 为溶质的质量，g；m_A 为溶剂的质量，kg。所以，尼古丁的摩尔质量 M_B 为

$$M_B=\frac{K_f m_B}{\Delta T_f m_A}=\frac{1.86\text{K}\cdot\text{kg}\cdot\text{mol}^{-1}\times0.6\text{g}}{0.62\text{K}\times0.012\text{kg}}=150\text{g}\cdot\text{mol}^{-1}$$

则尼古丁的分子量 $M_r=150$

此外，利用凝固点降低和沸点升高，还可以求溶剂的相变焓。

【例 2-8】 在 100g 苯中加入 13.76g 联苯（$C_6H_5C_6H_5$），所形成溶液的沸点为 82.4℃。已知纯苯的沸点为 80.1℃。求（1）苯的沸点升高常数；（2）苯的摩尔蒸发焓。

解：（1）已知 $M_A=78.113$，$M_B=154.211$，

所以

$$b_B=\frac{m_B/M_B}{m_A}=\left(\frac{13.76/154.211}{100/1000}\right)\text{mol}\cdot\text{kg}^{-1}=0.8923\text{mol}\cdot\text{kg}^{-1}$$

$$K_b=\frac{\Delta T_b}{b_B}=\left(\frac{82.4-80.1}{0.8923}\right)\text{K}\cdot\text{kg}\cdot\text{mol}^{-1}=2.578\text{K}\cdot\text{kg}\cdot\text{mol}^{-1}$$

（2）由式(2-66)

$$\Delta_{vap}H^{\ominus}_{m,A}=\frac{R(T_b^*)^2}{K_b}\cdot M_A=\left[\frac{8.314\times(273.15+80.1)^2\times78.113\times10^{-3}}{2.578}\right]\text{J}\cdot\text{mol}^{-1}$$

$$=3.144\times10^3\text{J}\cdot\text{mol}^{-1}=3.144\text{kJ}\cdot\text{mol}^{-1}$$

值得注意的是，上述稀溶液所具有的性质，包括蒸气压下降、凝固点降低以及沸点升高，其变化程度均只与溶质的粒子浓度有关，与溶质的本性无关，即所谓依数性。对于难挥发非电解质稀溶液，其粒子浓度就为非电解质溶质的浓度，可以比较好地服从拉乌尔定律。而对于电解质，由于其在水溶液中发生完全或部分解离，使溶液中粒子浓度大于电解质溶质的浓度，而导致对拉乌尔定律的偏离。

【例 2-9】将下列溶液按其凝固点由高到低的顺序排列：

$1mol \cdot kg^{-1} C_6H_{12}O_6$，$1mol \cdot kg^{-1} CaCl_2$，$1mol \cdot kg^{-1} NaCl$，$1mol \cdot kg^{-1} HAc$。

解：虽然拉乌尔定律只适用于难挥发非电解质的稀溶液，但对于不符合此适用条件的溶液仍可作定性比较。溶液凝固点降低的程度依据单位体积内溶质的微粒数，而单位体积内溶质的微粒数又与溶液的浓度和溶质解离情况有关。

题中所给各物质浓度相同，但由于各物质在溶液中的解离情况不同，使溶质的微粒数不同，按照拉乌尔定律，微粒数越多，凝固点降低数值越大。1mol $C_6H_{12}O_6$（非电解质）的微粒数为 1mol；而 1mol $CaCl_2$（强电解质）微粒数大约为 3mol；1mol NaCl（强电解质）微粒数大约为 2mol；1mol HAc（弱电解质）微粒数略大于 1mol。

所以凝固点由高到低的顺序为：

$$1mol \cdot kg^{-1} C_6H_{12}O_6 > 1mol \cdot kg^{-1} HAc > 1mol \cdot kg^{-1} NaCl > 1mol \cdot kg^{-1} CaCl_2$$

除了溶液的蒸气压下降、凝固点降低和沸点升高外，稀溶液的通性还有能产生渗透压。

2.5.2 溶液的渗透压

渗透压现象最早是由法国哲学教授诺勒（A. Nollet，1700～1770 年）于 1748 年发现的。当时他把盛酒的瓶口用猪膀胱封住，浸放在水中，发现水通过膀胱膜进入酒中，使瓶口膀胱膜逐渐膨胀，最后破裂。

像动物的膀胱膜、细胞膜、羊皮纸以及萝卜皮之类的薄膜，看起来不透水、不透气，实际上却是半透膜（semipermeable membrane），其特性是溶剂分子可自由通过，而溶质分子则不能，这种由于半透膜的存在，使两种不同浓度溶液间产生溶剂分子的扩散现象叫做渗透（osmosis）现象。

将蔗糖溶液装入涂敷了人造半透膜的磁筒中，上端塞紧，并插入一根细长玻璃管，将磁筒浸入清水中（如图 2-9 所示）。由于水不断地渗透进入溶液，使磁筒内溶液体积增大，玻璃管中液面逐渐上升。当玻璃管内液体上升到一定高度时，管内液面和管外液面相差的高度（h）所产生的水压阻止了水分子继续渗透，事实上此时水分子仍然在扩散，只不过在单位时间内向管内外两个方向扩散的水分子数目相等，而达到了动态平衡状态。相差的高度所产生的压力差就是该溶液的渗透压（osmotic pressure）。

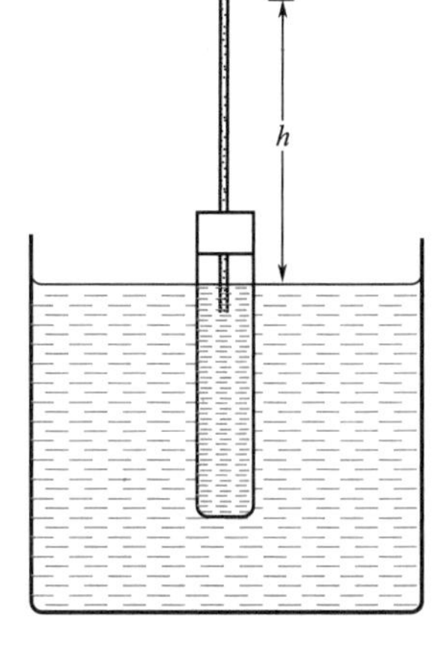

图 2-9 渗透现象和渗透压力

在发现渗透现象的一百多年间，人们一直试图寻找描述渗透压大小的数学关系式。直到 1877 年德国化学家普菲弗尔（F. P. Pfeiffer，1845～1920 年）总结许多结果发现：在同一温度下，溶液的渗透压与它的浓度成正比，溶液的浓度越大，上述液柱的高度（h）就越大；浓度相同的溶液，渗透压与绝对温度成正比。

1885 年荷兰化学家范特霍夫在得知普菲弗尔的实验结论后，指出稀溶液的渗透压可以用和理想气体方程完全相同的方程式表示，即

科学家-范特霍夫

$$\Pi V = n_B RT \text{ 或 } \Pi = \frac{n_B}{V} RT = c_B RT \tag{2-67}$$

式中，Π 表示溶液的渗透压，Pa；n_B 表示溶质的物质的量；V 表示溶液的体积，m^3；c_B 为溶液的物质的量浓度，$mol \cdot m^{-3}$；R 是摩尔气体常数，其数值为 $8.314 J \cdot K^{-1} \cdot mol^{-1}$；$T$ 是

热力学温度，K。此式被称为范特霍夫公式。

范特霍夫之所以提出上述公式，是基于他的关于气体产生压力的机理和溶液产生渗透压的机理基本相似的观点。他认为对于气体来说，压力决定于气体分子对容器壁的碰撞；对于溶液来说，渗透压决定于溶质分子对半透膜的碰撞。他的论说于 1885 年以《气体和稀溶液体系的化学平衡》为题发表以后，逐渐引起化学界的注意，并因此及其在溶液中的化学动力学定律等方面的突出贡献而获得了 1901 年首次颁发的诺贝尔化学奖。

范特霍夫公式最初是经验公式，后经热力学推证（具体证明过程参阅有关专著，在此不再详述）了它与拉乌尔定律的联系及其正确性。该式表明，溶液的渗透压在一定温度和体积下，只与溶液中所含溶质的粒子数有关，而与溶质和溶剂的本性无关。

由范特霍夫公式可以通过测定难挥发非电解质稀溶液的渗透压来推算溶质的摩尔质量，从而得到溶质的分子量：

$$\Pi V = n_B RT = \frac{m_B}{M_B} RT$$

$$M_B = \frac{m_B RT}{\Pi V} \tag{2-68}$$

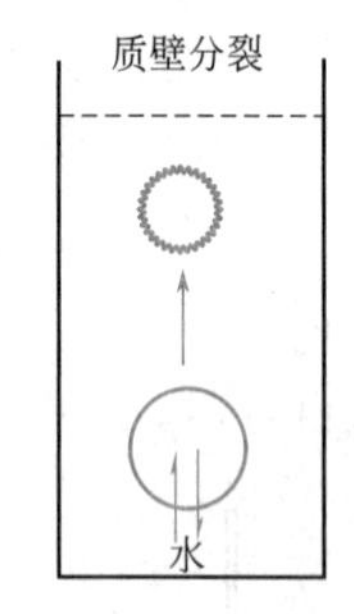

(a) 红细胞置于高渗溶液中

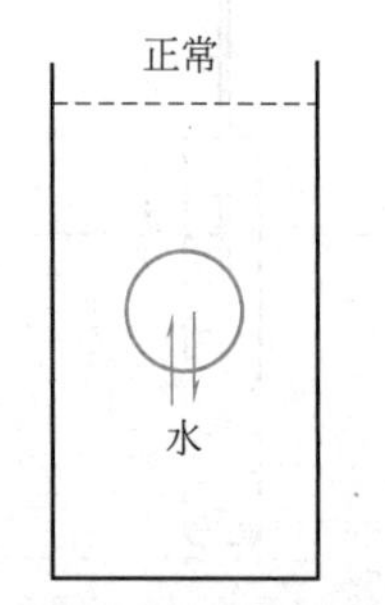

(b) 红细胞置于等渗溶液中

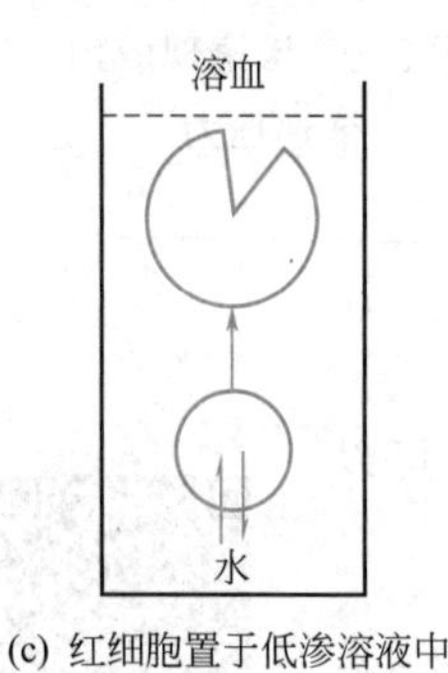

(c) 红细胞置于低渗溶液中

图 2-10 红细胞在不同渗透压溶液中的形态示意图

从理论上讲，利用凝固点降低和测定溶液渗透压法都可推算溶质的分子量，但用渗透压法最为灵敏精确，这一点可以通过计算说明。如 0.01mol·kg^{-1} 非电解质水溶液的凝固点降低值：

$$\Delta T_f = 1.86\text{K·kg·mol}^{-1} \times 0.01\text{mol·kg}^{-1} = 0.0186\text{K}$$

如果浓度为 0.001mol·kg^{-1}，则 $\Delta T_f = 0.00186$K，对如此小的温度降低值，在实验上很难准确测定。相反，对这样的稀溶液，在 25℃及常压下的 $\Pi = 24318$Pa，在实验上比较容易准确测定。

但在实际测定中，用渗透压法测定溶质的分子量的困难在于半透膜的制备。一般制备的半透膜往往不仅溶剂分子透过，溶质分子也能透过，对一般的溶质来说，很难制备出真正的半透膜，所以测定溶质的分子量通常均用凝固点降低法。但是对于高分子溶质，由于溶质分子和溶剂分子的大小相差悬殊，制备只允许溶剂分子透过、不允许大分子溶质透过的半透膜比较容易，因此用灵敏的渗透压法测定高分子溶质的分子量，特别是生物大分子的分子量已经成为常用的方法之一。

渗透现象在生物界中非常重要，因为大多数有机体的细胞膜都具有半透性。鱼的鳃具有半透性，由于海水鱼和淡水鱼的鳃渗透功能不同，其体液的渗透压不同，所以海水鱼不能在淡水中养殖。对于人体来说渗透现象更为重要。当人们食用过咸的食物或排汗过多时，由于肌体组织中的渗透压升高而有口渴的感觉，饮水后使组织中有机物质浓度降低，渗透压也随之降低而消除了口渴，因此口渴时饮用白开水比饮用含糖等成分过高的饮料要解渴；医院在给病人作静脉注射或输液时必须采用与血液渗透压（正常体温时为 780kPa）基本相同的溶液，如 0.90%（0.154mol·dm^{-3}）的生理盐水或 5.0%的葡萄糖溶液，生物医学上称之为等渗溶液（isoosmotic solution）。渗透压力相对低的为低渗溶液，相对高的为高渗溶液。有时为了处理一些特殊病人时，如因大面积烧伤而严重脱水或因失钠过多而血浆水分增多的病人，也会相应使用低渗溶液或高渗溶液。若非治疗需要而在注射时采用高渗溶液，红细胞就会因内外溶液的渗透压不相等而导致红细胞膜皱缩［见图 2-10(a)］，医学上称其为“质壁分裂”。皱缩的红细胞易黏合在一起而成“团块”，这些团块在小血管中便可形成“血栓”。若采用低渗溶液，水分子会透过细胞膜进入红细胞而使红细胞逐渐膨胀甚至最后破裂［见图 2-10(c)］，医学上称其为“溶血”。

如果在图 2-9 中的玻璃管的液面上施加外压，且使外压大于渗透压，则在此外界压力下，溶液中的溶剂向纯溶剂中扩散，这种现象被称做反渗透（reverse osmosis）。反渗透为海水淡化、工业废水和污水处理以及溶液浓缩等过程提供了重要的方法。

2.6 实际溶液中各组分的化学势

实际溶液中各组分的化学势

前面已讨论的物质的化学势有

① 理想气体 B $\qquad \mu_B(T,p)=\mu_B^{\ominus}(T)+RT\ln\dfrac{p_B}{p^{\ominus}}$

② 实际气体 B $\qquad \mu_B(T,p)=\mu_B^{\ominus}(T)+RT\ln\dfrac{\tilde{p}_B}{p^{\ominus}}$

③ 理想液态混合物 $\qquad \mu_B=\mu_B^{\ominus}+RT\ln x_B$

④ 理想稀溶液

溶剂 A $\qquad \mu_A=\mu_A^{\ominus}+RT\ln x_A$

溶质 B $\qquad \mu_B=\mu_{x,B}^{\ominus}+RT\ln x_B$

或 $\qquad \mu_B=\mu_{b,B}^{\ominus}+RT\ln\dfrac{b_B}{b^{\ominus}}$

或 $\qquad \mu_B=\mu_{c,B}^{\ominus}+RT\ln\dfrac{c_B}{c^{\ominus}}$

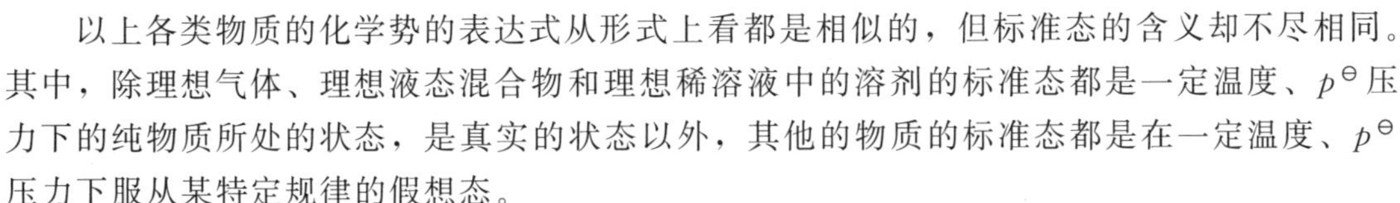

以上各类物质的化学势的表达式从形式上看都是相似的，但标准态的含义却不尽相同。其中，除理想气体、理想液态混合物和理想稀溶液中的溶剂的标准态都是一定温度、$p^{\ominus}$压力下的纯物质所处的状态，是真实的状态以外，其他的物质的标准态都是在一定温度、$p^{\ominus}$压力下服从某特定规律的假想态。

而实际广泛存在的溶液往往既不是理想液态混合物，也不是理想稀溶液，前面推导的理想液态混合物和理想稀溶液中各组分的化学势的表达式便不适用。相对于理想液态混合物和理想稀溶液，实际溶液包括非理想液态混合物和非理想稀溶液。非理想液态混合物指各个组分能以任意比例完全互溶，但各个组分均偏离拉乌尔定律的液态混合物；非理想稀溶液是指溶质为固态或气态，或溶质虽为液态但不能与溶剂以任意比例完全互溶的溶液，且这种溶液的溶剂偏离拉乌尔定律，溶质偏离亨利定律。可见按处理方法来分，实际溶液可以分为两类，即一类为偏离拉乌尔定律的组分，包含非理想液态混合物中的各组分和非理想稀溶液中的溶剂，另一类是偏离亨利定律的组分，即非理想稀溶液中的溶剂。为了以简单形式表示实际溶液中各组分的化学势，最好的办法就是以理想液态混合物或理想稀溶液为参考，分别对拉乌尔定律和亨利定律进行修正。因此，与路易斯引出逸度来表示实际气体的化学势一样，他在处理实际溶液的化学势时又提出了用活度“a”对浓度进行修正。

2.6.1 活度和活度系数

根据拉乌尔定律，$p_B=p_B^*x_B$，路易斯对实际溶液中对拉乌尔定律有偏离的组分，将拉乌尔定律修正为

$$p_B=p_B^*\gamma_B x_B \tag{2-69}$$

并令

$$a_B=\gamma_B x_B \tag{2-70}$$

则

$$\gamma_B=\frac{a_B}{x_B},\quad \lim_{x_B\to 1}\gamma_B=\lim_{x_B\to 1}\left(\frac{a_B}{x_B}\right)=1 \tag{2-71}$$

式中，a_B 称为物质 B 的活度（activity），也称物质 B 的有效浓度或校正浓度，是量纲为 1 的量；γ_B 称为活度系数（activity factor），表示组分 B 的蒸气压对拉乌尔定律的偏差程度，也是量纲为 1 的量。

① $\gamma_B>1$，即 $p_B>p_B^* x_B$，表明 B 组分对拉乌尔定律发生正偏差；

② $\gamma_B<1$，即 $p_B<p_B^* x_B$，表明 B 组分对拉乌尔定律发生负偏差；

③ $\gamma_B=1$，即 $p_B=p_B^* x_B$，表明 B 组分服从拉乌尔定律。

以非理想液态混合物为例，由于混合物中不同分子之间的引力与同种分子之间的引力有明显区别，或不同分子之间发生作用，使得混合物中各物质的分子所处的环境与在纯态时很不相同，从而偏离拉乌尔定律，而且在形成混合物时，往往伴随有体积变化和热效应。这种偏离常见的两种情况即是“正偏差”［如图 2-11(a) 所示］和“负偏差”［如图 2-11(b) 所示］。混合物的总蒸气压也相应发生正偏差和负偏差。

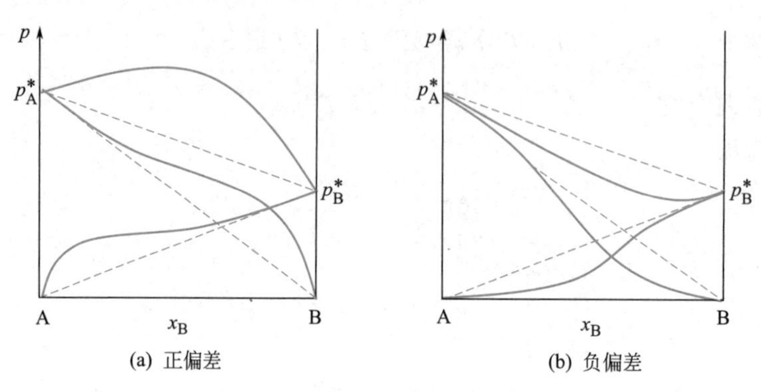

图 2-11　对理想液态混合物具有偏差的非理想液态混合物

用同样的办法，对实际溶液中对亨利定律有偏离的组分，路易斯将亨利定律也进行了修正，由于亨利定律有三种表达形式，所以修正后的亨利定律也有三种表达形式，即

$$p_B=k_{x,B}\gamma_{x,B}x_B=k_{x,B}a_{x,B} \tag{2-72a}$$

$$p_B=k_{b,B}\gamma_{b,B}b_B=k_{b,B}a_{b,B}b^\ominus \tag{2-72b}$$

$$p_B=k_{c,B}\gamma_{c,B}c_B=k_{c,B}a_{c,B}c^\ominus \tag{2-72c}$$

式中，不同浓度表示形式所对应的活度分别定义为

$$a_{x,B}=\gamma_{x,B}x_B,\ a_{b,B}=\gamma_{b,B}\frac{b_B}{b^\ominus},\ a_{c,B}=\gamma_{c,B}\frac{c_B}{c^\ominus} \tag{2-73}$$

同样，三种活度均是量纲为 1 的量，$\gamma_{x,B}$、$\gamma_{b,B}$ 和 $\gamma_{c,B}$ 分别为所对应的活度系数。

利用活度的概念对拉乌尔定律和亨利定律进行修正后，就很容易以理想液态混合物和理想稀溶液为参考，得到实际溶液中各组分化学势的表达式。

2.6.2　非理想液态混合物中各组分的化学势

由于非理想液态混合物中各组分均偏离拉乌尔定律，所以以理想液态混合物为参考，将式(2-70) 所定义的活度代替 x_B 代入理想液态混合物中各组分的化学势表达式(2-46)，即得非理想液态混合物中各组分化学势的表达式。

$$\mu_B=\mu_B^\ominus+RT\ln a_B \tag{2-74}$$

其标准态与理想液态混合物的相同，仍然是温度为 T，压力为 $p^\ominus$ 下的纯液体 B。

2.6.3　非理想稀溶液中各组分的化学势

在非理想稀溶液中，由于溶剂偏离拉乌尔定律，溶质偏离亨利定律，所以溶剂和溶质的化学势类似于理想稀溶液，也具有不同的表达形式。以理想稀溶液为参考，分别将式(2-70) 和式(2-73) 所定义的活度代替相应的浓度代入理想稀溶液中溶剂和溶质的化学势的表达式［式(2-56)～式(2-59)］，得非理想稀溶液中溶剂和溶质的化学势的表达式

溶剂 A
$$\mu_A=\mu_A^\ominus+RT\ln a_A \tag{2-75}$$

溶质 B
$$\mu_B=\mu_{x,B}^\ominus+RT\ln a_{x,B} \tag{2-76}$$

或
$$\mu_B=\mu_{b,B}^\ominus+RT\ln a_{b,B} \tag{2-77}$$

或 $$\mu_B=\mu_{c,B}^{\ominus}+RT\ln a_{c,B} \tag{2-78}$$

其标准态及其含义与理想稀溶液中相应标准态一样。

2.6.4 活度的测定

上述讨论中，虽然通过引入活度的概念对拉乌尔定律和亨利定律进行了修正，得到了实际溶液中各组分化学势表达式的简单形式，但要确定化学势，就必须知道实际活度是多少，所以活度的测定是非常重要的。通常可以利用稀溶液的依数性，测定实际溶液的蒸气压、凝固点、沸点和渗透压，求算出实际溶液中溶剂的有效浓度，即活度。下面仅介绍利用测定蒸气压求算实际溶液中溶剂的活度的方法，其他方法可参考有关专著。另外，由于溶质活度的求算更为复杂些，此处也不再详述。

对于非理想液态混合物以及非理想稀溶液中的溶剂，由于相应组分均偏离拉乌尔定律，由式(2-69)，得

$$\gamma_B=\frac{p_B}{p_B^*x_B}=\frac{p_B}{p_{B(Laoult)}} \tag{2-79}$$

式中，p_B 和 $p_{B(Laoult)}$ 分别是实际测得的组分 B 的蒸气压和按照拉乌尔定律计算得到的蒸气压。如果通过实验测得 p_B-x_B 的关系曲线，即可通过作图计算得到活度系数，从而进一步得到活度。

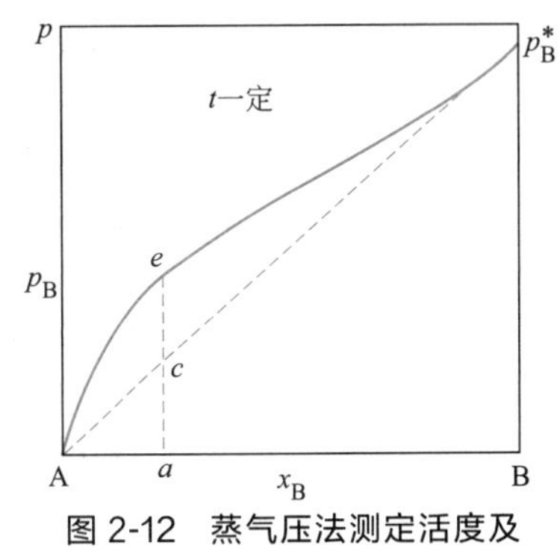

图 2-12　蒸气压法测定活度及活度系数原理示意图

图 2-12 表明了非理想液态混合物偏离理想液态混合物的程度，实线代表非理想液态混合物中组分 B 的蒸气压随 x_B 的变化，虚线代表服从拉乌尔定律的理想液态混合物的情况。从图中可见，当组成 $x_B=a$ 时，$p_B=\overline{ae}$，而服从拉乌尔定律的 $p_{B(laoult)}=\overline{ac}$，则由式(2-78) 可以计算得到此时的活度系数

$$\gamma_B=\frac{\overline{ae}}{\overline{ac}}$$

比值 $\overline{ae}/\overline{ac}$ 的大小说明了非理想液态混合物中组分 B 偏离理想混合物的程度。所以，活度为 $a_B=\gamma_Bx_B=\dfrac{\overline{ae}}{\overline{ac}}a$。

【例 2-10】 288K 时，将 1mol NaOH 溶于 4.559mol 的 H_2O 中，所成溶液蒸气压为 0.5965kPa，在同温下，纯水蒸气压为 1.640kPa。

(1) 以纯水为标准态，求 288K 时溶液中水的活度和活度系数。

(2) 求 288K 下，溶液中水的化学势与同温度下纯水化学势之差。

解：(1) $a_A=p_A/p_A^*=0.5965\text{Pa}/1.640\text{Pa}=0.3637$

$$\gamma_A=a_A/x_A=\frac{0.3637}{4.559\div(1+4.559)}=0.4435$$

(2) 由非理想稀溶液中溶剂的化学势的表达式 $\mu_A=\mu_A^{\ominus}+RT\ln a$，得

$$\mu_A-\mu_A^{\ominus}=RT\ln a$$
$$=8.314\text{J}\cdot\text{K}^{-1}\cdot\text{mol}^{-1}\times288\text{K}\times\ln0.3637=-2422\text{J}\cdot\text{mol}^{-1}$$

思考题

1. 什么是偏摩尔量？什么是化学势？二者有何异同？在理解这两个概念时应注意哪些方面？

2. 在一定温度和压力下，比较蔗糖溶液与纯蔗糖的化学势大小。(1) 不饱和蔗糖溶液；(2) 饱和蔗糖溶液；(3) 过饱和蔗糖溶液。

3. 指出下列各量哪些是偏摩尔量，哪些是化学势？

(1) $\left(\frac{\partial A}{\partial n_B}\right)_{T,p,n_C}$；(2) $\left(\frac{\partial G}{\partial n_B}\right)_{T,V,n_C}$；(3) $\left(\frac{\partial H}{\partial n_B}\right)_{T,p,n_C}$；(4) $\left(\frac{\partial U}{\partial n_B}\right)_{S,V,n_C}$；

(5) $\left(\frac{\partial H}{\partial n_B}\right)_{S,p,n_C}$；(6) $\left(\frac{\partial V}{\partial n_B}\right)_{T,p,n_C}$；(7) $\left(\frac{\partial A}{\partial n_B}\right)_{T,V,n_C}=\mu_B$

4. 拉乌尔定律和亨利定律的表示式和适用条件分别是什么？

5. 液态物质混合时，形成理想液态混合物，这时有哪些主要的混合性质？

6. 稀溶液有哪些依数性？产生这些依数性的根本原因是什么？

7. 将下列水溶液按照其凝固点的高低顺序排列：

$1mol\cdot kg^{-1}$ NaCl，$1mol\cdot kg^{-1}$ H_2SO_4，$1mol\cdot kg^{-1}$ $C_6H_{12}O_6$，$0.1mol\cdot kg^{-1}$ CH_3COOH，$0.1mol\cdot kg^{-1}$ NaCl，$0.1mol\cdot kg^{-1}$ $C_6H_{12}O_6$，$0.1mol\cdot kg^{-1}$ $CaCl_2$。

8. 试解释下列现象的原因：

(1) 北方人冬天吃冻梨前，将冻梨放入凉水中浸泡，过一段时间后冻梨内部解冻了，但表面结了一层薄冰。

(2) 在低温下，植物拥有不被冻伤、冻死的能力，即植物有一定的耐寒性。

9. 什么是溶液的渗透现象？渗透压产生的条件是什么？如何用渗透现象解释盐碱地难以生长农作物？

10. 试归纳所学过的气体、混合物、溶液中各物质的化学势的表达式及其标准态，并指出哪些是真实态，哪些是假想态。

11. 为什么引入逸度和逸度系数来讨论实际气体的化学势？试说明其物理意义。

12. 为什么引入活度和活度系数来讨论实际溶液的化学势？试说明其物理意义。

13. 对溶液中的溶质，标准态不同时，活度值就不同，那么该组分的化学势值是否也会不同？

14. 以纯液体为标准态，当活度系数大于1或小于1时，试说明实际溶液偏离拉乌尔定律的情况。

概念题

1. 实际气体的标准态是：

(A) $\tilde{p}=p^{\ominus}$ 的真实气体　　(B) $p=p^{\ominus}$ 的真实气体

(C) $\tilde{p}=p^{\ominus}$ 的理想气体　　(D) $p=p^{\ominus}$ 的理想气体

2. 298K，标准压力 $p^{\ominus}$ 下，有两瓶萘的苯溶液，第一瓶为 $2dm^3$（溶有 0.5mol 萘），第二瓶为 $1dm^3$（溶有 0.25mol 萘），若以 μ_1、μ_2 分别表示两瓶中萘的化学势，则：

(A) $\mu_1=10\mu_2$　　(B) $\mu_1=2\mu_2$　　(C) $\mu_1=\mu_2$　　(D) $\mu_1=0.5\mu_2$

3. 多孔硅胶有强烈的吸水性能，在多孔硅胶吸水过程中，自由水分子与吸附在硅胶表面的水分子相比，化学势高低如何？

(A) 前者高　　(B) 前者低　　(C) 相等　　(D) 不可比较

4. 组分B从 α 相扩散至 β 相中，则以下说法正确的有

(A) 总是从浓度高的相扩散入浓度低的相

(B) 总是从浓度低的相扩散入浓度高的相

(C) 平衡时两相浓度相等

(D) 总是从高化学势移向低化学势

5. 在 273.15K，$2p^{\ominus}$ 下，水的化学势比冰的化学势

(A) 高　　(B) 低　　(C) 相等　　(D) 不可比较

6. 关于亨利常数，下列说法中正确的是：

(A) 其值与温度、浓度和压力有关

(B) 其值与温度、溶质性质和浓度有关

(C) 其值与温度、溶剂性质和浓度有关

(D) 其值与温度、溶质和溶剂性质及浓度的标度有关

7. 取相同质量的下列物质融化路面的冰雪，哪种最有效？

(A) 氯化钠　　(B) 氯化钙　　(C) 尿素 $CO(NH_2)_2$

8. 凝固点降低常数 K_f，其值决定于

(A) 溶剂的本性　　(B) 溶质的本性　　(C) 溶液的浓度　　(D) 温度

9. 自然界中，有的树木可高达100m，能提供营养和水分到树冠的主要动力为

(A) 因外界大气压引起树干内导管的空吸作用

(B) 树干中微导管的毛吸作用

(C) 树内体液含盐浓度高，其渗透压大

(D) 水分与营养自雨水直接落到树冠上

10. 盐碱地的农作物长势不良，甚至枯萎，其主要原因是什么？

(A) 天气太热 (B) 很少下雨 (C) 肥料不足 (D) 水分从植物向土壤倒流

11. 为马拉松运动员沿途准备的饮料应该是哪一种？

(A) 高脂肪、高蛋白、高能量饮料

(B) 20%葡萄糖水

(C) 含适量电解质、糖和维生素的低渗或等渗饮料

(D) 含兴奋剂的饮料

12. 在 $T=300\text{K}$、$p=102.0\text{kPa}$ 的外压下，质量摩尔浓度 $b=0.002\text{mol}\cdot\text{kg}^{-1}$ 蔗糖水溶液的渗透压为 Π_1；$b=0.002\text{mol}\cdot\text{kg}^{-1}$ KCl 水溶液的渗透压为 Π_2，则必然存在

(A) $\Pi_1>\Pi_2$ (B) $\Pi_1<\Pi_2$ (C) $\Pi_1=\Pi_2$ (D) $\Pi_2=4\Pi_2$

13. 在50℃时液体A的饱和蒸气压是液体B饱和蒸气压的3倍，A、B两液体形成理想液态混合物。气液平衡时，在液相中A的摩尔分数为0.5，则在气相中B的摩尔分数为：

(A) 0.15 (B) 0.25 (C) 0.5 (D) 0.65

14. 在 T、p 及组成一定的实际溶液中，溶质的化学势可表示为

$$\mu_\text{B}=\mu_\text{B}^\ominus+RT\ln a_\text{B}$$

当采用不同的标准态时，上式中的 μ_B

(A) 变 (B) 不变 (C) 变大 (D) 变小

15. 在25℃和101.325kPa时某溶液中溶剂A的蒸气压为 p_A，化学势为 μ_A，凝固点为 T_A，上述三者与纯溶剂的 p_A^*，μ_A^*，T_A^* 相比，有

(A) $p_\text{A}^*<p_\text{A}$，$\mu_\text{A}^*<\mu_\text{A}$，$T_\text{A}^*<T_\text{A}$ (B) $p_\text{A}^*>p_\text{A}$，$\mu_\text{A}^*<\mu_\text{A}$，$T_\text{A}^*<T_\text{A}$

(C) $p_\text{A}^*>p_\text{A}$，$\mu_\text{A}^*<\mu_\text{A}$，$T_\text{A}^*>T_\text{A}$ (D) $p_\text{A}^*>p_\text{A}$，$\mu_\text{A}^*>\mu_\text{A}$，$T_\text{A}^*>T_\text{A}$

16. 对非理想溶液中的溶质，当选假想的、符合亨利定律的、$x_\text{B}=1$ 的状态为标准态时，下列结果正确的是

(A) $x_\text{B}\to0$ 时，$a_\text{B}=x_\text{B}$ (B) $x_\text{B}\to1$ 时，$a_\text{B}=x_\text{B}$

(C) $x_\text{B}\to1$ 时，$\gamma_\text{B}=x_\text{B}$ (D) $x_\text{B}\to1$ 时，$\gamma_\text{B}=a_\text{B}$

17. 当某溶质溶于某溶剂中形成浓度一定的溶液时，若采用不同的浓标，则下列说法中正确的是

(A) 溶质的标准态化学势相同 (B) 溶质的活度相同

(C) 溶质的活度系数相同 (D) 溶质的化学势相同

18. 下列活度与标准态的关系表述正确的是

(A) 活度等于1的状态必为标准态

(B) 活度等于1的状态与标准态的化学势相等

(C) 标准态的活度并不一定等于1

(D) 活度与标准态的选择无关

习题

1. 在25℃和101.325kPa下，将NaBr溶于1kg水中，所得溶液的体积与溶入NaBr的物质的量 n 的关系如下：

$$V/\text{cm}^3=1002.93+23.189(n/\text{mol})+2.197(n/\text{mol})^{3/2}-0.178(n/\text{mol})^2$$

求25℃、101.325kPa下，当 $n=0.25\text{mol}$ 时溶液中水和NaBr的偏摩尔体积以及溶液的总体积。

2. 在25℃和标准压力下，有一物质的量分数为0.4的甲醇-水混合物。如果往大量的此混合物中加1mol水，混合物的体积增加 17.35cm^3；如果往大量的此混合物中加1mol甲醇，混合物的体积增加

39.01cm^3。试计算将 0.4mol 的甲醇和 0.6mol 的水混合时，此混合物的体积为多少？此混合过程中体积的变化是多少？已知 25℃和标准压力下甲醇的密度为 0.7911$g \cdot cm^{-3}$，水的密度为 0.9971$g \cdot cm^{-3}$。

3. 300K 时，测得不同的溶解在液态 $GeCl_4$ 中 HCl 的摩尔分数和达溶解平衡时气相中 HCl 的分压的结果如下所示

x(HCl)	0.005	0.012	0.019
p(HCl) / kPa	32.0	76.9	121.8

证明该溶液在所给浓度范围内符合亨利定律，并计算 300K 时 HCl 溶解在 $GeCl_4$ 中的亨利常数。

4. 某油田向油井注水，对水质要求之一是含氧量不超过 $1\times10^{-3}$$kg \cdot m^{-3}$，若河水温度为 293K，空气中含氧 21%，293K 时氧气在水中溶解的亨利常数为 4.063×10^9Pa。问在 293K 通常压力下，用这种河水作为油井用水，水质是否合格？

5. 在 18℃和 101kPa 下，暴露在空气中的水最多可溶解氧气 10$mg \cdot dm^{-3}$。在石油开采过程中如果需要往油井注水，并要求水中的氧含量不超过 1$mg \cdot dm^{-3}$。则注水前对 18℃的河水进行脱氧处理时，水面上方气相的最大压力应控制在多少？已知空气中氧的体积分数为 21%，脱氧塔内气相中氧的体积分数为 35%。

6. 已知在 50℃下，纯苯（1）和纯甲苯（2）的饱和蒸气压分别为 36.16kPa 和 12.28kPa，两者混合可以形成理想液态混合物。

（1）求 50℃下，2mol 苯和 1mol 甲苯组成的液态混合物的饱和蒸气的组成。

（2）求 50℃下，如果对 2mol 苯和 1mol 甲苯组成的混合气体逐渐加压，求最初凝结的第一滴液体的组成及所需要的最小压力。

7. 在 300K 时，有 5mol 邻二甲苯与 5mol 间二甲苯形成理想液态混合物，求 $\Delta_{mix}V$、$\Delta_{mix}H$、$\Delta_{mix}S$、$\Delta_{mix}G$。

8. 在 298K 和标准压力 $p^{\ominus}$下，将少量乙醇加入纯水中形成稀溶液，使水的摩尔分数为 0.98。试计算纯水的化学势与溶液中水的化学势之差值。

9. 一个化学研究生在澳大利亚阿尔斯做滑雪旅行时，想保护他的汽车水箱不被冻住。他决定加入足够的甘油以使水箱中水的冰点降低 10℃。试问：为了达到他这个目的，甘油和水混合物的质量组成应是多少？

10. 利用稀溶液的依数性，可以通过测定稀溶液的凝固点来确定溶液中有机分子的存在形态，如以分子形式存在还是以聚集体形式存在。在 25.0g 苯中溶入 0.245g 苯甲酸，实验测得苯凝固点降低了 0.205K。已知苯甲酸的摩尔质量为 0.122$kg \cdot mol^{-1}$，苯的 K_f 为 5.12$K \cdot kg \cdot mol^{-1}$，试确定苯甲酸分子在苯溶剂中的存在形态。

11. 利用稀溶液的依数性，通过测定稀溶液的凝固点还可以确定溶液中有机分子的化学式。设某一新合成的有机化合物 B，其中含碳 63.2%，含氢 8.8%，其余为氧（均为质量分数）。今有该化合物 0.0702g 溶于 0.804g 樟脑中，溶液凝固点下降了 15.3K，求 B 的分子量及化学式。已知樟脑的 k_f 为 40$K \cdot kg \cdot mol^{-1}$。

12. 人的体温是 37℃，血液的渗透压是 780.2kPa，设血液内的溶质全是非电解质，试估计血液的总浓度。若配制葡萄糖等渗溶液，则溶液中含葡萄糖的质量分数应该为多少？已知葡萄糖的摩尔质量为 0.174$kg \cdot mol^{-1}$，葡萄糖溶液密度为 $10^3$$kg \cdot m^{-3}$。

13. 某含有不挥发性溶质的稀溶液，其凝固点为−1.5℃。试求该溶液的

（1）正常沸点；

（2）25℃时的蒸气压（该温度时纯水的蒸气压为 3.17×10^3Pa）；

（3）25℃时的渗透压。（已知冰的熔化热为 6.03$kJ \cdot mol^{-1}$，水的摩尔蒸发焓为 40.7$kJ \cdot mol^{-1}$，设二者均不随温度变化而变化。）

14. 苯在 101325Pa 下的沸点为 353.35K，沸点升高常数为 2.62$K \cdot kg \cdot mol^{-1}$。求苯的摩尔蒸发焓。

15. 某造纸厂排出的废水沸点比纯水高 0.55K，现用反渗透处理，298K 时，在废水上方施加多大压力才能在半透膜的另一方得到清水？（清水所受压力为 101.325kPa）

16. 300K 时，液态 A 的蒸气压为 37338Pa，液态 B 的蒸气压为 22656Pa。当 2mol A 和 2mol B 混合组成液态混合物后，液面上蒸气压为 50663Pa，在蒸气中 A 的摩尔分数为 0.60。假定蒸气为理想气体。

（1）求混合物中 A 和 B 的活度；

（2）求混合物中 A 和 B 的活度系数；

（3）指出 A、B 的标准态；

（4）求 A 和 B 的混合过程的吉布斯函数 $\Delta_{mix}G$。

第 3 章　化学平衡

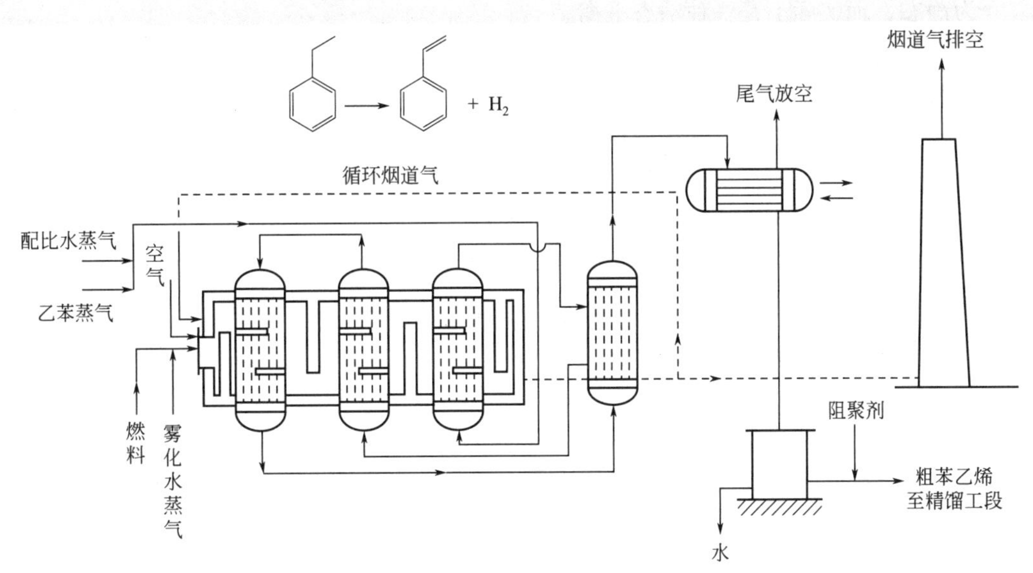

乙苯脱氢制备苯乙烯工艺在原料中加入水蒸气以提高乙苯的转化率

本章将前两章的热力学原理应用于化学反应体系，判断化学反应的方向并解决化学反应的限度问题，讨论影响化学平衡移动的因素，对生产实践和科学研究中如何控制反应条件使其朝着人们希望的方向进行提供理论指导。

本章概要

3.1　化学反应的方向和限度

利用化学势判据得到化学反应的方向和限度的判据，特别注意使用该判据时的条件；得到重要的化学反应的等温方程和标准平衡常数概念，分别用于判断任意条件下的反应方向和表达平衡时的反应完全程度。

3.2　平衡常数

讨论理想气体反应以及有纯凝聚态物质参加的理想气体化学反应的平衡常数表示法及其测定与理论计算，利用平衡常数进行反应体系平衡组成的计算。

3.3　温度及其他因素对化学平衡的影响

化学平衡移动原理能够为实际生产中如何提高反应物的理论转化率提供理论指导。影响平衡移动的各因素导致平衡移动的原因不同。对于已经达到平衡的反应体系，温度改变时改变了反应的平衡常数，使原平衡系统离开了平衡点，平衡发生移动；而在温度一定的条件下，压力、加入惰性组分、反应物的配比等其他因素的改变只是改变了反应体系的组成，从而偏离平衡点使平衡发生移动。本节的范特霍夫等压方程，解决了计算新的温度下反应平衡常数的问题。在了解其他因素的影响时，要注意并不是只要改变压力或加入惰性组分就一定会使平衡移动。

3.4　同时反应平衡组成的计算

上面各节讨论的都是单一反应，实际反应体系中进行的化学反应不一定只有一个，本节介绍同时反应平衡的概念及相关计算原则。

一般情况下，化学反应能够向正逆两个方向进行。例如高温下 CO 和 H_2O 作用可以得到 H_2 和 CO_2；同时 H_2 和 CO_2 也能反应生成 CO 和 H_2O。

$$CO(g)+H_2O(g) \rightleftharpoons H_2(g)+CO_2(g)$$

若是封闭系统且温度、体积（或压力）不变，那么经过一段时间后，各物质的浓度不再随时间而变化，这种状态称为化学平衡。然而化学反应并未停止，所以平衡状态从宏观上看表现为静态，而实际上是一种动态平衡。

当达到化学平衡时，有些可逆反应正反应进行的程度很大，例如，在常温、常压下将分子数比为 2∶1 的氢气与氧气混合，用电火花引燃或加入少许铂黑进行催化，即可迅速转化成水。平衡后，用实验方法已检验不出剩余的氢气和氧气；而有些可逆反应达到平衡时，正向反应进行的程度很小，例如用苯蒸气与甲烷化合生成甲苯，则反应在 500℃ 及常压下只能进行到约有千分之一的反应物转化为甲苯。

可见，在一定的条件下，不同的化学反应所能进行的程度即反应的限度是不相同的，甚至同一化学反应在不同的条件下，反应限度也往往存在很大差别。那么，究竟是什么因素在决定着反应的限度呢？一个反应究竟能完成到怎样的程度，能否从理论上加以预测呢？温度、压力等外界条件对反应限度有什么影响？无疑，这些问题的解决，将使人们有可能利用这些知识，通过控制外界条件来控制反应限度，以解决如何提高化工产品产量以及如何选择新的合成路线等问题。这对于化学工业、冶金工业及其他工业都有着十分重要的意义。本章主要介绍如何运用热力学的原理和方法来解决上述问题。

化学反应的方向和限度

3.1 化学反应的方向和限度

3.1.1 化学反应的方向和平衡条件

对于多组分组成可变的均相系统，在无非体积功的情况下，若系统内发生了微小的变化（包括温度、压力和化学反应的变化），系统内各物质的量相应地发生微小的变化，则由式(2-10)

$$dG=-SdT+Vdp+\sum_B \mu_B dn_B$$

如果变化是在等温等压下进行的，则

$$dG=\sum_B \mu_B dn_B$$

对于任一化学反应

$$0=\sum_B \nu_B B$$

由反应进度的定义式(1-29b) 可知，$dn_B=\nu_B d\xi$，代入上式得

$$dG=\sum_B \nu_B \mu_B d\xi \tag{3-1}$$

将上式写成偏导数形式，即

$$\left(\frac{\partial G}{\partial \xi}\right)_{T,p}=\sum_B \nu_B \mu_B \tag{3-2}$$

式中，$(\partial G/\partial \xi)_{T,p}$ 表示在等温、等压且非体积功 $W'=0$ 的条件下，反应系统的吉布斯函数随反应进度的变化率。上式也可理解为在等温、等压且 $W'=0$ 的条件下，在一个无限大量的反应系统中进行单位反应进度（$\Delta\xi=1mol$）时所引起的吉布斯函数的变化值。所以通常将上述偏导数称为化学反应的摩尔反应吉布斯函数，以 $\Delta_r G_m$ 表示。即

$$\Delta_r G_m=\left(\frac{\partial G}{\partial \xi}\right)_{T,p}=\sum_B \nu_B \mu_B \tag{3-3}$$

由吉布斯函数判据式(1-73) 可知

$$\Delta_r G_m=\left(\frac{\partial G}{\partial \xi}\right)_{T,p}=\sum_B \nu_B\mu_B \leqslant 0\begin{cases}<0 & 自发\\ =0 & 平衡\end{cases} \tag{3-4}$$

式(3-4) 是等温、等压且 $W'=0$ 的条件下，化学反应的某个指定状态（反应进度为 ξ）时，化学反应方向与限度的判据。该式表明，在上述条件下任一化学反应总是自发地向着吉布斯函数减小的方向进行，直至达到该条件下的极小值，此时反应达到平衡，系统的吉布斯函数将不再改变。这一结论也可以由等温、等压下反应系统的吉布斯函数 G 随反应进度 ξ 的变化曲线（见图 3-1）中分析得出。

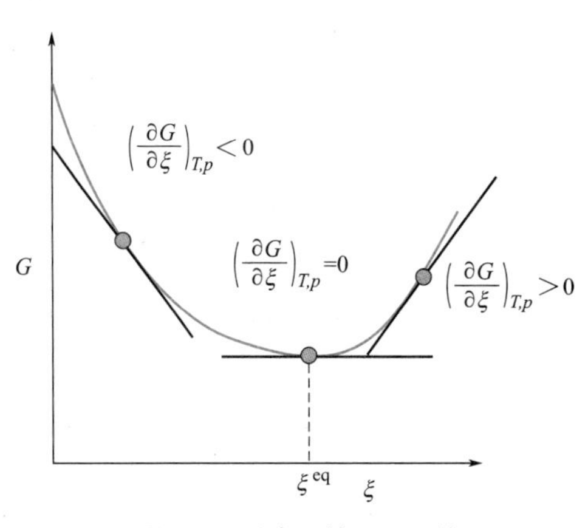

图 3-1 反应系统 G-ξ 关系

从图 3-1 中可以看出，从反应开始至达到平衡之前，系统的吉布斯函数 G 是下降的，在曲线上的任何一点都有$(\partial G/\partial \xi)_{T,p}<0$。$G$ 在反应开始时最大，此时反应自发进行的趋势最大；随着反应的进行，G 逐渐减小，反应自发进行的趋势也随之降低；当 G 减小到最小值时，反应自发进行的趋势为零，即反应达到了平衡状态，也就是化学反应的限度，此时 $(\partial G/\partial \xi)_{T,p}=0$。过了平衡点后，$G$ 随 ξ 的增加而增加，在曲线上的任何一点都有 $(\partial G/\partial \xi)_{T,p}>0$，在无非体积功的条件下，反应不能自发进行，而可以向逆向自发进行，使 G 减小，一直到 $(\partial G/\partial \xi)_{T,p}=0$，达到平衡。所以化学反应的平衡条件为

$$\Delta_r G_m=\left(\frac{\partial G}{\partial \xi}\right)_{T,p}=\sum_B \nu_B\mu_B=0 \tag{3-5}$$

由上述分析可见，$(\partial G/\partial \xi)_{T,p}$ 总是对应于某特定的反应进度 ξ，代表了体系处于该反应进度下的反应趋势。在反应的各个不同瞬间，其值都是在变化着的，而且，总是向着吉布斯函数减小的方向进行，直至 $(\partial G/\partial \xi)_{T,p}=0$ 达到平衡。所以，系统吉布斯函数的最低点对应于反应的平衡状态，此时的 $\xi=\xi^{eq}$，而不是对应反应物完全转变为产物。这也是为什么化学反应通常不能进行到底的原因。只有 ξ^{eq} 很大，即逆反应与正反应相比小到可以忽略不计的反应，才粗略地认为可以进行到底。

3.1.2 化学反应的等温方程

为了便于掌握，下面先以理想气体的反应为例来讨论化学平衡的基本方程。

对于等温等压下理想气体间的化学反应 $0=\sum_B \nu_B B$，由第 2 章知任一组分 B 的化学势为

$$\mu_B=\mu_B^{\ominus}(T)+RT\ln\frac{p_B}{p^{\ominus}}$$

将其代入式(3-5) 得

$$\Delta_r G_m=\sum \nu_B\mu_B=\sum \nu_B\mu_B^{\ominus}+RT\ln\prod_B\left(\frac{p_B}{p^{\ominus}}\right)^{\nu_B} \tag{3-6a}$$

令 $$\sum \nu_B\mu_B^{\ominus}=\Delta_r G_m^{\ominus},\quad J_p=\prod_B\left(\frac{p_B}{p^{\ominus}}\right)^{\nu_B}$$

则式(3-6a) 可写作

$$\Delta_r G_m=\Delta_r G_m^{\ominus}+RT\ln J_p \tag{3-6b}$$

上式称为理想气体化学反应的等温方程。式中 $\Delta_r G_m^{\ominus}$ 称为化学反应的标准摩尔吉布斯函数，因为$\mu_B^{\ominus}(T)$ 仅是温度的函数，所以 $\Delta_r G_m^{\ominus}$ 也仅是温度的函数；J_p 称为压力商。

推广到任意化学反应，只需将理想气体反应中任一组分 B 的化学势表达式中的$\frac{p_B}{p^{\ominus}}$用 a_B

代替即可。如对于非理想气体反应，a_B 表示$\frac{\tilde{p}_B}{p^{\ominus}}$（注意是逸度 $\tilde{p}_B$）；对于理想液态混合物，a_B 表示浓度 x_B；对于非理想液态混合物，a_B 表示活度等。所以化学反应等温方程式可统一表示为

$$\Delta_r G_m = \Delta_r G_m^{\ominus} + RT\ln J_a \tag{3-6c}$$

式中
$$J_a = \prod_B a_B^{\nu_B}$$

将 J_a 称为活度商。

只要求得 $\Delta_r G_m^{\ominus}$ 值，并将反应系统中各物质的分压或活度代入式中，就能得到 $\Delta_r G_m$ 值，根据 $\Delta_r G_m$ 值的大小就可以判断化学反应的方向和限度。

3.1.3 标准平衡常数

仍以理想气体化学反应为例，当反应达到平衡时，$\Delta_r G_m = 0$，由式(3-6b) 可得

$$\Delta_r G_m^{\ominus} = -RT\ln J_p^{eq} \tag{3-7}$$

式中，J_p^{eq} 为反应达平衡时的压力商，称为平衡压力商。因为在恒温下，对确定的化学反应来说，$\Delta_r G_m^{\ominus}$ 为确定的值，故平衡压力商 J_p^{eq} 也为定值，且与系统的压力和组成无关，即只要温度一定，J_p^{eq} 即为定值。

将平衡压力商 J_p^{eq} 定义为标准平衡常数（standard equilibrium constant），并以符号 $K^{\ominus}$ 表示，其表达式为

$$K^{\ominus} = J_p^{eq} = \prod_B \left(\frac{p_B^{eq}}{p^{\ominus}}\right)^{\nu_B} \tag{3-8}$$

式中，p_B^{eq} 为化学反应中任一组分 B 的平衡分压；$K^{\ominus}$ 为量纲为 1 的量，也只是温度的函数。由式(3-7) 和式(3-8) 可得

$$\Delta_r G_m^{\ominus} = -RT\ln K^{\ominus} \tag{3-9}$$

所以
$$K^{\ominus} = \exp\left(-\frac{\Delta_r G_m^{\ominus}}{RT}\right) \tag{3-10}$$

式(3-9) 和式(3-10) 表达了标准平衡常数与化学反应的标准摩尔吉布斯函数之间的关系。它是一个普遍的公式，不仅适用于理想气体化学反应，也适用于高压下真实气体、液态混合物及液态溶液中的化学反应。

将式(3-9) 代入式(3-6c) 可以得到

$$\Delta_r G_m = -RT\ln K^{\ominus} + RT\ln J_a = RT\ln(J_a/K^{\ominus}) \tag{3-11}$$

可见，对于等温、等压下的任意反应

当 $J_a < K^{\ominus}$ 时，$\Delta_r G_m < 0$，正反应自发进行；

当 $J_a = K^{\ominus}$ 时，$\Delta_r G_m = 0$，反应处于平衡状态；

当 $J_a > K^{\ominus}$ 时，$\Delta_r G_m > 0$，正反应不能自发进行，逆反应自发进行。

因此，通过比较 J_a 与 $K^{\ominus}$ 之间的相对大小就可以判断化学反应的方向和限度。

【例 3-1】 298.15K 时，合成氨反应

$$\frac{1}{2}N_2(g) + \frac{3}{2}H_2(g) = NH_3(g)$$

的 $\Delta_r G_m^{\ominus} = -16.5\text{kJ·mol}^{-1}$。(1) $n(N_2):n(H_2):n(NH_3) = 1:3:2$ 的系统，总压为 101.325kPa 时，计算反应的压力商 J_p 及摩尔反应吉布斯函数 $\Delta_r G_m$，并判断反应进行的方向。(2) 求 298.15K 反应的 $K^{\ominus}$，并用 $K^{\ominus}$ 与 J_p 比较判断反应方向。

解：(1) 由 J_p 的定义求反应的 J_p

$$J_p=\prod_B\left(\frac{p_B}{p^\ominus}\right)^{\nu_B}=\frac{\frac{p(NH_3)}{p^\ominus}}{\left[\frac{p(N_2)}{p^\ominus}\right]^{\frac{1}{2}}\left[\frac{p(H_2)}{p^\ominus}\right]^{\frac{3}{2}}}$$

$$=\frac{\frac{2}{1+3+2}\times\frac{101.325\text{kPa}}{100\text{kPa}}}{\left(\frac{1}{1+3+2}\times\frac{101.325\text{kPa}}{100\text{kPa}}\right)^{\frac{1}{2}}\times\left(\frac{3}{1+3+2}\times\frac{101.325\text{kPa}}{100\text{kPa}}\right)^{\frac{3}{2}}}$$

$$=2.279$$

由式(3-6b) 求反应的 $\Delta_r G_m$

$$\Delta_r G_m=\Delta_r G_m^\ominus+RT\ln J_p$$
$$=-16.5\times10^3\text{J}\cdot\text{mol}^{-1}+8.314\text{J}\cdot\text{mol}^{-1}\cdot\text{K}^{-1}\times298.15\text{K}\times\ln2.279$$
$$=-14.46\text{kJ}\cdot\text{mol}^{-1}$$

因为 $\Delta_r G_m<0$，所以正向反应自发进行。

(2) 由式(3-10) 求 $K^\ominus$

$$K^\ominus=\exp\left(-\frac{\Delta_r G_m^\ominus}{RT}\right)=\exp\left(\frac{16500\text{J}\cdot\text{mol}^{-1}}{8.314\text{J}\cdot\text{mol}^{-1}\cdot\text{K}^{-1}\times298.15\text{K}}\right)=777.7$$

因为 $K^\ominus>J_p$，所以正向反应自发进行。

应当指出，$\Delta_r G_m$ 与 $\Delta_r G_m^\ominus$ 是不同的，主要表现在以下三个方面。

① $\Delta_r G_m$ 是化学反应系统在任意指定状态下的摩尔反应吉布斯函数，是决定反应进行方向的物理量，是方向判据；而 $\Delta_r G_m^\ominus$ 是参与反应的所有物质都处于标准态时的摩尔反应吉布斯函数，是决定反应限度的一个物理量，是限度判据。

② 温度一定时，$\Delta_r G_m$ 不是常数，还与参加反应的各物质的分压或活度有关，即与压力商 J_p 或活度商 J_a 有关；而 $\Delta_r G_m^\ominus$ 却是常数。

③ 式 $\Delta_r G_m^\ominus=-RT\ln K^\ominus$ 中，"="只意味着等号两边数值上的相等，只有计算意义，而不是状态上的等同，并不是反应达平衡时的吉布斯函数，反应达到平衡时，只有 $\Delta_r G_m=0$。

另外，在使用 $K^\ominus$ 时还应注意，因为吉布斯函数是广度性质，所以 $\Delta_r G_m^\ominus$ 的数值与化学反应计量关系式的书写形式有关，因而由式 $\Delta_r G_m^\ominus=-RT\ln K^\ominus$ 可知标准平衡常数 $K^\ominus$ 也必与化学反应计量关系式的书写形式有关，即 $K^\ominus$ 必须对应指定的化学反应计量关系式。

例如，理想气体反应

① $SO_2+\frac{1}{2}O_2 = SO_3$　　$\Delta_r G_{m,1}^\ominus=-RT\ln K_1^\ominus$

② $2SO_2+O_2 = 2SO_3$　　$\Delta_r G_{m,2}^\ominus=-RT\ln K_2^\ominus$

因为

$$\Delta_r G_{m,1}^\ominus=\frac{1}{2}\Delta_r G_{m,2}^\ominus$$

所以 $K_1^\ominus$ 与 $K_2^\ominus$ 的关系

$$(K_1^\ominus)^2=K_2^\ominus$$

同理可知，正、逆反应的标准平衡常数应互为倒数关系。

所以，如果不写出化学反应计量关系式，只给出化学反应的标准平衡常数是没有意义的。

3.2 平衡常数

由式(3-8) 可知，理想气体之间反应的标准平衡常数即是反应平衡时的压力商，推广到任

意物质的反应，标准平衡常数应为反应达平衡时的活度商，即

$$K^{\ominus}=J_a^{\mathrm{eq}}=\prod_{\mathrm{B}} a_{\mathrm{B}}^{\nu_{\mathrm{B}}}$$

由于不同状态的物质其活度的表达形式不尽相同，所以标准平衡常数的表达形式也不尽相同。本节只介绍理想气体反应以及有纯凝聚态物质参加的理想气体化学反应的平衡常数表示方法，其他反应的平衡常数如实际气体反应的平衡常数、理想溶液和非理想溶液中反应的平衡常数等都可作类似处理，本节不再详述，读者可自行推导，或参见有关参考书。

3.2.1 理想气体反应的平衡常数

理想气体反应达平衡时，可用式(3-8) 表示的标准平衡常数反映化学反应进行的限度。此外，为处理问题方便，还常用反应物和生成物的实际压力、物质的量分数或浓度代入计算，得到的平衡常数称为经验平衡常数，一般有单位。对任意化学反应 $0=\sum_{\mathrm{B}}\nu_{\mathrm{B}}\mathrm{B}$，常用的经验平衡常数主要有以下几种。

(1) 用分压表示的经验平衡常数 K_p，定义为

$$K_p=\prod_{\mathrm{B}}(p_{\mathrm{B}}^{\mathrm{eq}})^{\nu_{\mathrm{B}}} \tag{3-12}$$

代入 $K^{\ominus}$ 的表达式，得

$$K^{\ominus}=K_p\cdot\left(\frac{1}{p^{\ominus}}\right)^{\sum_{\mathrm{B}}\nu_{\mathrm{B}}} \tag{3-13}$$

可以看出，若 $\sum\nu_{\mathrm{B}}\neq 0$，$K_p$ 就有量纲，其单位为 $[\mathrm{Pa}]^{\sum\nu_{\mathrm{B}}}$。由于 $K^{\ominus}$ 仅是温度的函数，所以 K_p 也仅是温度的函数。

(2) 用物质的量浓度表示的平衡常数 K_c，定义为

$$K_c=\prod_{\mathrm{B}}(c_{\mathrm{B}}^{\mathrm{eq}})^{\nu_{\mathrm{B}}} \tag{3-14}$$

对于理想气体，$p_{\mathrm{B}}=n_{\mathrm{B}}RT/V=c_{\mathrm{B}}RT$，代入式(3-14) 和式(3-13)，得

$$K_c=K_p(RT)^{-\sum\nu_{\mathrm{B}}} \tag{3-15}$$

$$K^{\ominus}=K_c\cdot\left(\frac{RT}{p^{\ominus}}\right)^{\sum\nu_{\mathrm{B}}} \tag{3-16}$$

由上式可见，除了 $\sum\nu_{\mathrm{B}}=0$ 的反应外，K_c 是有量纲的量，其单位为 $[c]^{\sum\nu_{\mathrm{B}}}$，如当 c 的单位为 $\mathrm{mol\cdot dm^{-3}}$ 时，K_c 的单位为 $(\mathrm{mol\cdot dm^{-3}})^{\sum\nu_{\mathrm{B}}}$。另外，由于 $K^{\ominus}$ 仅是温度的函数，所以 K_c 也仅是温度的函数。

(3) 用物质的量分数表示的平衡常数 K_x，定义为

$$K_x=\prod_{\mathrm{B}}(x_{\mathrm{B}}^{\mathrm{eq}})^{\nu_{\mathrm{B}}} \tag{3-17}$$

式中，$x_{\mathrm{B}}^{\mathrm{eq}}$ 是平衡时组分 B 的摩尔分数。根据道尔顿 (Dalton) 分压定律，理想气体混合物中任一组分 B 的平衡分压 $p_{\mathrm{B}}=px_{\mathrm{B}}$，将此式代入 K_x 和 $K^{\ominus}$ 的表达式得

$$K_x=K_p p^{-\sum\nu_{\mathrm{B}}} \tag{3-18}$$

$$K^{\ominus}=K_x\cdot\left(\frac{p}{p^{\ominus}}\right)^{\sum\nu_{\mathrm{B}}} \tag{3-19}$$

显然，K_x 是量纲为 1 的量，虽然 K_p 仅是温度的函数，但 $p^{-\sum\nu_{\mathrm{B}}}$ 却是随着压力而变化的，因而 K_x 只是在恒定的温度与压力下才是常数，即 K_x 是 T、p 的函数。

(4) 用物质的量表示的平衡常数 K_n，定义为

$$K_n = \prod_{\mathrm{B}} (n_{\mathrm{B}}^{\mathrm{eq}})^{\nu_{\mathrm{B}}} \tag{3-20}$$

由于 $n_{\mathrm{B}} = x_{\mathrm{B}} \sum n_{\mathrm{B}}$，将此式代入 K_n 和 $K^\ominus$ 的表达式，并与式(3-18) 和式(3-19) 比较得

$$K_n = K_x (\sum n_{\mathrm{B}})^{\sum \nu_{\mathrm{B}}} = K_p \left(\frac{\sum n_{\mathrm{B}}}{p}\right)^{\sum \nu_{\mathrm{B}}} \tag{3-21}$$

$$K^\ominus = K_n \cdot \left(\frac{p}{p^\ominus \sum n_{\mathrm{B}}}\right)^{\sum \nu_{\mathrm{B}}} \tag{3-22}$$

可见，除了 $\sum \nu_{\mathrm{B}} = 0$ 的反应外，K_n 是有量纲的量，其单位为 $[\mathrm{mol}]^{\sum \nu_{\mathrm{B}}}$。由上式可以看出，对指定反应来说，$K_n$ 除与温度有关以外，还与系统的压力和总的物质的量有关。由于物质的量 n_{B} 与 p_{B}、x_{B} 不同，不具有浓度的内涵，因此不能将 K_n 称为平衡常数。但由于 K_n 与平衡组成密切相关，在化学平衡组成的分析计算中使用 K_n 常会带来许多方便，所以至今仍在沿用。

综上所述，$K^\ominus$ 与 K_p、K_c、K_x 和 K_n 的关系可归纳如下

$$K^\ominus = K_p \cdot \left(\frac{1}{p^\ominus}\right)^{\sum \nu_{\mathrm{B}}} = K_c \cdot \left(\frac{RT}{p^\ominus}\right)^{\sum \nu_{\mathrm{B}}} = K_x \cdot \left(\frac{p}{p^\ominus}\right)^{\sum \nu_{\mathrm{B}}} = K_n \cdot \left(\frac{p}{p^\ominus \sum n_{\mathrm{B}}}\right)^{\sum \nu_{\mathrm{B}}}$$

当 $\sum \nu_{\mathrm{B}} = 0$ 时

$$K^\ominus = K_p = K_x = K_n = K_c$$

【例 3-2】 已知理想气体反应：$4\mathrm{HCl(g)} + \mathrm{O_2(g)} = 2\mathrm{Cl_2(g)} + 2\mathrm{H_2O(g)}$，在 298.15K 和 $p^\ominus$ 时的 $K^\ominus = 2.216 \times 10^{13}$，试求 K_p 和 K_x。

解：因为 $K^\ominus = K_p \cdot \left(\frac{1}{p^\ominus}\right)^{\sum \nu_{\mathrm{B}}} = K_x \cdot \left(\frac{p}{p^\ominus}\right)^{\sum \nu_{\mathrm{B}}}$

$$\sum \nu_{\mathrm{B}} = (2+2) - (4+1) = -1$$

所以

$$K_p = K^\ominus \cdot (p^\ominus)^{\sum \nu_{\mathrm{B}}}$$

$$= 2.216 \times 10^{13} \times (10^5\,\mathrm{Pa})^{-1} = 2.216 \times 10^8\,\mathrm{Pa}^{-1}$$

$$K_x = K^\ominus \cdot \left(\frac{p^\ominus}{p}\right)^{\sum \nu_{\mathrm{B}}} = K^\ominus = 2.216 \times 10^{13}$$

3.2.2 有纯凝聚态物质参加的理想气体化学反应的平衡常数

有气相和凝聚相（液相、固体）共同参与的反应称为复相化学反应。本节讨论的复相反应除有气相外，还有纯态凝聚相参加。纯态凝聚相就是固态纯物质或液态纯物质。例如：

$$\mathrm{NH_4HCO_3(s)} = \mathrm{NH_3(g)} + \mathrm{H_2O(g)} + \mathrm{CO_2(g)}$$

$$\mathrm{H_2(g)} + \frac{1}{2}\mathrm{O_2(g)} = \mathrm{H_2O(l)}$$

$$\mathrm{NH_4HS(s)} = \mathrm{NH_3(g)} + \mathrm{H_2S(g)}$$

这类有纯态凝聚相参加的化学反应的标准平衡常数 $K^\ominus$ 的表示方法，可通过以下例子说明。

如对于复相反应

$$\mathrm{NH_4HCO_3(s)} = \mathrm{NH_3(g)} + \mathrm{H_2O(g)} + \mathrm{CO_2(g)}$$

如果此反应在一密闭容器中进行，则反应达平衡时

$$\Delta_{\mathrm{r}} G_{\mathrm{m}} = \sum_{\mathrm{B}} \nu_{\mathrm{B}} \mu_{\mathrm{B}} = 0$$

即
$$\mu(\mathrm{CO_2, g}) + \mu(\mathrm{H_2O, g}) + \mu(\mathrm{NH_3, g}) - \mu(\mathrm{NH_4HCO_3, s}) = 0$$

对于反应中的理想气体组分的化学势与该组分的分压力关系为

$$\mu_B=\mu_B^\ominus+RT\ln(p_B/p^\ominus)$$

对于纯凝聚相（纯固体或纯液体），一般规定在温度 T、压力 $p^\ominus$ 下的状态为标准态，且当压力 p 与 $p^\ominus$ 相差不大时，可忽略压力对凝聚相化学势的影响，即 μ(凝聚相)$=\mu^\ominus$(凝聚相)。所以上式可写为

$$\mu^\ominus(CO_2,g)+RT\ln\left[\frac{p(CO_2)}{p^\ominus}\right]+\mu^\ominus(H_2O,g)+RT\ln\left[\frac{p(H_2O)}{p^\ominus}\right]$$

$$+\mu^\ominus(NH_3,g)+RT\ln\left[\frac{p(NH_3)}{p^\ominus}\right]=\mu^\ominus(NH_4HCO_3,s)$$

将 $\mu^\ominus$ 项合并再整理，得

$$\left[\frac{p(NH_3)}{p^\ominus}\right]\left[\frac{p(H_2O)}{p^\ominus}\right]\left[\frac{p(CO_2)}{p^\ominus}\right]$$

$$=\exp\left\{-\frac{1}{RT}[\mu^\ominus(CO_2,g)+\mu^\ominus(H_2O,g)+\mu^\ominus(NH_3,g)-\mu^\ominus(NH_4HCO_3,s)]\right\} \quad (3\text{-}23)$$

对比式(3-10)，得

$$K^\ominus=\left[\frac{p(NH_3)}{p^\ominus}\right]\left[\frac{p(H_2O)}{p^\ominus}\right]\left[\frac{p(CO_2)}{p^\ominus}\right] \quad (3\text{-}24)$$

由此可见，对于有纯凝聚相参加的理想气体化学反应，表示该反应的标准平衡常数 $K^\ominus$ 时，只用气相中各组分的平衡分压即可，平衡常数表达式中不涉及纯态凝聚相。由式(3-23)可见，由于固体物质的标准态化学势也仅是温度的函数，所以复相反应的标准平衡常数也是温度的函数。

再如下列复相反应

$$CaCO_3(s)=\!=\!=CaO(s)+CO_2(g)$$

其反应物中只有一个纯凝聚相化合物，产物中只有一种气体。在一定温度下反应达平衡时，由上述讨论可知，此反应的标准平衡常数为

$$K^\ominus=p(CO_2)/p^\ominus \quad (3\text{-}25)$$

将温度 T 下的反应平衡系统中的 CO_2 的分压 $p(CO_2)$ 称为 $CaCO_3(s)$ 的分解压。一般来说，所谓分解压是指固体物质在一定温度下分解达到平衡时产物中气体的总压力。该例中，由于产物中只有一种气体产物 CO_2，所以 CO_2 的平衡分压 $p(CO_2)$ 即为 $CaCO_3(s)$ 分解反应的分解压。但若产物中不止一种气体，则分解压应为平衡时各气体产物分压之和。如前例中 NH_4HCO_3 的分解反应达平衡时，其分解压应为

$$p=p(NH_3)+p(H_2O)+p(CO_2)$$

由式(3-25) 可见，分解反应的分解压应为温度的函数。一般来说，分解压随温度升高而升高。把分解压与环境压力（通常为指 101.325kPa）相等时的温度称为分解温度。

注意：只有分解反应才有分解压。如反应：$Ag_2S(s)+H_2(g)=\!=\!=2Ag(s)+H_2S(g)$ 只是复相反应，不是分解反应，所以无分解压可言。

3.2.3 平衡常数的测定与计算

在化学平衡的计算中最基本的数据就是标准平衡常数 $K^\ominus$。$K^\ominus$ 可以通过实验测定平衡组成来求算，也可由 $\Delta_r G_m^\ominus$ 进行理论计算。

3.2.3.1 标准平衡常数的实验测定

测定一定温度下的 $K^\ominus$，即是测定该温度及某压力下一定原料配比时反应达到平衡时的组成。测定前首先要判断反应是否已达到平衡。一个已经达到平衡的反应系统应具有如下特点：

① 保持外界条件不变的情况下，系统组成不再随时间而变化；

② 在一定温度下，反应无论从反应物开始向正向进行，还是从生成物开始向逆向进行，达到平衡后，所得到的平衡常数都相等；

③ 在同样的反应条件下，任意改变参加反应的各物质的最初浓度，达平衡后所得到的平衡常数相同。

测定平衡系统中各组成的压力或浓度，可以采用物理法或化学法。

① 物理方法。直接测定平衡系统中与浓度或压力呈线性关系的物理量，如折射率、电导率、颜色、吸光度、定量的色谱图谱及核磁共振谱等，然后求出平衡组成。这种测定方法不干扰系统的平衡状态。

② 化学方法。如用骤冷、抽去催化剂或冲稀等方法使反应停留在原来的平衡状态，然后选用合适的化学分析方法直接测定出平衡组成。由于在加入试剂时可能会造成平衡的移动而产生误差，因而应采用种种手段使影响减小到最小。

【例 3-3】 将过量的固体 NH_4HS 放在 25℃ 的抽空容器中，NH_4HS 分解至平衡，测得容器内的压力为 6.67×10^4Pa，求此温度下 NH_4HS 分解反应的平衡常数。

解：NH_4HS 的分解反应为

$$NH_4HS(s) \rightleftharpoons NH_3(g) + H_2S(g)$$

这是一个有纯固体参加的复相化学反应。由于反应开始时只有反应物 $NH_4HS(s)$，所以达分解平衡时，系统的分解压 p 为

$$p = p(NH_3) + p(H_2S)$$

其中，

$$p(NH_3) = p(H_2S)$$

所以

$$p(NH_3) = p(H_2S) = \frac{1}{2}p = \frac{6.67\times10^4\,\text{Pa}}{2} = 3.335\times10^4\,\text{Pa}$$

则

$$K^\ominus = \frac{p(NH_3)}{p^\ominus}\times\frac{p(H_2S)}{p^\ominus} = \left(\frac{3.335\times10^4\,\text{Pa}}{10^5\,\text{Pa}}\right)^2 = 0.111$$

【例 3-4】 某体积可变的容器中，放入 1.564g N_2O_4 气体，此化合物在 25℃ 时部分分解，实验测得，在标准压力下，容器的体积为 0.485dm^3。求此温度下 N_2O_4 分解反应的标准平衡常数。

解：设 N_2O_4 气体反应前物质的量为 n_0，平衡时物质的量为 n，则

$$n_0 = (1.564/92.0)\,\text{mol} = 0.017\,\text{mol}$$

N_2O_4 气体的分解反应为	$N_2O_4(g) \rightleftharpoons$	$2NO_2(g)$
反应前物质的量	n_0	0
平衡时物质的量	n	$2(n_0-n)$

平衡时物质的量的总和

$$\sum n_B = 2n_0 - n = \frac{pV}{RT}$$

所以

$$n = 2n_0 - \frac{pV}{RT}$$

$$= 2\times0.017\,\text{mol} - \frac{10^5\times0.485\times10^{-3}}{8.314\times298.15}\,\text{mol}$$

$$= 0.014\,\text{mol}$$

则由式(3-22)

$$K^\ominus = K_n\cdot\left(\frac{p}{p^\ominus\sum n_B}\right)^{\sum\nu_B}$$

$$=\frac{[2(n_0-n)]^2}{n}\times\frac{p^\ominus}{p^\ominus(2n_0-n)}=\frac{4(n_0-n)^2}{n(2n_0-n)}=0.13$$

3.2.3.2 标准平衡常数的理论计算

根据式(3-10) $$K^\ominus=\exp\left(-\frac{\Delta_r G_m^\ominus}{RT}\right)$$

只要能设法求得给定温度下的 $\Delta_r G_m^\ominus$，即可计算出该温度下的 $K^\ominus$。计算 $\Delta_r G_m^\ominus$ 的方法主要有如下几种。

(1) 由标准摩尔生成吉布斯函数 $\Delta_f G_m^\ominus$ 计算

与标准摩尔生成焓 $\Delta_f H_m^\ominus$ 的定义类似，某物质B的标准摩尔生成吉布斯函数 $\Delta_f G_m^\ominus$ 的定义是：在温度 T 和标准压力下，由稳定单质生成1mol生成物B时的吉布斯函数的变化值，用符号 $\Delta_f G_m^\ominus$(B,相态,T) 表示。这里的温度为反应温度，通常298.15K时的数据在附录表Ⅵ中可以查到。根据这一定义，稳定单质的标准摩尔生成吉布斯函数都应等于0。

例如，有如下反应

$$\frac{1}{2}N_2(g,p^\ominus)+\frac{3}{2}H_2(g,p^\ominus)=\!=\!=NH_3(g,p^\ominus)$$

已知在298.15K时，该反应的 $\Delta_r G_m^\ominus=-16.635\text{kJ}\cdot\text{mol}^{-1}$，若将反应物（稳定单质）的 $\Delta_f G_m^\ominus$ 看作零，则

$$\Delta_r G_m^\ominus=\Delta_f G_m^\ominus(NH_3,g,298.15K)=-16.635\text{kJ}\cdot\text{mol}^{-1}$$

对于任一化学反应 $0=\sum_B \nu_B B$，可以通过下式计算 $\Delta_r G_m^\ominus$，即

$$\Delta_r G_m^\ominus=\sum_B \nu_B \Delta_f G_m^\ominus(B) \tag{3-26}$$

进而可以利用式(3-10) 计算反应的 $K^\ominus$。

(2) 用热力学函数的定义式求算

由定义式 $G=H-TS$ 可知，在等温下

$$\Delta G=\Delta H-T\Delta S$$

对于在等温和标准压力下进行的化学反应，当反应进度为1mol时，应有

$$\Delta_r G_m^\ominus=\Delta_r H_m^\ominus-T\Delta_r S_m^\ominus \tag{3-27}$$

如果反应温度为298.15K，利用附录表Ⅵ中的热力学数据 $\Delta_f H_m^\ominus$ 或 $\Delta_c H_m^\ominus$ 以及 $S_m^\ominus$ 分别求得 $\Delta_r H_m^\ominus$ 和 $\Delta_r S_m^\ominus$，从而根据式(3-27) 即可计算 $\Delta_r G_m^\ominus$ 值，进一步计算出 $K^\ominus$ 值。

(3) 利用几个有关化学反应的 $\Delta_r G_m^\ominus$ 值计算

由于吉布斯函数具有加和性，因此可以利用几个已知 $\Delta_r G_m^\ominus$ 值的有关化学反应通过运算得到所求化学反应的 $\Delta_r G_m^\ominus$ 值，再进一步计算所求反应的 $K^\ominus$ 值。

【例3-5】 实验测得下列同位素交换反应的标准平衡常数 $K^\ominus$ 为：

(1) $H_2+D_2=\!=\!=2HD$ $K_1^\ominus=3.27$

(2) $H_2O+D_2O=\!=\!=2HDO$ $K_2^\ominus=3.18$

(3) $H_2O+HD=\!=\!=HDO+H_2$ $K_3^\ominus=3.40$

试求20℃时反应 (4) $H_2O+D_2=\!=\!=D_2O+H_2$ 的 $\Delta_r G_m^\ominus$ 及 $K^\ominus$。

解：首先求反应 $H_2O+D_2=\!=\!=D_2O+H_2$ 的 $\Delta_r G_m^\ominus$。

因为化学反应方程式(4)=(1)+2×(3)−(2)，所以

$$\begin{aligned}\Delta_r G_m^\ominus(4)&=\Delta_r G_m^\ominus(1)+2\times\Delta_r G_m^\ominus(3)-\Delta_r G_m^\ominus(2)\\&=-(RT\ln K_1^\ominus+2RT\ln K_3^\ominus-RT\ln K_2^\ominus)\end{aligned}$$

$$=-RT\ln[K_1^{\ominus}(K_3^{\ominus})^2/K_2^{\ominus}]$$
$$=-RT\ln K^{\ominus}$$

故 $$K^{\ominus}=K_1^{\ominus}(K_3^{\ominus})^2/K_2^{\ominus}=3.27\times3.40^2/3.18=11.9$$

所以 $$\Delta_r G_m^{\ominus}=-RT\ln K^{\ominus}=-(8.314\times293.15\ln11.9)\text{J}\cdot\text{mol}^{-1}$$
$$=-6.03\text{kJ}\cdot\text{mol}^{-1}$$

3.2.4 平衡组成的计算

在计算平衡组成时常用到转化率这一术语。转化率是指转化了的某反应物的量占起始反应物的量的分数。在化学平衡中所说的转化率是指反应达平衡时的平衡转化率，也称为理论转化率或最高转化率。由于实际情况常常不能达到平衡，所以实际转化率常低于平衡转化率，而转化率的极限就是平衡转化率，即

$$\text{平衡转化率}=\frac{\text{达平衡后某反应物转化为产物的量}}{\text{该反应物原始的量}}\times100\% \tag{3-28}$$

若两反应物起始的物质的量之比与其化学计量系数之比相等，两反应物的转化率应相同，反之，则不同。

【例 3-6】 723K 时，合成氨反应 $1/2N_2(g)+3/2H_2(g)=\!=\!=NH_3(g)$ 的 $K^{\ominus}=6.1\times10^{-3}$，若原料组成中反应物 $N_2(g)$ 和 $H_2(g)$ 的物质的量之比为 1∶3，反应系统的总压保持在 100kPa，求反应达平衡时各物质的分压及平衡转化率。

解：设平衡时 $N_2(g)$ 的分压为 p，则

$$\frac{1}{2}N_2 \quad + \quad \frac{3}{2}H_2 \quad =\!=\!= \quad NH_3$$

各物质的平衡分压 $$p \qquad\qquad 3p \qquad\qquad 100\text{kPa}-4p$$

所以 $$K^{\ominus}=\frac{p(NH_3)/p^{\ominus}}{\left[\frac{p(N_2)}{p^{\ominus}}\right]^{\frac{1}{2}}\left[\frac{p(H_2)}{p^{\ominus}}\right]^{\frac{3}{2}}}=\frac{100-4p}{p^{\frac{1}{2}}(3p)^{\frac{3}{2}}}\cdot p^{\ominus}=6.1\times10^{-3}$$

解得 $$p=24.95\text{kPa}$$

所以 $$p(N_2)=p=24.95\text{kPa}$$
$$p(H_2)=3p=74.85\text{kPa}$$
$$p(NH_3)=100\text{kPa}-4p=0.20\text{kPa}$$

设反应的平衡转化率为 α，则

$$\frac{1}{2}N_2 \quad + \quad \frac{3}{2}H_2 \quad =\!=\!= \quad NH_3$$

	$\frac{1}{2}N_2$	$\frac{3}{2}H_2$	NH_3	
$t=0$ 时	1	3	0	
平衡时	$1-\alpha$	$3(1-\alpha)$	2α	$\sum n_B=4-2\alpha$
平衡分压	$\frac{1-\alpha}{4-2\alpha}\cdot p$	$\frac{3(1-\alpha)}{4-2\alpha}\cdot p$	$\frac{2\alpha}{4-2\alpha}\cdot p$	

则 $$K^{\ominus}=\frac{p(NH_3)/p^{\ominus}}{\left[\frac{p(N_2)}{p^{\ominus}}\right]^{\frac{1}{2}}\left[\frac{p(H_2)}{p^{\ominus}}\right]^{\frac{3}{2}}}=\frac{2\alpha(4-2\alpha)}{3^{\frac{3}{2}}(1-\alpha)^2}\times\frac{p^{\ominus}}{p}=6.1\times10^{-3}$$

解得 $$\alpha=0.00394$$

所以，反应的平衡转化率 $=\alpha\times100\%=0.39\%$

【例 3-7】 甲醇的催化合成反应可表示为

$$CO(g)+2H_2(g)=\!=\!=CH_3OH(g)$$

已知，在523K时该反应的$\Delta_r G_m^\ominus = 26.263\text{kJ}\cdot\text{mol}^{-1}$。若原料气中，CO(g)和$H_2(g)$的物质的量之比为1∶2，在523K和$10^5$Pa压力下，反应达成平衡。试求：(1) 该反应的平衡常数；(2) 反应的平衡转化率；(3) 平衡时各物质的物质的量分数。

解：(1) 因为$\Delta_r G_m^\ominus = -RT\ln K^\ominus$，所以

$$K^\ominus = \exp\left(\frac{-\Delta_r G_m^\ominus}{RT}\right) = \exp\left(\frac{-26263}{8.314\times 523}\right) = 2.38\times 10^{-3}$$

(2) 设CO(g)平衡转化率为α，有

$$
\begin{array}{lcccc}
 & CO(g) & +2H_2(g) & = & CH_3OH(g) \\
t=0 & 1 & 2 & & 0 \\
\text{平衡时} & 1-\alpha & 2(1-\alpha) & & \alpha \quad \sum n_B = 3-2\alpha \\
\text{平衡分压} & \dfrac{1-\alpha}{3-2\alpha}\cdot p & \dfrac{2-2\alpha}{3-2\alpha}\cdot p & & \dfrac{\alpha}{3-2\alpha}\cdot p
\end{array}
$$

因为$p = p^\ominus$，所以

$$K^\ominus = \frac{\dfrac{\alpha}{3-2\alpha}}{\left(\dfrac{1-\alpha}{3-2\alpha}\right)\left(\dfrac{2-2\alpha}{3-2\alpha}\right)^2} = \frac{\alpha(3-2\alpha)^2}{4(1-\alpha)^3} = 2.38\times 10^{-3}$$

解得平衡转化率$\alpha = 1.04\times 10^{-3}$。

(3) 平衡时各物质的物质的量分数

$$x(CO,g) = \frac{1-\alpha}{3-2\alpha} = 0.3332$$

$$x(H_2,g) = \frac{2(1-\alpha)}{3-2\alpha} = 0.6664$$

$$x(CH_3OH,g) = \frac{\alpha}{3-2\alpha} = 0.0004$$

3.3 温度及其他因素对化学平衡的影响

化学平衡是动态平衡，由式(3-11)及其讨论可知，对于已经处于平衡状态的化学反应，$J_a = K^\ominus$，当条件改变时，$J_a \neq K^\ominus$，平衡就会打破，反应会在新的条件下建立新的平衡，即平衡发生了移动。影响平衡移动的因素很多，除温度以外，对于有气体参加的反应，还有压力、加入惰性组分、反应物的配比等其他因素。但是，温度和其他因素导致$J_a \neq K^\ominus$的原因不同。由于$K^\ominus$只是温度的函数，温度改变，$K^\ominus$就改变，从而导致$K^\ominus$与J_a不再相等，使平衡发生了移动；而在温度不变的条件下，$K^\ominus$一定，其他因素的改变有可能改变J_a而使J_a不再与$K^\ominus$相等，而使平衡发生了移动。

3.3.1 温度对标准平衡常数的影响

通常由标准热力学函数$\Delta_f H_m^\ominus$、$\Delta_c H_m^\ominus$、$S_m^\ominus$或$\Delta_f G_m^\ominus$求得的化学反应的$\Delta_r G_m^\ominus$多是在25℃下的值，再由$\Delta_r G_m^\ominus = -RT\ln K^\ominus$求得的标准平衡常数$K^\ominus$也是25℃下的值。因此，若想求出其他温度$T$下的$K^\ominus(T)$，就要研究温度对$K^\ominus$的影响。

根据吉布斯-亥姆霍兹方程式(1-112)，若参加反应的物质均处于标准态，则有

$$\frac{d(\Delta_r G_m^\ominus/T)}{dT} = -\frac{\Delta_r H_m^\ominus}{T^2}$$

因为$\Delta_r G_m^\ominus = -RT\ln K^\ominus$，代入上式整理得

$$\frac{\mathrm{d}\ln K^{\ominus}}{\mathrm{d}T}=\frac{\Delta_r H_m^{\ominus}}{RT^2} \tag{3-29}$$

此式称为范特霍夫（van't Hoff）等压方程，该方程表明了温度对标准平衡常数的影响与反应的标准摩尔反应焓有关。

由范特霍夫等压方程可以看出：对于吸热反应，$\Delta_r H_m^{\ominus}>0$，$\frac{\mathrm{d}\ln K^{\ominus}}{\mathrm{d}T}>0$，即 $K^{\ominus}$ 随温度的上升而增大，升高温度将使已达平衡的化学反应向生成产物的方向移动；对于放热反应，$\Delta_r H_m^{\ominus}<0$，$\frac{\mathrm{d}\ln K^{\ominus}}{\mathrm{d}T}<0$，即 $K^{\ominus}$ 随温度的上升而减小，升高温度将使已达平衡的化学反应向生成反应物的方向移动。或换句话说，升高温度时化学平衡将朝着吸热反应方向移动，降低温度时化学平衡将朝着放热反应方向移动。这与勒夏特列的平衡移动原理完全一致。

将式(3-29) 积分，可分为以下两种情况讨论。

① 若温度变化不大，或是 $\Delta_r C_{p,m}\approx 0$ 时，$\Delta_r H_m^{\ominus}$ 可以看作常数，将式(3-29) 积分

$$\int_{K_1^{\ominus}}^{K_2^{\ominus}}\mathrm{d}\ln K^{\ominus}=\int_{T_1}^{T_2}\frac{\Delta_r H_m^{\ominus}}{RT^2}\mathrm{d}T$$

得定积分式

$$\ln\frac{K_2^{\ominus}}{K_1^{\ominus}}=-\frac{\Delta_r H_m^{\ominus}}{R}\left(\frac{1}{T_2}-\frac{1}{T_1}\right) \tag{3-30}$$

已知 $\Delta_r H_m^{\ominus}$ 及 T_1 下的 $K_1^{\ominus}$，即可由此式进行有关 T_2 及 $K_2^{\ominus}$ 之间的计算。

若将式(3-29) 做不定积分，得

$$\ln K^{\ominus}=-\frac{\Delta_r H_m^{\ominus}}{RT}+C \tag{3-31}$$

式中，C 是积分常数，如有多组 T 下的 $K^{\ominus}$ 数据，作 $\ln K^{\ominus}$-$1/T$ 图可得一直线，由直线的斜率及截距即可确定反应的 $\Delta_r H_m^{\ominus}$ 及 C。

② 若温度变化较大，$\Delta_r C_{p,m}\neq 0$ 时，则必须考虑 $\Delta_r H_m^{\ominus}$ 与 T 的关系。若参加化学反应的任一种物质均有

$$C_{p,m}=a+bT+cT^2$$

则

$$\Delta_r C_{p,m}=\Delta_r a+\Delta_r bT+\Delta_r cT^2$$

由基希霍夫公式(1-33c) 可知，化学反应的标准摩尔反应焓 $\Delta_r H_m^{\ominus}$ 与 T 的关系为

$$\begin{aligned}\Delta_r H_m^{\ominus}(T)&=\Delta H_0+\int\Delta_r C_{p,m}\mathrm{d}T\\&=\Delta H_0+\Delta_r aT+\frac{\Delta_r bT^2}{2}+\frac{\Delta_r cT^3}{3}\end{aligned}$$

将此式代入范特霍夫等压方程的微分式(3-29) 积分

$$\int\mathrm{d}\ln K^{\ominus}=\int\frac{\Delta_r H_m^{\ominus}}{RT^2}\mathrm{d}T$$

得不定积分式

$$\ln K^{\ominus}(T)=-\frac{\Delta H_0}{RT}+\frac{\Delta a}{R}\ln T+\frac{1}{2R}\Delta bT+\frac{1}{6R}\Delta cT^2+I \tag{3-32}$$

此式即为 $K^{\ominus}$ 与 T 的函数关系式。式中 I 是积分常数，可由某一温度 T 下的 $K^{\ominus}$ 值代入上式求得，进而可求得任意温度下的 $K^{\ominus}(T)$。

又因 $\Delta_r G_m^{\ominus}=-RT\ln K^{\ominus}$，将上式两边同乘以 $-RT$，可得 $\Delta_r G_m^{\ominus}$ 与温度 T 的关系式

$$\Delta_r G_m^{\ominus}(T)=\Delta H_0-\Delta aT\ln T-\Delta bT^2/2-\Delta cT^3/6-IRT$$

式中，积分常数 I 也可由一定温度（通常为25℃）下已知 $\Delta_r G_m^{\ominus}$ 代入求得。

以碳酸钙的分解反应为例，温度的改变会影响到其是否会分解。自然界中许多大理石建筑，如著名的北京故宫博物院的大理石台阶、意大利的米兰大教堂等在自然界中不会因为风吹日晒而毁坏，而另一方面，人们又可以通过煅烧石灰石制取氧化钙。我们通过下面例题的计算具体分析一下温度对碳酸钙分解反应的影响。

【例3-8】反应 $CaCO_3$(s,方解石)══ $CaO(s)+CO_2(g)$ 有关数据如下：

物质	$\Delta_f H_m^{\ominus}(298K)/kJ\cdot mol^{-1}$	$S_m^{\ominus}(298K)/J\cdot K^{-1}\cdot mol^{-1}$	$C_{p,m}(298K)/J\cdot K^{-1}\cdot mol^{-1}$
$CaCO_3$(s,方解石)	−1206.92	92.9	81.0
CaO(s)	−635.09	39.75	43.0
CO_2(g)	−393.51	213.74	38.0

[$C_{p,m}(T)$ 可近似取 $C_{p,m}(298K)$ 的值]

计算：(1) 该反应 $\Delta_r G_m^{\ominus}$ 与 T 的关系；

(2) 设系统温度为127℃，总压为101325Pa的空气中，CO_2 的浓度为 $y(CO_2)=0.01$，系统中 $CaCO_3$(s) 能否分解为 CaO(s) 和 CO_2(g)?

(3) 求在上述系统中 $CaCO_3$ 能够分解的最低温度。

(4) 求 $CaCO_3$(s) 的分解温度。

解：(1) 由表中所给热力学数据可求得

$$\Delta_r H_m^{\ominus}(298K)=[-393.51-635.09-(-1206.92)]kJ\cdot mol^{-1}$$
$$=178.32kJ\cdot mol^{-1}$$
$$\Delta_r S_m^{\ominus}(298K)=[213.74+39.75-92.9]J\cdot K^{-1}\cdot mol^{-1}=160.59J\cdot K^{-1}\cdot mol^{-1}$$
$$\Delta_r C_{p,m}(298K)=[38.0+43.0-81.0]J\cdot K^{-1}\cdot mol^{-1}=0$$

因为 $\Delta_r C_{p,m}=0$，所以 $\Delta_r H_m^{\ominus}$ 和 $\Delta_r S_m^{\ominus}$ 皆不随温度变化而变，则该反应 $\Delta_r G_m^{\ominus}$ 与 T 的关系为：

$$\Delta_r G_m^{\ominus}(T)=\Delta_r H_m^{\ominus}-T\Delta_r S_m^{\ominus}=(-160.59T+178.32\times10^3)J\cdot mol^{-1}$$

(2) 在系统温度 $T=(127+273)K=400K$ 时

$$\Delta_r G_m^{\ominus}(400K)=(-160.59\times400+178.32\times10^3)J\cdot mol^{-1}=114084J\cdot mol^{-1}$$

根据化学反应等温方程式(3-6b)

$$\Delta_r G_m(400K)=\Delta_r G_m^{\ominus}(400K)+RT\ln J_p$$
$$=[114084+8.314\times400\ln\frac{0.01\times101325}{100000}]J\cdot mol^{-1}$$
$$=98813J\cdot mol^{-1}$$

因为 $\Delta_r G_m(400K)>0$，所以 $CaCO_3$(s) 在127℃的空气中不能分解为 CaO(s) 和 CO_2(g)。大理石建筑在自然界环境中能够稳定存在。

(3) $CaCO_3$(s) 要在上述系统中分解，则需 $\Delta_r G_m\leqslant0$。即

$$\Delta_r G_m^{\ominus}+RT\ln J_p\leqslant0$$

故
$$-160.59T/K+178.32\times10^3+8.314T/K\ln\frac{0.01\times101325}{100000}\leqslant0$$

解得
$$-198.77T/K\leqslant-178.32\times10^3$$

所以
$$T\geqslant897.1K$$

即 $CaCO_3$(s) 在上述系统中分解的最低温度应为897.1K，即624℃。

(4) $CaCO_3$(s) 的分解压是当环境中 CO_2 的分压为101.325kPa时所对应的分解反应的温度，即 $-160.59T/K+178.32\times10^3+8.314T/K\ln\frac{101325Pa}{100000Pa}=0$

解得 $$T=1111.2\text{K}$$

故 $CaCO_3$(s) 的分解温度为 1111.2K，即 838℃。在实际生产中，常将石灰石和燃料装入石灰窑，预热后至 850℃ 开始分解，到 1200℃ 完成煅烧，再经冷却后，卸出窑外，即完成氧化钙产品的生产。石灰窑的温度控制与上述理论计算结果非常接近。

利用范特霍夫等压方程的不定积分式(3-31)，还可以计算反应的热力学量。

【例 3-9】某反应平衡常数与温度的关系式为 $\ln K^{\ominus}=\dfrac{4567}{T}+8.5$，求 100℃ 时该反应的 $\Delta_r S_m^{\ominus}$。

解：因为 $\ln K^{\ominus}=-\dfrac{\Delta_r H_m^{\ominus}}{RT}+C$，与题目中所给反应平衡常数与温度的关系式对比，可得

$$-\frac{\Delta_r H_m^{\ominus}}{RT}=\frac{4567}{T}$$

整理得
$$\begin{aligned}\Delta_r H_m^{\ominus}&=-4567R=-4567\text{K}\times 8.314\text{J}\cdot\text{mol}^{-1}\cdot\text{K}^{-1}\\&=-37970.0\text{J}\cdot\text{mol}^{-1}\end{aligned}$$

由式(3-9) 得
$$\begin{aligned}\Delta_r G_m^{\ominus}&=-RT\ln K^{\ominus}=-4567R-8.5RT\\&=(-4567\times 8.314-8.5\times 8.314\times 373.2)\text{J}\cdot\text{mol}^{-1}\\&=-64343.7\text{J}\cdot\text{mol}^{-1}\end{aligned}$$

又因为
$$\Delta_r G_m^{\ominus}=\Delta_r H_m^{\ominus}-T\Delta_r S_m^{\ominus}$$

所以
$$\begin{aligned}\Delta_r S_m^{\ominus}&=(\Delta_r H_m^{\ominus}-\Delta_r G_m^{\ominus})/T\\&=(-37970.0\text{J}\cdot\text{mol}^{-1}+64343.7\text{J}\cdot\text{mol}^{-1})/373.2\text{K}\\&=70.669\text{J}\cdot\text{K}^{-1}\cdot\text{mol}^{-1}\end{aligned}$$

3.3.2 其他因素对理想气体化学平衡的影响

温度对化学平衡的影响体现在温度对 $K^{\ominus}$ 的影响，当反应温度不变时，改变平衡系统的其他条件，如改变压力或在恒压下添加惰性组分等都将影响理想气体反应的平衡态。与温度的影响不同的是，这些因素对平衡体系的影响只是使平衡发生移动，而不影响平衡常数的大小。下面分别进行讨论。

其他因素对化学平衡的影响

3.3.2.1 压力对化学平衡的影响

对于理想气体化学反应，温度一定，则 $K^{\ominus}$ 与压力无关，所以反应系统压力的改变不会影响标准平衡常数，但可能会改变平衡组成，使平衡发生移动。

由式(3-13) 和式(3-19) 知

$$K^{\ominus}=K_p\cdot\left(\frac{1}{p^{\ominus}}\right)^{\sum\nu_B}=K_x\cdot\left(\frac{p}{p^{\ominus}}\right)^{\sum\nu_B}$$

当 $\sum\nu_B\neq 0$ 时，总压 p 改变，将导致 K_x 改变，从而改变平衡组成，使平衡发生移动。

对 $\sum\nu_B<0$ 的反应（分子数减少），当反应系统压力 p 增大时，$(p/p^{\ominus})^{\sum\nu_B}$ 随压力增大而变小，因 $K^{\ominus}$ 为定值，所以，K_x 必须增大才能与 $(p/p^{\ominus})^{\sum\nu_B}$ 的乘积等于 $K^{\ominus}$。K_x 增大，表明在新的平衡总压下，产物在新的平衡态中所占比例大于原平衡状态，平衡应向生成产物的方向移动。

反之，对于 $\sum\nu_B>0$ 的反应（分子数增加），当 p 增大时，$(p/p^{\ominus})^{\sum\nu_B}$ 随压力增大而增

大，只有 K_x 变小才能与 $(p/p^{\ominus})^{\sum\nu_B}$ 的乘积等于 $K^{\ominus}$。K_x 变小说明在新的平衡总压下，产物的物质的量分数减少而反应物的物质的量分数增加，平衡应向生成反应物的方向移动。

对于 $\sum\nu_B=0$ 的反应，$(p/p^{\ominus})^{\sum\nu_B}=1$，因此 $K^{\ominus}=K_x$，压力的改变对平衡没有影响。

总之，压力对化学平衡的影响为：增加压力，平衡总是向气体分子数（或气体体积）减小的方向移动。

对于凝聚相反应，在压力不太大时，因压力的改变对系统体积的影响不大，故压力影响可以忽略不计。

【例 3-10】 苯乙烯是合成橡胶和塑料工业的重要原料，可通过乙苯脱氢反应制备苯乙烯。已知乙苯脱氢制苯乙烯的反应 $C_6H_5C_2H_5(g) \longrightarrow C_6H_5C_2H_3(g)+H_2(g)$，在 527℃时，$K_p=4.750\text{kPa}$，试计算乙苯在 101.325kPa 和 10.13kPa 压力下的理论转化率和苯乙烯的物质的量分数。

解：设反应前 $C_6H_5C_2H_5$ 的物质的量为 1mol，平衡转化率为 α。反应前和平衡时各物质的物质的量如下：

	$C_6H_5C_2H_5(g) \longrightarrow$	$C_6H_5C_2H_3(g)+$	$H_2(g)$
反应前物质的量	1	0	0
平衡时物质的量	$1-\alpha$	α	α

当反应达到平衡时，总物质的量为 $\sum n_B=1+\alpha$，该反应的 K_p 根据式(3-21) 为

$$K_p=K_n\left(\frac{p}{\sum n_B}\right)^{\sum\nu_B}=\frac{\alpha\cdot\alpha}{1-\alpha}\times\frac{p}{1+\alpha}=\frac{\alpha^2 p}{1-\alpha^2}$$

(1) 当 $p=101.325\text{kPa}$ 时

$$K_p=\frac{\alpha^2\times101.325}{1-\alpha^2}=4.750$$

解得
$$\alpha=0.211, x(\text{苯乙烯})=\frac{\alpha}{1+\alpha}=\frac{0.211}{1+0.211}=0.174$$

(2) 当 $p=10.13\text{kPa}$ 时

$$K_p=\frac{\alpha^2\times10.13}{1-\alpha^2}=4.750$$

解得
$$\alpha=0.565, x(\text{苯乙烯})=\frac{0.565}{1+0.565}=0.364$$

可见，低压有利于提高乙苯脱氢制苯乙烯反应的转化率。

3.3.2.2 惰性气体对化学平衡的影响

惰性气体是指系统内不参加反应的组分，其对反应平衡的影响，可以通过 K_n 与 $K^{\ominus}$ 的关系来分析。由式(3-22)

$$K^{\ominus}=K_n\cdot\left(\frac{p}{p^{\ominus}\sum n_B}\right)^{\sum\nu_B}$$

可知在 T、p 一定的条件下，对于 $\sum\nu_B\neq0$ 的反应，加入惰性气体，对 K_n 有影响。

对于 $\sum\nu_B<0$ 的反应，惰性气体的加入使 $\sum n_B$ 变大，于是 $(p/p^{\ominus}\sum n_B)^{\sum\nu_B}$ 增大，K_n 必须变小才与 $(p/p^{\ominus}\sum n_B)^{\sum\nu_B}$ 的乘积等于 $K^{\ominus}$（温度一定，$K^{\ominus}$不变）。故使平衡向反应物方向移动。也就是说，加入惰性气体所起的作用相当于反应系统总压减小，即增加惰性气体有利于气体物质的量增大的反应，不利于气体物质的量减小的反应。例如合成氨反应

$$1/2N_2(g)+3/2H_2(g) \longrightarrow NH_3(g)$$

惰性气体的加入对氨的生成不利，因此生产中不希望惰性气体存在，而原料气中常含有甲烷和氩等惰性气体，由于原料气是循环使用的，当甲烷和氩积累过多时，就会影响氨的产率。因此每隔一段时间，就要对原料气进行一定的处理。

反之，对于$\sum\nu_B>0$的反应，加入惰性气体能增加产物。例如乙苯脱氢制苯乙烯反应：$C_6H_5C_2H_5(g)=\!=\!=C_6H_5C_2H_3(g)+H_2(g)$，是$\sum\nu_B>0$的反应，为了有利于苯乙烯的生成，通常加入大量惰性气体水蒸气。

总之，加入惰性气体对化学平衡的影响为：增加惰性气体有利于气体物质的量增大的反应。

需注意的是，上述讨论都是在总压p一定的条件下，若反应体系是在一个刚性容器中，加入惰性组分将使总压增大，而参加反应的各气体分压不变，反应系统的J_p不变，则平衡不移动。

对于例3-10中提到的乙苯脱氢制备苯乙烯的反应，为了提高乙苯的转化率，可以通过加入廉价的惰性组分水蒸气来实现。中国石油化工股份有限公司上海石油化工研究院研究得出在乙苯脱氢制苯乙烯催化反应体系中乙苯与水蒸气的物质的量比为1∶9.4至1∶11.8时，乙苯具有较高的转化率。

【例3-11】 已知乙苯脱氢制苯乙烯反应$C_6H_5C_2H_5(g)=\!=\!=C_6H_5C_2H_3(g)+H_2(g)$，在527℃时，$K_p=4.750\text{kPa}$，在原料中掺入水蒸气，乙苯与水蒸气的数量比为1∶11，试计算乙苯在101.325kPa压力下的理论转化率和苯乙烯的摩尔分数。

解：设反应前$C_6H_5C_2H_5$的物质的量为1mol，平衡转化率为α。反应前和平衡时各物质的物质的量如下：

	$C_6H_5C_2H_5(g)=\!=\!=$	$C_6H_5C_2H_3(g)+$	$H_2(g)$	(H_2O)
反应前物质的量	1	0	0	11
平衡时物质的量	$1-\alpha$	α	α	11

当反应达到平衡时，总物质的量为$\sum n_B=12+\alpha$，根据式(3-21)知

$$K_p=K_n\left(\frac{p}{\sum n_B}\right)^{\sum\nu_B}=\frac{\alpha^2}{1-\alpha}\times\frac{p}{12+\alpha}$$

所以

$$K_p=\frac{\alpha^2\times101.325}{(1-\alpha)(12+\alpha)}=4.750$$

解得

$$\alpha=0.527,x(\text{苯乙烯})=\frac{\alpha}{1+\alpha}=\frac{0.527}{1+0.527}=0.345$$

与例3-10比较可见，同是在527℃和101.325kPa压力下，在原料中加入惰性组分水蒸气，可显著提高乙苯脱氢制苯乙烯反应的转化率。

3.3.2.3 反应物的配比对化学平衡的影响

对于气相化学反应

$$a\text{A}+b\text{B}=\!=\!=y\text{Y}+z\text{Z}$$

若原料气中只有反应物而无产物，令反应物的物质的量之比$n_B/n_A=r$，其变化范围为$0<r<\infty$。在维持总压力相同的情况下，随着r的增加，气体A的转化率增加，而气体B的转化率减少。但产物在混合气体中的平衡含量随着r的增加，存在一极大值。可以证明，当$r=b/a$，即原料气中两种气体物质的量之比等于化学计量比时，产物Y、Z在混合气体中的含量（摩尔分数）为最大。

因此，如在合成氨反应中，总是使原料气中氢气与氮气的体积比为3∶1，以使产物氨的含量最高。表3-1和图3-2分别列出了在500℃，30.4MPa平衡混合物中氨的体积分数$\varphi(NH_3)$与原料气的物质的量之比r的关系。

表 3-1 500℃、30.4MPa 下，不同氢氮比时混合气中氨的平衡含量

$r=n(H_2)/n(N_2)$	1	2	3	4	5	6
$\varphi(NH_3)/\%$	18.8	25.0	26.4	25.8	24.2	22.2

如果两种原料气中，B 气体较 A 气体便宜，而 B 气体又容易从混合气体中分离，那么根据平衡移动原理，为了充分利用 A 气体，可以使 B 气体大大过量，以尽量提高 A 的转化率。这样做虽然在混合气体中产物的含量低了，但经过分离便得到更多的产物，在经济上还是有益的。

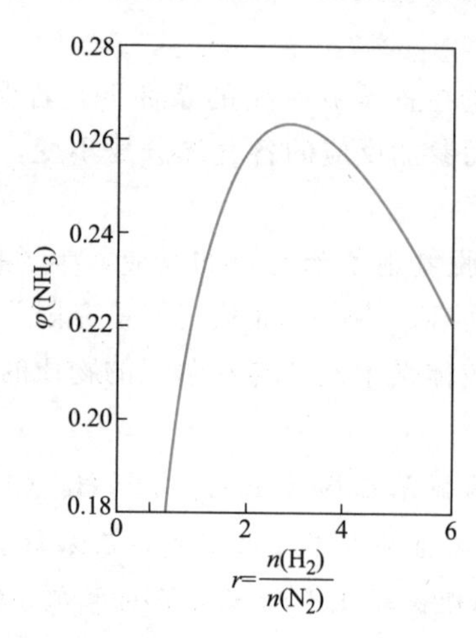

图 3-2 合成氨反应中氨的平衡含量 $\varphi(NH_3)$ 与原料气物质的量之比 r 之间的关系

同时反应平衡组成的计算

3.4 同时反应平衡组成的计算

实际反应系统中进行的化学反应不一定只有一个，可能有两个或两个以上。反应系统中某反应组分同时参加两个以上化学反应时，则称为同时反应。如果几个反应相互之间没有线性组合的关系，那么这几个反应就是独立反应。当系统中存在多个反应时，各个化学反应应同时达到平衡，即系统中任一种化学物质的组成必须同时满足每一个反应的平衡常数，称为同时反应平衡。例如在一定条件下，在容器中进行碳的氧化反应，反应系统中发生以下四个反应

$$C(s)+O_2(g) \longrightarrow CO_2(g) \quad ①$$

$$C(s)+1/2O_2(g) \longrightarrow CO(g) \quad ②$$

$$CO(g)+1/2O_2(g) \longrightarrow CO_2(g) \quad ③$$

$$C(s)+CO_2(g) \longrightarrow 2CO(g) \quad ④$$

$C(s)$、$O_2(g)$、$CO_2(g)$ 及 $CO(g)$ 均参加了上述四个反应中两个以上的反应。因此，计算这种同时反应平衡系统的组成，须遵守以下几条原则。

（1）首先要确定反应系统中发生的化学反应哪些是独立的。如上所举的碳的氧化反应，发生的反应有四个，但并不都是独立的。反应③可由反应①减去反应②得到，反应④则可由反应②×2 减去反应①而得，所以只有两个是独立的。在计算时，选用哪两个作为独立化学反应，原则上都可以，但一般选用计算最简便的。因此，反应系统中若几个反应相互间没有线性组合关系，则这几个反应均是独立反应。当反应系统中同时存在的反应数目较多时，介绍一个在大多数情况下适用的经验规则：独立反应数＝系统的物种数－元素数。例如，上述碳的氧化反应系统中，物种数为 4（C，O_2，CO，CO_2），而系统中所含的元素数为 2（C 与 O），故独立反应数为 2。但是，如能用线性组合即能做出简单判别时就不用此规则。

（2）同时平衡系统中任一组分的浓度或分压只有一个，且同时满足所参加的化学反应的

平衡常数关系式。如 H_2S 的电离平衡：

$$H_2S \longrightarrow H^+ + HS^- \qquad K^{\ominus}_{H_2S,1}=\frac{\dfrac{c(H^+)}{c^{\ominus}}\times\dfrac{c(HS^-)}{c^{\ominus}}}{\dfrac{c(H_2S)}{c^{\ominus}}}$$

$$HS^- \longrightarrow H^+ + S^{2-} \qquad K^{\ominus}_{H_2S,2}=\frac{\dfrac{c(H^+)}{c^{\ominus}}\times\dfrac{c(S^{2-})}{c^{\ominus}}}{\dfrac{c(HS^-)}{c^{\ominus}}}$$

$$H_2S \longrightarrow 2H^+ + S^{2-} \qquad K^{\ominus}_{H_2S}=K^{\ominus}_{H_2S,1}K^{\ominus}_{H_2S,2}=\frac{\left[\dfrac{c(H^+)}{c^{\ominus}}\right]^2\times\dfrac{c(S^{2-})}{c^{\ominus}}}{\dfrac{c(H_2S)}{c^{\ominus}}}$$

同时平衡时同一个组分的浓度，如 H^+ 离子浓度，在上列各个平衡常数表达式中只有一个值。

(3) 同时反应平衡系统中某一化学反应的平衡常数 $K^{\ominus}$，与同温度下该反应单独存在时的标准平衡常数 $K^{\ominus}$ 相同。

下面通过一个具体的例题来看有关同时平衡时的组成计算。

【例 3-12】 已知 300K、100kPa 下的同时反应

① $C(g)+D(g) \longrightarrow A(g)+B(g)$ $\qquad K_1^{\ominus}=1$

② $C(g)+D(g) \longrightarrow E(g)$ $\qquad K_2^{\ominus}=?$

若取等物质的量的 C(g) 和 D(g) 进行上述反应，平衡时测得系统的体积为开始的 80%，求：(1) 平衡时混合物的组成；(2) 反应 $2E(g) \longrightarrow 2A(g)+2B(g)$ 的 $\Delta_r G^{\ominus}_{m,3}$。

解：(1) 设反应初始时系统中 C(g)、D(g) 的物质的量分别为 1mol，同时平衡时各物质的量如下

	C(g)	+ D(g)	══A(g)	+ B(g)	C(g)	+ D(g)	══E(g)
开始时	1	1	0	0	1	1	0
平衡时	$1-x-y$	$1-x-y$	x	x	$1-x-y$	$1-x-y$	y

当反应达到平衡时，物质的总量为 $\sum n_B=2-y$，根据式(3-22)

对于反应①
$$K_1^{\ominus}=K_{n,1}\left(\frac{p}{p^{\ominus}\sum n_B}\right)^{\sum\nu_B}=\frac{x^2}{(1-x-y)^2}=1$$

对于反应②
$$K_2^{\ominus}=K_{n,2}\left(\frac{p}{p^{\ominus}\sum n_B}\right)^{\sum\nu_B}=\frac{y(2-y)}{(1-x-y)^2}$$

又因为 $\dfrac{\text{平衡时总的物质的量}}{\text{开始时物质的量}}=\dfrac{\text{平衡时的体积}}{\text{开始时的体积}}$，即

$$\frac{2-y}{2}=\frac{0.8}{1}$$

解得
$$y=0.4$$

将 $y=0.4$ 代入上述反应①的平衡常数表达式中，求得

$$x=0.3$$

所以平衡时混合物中各组分的物质的量分数分别为

$$x_C=x_D=\frac{1-x-y}{2-y}=0.1875$$

$$x_E=\frac{y}{2-y}=0.250$$

$$x_A = x_B = \frac{x}{2-y} = 0.1875$$

（2）将 $x=0.3$ 和 $y=0.4$ 代入反应②的平衡常数表达式中，求得

$$K_2^{\ominus} = \frac{y(2-y)}{(1-x-y)^2} = 7.11$$

由于反应 $2E(g) \xlongequal{} 2A(g)+2B(g)$ 可由反应①×2－②×2 得到，所以

$$K_3^{\ominus} = \left(\frac{K_1^{\ominus}}{K_2^{\ominus}}\right)^2 = 0.0198$$

故
$$\Delta_r G_{m,3}^{\ominus} = -RT\ln K_3^{\ominus} = 9782\text{J}\cdot\text{mol}^{-1}$$

思考题

1. 判断下列说法是否正确，为什么？

（1）根据公式 $\Delta_r G_m^{\ominus} = -RT\ln K^{\ominus}$，所以说 $\Delta_r G_m^{\ominus}$ 是平衡状态时吉布斯函数的变化值。

（2）某一反应的 $\Delta_r G_m^{\ominus} = -150\text{J}\cdot\text{mol}^{-1}$，所以该反应一定能正向进行。

（3）对于 $\sum\nu_B=0$ 的任何气相反应，增加压力，K_p 总是常数。

（4）平衡常数改变了，平衡一定会移动。反之，平衡移动了，平衡常数也一定改变。

2. 化学热力学中有哪些方法可求得 $\Delta_r G_m^{\ominus}$？

3. 影响 $K^{\ominus}$ 的因素有哪些？影响化学反应平衡状态的因素有哪些？

4. $K^{\ominus}=1$ 的反应，在标准状态下，反应朝什么方向进行？

5. 对于 $\Delta_r C_{p,m}=0$ 的反应，$\Delta_r G_m^{\ominus}$、$\Delta_r H_m^{\ominus}$、$\Delta_r S_m^{\ominus}$ 与温度有关吗？

6. 已知气相反应

$$2NO(g)+O_2(g) \xlongequal{} 2NO_2(g)$$

其 $\Delta_r H_m<0$，用下述方法可使平衡向右移动吗？

（1）增温；（2）加惰性气体；（3）增压；（4）加催化剂

7. 反应

$$CaCO_3(s) \xlongequal{} CaO(s)+CO_2(g)$$

在常温下分解压不等于0，古代大理石建筑为何能够留存至今而不瓦解倒塌？

概念题

一、填空题

1. 反应的标准平衡常数 $K^{\ominus}=$________只是________的函数，而与________无关。$K^{\ominus}=$________也是系统达到平衡的标志之一。

2. 表达式 $K^{\ominus}$-T 关系的指数式为________________；微分式为________________；定积分式为________________。

3. 对有纯态凝聚相参加的理想气体反应，平衡压力商中只出现________，而与________无关。

4. 对化学反应 $aA+bB \xlongequal{} cC+dD$，当 $n_{A,0}:n_{B,0}=$________时，B 的转化率最大；$n_{A,0}:n_{B,0}=$________时，产物的浓度最高。

5. 对放热反应 $A(g) \xlongequal{} 2B(g)+C(g)$，提高转化率的方法有____________、____________、____________和____________。

6. $\Delta_r G_m$ 是一个变化率，是在指定条件下化学反应进行________的量度，________（是、不是）从始态到终态过程 G 的变化值。

7. 当系统中同时反应达到平衡时，几个反应中的共同物质（反应物或产物）只能有________浓度值；此浓度________各反应的平衡常数关系式。

8. 若已知 1000K 下，反应

$$1/2C(s)+1/2CO_2(g)=\!=\!=CO(g)\text{的}K_1^{\ominus}=1.318$$
$$C(s)+O_2(g)=\!=\!=CO_2(g)\text{的}K_2^{\ominus}=22.37\times10^{40}$$
则 $CO(g)+1/2O_2(g)=\!=\!=CO_2(g)$ 的 $K_3^{\ominus}=$________

9. 下列反应在同一温度下进行：

$$H_2(g)+1/2O_2(g)=\!=\!=H_2O(g) \qquad \Delta_rG_m^{\ominus}(1)$$
$$2H_2O(g)=\!=\!=2H_2(g)+O_2(g) \qquad \Delta_rG_m^{\ominus}(2)$$

两个反应的 $\Delta_rG_m^{\ominus}$ 的关系为：$\Delta_rG_m^{\ominus}(2)=$__________；两个反应的 $K^{\ominus}$ 的关系为：$K_2^{\ominus}=$__________。

二、选择题

1. 在1000K时，反应 $Fe(s)+CO_2(g)=\!=\!=FeO(s)+CO(g)$ 的 $K_p=1.84$，若气相中 CO_2 含量大于65%，则

(A) Fe将不被氧化　　(B) Fe将被氧化

(C) 反应是可逆平衡　　(D) 无法判断

2. 某化学反应 $\Delta_rH_m^{\ominus}<0$，$\Delta_rS_m^{\ominus}>0$，则反应的标准平衡常数 $K^{\ominus}$

(A) $K^{\ominus}>1$ 且随温度升高而增大　　(B) $K^{\ominus}<1$ 且随温度升高而减小

(C) $K^{\ominus}<1$ 且随温度升高而增大　　(D) $K^{\ominus}>1$ 且随温度升高而减小

3. 已知气相反应 $2NO(g)+O_2(g)=\!=\!=2NO_2(g)$ 是放热反应，当反应达到平衡时，可采用下列哪组方法使平衡向右移动?

(A) 降温和减压　　(B) 升温和增压

(C) 升温和减压　　(D) 降温和增压

4. 某温度下，一定量的 PCl_5 在101325Pa下体积为 $10^{-3}m^3$，解离50%。在下列哪种情况下其解离度不变?

(A) 气体的总压力降低，直到体积增加为 $2\times10^{-3}m^3$

(B) 通入氮气，使体积增加到 $2\times10^{-3}m^3$，而压力仍为101325Pa

(C) 通入氮气，使压力增加到202650Pa，而体积仍维持 $10^{-3}m^3$

(D) 通入氯气，使压力增加到202650Pa，而体积仍维持 $10^{-3}m^3$

5. 对化学反应 $A+B=\!=\!=C+D$，若在 T、p 时，$\mu_C+\mu_D<\mu_A+\mu_B$，则

(A) 正向反应为自发

(B) 逆向反应为自发

(C) 1mol A和1mol B反应自发生成1mol C和1mol D

(D) 1mol C和1mol D反应自发生成1mol A和1mol B

6. 标准摩尔反应吉布斯函数 $\Delta_rG_m^{\ominus}$ 定义为

(A) 在298.5K下，各反应组分均处于标准态时化学反应进行了1mol的反应进度时的吉布斯函数。

(B) 在反应的标准平衡常数 $K^{\ominus}=1$ 时，反应系统进行了1mol的反应进度时的吉布斯函数。

(C) 在温度 T 下，各反应组分均处于标准态时化学反应进行了1mol的反应进度时的吉布斯函数。

7. 已知

反应Ⅰ：$2A(g)+B(g)=\!=\!=2C(g)$ 的 $\lg K_{Ⅰ}^{\ominus}=\{3134/(T/K)\}-5.43$

反应Ⅱ：$C(g)+D(g)=\!=\!=B(g)$ 的 $\lg K_{Ⅱ}^{\ominus}=\{-1638/(T/K)\}-6.02$

则反应Ⅲ：$2A(g)+D(g)=\!=\!=C(g)$ 的 $\lg K_{Ⅲ}^{\ominus}=\{A/(T/K)\}+B$

(A) $A=4772$，$B=0.59$　　(B) $A=1496$，$B=-11.45$

(C) $A=-4772$，$B=-0.59$　　(D) $A=-542$，$B=-17.47$

习题

1. 反应 $\frac{1}{2}N_2(g)+\frac{3}{2}H_2(g)=\!=\!=NH_3(g)$ 的 $\Delta_rG_m^{\ominus}$ (298K) $=-16.5kJ\cdot mol^{-1}$，求此反应在298K的平衡常数，并求

(1) $N_2+3H_2=\!=\!=2NH_3$；(2) $NH_3=\!=\!=\frac{1}{2}N_2+\frac{3}{2}H_2$ 的平衡常数。

2. 1mol N_2 与 3mol H_2 混合气在 673K 通过催化剂，达平衡后压力为 0.1MPa。若平衡时 $x(NH_3)=0.0044$，求 K_p、K_c、K_x。

3. 已知同一温度，两反应方程及其标准平衡常数如下

$$C(石墨)+H_2O(g) = CO(g)+H_2(g) \qquad K_1^{\ominus}$$
$$C(石墨)+2H_2O(g) = CO_2(g)+2H_2(g) \qquad K_2^{\ominus}$$

求反应 $CO(g)+H_2O(g) = CO_2(g)+H_2(g)$ 的 $K^{\ominus}$。

4. $N_2O_4(g)$ 的解离反应为 $N_2O_4(g) = 2NO_2(g)$，在 50℃、34.8kPa 下，测得 $N_2O_4(g)$ 的解离度 $\alpha=0.630$，求在 50℃下反应的标准平衡常数 $K^{\ominus}$。

5. 有人认为经常到游泳池游泳的人中，吸烟者更容易受到有毒化合物碳酰氯的毒害，因为游泳池水面上的氯气与吸烟者肺部的一氧化碳结合将生成碳酰氯。现假设 298K 时某游泳池水中氯气的溶解度为 10^{-6}（物质的量分数），吸烟者肺部的一氧化碳分压为 0.1Pa，问吸烟者肺部碳酰氯的分压能否达到危险限度 0.01Pa。已知一氧化碳和碳酰氯的标准摩尔生成吉布斯函数分别为 $-137.17kJ\cdot mol^{-1}$ 和 $-210.50kJ\cdot mol^{-1}$，氯气的亨利常数为 10^5 Pa。

6. $NH_4HS(s)$ 的分解反应按下式建立平衡：

$$NH_4HS(s) = NH_3(g)+H_2S(g)$$

在一密闭容器中加进 $NH_4HS(s)$，298K 平衡后总压 $p=66672Pa$，试求：(1) $K^{\ominus}(298K)$。(2) 当 298K，$NH_4HS(s)$ 在密闭容器里开始分解时，其中已含有 $p(H_2S)=45596Pa$，计算平衡时各气体的分压。

7. 在 600K、200kPa 下，1mol A(g) 与 1mol B(g) 进行反应为：$A(g)+B(g) = D(g)$。当反应达平衡时有 0.4mol D(g) 生成。

(1) 计算上述反应在 600K 时的 $K^{\ominus}$；

(2) 求在 600K、200kPa 下，在真空容器内放入物质的量为 n 的 D(g)，同时按上面反应的逆反应进行分解，反应达平衡时 D(g) 的解离度 α 为多少？

8. 1000K 时，反应 $C(s)+2H_2(g) = CH_4(g)$ 的 $\Delta_rG_m^{\ominus}=19.397kJ\cdot mol^{-1}$。现有与碳反应的气体混合物，其组成为体积分数 $y(CH_4)=0.10$，$y(H_2)=0.80$，$y(N_2)=0.10$。试问：

(1) $T=1000K$，$p=100kPa$ 时，Δ_rG_m 等于多少，甲烷能否形成？

(2) 在 $T=1000K$ 下，压力须增加到若干，上述合成甲烷的反应才可能进行？

9. 在一个抽空的恒容容器中引入氯和二氧化硫，若它们之间没有发生反应，则在 375.3K 时的分压应分别为 47.836kPa 和 44.786kPa。将容器保持在 375.3K，经一定时间后，总压力减少至 86.096kPa，且维持不变。求下列反应 $SO_2Cl_2(g) = SO_2(g)+Cl_2(g)$ 的 $K^{\ominus}$。

10. 五氯化磷分解反应

$$PCl_5(g) = PCl_3(g)+Cl_2(g)$$

在 200℃时的 $K^{\ominus}=0.312$，计算：

(1) 200℃时，200kPa 下 PCl_5 的解离度；

(2) 物质的量比为 1∶5 的 PCl_5 与 Cl_2 的混合物，在 200℃，101.325kPa 下，求达到化学平衡时 PCl_5 的解离度。

11. 在真空的容器中放入固态的 NH_4HS，于 25℃下分解为 $NH_3(g)$ 和 $H_2S(g)$，平衡时容器内的压力为 66.66kPa。

(1) 当放入 NH_4HS 时容器中已有 39.99kPa 的 $H_2S(g)$，求平衡时容器中的压力；

(2) 容器中原有 6.666kPa 的 $NH_3(g)$，问需要多大压力的 H_2S，才能形成 NH_4HS 固体？

12. Ag 受到 H_2S 的腐蚀可能发生下面的反应：

$$H_2S(g)+2Ag(s) = Ag_2S(s)+H_2(g)$$

今在 298K、101.325kPa 下，将 Ag 放在由等体积的 H_2 和 H_2S 组成的混合气中，试问：(1) 是否可能发生腐蚀而生成 Ag_2S；(2) 在混合气体中，H_2S 的百分数低于多少，才不致发生腐蚀。

已知 298K 时，Ag_2S 和 H_2S 的标准摩尔生成吉布斯函数分别为：$-40.25kJ\cdot mol^{-1}$ 和 $-32.93kJ\cdot mol^{-1}$。

13. 在 101.325kPa 下，有反应如下：

$$UO_3(s)+2HF(g) = UO_2F_2(s)+H_2O(g)$$

此反应的标准平衡常数 $K^{\ominus}$ 与温度 T 的关系式为 $\lg K^{\ominus}=\frac{6550}{T/K}-6.11$。

(1) 求上述反应的标准摩尔反应焓 $\Delta_r H_m^\ominus$（$\Delta_r H_m^\ominus$ 与 T 无关）；

(2) 若要求 HF(g) 的平衡组成 $y(HF)=0.01$，则反应的温度应为多少？

14. $CuInO_2$ 是一种导电氧化物，广泛应用于光学器件中。据报道，$CuInO_2$ 可通过离子交换法制备，反应方程式为 $Na_2InO_2(s)+CuCl_2(g)=\!=\!=CuInO_2(s)+2NaCl$。某研究小组计算出了该反应的 $\Delta_r G_m^\ominus$ 与温度的关系为：

$$\Delta_r G_m^\ominus/(J \cdot mol^{-1})=127T/K-251188$$

试计算

(1) 该反应的 $K^\ominus$ 与温度的关系；

(2) 在 573K 时，该反应的 $\Delta_r S_m^\ominus$ 和 $\Delta_r H_m^\ominus$。

题目析自：*High Temperature Materials and Processes*，014；33(4)：355-361.

15. 已知反应 $N_2(g)+O_2(g)=\!=\!=2NO(g)$ 的 $\Delta_r H_m^\ominus$ 及 $\Delta_r S_m^\ominus$ 分别为 $180.50kJ \cdot mol^{-1}$ 与 $24.81J \cdot K^{-1} \cdot mol^{-1}$。设反应的 $\Delta_r C_{p,m}=0$。

(1) 计算当反应的 $\Delta_r G_m^\ominus$ 为 $125.52kJ \cdot mol^{-1}$ 时反应的温度是多少？

(2) 反应在 (1) 的温度下，等摩尔比的 $N_2(g)$ 与 $O_2(g)$ 开始进行反应，求反应达平衡时 N_2 的平衡转化率是多少？

(3) 求上述反应在 1000K 下的 $K^\ominus$。

16. 在 448～688K 温度区间内，用分光光度法研究气相反应 $I_2(g)$ ＋环戊烯(g) $\longrightarrow$ 2HI(g) ＋环戊二烯(g)，得到 $K^\ominus$ 与温度的关系为

$$\ln K^\ominus=17.39-\frac{51034}{4.575T/K}$$

(1) 计算在 573K 时，反应的 $\Delta_r G_m^\ominus$、$\Delta_r H_m^\ominus$ 和 $\Delta_r S_m^\ominus$。

(2) 若开始时用等量的 I_2 和环戊烯混合，温度为 573K，起始总压为 101.325kPa，试求平衡后 I_2 的分压。

(3) 若起始压力为 1013.250kPa，试求平衡后 I_2 的分压。

17. 已知反应 $N_2O_4(g)=\!=\!=2NO_2(g)$ 在 25℃和 35℃时的 $K^\ominus$ 分别为 0.144 和 0.321，假设 $\Delta_r C_{p,m}\approx 0$，求这个反应在 25℃时的 $\Delta_r G_m^\ominus$、$\Delta_r S_m^\ominus$ 和 $\Delta_r H_m^\ominus$。

18. 在高温下，CO_2 按下式分解：

$$2CO_2(g)=\!=\!=2CO(g)+O_2(g)$$

在 101.325kPa 下，CO_2 的分解百分数在 1000K 和 1400K 时分别为 0.0025% 和 1.27%。在该温度区间 $\Delta_r H_m^\ominus$ 为常数，试计算 1000K 时反应的 $\Delta_r S_m^\ominus$ 和 $\Delta_r G_m^\ominus$。

19. 1000K 下，在 $1dm^3$ 容器内含过量碳；若通入 4.25g CO_2 后发生下列反应：$C(s)+CO_2(g)=\!=\!=2CO(g)$，反应平衡时气体的密度相当于平均摩尔质量为 $36g \cdot mol^{-1}$ 的气体密度。已知：$M(CO_2)=44g \cdot mol^{-1}$。

(1) 计算平衡总压和 K_p；

(2) 若加入惰性气体 He，使总压加倍，则 CO 的平衡量是增加、减少还是不变？若加入 He，使容器体积加倍，而总压维持不变，则 CO 的平衡量怎么变化？

20. 已知反应(Ⅰ) $Fe_2O_3(s)+3CO(g)=\!=\!=2Fe(s)+3CO_2(g)$ 在 1393K 时的 $K^\ominus=0.0495$；同样温度下反应(Ⅱ) $2CO_2(g)=\!=\!=2CO(g)+O_2(g)$ 的 $K^\ominus=1.40\times10^{-12}$。现将 $Fe_2O_3(s)$ 置于 1393K、开始只含有 CO(g) 的容器内，使反应达平衡，试计算：(1) 容器内氧的平衡分压为多少？(2) 若想防止 $Fe_2O_3(s)$ 被 CO(g) 还原为 Fe (s)，问氧分压应保持多大？

第4章 相平衡

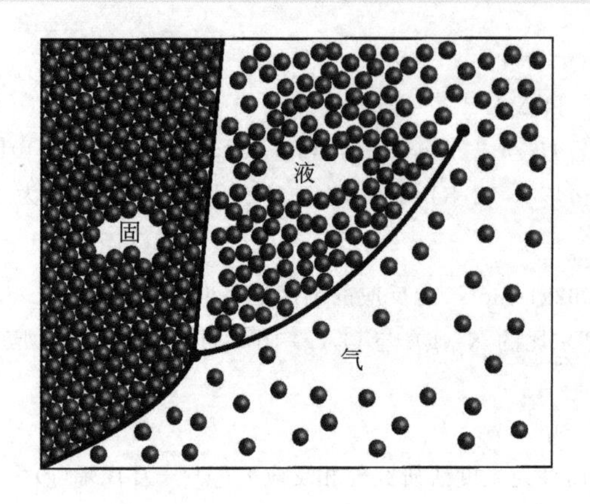

相平衡与化学平衡一样，是热力学在化学领域中的重要应用，也属于化学热力学的研究范畴，所不同的是，相平衡所研究的是多相平衡体系中各种强度性质（温度、压力和组成）与相变化过程的关系，可以通过相图表示出来。对于化学研究和化学生产过程的分离操作以及与冶金、材料科学、地质矿物学、晶体生长等学科相关的科研和生产有着重要的指导作用。

本章概要

4.1 相律

相律是相平衡的基本定律，是所有多相平衡系统都遵循的普遍规律。

4.2 单组分系统的相平衡

根据相律，单组分系统最多只能三相共存，当两相共存时，系统的温度和压力不能独立改变，它们之间必呈现函数关系。本节讨论了单组分系统的两相平衡规律，并通过相图表示出来。

4.3 两组分系统的气-液平衡相图

根据两种液体相互溶解的程度不同，本节讨论了完全互溶双液系、部分互溶双液系和完全不互溶双液系的气-液两相平衡规律，并用相图解决两组分气-液平衡系统的实际问题。

4.4 两组分系统的固-液平衡相图

与两组分气液平衡系统相似，本节讨论的两组分固-液平衡系统也包含完全不互溶、部分互溶及完全互溶固液系统，所不同的是这里所说的互溶程度是在固相中，相变化是发生在固相与液相之间，所以相图的形式也都与气液平衡系统非常相似，只是系统的名称根据固液系统的特点另有名称。此外，两组分固相中还有可能生成化合物，这是气液平衡系统所不具有的，需特别注意。

相平衡所研究的是多相平衡体系中各种强度性质（温度 T、压力 p 和组成 x）与相变化过程的关系，它对生产和科学研究具有重大的指导意义。例如在化学研究和化学生产过程的分离操作中，经常会遇到各种相变化过程，如蒸发、冷凝、升华、溶解、结晶和萃取等，这些过程涉及不同相之间的物质传递。相平衡研究是选择分离方法、设计分离装置以及实现最佳操作的理论基础。除了分离以外，相平衡及其基本理论还广泛应用于冶金、材料科学、地质矿物学、晶体生长等学科中，对这些部门的科研和生产有着重要的指导意义。如材料科学领域的硅酸盐制品中大多数是含有多种晶相和玻璃相的多相系统，因此制品的性能必然与相组成、含量及生产过程有关；各种功能材料多是由多种物质构成的复杂系统，制备过程中涉及相变化；在冶金工业上根据冶炼过程中的相变情况，可以监测金属的冶炼过程以及研究金属的成分、结构与性能之间的关系。

相平衡所研究的多相平衡体系中各种强度性质与相变化过程的关系可以通过相律和相图来表示。相律（phase rule）是吉布斯根据热力学原理导出的相平衡基本定律，是所有多相平衡系统都遵循的普遍规律。它描述多相平衡系统中相数、组分数以及影响系统平衡的独立变量数之间的关系。而相图（phase diagram）是表达多相系统的状态如何随温度、压力、组成等变量变化而变化的几何图形。本章在介绍相律的基础上，介绍一些基本的不同相平衡系统的相图，使读者能够通过对这些相图的讨论，掌握由相图获得系统相平衡信息的方法，并了解如何用相图解决实际问题。

4.1 相律

相平衡中的基本概念

4.1.1 几个基本概念

4.1.1.1 相及相数

相（phase）是系统内部物理和化学性质完全均匀的部分。作为同一个相应同时满足三个条件：①同一相中物质的物理和化学性质完全均匀一致；②同一相中，物质的数量可以任意改变而不会引起相的数目的变化；③不同的相之间在指定条件下有明显的界面。界面处系统的热力学性质是间断的。虽然相是均匀的，但并非一定要连续，例如于水中投入两块冰，只能算作两相（水和冰）而非三相。系统中所包含的相的总数，称为相数，用 P 表示。

动画：液体的相

由于各种气体能够无限地混合，不同的气体之间不可能有界面，因此一个系统中不论含有多少种气体，只有一个气相；液体按其互溶程度可以是一相、也可以是两相或三相共存；固体一般有一种固体便有一个相。不同种固体粉末无论混合得多么均匀，仍分别处于不同的相。例如 $CaCO_3(s)$ 与 $CaO(s)$ 混合，无论研磨得多细，混合得多么均匀，因为它们各自仍保留原有的物理、化学性质，所以仍是两个相。但如果不同种固体达到了分子程度的均匀混合，就形成了固溶体，也称固态溶液（solid solution），一种固溶体便是一个固相。例如金与银、铜与锌在一定条件下可以形成单相的固溶体，通常称为合金。若同一种物质以不同晶型存在，则每一种晶型为一相。

动画：固体的相

4.1.1.2 物种数和组分数

物种数是系统中不管以何种聚集状态存在的化学物质数，用 S 表示。组分数（number of component）是指在平衡系统中，能够足以表示系统中各相组成所需的最少独立物种数，用 C 表示。组分数与物种数的关系为

$$C=S-R-R' \tag{4-1}$$

式中，R 为独立的化学平衡数；R'为各物种间的独立浓度限制条件。

例如，水煤气发生炉中共有 $C(s)$、$H_2O(g)$、$CO(g)$、$CO_2(g)$、$H_2(g)$ 五种物质，

相互建立了下述三个平衡

$$H_2O(g)+C(s) \rightleftharpoons H_2(g)+CO(g)$$
$$CO_2(g)+H_2(g) \rightleftharpoons H_2O(g)+CO(g)$$
$$CO_2(g)+C(s) \rightleftharpoons 2CO(g)$$

该反应系统中物种数 $S=5$，但由于所建立的三个平衡中由任意两个平衡可以得到第三个，所以只有两个是独立的，即 $R=2$，反应系统中无其他独立的浓度限制条件，所以组分数 $C=5-2-0=3$

又例如五氯化磷的分解反应

$$PCl_5(g) \rightleftharpoons Cl_2(g)+PCl_3(g)$$

若起始时只有 $PCl_5(g)$，则达平衡时，生成的 $Cl_2(g)$ 和 $PCl_3(g)$ 的分压必然相等，即 $p(PCl_3)=p(Cl_2)$，有一个独立的浓度限制条件，$R'=1$，所以该反应系统的组分数 $C=S-R-R'=3-1-1=1$。

需要注意的是，对于不同物质之间的浓度限制条件必须在同一个相中，如碳酸钙在真空中分解达到平衡，$S=3$、$R=1$。虽然分解生成的 $CaO(s)$ 和 $CO_2(g)$ 的物质的量相同，但由于 $CaO(s)$ 和 $CO_2(g)$ 处于不同的相，彼此之间无法建立有关浓度的等式关系，所以 $R'=0$，则 $C=3-1=2$。

【例 4-1】 确定 NaCl 饱和水溶液的组分数为多少？

解：该体系组分数的确定可有多种情况。

(1) 若不考虑水的电离及 NaCl 固体的溶解及电离情况，只考虑 H_2O 和 NaCl 两种物种，则其物种数 S 为 2、R 及 R' 均为 0。所以

$$C=S-R-R'=2$$

(2) 若溶液中没有 NaCl 晶体存在，且考虑溶解的 NaCl 全部电离，不考虑水的电离，溶液中含有 H_2O、Na^+、Cl^-，则 $S=3$、$R=0$，由于溶液是电中性的，正负离子浓度相等，即 $R'=1$，所以

$$C=S-R-R'=3-1=2$$

(3) 若在 (2) 的基础上，再考虑有过量的 NaCl 晶体存在，则存在 NaCl(s) 的溶解平衡，此时体系中含有 NaCl(s)、H_2O、Na^+、Cl^-，即物种数 $S=4$、$R=1$，同样由于溶液是电中性的，正负离子浓度相等，即 $R'=1$，所以

$$C=S-R-R'=4-1-1=2$$

由上述例题可以看出，一个系统的物种数是可以随着人们考虑问题的出发点不同而不同的，但在平衡系统中的组分数却是确定不变的。对于电解质溶液考虑电离平衡与不考虑电离平衡的组分数是相同的。上述例题中若再考虑水的电离，物种数将增加 2 个，但其平衡数及浓度限制条件又均增加 1，结果组分数仍为 2。

4.1.1.3 自由度

当系统的温度、压力或组成发生变化时，会引起系统的状态变化。把能够维持系统原有相数不变，而可以独立改变的变量的数目称为自由度（degree of freedom），用 F 表示。例如纯液态水，在高于冰点、低于沸点的温度范围内，独立改变温度或压力，仍可以保持以单相液态水存在，所以，在确定其状态时，必须同时指定温度和压力这两个强度性质，也就是说有两个自由度，即 $F=2$。若液态水与其蒸气平衡共存时，要维持这两个相不变，而又不形成固相冰，则系统的压力必须是所处温度时的水的饱和蒸气压。因为体系的温度和压力之间具有函数关系，温度一定，压力也随之而定；反之亦然。所以，指定其状态时只需指定温度或压力中的一个强度性质即可，即自由度 $F=1$。

4.1.2 相律

相律是表述平衡体系中相数 P、组分数 C、自由度 F 和影响物质性质的外界因素（如温度 T、压力 p、磁场、重力场等）之间关系的规律。即

$$P+F=C+n \quad 或者 \quad F=C-P+n \tag{4-2a}$$

式中，n 表示能够影响体系平衡状态的外界因素的个数。一般情况下，只考虑温度 T 和压力 p 这两个因素时，式中的 $n=2$，于是相律为

$$F=C-P+2 \tag{4-2b}$$

多组分多相系统是十分复杂的，但借助相律可以确定研究的方向。如由上式可以看出，系统每增加一个组分数，则系统的自由度就要增加一个；而系统每增加一个相，自由度就要减少一个。相律表明了相平衡系统中具有的独立变量数，当独立变量选定了之后，相律还表明其他的变量必为这几个独立变量的函数。但相律只能对系统做出定性的叙述，只讨论“数目”而不讨论“数值”。例如，相律可以确定有几个因素能对复杂系统中的相平衡发生影响，在一定条件下，系统有几个相同时存在等，但相律却不能告诉我们这些数目具体代表哪些变量或代表哪些相，需要对具体问题进行具体分析。

相律是所有多相平衡系统都遵循的普遍规律。这个规律是吉布斯于 1875 提出的，所以又称为吉布斯相律。吉布斯在推导相律时是基于

自由度＝总变量数－非独立变量数

这一基本思路，根据热力学基本原理推导得出的。由于任何一个非独立变量总可以通过一个与独立变量关联的方程式来表示，且具有多少个非独立变量，就对应多少个关联变量的方程式，所以上述推导依据还可以表示为

自由度＝总变量数－方程式数

设一个多相多组分平衡系统中，有 S 种物质分布在 P 个相（α、β、γ、…、φ）中，对于其中任意一相 α，必须知道 T_α、p_α、x_{α_1}、…、x_{α_s}，才能确定其状态。所以，决定 α 相状态的变量共有 $(S+2)$ 个。系统中共有 P 个相，则整个系统的总变量数为 $P(S+2)$。

但这些变量不是完全独立的，相互之间有联系，根据这些联系，可以确定关联变量的方程式数。

① 由于系统处于热力学平衡状态，即系统同时处于热平衡、力平衡、相平衡和化学平衡，则必有下列关系式

热平衡　$T_\alpha=T_\beta=T_\gamma\cdots=T_\varphi$　有 $(P-1)$ 个等式

力平衡　$p_\alpha=p_\beta=p_\gamma\cdots=p_\varphi$　有 $(P-1)$ 个等式

相平衡

$$\left.\begin{array}{l}\mu_{\alpha_1}=\mu_{\beta_1}=\mu_{\gamma_1}\cdots=\mu_{\varphi_1}\\ \mu_{\alpha_2}=\mu_{\beta_2}=\mu_{\gamma_2}\cdots=\mu_{\varphi_2}\\ \cdots\cdots\\ \mu_{\alpha_S}=\mu_{\beta_S}=\mu_{\gamma_S}\cdots=\mu_{\varphi_S}\end{array}\right\}\ 有\ S(P-1)\ 个等式$$

达到化学平衡时，系统中有独立化学平衡数为 R，即 R 个等式。

② 考虑系统中物质组成之间的关系，由于每个相中有 S 种物质，则在每一个相中 S 种物种的总的物质的量分数之和为 1，即 $\sum x_{\mathrm{B}}=1$，则 P 个相中就有 P 个等式。若各个物种之间再有 R'个独立的浓度限制条件，例如系统中某两种物质的量成恒定的比例等，则系统中物质组成之间的关系总数为 $(P+R')$ 个。

综合以上各项，系统中关联变量的方程式总数为

$$(P-1)+(P-1)+S(P-1)+R+P+R'=3P+SP+R+R'-S-2$$

将总变量数减去总方程式数，即得自由度

$$F=P(S+2)-(3P+SP+R+R'-S-2)$$
$$=S-R-R'-P+2$$

由于 $C=S-R-R'$，则由上式得到相律的表达式

$$F=C-P+2$$

上述推导中只考虑了温度和压力这两个外界因素，故式中的 2 是指这两个强度性质。若指定了温度或压力，则自由度减少 1，称为条件自由度，即

$$F^*=C-P+1$$

若温度和压力同时指定了，则条件自由度为

$$F^{**}=C-P$$

【例 4-2】 硫酸与水可形成 $H_2SO_4 \cdot H_2O(s)$、$H_2SO_4 \cdot 2H_2O(s)$、$H_2SO_4 \cdot 4H_2O(s)$ 三种水合物，问在 101325Pa 的压力下，能与硫酸水溶液及冰平衡共存的硫酸水合物最多可有多少种？

解：此系统由 H_2SO_4 及 H_2O 构成，组分数 $C=2$。虽然可有多种固体水合物形成，但每形成一种水合物，物种数增加 1 的同时，增加一个化学平衡关系式，因此组分数仍为 2。在压力一定的条件下

$$F^*=C-P+1=3-P$$

相数最多时自由度最小，即 $F^*=0$ 时，相数 P 最大为 3，因此能与硫酸水溶液及冰平衡共存的硫酸水合物最多只能有一种。

【例 4-3】 NaCl 水溶液和纯水经半透膜达成渗透平衡时，该体系的自由度是多少？

解：NaCl 和水组成的体系，$C=2$。由于半透膜将溶液与纯水隔开，两种液体有一明显的界面，是两相，即 $P=2$；又由于半透膜的存在，导致膜两边的压力不同，即 $n=3$（分别为温度 T，半透膜两边的两个不同的压力），所以

$$F=C-P+3=2-2+3=3$$

可见，该体系的自由度为 3，即有三个可以独立改变的强度性质。这三个性质可以是温度 T，半透膜两边的两个不同的压力，也可以是温度、一个压力和溶液的组成。

4.2 单组分系统的相平衡

单组分系统的两相平衡

单组分系统的 $C=1$，根据相律

$$F=C-P+2=3-P$$

因此，单组分系统最多可有三相平衡共存，此时 $F=0$，为无变量系统，即压力与温度均由系统自身决定，无法加以改变，在 p-T 图上可用点来表示这类系统，此时的状态为单组分系统的三相点（triple point）。当相数最少为 1，即为单相时，单组分系统的自由度最大为 2，是双变量系统，这两个变量就是系统的温度 T 和压力 p。这两个变量可以在一定范围内同时任意选定。在 p-T 图上可用面来表示这类系统。当 $P=2$ 时，即两相共存，由相律得此时的 $F=1$，是单变量系统，即系统的温度和压力只有一个是可以独立改变的，压力和温度之间存在着某种函数关系。因此，在 p-T 图上可用线来表示这类系统。平衡共存的两相可以是气-液、气-固或液-固。法国工程师克拉佩龙（Clapeyron）根据热力学的基本公式导出了纯物质的任意两相平衡时压力随温度的变化关系式，被称为克拉佩龙方程。

4.2.1 单组分系统的两相平衡

4.2.1.1 克拉佩龙方程

假设 1mol 的某种纯物质 B 在温度 T，压力 p 下，在 α、β 两相间达成平衡。当温度由

T 变到 $T+\mathrm{d}T$，相应的压力由 p 变到 $p+\mathrm{d}p$，该物质在两相中又达到了新的平衡，即

$$\begin{array}{lccc} T、p & \mathrm{B}(\alpha) & \xrightleftharpoons{\Delta G=0} & \mathrm{B}(\beta) \\ & \Big\downarrow \mathrm{d}G_{\mathrm{m}}(\alpha) & & \Big\downarrow \mathrm{d}G_{\mathrm{m}}(\beta) \\ T+\mathrm{d}T、p+\mathrm{d}p & \mathrm{B}(\alpha) & \xrightleftharpoons{\Delta G=0} & \mathrm{B}(\beta) \end{array}$$

显然

$$\mathrm{d}G_{\mathrm{m}}(\alpha)=\mathrm{d}G_{\mathrm{m}}(\beta)$$

由热力学基本方程 $\mathrm{d}G=V\mathrm{d}p-S\mathrm{d}T$，得

$$V_{\mathrm{m}}(\alpha)\mathrm{d}p-S_{\mathrm{m}}(\alpha)\mathrm{d}T=V_{\mathrm{m}}(\beta)\mathrm{d}p-S_{\mathrm{m}}(\beta)\mathrm{d}T$$

即

$$[S_{\mathrm{m}}(\beta)-S_{\mathrm{m}}(\alpha)]\mathrm{d}T=[V_{\mathrm{m}}(\beta)-V_{\mathrm{m}}(\alpha)]\mathrm{d}p$$

所以

$$\frac{\mathrm{d}p}{\mathrm{d}T}=\frac{S_{\mathrm{m}}(\beta)-S_{\mathrm{m}}(\alpha)}{V_{\mathrm{m}}(\beta)-V_{\mathrm{m}}(\alpha)}=\frac{\Delta S_{\mathrm{m}}}{\Delta V_{\mathrm{m}}} \tag{4-3}$$

式中，ΔS_{m} 和 ΔV_{m} 分别为 1mol 物质由 α 相变到 β 相的熵变和体积变化。对可逆相变化来说

$$\Delta S_{\mathrm{m}}=\frac{\Delta H_{\mathrm{m}}}{T}$$

式中，ΔH_{m} 为相变热。将此式代入式(4-3) 得

$$\frac{\mathrm{d}p}{\mathrm{d}T}=\frac{\Delta H_{\mathrm{m}}}{T\Delta V_{\mathrm{m}}} \tag{4-4}$$

此式即为克拉佩龙方程。它表明了纯物质两相平衡时的平衡压力 p 随温度 T 而变的变化率。该方程适用于纯物质的任意两相平衡。对于液-气平衡、固-气平衡，式中的 $\mathrm{d}p/\mathrm{d}T$ 表示了液体或固体的饱和蒸气压随温度的变化；而对于固-液平衡或晶型转变过程，式中的 $\mathrm{d}p/\mathrm{d}T$ 表示了压力对熔点或晶型转变温度的影响。下面分别讨论将该方程应用于常见的液-气平衡、固-气平衡和固-液平衡时的具体的表达形式。

4.2.1.2 液-气平衡和固-气平衡

当将克拉佩龙方程应用于液-气或固-气两相平衡时，由于其中一相必为气相，而另一相为凝聚相（液相或固相），所以相变过程的摩尔体积变化 ΔV_{m} 就近似等于气相的摩尔体积，若将蒸气视为理想气体，则

$$\Delta V_{\mathrm{m}}\approx V_{\mathrm{m}}(\mathrm{g})=\frac{RT}{p}$$

将上式代入克拉佩龙方程式(4-4)，并整理得

$$\frac{\mathrm{d}\ln p}{\mathrm{d}T}=\frac{\Delta H_{\mathrm{m}}}{RT^2} \tag{4-5}$$

式中，ΔH_{m} 为液-气或固-气相变化过程的摩尔相变焓，对于液-气平衡，ΔH_{m} 为摩尔蒸发焓 $\Delta_{\mathrm{vap}}H_{\mathrm{m}}$；对于固-气平衡，$\Delta H_{\mathrm{m}}$ 为摩尔升华焓 $\Delta_{\mathrm{sub}}H_{\mathrm{m}}$。上式表示了纯凝聚态物质的饱和蒸气压随温度的变化，被称为克劳修斯-克拉佩龙（Clausius-Clapeyron）方程，简称为克-克方程。

当温度变化不大时，上式中 ΔH_{m} 可近似地看成是定值，则对式(4-5) 进行积分，可得克-克方程的不定积分式

$$\ln p=-\frac{\Delta H_{\mathrm{m}}}{RT}+C \tag{4-6}$$

或定积分式

$$\ln\frac{p_2}{p_1}=-\frac{\Delta H_{\mathrm{m}}}{R}\left(\frac{1}{T_2}-\frac{1}{T_1}\right) \tag{4-7}$$

式中，p_1、p_2 分别为 T_1、T_2 时纯凝聚态物质的饱和蒸气压。由式(4-6) 可见，纯凝聚态物质的饱和蒸气压的对数 $\ln p$ 与温度的倒数 $1/T$ 成线性关系，由直线的斜率可以求得该物质的摩尔相变焓。这就是用测定液体饱和蒸气压的方法测定液体的摩尔蒸发焓的原理。由式(4-7) 可见，利用克-克方程的定积分式，可用已知一个温度下的液体或固体的饱和蒸气压求另一个温度下的饱和蒸气压。

【例 4-4】 固态氨和液态氨的饱和蒸气压与温度的关系分别为

$$\ln(p/\mathrm{Pa})=27.92-\frac{3754}{T/\mathrm{K}} \qquad ①$$

$$\ln(p/\mathrm{Pa})=24.38-\frac{3063}{T/\mathrm{K}} \qquad ②$$

试求：(1) 液态氨的正常沸点；

(2) 氨的三相点的温度和压力；

(3) 氨的摩尔蒸发焓、摩尔升华焓和摩尔熔化焓。

解：(1) 当液态氨的饱和蒸气压等于一个大气压，即 $p=101325\mathrm{Pa}$ 时，所对应的温度 T 即为正常沸点 T_b，所以由②式得

$$\ln 101325=24.38-\frac{3063}{T_b/\mathrm{K}}$$

所以

$$T_b=238.3\mathrm{K}$$

(2) 设三相点的温度、压力分别为 T_3、p_3，由于三相点时氨在气相中的分压即是固态氨的饱和蒸气压，又是液态氨的饱和蒸气压，所以应同时满足式①和式②，即

$$\ln(p/\mathrm{Pa})=27.92-3754/T_3=24.38-3063/T_3$$

解得

$$T_3=195.2\mathrm{K}, p_3=5.93\mathrm{kPa}$$

即氨的三相点的温度和压力分别为 195.2K 和 5.93kPa。

(3) 将式②与式(4-6) 对比，得氨的摩尔蒸发焓

$$\Delta_{vap}H_m=(3063\times 8.314)\mathrm{J\cdot mol^{-1}}=25470\mathrm{J\cdot mol^{-1}}$$

将式①与式 (4-6) 对比，得氨的摩尔升华焓

$$\Delta_{sub}H_m=(3754\times 8.314)\mathrm{J\cdot mol^{-1}}=31210\mathrm{J\cdot mol^{-1}}$$

因为

$$\Delta_{fus}H_m=\Delta_{sub}H_m-\Delta_{vap}H_m$$

所以氨的摩尔熔化焓

$$\Delta_{fus}H_m=31210\mathrm{J\cdot mol^{-1}}-25470\mathrm{J\cdot mol^{-1}}=5740\mathrm{J\cdot mol^{-1}}$$

当在液体的摩尔蒸发焓数据不全时，对于正常液体（指非极性液体、液体分子不发生缔合)，其摩尔蒸发焓可用经验规则来估算，即

$$\frac{\Delta_{vap}H_m}{T_b}=88\mathrm{J\cdot K^{-1}\cdot mol^{-1}} \qquad (4\text{-}8)$$

这个规则叫特鲁顿（Trouton）规则，T_b 为正常沸点。但此规则对于在液态中分子有缔合的液体、极性较高或在 150K 以下就沸腾的液体不能适用。

4.2.1.3 固-液平衡

将克拉佩龙方程应用于固-液平衡时，式(4-4) 可写为

$$\frac{\mathrm{d}p}{\mathrm{d}T}=\frac{\Delta_{fus}H_m}{T\Delta_{fus}V_m} \qquad (4\text{-}9)$$

式中，$\Delta_{fus}H_m$ 为摩尔熔化焓，$\Delta_{fus}V_m$ 为固体熔化为液体过程的摩尔体积变化。由于熔化过程的 $\Delta_{fus}H_m>0$，所以 $\mathrm{d}p/\mathrm{d}T$ 的符号完全取决于 $\Delta_{fus}V_m$。对于大多数物质来说，熔化过程的 $\Delta_{fus}V_m>0$，所以随着外压增大，熔点会升高。但对于少数物质，例如水，由于冰融化过

程的 $\Delta_{fus}V_m<0$，所以冰的熔点随外压升高而降低。

在温度变化范围不大时，$\Delta_{fus}H_m$ 和 $\Delta_{fus}V_m$ 均可近似地看作一常数，则在 T_1 和 T_2 之间对式(4-9) 进行定积分，得

$$p_2-p_1=\frac{\Delta_{fus}H_m}{\Delta_{fus}V_m}\ln\frac{T_2}{T_1} \tag{4-10}$$

式中，T_1、T_2 分别代表压力为 p_1、p_2 时的熔点。若令 $(T_2-T_1)/T_1=x$，则 $\ln(T_2/T_1)=\ln(1+x)$，当 x 很小时可用级数展开，$\ln(1+x)\approx x$。所以上式可写为

$$p_2-p_1=\frac{\Delta_{fus}H_m}{\Delta_{fus}V_m}\cdot\frac{T_2-T_1}{T_1} \tag{4-11}$$

若已知某物质的正常熔点，可以利用式(4-10) 计算任意压力下的该物质的熔点；或若已知压力的变化，可以由式 (4-11) 求得该压力变化所导致的该物质的熔点的变化。

【例 4-5】 已知纯水在其三相点时的蒸气压为 610.62Pa，温度为 273.16K，水和冰的密度分别为 $999.9\text{kg}\cdot\text{m}^{-3}$ 和 $916.8\text{kg}\cdot\text{m}^{-3}$，每 1kg 冰的 $\Delta_{fus}H=333.5\text{kJ}$。试求当压力由 610.62Pa 增加至 101325Pa 时，纯水的凝固点的变化值。

解：已知 $p_1=610.62\text{Pa}$，$p_2=101325\text{Pa}$

$$\Delta_{fus}V=V(H_2O,l)-V(H_2O,s)=\frac{1}{\rho(H_2O,l)}-\frac{1}{\rho(H_2O,s)}$$

$$=\frac{1}{999.9\text{kg}\cdot\text{m}^{-3}}-\frac{1}{916.8\text{kg}\cdot\text{m}^{-3}}=-9.06\times10^{-5}\text{m}^3\cdot\text{kg}^{-1}$$

则由式(4-11) 可得

$$101325\text{Pa}-610.62\text{Pa}=\frac{333.5\times10^3\text{J}\cdot\text{kg}^{-1}}{-9.06\times10^{-5}\text{m}^3\cdot\text{kg}^{-1}}\times\frac{T_2-T_1}{273.16\text{K}}$$

解得

$$T_2-T_1=-0.0075\text{K}$$

即由于压力的改变，纯水在 101325Pa 下的凝固点比在 610.62Pa 下的熔点降低了 0.0075K。

4.2.2 单组分系统的相图

由上述讨论可知，单组分单相系统是双变量系统，即系统的温度 T 和压力 p 可以同时改变，若以温度 T 为横坐标，压力 p 为纵坐标作图，双变量系统在 p-T 图中应是一个面，即相图中的一块面积代表一个相；若系统呈两相平衡，则为单变量系统，系统的温度和压力之间服从克拉佩龙方程，在 p-T 图中应为一条曲线；若系统呈三相平衡，此时 $F=0$，为无变量系统，在 p-T 图中应为一个点，即三相点。

实际单组分系统的相图是根据实验数据绘出的。而在通常压力下，水的相图为单组分系统中最简单的相图，下面就以水的相图为例，来介绍单组分系统的相图。

将纯水抽真空后，改变 T、p，水的状态发生变化，记录不同状态下的 T、p 值，以 p 对 T 作图，即得水的相图，如图 4-1 所示。由图中可以看出图中由 OA、OB、OC 三条曲线分割成的三块面积分别代表气、液、固三个单相区，在这些区域中，$F=2$，要确定系统的状态必须同时指出它的温度和压力。

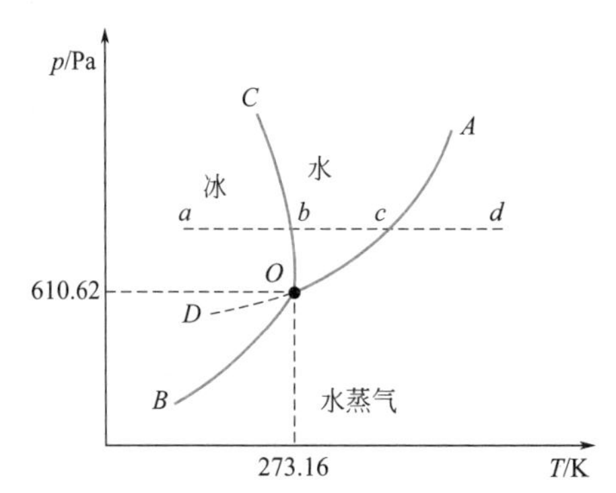

图 4-1 水的相图 (示意图)

图中曲线 OA 是通过测定不同温度下水的饱和蒸气压得到的，是气-液两相平衡线，即水的饱和蒸气压曲线，或蒸发曲线。在此曲线上，$F=1$。

曲线 OB 是气-固两相平衡线，即冰的饱和蒸气压曲线，也称为冰的升华曲线，理论上可延长至 0K 附近。

曲线 OC 是液-固两相平衡线，称为冰的熔点曲线，表明了冰的熔点随压力的变化情况。但 OC 线不能无限延长。研究表明，当压力大于 2×10^8 Pa 时，有不同结构的冰生成，相图变得复杂。

虚线 OD 是实线 AO 的延长线，是过冷水的饱和蒸气压与温度的关系曲线。因为在相同温度下，过冷水的蒸气压大于冰的饱和蒸气压，所以 OD 线在 OB 线之上。过冷水处于不稳定状态，一旦有凝聚中心出现，就立即全部变成冰。所以在热力学中，人们将过冷液体称为亚稳相。

动画：
水的三相共存状态

由图可以看出，三条两相平衡线的斜率各不相同，而且 OA 线和 OB 线的斜率为正、OC 线的斜率为负。这三条曲线的斜率可由克-克方程或克拉佩龙方程求得。OC 线的斜率为负，是由于冰的密度比水的密度小，从而导致冰融化过程的 $\Delta_{fus}V_m<0$，而其 $\Delta_{fus}H_m>0$，所以由克拉佩龙方程得冰融化曲线的 $dp/dT<0$，即斜率为负。

相图中三条两相平衡线交于 O 点，这时，水和冰的饱和蒸气压相等，水、冰、水蒸气三相平衡共存，即为水的三相点。此时 $F=0$，温度和压力均确定，分别为 273.16K（0.01℃）和 610.62Pa。

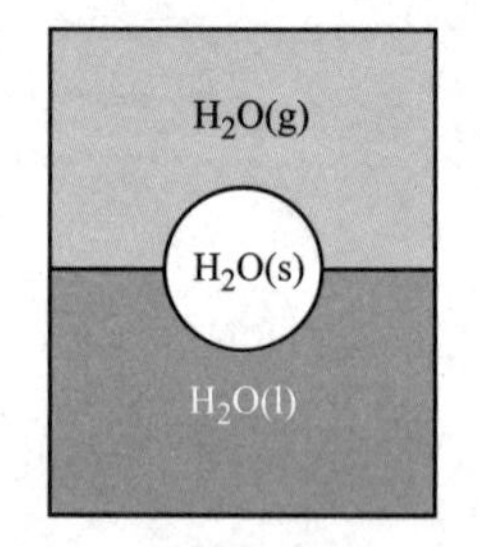

(a) 水的三相点

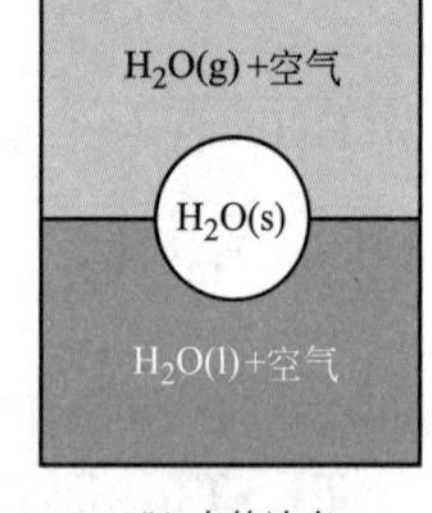

(b) 水的冰点

图 4-2 水的三相点与冰点的差别

值得一提的是三相点并不是通常所说的冰点。通常所说的冰点是指在 101.325kPa 的外压下，被空气饱和了的水的凝固点，为 273.15K（0℃）。可见冰点比三相点温度低了 0.01K，其原因有两个。一个是压力由 610.62Pa 增加到 101.325kPa，使水的凝固点下降了 0.0075K（见例 4-5），另一个是水中溶有空气形成了稀溶液，根据稀溶液的依数性，饱和了空气的水的凝固点将下降 0.0024K，两种因素影响的总结果使冰点比三相点低了 0.0099K，近似为 0.01K。虽然仅相差 0.01K，但三相点与冰点的物理意义完全不同。由于有空气溶入，冰点时系统是多组分系统，改变外压，冰点也随之改变。而三相点是纯水在其饱和蒸气压下的凝固点，是单组分系统，三相点是物质自身的特性，不会随着外界条件的改变而改变。三相点与冰点的差别如图 4-2 所示。

根据水的相图，可以对水的任一变化过程进行相变化分析。现以图 4-1 中系统由 a 点沿等压加热过程变化至 d 点的相变化过程加以说明。a 点处于冰的单相区，在压力恒定的情况下逐渐升温，升温过程中 $F^*=1-1+1=1$，温度变化不改变相态；当加热至 b 点，开始出现液态，此时 $F^*=1-2+1=0$，温度和压力均不发生变化，直至冰全部融化为水，变为液相，温度才可以继续升高而进入液相区；在液相区，$F^*=1-1+1=1$，继续升高温度而不会改变相态，直至到达 c 点时，开始出现水蒸气，此时 $F^*=1-2+1=0$，温度和压力又均不发生变化，直至液态水全部变为水蒸气为止。进入气相区后，系统又变为单相，温度又可以继续升高至 d 点，完成整个加热过程。

值得一提的是，虽然液体的饱和蒸气压随着温度的升高而增大，如图 4-1 中的 OA 曲线，即温度越高，要使气体液化所需的压力就越大，但是，这不是无限制的，也就是说气-液两相平衡线不能任意延长。每种液体都有一个特殊温度，在这个温度之上，无论加多大压力都无法使气体液化，这个温度称为临界温度（critical temperature），用 T_c 表示，此时系统所处的状态称为液体的临界点，对应的饱和蒸气压称为临界压力，用 p_c 表示。如图 4-1 中 A 点即为水的临界点，也是 OA 曲线的终止点，其 $T_c=647.2$K，$p_c=2.206\times10^7$ Pa。可见，T_c 是在加压下使气体液化的最高温度。在 T_c 以下，对气体加压均可使气体液化。T_c 和 p_c 是物质在临界点的重要参量，不同物质其临界参量不同。表 4-

1列出了一些常见物质的临界参量。从表中可以看出，He、H_2、N_2 临界温度很低，则常温下不能使它们液化。

表 4-1 一些常见物质的临界参量

物质	T_c/K	p_c/MPa	物质	T_c/K	p_c/MPa
He	5.26	0.229	C_2H_4	283.1	5.12
H_2	33.3	1.30	CO_2	304.5	7.40
N_2	126.2	3.39	C_2H_5OH	516.3	6.38
O_2	154.4	5.04	C_6H_6	562.6	4.92
CH_4	190.7	4.64	H_2O	647.2	22.06

温度和压力略高于临界点的状态称为超临界状态，此时物质的气-液界面消失，气态与液态混为一体无法区分，它既不是液体，也不是气体，通常称为超临界流体（superctitical fluid）。这种流体具有液体的密度，有很强的溶解能力，同时又具有气体的黏度，有很强的扩散能力，所以是理想的萃取剂。从表 4-1 中可以看出，CO_2 的临界温度为 304.5K，在常温下就很容易达到超临界状态，而且低毒、无味，价格便宜，又容易与被萃取物分离，特别适用于脂溶性、高沸点、热敏性物质的提取，广泛应用于生物制药、食品工业、保健品、化妆品香料等行业，是目前在超临界萃取中应用最广的超临界流体。

图 4-3 为 CO_2 的相图，与冰不同，由于固态 CO_2 的密度比液态 CO_2 的密度大，即固态 CO_2 熔化过程的 $\Delta_{fus}V_m>0$，使得固态 CO_2 的熔化曲线的 $dp/dT>0$，即斜率为正。这也是大多数单组分系统所具有的相图形式。

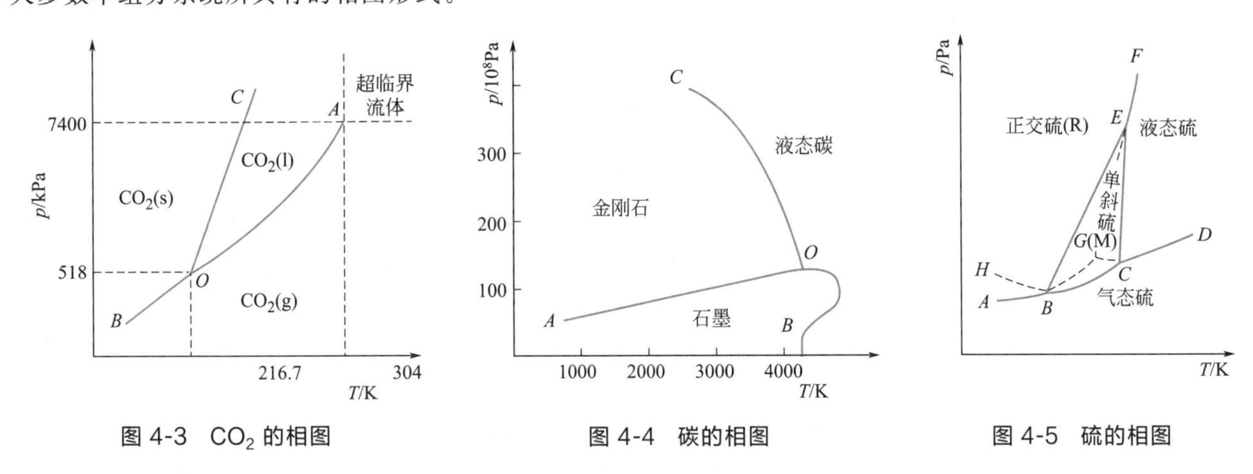

图 4-3 CO_2 的相图　　图 4-4 碳的相图　　图 4-5 硫的相图

除了水和 CO_2 的相图以外，常见单组分系统的相图还有碳和硫的相图，如图 4-4、图 4-5 所示。对于在不同的温度和压力下可以有一种以上不同晶型的物质来说，相图要复杂一些。如单质硫的固相有正交和斜方两种晶型，再加上液态硫与气态硫，因此共存在四种相（如图 4-5 所示），由于单组分系统最多只能三相共存，因而在硫的相图中有可能一共存在着四个三相点。

4.3 两组分系统的气-液平衡相图

对于两组分系统，其相律为

$$F=2-P+2=4-P$$

由相律可知，系统最多可以有四相共存；当相数最少为 1 相时，系统的自由度为 3，表明系统最多可以有 3 个独立改变的强度性质，即温度、压力和组成。因此要描述两组分体系所处的状态，需要三个坐标，用一个立体图形来描述。但通常为了方便起见，在绘制两组分系统相图时，常将其中一个变量固定，此时，$F^*=3-P$，系统的自由度最多为 2，就可以用两个坐标即平面图形来进行描述。因此，平面图可以有三种，即 T 为常数的蒸气压-组成图（p-x 图）、p 为常数的沸点-组成图（T-x 图）和 x 为常数的温度-压力图（T-p 图）。其中前两种比较常见。

理想的完全互溶双液系相图

两组分体系的相图类型较多，本章只介绍一些典型的相图。按物态分，两组分系统可分为双液系和固-液系。本节将介绍双液系相图及其应用。根据两个液体相互混溶的程度，又可把双液系分为完全互溶双液系、部分互溶双液系和完全不互溶双液系。

4.3.1 完全互溶双液系

如果 A 和 B 两种液体在全部浓度范围内均能互溶形成均匀的单一液相，则 A 和 B 构成的系统即为完全互溶双液系（completely miscible solid solution）。如果两种组分的蒸气压与组成均服从拉乌尔定律，即构成理想液态混合物，所形成的双液系称为理想的完全互溶双液系，如苯和甲苯，正己烷与正庚烷就属于这类系统。如果两种组分的蒸气压与组成偏离拉乌尔定律，则组成非理想的完全互溶双液系。

4.3.1.1 理想的完全互溶双液系的 p-x 图和 T-x 图

设 p_A^* 和 p_B^* 分别为组成理想液态混合物中的液体 A 和 B 在指定温度时的饱和蒸气压，p 为体系的总蒸气压，由于 A、B 在全部组成范围内均服从拉乌尔定律，则气相中 A 和 B 的分压及总压满足如下关系

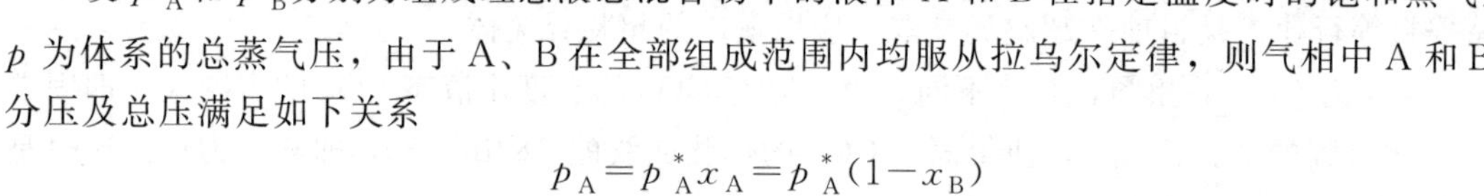

$$p_A=p_A^*x_A=p_A^*(1-x_B)$$

$$p_B=p_B^*x_B$$

$$\begin{aligned}p&=p_A+p_B\\&=p_A^*(1-x_B)+p_B^*x_B\\&=p_A^*+(p_B^*-p_A^*)x_B\end{aligned} \tag{4-12}$$

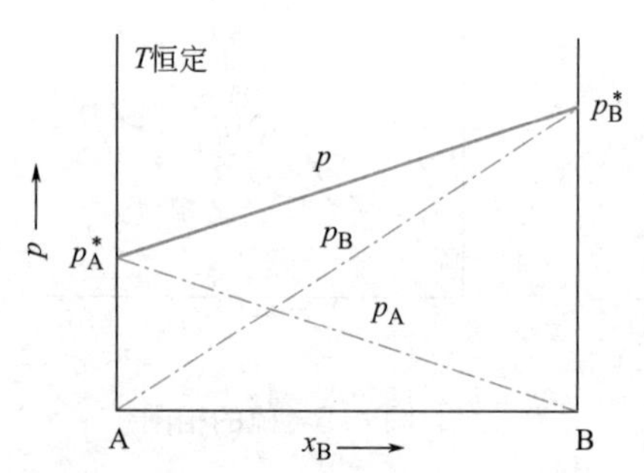

图 4-6 理想液态混合物的蒸气压-液相组成图

若在 T 恒定下以组成为横坐标、压力为纵坐标作图，则由以上三式可知，分压 p_A 和 p_B 及总压 p 与 x_B 均成直线关系，如图 4-6 所示。图中，气相总压 p 与液相 x_B 之间关系曲线称为液相线。由液相线可以找出不同液相组成时的蒸气总压，或不同气相总压对应的液相组成。

由于温度恒定下两相平衡时的条件自由度 $F^*=2-2+1=1$，若选液相组成为独立变量，则不仅系统的压力是液相组成的函数，而且气相组成也应为液相组成的函数。设蒸气也是理想的气态混合物，用 y_A 和 y_B 分别表示气相中 A 和 B 的摩尔分数，则根据道尔顿的分压定律，得

$$y_A=\frac{p_A}{p}=\frac{p_A^*(1-x_B)}{p_A^*+(p_B^*-p_A^*)x_B} \tag{4-13a}$$

$$y_B=\frac{p_B}{p}=\frac{p_B^*x_B}{p_A^*+(p_B^*-p_A^*)x_B} \tag{4-13b}$$

即在 T 一定的条件下，每一个液相组成 x_B 一定对应着一个与之平衡的气相组成 y_B。若将气相组成也标在同一张压力组成图上，即得到 p-x_B 关系曲线，称为气相线，如图 4-7 所示。

图中，$p_A^*<p_B^*$，即组分 B 易挥发，则 $p_A^*<p<p_B^*$，因而 $\frac{p_B^*}{p}>1$，故在同一压力下，对易挥发组分，有

$$y_B > x_B$$

即易挥发的组分在气相中的组成大于其在液相中的组成，而难挥发组分则正好相反，表现在系统的压力-组成图中气相线在液相线的下方。此结论具有普遍性。

当溶液的蒸气压等于外压时，溶液开始沸腾，此时的温度即为该溶液的沸点。由于溶液的蒸气压与其组成有关，在一定的外压下，不同组成溶液的沸点不同。若以溶液的沸点对其组成作图，即得沸点-组成图（T-x 图）。

T-x 图可以通过已知两个液体在不同温度下蒸气压的数据计算获得，也可以通过实验测定一定压力下混合物的沸点及该沸点下气-液两相的组成，然后连接不同温度下的各个液相点构成液相线，连接各个气相点构成气相线，从而直接绘制得到。后者是更常用的方法。也是由于易挥发组分在气相中的相对含量大于它在液相中的相对含量，使得气相线在液相线的右上方，正好与 p-x 图相反，两条线相交于两个纯液体 A 和 B 的沸点 T_A^*和 T_B^*，见图 4-8。在一定压力下，一般饱和蒸气压越高的纯液体，其沸点越低；反之饱和蒸气压越低的液体，其沸点越高。显然，在 $p_A^* < p_B^*$时，$T_A^* > T_B^*$，而 A 和 B 混合物的沸点介于 T_A^*和 T_B^* 之间。

在理想液态混合物的 p-x 图和 T-x 图中，液相线和气相线把全图分为 3 个区域。在 T 恒定的 p-x 图（见图 4-7）中，在液相线之上，体系压力高于任一混合物的饱和蒸气压，气相无法存在，是液相区。在气相线之下，体系压力低于任一混合物的饱和蒸气压，液相无法存在，是气相区。这两个区为双变量系统，T 一定时，$F^* = 2-1+1=2$，有两个自由度，压力和组成在一定范围内可以独立改变。在液相线和气相线之间的梭形区内，是气-液两相平衡，为单变量系统，$F^* = 2-2+1=1$，只有一个自由度，压力和气相组成、液相组成之间都有着函数关系。而在 p 恒定的 T-x 图（见图 4-8）中，在液相线以下，温度低于混合物的沸点，液态混合物不能汽化，是单一的液相区；相反，气相线以上，是单一的气相区；而在液相线和气相线之间的梭形区内，是气-液两相平衡共存区。

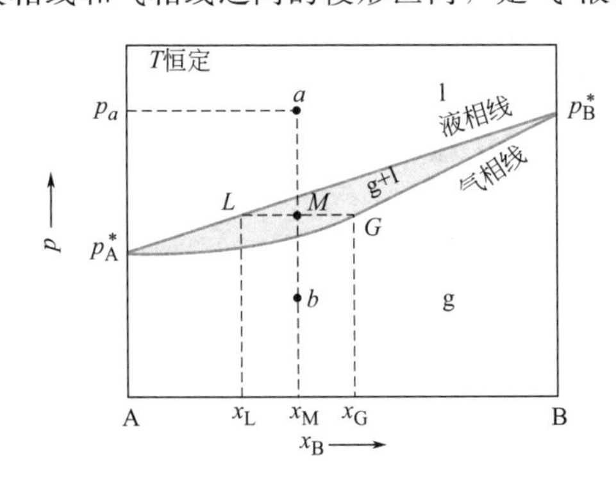

图 4-7　理想液态混合物的压力-组成图

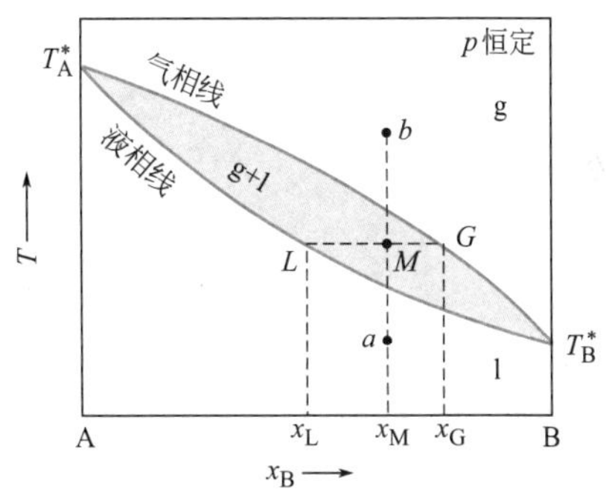

图 4-8　理想液态混合物的沸点-组成图

在相图上，代表系统总组成的点称为系统点或物系点；代表某一相组成的点称为相点。对于均相系统，处于相图的单相区，其系统点就是其相点，二者是一致的，如图 4-7 和图 4-8 中的 a 点和 b 点。对于两相系统，处于相图的气-液两相共存区，系统点与液相点和气相点不重合，此时通过系统点作水平线与液相线和气相线的交点分别为液相点和气相点。如图 4-7 和图 4-8 中的 M 点代表系统点，组成为 x_M，L 点和 G 点分别为与系统点 M 所对应的压力或沸点时的液相点和气相点，两相的组成分别为 x_L 和 x_G。两个平衡相点的连线称为结线，如 LG 线。

利用相图可以了解指定系统在外界条件改变时的相变情况。例如图 4-7 中的理想液态混合物，当原始组成为 x_M 混合物的起始压力为 p_a 时，系统点为液相区的 a 点。当压力缓慢降低时，系统点沿恒组成线垂直向下移动，到达液相线之前一直是单一的液相。当到达液相线时，液相开始蒸发，系统进入气-液两相平衡区。在两相区内，随着压力的继续降低，液相不断蒸发为蒸气，液相状态沿液相线向左下方移动，与之平衡的气相状态则相应地沿气相线向左下方移动。当系统点为M点时，成平衡的液相和气相的相点分别为L和G点。当压力继续降低时，在到达气相线之前，仍为气-液两相平衡，只是气液两相的组成及相对量发生着变化。直至压力降至气相线时，意味着最后一滴液相消失，液相全部蒸发为蒸气，此后系统进入单一的气相区。

T-x图在讨论蒸馏时十分有用，因为蒸馏通常在等压下进行。若将状态为a的液态混合物恒压升温（见图4-8），当升温至液相线时，液相开始产生气泡沸腾，所对应的温度为该液相的泡点（bubble point）。液相线表示了液相组成与泡点的关系，所以也叫泡点线。若将状态为b的蒸气恒压降温，到达气相线时，气相开始凝结出露珠似的液滴，所对应的温度称为该气相的露点（dew point）。气相线表示了气相组成与露点的关系，所以也叫露点线。读者可自行分析图4-8中从系统点为a恒压逐渐加热到系统点b时过程的相变化。

【例4-6】A与B可形成理想液态混合物，在80℃时有A与B构成的理想混合气体，其组成为y_B，在此温度下，等温压缩到$p_1=66.65\text{kPa}$时，出现第一滴液体，其液相组成$x_{B_1}=0.333$，继续压缩到$p_2=75.0\text{kPa}$，刚好全部液化，其最后一个气泡的组成$y_{B_2}=0.667$。求在80℃时，纯A与纯B的饱和蒸气压与最初的理想混合气体的组成。

解：已知$p_1=66.65\text{kPa}$，$x_{B_1}=0.333$，$p_2=75.0\text{kPa}$，$y_{B_2}=0.667$

因为随着压力的增加，刚开始出现第一滴液体时的气相组成y_{B_1}与气体正好全部液化时的液相组成x_{B_2}相等，都等于其原始混合气体的组成y_B，即

$$y_{B_1}=x_{B_2}=y_B$$

又根据拉乌尔定律和道尔顿分压定律，有

$$p_B=p_B^*x_B=py_B$$

压力为p_1时
$$p_B^*x_{B_1}=p_1y_{B_1},y_{B_1}=\frac{p_B^*x_{B_1}}{p_1}$$

压力为p_2时
$$p_B^*x_{B_2}=p_2y_{B_2},x_{B_2}=\frac{p_2y_{B_2}}{p_B^*}$$

所以
$$\frac{p_B^*x_{B_1}}{p_1}=\frac{p_2y_{B_2}}{p_B^*}$$

代入已知数据，解得

$$p_B^*=100\text{kPa}\qquad y_{B_1}=0.5$$

即最初的理想混合气体的组成为$y_B=0.5$，$y_A=1-y_B=0.5$。

又因为
$$\begin{aligned}p_1&=p_A^*x_{A_1}+p_B^*x_{B_1}\\&=p_A^*(1-x_{B_1})+p_B^*x_{B_1}\end{aligned}$$

所以

$$\begin{aligned}p_A^*&=\frac{p_1-p_B^*x_{B_1}}{1-x_{B_1}}\\&=\frac{66.65\text{kPa}-0.333\times100\text{kPa}}{1-0.333}=50\text{kPa}\end{aligned}$$

杠杆规则

4.3.1.2 杠杆规则

由上述相图分析可见，只要系统点在气相线和液相线所围的梭形区内，系统内部始终是气-液两相共存，但平衡两相的组成和两相的相对数量却随压力或温度的变化而变化。对于

两相的相对数量可以利用杠杆规则计算得到。

以图 4-8 所示系统为例，当系统点在两相区中的 M 点时，系统的总组成为 x_M，若平衡的气相物质的量为 n_G，B 组分在气相的组成为 x_G；液相物质的量为 n_L，B 组分在液相的组成为 x_L，则根据质量守恒原理，B 组分的物质的量不变，即

$$(n_L+n_G)x_M=n_Lx_L+n_Gx_G$$

整理得

$$n_L(x_M-x_L)=n_G(x_G-x_M)$$

$$n_L\cdot\overline{LM}=n_G\cdot\overline{MG} \tag{4-14a}$$

上式称为杠杆规则（lever rule）。因为它与力学中的杠杆原理相似。结线 LG 好似一个以系统点为支点的杠杆，支点与两个相点的连接线的长度为力矩，而两相的物质的量则好似杠杆两端的力。在使用杠杆规则时应注意，由于杠杆规则是根据物质守恒原理得出的，所以它具有普遍性，适用于相图中的任意两相平衡区。若横坐标以质量分数表示，则所求的为两相的质量，杠杆规则应表示为

$$m_L\cdot\overline{LM}=m_G\cdot\overline{MG} \tag{4-14b}$$

式中，m_G 和 m_L 分别代表气、液两相的质量。

【例 4-7】 7mol A 与 3mol B 组成的两组分液态混合物，在两相区的某一温度下达到平衡，测得气相点对应的组分 B 的 $x_G=0.7$，液相点对应的组分 B 的 $x_L=0.2$，求气、液两相的物质的量 n_G 和 n_L，以及两相中各含 A 和 B 的物质的量。

解：由题意可知，B 组分的原始组成即系统点的组成 $x_B=0.3$。根据杠杆规则

$$n_L(x_B-x_L)=n_G(x_G-x_B)$$

即

$$n_L\times(0.3-0.2)=n_G\times(0.7-0.3)$$

且

$$n_L+n_G=10\text{mol}$$

解得

$$n_G=2.0\text{mol},n_L=8.0\text{mol}$$

气相中含 B 的物质的量

$$n_{B,G}=n_Gx_G=2.0\text{mol}\times0.7=1.4\text{mol}$$

气相中含 A 的物质的量

$$n_{A,G}=n_G-n_{B,G}=2.0\text{mol}-1.4\text{mol}=0.6\text{mol}$$

同理可求得液相中 A 和 B 的物质的量分别为

$$n_{B,L}=1.6\text{mol},n_{A,L}=6.4\text{mol}$$

4.3.1.3 蒸馏或精馏原理

精馏原理

动画：精馏原理

蒸馏（distillation）或精馏（fractional distillation）是化工生产或有机化学实验中重要的提纯或分离的方法之一，是利用液态混合物在发生相变过程中挥发程度的差异将各组分提纯或分离的一种操作。其原理可用图 4-9 和图 4-10 来说明。

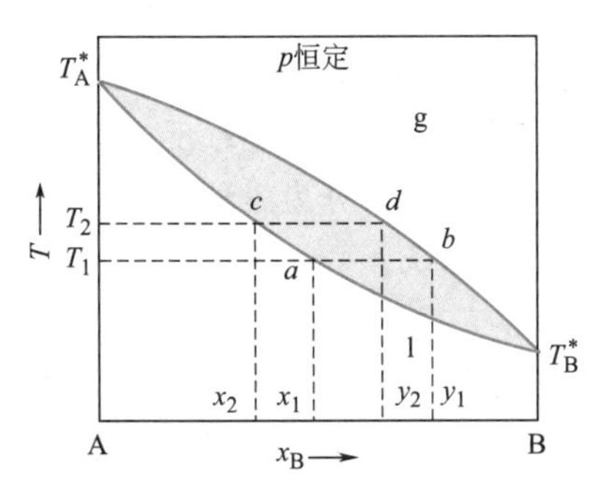

图 4-9 简单蒸馏原理示意图

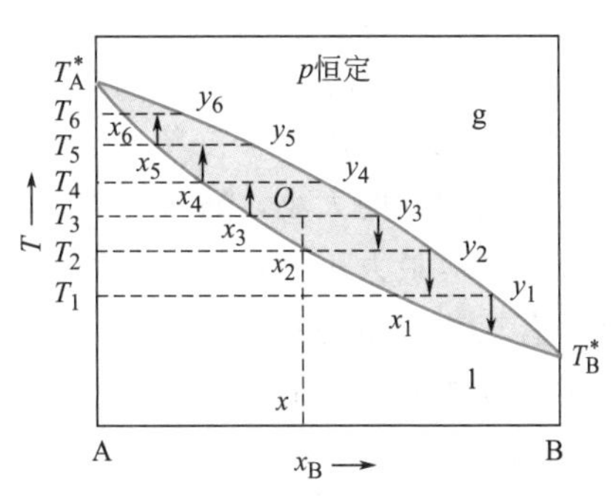

图 4-10 精馏原理示意图

图 4-9 是说明简单蒸馏原理的两组分 T-x 图。从图中可以看出混合物与纯液体不同的

是，纯液体在定压下沸点是恒定的，从开始沸腾到蒸发完毕，温度保持不变，而混合物的沸点在定压下不是恒定的，由开始沸腾至蒸发完毕有一个温度区间。如有一组成为 x_1 的 A、B 两组分溶液，加热到 T_1 时开始沸腾，此时与之平衡的气相组成为 y_1，显然气相中沸点低的 B 组分含量显著增加。继续加热，随着蒸发的进行，液相中 B 含量下降，组成沿 ac 线上升，沸点也升高，当升至 T_2 时，对应的气相组成为 y_2。若接收 $T_1 \sim T_2$ 间的馏出物，其组成在 y_1 与 y_2 之间，而剩余液相组成为 x_2，其中 A 含量较原始混合物增加。这样，一次简单蒸馏的结果是馏出物中低沸点的 B 含量会显著增加，剩余液体中沸点较高的 A 组分会增多，将 A 与 B 粗略分开。A 与 B 的沸点差越大，用简单蒸馏分离的效果也越好，但用一次简单蒸馏时无法把混合物完全分开。

要使混合物能够完全分离，需采用精馏的方法。精馏实际上就是多次简单蒸馏的组合。如图 4-10 所示，设液态混合物的原始组成为 x，在恒压下，将系统的温度直接升到 T_3，此时系统点为 O 点，混合物部分汽化，平衡时液、气两相的组成分别为 x_3 和 y_3。分开气、液两相后，将组成为 x_3 的液相继续加热至 T_4，液体又部分汽化，液、气两相的组成又分别变为 x_4 和 y_4。再使气、液两相分开，这样，不断地将分出的液相升温、汽化、分离，多次重复下去，温度沿着 $T_3 \rightarrow T_4 \rightarrow T_5 \rightarrow T_6$ 变化，分出的液相组成则沿着 $x_3 \rightarrow x_4 \rightarrow x_5 \rightarrow x_6$ 变化。由于 $x_3 < x_4 < x_5 < x_6$，所以液相每部分汽化一次，A 在液相中的相对含量就增大一些，多次重复操作下去，可得到 x_B 很小的液相，最后即可获得纯 A。

将 T_3 温度下分离出的组成为 y_3 的气相冷却到 T_2，气体部分冷凝，变为组成为 x_2 的液体，剩余的气相组成为 y_2，其中含 B 的量增多。同样再将组成为 y_2 的气体继续降温，重复上述操作，使气相的温度沿着 $T_3 \rightarrow T_2 \rightarrow T_1$ 变化，而剩余气相的组成则沿着 $y_3 \rightarrow y_2 \rightarrow y_1$ 变化。由于 $y_3 < y_2 < y_1$，这种操作多次重复下去，就可以得到 y_B 很大的气相，最终即可获得纯 B。

在工业上这种精馏过程是在精馏塔中进行的。精馏塔底部是加热区，温度最高；塔顶温度最低。塔中有若干层塔板，每一层塔板相当于一次简单蒸馏。需精馏的混合物从精馏塔的半高处加入，使混合物处于气液两相平衡。蒸气中的高沸点组分在塔板上凝聚，放出凝聚热后流到下一层塔板，液体中的低沸点组分得到热量后升入上一层塔板，即每一块塔板上都同时发生着由上一层塔板下来的液相的部分汽化和由下一层塔板上来的蒸气的部分冷凝过程和热交换过程。若精馏塔中的塔板数足够多，最终即可在塔顶冷凝收集到纯低沸点组分，而纯高沸点组分则留在塔底，达到分离的目的。

精馏塔中的所需塔板数可以从理论上计算得到。

4.3.1.4 非理想的完全互溶双液系 *p-x* 图和 *T-x* 图

非理想完全互溶双液系的相图

前面讨论了理想的完全互溶双液系的 p-x 图和 T-x 图，但实际的完全互溶双液系中各组分的蒸气压与其组成常常偏离拉乌尔定律。造成偏离的原因有某一组分本身发生分子缔合，或 A、B 组分混合时有相互作用，使体积改变或相互作用力改变等。这种偏差可正可负，若各个组分的蒸气压大于拉乌尔定律的计算值，则称为发生正偏差；反之，则发生负偏差。根据正、负偏差的大小，通常可以将非理想完全互溶双液系分为三种类型，即具有较小偏差的系统、具有最大正偏差的系统和具有最大负偏差的系统。

(1) 具有较小偏差的系统

在这类非理想完全互溶双液系中，各组分对拉乌尔定律的偏离不大，可正、可负，但混合物的总蒸气压总是介于两个纯组分的蒸气压之间。它们的气液相图与理想的完全互溶双液系的相图类似，只是其液相线已不再是直线。属于这类系统的有苯和丙酮、甲醇和水、四氯化碳和环己烷、乙醚和氯仿等，示意相图见图 4-11。对于具有这类相图的 A、B 两种组分，同样可以用精馏的方法将 A、B 两组分分开。

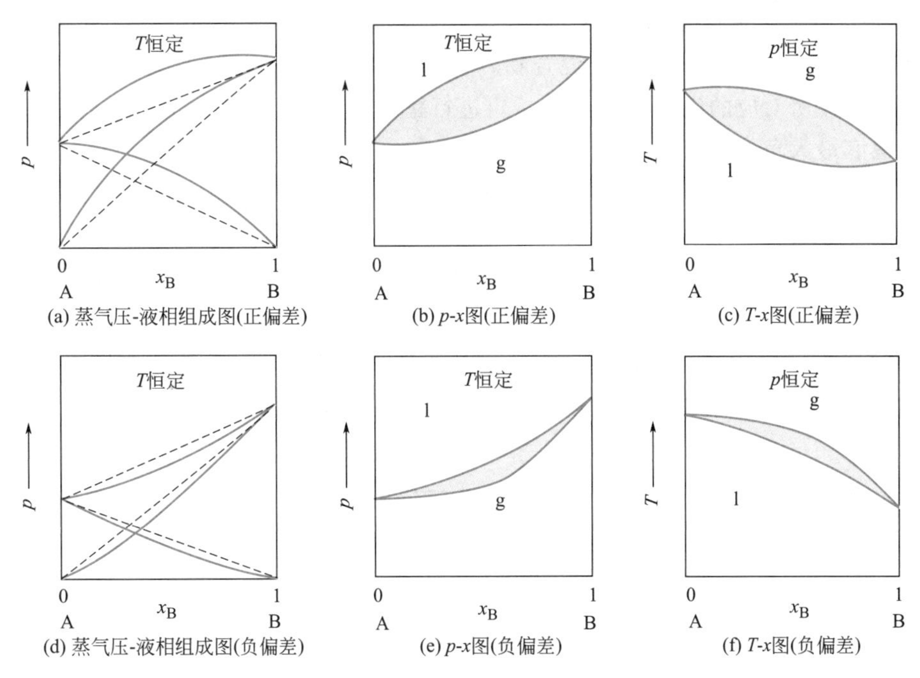

图 4-11　具有较小偏差的非理想完全互溶双液系的蒸气压-液相组成图和 p-x 图、 T-x 图

(2) 具有最大正偏差的系统

如果 A、B 两组分对拉乌尔定律的正偏差很大，在蒸气压-液相组成图上形成最高点，如图 4-12(a) 所示，则称这样的系统为具有最大正偏差的系统。在最高点处，气相和液相组成相同，因此，对应的 p-x 图上液相线和气相线有一个共同点，使气相线分为两个分支，出现了两个气-液共存区，如图 4-12(b) 所示。由于蒸气压最高处对应着最低的沸点，所以在对应的 T-x 图上就出现了最低点 [见图 4-12(c)]。这类系统的相图可以看成是由两个偏差不大系统的相图组合而成的。

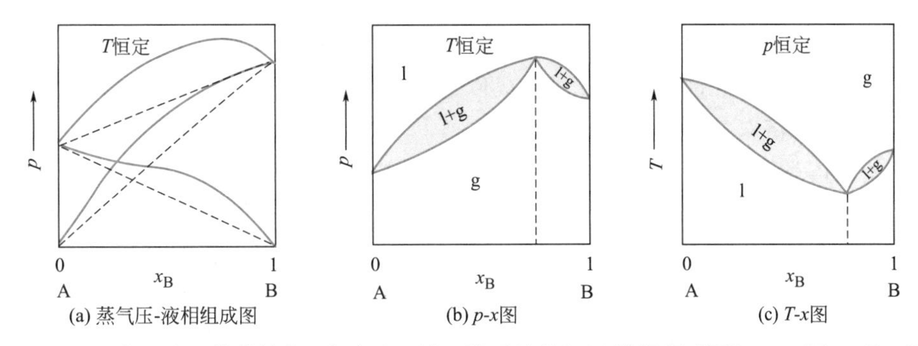

图 4-12　具有最大正偏差的非理想完全互溶双液系的蒸气压-液相组成图和 p-x 图、 T-x 图

如果将在 T-x 图上的最低点所对应组成的混合物进行加热，该混合物从开始沸腾到完全汽化，溶液的沸点是固定不变的，所以把该点称为最低恒沸点（minimum azeotropic point)，所对应的混合物称为最低恒沸混合物（minimum boiling point azeotrope)。但值得注意的是，虽然恒沸混合物（azeotropic mixture）具有一定的沸点和组成，但它是混合物而不是化合物，改变压力，最低恒沸点的温度也改变，它的组成也随之改变。

由于在最低恒沸点时气相和液相的组成相同，所以具有恒沸混合物的系统在精馏时，不能同时得到两个纯组分。如果原始组成处于恒沸点之左，精馏结果只能得到纯 A 和恒沸混合物；组成处于恒沸点之右，精馏结果只能得到恒沸混合物和纯 B。

属于此类相图的系统有水-乙醇、甲醇-苯、乙醇-苯和甲醇-氯仿等。例如在通常压力下水-乙醇的最低恒沸点温度为 351.3K，混合物中含乙醇的质量分数为 0.96。精馏乙醇水溶液通常可得纯水和含乙醇 0.96 的恒沸混合物，要获得无水乙醇，必须加入惰性吸水剂，如分子筛，使系统点所对应的组成超过 0.96，再进行精馏，才有可能得到纯乙醇。

（3）具有最大负偏差的系统

如果 A、B 两组分对拉乌尔定律的负偏差很大，在蒸气压-液相组成图上形成最低点，如图 4-13(a) 所示，则称这样的系统为具有最大负偏差的系统。与具有最大正偏差的系统相对应，具有最大负偏差的系统在 p-x 图上有最低点，在 T-x 图上就有最高点，此最高点称为最高恒沸点（maximum azeotropic point），处在最高恒沸点的混合物称为最高恒沸混合物（maximum boiling point azeotrope）。与具有最低恒沸混合物的系统一样，该类系统的混合物在精馏时，也不能同时得到纯 A 和纯 B，只能同时得到恒沸混合物和其中一种纯物质。

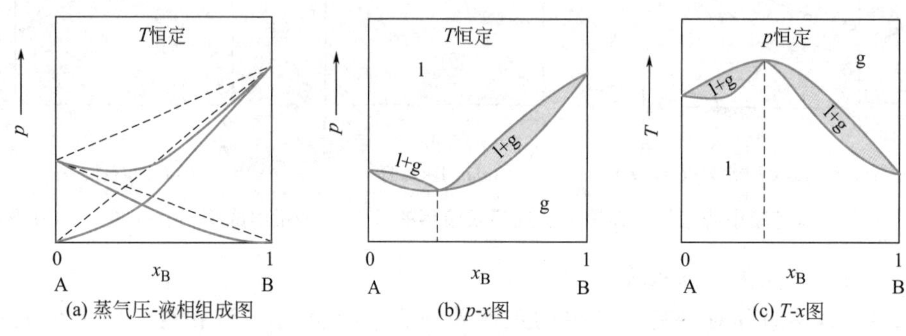

图 4-13　具有最大负偏差的非理想完全互溶双液系的蒸气压-液相组成图及 p-x 图、T-x 图

属于此类系统的有水-硝酸、水-盐酸和三氯甲烷-丙酮等。如在通常压力下，水-盐酸体系的最高恒沸点温度为 381.65K，恒沸混合物中含 HCl 的质量分数为 0.2024，分析化学上常用它来作为标准溶液。

4.3.2　部分互溶双液系

部分互溶双液系相图

在一定的温度和压力下，两种液体相互溶解程度与它们的性质有关。当两液体的性质相差较大时，它们只能相互部分溶解，而形成以一定互溶程度共存的两种液态混合物。这类双液系被称为部分互溶双液系。

如水-苯胺体系在常温下只能部分互溶，分为两层。将温度对组成作图，即得两条溶解度曲线，如图 4-14 所示。下层是水中饱和了苯胺，溶解度情况如图中曲线 CB 所示；上层是苯胺中饱和了水，溶解度如图中曲线 DB 所示。升高温度，彼此的溶解度都增加。到达 B 点，两种饱和溶液的浓度相同，界面消失，成为单一液相。B 点温度被称为最高临界会溶温度（critical consolute temperature）T_B。温度高于 T_B，水和苯胺可完全互溶。

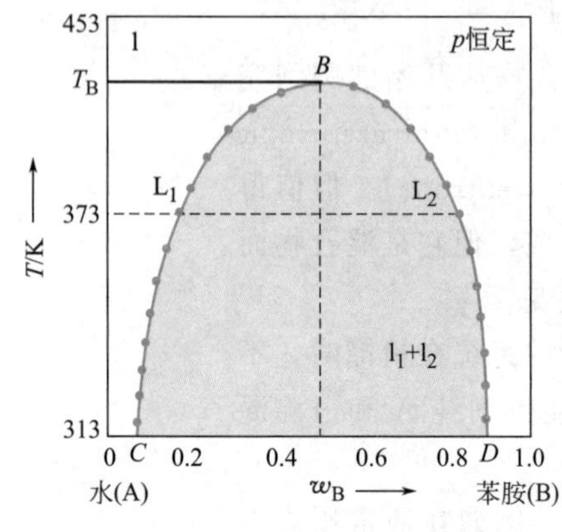

图 4-14　水-苯胺的溶解度图

两条溶解度曲线把部分互溶双液系的相图区域围出了一个帽形区。帽形区以外，溶液为单一液相；帽形区以内，溶液分为两相。根据相律，在恒定压力下，液、液两相平衡时，$F^* = 2 - 2 + 1 = 1$，即两个饱和溶液的组成均只是温度的函数，当再指定温度时，两个饱和溶液的组成就不能改变。把同一温度下两个平衡共存的液层，称为共轭溶液（conjugate solution）。如图 4-14 中，在 373K 时，两层的组成分别为 L_1 和 L_2，L_1 为苯胺在水中达到饱和、L_2 为水在苯胺中达到饱和。只要温度不变，系统点在 L_1L_2 之间变化时，两个液相的组成均不变，而变化的是两层溶液的相对量。由于是在两相区内，若想确定两相的量，可使用杠杆规则进行计算。

【例 4-8】已知水-苯酚系统在 30℃ 液-液平衡时共轭溶液的组成（含苯酚质量分数）为：l_1（苯酚溶于水）的 w(苯酚) $=0.0875$，l_2（苯酚溶于水）的 w(苯酚)$=0.699$。求

（1）在 30℃ 时，100g 苯酚和 200g 水形成的系统达液-液平衡时，两液相的质量各为多少？

（2）在上述系统中若再加入 100g 苯酚，又达到相平衡时，两液相的质量各变为多少？

解：（1）由于由 100g 苯酚和 200g 水形成系统，其系统点的质量分数 $w=0.333$，设两共轭溶液中 l_1 的质量为 m_1，l_2 的质量为 m_2，则由杠杆规则得

$$m_1\times(0.333-0.0875)=m_2\times(0.699-0.333)$$

又因为

$$m_1+m_2=300\text{g}$$

解之得

$$m_1=180\text{g},\ m_2=120\text{g}$$

（2）若再往系统中加入100g 苯酚，系统点变为 $w'=0.5$，但共轭溶液的组成不变，所以再次由杠杆规则，有

$$m_1\times(0.5-0.0875)=m_2\times(0.699-0.5)$$

$$m_1+m_2=400\text{g}$$

解得

$$m_1=130\text{g},\ m_2=270\text{g}$$

与水-苯胺类似的部分互溶双液系统还有很多，如水-苯酚、苯胺-环己烷和水-正丁醇等。除了有最高会溶温度的系统以外，少数部分互溶双液系具有最低会溶温度，如水-三乙基胺体系，如图 4-15 所示，当温度低于 T_B 时，两液体完全互溶，是单一液相区，高于 T_B 时，出现部分互溶现象；有的系统则同时具有最高和最低会溶温度，形成一个完全封闭的溶解度曲线，如水-烟碱体系，如图 4-16 所示，当温度介于 T_C' 和 T_C 之间时，两液体部分互溶，当温度低于 T_C' 或高于 T_C 时为完全互溶；还有的不具有会溶温度，如水-乙醚体系，如图 4-17 所示，温度高到液体的沸点，低到凝固点，两液体一直表现为部分互溶。

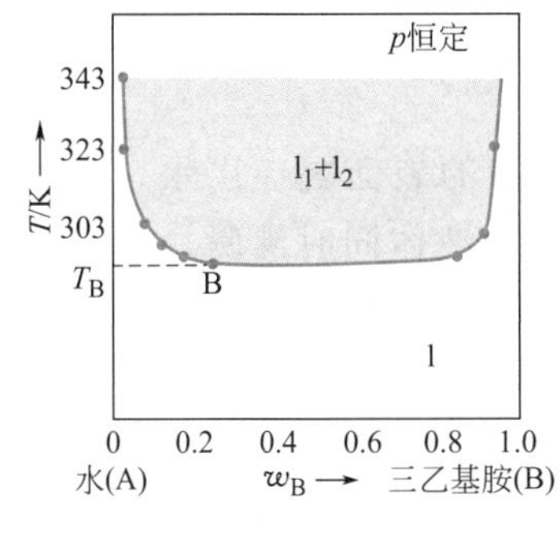

图 4-15　水-三乙基胺的溶解度图

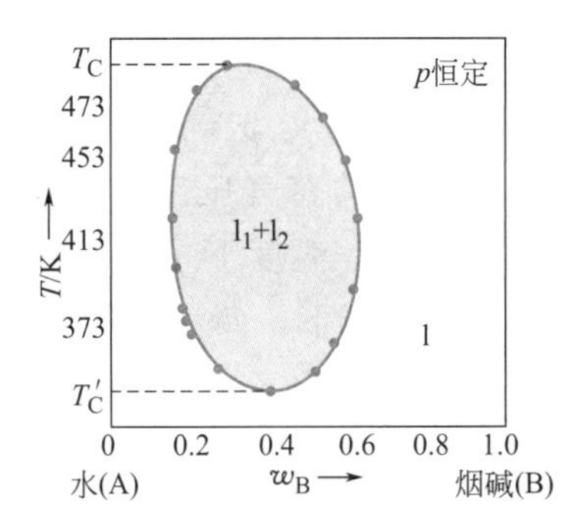

图 4-16　水-烟碱的溶解度图

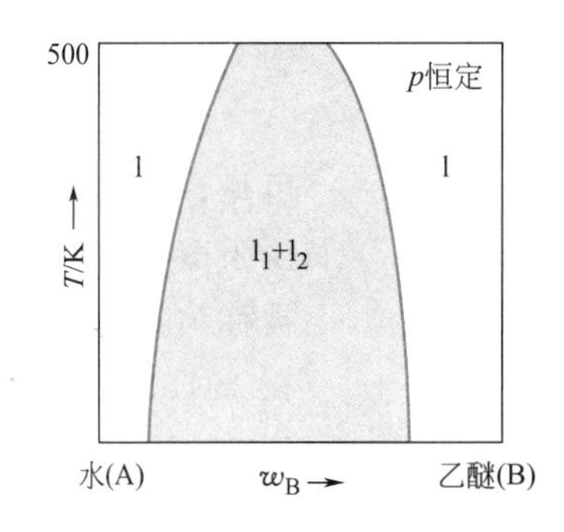

图 4-17　水-乙醚的溶解度图

分析上述部分互溶双液系的相图可以看出，从原理上，同时具有最高和最低会溶温度的相图，可以看成是具有最低会溶温度和具有最高会溶温度相图的组合。以此类推，还会有其他不同类相图的组合。例如，若将图 4-14 所示相图体系的温度再继续升高，则部分互溶系统（如水-正丁醇系统）达一定温度后其饱和蒸气压将等于外压，此时会出现气相，其相图如图 4-18(a) 所示。该相图可以看成是具有低共沸混合物的相图与部分互溶双液系相图的组合。若降低体系压力，溶液的沸点降低，图 4-18(a) 中的气液两相平衡的梭形区域将下压，最后汇合为图 4-18(b)。因此看似较复杂的相图其实仍是由基本相图组合而成，在掌握了基本相图的基础上，就可以比较容易地对复杂相图进行分析。现以图 4-18(b) 中由系统点 d 变化到 a 的相变化过程为例加以说明。

系统由 d 到 a 是一个等压升温过程。起始时，系统为两个组成不同的饱和溶液 l_1 和 l_2 共存，温度升至 c 点系统蒸气压等于外压，此时开始出现气相，系统为 l_1、l_2 和蒸气三相共

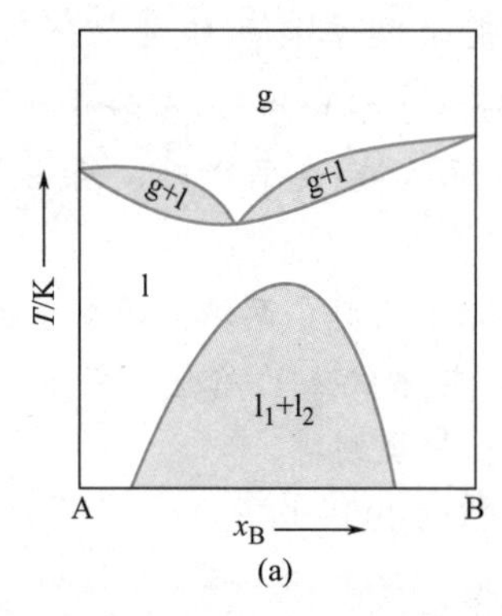

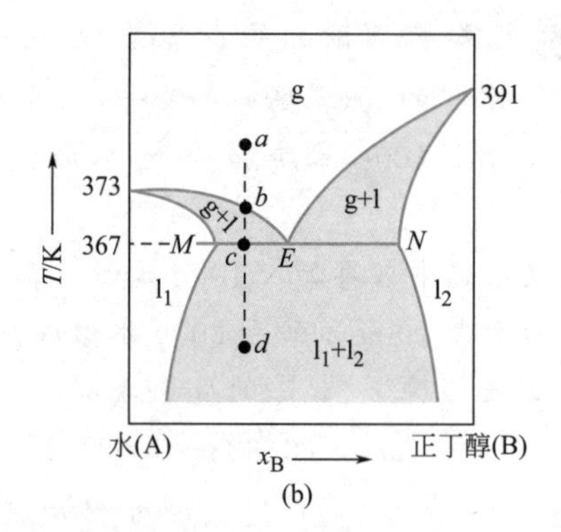

图 4-18 水-正丁醇相图

存。由相律可知，此时的自由度为零，所以共存三相点组成均不会改变，即 M、N、E 分别对应着两个饱和溶液和气相的相点。因此，MN 线又称为三相线。在两组分平衡系统相图中的水平线均为三相线。随着蒸发的进行，因系统点的组成在 E 点相应的组成以左，溶液 l_1 的量较多，所以溶液 l_2 先于 l_1 首先全部汽化，当最后一滴 l_2 消失后，系统就进入了单一液相与气相的气-液两相共存区，由于此时自由度为 1，所以随着液体的继续蒸发，温度继续上升，直至 b 点，最后一滴液体消失，系统进入单一的气相区，此时自由度为 2，系统点温度可以继续上升至终点 a。

有关部分互溶双液系其他类组合相图，在此不再列举。

完全不互溶双液系相图

4.3.3 完全不互溶双液系

如果 A、B 两种液体彼此互溶程度极小，以致可忽略不计，可近似看作彼此完全不互溶，如水与苯、水与溴苯、水与汞、水与二硫化碳等均属于这类系统，则 A 与 B 共存时，各组分的蒸气压与单独存在时一样，不管其相对数量如何，液面上的总蒸气压等于两纯组分饱和蒸气压之和，即

$$p=p_A^*+p_B^*$$

可见，总蒸气压恒大于任一组分的蒸气压。因此，通常在水银的表面盖一层水，企图减少汞蒸气，其实是徒劳的。当某一温度下 p 等于外压时，则两液体同时沸腾，这一温度被称为共沸点。可见，在同样外压下，两液体的共沸点恒低于任一纯组分的沸点。例如，在 101.325kPa 下，水的沸点为 373K，溴苯的沸点为 429K，而水和溴苯的共沸点为 368K。

完全不互溶系统的温度-组成图如图 4-19 所示。P、Q 点分别为纯 A 和纯 B 的沸点。在一定压力下，当共沸时，纯液体 A、纯液体 B 和蒸气三相共存，由相律可知此时 $F^*=2-3+1=0$，即不论原始组成如何，三相共存时共沸点的温度及组成均不变，表现在相图中为一条平行于横坐标的三相平衡线（如图中的 MEN），三相分别为 M、N 所代表的纯液体 A 和纯液体 B 两个液相点，以及 E 所代表的对应组成的气相点。

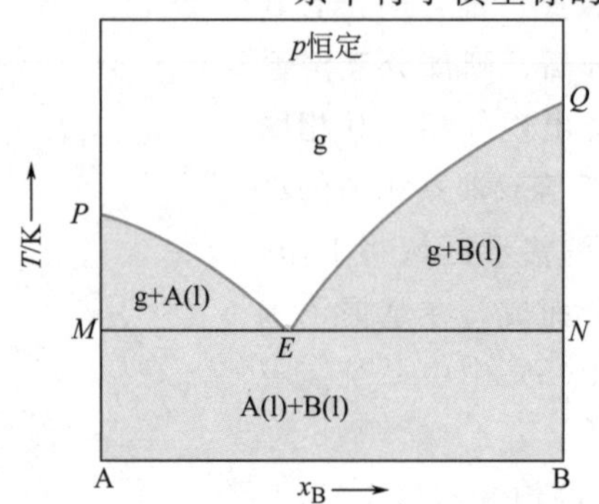

图 4-19 完全不互溶系统的温度-组成图

在三相平衡时，由于 $F^*=0$，继续加热温度不变，两液体受热同时转化为气相，即

$$A(l)+B(l)\underset{冷却}{\overset{加热}{\rightleftharpoons}}g$$

两液体的量不断减少，气相的量增大，直至有一个液体消失，系统进入两相平衡区，温度才能上升。若系统点正好在 E 点，加热时两液体同时蒸发完，全部变为单一气相后温度才能上升。

利用共沸点低于每一种纯液体沸点的原理，可以把不溶于水的高沸点的液体和水一起蒸馏，使两液体在略低于水的沸点下共沸，以保证高沸点液体不致因温度过高而分解，达到提纯的目的。馏出物经冷却成为该液体和水，由于两者不互溶，所以很容易分开。这种方法称为水蒸气蒸馏（steam distillation）。

水蒸气蒸馏时，馏出物中待分离物（B）与水（A）的分压之比为

$$\frac{p_B^*}{p_A^*}=\frac{n_B}{n_A}=\frac{m_B/M_B}{m_A/M_A}$$

式中，m 表示质量，上式还可写为

$$\frac{m_B}{m_A}=\frac{p_B^*}{p_A^*}\cdot\frac{M_B}{M_A} \tag{4-15}$$

由上式可见，虽然一定温度下高沸点的有机物的 p_B^* 较小，但其摩尔质量 M_B 比水的大得多，所以 m_B 也不会太小，水蒸气蒸馏的效率一般不会很低。水蒸气蒸馏的效率可以用 m_A/m_B 的大小来说明，这一比值表示蒸馏出单位质量有机物所需水蒸气的质量，称为水蒸气的消耗系数，此系数越小，表示水蒸气蒸馏的效率越高。

4.4 两组分系统的固-液平衡相图

通常条件下，仅由液相和固相构成的系统称为固-液系统或凝聚系统，其相图通常是在101.325kPa下测定的。由于压力对凝聚相系统的影响很小，所以一般固-液平衡相图只作 T-x 图。两组分固-液系统的相图类型很多，但不论相图如何复杂，与双液系的相图类似，都是由若干个基本类型的相图组合而成的。根据固态时两组分互溶程度的不同，也可分为固态完全互溶系统、固态部分互溶系统和固态完全不互溶系统。这几类相图的形式与两组分气液系统的沸点-组成图基本相似，除了本身的特征外，在相图分析中，只需要将沸点-组成图中的单相气体混合物、单相溶液、纯液态物质分别改为单相熔液（熔融液）、单相固态溶液（固溶体）、纯固态物质即可。因此，同样是只要掌握了基本类型的相图，就能看懂复杂的相图。由于固-液系统中相态的变化主要是固相与液相之间的变化，所以相图的绘制方法与双液系相图不同，因此，本节还将介绍固-液系统相图的绘制方法。

4.4.1 具有简单低共熔混合物的系统

具有简单低共熔混合物的系统

4.4.1.1 相图及分析

某些两组分合金系统或水盐系统，其固相完全不互溶，而液相完全互溶，其相图形式与两组分液态完全不互溶的双液系相图相似。图4-20、图4-21分别为Bi-Cd系统相图和 H_2O-$(NH_4)_2SO_4$ 水盐系统相图。

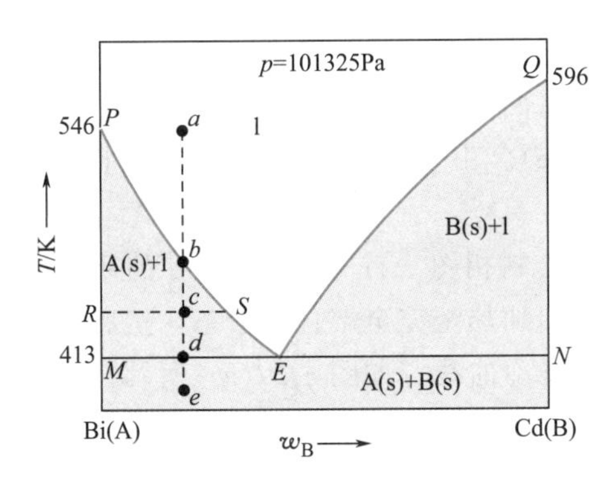

图4-20 Bi-Cd系统相图

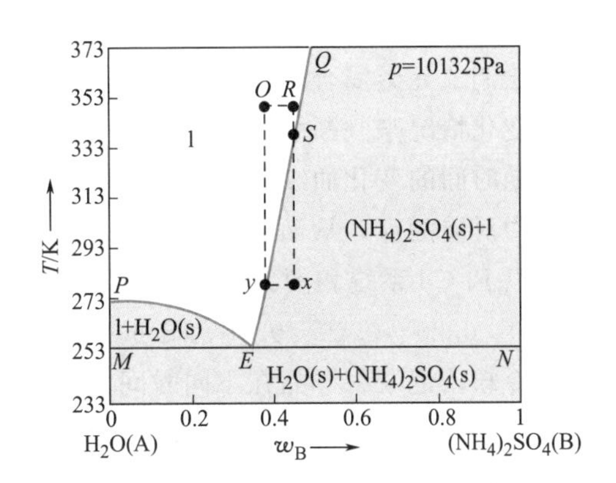

图4-21 H_2O-$(NH_4)_2SO_4$ 系统相图

对于这类相图的分析也类似于两组分液态不互溶双液系相图，相图中各相区的相态标在图中。以图 4-20 为例，图中 P、Q 分别为金属 Bi 和 Cd 的凝固点（图 4-21 中，由于盐的熔点极高，受溶解度和水的沸点限制，故图中 Q 点不能延伸至其熔点）；由于 Cd 的加入使 Bi 的凝固点降低，所以 PE 表示析出固体 Bi 的温度与液相组成的关系，也即 Bi 的凝固点下降曲线；而 QE 为 Cd 的凝固点下降曲线。水平线 MEN 为三相线，在三相线上，三相共存，$F^*=0$，三个平衡相点分别是纯 Bi(s)、纯 Cd(s) 和组成为 E 的液态混合物，三相的平衡关系为

$$\mathrm{l} \xrightleftharpoons[\text{加热}]{\text{冷却}} \mathrm{A(s)+B(s)}$$

可见，三相线所对应的温度是液相能够存在的最低温度，也是固体 A 和固体 B 能够同时熔化的最低温度。因此，此温度称为低共熔点（eutectic point），该两相固体混合物称为低共熔混合物（eutectic mixture）。

根据相图，很容易分析外界条件改变时系统的相变化。现以图 4-20 中在总组成不变时，系统点为 a 的液相不断冷却到 e 点的相变化加以说明。ab 段是单一液相降温过程，当降至 b 点时，纯固体 A 开始由液相中析出。由于固体 A 的析出，与之成平衡的液相中 A 的含量逐渐减少，B 的含量逐渐增大，其组成沿着 bE 的方向变化。如系统点到达 c 点时，固相的相点为 R，对应着纯固体 A，而液相的相点为 S，对应着组成为 S 的液相，析出的纯固体 A 和液相的量可以通过杠杆规则进行计算。当继续冷却到刚刚到 d 点时，液相点到达 E 点，继续冷却，液相 E 不断凝固成低共熔混合物，即固体 A 和固体 B 同时析出，系统内三相共存，温度不改变。一直到液相 E 刚好消失时，系统为固体 A 和固体 B 两相共存，再继续冷却，温度才能继续降低，系统点离开 d 点进入到两个固相平衡共存的区域，随着冷却的进行，系统继续降温到达 e 点。由以上分析可见，要想得到纯固体 A，应将温度控制在高于低共熔点，而且当温度无限接近于低共熔点时，可以得到最多的纯固体 A。

系统的低共熔性经常用于冶金工业中。如一些常见的氧化物熔点远高于炼钢温度，如纯 CaO 熔点为 2570℃，但当加入助熔剂 CaF_2 后，由于两者能形成低共熔混合物，而低共熔温度（低于 1400℃）远低于各自纯组分的熔点，因而可使高熔点氧化物在炼钢温度下熔化，且能改善炉渣的流动性能。另外，用作焊接、保险丝等的易熔合金也都是利用了合金的低共熔性质。低共熔混合物还可以用于无机多孔材料的离子液体的合成，如由季铵盐与羧酸类物质形成的低共熔混合物中存在大量解离出来的能够自由移动的阴阳离子，具有类似离子液体的物理化学特性。与常规的离子液体相比较，低共熔混合物的原料便宜易得，且制备方法简单，而且可生物降解，与环境相容性好，对水又不敏感，使用起来更加方便。

测定固-液系统相图的方法常用的有热分析法和溶解度法，下面分别进行介绍。

4.4.1.2 热分析法绘制相图

在绘制二元金属合金相图时常用热分析法，其基本原理是根据系统在冷却过程中温度随时间的变化情况来判断系统中是否发生了相变。首先将两组分体系加热熔化，记录冷却过程中温度随时间的变化曲线，即步冷曲线（cooling curve）。由步冷曲线的转折点及平台段确定相图中对应的点，从而绘出相图。

现以 Bi-Cd 系统相图为例，说明如何用热分析法绘制相图。首先配制含 Cd 的质量分数分别为 0、0.20、0.40、0.70 和 1 的五个样品，把他们加热至完全熔化为液态，然后在定压环境中冷却，记录各样品在不同时间的温度，绘制其步冷曲线，如图 4-22(a) 所示。

图 4-22(a) 中 a 是纯 Bi 的步冷曲线。随着冷却的进行，在温度降至 Bi 的凝固点之前，体系为单组分，此时自由度 $F^*=1-1+1=1$，即随时间延长温度可以改变，在步冷曲线上表现为直线下降，即 aa_1 段。当冷却到 Bi 的凝固点 273℃时，有固体 Bi 开始从液相中析出，

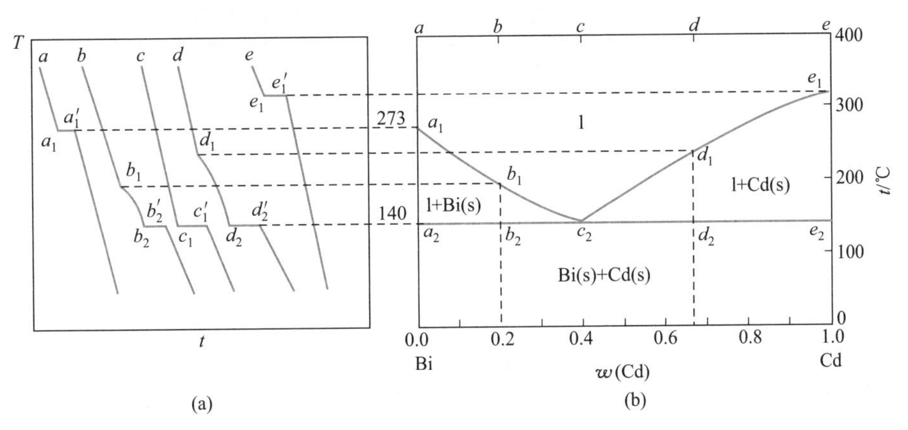

图 4-22　Bi-Cd 系统的步冷曲线（a）和相图（b）

相当于图中的 a_1 点，此时 $P=2$，$F^*=1-2+1=0$，体系温度保持不变，表现在步冷曲线上为一平台，相当于 a_1a_1'，即曲线平台对应的温度为纯金属 Bi 的凝固点。当液体全部消失，系统成为单一固相，这相当于 a_1'点，此时，$P=1$，$F^*=1$，随着冷却的进行，温度又可以继续均匀下降，在步冷曲线上表现为直线下降。

e 是纯 Cd 的步冷曲线，其形状与 a 线相似，水平段 e_1e_1'所对应的温度 323℃是 Cd 的凝固点。

图中 b、d 分别是含 Cd 20%和 70%混合物的步冷曲线。这两个样品的 $C=2$，由相律知 $F^*=2-P+1=3-P$。当温度较高时，系统为单一液相，$P=1$，$F^*=2$，系统可均匀降温，即步冷曲线的 bb_1（或 dd_1）段。当降温至 b_1（或 d_1）时，金属 Bi（或 Cd）开始析出，此时液-固两相平衡共存，即 $P=2$，$F^*=1$，温度仍可继续下降，但由于凝固热的释放，使冷却速率较前变慢，表现在步冷曲线上出现折点，相当于图中的 b_1（或 d_1）点，此点所对应的温度即为开始出现两相平衡时的温度。当温度降至 b_2（或 d_2）点时，第二种纯固体也开始析出，使系统呈三相平衡，$P=3$，$F^*=0$，温度不再改变，液相组成也不再改变，表现在步冷曲线上为一平台，相当于 b_2b_2'(或 d_2d_2')。只有当液相全部凝固而消失时，相当于 b_2'(或 d_2'）点，$P=2$（两纯物质固相），$F^*=1$，温度才又可以改变，之后均匀降温，在步冷曲线上表现为直线下降。b_2b_2'(或d_2d_2'）段析出的固体 Bi 和固体 Cd 是低共熔混合物，其低共熔温度为 140℃。

图中 c 为含 40%Cd 混合物的步冷曲线。此步冷曲线与 b 和 d 步冷曲线不同的是，该组成正好是低共熔混合物的组成。因此开始降温直至低共熔温度之前，系统均为单一液相，直至温度下降至 c_1 点时，固体 Bi 和固体 Cd 同时析出，此时三相共存，$F^*=0$，温度不降低，表现在步冷曲线上为一水平线段，即 c_1c_1'。当熔液全部凝固至 c_1'之后，温度又继续下降。

将上述五条步冷曲线中的转折点、水平段的温度及相应的系统的组成描绘在温度-组成图中，连接各固-液两相平衡点，得曲线 a_1c_1 和 e_1c_1，分别对应 Bi(s) 与熔液及 Cd(s) 与熔液两相共存的液相组成线，也即 Bi 和 Cd 的凝固点下降曲线；通过 b_2、c_1、d_2 三点作对应低共熔温度的水平线 a_2e_2，即得 Bi(s)、Cd(s) 与熔液共存的三相线，熔液的组成由 E 点表示。这样就得到了 Bi-Cd 系统的温度-组成图。

4.4.1.3　溶解度法绘制水-盐系统相图

以 H_2O-$(NH_4)_2SO_4$ 体系为例，配制不同浓度的溶液，降温测其在不同温度下的溶解度，如表 4-2 所示。根据实验数据，以硫酸铵的质量分数为横坐标，温度为纵坐标，即可绘制出该水-盐系统的温度-组成图，如图 4-21 所示。

表 4-2 不同温度下 $(NH_4)_2SO_4$ 在水中的溶解度

温度 t/℃	液相组成 $w[(NH_4)_2SO_4]$	固相	温度 t/℃	液相组成 $w[(NH_4)_2SO_4]$	固相
0	0	冰	10	0.4211	$(NH_4)_2SO_4$
−1.99	0.0652	冰	30	0.4387	$(NH_4)_2SO_4$
−5.28	0.1710	冰	50	0.4575	$(NH_4)_2SO_4$
−10.15	0.2897	冰	70	0.4754	$(NH_4)_2SO_4$
−13.99	0.3447	冰	90	0.4944	$(NH_4)_2SO_4$
−18.50	0.3975	冰+$(NH_4)_2SO_4$	108.50	0.5153	$(NH_4)_2SO_4$
0	0.4122	$(NH_4)_2SO_4$			

图 4-21 中 PE 线是冰和溶液两相共存时溶液的组成曲线，由于盐的加入，使水的冰点由 273.2K 降至 254.7K，所以该曲线也称为水的冰点下降曲线；EQ 线为 $(NH_4)_2SO_4(s)$ 和溶液两相共存时溶液的组成曲线，也称为盐的饱和溶解度曲线，该曲线止于溶液的沸点温度，不能任意延长；水平线 MEN 为冰，$(NH_4)_2SO_4(s)$ 和组成为 E 的溶液三相共存线。E 点所对应的组成为水和 $(NH_4)_2SO_4$ 系统的低共熔混合物，所对应的温度为低共熔点。在化工生产和科学研究中常利用这种水-盐系统的低共熔性，配制合适的水-盐体系，以得到低温浴，或不同的低温冷冻液。表 4-3 列出了一些常见水-盐系统的最低共熔点。

表 4-3 一些常见水-盐系统的最低共熔点

盐	最低共熔点/℃	低共熔混合物组成 w	盐	最低共熔点/℃	低共熔混合物组成 w
NaCl	−21.1	0.233	$(NH_4)_2SO_4$	−18.5	0.398
NaBr	−28.0	0.403	$MgSO_4$	−3.9	0.165
NaI	−31.5	0.390	Na_2SO_4	−1.1	0.0384
KCl	−10.7	0.197	KNO_3	−3.0	0.112
KBr	−12.6	0.313	$CaCl_2$	−55	0.299
KI	−23.0	0.523	$FeCl_3$	−55	0.331

利用水-盐系统相图还可以进行粗盐的精制。以粗 $(NH_4)_2SO_4$ 的精制为例，首先将粗盐溶解，加温至 353K，滤去不溶性杂质，设这时系统点为 R，如图 4-21 所示，冷却至 S 点，开始有精盐析出。继续降温至 x 点（x 点尽可能接近三相线，但要防止冰同时析出），过滤，得到纯 $(NH_4)_2SO_4$ 晶体，滤液浓度相当于 y 点。再升温至 O 点，加入粗盐，滤去固体杂质，使系统点移到 R 点，再冷却，如此重复，即可将粗盐精制成精盐。母液中的可溶性杂质过一段时间后积累过多，要作适当处理，或更换新溶剂。

4.4.2 有化合物生成的固-液系统

有化合物生成的固-液系统相图

若两种物质之间能发生化学反应生成化合物，根据组分数的概念 $C=S-R-R'=3-1=2$，所以，仍为两组分系统。而且，每增加一个化合物，就增加一个独立的化学平衡关系，所以在由 A 和 B 组成的两组分系统中，不论形成几种化合物，系统的组分数不变，均为 2。

形成化合物的形式有多种。例如，水-盐系统可以形成水合盐，如 $CuSO_4 \cdot nH_2O$、$H_2SO_4 \cdot nH_2O$ 等；两种不同的盐可以形成复盐，如 $CuCl \cdot FeCl_3$、$K_2SO_4 \cdot Al_2(SO_4)_3$ 等；两种氧化物在固态也可以形成化合物，如 $2MnO \cdot SiO_2$ 或 $MnO \cdot SiO_2$；两种有机化合物也可以形成复合有机化合物，如 $C_6H_5OH \cdot C_6H_5NH_2$；两种金属可以形成金属化合物，如 Mg_2Ge、Na_2K 等。根据所生成化合物的稳定性，可将该类系统分为有稳定化合物生成的系统和有不稳定化合物生成的系统。

4.4.2.1 有稳定化合物生成的系统

稳定化合物是指无论在固态或液态均能稳定存在的化合物。熔化时，其固态和液态有相

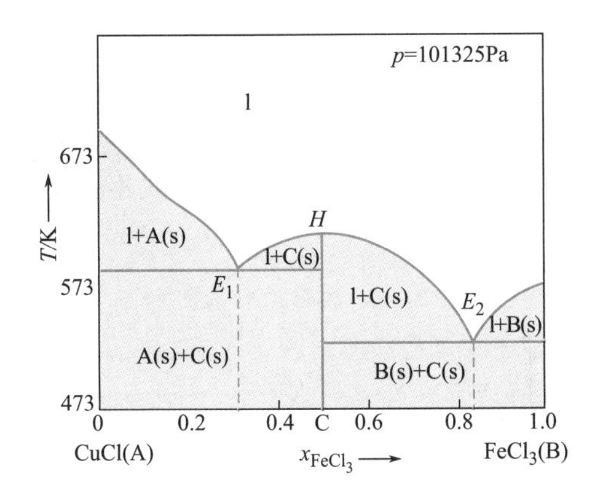

图 4-23　CuCl-$FeCl_3$ 系统相图

同的组成。把此种化合物也称为具有“相合熔点”的化合物。

以 CuCl(A) 与 $FeCl_3$(B) 可形成化合物 CuCl•$FeCl_3$(C) 为例，其相图如图 4-23 所示。*H* 是 C 的熔点，在 C 中加入 A 或 B 组分都会导致熔点的降低。

此相图可以看作 A 与 C 和 C 与 B 两个具有简单低共熔混合物系统的相图组合，相图分析与具有简单低共熔混合物系统的相图类似。具有这类相图的系统还有 $CuCl_2$-KCl、Au-Fe、Mg-Si、苯酚-苯胺等系统，所形成的稳定化合物分别为 $CuCl_2$•KCl、$AuFe_2$、Mg_2Si 和 C_6H_5OH•$C_6H_5NH_2$。

有时两种物质还有可能生成两种或两种以上的稳定化合物。如水和硫酸能形成 H_2SO_4•$4H_2O$(C_1)、H_2SO_4•$2H_2O$(C_2) 和 H_2SO_4•H_2O(C_3) 三种稳定的水合物，它们都有自己的熔点，其相图如图 4-24 所示。该相图可以看作由 4 个简单低共熔混合物相图组合而成。

从图 4-24 可以看出，对于液态完全互溶，固态完全不互溶的固-液系统，每生成一个稳定化合物，就多一个低共熔点。若有 *n* 个化合物生成，就有 *n*+1 个低共熔点。

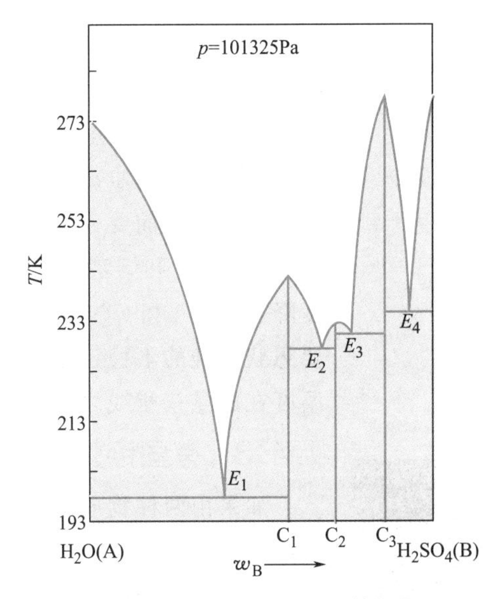

图 4-24　H_2O-H_2SO_4 系统相图

同样利用相图可以解决许多实际问题，仍以 H_2O-H_2SO_4 系统为例。首先如需得到某一种水合物，可以根据相图把原始溶液浓度控制在某一范围之内。在例 4-2 中，由相律可以分析，在 101325Pa 的压力下，能与硫酸水溶液及冰平衡共存的硫酸水合物最多只能有一相。在图 4-24 中可以看出，这一水合物只能是 H_2SO_4•$4H_2O$。另外，从图中可以知道，纯硫酸的熔点在 283K 左右，而一水化合物与硫酸的低共熔混合物的组成（即 E_4）为 93%，其低共熔点为 235K，而 98%硫酸的结晶温度为 273K。所以在冬天用管道运送硫酸时应适当稀释，以防止硫酸冻结。从相图中还可以看出，90%左右的硫酸结晶温度对浓度的变化较为显著，如 93%因故变为 90%，结晶温度就从 −38℃ 变到 −17.3℃，如降到 89%，结晶温度又可升到 −4.2℃。所以，冬季不能用同一条输送管道来输送不同浓度的硫酸，以免因浓度改变而引起管道堵塞。

4.4.2.2　有不稳定化合物生成的系统

不稳定化合物是指只能在固态中存在，而不能在液态中存在的化合物。当把这种化合物加热到某一温度熔化时，它就分解为与化合物组成不同的液相和固相。此类化合物亦称为具有“不相合熔点”的化合物。属于这类体系的有 CaF_2-$CaCl_2$、2KCl-$CuCl_2$、Au-Sb_2、K-Na 等系统。

图 4-25 为 CaF_2-$CaCl_2$ 系统相图。C 是 CaF_2(A) 和 $CaCl_2$(B) 生成的不稳定化合物 CaF_2•$CaCl_2$。因为 C 没有自己的熔点，将 C 加热，到 *H* 点温度时即分解成 CaF_2(s) 和组

成为 L 的熔液，即发生转熔反应

$$C(s) \underset{冷却}{\overset{加热}{\rightleftharpoons}} A(s) + l$$

所以将 H 点对应的温度称为转熔温度（peritectic temperature）。水平线 RHL 为 A(s)、C(s) 和组成为 L 的熔液三相共存线，与具有低共熔混合物系统相图中的三相线不同的是，组成为 L 的熔液的相点在三相线的端点，而不是在中间。

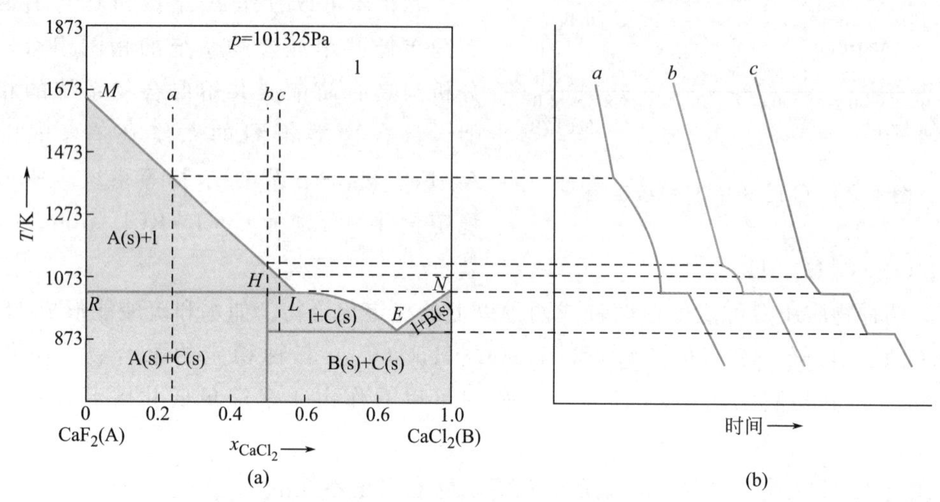

图 4-25 CaF_2-$CaCl_2$ 系统相图 (a)及步冷曲线 (b)

相图中其他相区、平衡线的分析与前相似，各相区的相态如图中所示。若将图中所标的 a、b、c 三个系统点的熔液冷却，其步冷曲线如图所示。读者可以自行分析冷却过程中的相变化。由 c 点的步冷曲线可见，虽然系统点可以落在熔液 l 和 C(s) 的两相共存区，但温度降至该区域之前要先经过熔液 l 和 A(s) 的两相共存区，即先有 A(s) 析出，虽然在转熔温度时，A(s) 和熔液可转化为 C(s)，但要使 A(s) 完全消失所需平衡时间较长，因此，当温度降至熔液 l 和 C(s) 的两相共存区时，析出的 C(s) 中难免会有剩余的 A(s) 存在。所以，要想获得纯的不稳定化合物 C(s)，最好将熔液的原始组成控制在 L、E 所对应的组成之间，温度在两条三相线之间。

4.4.3 有固溶体生成的固-液系统

有固液体生成的固-液系统相图

如果由两种物质所形成的液态混合物在冷却凝固时，所析出的固体不是纯组分，而是固溶体，则为有固溶体生成的固-液系统。根据两个组分在固相中相互溶解的程度，一般又可以把这类系统分成固相完全互溶和固相部分互溶两种类型。

4.4.3.1 固相完全互溶的固-液系统

两个组分在固态和液态时均能彼此按任意比例互溶而不生成化合物，也没有低共熔点，所形成的系统即为固相完全互溶固-液系统。对于那些具有同种晶型，分子、原子或离子大小相近的两种物质，一种物质晶体中的粒子可以被另一种物质的相应粒子以任意比例取代，因而易形成这种固相完全互溶固-液系统。其相图形状及相图分析与完全互溶双液系相图类似，只不过梭形区之上是熔液单相区，之下是固溶体单相区，梭形区内是固-液两相共存，上面的曲线是液相组成线，下面的曲线是固相组成线。图 4-26 为固相完全互溶固-液系统的相图。图中(a) 为熔点介于两纯组分熔点之间的系统，具有这种类型相图的系统有 Au-Ag、Sb-Bi、Cu-Ni、Cu-Pd、Co-Ni 等；(b) 为具有最低恒熔点的系统，具有这种类型相图的系统有 Na_2CO_3-K_2CO_3、KCl-KBr、Cs-K、Ag-Sb、Cu-Au 等；(c) 为具有最高恒熔点的系统，如 $HgBr_2$-HgI_2 即为此类系统，但具有这种类型相图的系统较少。

虽然固相完全互溶固-液系统的相图形式及分析与完全互溶双液系非常相似，但在实际发生相变化时，固-液两相不同于气-液两相，气-液两相很容易建立平衡，而在固-液系统的晶体析出过程中，由于晶体内部扩散作用进行得很慢，固-液两相很难迅速达到平衡，使较早析出的晶体含高熔点组分较多，而形成枝晶，后析出的晶体含低熔点组分较多，填充在最早析出的枝晶之间，这种现象称为枝晶偏析。枝晶偏析的发生，会造成固相组织的不均匀性，从而会影响合金材料的弹性、韧性、强度等力学性能。

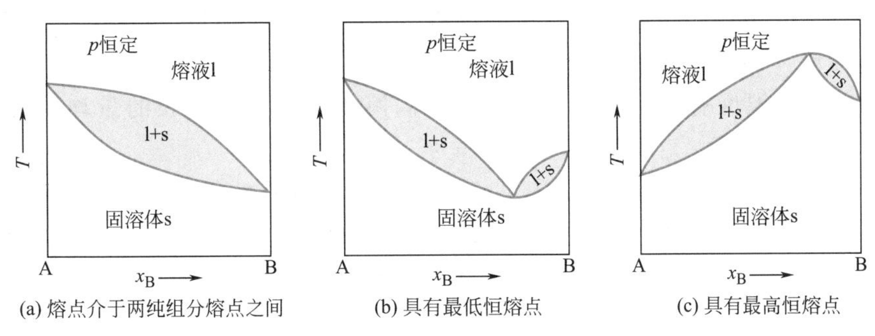

图 4-26　固相完全互溶固-液系统相图

在制造合金材料时，为了克服枝晶偏析造成的性能方面的缺陷，使固相合金内部组成更均一，常把合金加热到接近熔点的温度，保持一定时间，使内部组分充分扩散，趋于均一，然后缓慢冷却，这种过程称为退火（annealing）。退火是金属工件制造工艺中的重要工序。

4.4.3.2　固相部分互溶的固-液系统

两个组分在液态可完全互溶，而在固态只能部分互溶的体系为固相部分互溶的固-液系统。与部分互溶双液系相图相似，由 A、B 两个组分组成的固相部分互溶的固-液系统，其固相仅在一定的浓度范围内形成单相的固溶体，而其余部分形成了 B 溶于 A 的固溶体和 A 溶于 B 的固溶体两种互不相溶的固溶体的帽形区。在帽形区外，是固溶体单相，在帽形区内，是两种固溶体两相共存。这类系统的相图一般又可分为两类。

（1）系统有一个低共熔点

图 4-27 是系统有一个低共熔点的固相部分互溶的固-液系统相图，它与两组分液态部分互溶双液系的温度-组成图［见图 4-18(b)］相似。各个相区的相态如图中标注所示，其中 α 代表 B 溶于 A 中的固溶体，β 代表 A 溶于 B 中的固溶体。PL、QL 是液相组成线；PS_1、QS_2 是固溶体组成线；S_1LS_2 为三相共存线，即 α、β 和组成为 L 的熔液三相共存，L 点为固溶体 α 和固溶体 β 的低共熔点。

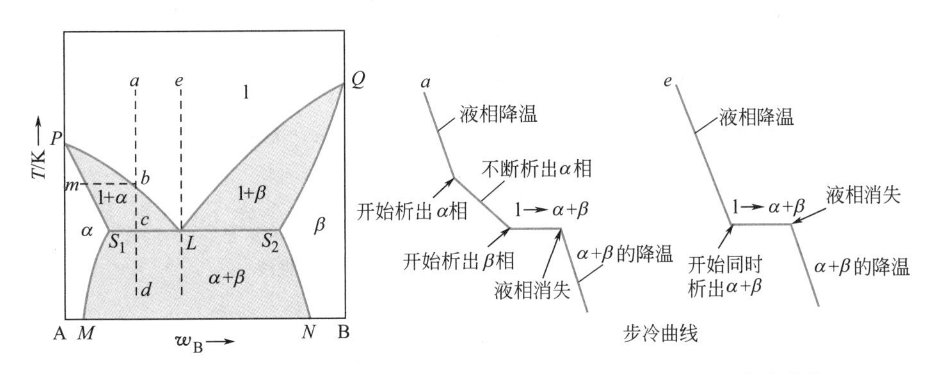

图 4-27　具有一个低共熔点的固态部分互溶固-液系统相图及步冷曲线

若系统总组成介于 S_1 和 S_2 点所对应的组成之间，如图中系统点 a，则样品冷却时通过三相线。开始时处于液相，当温度下降到 b 点时，体系开始有固溶体 α 析出，其组成为 m。如果温度继续下降，α 固溶体继续析出，但其组成沿着 mS_1 的方向变化，液相组成沿着 bL 的方向变化，当温度刚刚下降到 c 点时（还没有析出 β 固溶体）体系的固相点为 S_1 点，液相点为 L 点。当继续冷却，液相 L 即按比例同时析出 α 固溶体和 β 固溶体，成三相平衡共存，即

$$\mathrm{l} \underset{\text{加热}}{\overset{\text{冷却}}{\rightleftharpoons}} \alpha+\beta$$

此时温度不变。当液相完全消失后，系统点离开 c 点，温度又可以继续下降，体系进入 α 固溶体和 β 固溶体的两相共存区，cd 段是两共轭固溶体的降温过程。由于固体 A 和固体 B 的相互溶解度与温度有关，在降温过程中两固溶体的浓度及两相的量均要发生相应的变化。

若系统原始组成为低共熔点所对应的组成，如图中的系统点 e，在冷却到低共熔点之前，系统一直是以单一液相存在，直到冷却到低共熔点时，系统由一个液相变为液、固溶体 α 和固溶体 β 三相共存，液相消失后，温度才可以继续下降。上述两个系统点的步冷曲线如图 4-27 所示。

具有这类相图的系统有 Sn-Pb、Ag-Cu、Cd-Zn、KNO_3-$TiNO_3$、AgCl-CuCl 等。

（2）系统有一个转熔温度

图 4-28 是系统具有一个转熔温度的两组分固态部分互溶固-液系统相图。相图分析与系统有一个低共熔点系统的类似，所不同的是三相平衡线 LS_1S_2 上代表液相组成的 L 点在三相线的一个端点，而不是在中间，处在中间的 S_1 点代表固溶体 α 的组成。高于三相共存温度，固溶体 α 消失。系统点的步冷曲线如图中所示。当温度降至 c 点时，液相点为 L，β 固溶体相点为 S_2。继续冷却，组成为 L 的液相和组成为 S_2 的 β 固溶体逐渐转变为组成为 S_1 的 α 固溶体，即发生了一个转熔反应

$$\mathrm{l}+\beta \underset{\text{加热}}{\overset{\text{冷却}}{\rightleftharpoons}} \alpha$$

此时，系统成三相平衡，温度不再改变，此温度称为转熔温度。液相消失后，剩余的 β 固溶体与转变成的 α 固溶体成两相平衡。

若样品的组成介于 L 与 S_1 点所对应的组成之间，在转熔温度时也成三相平衡，但温度低于转熔温度时，组成为 S_2 的 β 固溶体消失，系统进入液相和 α 固溶体两相共存区。

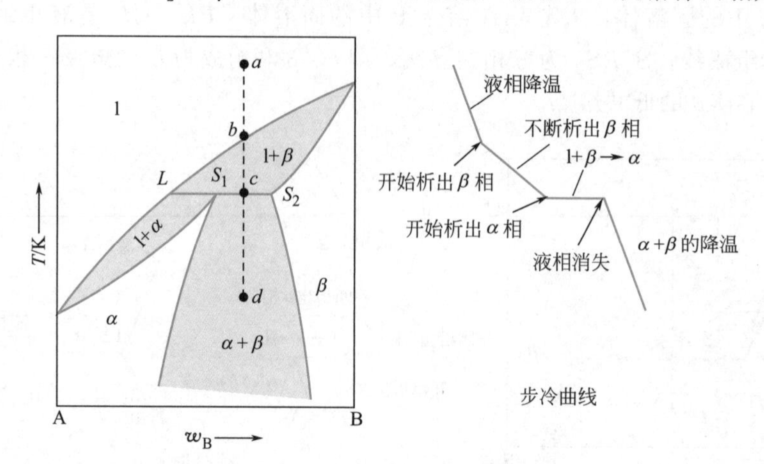

图 4-28 具有一个转熔温度的两组分固态部分互溶固-液系统相图及步冷曲线

具有这类相图的系统有 Cd-Hg，Pt-W，AgCl-LiCl 等。

4.4.4 双组分系统相图的共同特征

由上述各类双组分系统的相图分析，可以总结出双组分系统相图的共同特征如下。

① 相图中所有曲线都是两相平衡线，曲线上的一点代表一个相的状态；

② 相图中水平线段都是三相线，相的状态在水平线段的端点和交点上，其他部分都不是相点；

③ 相图中垂直线段上的点都表示单组分；

④ 杠杆规则只能用于两相平衡区，单相区不能用，三相线上也不能用；

⑤ 所有这些相图都是在压力或温度恒定时的图形，其中对于固-液系统，可以看成压力恒定，因此均可使用条件自由度来讨论各相的变化，即 $F^* = 2 - P + 1$。

根据上述特征，再掌握典型的基本相图，对于复杂相图就能比较容易地进行分析。

思考题

1. $CaCO_3$(s) 在高温下分解为 CaO(s) 和 CO_2(g)，试根据相律解释下述事实：

(1) 若在恒压的 CO_2 气中，将 $CaCO_3$(s) 加热，实验证明在加热过程中，在一定温度范围内，$CaCO_3$ 不会分解。

(2) 若保持 CO_2 的压力恒定，实验证明只有一个温度能使 $CaCO_3$ 和 CaO 的混合物不发生变化。

2. 将固体 NH_4HCO_3(s) 放入真空容器中，恒温到 400K，NH_4HCO_3 按下式分解并达到平衡：

$$NH_4HCO_3(s) \rightleftharpoons NH_3(g) + H_2O(g) + CO_2(g)$$

体系的组分数 C 和自由度 F 分别为多少？

3. AB 与 H_2O 可形成以下几种稳定化合物，$AB \cdot H_2O(s)$、$2AB \cdot 5H_2O(s)$、$2AB \cdot 7H_2O(s)$ 和 $AB \cdot 6H_2O(s)$，这个盐水体系的组分数、低共熔点、最多可同时共存的相分别为多少？

4. 为什么溜冰鞋的冰刀要“开刃”？为什么冰面的温度在－15～－10℃范围内容易创造速滑的好成绩？

5. 若已知丙酮在两个不同温度下的饱和蒸气压数据，能否得知丙酮的正常沸点？

6. 水的三相点和冰点是否相同？纯水在三相点处自由度为零，在冰点时自由度是否也为零，为什么？

7. 通过查阅文献或资料，回答“有没有可能得到温度高于 0 ℃的冰——热冰”，并用相图去解释，说明是否与所学习的水的相图相矛盾。

8. 碳的相图如右图所示，请回答下列问题：

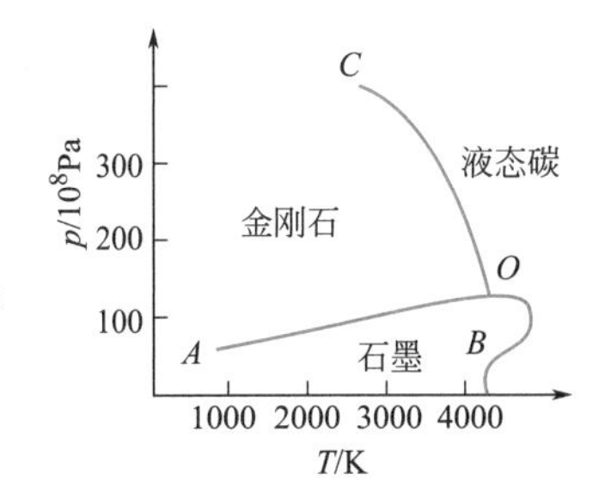

(1) O 点由哪几相组成？自由度为多少？

(2) 曲线 OA、OB、OC 分别代表什么？

(3) 讨论常温常压下石墨和金刚石的稳定性。

(4) 已知石墨变为金刚石是个放热反应，试由图说明此过程中 C 的密度是增加还是减少？

(5) 由此图能否判断金刚石的密度与液态碳的密度的大小关系？

9. 沸点和恒沸点有何不同？恒沸混合物是不是化合物？

10. 双液系统若形成恒沸物，试讨论在恒沸点时系统的组分数和自由度各为多少？

11. 在精馏时若馏出物有恒沸混合物，则采用普通的精馏很难实现物质的有效分离，通过查文献给出可以有效分离恒沸混合物的方法。

12. 在汞面上加一层水能降低汞的蒸气压吗？

13. 请说明在固-液平衡系统中，稳定化合物、不稳定化合物、固溶体三者的区别。它们的相图各有何特征？

概念题

1. 水蒸气通过灼热的 C（石墨）发生下列反应

$$H_2O(g) + C(石墨) \rightleftharpoons CO(g) + H_2(g)$$

此平衡系统的相数 P、组分数 C 和自由度 F 分别为

(A) $P=2$，$C=4$，$F=4$　　(B) $P=2$，$C=3$，$F=3$

(C) $P=2$，$C=2$，$F=2$　　(D) $P=4$，$C=2$，$F=0$

2. $NH_4HS(s)$ 和任意量的 $NH_3(g)$ 及 $H_2S(g)$ 达平衡时，平衡系统的相数 P、组分数 C 和自由度 F 分别为

(A) $P=2$，$C=2$，$F=2$　　(B) $P=2$，$C=1$，$F=1$

(C) $P=3$，$C=2$，$F=2$　　(D) $P=2$，$C=3$，$F=3$

3. 在一个抽空的容器中放入过量的 $NH_4I(s)$ 和 $NH_4Cl(s)$，并发生下列反应

$$NH_4I(s) \rightleftharpoons NH_3(g) + HI(g)$$

$$NH_4Cl(s) \rightleftharpoons NH_3(g) + HCl(g)$$

达平衡时，系统的相数 P、组分数 C 和自由度 F 分别为

(A) $P=3$，$C=5$，$F=4$　　(B) $P=3$，$C=3$，$F=2$

(C) $P=3$，$C=2$，$F=1$　　(D) $P=3$，$C=1$，$F=0$

4. 二元合金处于低共熔温度时系统的条件自由度 F 为

(A) 0　　(B) 1　　(C) 2　　(D) 3

5. 克劳修斯-克拉佩龙方程导出中，忽略了液态体积。此方程使用时，对体系所处的温度要求

(A) 大于临界温度　　(B) 在三相点与沸点之间

(C) 在三相点与临界温度之间　　(D) 小于沸点温度

6. 压力升高时，单组分体系的熔点将如何变化

(A) 升高　　(B) 降低　　(C) 不变　　(D) 不一定

7. 下列叙述中错误的是

(A) 水的三相点的温度是 273.15K，压力是 610.62Pa

(B) 水的三相点的温度和压力仅由系统决定，不能任意改变

(C) 水的冰点温度是 0℃ (273.15K)，压力是 101325Pa

(D) 水的三相点 $F=0$，而冰点 $F=1$

8. 273.15K 的定义是

(A) 101.325kPa 下，冰和水平衡时的温度

(B) 冰和水、水蒸气三相平衡时的温度

(C) 冰的蒸气压和水的蒸气压相等时的温度

(D) 101.325kPa 下被空气饱和了的水和冰平衡时的温度

9. 在温度为 T 时，A(l) 与 B(l) 的饱和蒸气压分别为 30.0kPa 和 35.0kPa，A 与 B 完全互溶，当 $x_A=0.5$ 时，$p_A=10.0$kPa，$p_B=15.0$kPa，则此两组分双液系常压下的 T-x 相图为

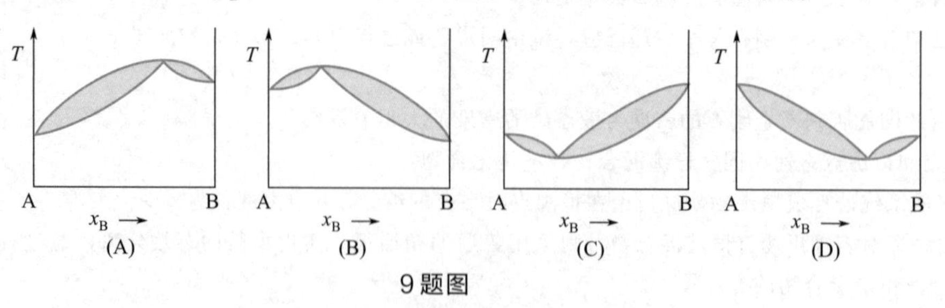

9 题图

10. 对恒沸混合物的描述，下列各种叙述中哪一项是不正确的？

(A) 与化合物一样，具有确定的组成　　(B) 不具有确定的组成

(C) 平衡时，气相和液相的组成相同　　(D) 其沸点随外压的改变而改变

11. 若 A 与 B 可构成高共沸混合物 E，则将任意比例的 A+B 体系在一个精馏塔中蒸馏，塔顶馏出物应是什么？

(A) 纯 B　　(B) 纯 A

(C) 高共沸混合物　　(D) 不一定

12. 水蒸气蒸馏通常适用于某有机物与水组成的

(A) 完全互溶双液系　　(B) 互不相溶双液系

(C) 部分互溶双液系　　(D) 所有双液系

13. 如图所示，对于形成简单低共熔混合物的两组分系统相图，当系统的组成为 x，冷却到 t℃时，固-液两相的重量之比是

(A) $w(s):w(l)=ac:ab$　　(B) $w(s):w(l)=bc:ab$

(C) $w(s):w(l)=ac:bc$　　(D) $w(s):w(l)=bc:ac$

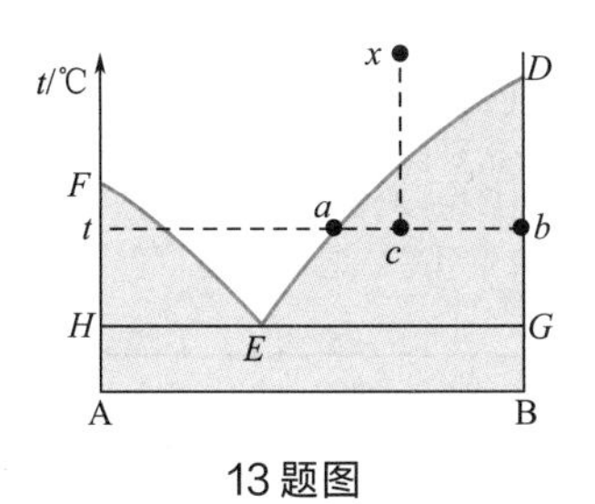

13 题图

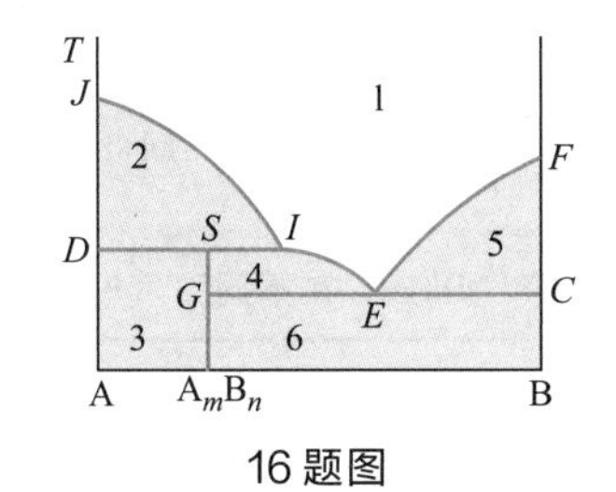

16 题图

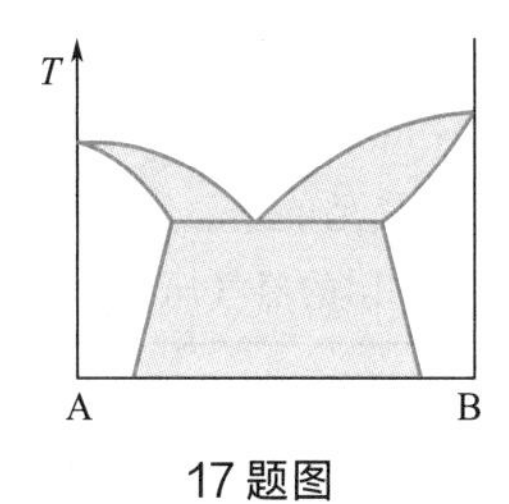

17 题图

14. A 与 B 可以构成两种稳定化合物与一种不稳定化合物，那么 A 与 B 的体系可以形成几种低共熔混合物

(A) 2 种　　(B) 3 种

(C) 4 种　　(D) 5 种

15. A 及 B 两组分组成的凝聚系统能生成三种稳定的化合物，则于常压下在液相开始冷却的过程中，最多有几种固相同时析出？

(A) 4 种　　(B) 5 种

(C) 2 种　　(D) 3 种

16. A 和 B 两组分凝聚系统相图如图所示，在下列叙述中错误的是

(A) 1 为液相，$P=1$，$F=2$

(B) 要分离出纯 A_mB_n，物系点必须在 6 区内

(C) J、F、E、I 和 S 诸点 $F=0$

(D) GC 线、DI 线上的点，$F=0$

17. 如图所示 A 与 B 是两组分恒压下固相部分互溶凝聚体系相图，图中有几个单相区

(A) 1 个　　(B) 2 个　　(C) 3 个　　(D) 4 个

习题

1. 苯的熔点随压力的变化率为 0.296K·MPa^{-1}。在苯的正常熔点 5.5℃下，固态苯和液态苯的密度分别为 1.02g·cm^{-3}和 0.89g·cm^{-3}。求苯的摩尔熔化热。

2. 在 273K 时，H_2O (s) 的熔化热等于 6008.6J·mol^{-1}，在此温度下固态 H_2O 和液态 H_2O 的摩尔体积分别为 19.652cm^3、18.019cm^3。若一滑冰者的压力足以使冰融化便可在冰上滑冰。一体重为 65kg 的人的滑冰鞋下面的冰刀与冰的接触面为 0.1cm^2，问在如此大的压力下，冰的熔点是多少？能否在－4℃的冰上滑冰？

3. 已知水的正常沸点是 100℃，水的摩尔蒸发热为 40.6kJ·mol^{-1}。

(1) 在青藏高原某处水的沸点为 80℃，那么此处的大气压为多少？

(2) 压水堆核电站的一回路循环水在 340℃下循环工作，问至少需要施加多大的压力才能保证水不汽化？

4. 乙酰乙酸乙酯 $CH_3COCH_2COOC_2H_5$ 是有机合成的重要试剂，它的蒸气压方程为

$$\ln(p/\mathrm{Pa})=-5960/T+B$$

此试剂在正常沸点 181℃时部分分解，但在 70℃是稳定的，可在 70℃时减压蒸馏提纯，问压强应降到多少？该试剂的摩尔蒸发焓是多少？

5. 固态苯在 243.2K 和 273.2K 的蒸气压分别为 298.6Pa 和 3.2664kPa。液态苯在 283.2K 和 303.2K 的蒸气压分别为 6.1728kPa 和 15.799kPa。试求苯的三相点温度和压力以及摩尔熔化焓。

6. 用氯化氢和乙炔加成生产氯乙烯时，所用的乙炔是由碳化钙置于水中分解出来的，因此在乙炔气中含有水蒸气。如果水蒸气压超过乙炔气总压的 0.1%（乙炔总压为 202kPa），则将会使上述加成反应的汞催化剂中毒失去活性。所以工业生产中要采取冷冻法除去乙炔气中过多的水蒸气。已知冰的蒸气压在 0℃时为 611Pa，在 −15℃时为 165Pa，问冷冻乙炔气的温度应为多少？

7. 合成氨厂常生产一部分液氨，方法是将气态氨压缩到某一适当压力，然后送到冷凝器中冷却。某地夏天水温最高为 32℃，问至少要将氨气压缩到多大压力才能使其液化？已知氨的正常沸点为 −33.4℃，正常沸点下的蒸发热为 $1.36 kJ \cdot g^{-1}$。

8. 水银蒸发形成的汞蒸气可以通过人的呼吸道、消化道、皮肤吸收进入人体导致中毒。卫生部门规定汞蒸气在 $1m^3$ 空气中的最高允许量为 0.01mg。已知汞在 20℃的饱和蒸气压为 0.160Pa，摩尔蒸发焓为 $60.7 kJ \cdot mol^{-1}$。若在 30℃时汞蒸气在空气中达到饱和，问此时空气中汞的含量是最高允许量的多少倍。已知汞蒸气是单原子分子。

9. CCl_4 的蒸气压 p_1^* 和 $SnCl_4$ 的蒸气压 p_2^* 在不同温度时的测定值为

T/K	350	353	363	373	383	387
p_1^*/kPa	101.325	111.458	148.254	193.317	250.646	—
p_2^*/kPa	—	34.397	48.263	66.261	89.726	101.325

(1) 假定这两个组分形成理想溶液，绘出其沸点-组成图。

(2) CCl_4 的摩尔分数为 0.2 的溶液在 101.325kPa 下蒸馏时，于多少摄氏度开始沸腾？最初的馏出物中含 CCl_4 的摩尔分数是多少？

10. 下列数据为乙醇和乙酸乙酯在 101.325kPa 下蒸馏时所得，乙醇在液相和气相中摩尔分数分别为 x 和 y。

T/K	350.3	348.15	344.96	344.75	345.95	349.55	351.45
$x(C_2H_5OH)$	0.000	0.100	0.360	0.462	0.710	0.942	1.000
$y(C_2H_5OH)$	0.000	0.164	0.398	0.462	0.600	0.880	1.000

(1) 依据表中数值绘制 T-x 图。

(2) 在溶液组成 $x(C_2H_5OH)=0.75$ 时最初馏出物的组成是多少？

(3) 用精馏塔能否将 $x(C_2H_5OH)=0.75$ 的溶液分离成纯乙醇和纯乙酸乙酯？

11. 酚-水体系在 60℃分成两液相，第一相含 16.8%（质量分数）的酚，第二相含 44.9%的水。

(1) 如果体系中含 90g 水和 60g 酚，那么每相质量为多少？

(2) 如果要使含 80%酚的 100g 溶液变成浑浊，必须加水多少克？

12. 有一种不溶于水的有机化合物，在高温时易分解，因此用水蒸气蒸馏法予以提纯。混合物的馏出温度为 95.0℃，实验室内气压为 99175Pa。分析测得馏出物中水的质量百分数为 45%，试估算此化合物的分子量。(已知水的蒸发热 $\Delta H_{vap,m}=2255 J \cdot mol^{-1}$)

13. 80℃时溴苯和水的蒸气压分别为 8.825kPa 和 47.335kPa，溴苯的正常沸点是 156℃。计算：

(1) 溴苯水蒸气蒸馏的温度，已知实验室的大气压为 101.325kPa；

(2) 在这种水蒸气蒸馏的蒸气中溴苯的质量分数。已知溴苯的摩尔质量为 $156.9 g \cdot mol^{-1}$；

14. 在标准压力下，A、B 两组分液态完全互溶，固态完全不互溶。其低共熔混合物中含 B 的质量分数为 0.60，今有 180g 含 B 0.40 的液体混合物，问

(1) 冷却时，最多可得多少克纯 A(s)？

(2) 在三相平衡时，若低共熔混合物的质量为 60g，与其平衡的固体 A 及固体 B 分别为多少克？

15. 定压下 Tl、Hg 及其仅有的一个化合物（Tl_2Hg_5）的熔点分别为 303℃、−39℃、15℃。另外还已知 Hg、Tl 的固相互不相溶，组成为含 Tl 的质量分数分别为 0.08 和 0.41 的熔液的步冷曲线如图所示。

(1) 画出上述体系的相图。(Tl、Hg 的原子量分别为 204.4、200.6)

(2) 若体系总量为 500g，总组成为含 Tl 质量分数为 0.10，温度为 20℃，使之降温至 −70℃时，求达到平衡后各相的量。

16. NaCl-H_2O 两组分体系的低共熔点为 −21.1℃，此时冰、$NaCl \cdot 2H_2O(s)$ 和 22.3%（质量分数）

的 NaCl 水溶液平衡共存，在 −9℃时有一不相合熔点，在该熔点温度时，不稳定化合物 $NaCl \cdot 2H_2O$ 分解成无水 NaCl 和 27% 的 NaCl 水溶液，已知无水 NaCl 在水中的溶解度受温度的影响不大（当温度升高时，溶解度略有增加）。

（1）请绘制相图，并指出图中线、面的意义；

（2）若在冰-水平衡体系中加入固体 NaCl 作制冷剂可获得最低温度是多少？

（3）若 1kg 28% NaCl 水溶液由 160℃冷却到 9℃，最多能析出纯 NaCl 多少克？

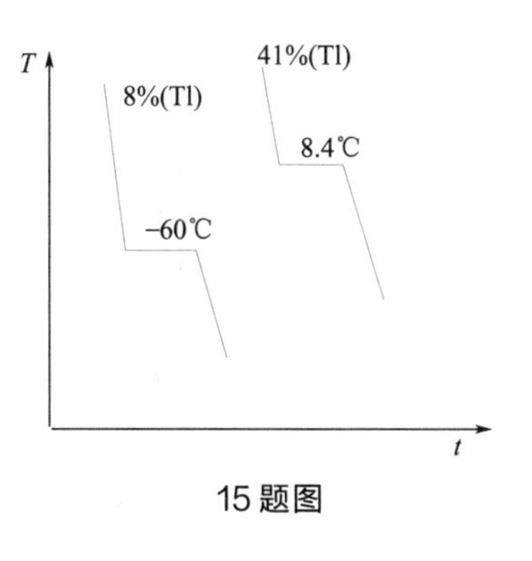

15 题图

17. Au 和 Sb 分别在 1333K 和 903K 时熔化，并形成一种化合物 $AuSb_2$，在 1073K 熔化时固、液相组成不一致，在 773K，$AuSb_2$ 与 Sb 形成低共熔物 $w(Sb)=0.90$。试画出符合上述数据的简单相图，并标出所有相区名称，画出含 Au 质量分数为 0.80 熔融物的步冷曲线。

18. Ni 与 Mo 形成化合物 MoNi，在 1345℃时分解成 Mo 与含 Mo 的质量分数为 0.53 的液相，在 1300℃有唯一最低共熔点，该温度下平衡相为 MoNi，含 Mo 为 0.48 的液相和含 Mo 为 0.32 的固溶体，已知 Ni 的熔点为 1452℃，Mo 的熔点为 2535℃，画出该体系的粗略相图（t-w 图）。

19. 某生成不稳定化合物系统的液-固系统相图如图所示，绘出图中状态为 a，b，c，d，e 的样品的步冷曲线。

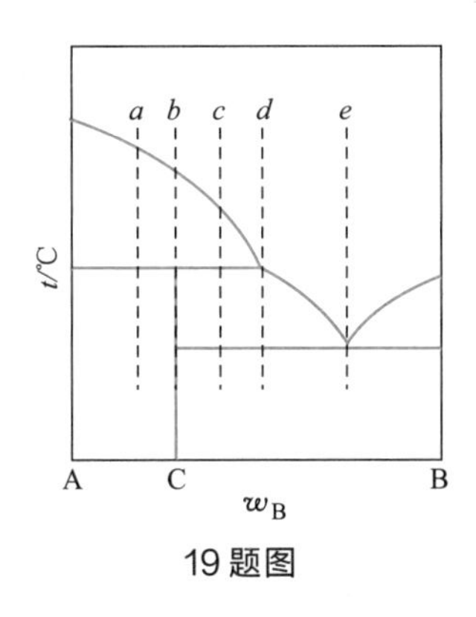

19 题图

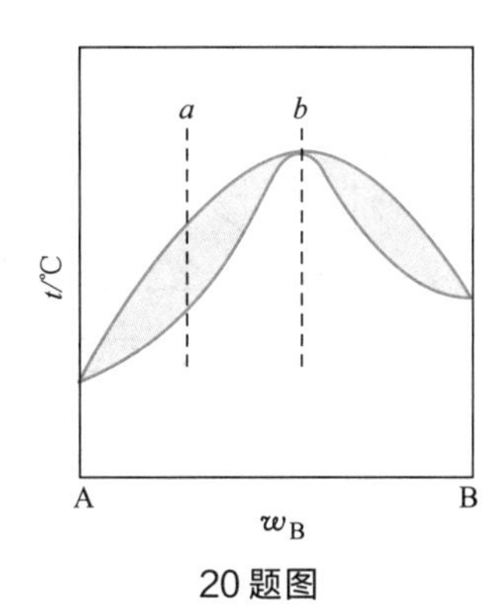

20 题图

20. 固态完全互溶、具有最高熔点的 A-B 两组分凝聚系统相图如图所示。指出各相区的相平衡关系、各条线的意义并绘出状态点 a、b 的样品的步冷曲线。

21. SiO_2-Al_2O_3 系统高温区间的相图示意图如下图所示。高温下，SiO_2 有白硅石和鳞石英两种晶型，AB 是其转晶线，AB 线之上为白硅石，之下为鳞石英。化合物 M 组成为 $3SiO_2 \cdot 2Al_2O_3$。

（1）指出各相区的稳定相及三相线的相平衡关系；

（2）绘出图中状态点为 a、b、c 的样品的步冷曲线。

22. 某 A-B 两组分凝聚系统相图如下图所示，其中 C 为不稳定化合物。

（1）标出图中各相区的稳定相和自由度；

（2）指出图中的三相线及相平衡关系；

（3）绘出图中状态点为 a、b 的样品的冷却曲线，注明冷却过程相变化情况；

（4）将 5kg 处于 b 点的样品冷却至 t_1，系统中液态物质与析出固态物质的质量各为多少？

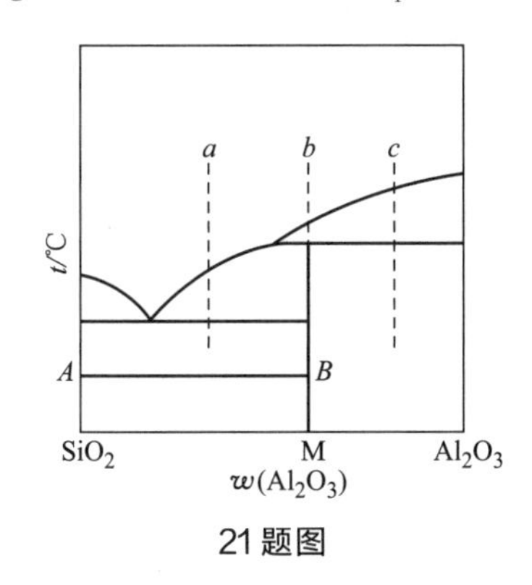

21 题图

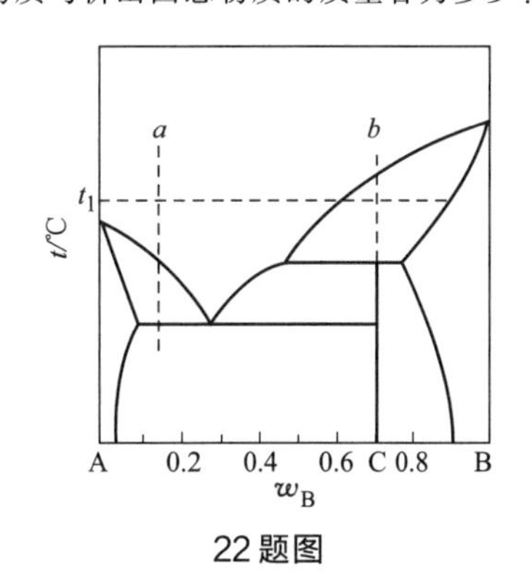

22 题图

23. 下面是两组分凝聚体系相图，注明每个相图中相态，并指出三相平衡线。

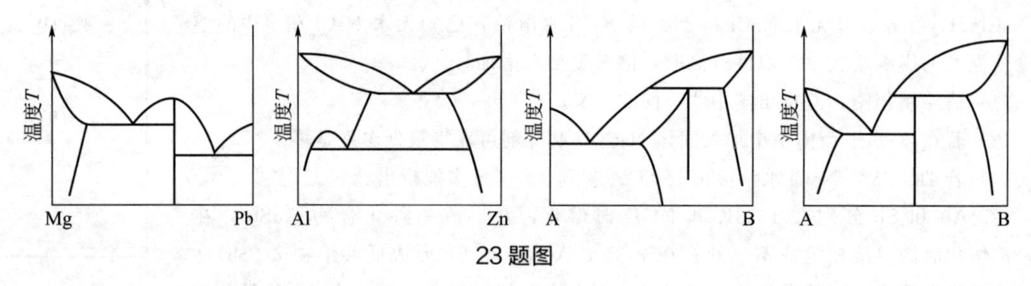

23 题图

24. 某两组分凝聚相图如图所示。

(1) 标出图中各相区的相态及成分；

(2) 画出 a，b 系统点的步冷曲线并标出自由度及相变化；

(3) 如果有含 B 质量分数为 0.40 的熔液 1kg，在冷却过程中可得何种纯固体物质？计算最大值，反应控制在什么温度？

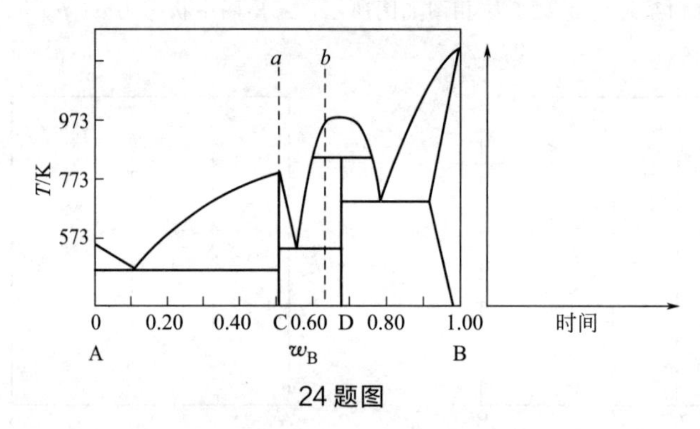

24 题图

25. A 和 B 两组分凝聚系统的相图如下图所示。标出各相区相态，并写出图中三相线上的相平衡关系。

26. A 和 B 两组分凝聚系统的相图如下图所示。标出各相区相态，并写出图中三相线上的相平衡关系。

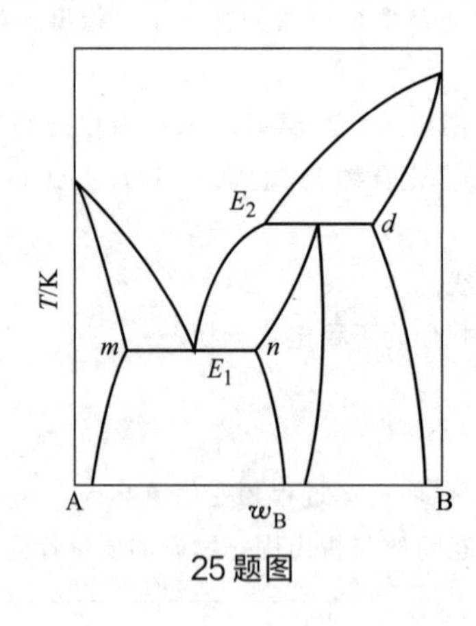

25 题图

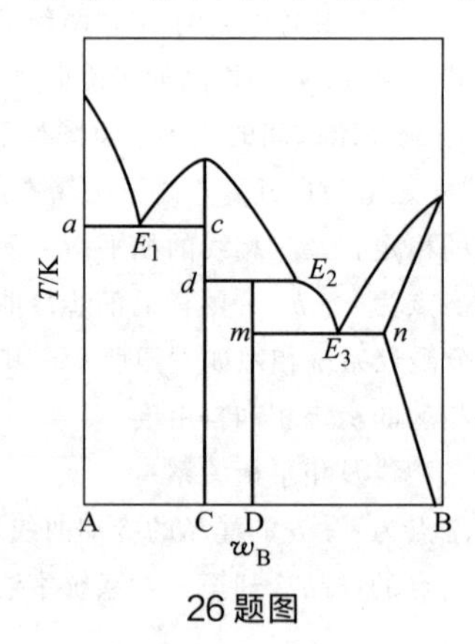

26 题图

第 5 章 电化学

在电池或电解池中发生的反应，可以使化学能和电能发生相互转变，这种转变无论是在理论上还是在技术和经济方面都具有非常重要的意义。若将反应在原电池中进行，可以通过准确测量电池电动势利用电化学的方法确定其他方法难以确定的反应的热力学性质，也可以为电池的设计及电能的充分利用提供强有力的理论指导。本章中将电化学与热力学联系起来的非常关键的一个桥梁就是在等温等压条件下电池反应所做的电功等于反应的吉布斯函数变。

本章概要

5.1 电解质溶液

无论是原电池还是电解池都需要有能够导电的电解质溶液，电解质溶液的导电机理、电解质溶液理论、电解质溶液导电能力的表示及其应用是研究电化学的基础。

5.2 可逆电池和可逆电池热力学

本节讨论可逆电化学过程即可逆原电池。在可逆原电池中发生可逆化学反应或物理过程，利用热力学原理就可以得到过程的热力学性质。要注意前提条件是可逆原电池，要知道可逆电池必须具备的条件及构成可逆电池的可逆电极的种类。这一节是可逆电池热力学相关计算的理论基础。

5.3 电极电势和电池电动势

在可逆电池热力学的应用中需要测电池电动势，那么电池电动势是如何产生的？电极电势如何确定？电池电动势如何计算？本节就讨论这些问题。要特别注意参比电极、原电池中盐桥的作用。

5.4 原电池设计与电池电动势测定的应用

通过原电池可以利用电化学的方法解决热力学问题，首先就要解决原电池的设计问题，将所要讨论的反应或过程设计为原电池，然后测定电池电动势并利用 5.2 节中的原理进行应用。本节是对电池电动势测定应用的一个总结。

5.5 电解和极化

如果说 5.2～5.4 节讨论的是可逆电池过程，那么本节讨论的是不可逆电池过程。了解了极化作用及极化曲线，就很容易判断实际电解时两极上所发生的电解反应，在科学研究及电解生产实际中有着非常重要的应用。

5.6 电化学的应用

本节主要讨论金属的腐蚀与防护和化学电源。

在一定条件下，氧化还原反应中转移的电子若能定向移动就形成电流，从而可以将化学能转化为电能。反之，利用电流还可以促使非自发的氧化还原反应发生，从而把电能转化为化学能。研究化学能和电能相互转化规律的学科被称为电化学（electrochemistry）。但要进行电化学研究，必须借助于适当的电化学装置。把将化学能转化为电能的装置叫原电池（galvanic cell）；将电能转化为化学能的装置叫电解池（electrolytic cell）。原电池和电解池通称为化学电池（electrochemical cell）。

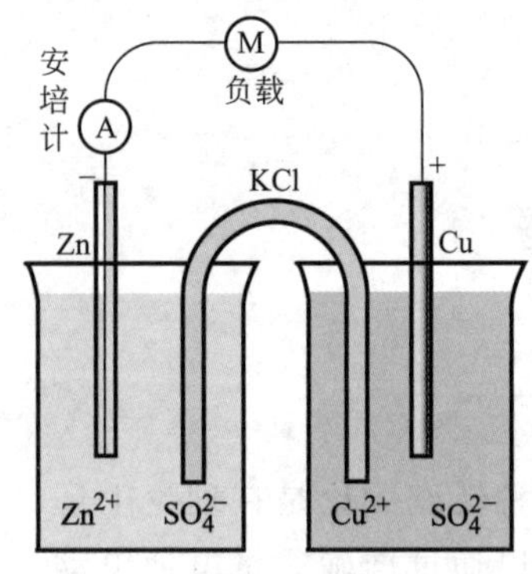

图 5-1 丹尼尔原电池示意图

第一个原电池是 1799 年意大利物理学家伏特（A. Vlota，1745～1827 年）发明的，标志着电化学研究的开始。1800 年英国化学家尼科尔森（W. Nicholson，1753～1815 年）在得知发明了伏特电池后，同解剖学家卡莱尔一起利用银币和锌片各 36 枚重叠起来制成电池，当他们将两根连接银币和锌片的导线放在水中时，发现与锌连接的金属丝上产生氢气泡，而与银连接的金属丝上产生氧气。这样，他们成为电解水的先驱者。随后，戴维（H. Davy，1778～1829 年）用电解的方法制出了金属钾和钠，直到 1833 年，法拉第（M. Faraday，1791～1867 年）才提出著名的法拉第电解定律。而原电池真正被广泛应用还是在 1836 年英国化学家丹尼尔（J. F. Daniell，1790～1845 年）提出的丹尼尔电池以后。该电池的基本原理与伏特电池基本相同，所不同的是每个金属分别插在它们自己的金属离子溶液中组成两个半电池（half cell），被称为两个电极（electrode），中间通过一个盐桥将两个半电池相连，如图 5-1 所示。用导线将两个电极接通后，检流计指针发生偏转，表明有电流通过，且通过指针偏转方向可以知道，电流由铜电极流向锌电极。即电极反应为

Zn 极　　$Zn(s) \longrightarrow Zn^{2+}(aq) + 2e^-$

Cu 极　　$Cu^{2+}(aq) + 2e^- \longrightarrow Cu(s)$

总反应方程式　　$Zn(s) + Cu^{2+}(aq) \longrightarrow Zn^{2+}(aq) + Cu(s)$

根据热力学数据计算可知，该反应的 $\Delta_r G_m^{\ominus} = -212 kJ \cdot mol^{-1}$，是一个典型的自发反应。如果将锌片直接插入 $CuSO_4$ 溶液中，反应的结果是铜在锌片上析出，化学能基本上转变为热能放出，而得不到电流。但同一自发进行的反应若在原电池中进行，则可将化学能转变为电能。后来，人们利用能自发进行的化学反应制得了各种各样的电池。当前电化学的理论与技术已被广泛地应用于湿法冶金、电解精炼、氯碱生产、金属腐蚀与防护、化学电源、电化学合成、电化学分析等方面。可以说，从生产实践到自然科学的各个领域，几乎到处都存在着电化学问题，电化学工业已成为国民经济的重要组成部分。

由于在电化学研究中，无论是原电池与电解池都必须包含有电解质溶液和电极反应，因此，电化学的研究内容也必然与这二者密切相关，主要包括电解质溶液、可逆电池热力学、不可逆电极过程和电化学的应用四个部分。

5.1 电解质溶液

5.1.1 离子的迁移

5.1.1.1 电解质溶液的导电机理

科学家-阿伦尼乌斯

提到电解质溶液的导电机理，一定要提历史上的两位科学家，一位是英国的物理学家法拉第（M. Faraday，1791～1867 年），另一位是瑞典化学家阿伦尼乌斯（S. A. Arrhenius，1859～1927 年）。早在 1834 年法拉第就提出了一个观点：“只有在通电的条件下，电解质才会分解为带电的离子。”虽然在 19 世纪上半叶，就已经有人提出了电解质在溶液中产生离子

的观点，但在较长时期内，科学界还是普遍赞同法拉第的观点。直到 1883 年，阿伦尼乌斯在研究电解质溶液的导电性时发现，浓度影响着许多稀溶液的导电性。受这一发现的启发，阿伦尼乌斯又进行了大量的实验，形成了电解质电离理论的基本观点“溶液中具有导电性的离子来源于物质的分子在溶液中的解离”。电离理论的提出，轰动了当时的科学界，但却得不到当时科学家的普遍认可。之后，他又通过大量实验验证了他的假设，并逐渐完善了电离理论：电解质是溶于水中能形成导电溶液的物质；这些物质在水溶液中时，一部分分子解离成离子；溶液越稀，解离度就越大。电离理论的提出结束了统治科学界几十年的由法拉第提出的“溶液中离子是在电流的作用下产生的”观点，是物理化学发展初期的一个重大发现，对溶液性质的解释起着重要的作用，它是物理和化学之间的一座桥梁，推动化学尤其是无机化学实现了较大的改革，分析化学也据此实现了不亚于无机化学的重大改革。为此，1903 年阿伦尼乌斯荣获了诺贝尔化学奖，并成为瑞典第一位获此科学大奖的科学家。

按照阿伦尼乌斯的电离理论，电解质在溶液中可以解离为离子，正、负离子在电场作用下定向移动而导电，因此电解质溶液和熔融的电解质被称为离子导体。与此相对应，我们所熟知的电子导体如金属、石墨和某些金属化合物，则是依靠自由电子在外加电场作用下的定向运动而导电。电子导体在导电过程中本身不发生任何化学变化，且温度升高，导电能力下降。与电子导体不同，离子导体在导电过程中必在电极与电解质溶液的界面上发生氧化或还原反应，且温度升高其导电能力增强。

以电解池中电解质的导电为例说明电解质溶液的导电机理。如图 5-2 所示，由联结外电源的铜电极和铂电极插入氯化铜溶液中构成电解池。通电后，在外电场作用下，溶液中的 Cl^- 向阳极移动，并在阳极与溶液界面处失去电子发生氧化反应；与此同时，Cu^{2+} 向阴极移动，并在阴极与溶液界面处得到电子发生还原反应，即

阳极　　$2Cl^-(aq) \longrightarrow Cl_2(g) + 2e^-$

阴极　　$Cu^{2+}(aq) + 2e^- \longrightarrow Cu(s)$

电解池中所发生的总反应方程式为

$$CuCl_2(aq) \longrightarrow Cl_2(g) + Cu(s)$$

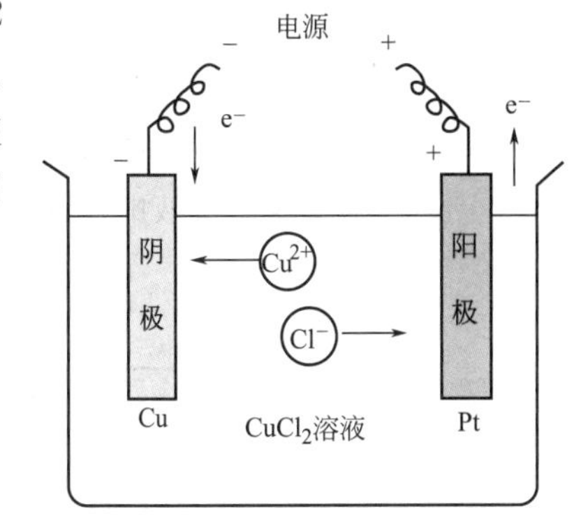

图 5-2　电解质溶液的导电机理

由于上述反应发生在电极与溶液的界面处，故称为电极反应。正是因为电极反应的发生使电极和溶液的界面处能有电流通过。由此可见电解质溶液的导电机理实际上包括了溶液中正、负离子的定向移动和两个电极反应。虽然正、负离子移动的方向相反，但它们导电的方向却是一致的。

在电化学讨论中常用到正、负极和阴、阳极的概念。通常正、负极是以电势的高低来区分的，电势高的为正极，电势低的为负极。而阴、阳极则是以电极反应的类型来区分的，发生氧化反应的电极称为阳极，发生还原反应的电极称为阴极。按照如上规定，在电解池中正极发生氧化反应，是阳极；负极发生还原反应，是阴极。而在原电池中，正极发生还原反应，是阴极；而负极发生氧化反应，是阳极。

5.1.1.2　法拉第定律

虽然法拉第在 1834 年提出的“只有在通电的条件下，电解质才会分解为带电的离子”的观点是不正确的，但是他在 1833 年通过归纳大量实验结果总结出的法拉第定律却是对电解池和原电池都适用的一条定量的基本定律：在电极上发生化学反应的物质的量与通过电极的电量成正比。如果是在多个电池的串联线路中，每个电极上发生反应的量应相同。

设电极反应为

$$\text{氧化态} + ze^- \longrightarrow \text{还原态} \quad \text{或} \quad \text{还原态} \longrightarrow \text{氧化态} + ze^-$$

其中，z 为电极反应的电荷数即转移的电子数。当按所示的电极反应式发生反应且反应进度为 ξ 时，通过电极的电量应为

$$Q = zeL\xi = zF\xi \tag{5-1}$$

式中，L 为阿伏伽德罗常数；e 为 1 个元电荷（是最小的电荷单位，如一个电子或一个质子）所带的电量；F 称为法拉第常数，等于 1mol 元电荷所带的电量，即

$$F = Le = 6.022 \times 10^{23}\ \text{mol}^{-1} \times 1.6022 \times 10^{-19}\ \text{C}$$
$$= 96484.6\ \text{C} \cdot \text{mol}^{-1}$$

在一般计算中可近似取 $F = 96500\ \text{C} \cdot \text{mol}^{-1}$。

法拉第定律是电化学上最早的定量的基本定律，它揭示了通入的电量与析出物质之间的定量关系，而且不受温度、压力、电解质浓度、电极材料和溶剂性质等因素的限制。根据法拉第定律，可以通过测定电解过程中电极反应的反应物或产物的物质的量的变化来计算通过电路中的电量，相应的测量装置称为电量计或库仑计，常用的有银电量计、铜电量计等。

5.1.1.3 离子迁移数

离子的迁移数

通电于电解质溶液之后，电解质溶液中正、负离子将向两极定向移动，这种由在外加电场作用下发生的正、负离子的定向移动而共同承担导电任务的现象称为离子的电迁移。溶液中的离子一方面受到电场力的作用，获得加速度，另一方面离子在溶剂分子间挤过时，还受到阻止它前进的黏性摩擦力的作用，两力均衡时，离子便以恒定的速率运动，此时的速率称为离子的迁移速率，用符号 u_B 表示。在发生电迁移的同时，在两个电极的界面上由于发生电极反应而使两电极附近的溶液浓度发生变化。可以用图 5-3 说明由于电迁移和电极反应所造成的溶液中各部分浓度发生变化的情况。

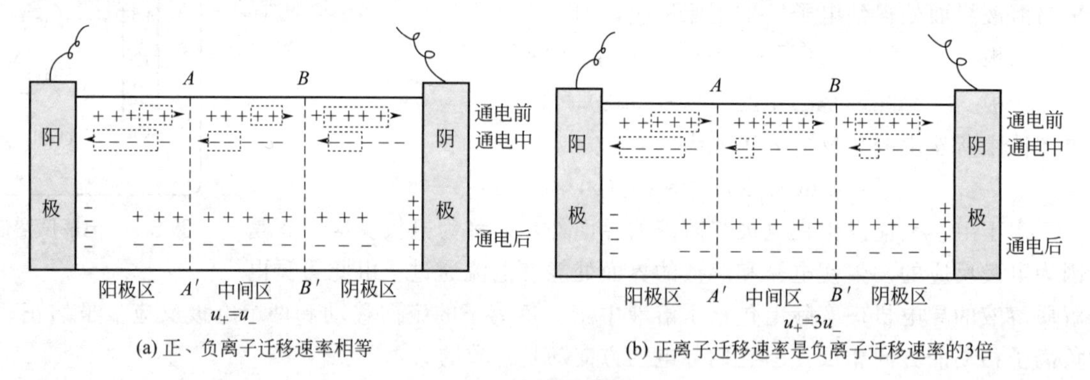

(a) 正、负离子迁移速率相等　(b) 正离子迁移速率是负离子迁移速率的3倍

图 5-3　离子的电迁移现象

设想在两个惰性电极之间有想象的平面 AA' 和 BB'，将溶液分为阳极区、中间区及阴极区三个部分。假定未通电前，各部分均含有正、负离子各 5mol，分别用＋、－号表示。设离子都是一价的，当通入 $4F$ 电量，即两电极间正、负离子要共同承担 $4F$ 电量的运输任务时，阳极上有 4mol 负离子氧化，阴极上有 4mol 正离子还原。由于离子都是一价的，则离子运输电荷的数量只取决于离子迁移的速率。下面分别讨论当正、负离子迁移速率相同和不同时的离子电迁移情况。

① 若正、负离子迁移速率相同，此时正、负离子各分担 $2F$ 的导电任务，即在假想的 AA' 和 BB' 平面上各有 2mol 正、负离子逆向通过。当通电完成之后，中间区溶液浓度不变，阴、阳两极区溶液浓度相同，但比原溶液各少了 2mol，如图 5-3(a) 所示。

② 若正离子迁移速率是负离子的 3 倍，则正离子传导 $3F$ 电量，负离子传导 $1F$ 电量。即在假想的 AA' 和 BB' 平面上有 3mol 正离子和 1mol 负离子逆向通过。通电结束时，中间区溶液浓度仍保持不变，阳极区正、负离子各少了 3mol，阴极区只各少了 1mol，如图 5-3(b) 所示。

由以上分析可得到离子电迁移的规律：向阴、阳两极迁移的正、负离子物质的量总和恰好等于通入溶液总电量的法拉第数；正、负离子的速率之比正好等于阳极区和阴极区减少的电量之比，而且阳极区减少的电解质的物质的量与正离子迁移的电量的法拉第数在数值上相等，即

$$\frac{\text{正离子的迁移速率}(u_+)}{\text{负离子的迁移速率}(u_-)}=\frac{\text{阳极区物质的量的减少}}{\text{阴极区物质的量的减少}}$$

$$=\frac{\text{正离子所传导的电量}(Q_+)}{\text{负离子所传导的电量}(Q_-)} \tag{5-2}$$

把某种离子传导的电量在通过溶液的总电量中所占的分数称为迁移数（transference number），用 t 表示。若溶液中只有一种正离子和一种负离子，则应有

$$t_+=\frac{Q_+}{Q_++Q_-}=\frac{u_+}{u_++u_-} \tag{5-3a}$$

$$t_-=\frac{Q_-}{Q_++Q_-}=\frac{u_-}{u_++u_-} \tag{5-3b}$$

显然

$$t_++t_-=1 \tag{5-4}$$

如果溶液中有多种电解质，共有 i 种离子，则

$$\sum t_i=\sum t_++\sum t_-=1$$

可见，某种离子在溶液中的迁移速率决定了该种离子传导的电量的分数，即迁移数，而不同离子在相同电场力作用下的 u_B 不同，所以一般来说，t_+ 与 t_- 不相等。另外，离子在溶液中的迁移速率不仅与离子本性、溶剂性质、溶液浓度和温度有关，还与外加电场强度 E 有关。所以为了便于比较，通常将电场强度 $E=1\text{V}\cdot\text{m}^{-1}$，即单位电场强度时某种离子 B 在指定溶液中的迁移速率称为该离子的电迁移率（mobility），用符号 U_B 表示，即

$$U_B\xlongequal{\text{def}}\frac{u_B}{E}$$

U_B 单位为 $\text{m}^2\cdot\text{V}^{-1}\cdot\text{s}^{-1}$，则式(5-3) 又可以表示为

$$t_+=\frac{Q_+}{Q_++Q_-}=\frac{u_+}{u_++u_-}=\frac{U_+}{U_++U_-} \qquad t_-=\frac{Q_-}{Q_++Q_-}=\frac{u_-}{u_++u_-}=\frac{U_-}{U_++U_-}$$

一般来说，凡能影响离子迁移速率 u_B 的因素都会影响迁移数，电场强度虽影响 u_B，但因为当电场强度改变时，正、负离子的 u_B 会按同样比例改变，所以不影响迁移数 t。表 5-1 列出了 298K 时一些离子在无限稀释水溶液中的电迁移率数值。由表可见，H^+ 和 OH^- 的电迁移率比较大，表明这两种离子的导电能力比较强。

表 5-1　298K 时无限稀释水溶液中离子的电迁移率

正离子	$U_+/10^{-8}\text{m}^2\cdot\text{V}^{-1}\cdot\text{s}^{-1}$	负离子	$U_-/10^{-8}\text{m}^2\cdot\text{V}^{-1}\cdot\text{s}^{-1}$
H^+	36.30	OH^-	20.52
K^+	7.62	SO_4^{2-}	8.27
Ba^+	6.59	Br^-	8.12
Mg^{2+}	5.50	Cl^-	7.91
Na^+	5.19	NO_3^-	7.40
Li^+	4.01	HCO_3^-	4.61

实验室中常用的离子迁移数的测定方法有三种：希托夫（Hittorf）法、界面移动法和电动势法。下面简单介绍希托夫法，该法是电解法测定离子迁移数的方法。

希托夫法所用装置如图 5-4 所示。其原理是通过测定通电前后阳极区、阴极区电解质溶液浓度的变化，确定出阳离子迁出阳极区或阴离子迁出阴极区的物质的量及发生电极反应的

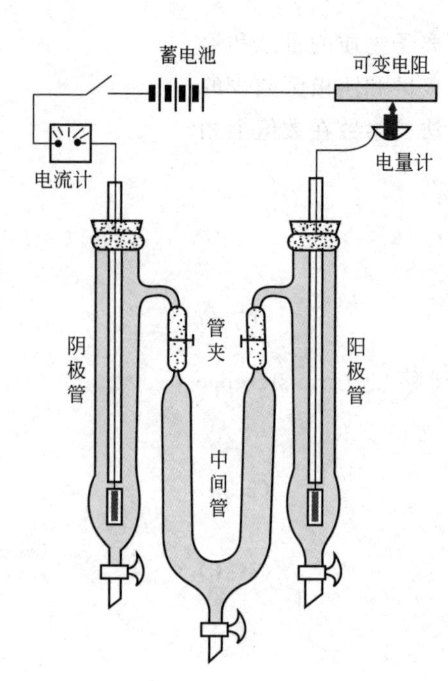

图 5-4　希托夫法测定离子迁移数的装置

物质的量，即可按式(5-3) 计算出离子的迁移数。

【例 5-1】在 Hittorf 迁移管中，用 Ag 电极电解 $AgNO_3$ 水溶液，电解前，溶液中每 1kg 水中含 43.50mmol $AgNO_3$。实验后，串联在电路中的银库仑计上有 0.723mmol Ag 析出。据分析知，通电后阳极区含 23.14g 水和 1.390mmol $AgNO_3$。试求 Ag^+ 和 NO_3^- 的离子迁移数。

解：用银电极电解 $AgNO_3$ 溶液，电极反应为

阳极：　$Ag \longrightarrow Ag^+ + e^-$

阴极：　$Ag^+ + e^- \longrightarrow Ag$

由于银库仑计上有 0.723mmol Ag 析出，则通过溶液的总电量 Q 为 0.723×10^{-3}F，同时，电解池的阳极区有 0.723mmol 的银溶解，即 n(电)=0.723mmol。设水不迁移，则电解前阳极区 $AgNO_3$ 物质的量 n(始) 为

$$n(\text{始})=\frac{43.50\times10^{-3}\times23.14}{1000}\text{mol}=1.007\times10^{-3}\text{mol}$$

电解后阳极区 Ag^+ 的物质的量 n(后)=1.390mmol

由于阳极 Ag 氧化成 Ag^+ 进入溶液及 NO_3^- 的迁入，反而使得电解后阳极区的 $AgNO_3$ 浓度有所增加，则阳离子迁出阳极区的物质的量为

$$\begin{aligned}n(\text{迁})&=n(\text{始})+n(\text{电})-n(\text{后})\\&=(1.007+0.723-1.390)\times10^{-3}\text{mol}\\&=0.340\times10^{-3}\text{mol}\end{aligned}$$

即 Ag^+ 迁移的电量为 0.340×10^{-3}F。所以，Ag^+ 的迁移数

$$t(Ag^+)=\frac{n(\text{迁})}{n(\text{电})}=\frac{0.340\times10^{-3}}{0.723\times10^{-3}}=0.47$$

$$t(NO_3^-)=1-t(Ag^+)=1-0.47=0.53$$

5.1.2　电解质溶液的电导

5.1.2.1　电导、电导率和摩尔电导率

电解质溶液的电导

金属导体的电阻服从欧姆定律，导体的电阻 R 与导体的长度 l 成正比，与导体的横截面积 A 成反比，比例系数是电阻率 ρ，即

$$R=\rho\frac{l}{A}$$

电解质溶液的电阻与金属导体的电阻一样，也服从欧姆定律，只不过导体的长度 l 是指两电极间的距离；导体的横截面积 A 是指浸入溶液的电极面积。但是，对电解质来说，为了表示它的导电能力，更常使用的不是它的电阻而是电阻的倒数电导（electric conductance)，用符号 G 表示，则欧姆定律又可表示为

$$G=\frac{1}{\rho}\times\frac{A}{l}$$

若将式中电阻率的倒数命名为电导率(specific conductivity)，用符号 κ(Kappa) 表示，则上式又可写为

$$G=\kappa\frac{A}{l}\quad\text{或}\quad\kappa=G\frac{l}{A}\tag{5-5}$$

电导 G 的单位是西门子，符号为 S，$1S=1\Omega^{-1}$，则电导率 κ 的单位为 $S\cdot m^{-1}$。当 $A=1m^2$，$l=1m$ 时，$\kappa=G$，故电导率的物理意义为电极面积为 $1m^2$，两电极相距 1m 时，即单位立

方体溶液所具有的电导（如图 5-5 所示）。其数值与电解质种类、溶液浓度及温度等因素有关。

电导率 κ 可以用来表示 $1m^3$ 溶液的导电能力，而若在这单位体积中放入不同浓度的溶液，则其电导值会因浓度的不同而不同，因此单凭电导率 κ 值并不能比较不同电解质溶液的导电能力，还需引入新的概念，即摩尔电导率（molar conductivity）。

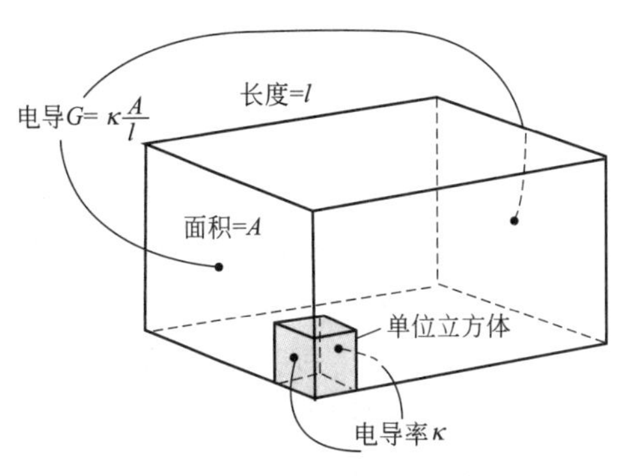

图 5-5 电导率的物理意义

摩尔电导率 Λ_m 的定义式为

$$\Lambda_m \stackrel{\text{def}}{=\!=} \frac{\kappa}{c} \tag{5-6}$$

式中，c 为电解质溶液的物质的量浓度，单位为 $mol \cdot m^{-3}$，则 Λ_m 的单位为 $S \cdot m^2 \cdot mol^{-1}$。$\Lambda_m$ 物理意义是在相距单位距离的两个平行电极之间，放置含有 1mol 电解质的溶液时，溶液所具有的电导。

Λ_m 真正反映了各种电解质性质差异及溶液浓度对溶液导电性的影响，但用式(5-6) 计算摩尔电导率及使用摩尔电导率时需注意以下两个方面。

① 式(5-6) 中 c 的单位为 $mol \cdot m^{-3}$。

② 摩尔电导率是针对含 1mol 电解质溶液而言的，因涉及物质的量，所以在表示电解质的摩尔电导率时，应标明物质的基本单元。例如，在某一定条件下

$$\Lambda_m(K_2SO_4)=0.02485S \cdot m^2 \cdot mol^{-1} \qquad \Lambda_m(\frac{1}{2}K_2SO_4)=0.01243S \cdot m^2 \cdot mol^{-1}$$

显然，$\Lambda_m(K_2SO_4)=2\Lambda_m(\frac{1}{2}K_2SO_4)$。

5.1.2.2 电导率及摩尔电导率与浓度的关系

电解质溶液的电导率、摩尔电导率均随溶液浓度的变化而变化，但变化规律不同。图 5-6 和图 5-7 分别给出了在常温下几种不同的强、弱电解质溶液的电导率和摩尔电导率随浓度的变化曲线。

由图 5-6 可以总结出电解质溶液的电导率随浓度变化的两条规律。

① 相同温度和浓度下，强酸的电导率最大，强碱次之，盐类较小，弱电解质最小。这是因为 H^+ 和 OH^- 的电迁移率远远大于其他离子，而弱电解质的电离度较小是单位体积中参加导电的离子很少的缘故。

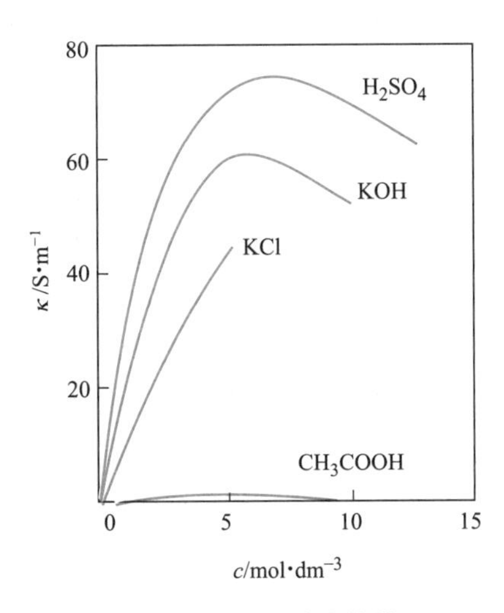

图 5-6 电导率与浓度的关系

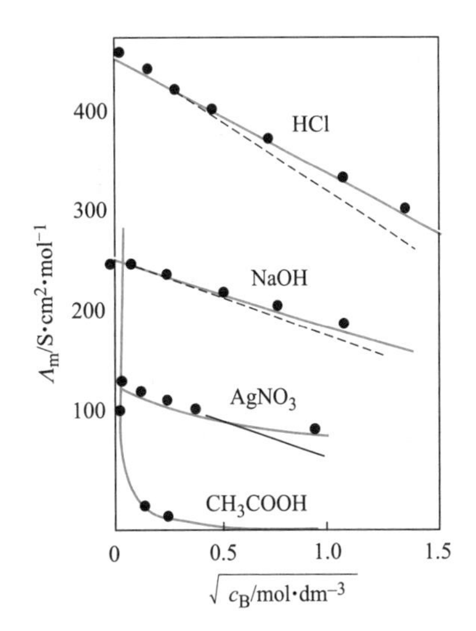

图 5-7 摩尔电导率与浓度的关系

② 除了溶解度较低的盐类由于受其溶解度限制，只能达到饱和状态为止，其他强电解质溶液的 κ-c 曲线上往往存在着极大值点。这是因为在浓度较低时，随着浓度的增加，单位体积溶液中的离子数目不断增加，电导率随之增大。但浓度增大到一定程度后（约 $5\text{mol}\cdot\text{dm}^{-3}$），由于溶液中正、负离子之间的引力明显增加，离子的迁移速率降低，甚至正、负离子还有可能缔合成荷电量较少或中性的离子对，使电导率降低。而弱电解质的离子浓度受解离常数所限，其电导率随浓度的变化不大，基本为一定值。

与电导率不同，无论是强电解质还是弱电解质，溶液的摩尔电导率 Λ_m 均随电解质浓度的增大而减小，但变化规律不同。由图 5-7 可以总结出电解质溶液的摩尔电导率随浓度变化的两条规律。

① 强电解质的 Λ_m 随电解质浓度 c_B 的降低而增大的幅度不大，在溶液很稀时，Λ_m 与电解质的 $\sqrt{c}$ 成直线关系，将直线外推至 $c_B=0$ 时所得截距为无限稀释的摩尔电导率 Λ_m^{∞}。此直线关系服从如下经验式：

$$\Lambda_m=\Lambda_m^{\infty}-B\sqrt{c} \tag{5-7}$$

式中，B 对一定电解质在一定条件下为常数。该规律首先是由德国化学家科尔劳施（Kohlrausch）发现的，因为昂萨格（Onserger）从理论上导出了这一关系式，故式(5-7) 又称为昂萨格关系式。

② 弱电解质的 Λ_m 在较浓的范围内随电解质的 c_B 减小而增大的幅度很小，而在溶液很稀时，Λ_m 急剧增加，Λ_m 与 c_B 之间明显不存在如式(5-7) 所示的简单关系。

强、弱电解质 Λ_m 与 c_B 关系的差别主要缘于摩尔电导率只限定了电解质的量而没有指定浓度。根据摩尔电导率的定义，溶液在稀释过程中两电极之间电解质的量总保持 1mol，只不过增大了溶液的体积。对于强电解质，因为参加导电的离子数目没有变化，随着浓度的降低，只是离子间引力减小，离子迁移速率略有增加，导致 Λ_m 略有增加；而对于弱电解质，虽然电极之间的电解质数量没变，但随着浓度的降低，其电离度大为增加，致使参加导电的离子数目大为增加，所以 Λ_m 随浓度的降低而显著增大。

在溶液无限稀释的情况下，不论是强电解质还是弱电解质均会完全解离，且离子间距离很大，可忽略离子间的静电引力。因此，无限稀释时的摩尔电导率 Λ_m^{∞} 可以看作是 1mol 电解质完全解离成离子且离子之间无静电引力时的电导率，反映了离子之间无静电引力时的电解质的导电能力，是电解质的重要性质之一。Λ_m^{∞} 的数值无法由实验直接测定，但对于强电解质，可根据式（5-7）由 Λ_m^{∞}-$\sqrt{c}$ 的关系曲线通过外推法求得。而对于弱电解质，由于其 Λ_m^{∞} 在浓度很小时变化很大，且 Λ_m^{∞} 与 $\sqrt{c}$ 不成直线关系，因而不能用外推法求得。科尔劳施根据大量的实验数据，总结出了求算弱电解质的 Λ_m^{∞} 的方法。

5.1.2.3 离子独立运动定律和离子的无限稀释摩尔电导率

科尔劳施对大量极稀强电解质溶液的摩尔电导率进行了研究，从中发现了一些规律。表 5-2 列出了部分实验数据。由表中数据可以看出，具有相同负离子的钾盐和锂盐，其无限稀释摩尔电导率之差相同，与共存的负离子无关。同样，具有相同正离子的盐酸盐和硝酸盐，其无限稀释摩尔电导率之差也相同，与共存的正离子无关。其他电解质也有同样规律，并且无论在水溶液或非水溶液中这个规律均成立。根据实验事实，科尔劳施提出了离子独立运动定律，即在无限稀释溶液中，每种离子独立运动，不受其他离子影响，电解质的无限稀释摩尔电导率可以认为是两种离子无限稀释摩尔电导率之和。即对于电解质 $M_{\nu_+}A_{\nu_-}$，其无限稀释时的摩尔电导率为

$$\Lambda_m^{\infty}=\nu_+\Lambda_{m,+}^{\infty}+\nu_-\Lambda_{m,-}^{\infty} \tag{5-8}$$

式中，ν_+、ν_- 分别表示正、负离子的化学计量数；$\Lambda_{m,+}^{\infty}$ 和 $\Lambda_{m,-}^{\infty}$ 分别表示正、负离子的无限稀释摩尔电导率。

表 5-2 一些强电解质的无限稀释摩尔电导率 Λ_m^∞（298.15K）

电解质	$\Lambda_m^\infty/S\cdot m^2\cdot mol^{-1}$	$\Delta\Lambda_m^\infty$	电解质	$\Lambda_m^\infty/S\cdot m^2\cdot mol^{-1}$	$\Delta\Lambda_m^\infty$
KCl LiCl	0.014986 0.011503	34.8×10^{-4}	HCl HNO_3	0.042616 0.04213	4.90×10^{-4}
$KClO_4$ $LiClO_4$	0.014004 0.010598	35.1×10^{-4}	KCl KNO_3	0.014986 0.014496	4.90×10^{-4}
KNO_3 $LiNO_3$	0.01450 0.01101	34.9×10^{-4}	LiCl $LiNO_3$	0.011503 0.01101	4.90×10^{-4}

根据科尔劳施的离子独立运动定律可以方便地应用强电解质的无限稀释摩尔电导率，间接计算出弱电解质的无限稀释摩尔电导率。如求醋酸的 Λ_m^∞，可利用下列过程计算得到。

$$\begin{aligned}\Lambda_m^\infty(HAc)&=\Lambda_m^\infty(H^+)+\Lambda_m^\infty(Ac^-)\\&=\Lambda_m^\infty(H^+)+\Lambda_m^\infty(Cl^-)+\Lambda_m^\infty(Na^+)+\Lambda_m^\infty(Ac^-)-\Lambda_m^\infty(Na^+)-\Lambda_m^\infty(Cl^-)\\&=\Lambda_m^\infty(HCl)+\Lambda_m^\infty(NaAc)-\Lambda_m^\infty(NaCl)\end{aligned}$$

或者

$$\begin{aligned}\Lambda_m^\infty(HAc)&=\Lambda_m^\infty(H^+)+\Lambda_m^\infty(Ac^-)\\&=\Lambda_m^\infty(H^+)+\frac{1}{2}\Lambda_m^\infty(SO_4^{2-})+\Lambda_m^\infty(Na^+)+\Lambda_m^\infty(Ac^-)-\Lambda_m^\infty(Na^+)-\frac{1}{2}\Lambda_m^\infty(SO_4^{2-})\\&=\frac{1}{2}\Lambda_m^\infty(H_2SO_4)+\Lambda_m^\infty(NaAc)-\frac{1}{2}\Lambda_m^\infty(Na_2SO_4)\end{aligned}$$

由科尔劳施的离子独立运动定律还可以得到一个推论，即在一定溶剂和一定温度下，任何一种离子的无限稀释摩尔电导率均为一定值。若知道了各个离子的无限稀释摩尔电导率就可以通过这一推论计算出任何电解质的 Λ_m^∞。

离子的无限稀释摩尔电导率可以根据离子独立运动定律，通过测定离子的迁移数计算得到。由于电解质的摩尔电导率是正、负离子的摩尔电导率贡献之和，所以离子的迁移数也可以看作是离子的摩尔电导率占电解质摩尔电导率的分数，因此对 $M_{\nu+}A_{\nu-}$ 的电解质溶液来说，无限稀释时

$$t_+^\infty=\frac{\nu_+\Lambda_{m,+}^\infty}{\Lambda_m^\infty}\qquad t_-^\infty=\frac{\nu_-\Lambda_{m,-}^\infty}{\Lambda_m^\infty}\tag{5-9}$$

所以

$$\Lambda_{m,+}^\infty=\frac{\Lambda_m^\infty t_+^\infty}{\nu_+}\qquad \Lambda_{m,-}^\infty=\frac{\Lambda_m^\infty t_-^\infty}{\nu_-}\tag{5-10}$$

对于强电解质，可以通过外推法求得 Λ_m^∞，同时再测出离子迁移数，就可以利用式(5-10) 计算出离子的无限稀释摩尔电导率。如对于 $MgCl_2$

$$\Lambda_m^\infty(Mg^{2+})=t_{Mg^{2+}}^\infty\Lambda_m^\infty(MgCl_2)\qquad \Lambda_m^\infty(Cl^-)=\frac{1}{2}t_{Cl^-}^\infty\Lambda_m^\infty(MgCl_2)$$

对于 1-1 价型的电解质，则有

$$\Lambda_{m,+}^\infty=t_+^\infty\Lambda_m^\infty\qquad \Lambda_{m,-}^\infty=t_-^\infty\Lambda_m^\infty$$

表 5-3 列出了在 298K 时一些常见离子的无限稀释摩尔电导率。

表 5-3 298K 时一些常见离子的无限稀释摩尔电导率

正离子	$\Lambda_{m,+}^{\infty}/10^{-2}S\cdot m^2\cdot mol^{-1}$	负离子	$\Lambda_{m,-}^{\infty}/10^{-2}S\cdot m^2\cdot mol^{-1}$
H^+	3.4982	OH^-	1.980
Li^+	0.3869	F^-	0.554
Na^+	0.5011	Cl^-	0.7634
K^+	0.7352	Br^-	0.7840
NH_4^+	0.734	I^-	0.7680
Ag^+	0.6192	NO_3^-	0.7144
Mg^{2+}	1.0612	HCO_3^-	0.4448
Ca^{2+}	1.190	ClO_4^-	0.68
Sr^{2+}	1.189	MnO_4^-	0.62
Ba^{2+}	1.2728	CH_3COO^-	0.409
Cu^{2+}	1.072	CO_3^{2-}	1.386
Zn^{2+}	1.056	SO_4^{2-}	1.596
Cd^{2+}	1.08	$Fe(CN)_6^{3-}$	3.030
La^{3+}	2.088	$Fe(CN)_6^{4-}$	4.420

5.1.2.4 电导测定及应用

电导是电阻的倒数，所以测定电导就是测定电阻。与测定金属导体的电阻相似，测定电解质溶液的电阻也使用惠斯通（Wheatstone）电桥（如图 5-8 所示），所不同的是：必须使用交流电源，为的是避免用直流电通过电解质溶液时在两极发生电极反应，使溶液的浓度发生变化，同时还会在两极析出产物而改变两电极的性质。另外，为了补偿电导池的电容，需于桥的另一臂的可变电阻 R_2 上并联一个可变电容器。

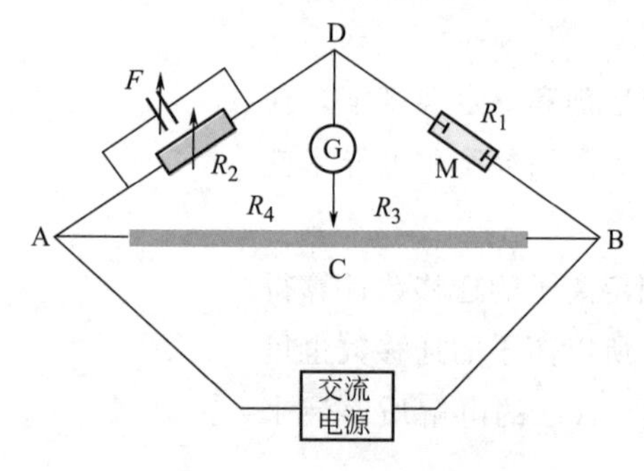

图 5-8 测定电解质溶液电阻的惠斯通电桥

测定时先将待测电解质溶液装入电导池中，接通电源，移动接触点 C，待电桥平衡时

$$R_1=\frac{R_2R_3}{R_4}$$

则被测溶液的电导及电导率分别为

$$G=\frac{1}{R_1}\quad \kappa=G\,\frac{l}{A}=\frac{1}{R_1}\times\frac{l}{A}$$

由于对于一个固定的电导池来说，l 和 A 均为定值，所以 l/A 为常数，称为电导池常数，用符号 K_{cell} 表示，其单位为 m^{-1}。因此上式又可写为

$$\kappa=K_{cell}G=\frac{K_{cell}}{R_1} \tag{5-11}$$

由于直接测定 K_{cell} 比较困难，通常用已知电导率的 KCl 标准溶液注入电导池，测定电阻后得到 K_{cell}，然后用同一个电导池测未知溶液的电导率。若已知此电解质溶液的浓度，还可以根据式(5-6) 求出该溶液的摩尔电导率。常用的 KCl 标准溶液的电导率列于表 5-4。

表 5-4 常用的 KCl 标准溶液的电导率

物质的量浓度 $c/mol\cdot dm^{-3}$	电导率 $\kappa/S\cdot m^{-1}$		
	273.15K	291.15K	298.15K
1	6.643	9.820	11.173
0.1	0.7154	1.1192	1.2886
0.01	0.07751	0.1227	0.14114

由于电化学测试技术的快速发展，目前对溶液的电导、电导率可以采用专用的电导率仪进行方便、快捷、准确地测定。

电导的测定有以下几个方面的应用。

(1) 检验水的纯度

水是最常用的溶剂之一，又是一种弱电解质，可发生微弱解离

$$H_2O \rightleftharpoons H^+ + OH^-$$

因此水具有一定的导电能力，水的纯度越高，其导电能力就越小。常温下，当水的解离达到平衡时，H_2O 解离出的 H^+ 和 OH^- 浓度相等，即

$$c(H^+) = c(OH^-) = 1.0\times10^{-7}\,\mathrm{mol\cdot dm^{-3}}$$

由离子独立移动定律

$$\begin{aligned}\Lambda_m^\infty(H_2O) &= \Lambda_m^\infty(H^+) + \Lambda_m^\infty(OH^-)\\ &= 3.498\times10^{-2}\,\mathrm{S\cdot m^2\cdot mol^{-1}} + 1.980\times10^{-2}\,\mathrm{S\cdot m^2\cdot mol^{-1}}\\ &= 5.478\times10^{-2}\,\mathrm{S\cdot m^2\cdot mol^{-1}}\end{aligned}$$

代入式(5-6) 可得

$$\begin{aligned}\kappa = c\Lambda_m^\infty &= 1.0\times10^{-7}\,\mathrm{mol\cdot dm^{-3}}\times5.478\times10^{-2}\,\mathrm{S\cdot m^2\cdot mol^{-1}}\\ &= 5.5\times10^{-6}\,\mathrm{S\cdot m^{-1}}\end{aligned}$$

此为理论计算的水的电导率。而实际上这样的水很难得到，即便是普通蒸馏水也会因含有 CO_2 和玻璃器皿溶下的硅酸钠等，而使电导率约为 $1\times10^{-3}\,\mathrm{S\cdot m^{-1}}$。通常只要水的电导率小于 $1\times10^{-4}\,\mathrm{S\cdot m^{-1}}$，就认为是很纯的了，可用于电导测定研究和电子工业，有时称为“电导水”，若大于这个数值，就肯定含有某种杂质。电导水可通过将普通蒸馏水中的杂质去除后得到。具体的做法是先用少许 $KMnO_4$ 去除普通蒸馏水中残留的有机杂质，再用少许 KOH 去除溶入的 CO_2 等酸性氧化物，最后全部用石英器皿二次蒸馏即可得电导水。

(2) 测定弱电解质的解离度和解离常数

根据离子独立运动定律，无限稀释摩尔电导率 Λ_m^∞ 反映了电解质全部解离且离子间没有静电引力时的导电能力，而一定浓度下的弱电解质的摩尔电导率 Λ_m 反映了该电解质部分解离且离子间存在一定相互作用时的导电能力。若一弱电解质的解离度比较小，解离出的离子浓度较低，溶液中离子的运动速率受浓度的影响极小，则该弱电解质溶液的 Λ_m 与 Λ_m^∞ 差别就可近似看成是由部分解离和全部解离所产生的离子数目不同所致，所以弱电解质的解离度可表示为

$$\alpha = \frac{\Lambda_m}{\Lambda_m^\infty} \tag{5-12}$$

对 AB 型的弱电解质（1-1 价型或 2-2 价型），当电解质浓度为 c 时，其解离平衡常数为

$$K_c^\ominus = \frac{\frac{c}{c^\ominus}\alpha^2}{1-\alpha}$$

将式(5-12) 代入上式，得

$$K_c^\ominus = \frac{\frac{c}{c^\ominus}\Lambda_m^2}{\Lambda_m^\infty(\Lambda_m^\infty - \Lambda_m)} \tag{5-13}$$

该式是由德籍俄国物理化学家奥斯特瓦尔德（Ostwald）提出的，因此称其为奥斯特瓦尔德稀释定律。实验证明，弱电解质的解离度越小，该式越精确。

【例 5-2】 已知 298K 时，$0.0275mol \cdot dm^{-3}$ H_2CO_3 的电导率为 $3.86\times10^{-3}S\cdot m^{-1}$。求 H_2CO_3 在该浓度下解离为 H^+ 和 HCO_3^- 时的解离度及解离平衡常数 $K^\ominus$。

解：从表 5-3 查得

$\Lambda_m^\infty(H^+)=3.498\times10^{-2}S\cdot m^{-1}\cdot mol^{-1}$，$\Lambda_m^\infty(HCO_3^-)=0.4448\times10^{-2}S\cdot m^{-1}\cdot mol^{-1}$，故

$$\begin{aligned}\Lambda_m^\infty(H_2CO_3)&=\Lambda_m^\infty(H^+)+\Lambda_m^\infty(HCO_3^-)\\&=(3.498+0.4448)\times10^{-2}S\cdot m^{-1}\cdot mol^{-1}\\&=3.943\times10^{-2}S\cdot m^{-1}\cdot mol^{-1}\end{aligned}$$

$$\Lambda_m(H_2CO_3)=\frac{\kappa}{c}=\frac{3.86\times10^{-3}S\cdot m^{-1}}{0.0275\times10^3 mol\cdot m^{-3}}=1.404\times10^{-4}S\cdot m^2\cdot mol^{-1}$$

$$\alpha=\frac{\Lambda_m}{\Lambda_m^\infty}=\frac{1.404\times10^{-4}S\cdot m^2\cdot mol^{-1}}{3.943\times10^{-2}S\cdot m^2\cdot mol^{-1}}=3.561\times10^{-3}$$

则

$$\begin{aligned}K^\ominus&=\frac{\frac{c}{c^\ominus}\alpha^2}{1-\alpha}=\frac{(0.0275mol\cdot dm^{-3}/1mol\cdot dm^{-3})\times(3.561\times10^{-3})^2}{1-3.561\times10^{-3}}\\&=3.50\times10^{-7}\end{aligned}$$

(3) 测定难溶盐的溶解度和溶度积

由于难溶盐的溶解度很小，即使是饱和溶液，其浓度也非常低，用化学分析法很难准确测定其溶解度，但用电导法却可以很方便地准确测定。由于难溶盐饱和溶液的浓度极稀，可近似看作无限稀释溶液，即 $\Lambda_m(盐)\approx\Lambda_m^\infty(盐)$，难溶盐的 Λ_m^∞ 可通过查表计算得到。如果测出难溶盐的电导率 $\kappa(盐)$，就可以利用式(5-6) 求出难溶盐饱和溶液的浓度，即溶解度。但由于难溶盐本身的电导率很低，相比较而言水的电导率不能忽略，所以测定的难溶盐饱和溶液的电导率应该是难溶盐和水的电导率之和，所以

$$\kappa(盐)=\kappa(溶液)-\kappa(H_2O)$$

因此，测定时还需同时测定配制难溶盐饱和溶液的水的电导率，则难溶盐的溶解度

$$c=\frac{\kappa(盐)}{\Lambda_m^\infty(盐)}=\frac{\kappa(溶液)-\kappa(H_2O)}{\Lambda_m^\infty(盐)} \tag{5-14}$$

【例 5-3】 291K 时测得 CaF_2 的饱和水溶液的电导率为 $38.6\times10^{-4}S\cdot m^{-1}$。水的电导率为 $1.5\times10^{-4}S\cdot m^{-1}$。假定溶解的 CaF_2 完全解离，求 CaF_2 的溶度积。

解：
$$\begin{aligned}\kappa(CaF_2)&=\kappa(饱和溶液)-\kappa(H_2O)\\&=(38.6-1.5)\times10^{-4}S\cdot m^{-1}=37.1\times10^{-4}S\cdot m^{-1}\end{aligned}$$

从表 5-3 查得

$$\Lambda_m^\infty(F^+)=0.554\times10^{-2}S\cdot m^{-1}\cdot mol^{-1},\Lambda_m^\infty(Ca^{2+})=1.190\times10^{-2}S\cdot m^{-1}\cdot mol^{-1}$$

所以由离子独立运动定律得

$$\begin{aligned}\Lambda_m^\infty(CaF_2)&=\Lambda_m^\infty(Ca^{2+})+2\Lambda_m^\infty(F^-)\\&=(1.190+2\times0.554)\times10^{-2}S\cdot m^{-1}\cdot mol^{-1}\\&=2.298\times10^{-2}S\cdot m^{-1}\cdot mol^{-1}\end{aligned}$$

所以 CaF_2 饱和溶液的浓度为

$$\begin{aligned}c&=\frac{\kappa(CaF_2)}{\Lambda_m^\infty(CaF_2)}=\frac{37.1\times10^{-4}S\cdot m^{-1}}{2.298\times10^{-2}S\cdot m^2\cdot mol^{-1}}\\&=0.161mol\cdot m^{-3}=1.61\times10^{-4}mol\cdot m^{-3}\end{aligned}$$

$$\begin{aligned}K_{sp}&=c(Ca^{2+})c(F^-)^2=4c^3\\&=[4\times(1.61\times10^{-4})^3]mol^3\cdot dm^{-9}=1.67\times10^{-11}mol^3\cdot dm^{-9}\end{aligned}$$

(4) 电导滴定

化学分析中的滴定分析法通常选用指示剂确定滴定终点，但当溶液有颜色、浑浊或滴定的突跃范围过小时，都不能看到明显的颜色变化，从而无法准确确定终点。用测定滴定过程中溶液的电导，利用电导变化转折确定滴定终点，就可以弥补上述不足，还可以提高测定的灵敏度，这就是电导滴定。当然，只有在滴定过程中溶液的电导会发生明显的变化时，才能选用此方法。

例如用强碱 NaOH 滴定盐酸时，溶液中摩尔电导率很大的 H^+ 随着滴定的进行逐渐被摩尔电导率较小的 Na^+ 取代，表现为溶液的电导将随着 NaOH 的滴加而明显地降低。当达到化学计量点时，H^+ 完全被中和为 H_2O，此时溶液的电导降到最低。计量点以后，随着 NaOH 的滴入，由于 OH^- 的摩尔电导率较大，又使溶液的电导增加。以溶液的电导对滴定剂体积作图，即得到滴定曲线，从滴定曲线中电导变化的转折点即两直线的交点[见图 5-9(a)]即可确定滴定的终点。

若用强碱 NaOH 滴定弱酸如 HAc 时，滴定曲线如图 5-9(b) 所示，与滴定强酸的滴定曲线不同的只是在计量点以前，因弱酸 HAc 的电导率较小，随着 NaOH 的加入，弱酸逐渐被强电解质 NaAc 所代替，因此溶液的电导是逐渐增加的。同样可以利用电导变化的转折点确定滴定的终点。

除了用于酸碱滴定外，电导滴定还能用于沉淀滴定[滴定曲线见图 5-9(c)]、氧化还原滴定等。由于电导滴定操作方便、方法灵敏、很易于实现自动化分析，因此应用极为广泛。

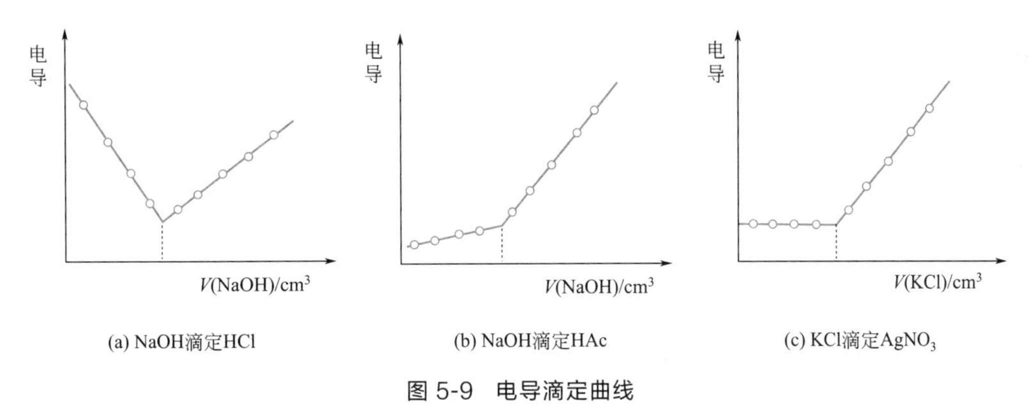

(a) NaOH滴定HCl　　(b) NaOH滴定HAc　　(c) KCl滴定$AgNO_3$

图 5-9　电导滴定曲线

5.1.3 强电解质溶液理论简介

5.1.3.1 强电解质的离子平均活度和平均活度系数

对于电解质溶液，由于正、负离子之间以及正、负离子与溶剂之间的强烈相互作用，使得溶液的性质大大偏离理想溶液，即便在浓度很稀时，较理想溶液也表现为较大的偏差。因此在讨论电解质溶液的化学势时，也要像第 2 章中讨论实际溶液的化学势一样，需要用活度代替浓度。但由于强电解质在溶液中完全解离，独立运动的是正、负离子，而不是电解质分子，因此与非电解质溶液相比情况要复杂些，需要将正、负离子分开来讨论。

强电解质溶液理论简介

在本书的 2.6 中讨论了实际溶液中任一组分的化学势均可用下式表示

$$\mu_B = \mu_B^\ominus + RT\ln a_B$$

对于任意一强电解质 $M_{\nu_+}A_{\nu_-}$，在溶液中完全解离

$$M_{\nu_+}A_{\nu_-} \longrightarrow \nu_+ M^{\nu^-} + \nu_- A^{\nu^+}$$

溶液中正、负离子的化学势可以表示为

$$\mu_+ = \mu_+^\ominus + RT\ln a_+ \qquad \mu_- = \mu_-^\ominus + RT\ln a_-$$

式中，a_+、a_- 分别是正离子和负离子的活度，根据路易斯对活度的定义，它们应该是各自

活度系数 γ 和浓度 b 的乘积，即

$$a_+=\gamma_+\frac{b_+}{b^\ominus},\qquad a_-=\gamma_-\frac{b_-}{b^\ominus}$$

而电解质在溶液中总的化学势应是各个离子化学势的总和

$$\mu=\nu_+\mu_++\nu_-\mu_-$$

即 $$\mu=\nu_+(\mu_+^\ominus+RT\ln a_+)+\nu_-(\mu_-^\ominus+RT\ln a_-)$$

整理后得 $$\mu=(\nu_+\mu_+^\ominus+\nu_-\mu_-^\ominus)+RT\ln(a_+^{\nu_+}\cdot a_-^{\nu_-})$$

$$=\mu^\ominus+RT\ln(a_+^{\nu_+}\cdot a_-^{\nu_-})\tag{5-15}$$

所以 $$\mu^\ominus=\nu_+\mu_+^\ominus+\nu_-\mu_-^\ominus$$

$$a=a_+^{\nu_+}a_-^{\nu_-}$$

虽然根据上式可以由正、负离子的活度求得整个电解质的活度，但由于溶液总是电中性的，正、负离子不可能单独存在，因而也不可能直接由实验测得正离子或负离子的活度及活度系数。实验中能直接测定的是离子的平均活度 $a_\pm$ 和平均活度系数 $\gamma_\pm$。因此定义平均活度 $a_\pm$、平均活度系数 $\gamma_\pm$ 和平均质量摩尔浓度 $b_\pm$ 如下

$$a_\pm\xlongequal{\text{def}}(a_+^{\nu_+}a_-^{\nu_-})^{1/\nu}\tag{5-16}$$

$$\gamma_\pm\xlongequal{\text{def}}(\gamma_+^{\nu_+}\gamma_-^{\nu_-})^{1/\nu}\tag{5-17}$$

$$b_\pm\xlongequal{\text{def}}(b_+^{\nu_+}b_-^{\nu_-})^{1/\nu}\tag{5-18}$$

式中，$\nu=\nu_++\nu_-$。可见，如上所定义的平均活度 $a_\pm$、平均活度系数 $\gamma_\pm$ 和平均质量摩尔浓度 $b_\pm$ 均为几何平均值。设电解质溶液的质量摩尔浓度为 b，则 $b_+=\nu_+b$，$b_-=\nu_-b$，结合上述定义式，可推导得

$$a_\pm=\gamma_\pm\frac{b_\pm}{b^\ominus}\tag{5-19}$$

$$a=a_+^{\nu_+}a_-^{\nu_-}=a_\pm^\nu\tag{5-20}$$

若已知电解质的质量摩尔浓度 b，再通过实验测得离子的平均活度系数，就可以利用式(5-19) 和式(5-20) 计算出电解质溶液的活度。

【例 5-4】 *在浓度为 b、平均活度系数为 $\gamma_\pm$ 的 $MgSO_4$ 溶液中，$MgSO_4$ 的活度为多少？*

解：*对于 $MgSO_4$ 溶液中，$\nu_+=\nu_-=1$，所以*

$$b_+=b,b_-=b$$

$$b_\pm=(b\times b)^{1/2}=b$$

则 $$a=a_\pm^{1+1}=a_\pm^2=[\gamma_\pm(b_\pm/b^\ominus)]^2=\gamma_\pm^2(b/b^\ominus)^2$$

该例题表明了 1-1 价型电解质溶液的 a、b、$\gamma_\pm$ 间的关系，其他价型电解质溶液的 a、b、$\gamma_\pm$ 间的关系总结在表 5-5 中。

表 5-5 不同价型电解质溶液的 a、b 及 $b_\pm$、$\gamma_\pm$ 之间的关系

价型	例子	$\gamma_\pm=(\gamma_+^{\nu_+}\gamma_-^{\nu_-})^{1/\nu}$	$b_\pm=(b_+^{\nu_+}b_-^{\nu_-})^{1/\nu}$	$a=a_\pm^\nu=\gamma_\pm^\nu(b_\pm/b^\ominus)^\nu$
非电解质	蔗糖	—	—	$\gamma_\pm(b/b^\ominus)$
1-1 2-2 3-3	KCl $ZnSO_4$ $La[Fe(CN)_6]$	$(\gamma_+\gamma_-)^{1/2}$	b	$\gamma_\pm^2(b/b^\ominus)^2$
2-1 1-2	$CaCl_2$ Na_2SO_4	$(\gamma_+\gamma_-^2)^{1/3}$ $(\gamma_+^2\gamma_-)^{1/3}$	$4^{1/3}b$	$4\gamma_\pm^3(b/b^\ominus)^3$

续表

价型	例子	$\gamma_{\pm}=(\gamma_{+}^{\nu_{+}}\gamma_{-}^{\nu_{-}})^{1/\nu}$	$b_{\pm}=(b_{+}^{\nu_{+}}b_{-}^{\nu_{-}})^{1/\nu}$	$a=a_{\pm}^{\nu}=\gamma_{\pm}^{\nu}(b_{\pm}/b^{\ominus})^{\nu}$
3-1 1-3	$LaCl_3$ $K_3[Fe(CN)_6]$	$(\gamma_{+}\gamma_{-}^{3})^{1/4}$ $(\gamma_{+}^{3}\gamma_{-})^{1/4}$	$27^{1/4}b$	$27\gamma_{\pm}^{4}(b/b^{\ominus})^{4}$
4-1 1-4	$Th(NO_3)_4$ $K_4[Fe(CN)_6]$	$(\gamma_{+}\gamma_{-}^{4})^{1/5}$ $(\gamma_{+}^{4}\gamma_{-})^{1/5}$	$256^{1/5}b$	$256\gamma_{\pm}^{5}(b/b^{\ominus})^{5}$
3-2	$Al_2(SO_4)_3$	$(\gamma_{+}^{2}\gamma_{-}^{3})^{1/5}$	$108^{1/5}b$	$108\gamma_{\pm}^{5}(b/b^{\ominus})^{5}$

常用的测定电解质离子的平均活度系数的实验方法有溶解度法、凝固点降低法、渗透压法和电动势法，对于挥发性电解质还可以采用蒸气压法测定。关于利用电动势法进行测定的方法将在 5.4 中介绍。表 5-6 列出了 25℃下一些由实验测得的电解质在不同浓度水溶液中的平均活度系数 $\gamma_{\pm}$。

表 5-6　25℃下一些电解质在不同浓度水溶液中的平均活度系数 $\gamma_{\pm}$

浓度 b/mol·kg^{-1}		0.001	0.005	0.01	0.05	0.10	0.50	1.0	2.0	4.0
1-1 价型	HCl	0.965	0.928	0.904	0.830	0.796	0.757	0.809	1.009	1.762
	NaCl	0.966	0.929	0.904	0.823	0.778	0.682	0.658	0.671	0.783
	KCl	0.965	0.927	0.901	0.815	0.769	0.650	0.605	0.575	0.582
	HNO_3	0.965	0.927	0.902	0.823	0.785	0.715	0.720	0.783	0.982
	NaOH			0.899	0.818	0.766	0.693	0.679	0.700	0.890
1-2 价型	$CaCl_2$	0.887	0.783	0.724	0.574	0.518	0.448	0.500	0.792	2.934
	K_2SO_4	0.890	0.780	0.710	0.520	0.430				
	H_2SO_4	0.830	0.639	0.544	0.340	0.265	0.154	0.130	0.124	0.171
	$CdCl_2$	0.819	0.623	0.524	0.304	0.228	0.100	0.066	0.044	
	$BaCl_2$	0.880	0.770	0.720		0.490	0.390	0.390		
2-2 价型	$CuSO_4$	0.740	0.530	0.410		0.160	0.068	0.047		
	$ZnSO_4$	0.734	0.477	0.387		0.148	0.063	0.043	0.035	

由表中数据可以看出如下规律。

① 电解质的平均活度系数 $\gamma_{\pm}$ 与溶液浓度有关。逐渐稀释时，相同浓度同价型的电解质溶液的 $\gamma_{\pm}$ 趋于相同；在较稀的浓度范围内（当 $b<0.5$mol·kg^{-1}时），$\gamma_{\pm}$ 随浓度降低而增大，当浓度趋于零时，无论何种价型的电解质，$\gamma_{\pm}$ 均趋近于 1；但浓度较大时，$\gamma_{\pm}$ 又会随浓度的增大而增大，甚至大于 1，这主要是因为当浓度增大到一定程度时，水合作用使溶液中的许多水分子被束缚在离子周围的水化层中而不能自由运动，使未发生水合的能自由运动的水分子随电解质浓度的增大而迅速减小，相当于溶质的有效浓度即活度的增幅大于其实际浓度的增幅，即 $\gamma_{\pm}$ 随浓度的增大而增大。

② 电解质的平均活度系数 $\gamma_{\pm}$ 与电解质的正、负离子所带电荷数的多少有关。相同浓度时，不同价型的电解质的 $\gamma_{\pm}$ 不同，离子价数越高，$\gamma_{\pm}$ 值就越小。

科学家-路易斯

上述规律表明，在稀的电解质溶液中，影响强电解质离子平均活度系数的主要因素是浓度和离子价数，而且离子价数比浓度的影响更为显著。据此，1921 年，路易斯提出了离子强度（ionic strength）的概念，他将离子强度 I 定义为

$$I \xlongequal{\text{def}} \frac{1}{2}\sum_{B} b_B z_B^2 \tag{5-21}$$

式中，z_B 表示任一离子 B 的价数；b_B 是溶液中任一离子 B 的质量摩尔浓度，是离子的真实浓度，若是弱电解质，应乘以电离度。I 的单位与 b 的单位相同。

【例 5-5】 25℃时，计算 0.01mol·kg^{-1} 的 KNO_3 和 0.001mol·kg^{-1} 的 $Mg(NO_3)_2$ 的混合溶液的离子强度。

解：离子强度是针对溶液中的所有电解质的离子而言的，所以

$$
\begin{aligned}
I &= \frac{1}{2}\sum_B b_B z_B^2 \\
&= \frac{1}{2}[b(K^+)z(K^+)^2 + b(Mg^{2+})z(Mg^{2+})^2 + b(NO_3^-)z(NO_3^-)^2] \\
&= \frac{1}{2}\times[0.01\times1^2 + 0.001\times2^2 + (0.01+2\times0.001)\times1^2]\text{mol}\cdot\text{kg}^{-1} \\
&= 0.013\text{mol}\cdot\text{kg}^{-1}
\end{aligned}
$$

离子强度 I 反映了溶液中离子电荷所形成的静电场强度的大小，它势必会影响溶液中离子平均活度系数 $\gamma_\pm$ 的大小。路易斯根据实验进一步总结出了在稀溶液范围内强电解质的离子平均活度系数与离子强度的经验关系式

$$\lg\gamma_\pm = -A'\sqrt{I} \tag{5-22}$$

式中，A' 是与温度和溶剂种类有关的常数。该经验式后来被德拜（Debye）和休克尔（Hückel）提出的强电解质溶液理论所证实。

5.1.3.2 强电解质溶液理论

电解质的平均活度系数反映了实际电解质溶液中离子浓度偏离理想情况的程度，但其数值主要是靠具体的实验来测定的，而强电解质溶液理论主要是想从理论上推出离子平均活度系数的计算公式。

早在 1887 年，阿伦尼乌斯提出了部分解离学说，认为电解质在溶液中是部分解离的，解离产生的离子与分子之间呈平衡，在一定条件下，电解质都有一个确定的电离度。这一理论应用于弱电解质是成功的，但却不适用于强电解质溶液。主要是因为部分解离学说没有考虑电解质溶液中离子间存在的静电引力，而且强电解质并不存在解离度以及离子与未解离离子之间的平衡问题。

动画：离子氛

图 5-10 “离子氛”模型示意图

后来到了 1923 年，德拜和休克尔从离子互吸和离子热运动的观点出发，提出了离子互吸理论。该理论认为，在稀溶液中，强电解质是完全电离的，离子间的相互作用主要是静电引力，即电解质溶液偏离理想溶液主要是由于离子间静电引力引起。基于上述观点，他们提出了“离子氛”模型（见图 5-10）。一方面正负离子间的静电引力使离子有规则地排列，而另一方面热运动又要使离子无序分布。两者相互作用，结果造成在一定时间间隔内，每个离子的周围，导电性离子的密度大于同电性离子的密度。也就是任一离子（可称为中心离子）周围都被一层异号电荷包围着，这层异号电荷的总电荷在数值上等于中心离子的电荷，且是球形对称的，称为离子氛（ionic atmosphere）。在正离子周围有一个负离子氛，在负离子周围又有一个正离子氛，每个离子既可作为中心离子，又是另一个离子氛中的一员。由于离子在不停地热运动，就使原有离子氛不断消失，新的离子氛不断形成，因而离子氛在不断地改组和变化着。

德拜和休克尔通过离子氛模型，形象地把电解质溶液中众多离子间复杂的相互作用归结为中心离子和离子氛之间的作用，从而简化了理论推导，又引入了一些适当的假定，推导出了在强电解质溶液中，单个离子活度系数的计算公式

$$\lg\gamma_B = -Az_B^2\sqrt{I} \tag{5-23a}$$

由于单个离子的活度系数无实际意义，所以根据离子平均活度系数的定义式，又导出了离子平均活度系数的计算公式

$$\lg\gamma_{\pm} = -A|z_+z_-|\sqrt{I} \tag{5-23b}$$

式中，z_+、z_-分别为正、负离子所带的电荷数；A 为与温度有关的常数，298.15K 时，$A=0.509$，故上式又可写为

$$\lg\gamma_{\pm} = -0.509|z_+z_-|\sqrt{I} \tag{5-24}$$

式(5-23) 和式(5-24) 均称为德拜-休克尔极限公式。该公式与路易斯提出的经验式(5-22) 完全吻合。由于在推导过程中的一些假设只有在溶液非常稀（$I<0.01\text{mol}\cdot\text{kg}^{-1}$）时才能成立，因此该公式被称为极限公式，实践也证明了在稀的强电解质水溶液中，用该公式计算出的离子平均活度系数与实验测定值符合得较好。

虽然德拜-休克尔离子互吸理论很好地解决了稀溶液中 $\gamma_{\pm}$ 的计算问题，由于该理论完全没有考虑离子的溶剂化作用以及溶剂化程度对离子间相互作用的影响，也没有考虑离子个性的差异以及溶液介电常数对静电作用的影响，因此在处理较浓的电解质溶液时计算误差较大。

针对德拜-休克尔离子互吸理论的缺陷，很多人在德拜-休克尔极限公式的基础上又作了一些修改，以期扩大公式的适用范围。如 Davies 将公式增加了一些参数，Mayer 和 Poisier 修正了计算方法，而美国化学家匹兹（K. S. Pitzer）于 20 世纪 70 年代提出了他的电解质溶液离子相互作用理论，用他提出的公式计算 $1\text{mol}\cdot\text{kg}^{-1}$ 的电解质溶液中离子平均活度系数所得计算值仍能与实验值很好地符合。详细内容此处不再详述，请参阅有关专著。

总体来说，电解质溶液理论的发展到目前为止还是很不完善的，只有在对溶液的本性有了更深刻的认识并提出更正确合理的离子间相互作用的模型之后，电解质理论才能得到更进一步的发展。

5.2 可逆电池和可逆电池热力学

原电池是一个可以把化学反应的化学能转化为电能的装置，若这种能量转变是以热力学意义上的可逆方式进行的，则所对应的原电池即被称为可逆电池。可逆电池是一个十分重要的概念，因为只有可逆电池才能将热力学与电化学联系起来，才能用热力学的原理处理电化学问题，或用电化学的方法测定热力学量。而且从热力学来看，可逆电池所做的最大有用功是化学能转变为电能的极限，这为人们改善电池的性能提供了理论依据。但并不是所有的原电池都可以是可逆电池，可逆电池必须具备一定的条件。本节将讨论可逆电池所必须具备的条件、构成可逆电池的可逆电极的种类、原电池电动势的测定方法以及可逆电池热力学。

5.2.1 可逆电池必须具备的条件

可逆电池必须具备如下两个条件。

① 可逆电池放电时的反应与充电时的反应必须互为可逆反应——物质转化可逆。现以图 5-11 所示的例子加以说明。

图中 V 为一可调节的外加电动势，设电池自身产生的电动势为 E，则当 $E>V$ 时，电池表现为原电池，对外放电；当 $E<V$ 时，电池表现为电解池，外加电源对电池充电。

对于电池(a)，放电时的反应

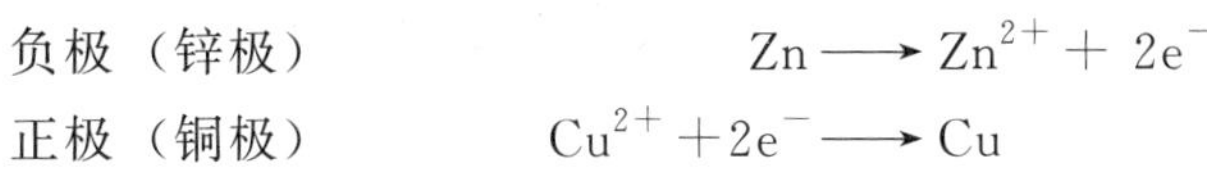

负极（锌极）　$Zn \longrightarrow Zn^{2+} + 2e^-$

正极（铜极）　$Cu^{2+} + 2e^- \longrightarrow Cu$

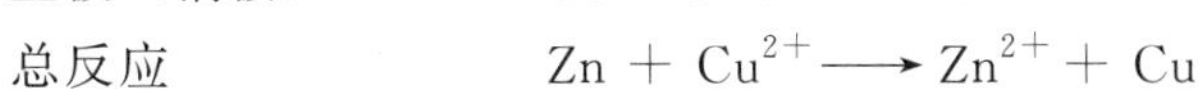

总反应　$Zn + Cu^{2+} \longrightarrow Zn^{2+} + Cu$

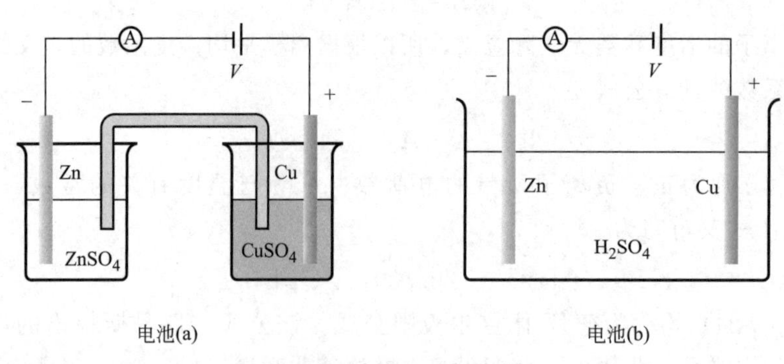

图 5-11　电池的充放电

充电时的反应为

阴极（锌极）$Zn^{2+}+2e^- \longrightarrow Zn$

阳极（铜极）　　　$Cu \longrightarrow Cu^{2+}+2e^-$

总反应　　　$Zn^{2+}+Cu \longrightarrow Zn+Cu^{2+}$

可见电池(a) 的放电与充电时的反应互为逆反应，满足物质可逆条件。

但对于电池(b)，同是铜极和锌极两个电极，只是将电解质溶液换成硫酸溶液，其放电反应

负极（锌极）　　　$Zn \longrightarrow Zn^{2+}+2e^-$

正极（铜极）$2H^+ +2e^- \longrightarrow H_2$

总反应　　　$Zn+2H^+ \longrightarrow Zn^{2+}+H_2$

其充电反应

阴极（锌极）$2H^+ +2e^- \longrightarrow H_2$

阳极（铜极）　　　$Cu \longrightarrow Cu^{2+}+2e^-$

总反应　　　$2H^+ +Cu \longrightarrow H_2+Cu^{2+}$

可见，与电池(a) 不同，电池(b) 的放电与充电时的反应不互为逆反应，从而不满足物质可逆条件，因而电池(b) 是不可逆电池。

电池(a) 虽然满足了物质可逆这个条件，但仅有这个条件还不足以成为可逆电池，还必须同时满足第二个条件。

② 可逆电池所通过的电流必须为无限小——能量转变也可逆。根据热力学可逆过程的概念，只有当 V 与 E 只差无限小，即 $V=E\pm \mathrm{d}E$ 时，使通过的电流为无限小，才不会有电功不可逆地转化为热的现象发生，才是热力学的可逆过程。

总之，只有同时满足上述两个条件的电池才是可逆电池。即可逆电池在充电、放电时，不仅物质的转变是可逆的，而且能量的转变也是可逆的。

可逆电池的书面表示法同一般原电池的表示方法，即可以用电池表示式表示可逆电池。如上述电池(a)，即著名的丹尼尔 Cu-Zn 原电池的表示式为

$$Zn(s)|ZnSO_4(a_1)\vdots\vdots CuSO_4(a_2)|Cu(s)$$

式中，“|”表示不同相之间的界面；“$\vdots\vdots$”表示由盐桥联结着两种不同的溶液。电池中各种物质按实际接触顺序用化学式从左到右依次排列，将发生氧化反应的负极写在左边，发生还原反应的正极写在右边，并列出各个物质的组成及聚集状态（气、液、固），溶液应注明浓度，如该电池中 a_1、a_2 为两种电解质溶液的活度，若为气体则应标明分压。

5.2.2　可逆电极的种类

电池若可逆，则构成电池的电极必可逆。可逆电极按氧化态还原态物质的状态不同分为三类。

(1) 第一类电极（包括金属电极和气体电极）

金属电极是将金属浸在含有该种金属离子的溶液中组成的，以符号 $M^{z+}|M$ 表示，电极反应为

$$M^{z+}+ze^- \longrightarrow M$$

如丹尼尔电池中的铜电极、锌电极可表示为 $Cu^{2+}|Cu$，$Zn^{2+}|Zn$。有些金属在空气中很活泼，或遇水发生反应，不能单独使用，则需将其钝化。如钠电极，将钠溶在汞中形成一定活度的钠汞齐，就可避免钠直接与水发生反应，电极可表示为 $Na(Hg)(a)|Na^+(a')$。其中 a 与 a'分别为钠汞齐和钠离子的活度。相应的电极反应为

$$Na^+(a')+Hg(l)+e^- \longrightarrow Na(Hg)(a)$$

有时还因实验需要，将金属做成合金来作为电极，如 Sn(Sn-Bi 合金) | $Sn^{2+}(a)$。

气体电极是将吸附了某种气体的惰性金属置于含有该种气体离子的溶液中构成，由于气体不能导电，所以电极材料一般为惰性金属（如 Pt、Pd 等）。如氢电极就是由将镀有铂黑的铂片插入含有 H^+ 或 OH^- 的溶液中，并向铂片上不断地通氢气而构成，如图 5-12 所示，用符号 $H^+(a)|H_2(p)|Pt$ 或 $OH^-(a)|H_2(p)|Pt$ 表示，相应的电极反应为

$$2H^+(a)+2e^- \longrightarrow H_2(p)$$

$$2H_2O+2e^- \longrightarrow H_2(p)+2OH^-(a)$$

常用的气体电极还有氧电极和氯电极等，其电极表示式和电极反应分别为

$$H^+(a)|O_2(p)|Pt \qquad O_2(p)+4H^+(a)+4e^- \longrightarrow 2H_2O$$

$$OH^-(a)|O_2(p)|Pt \qquad O_2(p)+2H_2O+4e^- \longrightarrow 4OH^-(a)$$

$$Cl^-(a)|Cl_2(p)|Pt \qquad Cl_2(p)+2e^- \longrightarrow 2Cl^-(a)$$

(2) 第二类电极（包括金属难溶盐电极和金属难溶氧化物电极）

这类电极的结构是在金属的表面上覆盖一层该金属的难溶盐或难溶氧化物，再将其插入含有与该金属难溶盐具有相同阴离子的易溶盐的溶液或含有 H^+、OH^- 的溶液中而构成。最常用的难溶盐电极有甘汞电极，其结构如图 5-13 所示。甘汞电极制备非常简单，只需将少量汞、甘汞和氯化钾溶液研成糊状物覆盖在素瓷上，上部放入纯汞，然后浸入饱和了甘汞的氯化钾溶液中即成。其电极符号和电极反应分别为

$$Cl^-(a)|Hg_2Cl_2(s)|Hg(l) \qquad Hg_2Cl_2(s)+2e^- \longrightarrow 2Hg(l)+2Cl^-(a)$$

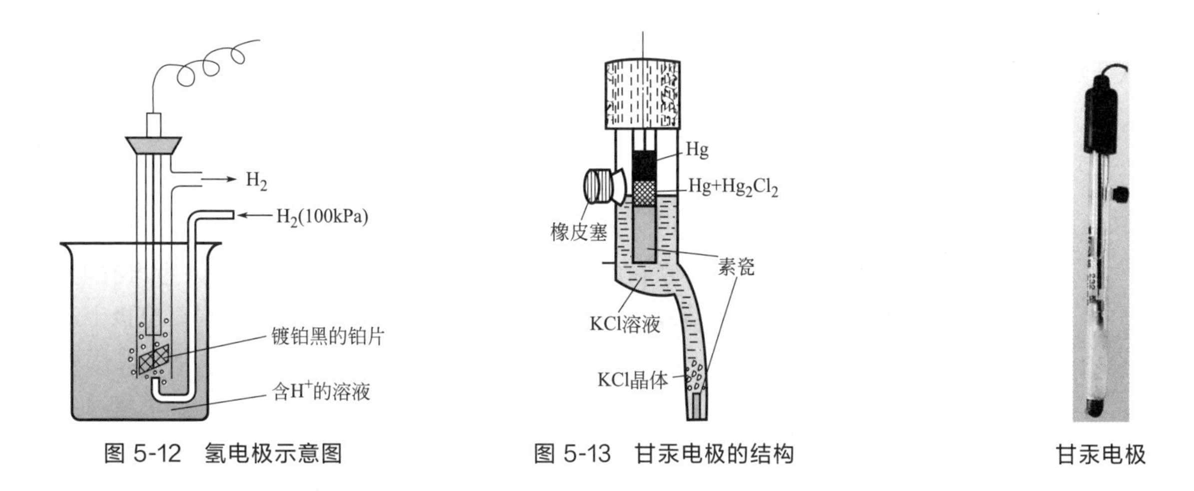

图 5-12　氢电极示意图　　图 5-13　甘汞电极的结构　　甘汞电极

此外，常用的这类电极还有银-氯化银电极、酸性和碱性溶液中的银-氧化银电极等，其电极符号和电极反应分别为

$Cl^-(a)|AgCl(s)|Ag(s)$ $\quad AgCl(s)+e^- \longrightarrow Ag(s)+Cl^-(a)$

$H^+(a)|Ag_2O(s)|Ag(s)$ $\quad Ag_2O+2H^+(a)+2e^- \longrightarrow 2Ag+H_2O$

$OH^-(a)|Ag_2O(s)|Ag(s)$ $\quad Ag_2O+H_2O+2e^- \longrightarrow 2Ag+2OH^-(a)$

从电极反应可以看出，这类电极的特点是不对金属离子可逆，而是对难溶盐的阴离子可逆。这一特点在电化学中有较重要的意义，因为有许多负离子，如 SO_4^{2-}、$C_2O_4^{2-}$ 等，没有对应的第一类电极，但可形成对应的第二类电极。还有一些负离子，如 Cl^- 和 OH^-，虽有对应的第一类电极，但由于制备且使用方便，也常制成第二类电极。

(3) 第三类电极（又称为氧化还原电极）

铂电极

这类电极是由惰性电极如铂电极为导体，将其插入含有某种离子（也可能是化合物）的两种不同氧化态的溶液中构成。由于电极反应是发生在不同价态离子之间的氧化还原反应，因而该类电极又称为氧化还原电极。常见的有

$Fe^{3+}(a_1),Fe^{2+}(a_2)|Pt$ $\quad Fe^{3+}(a_1)+e^- \longrightarrow Fe^{2+}(a_2)$

$Sn^{4+}(a_1),Sn^{2+}(a_2)|Pt$ $\quad Sn^{4+}(a_1)+2e^- \longrightarrow Sn^{2+}(a_2)$

$Cu^{2+}(a_1),Cu^+(a_2)|Pt$ $\quad Cu^{2+}(a_1)+e^- \longrightarrow Cu^+(a_2)$

在这类电极中有必要特别介绍一下的是对氢离子可逆的氧化还原电极——醌氢醌电极。

醌氢醌是等分子比的醌（$C_6H_4O_2$，以 Q 代表）和氢醌［即对苯二酚，$C_6H_4(OH)_2$，以 H_2Q 代表］所形成的复合物，它在水中的溶解度很小，将少量醌氢醌晶体放入水溶液中，就能分解为等量的醌和氢醌。

$$C_6H_4O_2 \cdot C_6H_4(OH)_2 \longrightarrow C_6H_4O_2 + C_6H_4(OH)_2$$

醌氢醌($Q \cdot H_2Q$) 醌(Q) 氢醌(H_2Q)

氢醌是有机弱酸，可按下式进行微弱解离

$$C_6H_4(OH)_2 \longrightarrow C_6H_4O_2^{2-} + 2H^+$$

$C_6H_4O_2^{2-}$ 和 $C_6H_4O_2$ 间可发生氧化还原反应

$$C_6H_4O_2^{2-} \longrightarrow C_6H_4O_2 + 2e^-$$

从而形成一个氧化还原电极，其总的电极反应为

$$C_6H_4O_2 + 2H^+ + 2e^- \longrightarrow C_6H_4(OH)_2$$

电极符号可表示为 $Q,H_2Q,H^+(a)|Pt$。由于该电极对氢离子可逆，因此常用于测定溶液的 pH。

5.2.3 可逆电池电动势的测定

可逆电池电动势的测定必须在电流无限接近于零的条件下进行。因为当有电流通过时，由于电池中要发生反应，使溶液浓度不断改变，电动势也随之改变，同时电极上还会发生极化现象，使电池变为不可逆（详见 5.5.1）。因此不能简单地将伏特计与电池接通测量可逆电池电动势。

通常采用波根多夫（Poggendorff）对消法，其原理是在外电路上加一个和原电池电动势大小相等、方向相反的电动势，以对抗原电池的电动势。当两个电动势相等时，电路中没有电流通过，此时两极间的电势差就是所测可逆电池电动势。根据此原理设计的测定电池电动势的装置称为电势差计。

图 5-14 是电势差计的原理示意图。图中 E_w 是工作电池，E_s 是标准电池，E_x 是待测电池，D 是双臂开关，G 为检流计，R 是可变电阻器，AB 为粗细均匀且有刻度的滑线变阻。工作电池经 AB 构成一个通路，在 AB 上产生均匀电势差。测定时，先将 D 向上与标准电池相连，在 AB 线上设定所用标准电池的电动势值，如 C 点，合上开关 K，此时在标准电池的外电路上由工作电池施加了一个反电动势。调节可变电阻 R，使检流计 G 中无电流通过，这时在 AC 线上的电势差相当于标准电池的电动势。然后，将 D 向下与待测电池相连，固定可变电阻 R，合上开关 K，调节 AB 线上的触点至 C' 时，检流计 G 中无电流通过，则此时 AC' 间的电势差就为待测电池的电动势。因电势差与滑线变阻 AB 的长度成正比，所以待测电池的电动势为

$$E_x = E_s \frac{\overline{AC'}}{\overline{AC}}$$

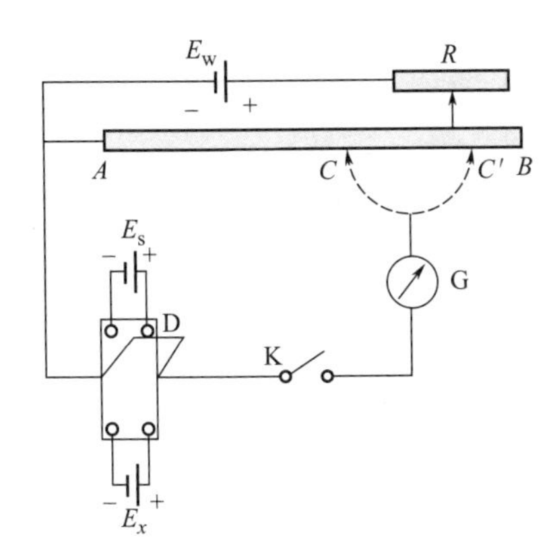

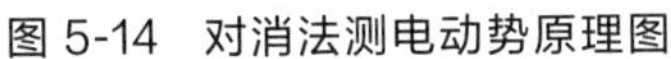
图 5-14 对消法测电动势原理图

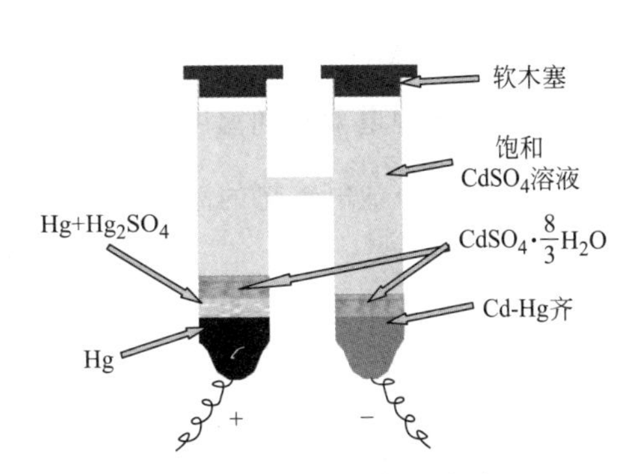

图 5-15 惠斯顿标准电池

标准电池的电动势是已知的，而且是稳定的。通常采用惠斯顿（Weston）标准电池，其结构如图 5-15 所示，电池表示式为

$$Cd(12.5\%汞齐)|CdSO_4 \cdot \frac{8}{3}H_2O\ 饱和水溶液|Hg_2SO_4(s)|Hg(l)$$

电极反应为

正极 $$Hg_2SO_4(s) + 2e^- \longrightarrow 2Hg(l) + SO_4^{2-}$$

负极 $$Cd(汞齐) + SO_4^{2-} + \frac{8}{3}H_2O(l) \longrightarrow CdSO_4 \cdot \frac{8}{3}H_2O + 2e^-$$

电池反应为

$$Hg_2SO_4(s) + Cd(汞齐) + \frac{8}{3}H_2O \longrightarrow CdSO_4 \cdot \frac{8}{3}H_2O(s) + 2Hg(l)$$

从电池反应可知，标准电池的电动势只与镉汞齐的活度有关，其余物质的活度均为 1。镉汞齐的活度与温度和镉的含量有关。在室温下，当 Cd 的质量分数在 5%～14% 范围内，镉汞齐的活度有定值，因而电动势稳定。在 298K 时，电动势为 1.01823V。温度改变时，镉汞齐活度有变化，电池电动势也随之改变，但变化均很小，可由如下关系式计算得到

$$E(T)/V = 1.01845 - 4.05\times10^{-5}(T/K - 293.15) - 9.5\times10^{-7}(T/K - 293.15)^2 + 1\times10^{-8}(T/K - 293.15)^3 \tag{5-25}$$

5.2.4 可逆电池热力学

由式(1-69) 可知，$-\Delta_r G = -W'_r$，即等温等压条件下，系统吉布斯函数的减少等于系统所做的最大非体积功，对于在可逆电池中发生的电化学反应，非体积功只有电功，则有

$$\Delta_r G = W'_r = -QE$$

式中，Q 为在电池电动势为 E 的情况下所迁移的电量，则 Q 与 E 的乘积为所做的电功，式中“$-$”号表示系统对环境做功。将法拉第定律 $Q=zF\xi$ 代入上式得

$$\Delta_r G = -zFE\xi$$

当反应进度为 1mol 时，上式可写为

$$\Delta_r G_m = -zFE \tag{5-26}$$

式(5-26) 是电化学中一个非常重要的关系式，它将热力学和电化学联结起来，被称作桥梁公式，有关原电池热力学的所有关系式的推导都是从此式开始的，它为用热力学方法研究电化学问题提供了可能性，也使用电化学方法测定热力学量成为现实。

5.2.4.1　电动势 *E* 及其温度系数与电池反应热力学量的关系

在等压条件下，将式(5-26) 两边对 T 求偏微商

$$\left(\frac{\partial \Delta_r G_m}{\partial T}\right)_p = -zF\left(\frac{\partial E}{\partial T}\right)_p$$

式中，$\left(\frac{\partial E}{\partial T}\right)_p$ 是电池电动势随温度的变化率，称为电池电动势的温度系数。温度系数可以由实验测得，大多数电池电动势的温度系数是负值。又根据热力学关系

$$\left(\frac{\partial \Delta_r G_m}{\partial T}\right)_p = -\Delta_r S_m$$

所以

$$\Delta_r S_m = zF\left(\frac{\partial E}{\partial T}\right)_p \tag{5-27}$$

则在等温条件下，可逆过程的热 Q_r

$$Q_r = T\Delta_r S_m = zFT\left(\frac{\partial E}{\partial T}\right)_p \tag{5-28}$$

由式(5-28) 可见，可逆电化学过程是吸热还是放热取决于电池电动势温度系数的正负。若温度系数为负，则过程放热；温度系数为正，则过程吸热。再根据吉布斯函数的定义式 $G=H-TS$，则在等温条件下

$$\Delta_r H_m = \Delta_r G_m + T\Delta_r S_m = -zFE + zFT\left(\frac{\partial E}{\partial T}\right)_p \tag{5-29}$$

虽然，可逆原电池的反应是在等压下进行的，即 $Q_r = Q_p$，但比较式(5-28) 和式(5-29)，很容易看出 $\Delta_r H_m \neq Q_p$，这是因为系统做了非体积功——电功的缘故。另外，由于温度系数一般很小 ($10^{-4}\,V\cdot K^{-1}$)，因此在常温时 $\Delta_r H_m$ 与 $\Delta_r G_m$ 相差很小，即电池可以将大部分化学能转变成电功。所以，从获取电功的角度来说，利用电池获取功的效率是最高的。

由上述讨论可见，只要已知电池的电动势及其温度系数，就可以很方便地求得电池反应的 $\Delta_r G_m$、$\Delta_r S_m$、$\Delta_r H_m$ 和可逆热效应 Q_r。由于电动势及其温度系数都可以比较准确地测量，因此，用电化学方法得到的热力学数据往往比量热法测得的数据更为准确。

【例 5-6】 25℃时，测得电池电动势 $E=0.4900V$，温度系数为 $-1.86\times10^{-4}\,V\cdot K^{-1}$。该电池为 $Pb(s)|PbCl_2(s)|KCl(aq)|AgCl(s)|Ag(s)$。

(1) 写出放电 $2F$ 时的电极反应和电池反应；

(2) 求可逆放电 $2F$ 时电池反应的 $\Delta_r G_m$、$\Delta_r S_m$、$\Delta_r H_m$ 及与环境的热交换量；

(3) 同样条件下，电池在两极短路情况下放电，求电池反应的 $\Delta_r G_m$、$\Delta_r S_m$、$\Delta_r H_m$ 及与环境的热交换量。

解：(1) 放电 $2F$ 的电极反应及电池反应为

负极　　$Pb+2Cl^- \longrightarrow PbCl_2(s)+2e^-$

正极　　$2AgCl(s)+2e^- \longrightarrow 2Cl^-(aq)+2Ag(s)$

电池反应　　$Pb+2AgCl(s) \longrightarrow PbCl_2(s)+2Ag$

(2) $\Delta_r G_m=-zFE=-2\times96485C\cdot mol^{-1}\times0.4900V=-94.56\times10^3 J\cdot mol^{-1}$

$\Delta_r S_m=2\times96485C\cdot mol^{-1}\times(-1.86\times10^{-4}V\cdot K^{-1})=-35.9J\cdot K^{-1}\cdot mol^{-1}$

$$\begin{aligned}\Delta_r H_m&=\Delta_r G_m+T\Delta_r S_m\\&=-94.56\times10^3 J\cdot mol^{-1}-35.9J\cdot K^{-1}\cdot mol^{-1}\times298.2K\\&=-105.3\times10^3 J\cdot mol^{-1}\end{aligned}$$

$Q_r=T\Delta_r S_m=298.2K\times(-35.9J\cdot K^{-1}\cdot mol^{-1})=-10.7\times10^3 J\cdot mol^{-1}$

(3) 电池短路意味着电池两极间的电动势为零，相当于化学反应直接进行，由于始终态未变，所以 $\Delta_r G_m$、$\Delta_r S_m$、$\Delta_r H_m$ 同上。因为反应是在等压且非体积功为零的条件下进行的，所以

$$Q_p=\Delta_r H_m=-105.3\times10^3 J\cdot mol^{-1}$$

可见，此例中 Q_p 与 Q_r 之差为电功。

5.2.4.2　可逆电池电动势与浓度的关系

在一定温度下，电池电动势会随着参加电池反应的物质浓度的变化而变化。1889 年，德国物理化学家能斯特（W. H. Nernst，1864～1941 年）通过热力学理论推导出电池电动势随反应中各物质的浓度或气体物质的压力变化而变化的关系式，即电化学中著名的能斯特方程式(Nernst equation)，也被称为原电池的基本方程。

科学家-能斯特

由第 3 章讨论可知，对于任一化学反应 $0=\sum\nu_B B$，其化学反应等温方程式(3-6c) 为

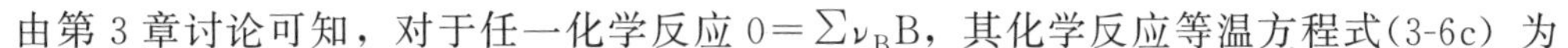

$$\Delta_r G_m=\Delta_r G_m^\ominus+RT\ln\prod_B a_B^{\nu_B}$$

又根据式(5-26) 可知

$$\Delta_r G_m=-zFE,\Delta_r G_m^\ominus=-zFE^\ominus$$

式中，$E^\ominus$ 为各物质都处于标准态时的电动势，称为可逆电池的标准电动势。将这两个关系式代入化学反应等温方程即可得原电池反应的能斯特方程

$$E=E^\ominus-\frac{RT}{zF}\ln\prod_B a_B^{\nu_B} \tag{5-30}$$

能斯特方程表明了电池电动势与参与电极反应的各物质的活度之间的关系。当 $T=298.15K$ 时，将 298.15K 及 R 和 F 的数值代入上式，则在该温度下的能斯特方程又可表示为

$$E=E^\ominus-\frac{0.05916V}{z}\lg\prod_B a_B^{\nu_B} \tag{5-31}$$

5.2.4.3　标准电池电动势 $E^\ominus$ 与标准平衡常数 $K^\ominus$ 的关系

对于某一化学反应，由式(3-9) 知

$$\Delta_r G_m^\ominus=-RT\ln K^\ominus$$

若此反应在原电池中进行，则由式(5-26) 又知

$$\Delta_r G_m^\ominus=-zFE^\ominus$$

因为吉布斯函数是状态函数，其变化只与始终态有关，与具体的途径无关，因此无论该反应是化学反应还是电化学反应，只要反应计量关系式相同，都会有

$$-RT\ln K^\ominus=-zFE^\ominus$$

即

$$\ln K^\ominus=\frac{zFE^\ominus}{RT} \tag{5-32}$$

当 $T=298.15K$ 时

$$\lg K^{\ominus}=\frac{zE^{\ominus}}{0.05916\text{V}} \tag{5-33}$$

可见，若已知标准电池电动势，就可计算出反应的标准平衡常数，从而了解反应进行的限度。但在使用式(5-32) 或式(5-33) 处理问题时需注意：虽然 $K^{\ominus}$ 和 $E^{\ominus}$ 有上述等式关系，但只是数值上的相等，并非意义上的等同，不能认为 $E^{\ominus}$ 为平衡时的电动势，而 $K^{\ominus}$ 为各物质处于标准态时的平衡常数。因为 $E^{\ominus}$ 与 $K^{\ominus}$ 所处的状态不同，$E^{\ominus}$ 处于标准态，$K^{\ominus}$ 处于平衡态，上述等式关系只是由 $\Delta_r G_m^{\ominus}$ 将两者从数值上联系在一起。

综上所述，利用电化学方法，通过测定电池电动势，可以计算相关的热力学量，并进一步解决反应的方向和限度问题。图 5-16 总结了 $E^{\ominus}$ 和 $\Delta_r G_m^{\ominus}$ 及 $K^{\ominus}$ 之间的各种关系。

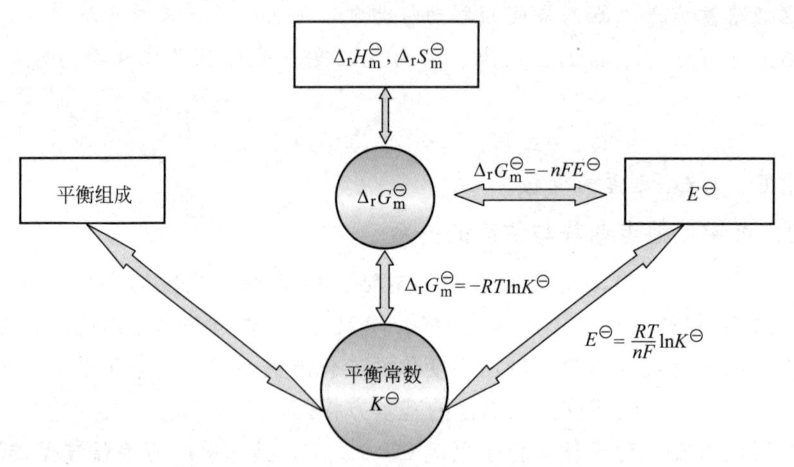

图 5-16 $E^{\ominus}$ 和 $\Delta_r G_m^{\ominus}$ 及 $K^{\ominus}$ 之间的各种关系

5.3 电极电势和电池电动势

电池电动势的产生

5.3.1 电池电动势产生的机理

由对消法所测原电池的电动势 E 是在通过电池的电流趋于零的情况下两极间的电势差。它等于构成电池的各相界面上所产生的电势差的代数和。如以铜作导线的铜-锌原电池为例，各个相界面及其电势差如图 5-17 所示。

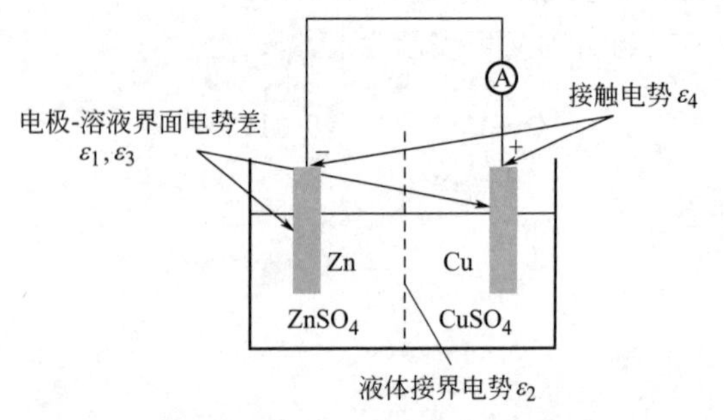

图 5-17 电池电动势的组成

图中 ε_1 和 ε_3 分别为 Zn 和 $ZnSO_4$ 溶液间以及 Cu 和 $CuSO_4$ 溶液间的界面电势差；ε_2 为 $ZnSO_4$ 溶液和 $CuSO_4$ 溶液两种液体间的电势差，称做液体接界电势；ε_4 为导线铜与锌之间的接触电势差。各个相界面上的电势差总和即为电池电动势，即

$$E=\varepsilon_1+\varepsilon_2+\varepsilon_3+\varepsilon_4 \tag{5-34}$$

5.3.1.1 接触电势

接触电势（contract electric potential）是因为不同金属的电子逸出功不同，故在接触时相互逸入的电子数不同，缺少电子的一面带正电，过剩的一面带负电，在接触界面上就产生双电层而产生电势差。可见接触电势是由物理作用引起的，通常很小，一般情况下可以忽略不计，因此电池电动势的大小将主要取决于两个电极的电极电势和液体接界电势。

5.3.1.2 电极-溶液界面电势差

电极电势如何产生的？早在1889年，德国物理化学家能斯特在解释金属活动顺序表时提出了一个金属在溶液中的双电层理论（double electrode layer theory），并用此理论定性地解释了电极电势产生的原因。下面以锌电极为例来说明。

当把金属锌放在 Zn^{2+} 溶液中时，会同时出现两种相反的趋向。一方面锌表面上的 Zn^{2+} 由于受极性很大的水分子的作用，有离开金属锌表面而溶解于溶液中的趋向，金属锌的表面由于失去 Zn^{2+} 而带负电；另一方面，溶液中的 Zn^{2+} 碰撞到锌的表面受电子的吸引也可沉积到金属表面上。这两个过程可表示如下

$$\mathrm{Zn} \underset{\text{沉积}}{\overset{\text{溶解}}{\rightleftharpoons}} \mathrm{Zn}^{2+} + 2\mathrm{e}^-$$

当溶解与沉积的速率相等时，则达到一种动态平衡。由于锌较活泼，其溶解趋势大于沉积趋势，结果锌表面因自由电子过剩而带负电荷，锌附近溶液则具有带正电荷的剩余电量，而在锌片和溶液间形成了双电层，如图5-18所示。与锌相比，对于活泼性较差的金属如铜，当达到平衡时，沉积趋势大于溶解趋势，使金属带正电荷，而附近的溶液带负电荷，也构成双电层。像这种形成的双电层之间的电势差就是电极-溶液界面电势差。若设电极的电势为 E_M，溶液本体的电势为 E_l，则电极-溶液界面的电势差 ε 为

$$\varepsilon = |E_M - E_l| \tag{5-35}$$

其他类型的电极与金属电极类似，也由于在电极与溶液之间形成双电层产生电势差。

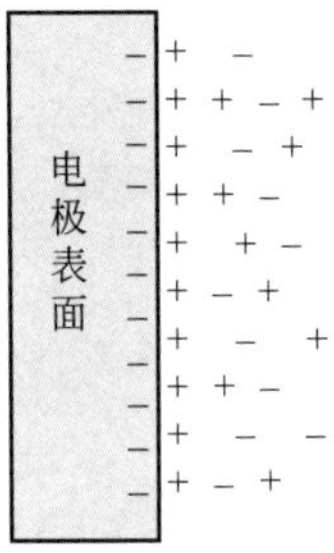

图5-18　双电层示意图

总之，这类界面上的电势差主要是由电化学作用引起的，其大小与电极种类、溶液中相应离子的浓度以及温度等因素有关，是电池电动势的主要贡献者。

5.3.1.3 液体接界电势

在两种不同的电解质溶液或同种电解质但浓度不同的溶液界面上，由于离子的电迁移率不同，也会形成双电层，产生电势差，称液体接界电势（liquid junction potential），也叫扩散电势，它的大小一般不超过0.03V。

先以两种不同浓度的盐酸溶液的界面为例说明［见图5-19(a)］。HCl从浓溶液向稀溶液扩散，在扩散过程中，由于 H^+ 的迁移速率比 Cl^- 的快，所以在稀溶液的一边将出现过剩的 H^+ 而使稀溶液带上正电荷，同时在浓溶液的一边由于留下过剩的 Cl^- 而带负电。这样，在界面两边就产生了电势差。电势差的产生，一方面使 H^+ 迁移速率降低，另一方面使 Cl^- 迁移速率增加，最后达到稳定状态，使两种离子以等速通过界面，并在界面上形成稳定的液体接界电势。类似的情况不仅发生在不同浓度的电解质溶液中，对于不同电解质溶液的界面同样存在。如图5-19(b)所示的是浓度相同的 $AgNO_3$ 溶液和 HNO_3 溶液的接界。由于浓度相同，可认为界面上没有 NO_3^- 的扩散。与上述单向扩散不同，这种类型的扩散是双向扩散，即 Ag^+ 向 HNO_3 方向扩散，而 H^+ 向 $AgNO_3$ 方向扩散。由于 H^+ 迁移速率高于 Ag^+ 的迁移速率，使得达到平衡时，在界面处 $AgNO_3$ 一侧荷正电，而 HNO_3 一侧荷负电，形成双电层。

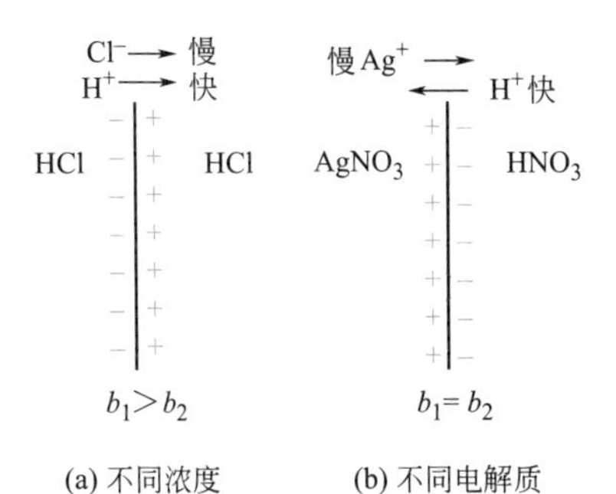

图5-19　液体接界电势的形成示意图

可见，液体接界电势主要是由于不同种类或不同浓度离子的迁移速率不同造成的。可以推导出种类相同浓度不同且价型为1-1电解质的液体接界电势 E(液界) 的计算式为

$$E(\text{液界}) = (t_+ - t_-)\frac{RT}{F}\ln\frac{a_{\pm,1}}{a_{\pm,2}} \tag{5-36}$$

式中，$a_{\pm,1}$、$a_{\pm,2}$ 分别为两溶液的离子平均活度。由式可见，液体接界电势的大小与离

子的迁移数、两电解质溶液的离子平均活度有关。其他类型的电解质也可以得到类似的结论。

由于溶液界面上的离子迁移是不可逆过程，界面上的双电层是稳定态但不是热力学平衡态，使测得的电动势成为并不是完全可逆的电动势，而且在实验测定时很难获得重复数据。因此，要精确测量电池电动势，如果不能避免两溶液的接触，就必须设法消除液体接界电势。

由式(5-36) 可见，当 $t_+=t_-$ 时，E(接界)$=0$，所以要尽量减小液体接界电势，就要设法使正、负两种离子的迁移数尽量相等。最常用的办法是将溶液分置于两个容器中，中间插入一个盐桥使电路相通。盐桥是一个倒置的 U 形管，里面充满了高浓度的正、负离子迁移数近似相等的电解质溶液，用琼脂固定。最常用的是 KCl 浓溶液，因为 K^+ 和 Cl^- 的迁移数几乎相等，在界面上产生的液体接界电势很小，且由于 KCl 的浓度远大于两旁溶液中电解质的浓度，扩散作用主要出自盐桥，相当于把没有盐桥时的一个大的液体接界电势由两个非常小的液体接界电势所代替，从而使总的液体接界电势降低到只有 1～2mV，达到了可以忽略不计的程度。但应注意，盐桥溶液不能与电池中的电解质发生反应，如含有 Ag^+ 时，就不能用 KCl 溶液作为盐桥，而应改用其他合适的电解质溶液，如浓 KNO_3 或 NH_4NO_3 溶液。

通过上述讨论可知，在接触电势可以忽略不计，再采用盐桥消除液体接界电势之后，由式(5-34) 可知电池电动势就只取决于正极和负极两个电极的界面电势差，即

$$E=\varepsilon_+ + \varepsilon_- \tag{5-37}$$

如果能确定各个电极的界面电势差，就可以确定电池电动势。

5.3.2 电极电势

电极电势

虽然由式(5-37) 可以确定电池电动势，但单个电极的界面电势差是无法测定的，根据式(5-35)，$\varepsilon_+=E_+-E_{l_1}$，$\varepsilon_-=E_{l_2}-E_-$，其中 E_{l_1}、E_{l_2} 分别为与正极接触和与负极接触的两个溶液本体的电势。若采用盐桥消除液体接界电势，则 $E_{l_1}=E_{l_2}$，所以有

$$\begin{aligned} E &=\varepsilon_+ + \varepsilon_- =(E_+ - E_{l_1})+(E_{l_2}-E_-) \\ &=E_+ - E_- \end{aligned} \tag{5-38}$$

可见，虽不能测定电极的界面电势差，但若能测得电极的绝对电势值，也能求算出电池电动势。但遗憾的是，各种电极的绝对电势值也无法直接测定，用电势差计只能测得两个电极电势的相对差值。但若选定一个相对标准，得出各个电极的相对电极电势，就可用式(5-38) 计算出任意电池的电动势。因此，人们提出了电极电势 (electric potential) 的概念，它实际上是一个相对电势，它的引入，为比较不同电极上电势差的大小及计算任何两个电极组成的电池的电动势提供了方便。但必须有一个相对标准，这个标准就是标准氢电极。

5.3.2.1 电极电势与标准氢电极

标准氢电极的结构如图 5-12，当 H^+ 及 $H_2(g)$ 均处于标准态，即 H^+ 活度为 $1mol\cdot dm^{-3}$、氢气为纯净的且其压力为标准压力 $p^\ominus$ 时，就组成标准氢电极，用符号表示为

$$H^+[a(H^+)=1]|H_2(g,100kPa)|Pt$$

IUPAC 规定，采用标准氢电极作为衡量其他电极电势的标准，规定在任意温度下标准氢电极的电极电势恒为零，即 $E^\ominus(H^+|H_2)=0$。并定义任一电极的电极电势是下列电池的电动势

$$Pt|H_2(p^\ominus)|H^+[a(H^+)=1]\,\vdots\vdots\,\text{给定电极}$$

即把由标准氢电极为负极，给定电极为正极所组成的电池电动势定义为给定电极的电极电势。若给定电极中各组分均处在各自的标准态时，相应的电极电势就称为该电极的标准电极

电势（standard electrode potential）。按此规定，电池中给定电极总是作正极，相应的电极反应必定是电极物质获得电子由氧化态变为还原态，故所定义的电极电势称为还原电极电势。用符号 $E^{\ominus}$（氧化态｜还原态）表示。

如实验测定锌电极和铜电极的标准电极电势时，可测定如下电池的电动势。

$$Pt|H_2(p^{\ominus})|H^+[a(H^+)=1]\vdots\vdots Zn^{2+}[a(Zn^{2+})=1]|Zn(s) \qquad E^{\ominus}=-0.7630V$$

$$Pt|H_2(p^{\ominus})|H^+[a(H^+)=1]\vdots\vdots Cu^{2+}[a(Cu^{2+})=1]|Cu(s) \qquad E^{\ominus}=0.3419V$$

因此，锌电极和铜电极的标准电极电势分别为－0.7630V 和 0.3419V，表示为

$$E^{\ominus}(Zn^{2+}|Zn)=-0.7630V$$

$$E^{\ominus}(Cu^{2+}|Cu)=0.3419V$$

可见，电极的电势可以是正值，也可以是负值。正负值是相对于标准氢电极电势为零而言的。锌电极的 $E^{\ominus}(Zn^{2+}|Zn)=-0.7630V$，意味着锌电极的电势比标准氢电极低 0.7630V，所规定的电池的正负极与实际情况正好相反，实际电池中锌电极为负极，而氢电极为正极；同理，铜电极的 $E^{\ominus}(Cu^{2+}|Cu)=0.3419V$，意味着铜电极的电势比标准氢电极高 0.3419V，所规定的电池的正负极与实际情况一致。根据上述方法，可以测定出各种电极的标准电极电势。常见电极的标准电极电势如表 5-7 所示。

还原电极电势的高低实际表明了该电极氧化态物质获得电子被还原为还原态物质这一反应趋势的大小，也表明了该电极氧化态的氧化能力以及还原态的还原能力的大小。还原电极电势越正或越大（代数值），表明该电极氧化态物质结合电子的能力越强，即氧化能力越强；反之，还原电极电势越小（或越负），则表明该电极还原态物质失去电子的能力越强，即还原态的还原能力越强。如表 5-7 中从上往下，电极电势逐渐增大，各电极还原态的还原能力逐渐减弱，氧化态的氧化能力逐渐增强。对于其中的金属电极来说，随着电极电势的增加，金属的还原能力逐渐减弱，此顺序与金属的活泼顺序完全相同，这就从理论上解释了金属的活泼顺序。

表 5-7　常见电极的标准电极电势（水溶液，298.15K）

电极	电极的还原反应	$E^{\ominus}$/V
$Li^+|Li$	$Li^+ + e^- \longrightarrow Li$	－3.045
$K^+|K$	$K^+ + e^- \longrightarrow K$	－2.924
$Ba^{2+}|Ba$	$Ba^{2+} + 2e^- \longrightarrow Ba$	－2.90
$Ca^{2+}|Ca$	$Ca^{2+} + 2e^- \longrightarrow Ca$	－2.868
$Na^+|Na$	$Na^+ + e^- \longrightarrow Na$	－2.71
$Mg^{2+}|Mg$	$Mg^{2+} + 2e^- \longrightarrow Mg$	－2.375
$Al^{3+}|Al$	$Al^{3+} + 3e^- \longrightarrow Al$	－1.662
$OH^-|H_2(g)|Pt$	$2H_2O + 2e^- \longrightarrow H_2(g) + 2OH^-$	－0.828
$Zn^{2+}|Zn$	$Zn^{2+} + 2e^- \longrightarrow Zn$	－0.7630
$Cr^{3+}|Cr$	$Cr^{3+} + 3e^- \longrightarrow Cr$	－0.74
$Fe^{2+}|Fe$	$Fe^{2+} + 2e^- \longrightarrow Fe$	－0.447
$Cd^{2+}|Cd$	$Cd^{2+} + 2e^- \longrightarrow Cd$	－0.4030
$SO_4^{2-}|PbSO_4(s)|Pb$	$PbSO_4(s) + 2e^- \longrightarrow Pb + SO_4^{2-}$	－0.356
$Co^{2+}|Co$	$Co^{2+} + 2e^- \longrightarrow Co$	－0.28
$Ni^{2+}|Ni$	$Ni^{2+} + 2e^- \longrightarrow Ni$	－0.23
$I^-|AgI(s)|Ag$	$AgI(s) + e^- \longrightarrow Ag + I^-$	－0.1521
$Sn^{2+}|Sn$	$Sn^{2+} + 2e^- \longrightarrow Sn$	－0.1366
$Pb^{2+}|Pb$	$Pb^{2+} + 2e^- \longrightarrow Pb$	－0.1265

续表

电极	电极的还原反应	$E^{\ominus}/V$
Fe^{3+}|Fe	$Fe^{3+}+3e^- \longrightarrow Fe$	−0.036
H^+|$H_2(g)$|Pt	$2H^++2e^- \longrightarrow H_2$	0.0000
Br^-|AgBr(s)|Ag	$AgBr(s)+e^- \longrightarrow Ag+Br^-$	+0.0713
Sn^{4+},Sn^{2+}|Pt	$Sn^{4+}+2e^- \longrightarrow Sn^{2+}$	+0.151
Cu^{2+},Cu^+|Pt	$Cu^{2+}+e^- \longrightarrow Cu^+$	+0.158
Cl^-|AgCl(s)|Ag	$AgCl(s)+e^- \longrightarrow Ag+Cl^-$	+0.2223
Cl^-|$Hg_2Cl_2(s)$|Hg	$Hg_2Cl_2(s)+2e^- \longrightarrow 2Hg+2Cl^-$	+0.2799
Cu^{2+}|Cu	$Cu^{2+}+2e^- \longrightarrow Cu$	+0.3419
H_2O,OH^-|$O_2(g)$|Pt	$O_2+2H_2O+4e^- \longrightarrow 4OH^-$	+0.401
Cu^+|Cu	$Cu^++e^- \longrightarrow Cu$	+0.522
I^-|$I_2(s)$|Pt	$I_2+2e^- \longrightarrow 2I^-$	+0.5355
SO_4^{2-}|$Hg_2SO_4(s)$|Hg	$Hg_2SO_4(s)+2e^- \longrightarrow 2Hg+SO_4^{2-}$	+0.62
H^+,醌,氢醌|Pt	$C_6H_4O_2+2H^++2e^- \longrightarrow C_6H_4(OH)_2$	+0.6993
Fe^{3+},Fe^{2+}|Pt	$Fe^{3+}+e^- \longrightarrow Fe^{2+}$	+0.771
Hg_2^{2+}|Hg	$Hg_2^{2+}+2e^- \longrightarrow 2Hg$	+0.7959
Ag^+|Ag	$Ag^++e^- \longrightarrow Ag$	+0.7994
Hg^{2+}|Hg	$Hg^{2+}+2e^- \longrightarrow 2Hg$	+0.851
Br^-|$Br_2(l)$|Pt	$Br_2+2e^- \longrightarrow 2Br^-$	+1.065
H_2O,H^+|$O_2(g)$|Pt	$O_2(g)+4H^++4e^- \longrightarrow 2H_2O(l)$	+1.229
$Cr_2O_7^{2-}$,Cr^{3+}|Pt	$Cr_2O_7^{2-}+14H^++6e^- \longrightarrow 2Cr^{3+}+7H_2O$	+1.232
Cl^-|$Cl_2(g)$|Pt	$Cl_2(g)+2e^- \longrightarrow 2Cl^-$	+1.3580
MnO_4^-,Mn^{2+}|Pt	$MnO_4^-+8H^++5e^- \longrightarrow Mn^{2+}+4H_2O$	+1.507
Au^{3+}|Au	$Au^{3+}+3e^- \longrightarrow Au$	+1.68
Au^+|Au	$Au^++e^- \longrightarrow Au$	+1.692
$S_2O_8^{2-}$,SO_4^{2-}|Pt	$S_2O_8^{2-}+2e^- \longrightarrow 2SO_4^{2-}$	+2.010
F^-|$F_2(g)$|Pt	$F_2(g)+2e^- \longrightarrow 2F^-$	+2.866

5.3.2.2 电极电势的能斯特方程式

为测任意浓度条件下电极的电极电势，如测铜电极的电极电势，可按还原电极电势定义组成如下电池：

$$Pt|H_2(p^{\ominus})|H^+[a(H^+)=1]\,\vdots\vdots\,Cu^{2+}[a(Cu^{2+})=1]|Cu(s)$$

电极反应：负极 $H_2(p^{\ominus}) \longrightarrow 2H^+[a(H^+)=1]+2e^-$

正极 $Cu^{2+}[a(Cu^{2+})]+2e^- \longrightarrow Cu(s)$

电池反应： $H_2(p^{\ominus})+Cu^{2+}[a(Cu^{2+})] \longrightarrow 2H^+[a(H^+)=1]+Cu(s)$

根据电池反应的能斯特方程式(5-30)，此电池的电动势为

$$\begin{aligned}E &= E^{\ominus}-\frac{RT}{2F}\ln\frac{a^2(H^+)a(Cu)}{p(H_2)/p^{\ominus}\ a(Cu^{2+})}\\ &= E^{\ominus}(Cu^{2+}/Cu)-E^{\ominus}(H^+/H_2)-\frac{RT}{2F}\ln\frac{1^2\times a(Cu)}{\frac{100}{100}\times a(Cu^{2+})}\\ &= E^{\ominus}(Cu^{2+}/Cu)-\frac{RT}{2F}\ln\frac{a(Cu)}{a(Cu^{2+})}\end{aligned}$$

因为按照还原电极电势的定义，上述电池的电动势即为铜电极的电极电势，所以上式又可写为

$$E(Cu^{2+}|Cu)=E^{\ominus}(Cu^{2+}|Cu)-\frac{RT}{2F}\ln\frac{a(Cu)}{a(Cu^{2+})}$$

推广到任意电极 Ox | Red，Ox 表示氧化态，Red 表示还原态，电极反应为

$$\text{氧化态}[a(\text{Ox})]+ze^{-}\longrightarrow\text{还原态}[a(\text{Red})]$$

则其电极电势可表示为

$$E(\text{Ox}|\text{Red})=E^{\ominus}(\text{Ox}|\text{Red})-\frac{RT}{zF}\ln\frac{a(\text{Red})}{a(\text{Ox})} \tag{5-39}$$

写成更一般的通式为

$$E(\text{Ox}|\text{Red})=E^{\ominus}(\text{Ox}|\text{Red})-\frac{RT}{zF}\ln\prod_{B}a_{B}^{\nu_B} \tag{5-40}$$

25℃时，

$$E(\text{Ox}|\text{Red})=E^{\ominus}(\text{Ox}|\text{Red})-\frac{0.05916\text{V}}{z}\lg\prod_{B}a_{B}^{\nu_B} \tag{5-41}$$

式中，a_B 为参加电极还原反应的各物质活度，ν_B 为其化学计量系数。式(5-40)、式(5-41)即称为电极电势的能斯特方程，它与电池反应的能斯特方程是一致的。

在使用式(5-40) 或式(5-41) 计算电极电势时，要注意式中 a_B 为所有参加电极反应物质的活度，并非只是电子得失的物质的活度。特别是对于有 H^+ 或 OH^- 参加的反应，酸度的变化将严重影响电极电势及电池电动势的数值，从而改变物质的氧化或还原能力的强弱，甚至改变氧化还原反应的方向。例如对于如下电极反应

$$MnO_4^- + 8H^+ + 5e^- \longrightarrow Mn^{2+}(aq) + 4H_2O \qquad E^{\ominus}(MnO_4^-/Mn^{2+})=1.507\text{V}$$

其电极电势的能斯特方程为

$$E(MnO_4^-|Mn^{2+})=E^{\ominus}(MnO_4^-|Mn^{2+})+\frac{0.05916\text{V}}{5}\lg\frac{a(MnO_4^-)a(H^+)^8}{a(Mn^{2+})}$$

若假定 MnO_4^- 和 Mn^{2+} 的活度均为 1，在 pH=0，即 $a(H^+)=1$ 时的电极电势为 1.507V；当 pH=5 时

$$E(MnO_4^-|Mn^{2+})=1.507\text{V}+\frac{0.05916\text{V}}{5}\lg\frac{(10^{-5})^8}{1}=1.034\text{V}$$

可见，酸度降低后，$E(MnO_4^-|Mn^{2+})$ 明显降低，使 MnO_4^- 的氧化能力显著下降，所以 MnO_4^- 在强酸性条件下的氧化能力强。

5.3.2.3 参比电极

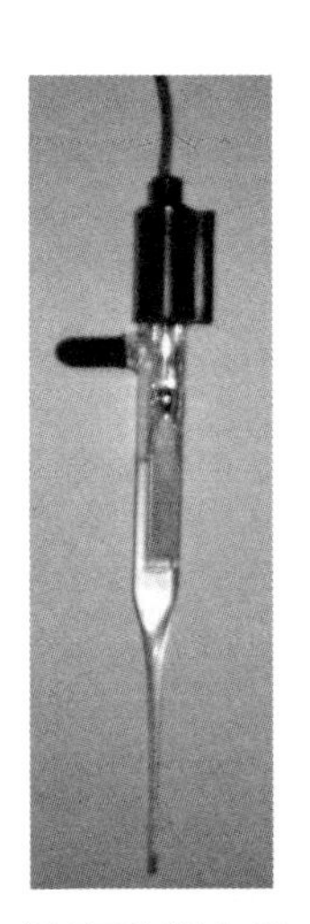
银/氯化银电极

以氢电极为基准电极测电动势时，精确度很高，一般情况下可达 1×10^{-6}V。但氢电极的使用条件要求严格，且制备和纯化比较复杂，如氢气需经多次纯化以除去微量氧，溶液中不能有氧化物质存在，铂黑表面易被玷污等。所以在实际应用中常采用易于制备、使用方便、电势稳定的电极作为参比电极（reference electrode）。其电极电势已经与标准氢电极相比而求出了比较精确的数值，测定待测电极的电极电势时，只要用参比电极代替标准氢电极与待测电极组成电池，测电池的电动势，就可求出电极的电势值。最常用的参比电极是第二类电极中的甘汞电极（calomel electrode）（如图 5-13 所示）和银/氯化银电极。

电池类型及电池电动势的计算

由甘汞电极的电极反应，可写出其电极电势的能斯特方程为

$$E(Hg_2Cl_2|Hg)=E^{\ominus}(Hg_2Cl_2|Hg)-\frac{RT}{F}\ln a(Cl^-)$$

由上式可见甘汞电极的电极电势与 KCl 溶液的浓度和温度有关，其中 KCl 浓度达饱和时的

甘汞电极即饱和甘汞电极（saturated calomel electrode）是最常用的，用符号 SCE 表示。298.15K 时饱和甘汞电极的电极电势为 0.2410V。其他浓度下的电极电势见表 5-8。

表 5-8 不同浓度甘汞电极的电极电势

KCl 溶液浓度	E_t/V	E(25℃)/V
0.1mol·dm^{-3}	$0.3335-7\times10^{-5}(t/℃-25)$	0.3335
1mol·dm^{-3}	$0.2799-2.4\times10^{-4}(t/℃-25)$	0.2799
饱和溶液	$0.2410-7.6\times10^{-4}(t/℃-25)$	0.2410

5.3.3 电池类型及电池电动势的计算

5.3.3.1 电池的类型

不同的两个可逆电极，其电极电势不同，组合在一起可以组成可逆电池，其电池总反应为化学反应，如丹尼尔电池，这类电池因电池中物质变化为化学变化而称为化学电池。与此相对应，由电极电势的能斯特方程［式(5-40)］可以看出，对于同一个电极，当氧化态或还原态的浓度不同时，其电极电势也不同，这样的两个电极组成电池也能输出电流，其电池总反应是一种物质从高浓度（或高压力）状态向低浓度（或低压力）状态转移，是物理变化。像这种由两个种类相同而电极反应物浓度不同的电极所组成的电池叫做浓差电池（concentration cell）。按电池中电解质溶液种数又可分为单液电池和双液电池。按上述分类，可逆电池可分为如下四类。

电池类型
- 化学电池
  - 单液化学电池
  - 双液化学电池
- 浓差电池
  - 单液浓差电池
  - 双液浓差电池

其中，对于双液电池，在两个溶液之间，需要使用盐桥以消除液体接界电势。

5.3.3.2 电池电动势的计算

在确定了各个电极的还原电极电势之后，根据式(5-38）正极的电势高于负极的电势，所以只要用正极的还原电极电势减去负极的还原电极电势即可得到电池的电动势 E，即

$$E=E_{+}(\mathrm{Ox}|\mathrm{Red})-E_{-}(\mathrm{Ox}|\mathrm{Red}) \tag{5-42}$$

在利用上式计算时，首先根据所给定电池正确写出电极反应和电池反应，并注意电池所处的温度及各物质的活度或压力，然后可以用如下两种方法中的任一种计算电池电动势。

① 先利用电极电势的能斯特方程［式(5-40)］分别计算出各个电极的还原电极电势，然后再根据式(5-42）计算出电池的电动势，即

$$\begin{aligned}E&=E_{+}(\mathrm{Ox}|\mathrm{Red})-E_{-}(\mathrm{Ox}|\mathrm{Red})\\&=\left[E^{\ominus}(\mathrm{Ox}|\mathrm{Red})-\frac{RT}{zF}\ln\prod_{\mathrm{B}}a_{\mathrm{B}}^{\nu_{\mathrm{B}}}\right]_{+}-\left[E^{\ominus}(\mathrm{Ox}|\mathrm{Red})-\frac{RT}{zF}\ln\prod_{\mathrm{B}}a_{\mathrm{B}}^{\nu_{\mathrm{B}}}\right]_{-}\end{aligned}$$

② 根据电池反应，直接利用电池反应的能斯特方程［式(5-30)］计算电池电动势。

下面分别举例介绍各类电池及其电动势的计算。

（1）双液化学电池电动势的计算

这类电池最常见，如丹尼尔 Cu-Zn 原电池 $\mathrm{Zn(s)}|\mathrm{Zn^{2+}}[a(\mathrm{Zn^{2+}})]\|\mathrm{Cu^{2+}}[a(\mathrm{Cu^{2+}})]|\mathrm{Cu(s)}$ 即是其中之一，其反应为

负极 $\qquad \mathrm{Zn(s)}\longrightarrow \mathrm{Zn^{2+}}[a(\mathrm{Zn^{2+}})]+2\mathrm{e^{-}}$

正极 $\qquad \mathrm{Cu^{2+}}[a(\mathrm{Cu^{2+}})]+2\mathrm{e^{-}}\longrightarrow \mathrm{Cu(s)}$

电池总反应 $\qquad \mathrm{Zn(s)}+\mathrm{Cu^{2+}}[a(\mathrm{Cu^{2+}})]\longrightarrow \mathrm{Zn^{2+}}[a(\mathrm{Zn^{2+}})]+\mathrm{Cu(s)}$

计算方法①：

$$E(Cu^{2+}|Cu)=E^{\ominus}(Cu^{2+}|Cu)-\frac{RT}{2F}\ln\frac{a(Cu)}{a(Cu^{2+})}$$

$$=E^{\ominus}(Cu^{2+}|Cu)-\frac{RT}{2F}\ln\frac{1}{\gamma(Cu^{2+})b(Cu^{2+})/b^{\ominus}}$$

$$E(Zn^{2+}|Zn)=E^{\ominus}(Zn^{2+}|Zn)-\frac{RT}{2F}\ln\frac{a(Zn)}{a(Zn^{2+})}$$

$$=E^{\ominus}(Zn^{2+}|Zn)-\frac{RT}{2F}\ln\frac{1}{\gamma(Zn^{2+})b(Zn^{2+})/b^{\ominus}}$$

所以

$$E=E(Cu^{2+}|Cu)-E(Zn^{2+}|Zn)$$

$$=E^{\ominus}(Cu^{2+}|Cu)-E^{\ominus}(Zn^{2+}|Zn)-\frac{RT}{2F}\ln\frac{\gamma(Zn^{2+})b(Zn^{2+})/b^{\ominus}}{\gamma(Cu^{2+})b(Cu^{2+})/b^{\ominus}}$$

计算方法②：

直接根据电池反应的能斯特方程式，此电池的电动势为

$$E=E^{\ominus}-\frac{RT}{2F}\ln\frac{a(Zn^{2+})}{a(Cu^{2+})}$$

$$=E^{\ominus}(Cu^{2+}|Cu)-E^{\ominus}(Zn^{2+}|Zn)-\frac{RT}{2F}\ln\frac{\gamma(Zn^{2+})b(Zn^{2+})/b^{\ominus}}{\gamma(Cu^{2+})b(Cu^{2+})/b^{\ominus}}$$

可见，两种方法计算的结果是相同的，不管是哪一类电池，均可采用两种方法中的一种进行计算，采用何种方法可根据需要和计算方便来定。

从上述双液电池电动势的计算结果可以看出，要计算该类电池的电动势，必须知道不同溶液中单独离子的活度或活度系数，但这些都是无法测定的，一般也很难求算，通常需作近似处理，即假设每一种溶液中正、负离子的活度系数都等于该电解质溶液的离子平均活度系数 $\gamma_{\pm}$，用可测量的 $\gamma_{\pm}$ 代替不可测量的单个离子的活度系数代入电动势的计算式中即可最终求得电池的电动势。

(2) 单液化学电池电动势的计算

这类电池也有很多，如

$$Pt|H_2(p)|HCl(a)|AgCl(s)|Ag(s)$$

$$Pt|H_2(p_1)|HCl(a)|Cl_2(p_2)|Pt$$

$$Cd(s)|CdSO_4(a)|Hg_2SO_4(s)|Hg(l)$$

等等。现以第一个电池为例，其反应为

负极 $\frac{1}{2}H_2(p)\longrightarrow H^+[a(H^+)]+e^-$

正极 $AgCl(s)+e^-\longrightarrow Ag(s)+Cl^-[a(Cl^-)]$

电池总反应 $\frac{1}{2}H_2(p)+AgCl(s)\longrightarrow Ag(s)+HCl(a)$

若以方法②计算该电池电动势，得

$$E=E^{\ominus}(AgCl|Ag)-E^{\ominus}(H^+|H_2)-\frac{RT}{F}\ln\frac{a(HCl)}{(p/p^{\ominus})^{1/2}}$$

$$=E^{\ominus}(AgCl|Ag)-\frac{RT}{F}\ln\frac{(a_{\pm})^2}{(p/p^{\ominus})^{1/2}}$$

$$=E^{\ominus}(AgCl|Ag)-\frac{RT}{F}\ln\frac{\left(\gamma_{\pm}\frac{b_{\pm}}{b^{\ominus}}\right)^2}{(p/p^{\ominus})^{1/2}}$$

由上式可以看出，在单液化学电池电动势的计算式中，只有一个溶液的 $a_{\pm}$ 或 $\gamma_{\pm}$，可由此通过测定电池电动势，求算该溶液的离子平均活度系数，如在此例中可通过测定电池电动势，求算盐酸水溶液的离子平均活度系数。这是单液化学电池的一大应用。

(3) 双液浓差电池电动势的计算

双液浓差电池是由两个性质完全相同的电极浸到两个电解质相同而活度不同的溶液中组成的电池，因此这类电池也被称做溶液浓差电池。如

$$\mathrm{Ag(s)}|\mathrm{AgNO_3}(a_1)\,\vdots\vdots\,\mathrm{AgNO_3}(a_2)|\mathrm{Ag(s)}$$

其反应为

负极 $\mathrm{Ag(s)} \longrightarrow \mathrm{Ag^+}[a_1(\mathrm{Ag^+})]+\mathrm{e^-}$

正极 $\mathrm{Ag^+}[a_2(\mathrm{Ag^+})]+\mathrm{e^-} \longrightarrow \mathrm{Ag(s)}$

电池总反应 $\mathrm{Ag^+}[a_2(\mathrm{Ag^+})] \longrightarrow \mathrm{Ag^+}[a_1(\mathrm{Ag^+})]$

以方法②计算该电池电动势，为

$$E=-\frac{RT}{F}\ln\frac{a_1(\mathrm{Ag^+})}{a_2(\mathrm{Ag^+})}=\frac{RT}{F}\ln\frac{\gamma_2(\mathrm{Ag^+})\cdot\dfrac{b_2(\mathrm{Ag^+})}{b^{\ominus}}}{\gamma_1(\mathrm{Ag^+})\cdot\dfrac{b_1(\mathrm{Ag^+})}{b^{\ominus}}}=\frac{RT}{F}\ln\frac{(\gamma_{\pm})_2\cdot\dfrac{b_2}{b^{\ominus}}}{(\gamma_{\pm})_1\cdot\dfrac{b_1}{b^{\ominus}}}$$

与化学电池不同，由于浓差电池正、负两极种类相同，其标准电池电动势 $E^{\ominus}=0$，所以电池电动势只取决于两电极的浓度，对于双液浓差电池，电动势取决于两个电解质溶液的浓度。但在计算这类电池电动势的过程中，同双液化学电池一样的是也涉及单个离子的活度，所以也需借助每一种溶液中正、负离子的活度系数都等于该电解质溶液的离子平均活度系数 $\gamma_{\pm}$ 的假定，以 $\gamma_{\pm}$ 代替单个离子的活度系数作近似处理。

若用两个相同的电极反极串联在一起，代替双液浓差电池中的盐桥，还可构成另一类电池，即双联浓差电池。例如

$$\mathrm{Pt}|\mathrm{H_2}(p^{\ominus})|\mathrm{HCl}(a_1)|\mathrm{AgCl(s)}|\mathrm{Ag(s)}\text{-}\mathrm{Ag(s)}|\mathrm{AgCl(s)}|\mathrm{HCl}(a_2)|\mathrm{H_2}(p^{\ominus})|\mathrm{Pt}$$

这类电池实际上是由两个单液电池组合而成。左电池的反应为

$$\frac{1}{2}\mathrm{H_2}(p^{\ominus})+\mathrm{AgCl(s)}\longrightarrow \mathrm{Ag(s)}+\mathrm{HCl}(a_1)$$

$$E(\text{左})=E^{\ominus}(\mathrm{AgCl}|\mathrm{Ag})-\frac{RT}{F}\ln a_1$$

右电池的反应为 $\mathrm{Ag(s)}+\mathrm{HCl}(a_2)\longrightarrow \frac{1}{2}\mathrm{H_2}(p^{\ominus})+\mathrm{AgCl(s)}$

$$E(\text{右})=-E^{\ominus}(\mathrm{AgCl}|\mathrm{Ag})+\frac{RT}{F}\ln a_2$$

双联电池的总反应为左右两个电池反应之和，即

$$\mathrm{HCl}(a_2)\longrightarrow \mathrm{HCl}(a_1)$$

这相当于一个双液浓差电池，其电动势也应为两个电池电动势之和，即

$$E=E(\text{左})+E(\text{右})=-\frac{RT}{F}\ln\frac{a_1}{a_2}=\frac{RT}{F}\ln\frac{(a_{\pm})_2^2}{(a_{\pm})_1^2}=\frac{2RT}{F}\ln\frac{(\gamma_{\pm})_2\cdot b_2/b^{\ominus}}{(\gamma_{\pm})_1\cdot b_1/b^{\ominus}}$$

可见，电动势的计算结果也同双液浓差电池，但采用双联电池代替盐桥，可以消除液体接界电势，而且还能保留单液浓差电池的优点，即其电动势的表达式中不出现单独离子的活度或活度系数，因此计算的电池电动势更为精确。

若把双液浓差电池中的盐桥换为半透膜，就可以借助浓差电池，将渗透能转化为电能，这是一种很有前途的从自然界的水中获取能源的方法。如纳米通道膜因具有优异的离子选择

性和高离子通量被广泛用于浓差电池的研究中，当两种具有不同盐浓度的流体被纳米通道膜分离时，选择性的离子扩散将在膜的两侧产生电势差，从而利用电化学方法获得绿色、高效的能量输出。

(4) 单液浓差电池电动势的计算

单液浓差电池是由化学性质相同而活度不同的两个电极浸在同一个溶液中组成的电池，因此也称作电极浓差电池。如

$$\mathrm{Pt}|\mathrm{H_2}(p_1)|\mathrm{HCl}(a)|\mathrm{H_2}(p_2)|\mathrm{Pt}$$

$$\mathrm{Cd(Hg)}(a_1)|\mathrm{CdSO_4}(b)|\mathrm{Cd(Hg)}(a_2)$$

等。以第一个电池为例，其反应为

负极 $\quad H_2(p_1) \longrightarrow 2H^+[a(H^+)]+2e^-$

正极 $\quad 2H^+[a(H^+)]+2e^- \longrightarrow H_2(p_2)$

电池总反应 $\quad H_2(p_1) \longrightarrow H_2(p_2)$

以方法②计算该电池电动势，为

$$E=\frac{RT}{2F}\ln\frac{p_1/p^{\ominus}}{p_2/p^{\ominus}}$$

可见这类电池的电动势不仅与标准电极电势无关，还与电解质溶液的浓度无关，只与电极反应物质在电极上的浓度有关。

5.4 原电池设计与电池电动势测定的应用

电动势测定的应用非常广泛。前面在介绍原电池热力学、电池类型及电池电动势的计算时已经提到一些电动势测定的应用，如利用电动势及其温度系数可以求算反应的有关热力学数据、离子平均活度系数等，本节将通过具体实例总结电池电动势测定的一些重要的应用。但是，不管是哪方面的应用，只要借助于电化学的方法，都要先把相关的物理化学过程设计在原电池中进行，或设计一个原电池，使原电池中进行的过程与给定的物理化学过程完全一致，这样才能通过测定电池电动势解决所需要解决的问题。因此，在介绍电池电动势测定的应用之前，有必要先介绍原电池的设计方法。

电池电动势测定的应用

5.4.1 原电池的设计

将任意一个物理化学过程设计为原电池的一般步骤如下。

① 先根据给定过程中元素价态的变化，确定氧化还原电对，必要时可在方程式两边加同一物质，特别是对于非氧化还原反应。其中价态从高变低的电对在原电池中作正极，价态从低变高的电对作负极。

② 根据所确定的电对选择适当的电极和电解质溶液，从而保证在原电池中进行的过程与给定的过程完全相同。为使设计的电池为可逆电池，所选择电极的范围应是前面所述的三类电极。

③ 按电池表示式的规定写出电池表示式。注意电解质溶液浓度、是否需要盐桥等实际因素。并根据所设计的电池写出电极反应与电池反应，与给定过程进行复核。

【例 5-7】 将下列化学反应设计为电池。

(1) $H_2(g)+HgO(s) \longrightarrow Hg+H_2O$

(2) $H_2+\frac{1}{2}O_2 \longrightarrow H_2O$

(3) $Sn^{2+}+Pb^{2+} \longrightarrow Sn^{4+}+Pb$

解：(1) 该反应是氧化还原反应，可以很直观地确定两个电对，即 $H_2O|H_2(g)$ 和 HgO

(s)|Hg。前者H元素价态升高，作负极，可选择碱性溶液中的氢气电极；后者Hg元素价态降低，作正极，可选择第二类电极Hg-HgO电极，该电极的电解质溶液可选碱性溶液，故两个电极可共用一个碱性溶液，可设计为单液化学电池，即

$$Pt \mid H_2(g) \mid OH^-(aq) \mid HgO(s) \mid Hg(l)$$

复核　负极　$H_2(g)+2OH^- \longrightarrow 2H_2O+2e^-$

　　　正极　$HgO(s)+H_2O+2e^- \longrightarrow Hg(l)+2OH^-$

电池总反应　$H_2(g)+HgO(s) \longrightarrow Hg+H_2O$

与给定反应一致。

(2) 该反应也是氧化还原反应，可直接确定两个电对，即 $H_2O|H_2(g)$ 和 $O_2(g)|H_2O$。显然可选择氢气电极和氧气电极。由于 H_2 氧化应为负极，O_2 还原应为正极，两个电极均对 H^+ 或 OH^- 可逆，故电解质溶液可选择酸性溶液或碱性溶液，从而可以设计如下两个单液化学电池。

设计1　$Pt|H_2(g)|H^+(aq)|O_2(g)|Pt$

复核　负极　$H_2(g) \longrightarrow 2H^+ + 2e^-$

　　　正极　$\frac{1}{2}O_2(g)+2H^+ +2e^- \longrightarrow H_2O$

电池总反应　$H_2(g)+\frac{1}{2}O_2(g) \longrightarrow H_2O$

设计2　$Pt|H_2(g)|OH^-(aq)|O_2(g)|Pt$

复核　负极　$H_2(g)+2OH^- \longrightarrow 2H_2O+2e^-$

　　　正极　$\frac{1}{2}O_2(g)+H_2O+2e^- \longrightarrow 2OH^-$

电池总反应　$H_2(g)+\frac{1}{2}O_2(g) \longrightarrow H_2O$

电池1和电池2的反应均与给定反应一致，故所设计的两个电池均满足要求。可见，同一个反应有时可以设计成不同的电池。

(3) 该反应也是氧化还原反应，可直接确定两个电对，即 $Sn^{4+}|Sn^{2+}$ 和 $Pb^{2+}|Pb$，而且两个电对所对应的电极和电解质溶液非常明确，故可直接选择氧化还原电极 $Sn^{4+}, Sn^{2+}|Pt$ 和金属电极 $Pb^{2+}|Pb$，设计如下双液化学电池

$$Pt|Sn^{4+},Sn^{2+}(aq) \,¦¦\, Pb^{2+}(aq)|Pb(s)$$

复核　负极　$Sn^{2+} \longrightarrow Sn^{4+} + 2e^-$

　　　正极　$Pb^{2+} + 2e^- \longrightarrow Pb$

电池总反应　$Sn^{2+} + Pb^{2+} \longrightarrow Sn^{4+} + Pb$

与给定反应一致。

该例题中所给定的三个过程都是氧化还原反应，在设计电池时比较容易确定电对，选择电极和电解质溶液。若所给过程不是氧化还原反应，甚至是一个物理变化过程，在设计原电池选择电极和电解质溶液时，就没有氧化还原反应显而易见。这时，可在给定的方程式两边加同一物质，把原来的非氧化还原反应分成两个有价态变化的半反应，从而确定电极和电解质溶液。

【例5-8】将下列化学反应设计为电池。

(1)　$H_2O(l) \longrightarrow H^+ + OH^-$

(2)　$Hg_2SO_4(s) \longrightarrow Hg_2^{2+} + SO_4^{2-}$

解：(1) 该反应不是氧化还原反应，但反应中有离子，电解质溶液比较明确。由于氢电

极或氧电极均对 H^+ 和 OH^- 可逆，故可通过在反应方程式的两端同加 H_2 或 O_2，再确定电对和电极。

设计 1：在反应式的两边同加 H_2

$$H_2(g)+H_2O(l) \longrightarrow H^+ + OH^- + H_2(g)$$

确定两个电对 $H_2|H^+$ 和 $H_2|H_2O$，因此可选酸性溶液中的氢电极和碱性溶液中的氢电极组成电池，即

$$Pt|H_2(g,p)|H^+(aq)\,\vdots\vdots\,OH^-(aq)|H_2(g,p)|Pt$$

复核　负极　　$\frac{1}{2}H_2(g,p) \longrightarrow H^+ + e^-$

　　　正极　　$H_2O(l)+e^- \longrightarrow \frac{1}{2}H_2(g,p)+OH^-$

电池总反应　　$H_2O(l) \longrightarrow H^+ + OH^-$

与给定反应一致。注意，此电池中两个电极 H_2 的压力应相等。

设计 2：在反应式的两边同加 O_2

$$O_2(g)+H_2O(l) \longrightarrow H^+ + OH^- + O_2(g)$$

确定两个电对 $O_2|OH^-$ 和 $H_2O|O_2$，因此可选酸性溶液中的氧电极和碱性溶液中的氧电极组成电池，即

$$Pt|O_2(g,p)|H^+(aq)\,\vdots\vdots\,OH^-(aq)|O_2(g,p)|Pt$$

复核　负极　　$\frac{1}{2}H_2O(l) \longrightarrow H^+ + \frac{1}{4}O_2(g,p)+e^-$

　　　正极　　$\frac{1}{4}O_2(g,p)+\frac{1}{2}H_2O(l)+e^- \longrightarrow OH^-$

电池总反应　　$H_2O(l) \longrightarrow H^+ + OH^-$

与给定反应一致，此电池中两个电极 O_2 的压力也应相等。

（2）该反应也不是氧化还原反应，反应中也有离子，可以利用与（1）类似的方法，在反应式两边同加 Hg，即

$$Hg+Hg_2SO_4(s) \longrightarrow Hg_2^{2+} + SO_4^{2-} + Hg$$

因此，可选择负极为 $Hg_2^{2+}|Hg$ 电极，正极为 $SO_4^{2-}|Hg_2SO_4|Hg$ 电极，组成如下电池

$$Hg(l)|Hg_2^{2+}(aq)\,\vdots\vdots\,SO_4^{2-}(aq)|Hg_2SO_4|Hg(l)$$

复核　负极　　$2Hg \longrightarrow Hg_2^{2+} + 2e^-$

　　　正极　　$Hg_2SO_4+2e^- \longrightarrow 2Hg+SO_4^{2-}$

电池总反应　　$Hg_2SO_4(s) \longrightarrow Hg_2^{2+} + SO_4^{2-}$

与给定反应一致。

以上两个例题都是将化学变化设计为原电池，若需将扩散过程设计为电池，可根据给定过程设计不同的浓差电池。若扩散发生在不同浓度的电解质溶液之间，可设计溶液浓差电池，即双液浓差电池或双联浓差电池；若扩散不是发生在不同浓度的电解质溶液之间，而是如气体物质的扩散、不同活度的金属汞齐之间的扩散等，可设计电极浓差电池，即单液浓差电池。关于两类浓差电池在 5.3.3 中已详细介绍，此处不再具体举例。

5.4.2 电池电动势测定的应用

5.4.2.1 判断反应趋势

在一定温度和压力下，利用吉布斯判据可以判断一个反应进行的方向。结合式(5-26)对于一个电化学反应，则有

当 $E>0$，即 $E_+>E_-$ 时，$\Delta_r G_m<0$，反应向正反应方向进行；

当 $E<0$，即 $E_+<E_-$ 时，$\Delta_r G_m>0$，反应向逆反应方向进行；

当 $E=0$，即 $E_+=E_-$ 时，$\Delta_r G_m=0$，反应达到平衡。

因此，对于一个给定的过程，通过设计原电池，并计算原电池电动势或比较两电极的电极电势，就可以判断过程进行的方向。只要电极电势大的电极的氧化态物质与电极电势小的电极的还原态物质发生的反应，就能自发进行。如参加反应的各物质均处于标准态，则可用标准电池电动势或标准电极电势来判断，否则需按能斯特方程式计算出任一条件下的电池电动势或电极电势后再进行判断。

【例 5-9】 用电动势法判断在 298K 时下列反应能否自发进行。

$$\mathrm{AgCl(s)}+\mathrm{Br^-}(a=0.01)\longrightarrow \mathrm{AgBr(s)}+\mathrm{Cl^-}(a=0.01)$$

解：将反应设计为如下电池

$$\mathrm{Ag(s)|AgBr(s)|Br^-}(a=0.01)\,\|\,\mathrm{Cl^-}(a=0.01)\mathrm{|AgCl(s)|Ag(s)}$$

经复核该电池的反应就是所给反应。查表 5-7 得 $E^\ominus(\mathrm{AgCl|Ag})=0.2223\mathrm{V}$，$E^\ominus(\mathrm{AgBr|Ag})=0.0713\mathrm{V}$，所以由电池反应的能斯特方程可计算出该电池的电动势 E

$$E=E^\ominus(\mathrm{AgCl|Ag})-E^\ominus(\mathrm{AgBr|Ag})-0.05916\mathrm{V}\lg\frac{a(\mathrm{Cl^-})}{a(\mathrm{Br^-})}$$

$$=0.2223\mathrm{V}-0.0713\mathrm{V}=0.1510\mathrm{V}$$

因为 $E>0$，所以所给反应能自发进行。

5.4.2.2 热力学数据的测定

利用电化学方法除了可以测定某一反应的 $\Delta_r G_m$、$\Delta_r S_m$、$\Delta_r H_m$ 及与环境的热交换量（见例 5-6），还可以求其他一些热力学数据，如反应的 $\Delta_r C_p$、指定物质的标准摩尔生成吉布斯函数 $\Delta_f G_m^\ominus$ 等。

【例 5-10】 已知电池反应为 Cd(汞齐)$+\mathrm{Hg_2SO_4(s)}$ ══ $\mathrm{2Hg(l)+CdSO_4}(a)$，该电池的 $E^\ominus$ 随温度变化的关系为

$$E^\ominus/\mathrm{V}=1.01845-4.05\times10^{-5}(t/℃-20)-9.5\times10^{-7}(t/℃-20)^2+1\times10^{-8}(t/℃-20)^3$$

式中，t 的单位为℃。

(1) 请将该反应设计为电池；

(2) 计算此反应在 298K 时的 $\Delta_r G_m^\ominus$ 和 $\Delta_r C_p$。

解：(1) 设计的电池为 Cd(汞齐)$|\mathrm{CdSO_4}(a)|\mathrm{Hg_2SO_4(s)}|\mathrm{Hg(l)}$

经复核该电池的反应就是所给反应。

(2) 298K 时，$E^\ominus\approx(1.01845-4.05\times10^{-5}\times5)\mathrm{V}=1.01822\mathrm{V}$

$$\Delta_r G_m^\ominus=-2FE^\ominus$$

$$=-2\times96485\mathrm{C\cdot mol^{-1}}\times1.01822\mathrm{V}$$

$$=-196.49\times10^3\mathrm{J\cdot mol^{-1}}$$

$$\left(\frac{\partial E^\ominus}{\partial T}\right)_p=[-4.05\times10^{-5}-1.9\times10^{-6}(t/℃-20)+3\times10^{-8}(t/℃-20)^2]\mathrm{V\cdot K^{-1}}$$

$$\Delta_r S_m^\ominus=2F\left(\frac{\partial E^\ominus}{\partial T}\right)_p$$

所以 $$\Delta_r H_m^\ominus=\Delta_r G_m^\ominus+T\Delta_r S_m^\ominus=-2FE^\ominus+2FT\left(\frac{\partial E^\ominus}{\partial T}\right)_p$$

由式(1-33a) 得

$$\Delta_r C_{p,m}=\left(\frac{\partial \Delta_r H_m^{\ominus}}{\partial T}\right)_p=-2F\left(\frac{\partial E^{\ominus}}{\partial T}\right)_p+2F\left(\frac{\partial E^{\ominus}}{\partial T}\right)_p+2FT\left(\frac{\partial^2 E^{\ominus}}{\partial T^2}\right)_p$$
$$=2FT[-1.9\times10^{-6}+6\times10^{-8}(t/℃-20)]$$

将 $T=298\text{K}$ 代入上式，得

$$\Delta_r C_{p,m}=-92.02\text{J}\cdot\text{K}^{-1}\cdot\text{mol}^{-1}$$

【例 5-11】 如何用电化学的方法测定水的标准摩尔生成吉布斯函数？

解： 若要求 $H_2O(l)$ 的 $\Delta_f G_m^{\ominus}(H_2O,l)$，即求下列反应的 $\Delta_r G_m^{\ominus}$

$$H_2(g,p^{\ominus})+\frac{1}{2}O_2(g,p^{\ominus})\longrightarrow H_2O(l)$$

只要将上述反应设计为原电池，求得原电池的标准电池电动势 $E^{\ominus}$，就可由式(5-26) 计算出反应的 $\Delta_r G_m^{\ominus}$，从而求得 $\Delta_f G_m^{\ominus}(H_2O,l)$。

将上述反应设计为如下原电池［见例 5-7(2)］

$$Pt|H_2(p^{\ominus})|H^+(aq)|O_2(p^{\ominus})|Pt$$

$E^{\ominus}(H^+|H_2)=0\text{V}$，查表 5-7 知 $E^{\ominus}(O_2|H_2O,H^+)=1.229\text{V}$，所以标准电池电动势 $E^{\ominus}$

$$E^{\ominus}=E^{\ominus}(O_2|H_2O,H^+)-E^{\ominus}(H^+|H_2)$$
$$=E^{\ominus}(O_2|H_2O,H^+)=1.229\text{V}$$

所以

$$\Delta_r G_m^{\ominus}=\Delta_f G_m^{\ominus}(H_2O,l)=-zFE^{\ominus}=-2\times96485\text{C}\cdot\text{mol}^{-1}\times1.229\text{V}$$
$$=-237.16\times10^3\text{J}\cdot\text{mol}^{-1}$$

还可以设计为另外一个电池

$$Pt|H_2(p^{\ominus})|OH^-(aq)|O_2(p^{\ominus})|Pt$$

也可以得到相同结果，读者可自行求解。

5.4.2.3 求化学反应的平衡常数

根据式(5-32) 或式(5-33)，只要知道了标准电池电动势，就可以求出所对应反应的平衡常数，除了一般氧化还原反应的平衡常数外，还包含 H_2O 的离子积 K_w、难溶盐的溶度积 K_{sp}、络合物的解离平衡常数和弱电解质的解离平衡常数等。因此，若要用电化学的方法求反应的平衡常数，首先要将所给反应设计为原电池。

【例 5-12】 用电化学的方法求 298K 时 $Hg_2SO_4(s)$ 的溶度积 $K_{sp}^{\ominus}$。

解：首先要设计一个电池，使电池的反应为 $Hg_2SO_4(s)$ 的解离反应

$$Hg_2SO_4(s)\longrightarrow Hg_2^{2+}+SO_4^{2-}$$

例 5-8 中的第（2）题已设计了该反应所对应的电池为

$$Hg(l)|Hg_2^{2+}(aq)\,\vdots\vdots\,SO_4^{2-}(aq)|Hg_2SO_4(s)|Hg(l)$$

查表 5-7 知 $E^{\ominus}(Hg_2^{2+}|Hg)=0.796\text{V}$，$E^{\ominus}(SO_4^{2-}|Hg_2SO_4(s)|Hg)=0.62\text{V}$，所以

$$E^{\ominus}=E^{\ominus}(SO_4^{2-}|Hg_2SO_4(s)|Hg)-E^{\ominus}(Hg_2^{2+}|Hg)$$
$$=0.62\text{V}-0.796\text{V}=-0.176\text{V}$$

则由式(5-33) 可求得电池反应的平衡常数，即 $Hg_2SO_4(s)$ 的溶度积 $K_{sp}^{\ominus}$ 为

$$\lg K^{\ominus}=\lg K_{sp}^{\ominus}=\frac{zE^{\ominus}}{0.05916\text{V}}=\frac{2\times(-0.176)}{0.05916}=-5.95$$

所以

$$K_{sp}^{\ominus}=1.12\times10^{-6}$$

【例 5-13】 用电化学的方法测定 298K 时水的 K_w。

解：首先要设计一个电池，使电池的反应为 $H_2O(l)$ 的解离反应

$$H_2O \longrightarrow H^+ + HO^-$$

与该反应对应的电池已在例 5-8 第（1）题中进行了设计，且可以有两个电池

电池 1　　$Pt|H_2(g,p)|H^+(aq)¦¦OH^-(aq)|H_2(g,p)|Pt$

电池 2　　$Pt|O_2(g,p)|H^+(aq)¦¦OH^-(aq)|O_2(g,p)|Pt$

若要求电池反应的平衡常数，即水的 K_w，只需求出上述电池的标准电池电动势 $E^\ominus$。查表 5-7 知，$E^\ominus(OH^-|H_2)=-0.8277V$，$E^\ominus(O_2|H_2O,H^+)=1.229V$，$E^\ominus(O_2|H_2O,OH^-)=0.401V$，所以对于电池 1

$$E^\ominus=E^\ominus(OH^-|H_2)-E^\ominus(H^+|H_2)$$
$$=-0.8277V-0V=-0.828V$$

则
$$\lg K^\ominus=\lg K_w=\frac{zE^\ominus}{0.05916}=\frac{1\times(-0.828)}{0.05916}=-14.00$$

所以
$$K_w=1.00\times10^{-14}$$

对于电池 2

$$E^\ominus=E^\ominus(O_2|H_2O,OH^-)-E^\ominus(O_2|H_2O,H^+)$$
$$=0.401V-1.229V=-0.828V$$

与电池 1 的标准电池电动势一样，由此求出的 K_w 必然也为 1.00×10^{-14}。可见同一个反应可以对应不同的电池，但最终得到的结果是一样的。

【例 5-14】 298K 时，$Ag(s)|Ag_2O(s)|OH^-(aq)|O_2(g)|Pt$ 的标准电池电动势 $E^\ominus=0.057V$。

（1）写出电极反应和电池反应式，并计算 298K 时的平衡常数；

（2）计算 298K 时 $Ag_2O(s)$ 分解反应的平衡常数。

解：（1）负极　　$2Ag(s)+2OH^- \longrightarrow Ag_2O(s)+H_2O+2e^-$

正极　　$\frac{1}{2}O_2(g)+H_2O(l)+2e^- \longrightarrow 2OH^-$

电池反应　　$2Ag(s)+\frac{1}{2}O_2(g) \longrightarrow Ag_2O(s)$

所以
$$K^\ominus=\exp\left(\frac{zE^\ominus F}{RT}\right)=\exp\left(\frac{2\times96485\times0.057}{8.314\times298}\right)=84.74$$

（2）$Ag_2O(s)$ 分解反应为

$$Ag_2O(s) \longrightarrow 2Ag(s)+\frac{1}{2}O_2(g)$$

是上述电池反应的逆反应，所以 $Ag_2O(s)$ 分解反应的平衡常数 $K^{\ominus\prime}$

$$K^{\ominus\prime}=\frac{1}{K^\ominus}=\frac{1}{84.74}=0.0118$$

5.4.2.4　求离子的平均活度系数

在 5.3.3 中已经介绍了单液化学电池的一个重要的应用是测定电解质溶液的离子平均活度系数。因此若要用电化学的方法测定某电解质溶液的离子平均活度系数，可以设计一个单液化学电池，通过测定其电池电动势，并利用能斯特方程，就可求出电解质溶液的离子平均活度系数。

【例 5-15】 已知电池 $Cd(s)|CdCl_2(b=0.02)|AgCl(s)|Ag(s)$ 在 25℃时的电动势 $E=0.782V$，$E^\ominus(Cd^{2+}|Cd)=-0.403V$，$E^\ominus(AgCl|Ag)=0.2223V$。

(1) 写出电极反应及电池反应；

(2) 求上述电池中 $CdCl_2$ 溶液在 25℃时的 $\gamma_{\pm}$。

解：(1) 负极 $Cd(s) \longrightarrow Cd^{2+} + 2e^-$

正极 $2AgCl(s) + 2e^- \longrightarrow 2Ag(s) + 2Cl^-$

电池反应 $Cd(s) + 2AgCl(s) \longrightarrow 2Ag(s) + CdCl_2(a)$

(2) 298K 时，由能斯特方程得

$$E = E^{\ominus}(AgCl|Ag) - E^{\ominus}(Cd^{2+}|Cd) - \frac{0.05916V}{2}\lg a_{CdCl_2}$$

$$= E^{\ominus}(AgCl|Ag) - E^{\ominus}(Cd^{2+}|Cd) - \frac{0.05916V}{2}\lg\left[\gamma(Cd^{2+})\frac{b}{b^{\ominus}}\cdot\gamma(Cl^-)^2\cdot\left(\frac{2b}{b^{\ominus}}\right)^2\right]$$

$$= E^{\ominus}(AgCl|Ag) - E^{\ominus}(Cd^{2+}|Cd) - \frac{0.05916V}{2}\lg\left[4\left(\frac{b}{b^{\ominus}}\right)^3\gamma_{\pm}^3\right]$$

$$= 0.2223V - (-0.403V) - \frac{0.05916V}{2}\lg(4\times 0.02^3) - \frac{0.05916V}{2}\lg\gamma_{\pm}^3 = 0.782V$$

所以 $$\lg\gamma_{\pm} = -0.2439$$

则 $$\gamma_{\pm} = 0.57$$

5.4.2.5 测定溶液的 pH

用电化学法测定溶液的 pH，组成电池时必须有一个电极是已知电极电势的参比电极，通常用甘汞电极；另一个电极必须是对 H^+ 可逆的电极，常用的有氢电极、醌氢醌电极和玻璃电极。

(1) 用氢电极测溶液的 pH

通常将待测溶液组成下列电池

$$Pt|H_2(p^{\ominus})|待测溶液[a(H^+)]\vdots\vdots甘汞电极$$

此电池的电动势为

$$E = E(甘汞) - E(H^+|H_2)$$

$$= E(甘汞) - \frac{RT}{2F}\ln a(H^+)^2$$

25℃时 $$E = E(甘汞) + 0.05916V\,pH$$

所以 $$pH = \frac{E - E(甘汞)}{0.05916V} \tag{5-43}$$

测定了电池电动势，就可由上式计算出待测溶液的 pH。但由于氢电极中的铂黑电极在使用中很容易中毒，同时要求所用氢气的纯度很高且维持恒定压力，因此实际测定时并不选用氢电极。

(2) 用醌氢醌氧化还原电极测溶液的 pH

将少量醌氢醌晶体放入待测酸性溶液中，组成醌氢醌电极（见 5.2.2），并与甘汞电极组成电池

$$甘汞电极\vdots\vdots Q, H_2Q, H^+[a(H^+)]|Pt$$

$$E(Q|H_2Q) = E^{\ominus}(Q|H_2Q) - \frac{RT}{2F}\ln\frac{a(H_2Q)}{a(Q)a(H^+)^2}$$

25℃时，$E^{\ominus}(Q|H_2Q) = 0.6993V$，$a(Q) = a(H_2Q)$，所以

$$E(Q|H_2Q) = 0.6993V - 0.05916V\times pH$$

则电池电动势 E

$$E = E(Q|H_2Q) - E(甘汞)$$

$$=0.6993\text{V}-0.05916\text{V}\times\text{pH}-E(\text{甘汞})$$

所以
$$\text{pH}=\frac{0.6993\text{V}-E-E(\text{甘汞})}{0.05916\text{V}} \tag{5-44}$$

测定了电池电动势，就可由上式利用醌氢醌电极测得待测溶液的 pH。由于醌氢醌电极很容易制备，电势达到平衡很快，且不像铂黑电极一样易中毒，所以常用于测定溶液的 pH。但由于氢醌在碱性溶液中会发生解离，还会发生氧化，使 $a(\text{Q})\neq a(\text{H}_2\text{Q})$。因此该方法适用于测定 pH<8.5 溶液的 pH。

(3) 用玻璃电极测溶液 pH

玻璃电极是一种 H^+ 选择性电极，其结构如图 5-20 所示。在一支玻璃管下端焊接一个由特殊成分玻璃制成、膜厚为 30～100μm 的球形玻璃薄膜。膜内装有已知 pH 的溶液，如缓冲溶液或 $0.1\text{mol}\cdot\text{kg}^{-1}$ 的 HCl 溶液，被称做内参比溶液，溶液中浸入一支 Ag|AgCl 电极为内参比电极。将此电极放入未知 pH 的溶液中，由于膜内外的 pH 不同，在膜两侧会产生电势差，其值与两侧溶液的 pH 有关。因为内参比溶液的 pH 已固定，所以玻璃电极的电极电势就只随膜外待测溶液的 pH 变化而变化，其电极电势公式为

内参比电极
内参比溶液
玻璃膜

图 5-20 pH 玻璃电极

$$E(\text{玻璃})=E^{\ominus}(\text{玻璃})-\frac{RT}{F}\ln\frac{1}{a(\text{H}^+)}=E^{\ominus}(\text{玻璃})-\frac{2.303RT}{F}\text{pH}$$

这就是用玻璃电极测溶液 pH 的根据。因为玻璃膜内阻很大，所以要求通过的电流很小，否则由于内阻产生的电势降会给测定造成误差。因此测定时不能用普通的电位差计，而要用带有放大器的借助玻璃电极专门用来测溶液 pH 的仪器，称为 pH 计。

实际测定时，用玻璃电极和甘汞电极组成下列电池，即

$$\text{玻璃电极}|\text{待测溶液}[a(\text{H}^+)]|\text{甘汞电极}$$

电池电动势 E 为

$$\begin{aligned}E&=E(\text{甘汞})-E(\text{玻璃})\\&=E(\text{甘汞})-\left[E^{\ominus}(\text{玻璃})-\frac{2.303RT}{F}\text{pH}\right]\end{aligned} \tag{5-45}$$

要利用上式计算待测溶液的 pH，首先要知道 $E^{\ominus}$(玻璃)。由于不同的玻璃电极其 $E^{\ominus}$(玻璃) 是不同的，因此在实际测量中通常先用已知 pH 的标准缓冲溶液进行标定，即用所用玻璃电极在 pH 计上调整 E 和 pH 的关系，使之能满足式(5-45)，然后再将玻璃电极浸入待测溶液中，此时在 pH 计上显示的读数即是待测溶液的 pH。玻璃电极不用时，应将其泡在蒸馏水中，以防玻璃膜干燥或损坏而影响测定结果。由于玻璃电极不受溶液中氧化性物质及各种杂质的影响，而且所用待测溶液很少，操作简便，测定的 pH 范围宽（pH=1～14），因而在工业上及实验室中得到了广泛的应用。

5.5 电解和极化

电解和极化

前面所讨论的电极过程都是在无限接近平衡的条件下进行的，借助于可逆电极电势及可逆电池电动势，对利用电化学的方法解决热力学问题，有着广泛的应用。但是在许多实际的电化学过程中，不论是原电池放电还是电解，都有一定大小的电流通过电池，使电极过程不可逆，电极电势将偏离平衡时的电极电势，即有极化作用发生。本节主要介绍有关极化作用的相关内容。

5.5.1 极化作用

5.5.1.1 极化现象和超电势

当一个电池与外电源按同性电极对接时，只要外加电压比该电池的电动势大无限小值，原则上电池反应应该立即发生逆转，原电池变为电解池，而发生电解反应。此时所对应的电压称为理论分解电压，用 $E_{i,d}$ 表示。显然理论分解电压就等于电池的可逆电动势。但实际上要使电解池连续正常工作，所加的电压要比电池的可逆电动势大得多。把使电解质在两极不断地进行分解所需的最小外加电压，称为分解电压（decomposition voltage），用 E_d 表示，如图 5-21 所示，而且电解反应中的电流越大，所需要施加的电压就越大，如图中 5-21 直线部分。实际测定分解电压时，就是将该直线部分反向延长至电流强度为零（即图中 D 点），此时的电压即分解电压 E_d。

动画：
分解电压的测定

产生实际分解电压大于理论分解电压这一现象的原因，一方面是因为导线、接触点以及电解质溶液都有一定的电阻，都将产生相应的电势降。另一方面，也是主要的一方面，是实际电解过程中当有电流通过电解池时，由于溶液中离子的扩散速率比较慢，或因电极反应速率比较慢，使得电极反应不能随时达到平衡，电极变得不可逆，导致实际电极电势偏离平衡电极电势，而且随着电流密度的增大，这种偏离程度就越大。把这种实际电极电势偏离平衡电极电势的现象称为极化（polarization），把某一电流密度下，实际电极电势与平衡电极电势之差的绝对值称为超电势（overpotential），用η 表示，即

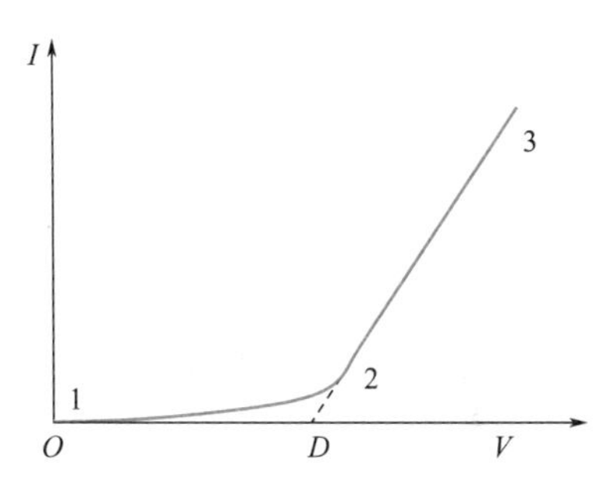

图 5-21 测定分解电压的电流-电压曲线

$$\eta = |E(\mathrm{Ox}|\mathrm{Red})_R - E(\mathrm{Ox}|\mathrm{Red})_{IR}| \tag{5-46}$$

式中，$E(\mathrm{Ox}|\mathrm{Red})_R$ 和 $E(\mathrm{Ox}|\mathrm{Red})_{IR}$ 分别为可逆电极电势和不可逆电极电势。显然，超电势可用来表示极化的程度。因此，有电流通过时，实际分解电压 E_d 就为

$$E_d = E_{i,d} + \eta_{阳} + \eta_{阴} + IR$$

这就解释了为什么实际分解电压比理论分解电压大的原因。

极化作用不仅发生在电解池中，在原电池中同样也会发生，只要有电流通过，就是不可逆过程，就会发生极化作用。

5.5.1.2 极化原因与极化结果

根据极化产生的不同原因，通常把极化分为两类，即浓差极化和电化学极化，与之相对应的超电势被称为浓差超电势和电化学超电势或活化超电势。

（1）浓差极化

浓差极化是在电流通过电极时，由于电极反应的反应物或生成物迁向或迁离电极表面的缓慢引起电极电势对其平衡值的偏离。以 $Ag^+|Ag$ 电极为例。

若为阴极，电极反应为

$$Ag^+ + e^- \longrightarrow Ag$$

当电流通过电极时，由于阴极表面附近液层中的 Ag^+ 沉积到阴极上，因而降低了它在阴极附近的浓度。如果 Ag^+ 的迁移速率小于 Ag^+ 在电极上的还原反应速率，则将导致阴极表面附近液层中的 Ag^+ 浓度 a' 低于它在本体溶液中的浓度 a_0。根据能斯特方程，对于 Ag^+ 浓度为 a_0 的本体溶液，对应的平衡电极电势 E_R 为

$$E_R = E^{\ominus}(Ag^+|Ag) - \frac{RT}{F}\ln\frac{1}{a_0(Ag^+)}$$

而电极表面的不可逆电极电势 E_{IR} 为

$$E_{\text{IR,阴}}=E^{\ominus}(\text{Ag}^+|\text{Ag})-\frac{RT}{F}\ln\frac{1}{a'(\text{Ag}^+)}$$

由于 $$a_0>a'$$

所以 $$E_{\text{IR,阴}}<E_{\text{R,阴}},\quad E_{\text{IR,阴}}-E_{\text{R,阴}}<0$$

即阴极极化的结果是阴极电极电势变得更负，其差值即为阴极超电势，即

$$\eta_{阴}=E_{\text{R,阴}}-E_{\text{IR,阴}} \tag{5-47a}$$

若为阳极，电极反应为

$$\text{Ag}\longrightarrow\text{Ag}^++\text{e}^-$$

当电流通过电极时，阳极的 Ag 失电子变为 Ag^+ 而进入溶液中，同样由于 Ag^+ 的迁移速率小于电极反应速率，使电极表面附近液层中的 Ag^+ 活度 a'' 高于本体溶液浓度，此时阳极的实际电极电势 $E_{\text{IR,阳}}$ 为

$$E_{\text{IR,阳}}=E^{\ominus}(\text{Ag}^+|\text{Ag})-\frac{RT}{F}\ln\frac{1}{a''(\text{Ag}^+)}$$

由于 $$a_0<a''$$

所以 $$E_{\text{IR,阳}}>E_{\text{R}},\ E_{\text{IR,阳}}-E_{\text{R}}>0$$

即阳极极化的结果是阳极电极电势变得更正，其差值即为阳极超电势，即

$$\eta_{阳}=E_{\text{IR,阳}}-E_{\text{R,阳}} \tag{5-47b}$$

因为浓差极化是由于离子扩散慢引起的，所以浓差超电势的大小与溶液温度、搅拌情况、电流密度等因素有关，一般采取加快扩散的方法，如将溶液搅拌或加热，就可以降低浓差极化引起的超电势。但因为静电作用及分子热运动的影响，在电极表面始终存在双电层，所以不可能完全消除浓差极化。浓差极化也有它有利的一面，如电化学分析方法中的极谱分析就是利用滴汞电极上所形成的浓差极化来进行分析的一种方法。

(2) 电化学极化

与浓差极化相对应，电化学极化是在电流通过电极时，由于电极反应进行缓慢，而引起的电极电势偏离平衡电极电势的现象。仍以 $Ag^+|Ag$ 电极为例。

若为阴极，由于电极反应的迟缓性，使得由电源输入阴极的电子来不及消耗，即溶液中 Ag^+ 不能马上与电极上的电子结合变成 Ag，造成电极上电子过多积累，使电极电势变负，其结果与式(5-47a) 相同；若为阳极，同样由于电极反应的迟缓性，使反应生成的电子已传输出去，但 Ag^+ 仍留在阳极上，使电极上积累过多正电荷，使电极电势变正，其结果也与式(5-47b) 相同。但与浓差极化不同的是，浓差超电势可以通过搅拌或加热的方法减小，而电化学极化取决于电极反应的速率，所以活化超电势不能轻易减小，而成为电极超电势的主要贡献者。

综上所述，不管是浓差极化还是电化学极化，其极化的结果都是使阴极电极电势更负，而使阳极电极电势更正。

5.5.1.3 极化曲线

超电势的大小可以反映极化的程度，而影响超电势的因素很多，如电极材料、电极的表面状态、电流密度、温度、电解质溶液的性质和浓度，以及溶液中的杂质等。金属的活化超电势一般很小，可以不考虑，而气体的活化超电势较大，一般不能忽略。电流密度 J 越大，超电势越大。不同的物质，其增大的规律不一样。1905 年，塔菲尔（Tefel）在研究氢气的活化超电势与电流密度 J 的关系时，曾提出如下经验关系

$$\eta=a+b\lg J \tag{5-48}$$

称为塔菲尔公式。式中 a、b 为经验常数，称为塔菲尔常数。其中，a 与电极材料、表面状态、溶液组成、温度等有关。表 5-9 列出了 H_2 在部分金属上析出时 a 和 b 的数值。由表中

数据可以看出，不同的电极材料 a 值可以相差很大，但 b 值对大多数金属来说很相近，约为 0.12V。因此氢超电势的大小主要由 a 决定，a 越大，氢超电势越大。但氢气在金属 Pt，特别是镀了铂黑的铂电极上的超电势很小，这也是为什么标准氢电极中用铂电极且要镀上铂黑的原因。

表 5-9 氢气在不同金属上析出的塔菲尔常数（20℃，酸性溶液）

电极材料	Ag	Al	Co	Cu	Fe	Hg	Mn	Ni	Pb	Pd	Pt	Sn	Zn
a/V	0.95	1.00	0.62	0.87	0.70	1.41	0.80	0.63	1.56	0.24	0.10	1.20	1.24
b/V	0.10	0.10	0.14	0.12	0.12	0.11	0.10	0.11	0.11	0.03	0.03	0.13	0.12

可见，不可逆电极过程中，超电势或电极电势的大小与电流密度 J 有关，描述电流密度与电极电势的关系曲线称为极化曲线。由于极化的结果是使阴极电极电势更负，阳极电极电势更正，因此阴极和阳极的极化曲线有所不同，如图 5-22 所示。

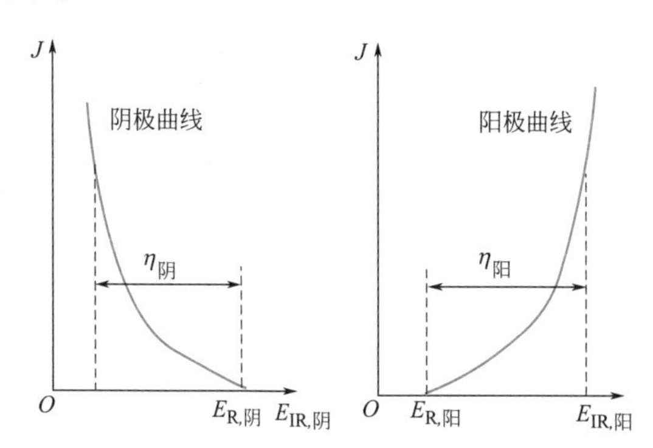

图 5-22 电极的极化曲线示意图

由于在原电池中负极为阳极，正极为阴极，而电解池中负极是阴极，正极为阳极，所以原电池和电解池的极化曲线形状不同，如图 5-23 所示。在电解池中，由于阳极电势大于阴极电势，所以阳极极化曲线位于阴极极化曲线的右方，如图 5-23(a) 所示。随着电流密度的增加，不可逆程度越高，实际分解电压越大，电解消耗掉的电功也越多。而在原电池中则相反。由于原电池中阴极电势大于阳极电势，所以阴极极化曲线位于阳极极化曲线的右方，如图 5-23(b) 所示。所以，随着电流密度的增大，电池放电的不可逆程度越高，原电池端电压越小，能做出的电功也越小。可见，由于超电势的存在，对能量的有效利用是不利的，但超电势也有它有利的一面。如在原电池中，超电势使端电压降低，随着电流密度的增大，两条极化曲线有靠近的趋势，若能使之相交，则输出电势为零，电池就不再反应。若将此用于电化学腐蚀电池，就可以达到防腐的目的。而在电解池中，可利用氢气在大多数金属上有超电势，使得氢气不析出而让比氢气活泼的金属先析出，从而使在水溶液中镀 Zn、Sn 和 Ni 等成为可能。

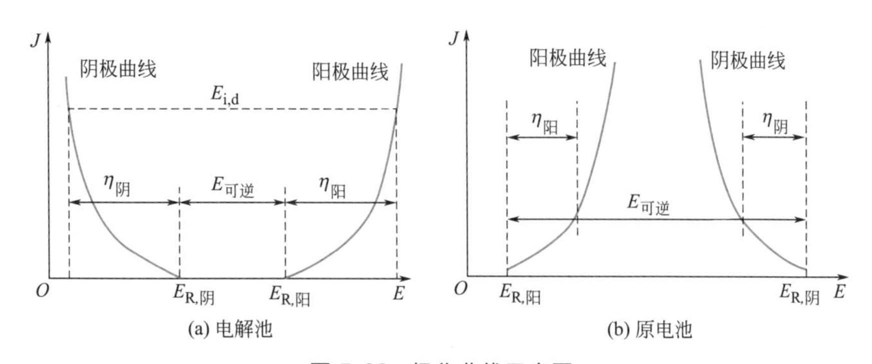

(a) 电解池　　(b) 原电池

图 5-23 极化曲线示意图

5.5.2 电解时的电极反应

在电解电解质溶液，特别是电解含有若干种电解质的水溶液时，溶液中总是同时存在多种离子，其中还包含水解离出的 H^+ 和 OH^-，电解时，在同一个电极上可能有多种反应发生。如在阴极上，金属离子可以还原为金属或低价金属离子，H^+ 还原为氢气；在阳极上，可溶性金属电极氧化为金属离子，阴离子放电，还有 OH^- 氧化为氧气。那么究竟哪种反应先发生呢？

由 5.5.1 讨论可知，电解时，只要外加电压大于实际分解电压，电解反应就开始进行。对各个电极来说，随着外加电压由小到大逐渐变化时，其阳极电势逐渐增大，同时阴极电势逐渐降低，因此只要电极电势达到相应的离子实际不可逆电势（简称析出电势），电解的电极反应就开始进行。具体来说，阴极上，析出电势越大（代数值）的越先在阴极上还原析出；阳极上，析出电势越小（代数值）的越先在阳极上氧化析出。阴极和阳极的析出电势可按式(5-47) 计算。

【例 5-16】 25℃时，某电解液中含 Ag^+ ($a=0.05$)、Fe^{2+} ($a=0.01$)、Cd^{2+} ($a=0.1$)、Ni^{2+} ($a=0.1$)，pH=3。已知 $E^\ominus(Ag^+|Ag)=0.7994V$，$E^\ominus(Fe^{2+}|Fe)=-0.4402V$，$E^\ominus(Cd^{2+}|Cd)=-0.403V$，$E^\ominus(Ni^{2+}|Ni)=-0.25V$；金属的析出超电势很小，可以忽略不计，$H_2$ 在 Ag、Ni、Fe 和 Cd 上的析出超电势分别为 0.20V、0.24V、0.18V 和 0.30V。问

(1) 当外加电压从小逐渐增大时，在阴极上将发生什么反应？

(2) 当阴极刚刚析出氢气时，电解液中各金属离子的活度分别是多少？

解：(1) 当外加电压加到一定值后，阴极上会发生还原反应，将有金属或氢气析出。析出顺序由各离子析出电势的高低而定。由于金属析出的超电势可以忽略不计，所以各金属的平衡电势即为其析出电势，可根据能斯特方程求出，即

$$E(Ag^+|Ag)=\left(0.7994+\frac{0.05916}{1}\lg 0.05\right)V=0.7224V$$

$$E(Fe^{2+}|Fe)=\left(-0.4402+\frac{0.05916}{2}\lg 0.01\right)V=-0.4994V$$

$$E(Cd^{2+}|Cd)=\left(-0.403+\frac{0.05916}{2}\lg 0.1\right)V=-0.4326V$$

$$E(Ni^{2+}|Ni)=\left(-0.25+\frac{0.05916}{2}\lg 0.1\right)V=-0.2796V$$

$H_2(g)$ 可逆析出电势

$$E_R(H^+|H_2)=\left[0+\frac{0.05916}{1}\lg a(H^+)\right]V=(-0.05916pH)V$$
$$=-0.1775V$$

考虑 H_2 在各个金属上的超电势，H_2 在各个金属上的析出电势分别为

在 Ag(s)上 $E(H^+|H_2)=E_R(H^+|H_2)-\eta=-0.1775V-0.20V=-0.3775V$

在 Ni(s)上 $E(H^+|H_2)=-0.1775V-0.24V=-0.4175V$

在 Fe(s)上 $E(H^+|H_2)=-0.1775V-0.18V=-0.3575V$

在 Cd(s)上 $E(H^+|H_2)=-0.1775V-0.30V=-0.4775V$

随着电解池外加电压逐步增大，阴极电势逐渐减小，析出电势越大的越先在阴极上还原析出。比较上述析出电势可知，电解液中 Ag 的析出电势最高，所以 Ag 先析出。随着 Ag 的析出，阴极表面已镀银，假若氢气可能析出，必然在 Ag 上析出，因此其他金属的析出电势须与 H_2 在 Ag 上的析出电势比较。由于 Ni 的析出电势仍高于 $H_2(g)$ 在 Ag 上的析出电势，所以 Ni 先于 $H_2(g)$ 析出。同理再比较 Cd 的析出电势和 H_2 在 Ni 上的析出电势，确定 H_2 先析出。

因此，阴极析出的顺序为 Ag、Ni、$H_2(g)$，待 $H_2(g)$ 析出到 H^+ 浓度降到一定程度时，Cd 和 Fe 才可能析出。但 Cd 和 Fe 能否析出还要看 $H_2(g)$ 析出时溶液的 pH 是否会随之升高，若 $H_2(g)$ 的析出实际上是电解水，则随 $H_2(g)$ 的析出，溶液的 pH 保持不变，使电极电势不会下降，则 Cd 和 Fe 实际上就不可能析出。

（2）当阴极刚刚析出 $H_2(g)$ 时，阴极的析出电势应为 $H_2(g)$ 在 Ni 上的析出电势，即

$$E(H^+|H_2)=-0.4175V$$

由于不同物质在阴极同时析出时析出电势相同，此时的阴极电势即是 $H_2(g)$ 的析出电势，也是 Ag 和 Ni 的析出电势。则由能斯特方程得

$$E(Ag^+|Ag)=E^{\ominus}(Ag^+|Ag)+\frac{0.05916V}{1}\lg a(Ag^+)=-0.4175V$$

$$E(Ni^{2+}|Ni)=E^{\ominus}(Ni^{2+}|Ni)+\frac{0.05916V}{2}\lg a(Ni^{2+})=-0.4175V$$

解得 $$a(Ag^+)=2.67\times10^{-21},\ a(Ni^{2+})=2.17\times10^{-6}$$

由于 Cd 和 Fe 未析出，其活度维持不变。

总之，金属析出的超电势很小，一般可以忽略不计，但气体在电极上析出的超电势却不能忽略不计。

氢气作为一种理想的能源载体，具有能量密度高、清洁、可再生等优势。电解水制氢装置可利用间歇性能源产生的电能将水分解为氢气和氧气，是近年来新能源研究领域的一个重要研究方向。电解水反应分为阴极析氢（hydrogen evolution reaction，HER）和阳极析氧（oxygen evolution reaction，OER）两个半反应。为了增加水的导电性，常常在水中加入不参加电解反应的电解质，如酸（如 H_2SO_4 或 HNO_3）或碱（如 NaOH 或 KOH）。下面通过例题简单了解一下电解水制氢时分解电压的大小及影响因素。

【例 5-17】 25℃ 时，用铂电极电解 $0.5mol\cdot kg^{-1}$ H_2SO_4 水溶液，当电流密度为 $50A\cdot m^{-2}$ 时，$\eta(H_2)=0$，$\eta(O_2)=0.487V$，求此 H_2SO_4 水溶液中电解水的分解电压。

解： 与电解池对应的原电池为

$$Pt|H_2(g,100kPa)|H^+(b=1mol\cdot kg^{-1})|O_2(g,100kPa)|Pt$$

电极反应 $(-)\ H_2(g)\longrightarrow 2H^+(aq)+2e^-$ $\qquad E^{\ominus}(H^+|H_2)=0V$

$$(+)\ \frac{1}{2}O_2(g)+2H^+(l)+2e^-\longrightarrow H_2O(l) \qquad E^{\ominus}(O_2|H_2O)=1.229V$$

电池反应 $$\frac{1}{2}O_2(g)+H_2(g)_2\longrightarrow H_2O(l)$$

则电池的可逆电池电动势 E_r 为

$$E_r=E^{\ominus}-\frac{RT}{2F}\ln\frac{1}{\frac{p(H_2)}{p^{\ominus}}\times\left[\frac{p(O_2)}{p^{\ominus}}\right]^{\frac{1}{2}}}=1.229V-0V=1.229V$$

所以电解水产生 O_2 和 H_2 的理论分解电压与水溶液的 pH 值无关，实际分解电压主要取决于理论分解电压与阴极和阳极的超电势。

因为 $$\eta(H_2)=0,\eta(O_2)=0.487V$$

所以 $$E_d=E_r+\eta(H_2)+\eta(O_2)=(1.229+0+0.487)V=1.716V$$

实际上要使水的分解反应持续不断地进行，不管是酸性溶液还是碱性溶液，外加电压必须在 1.7V 左右（表 5-10）。

表 5-10 酸和碱水溶液中水的分解电压

酸	E_d/V	碱	E_d/V
H_2SO_4	1.67	NaOH	1.69
HNO_3	1.69	KOH	1.67
H_3PO_4	1.71	$NH_3\cdot H_2O$	1.74

由于电极表面电化学极化和浓差极化的存在，电解水反应超电势过高，较高的分解电压和高能量损耗，大大增加了电解水制氢的成本，因此必须开发高效的析氢和析氧反应的催化剂，降低电极的超电势，提高反应速率。贵金属基催化剂具有最好的析氢反应（如 Pt）和析氧反应（如 RuO_2 和 IrO_2）活性，然而稀缺性和高昂的成本限制了它们在实际大规模生产中的应用，因此开发价格更加低廉的高性能催化剂成了氢能高效开发和利用进程中的一个关键问题。

可再生电力驱动的海水直接电解制氢有望为推动我国 2030 年实现“碳达峰”与 2060 年实现“碳中和”的“双碳”战略提供新机遇。2023 年 6 月 2 日，全球首次海上风电无淡化海水原位直接电解制氢技术海上中试在福建兴化湾海上风电场获得成功。天然海水复杂的化学组成对实施海水直接电解是一个巨大挑战。这是因为，首先，海水中大量存在的氯离子能加速钢材在海水中的腐蚀；其次，氯离子在阳极氧化产生的氯气（酸性条件下）或次氯酸根（碱性条件下）可能导致阳极催化剂失活；并且氢氧化钙、氢氧化镁以及微生物在电极表面的沉积也会导致电解池不能正常工作。因此，如何优化催化剂和电解槽结构以提高海水直接电解的稳定性是当前科学家和工程师们关注的关键问题。

降低析氢能耗的另外一种途径是用有机小分子，如醇和醛等，替代水分子在阳极发生氧化反应，被称为电化学重整。由于醇和醛本身具有一定的还原性，其氧化反应的可逆电动势和超电势通常低于析氧反应，因此能够降低阳极反应的电动势，进而减小实际分解电压。此外，醇和醛在阳极氧化还有可能得到具有更高附加值的产物，使得在降低产氢能耗的同时在阳极生产化学品。如甲醇或丙三醇氧化可得到甲酸，可用于制备橡胶凝固剂以及染料和织物的整理剂；再比如 5-羟甲基糠醛是一种一元醇（醛），可由生物质中的纤维素经过解聚、脱水等步骤制得，其在阳极的氧化产物 2,5-呋喃二甲酸可以作为石油基单体对苯二甲酸的替代品生产聚合物。

甲醇燃料电池的电极催化剂进展

5.6 电化学的应用

电化学是一门重要的边缘学科，它与化学领域中其他学科、电子学、固体物理学、生物学等学科有密切的联系，产生了众多的学科分支，如：电分析化学、有机电化学、催化电化学、熔盐电化学、固体电解质电化学、量子电化学、半导体电化学、腐蚀电化学、生物电化学等。将电化学原理应用于实际生产过程相关的领域，形成了广泛的电化学应用领域，其中重要的有电化学新能源体系的开发和利用、金属表面的精饰、电化学腐蚀与防护、电冶金和电化学传感器的开发、有机物和无机物的电解合成、电化学控制和分析方法等。本节只简单介绍与其中应用相关的金属的腐蚀与防护和化学电源两个应用。

5.6.1 金属的腐蚀与防护

腐蚀对于金属物质来说是一种非常普遍的现象，如铁生锈、银变暗、铜表面出现铜绿、地下金属管道受腐蚀而穿孔等现象都属于金属腐蚀。金属腐蚀给国民经济和社会生活造成了严重的危害。首先腐蚀造成了巨大的经济损失，每年有 40%左右的钢铁被腐蚀。国内外普查资料统计显示，每年因腐蚀而造成的损失占各国 GDP 的 3%～5%，我国每年腐蚀掉不能回收利用的钢铁达 1000 多万吨，大致相当于宝山钢铁厂一年的产量。另外，金属腐蚀的危害更严重的是由这些金属制成的设备因腐蚀毁坏而造成的恶性事故，如孔蚀可造成气体管道与锅炉的爆炸，应力腐蚀可引起飞机的坠毁或汽车转向系统的失灵等。因此研究金属腐蚀和防腐是一项非常重要而迫切的工作。

5.6.1.1 金属腐蚀的产生

金属的腐蚀除了因为直接与化学物质如干燥空气中的 O_2、H_2S、SO_2、Cl_2 等接触而在金属表面生成相应的氧化物、硫化物、氯化物等导致金属表面破坏即化学腐蚀外，更严重的金属腐蚀还是由于电化学作用而引起的电化学腐蚀（electrochemical corrosion），其特点是形成了腐蚀电池（corrosion cell）。金属在潮湿大气中的腐蚀，在土壤及海水中的腐蚀和在电解质溶液中的腐蚀都是由于形成腐蚀电池而发生的电化学腐蚀。腐蚀电池与一般的原电池一样，必须由两个电极和电解质溶液组成。在腐蚀电池中，较活泼的金属易失去电子而作为负极，由于失电子发生氧化反应，通常称其为阳极；较不活泼的杂质物质为正极，由于发生还原反应而称作阴极。可见，腐蚀电池中阳极总是溶解而损失，所以被腐蚀的必定是阳极金属。对于腐蚀电池所造成的金属的腐蚀，根据阴极反应的不同可分为析氢腐蚀、吸氧腐蚀和浓差腐蚀。

（1）析氢腐蚀

在酸性介质中，金属及其制品发生析出 H_2 的腐蚀称为析氢腐蚀（hydrogen-generating corrosion）。例如，将铁浸在无氧的酸性介质中，如钢铁酸洗时，铁作为阳极而腐蚀，钢铁中的石墨、渗碳体等杂质作为阴极，在酸性介质中发生如下电池反应：

阳极（Fe）　$Fe \longrightarrow Fe^{2+} + 2e^-$

阴极（杂质）　$2H^+ + 2e^- \longrightarrow H_2(g)$

总反应　$Fe + 2H_2O \longrightarrow Fe^{2+} + H_2(g)$

（2）吸氧腐蚀

若钢铁处于弱酸性或中性介质中，在氧气存在下 $O_2 | OH^-$ 电对的电极电势大于 $H^+ | H_2$ 电对的电极电势，阴极上是氧得到电子

阳极　$Fe \longrightarrow Fe^{2+} + 2e^-$

阴极　$O_2 + 2H_2O + 4e^- \longrightarrow 4OH^-$

总反应　$2Fe + O_2 + 2H_2O \longrightarrow 2Fe(OH)_2$

生成的 $Fe(OH)_2$ 在空气中再进一步被氧化为铁锈 $Fe_2O_3 \cdot xH_2O$。这种腐蚀过程因需消耗氧，故称为吸氧腐蚀。日常所遇到的大量腐蚀现象都是在有氧存在，且 pH 接近中性条件下发生的吸氧腐蚀。

由析氢腐蚀和吸氧腐蚀可知，不同金属接触时容易形成腐蚀电池，阳极被腐蚀。因此为防止金属的腐蚀，在工程设计及实施时，要严格限制不同金属的直接接触，如碳钢部件不能与不锈钢部件直接接触。但这并不意味着同一种金属相互接触就不会发生电化学腐蚀。这是因为即使是同一种金属，若其表面状态不均匀一致的话，在不同的部位其超电势就会不同，同样导致不同部位的电极电势不同，会形成许许多多的微腐蚀电池而发生腐蚀，如螺杆的螺纹部分容易生锈，而非螺纹部分会明显好一些。因此加工金属制品时应尽量把表面加工得均匀光滑，使金属的防腐蚀性强。此外还有一种原因可以使同一种金属也会发生电化学腐蚀，这就是浓差腐蚀。

（3）浓差腐蚀

当金属插入水或泥沙中时，由于金属与含氧量不同的液体接触，各部分的电极电势不一样。氧电极的电势与氧的分压有关

$$E(O_2/OH^-) = E^{\ominus}(O_2/OH^-) + \frac{0.0592V}{4}\lg\frac{[p(O_2)/p^{\ominus}]}{[c(OH^-)/c^{\ominus}]^4}$$

在溶液中氧的浓度小的地方，电极电势低，成为阳极，金属发生氧化而溶解腐蚀；而氧浓度较大的地方，电极电势较高而成为阴极，使金属不会受到腐蚀。像这种由于金属处在含氧量不同的介质中所引起的腐蚀称为浓差腐蚀（concentration corrosion），其结果是金属在充气少的部位发生较严重的腐蚀。例如，水滴落在金属表面，并长期保留，由于水滴边缘有较多的氧气，而水滴中心与金属接触的部位含氧较少，所以因腐蚀而穿孔的部位应在水滴中心，而不是边缘。又如钢铁管道通过沙土和黏土，常常在埋入黏土部分的钢铁管道腐蚀快，

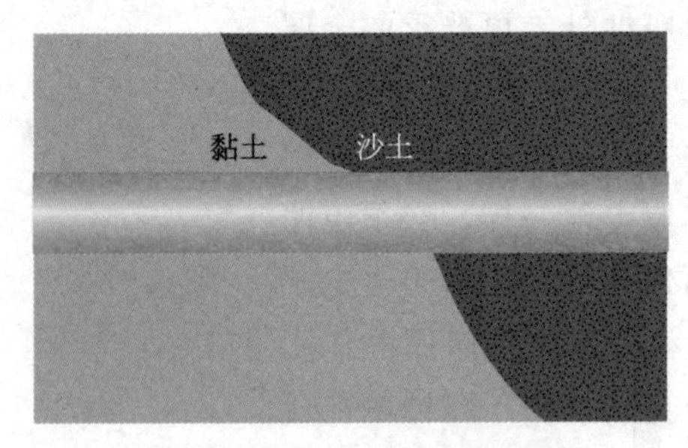

图 5-24 钢管的浓差腐蚀

这是因为黏土湿润，含氧量少，而沙土干燥多孔，含氧量高（如图5-24所示）。同样，插入水中的金属设备，也常因水中溶解氧比空气中少，使紧靠水面下的部分电极电势较低而成为阳极易被腐蚀，工程上常称之为水线腐蚀。

5.6.1.2 金属腐蚀的类型

金属腐蚀破坏有多种形式，主要有均匀腐蚀，以及局部腐蚀中的电偶腐蚀、缝隙腐蚀、孔蚀、晶间腐蚀、磨损腐蚀、应力腐蚀断裂、疲劳腐蚀等。下面简要介绍其中主要的几种腐蚀类型。

（1）均匀腐蚀

均匀腐蚀是最常见的一种腐蚀破坏形式，又称全面腐蚀。其特征是化学反应或电化学反应在整个或绝大部分金属表面上均匀地进行，结果导致金属构件变薄，直到最后发生破坏。例如，金属构件在大气中、酸、碱等电解质溶液中的腐蚀，常表现为均匀腐蚀。

均匀腐蚀的危害性一般比其他类型腐蚀的危害性要小得多。由于金属的结构很少是均匀的，而且金属表面通常是粗糙的，所以单纯的均匀腐蚀很少，常在结构的一些特定部位发生难以预测的各种形式的局部腐蚀，使结构发生意外的或过早的破坏。因此，局部腐蚀的危害性要更大一些。

（2）缝隙腐蚀

浸在腐蚀介质中的构筑物，由于金属与金属之间或金属与非金属之间形成缝隙，而缝隙中又可进入并存留住腐蚀介质，从而使缝隙内部产生加速腐蚀的现象，称为缝隙腐蚀。

产生缝隙腐蚀的原因主要是在缝隙内外由于氧气的量不同而产生浓差腐蚀，腐蚀发生在含氧比较少的缝隙内部。若腐蚀介质中再含有活性阴离子（如氯离子），则随着缝内阳极反应的进行，缝内金属离子数量增多，缝隙外部的氯离子会很快迁移进缝隙中，使缝隙内形成高浓度的氯化物盐类，盐类物质进一步水解，使缝内酸度增高，从而使缝内腐蚀加速。

缝隙腐蚀常常使铆接结构受到腐蚀而损害，易钝化的金属如不锈钢、铝合金和钛合金对缝隙腐蚀最敏感，因为在缝隙中可能存在着它们的去钝化条件。另外，当金属上有泥沙等沉积物时，在沉积物与金属之间存在有缝隙，也会发生缝隙腐蚀。

（3）接触腐蚀或电偶腐蚀

在腐蚀介质中，金属与电势更正的另一种金属或非金属导体发生电连接而引起的加速腐蚀称为接触腐蚀，又称为电偶腐蚀。腐蚀的主要特征是腐蚀主要发生在两种不同的金属或金属与非金属导体相互接触的边界处，而在远离接触边缘的区域，腐蚀的程度要轻得多。

产生接触腐蚀的原因就是由不同的金属或金属和非金属形成了腐蚀电池而发生析氢腐蚀或吸氧腐蚀，电势较正的金属为阴极，电势较负的金属为阳极，由于发生接触腐蚀，使阳极金属的腐蚀呈几倍甚至几十倍的速率增加。

（4）孔蚀

在腐蚀介质中，金属表面的特定部位常常形成半球形的小孔或蚀点，即为孔蚀。其特点是金属的大部分表面不发生腐蚀或腐蚀很轻微，但在局部地方出现腐蚀小孔并向深处发展，有些蚀孔独立存在，有些蚀孔紧凑地连在一起形成貌似粗糙的表面。就尺寸而言，蚀孔的深度一般大于或等于蚀孔的直径。

孔蚀是由于存在氯离子，能穿透钝化膜而诱发腐蚀导致钝化膜的破裂，使氧化膜下的金属呈现活化状态，成为阳极，而未遭破坏的地方仍为阴极，从而形成了一个大阴极小阳极的腐蚀电池，阳极的电流密度大，很快就被腐蚀成蚀孔，而流向蚀孔周围的腐蚀电流，又使周围区域受到阴极保护，从而继续维持着钝态。随着腐蚀过程的进行，在孔内还会因为氧的浓度比孔外的小而导致浓差腐蚀，使孔内腐蚀加剧，蚀孔不断向纵深发展，直到金属腐蚀穿孔为止。

由于钢铁、铜、铅和镁等多种金属，特别是表面上存在有钝化膜或氧化膜的金属或合金，在很多情况下都可能发生孔蚀，如在潮湿的大气条件下、在电解液中、埋在土壤中的管道等，而孔蚀很小，常被腐蚀产物所覆盖，不易被发现，所以孔蚀是破坏性和隐患最大的腐蚀形式之一。一旦形成孔蚀，它会迅速发展，产生穿透性、突发性破坏事故，尤其是在近海地区。

5.6.1.3 腐蚀的防护

既然金属的电化学腐蚀是由于形成腐蚀电池发生氧化而引起的，则防腐要从防止腐蚀电池形成，或一旦形成腐蚀电池让被保护金属作为阴极，以及将金属远离腐蚀区等方面着手考虑。常用的有效措施有如下几种。

（1）正确选用金属材料，合理设计金属结构

选用金属材料时应以在具体环境和条件下不易腐蚀为原则。设计金属结构时，应避免使电势差大的金属材料相接触。

（2）电化学保护法

电化学保护法分为阴极保护法（cathode protection）和阳极保护法（anode protection）。

阴极保护是使金属体阴极极化以保护其在电解质中免遭腐蚀的方法。若阴极电势足够负，金属就可以不氧化而得到完全的保护。为达此目的，阴极极化可用两种方法来实现：①外加电流阴极保护法：将被保护的金属与外电源负极相连，变为阴极，废钢或石墨作为阳极，依靠外加阴极电流进行阴极极化而使金属得到保护的方法，简称电保护；②牺牲阳极保护法：在金属基体上附加更活泼的金属，在电解质中构成短路的原电池，使被保护的金属作为腐蚀电池的阴极，较活泼金属作为腐蚀电池的阳极而被腐蚀，使被保护金属因不发生反应而得到保护，也称护屏保护，这种方法不利用外加电源。例如钢板在含2%～3% NaCl的海水中很容易腐蚀，为了防止船身的腐蚀，除了涂油漆外，还在船的底下每隔10m左右焊一块锌的合金作为防腐蚀措施。船在海水里形成了以锌为负极、铁为正极的局部电池，由于锌的氧化溶解而使船身（铁）得到了保护。

阳极保护法是通过外加电流使被保护的金属进行阳极极化而钝化，从而使其腐蚀程度降到最低的一种电化学保护方法。它与外加电流阴极保护一样，亦用外加直流电源供电，所不同的是被保护金属接电源的正极，辅助电极接负极。金属阳极溶解时，在一般情况下，电极电势越正，阳极溶解速度越大。但在某些介质中，当正向极化超过一定数值后，由于表面某种吸附层或新的成相层的形成，金属的溶解速率非但不增加，反而急剧下降，这种现象称为金属的钝化。因此，可以用外电源，使被保护的金属作为阳极，以石墨为阴极，通入大小一定的电流密度的电流，并使阳极电位维持在阳极金属的钝化区，使金属得到保护。我国很多化肥厂对碳酸铵生产中的碳化塔即实施这种阳极保护。

（3）覆盖层保护法

该法是将金属与介质隔开避免组成腐蚀电池。覆盖金属保护层的常用方法有电镀、喷镀、化学镀、浸镀、真空镀等。如镀Ni、Cr、Zn和Sn等。如果镀层是完整的，则都能起到相同的保护作用。一旦镀层有破损，则有两种情况：如果镀层比铁活泼，如镀锌，一旦形成腐蚀电池，Zn为阳极，Fe为阴极，镀层Zn仍有保护作用；如果镀层不如Fe活泼，如镀Sn，则Fe为阳极，Sn为阴极，Fe将被腐蚀得更快。但是，Sn^{2+}常与有机酸形成配离子，使其电势变得比Fe还低，所以罐头食品常用镀锡铁，俗称马口铁作包装。覆盖非金属保护层的方法常用的是将涂料、塑料、搪瓷、高分子材料、油漆等涂在金属表面，以形成覆盖层。

(4) 缓蚀剂法

该法是在腐蚀介质中，加入少量能减小腐蚀速率的物质即缓蚀剂（corrosion inhibitor）以防止腐蚀的方法。常用的缓蚀剂有有机缓蚀剂和无机缓蚀剂之分。有机缓蚀剂的缓蚀作用主要是利用其能被金属表面强烈吸附的特性而实现的，它既可以降低金属的溶解，又可以减缓水、氧气或氢离子的还原，从而降低腐蚀。阻止金属溶解的有机物包括芳香族类的化合物、脂肪族胺、含硫化合物以及含有羧基基团的化合物；含磷、砷和锑的化合物可以阻止氢气的释放。无机缓蚀剂的缓蚀作用主要是利用其能在金属表面加速形成难溶盐、钝化层，或将金属表面电势移向正向，使金属进入钝化区。前者主要有碱、磷酸盐、碳酸盐和硅酸盐等，后者主要有亚硝酸盐、铬酸盐、重铬酸盐等。

5.6.2 化学电源

化学电源已有 100 多年的发展历史了。在丹尼尔提出丹尼尔原电池后，1856 年普莱得（Plant'e）试制成功了铅蓄电池，更进一步促进了原电池的应用。1868 年法国工程师勒克朗谢（Leclanche'）又研制成功了以 NH_4Cl 为电解质溶液的锌锰干电池，随后 1895 年琼格（Junger）发明了镉-镍蓄电池、1900 年爱迪生（Adison）创制了铁-镍蓄电池，使原电池的应用更为广泛。在 100 多年的发展过程中，新系列的化学电源不断出现，化学电源的性能得到不断改善。进入 20 世纪 70 年代，由于能源危机的出现，燃料电池作为新能源得到相应的发展；到了 80 年代，科学技术的发展、电子器械、医疗器械、通信设备的普及，要求化学电源必须体积小、能量密度高、贮存性能好，使得一些密封性能高、能量密度高的小型及微型电池如镉-镍电池、锂电池、锂离子电池等应运而生。下面对目前常用的一次电池、二次电池和燃料电池分别作一简单介绍。

5.6.2.1 一次电池

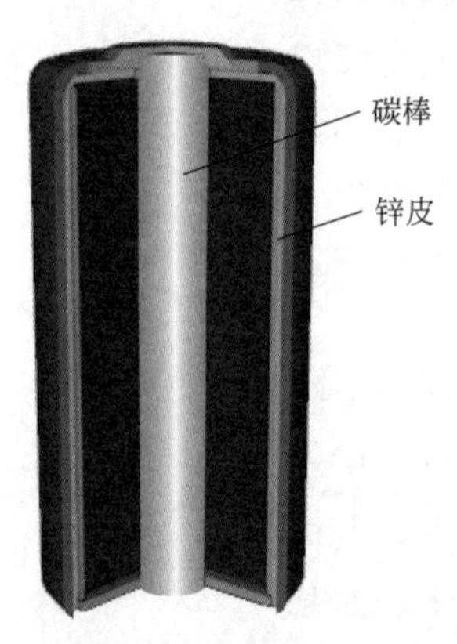

图 5-25 锌锰干电池

一次电池（primary battery）是指电力耗尽后不能通过外来电源充电使其再生的电池。如日常用的干电池就是一次电池，其中最普遍使用又便宜的 1.5V 电池是锌锰干电池。如图 5-25 所示，电池外壳为锌皮，是电池的负极。中间碳棒为正极，在两电极间充满 MnO_2、炭黑、NH_4Cl、$ZnCl_2$、H_2O 的糊状物。电池的符号为：

$$(-)Zn|ZnCl_2,NH_4Cl(\text{糊状})|MnO_2|C(+)$$

当电池放电时，电极反应为：

负极 $$Zn \longrightarrow Zn^{2+}+2e^-$$

正极 $$2MnO_2+2H_2O+2e^- \longrightarrow 2MnOOH+2OH^-$$

放电过程中离子反应

$$Zn^{2+}+2NH_4^+ +2OH^- \longrightarrow [Zn(NH_3)_2]^{2+}+2H_2O$$

电池总反应为

$$Zn+2MnO_2+2NH_4^+ \longrightarrow 2MnOOH+[Zn(NH_3)_2]^{2+}$$

若用 KOH 代替 NH_4Cl，就可得到碱性锌锰干电池。较上述盐类物质作电解液的干电池，碱性锌锰干电池具有容量高、自放电小、内阻小、放电电压高且稳定等特点。以外，还有锌-氧化汞、锌-空气、锌-氧化银等锌一次电池。

5.6.2.2 二次电池

二次电池（secondary battery）是指可通过外来电源充电使之再生的电池，因其兼有贮存电能的作用，故通称为蓄电池（rechargeable battery），常用的有铅蓄电池、镍-镉电池、镍-氢电池、锂电池等。主要用作启动电源、移动电源、小型仪器设备用电源、空间电源等，被广泛用于宇航、国防、运输系统、电子仪器和日常生活中。

(1) 铅蓄电池

典型的铅蓄电池结构如图 5-26 所示，负极是由一组 Pb 板组成，正极是涂 PbO_2 的另一组板，电解质为硫酸溶液，可用电池符号表示如下：

$$(-)Pb|PbSO_4(s)|H_2SO_4(w=0.28\sim0.41)|PbSO_4(s)|PbO_2|Pb(+)$$

由于硫酸浓度较高，参加电极反应的是 HSO_4^-，而不是 SO_4^{2-}。其电极反应和电池反应为：

负极反应 $$Pb+HSO_4^- \rightleftharpoons PbSO_4+H^++2e^-$$

正极反应 $$PbO_2+HSO_4^-+3H^++2e^- \rightleftharpoons PbSO_4+2H_2O$$

电池反应 $$Pb+PbO_2+2H_2SO_4 \rightleftharpoons 2PbSO_4+2H_2O$$

反应式中正向过程表示放电，逆向过程表示充电。该蓄电池的电动势为 2.0V，当电动势下降到 1.8V 时需要重新充电。该蓄电池的充放电性能优良，主要用于启动交通工具，但却具有电池重量过大，腐蚀性的 H_2SO_4 易溢出的缺点。新式铅蓄电池应用 Pb-Ca 合金为负极，优点是电池不需要排液，可做成封闭式，防止硫酸溢出。

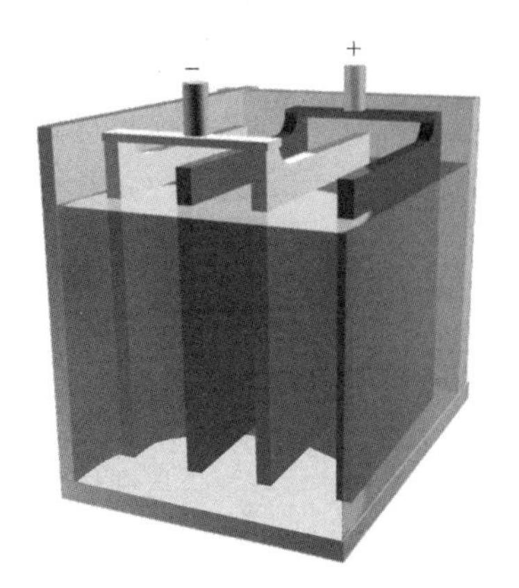

图 5-26 铅蓄电池

随着现代各项尖端技术的发展，迫切需要研制体积小、重量轻、容量大、保存时间长的各种新的化学电源，如镍-镉电池、镍-氢电池、锂电池、锂离子电池等都是为满足上述要求应运而生的。

(2) 镍镉电池、镍氢电池

镍镉电池和镍氢电池都是以氢氧化镍为正极活性物质的碱性蓄电池，负极活性物质是不同形态的镉、氢，故称为镍-镉电池和镍-氢电池。除此以外，当负极活性物质改变时，还有其他的碱性蓄电池，如镍-铁电池、镍-锌电池等，但使用最多的还是镍-镉电池和镍-氢电池。这类电池结构有开口的和密封的两种。开口电池放电率高，价格低；而密封电池无需维护，可以任意使用。

镍-镉蓄电池可表示为：

$$(-)Cd|KOH(w=0.20)|NiO(OH)|C(+)$$

其总电池反应为：

$$2NiO(OH)+Cd+2H_2O \underset{充电}{\overset{放电}{\rightleftharpoons}} 2Ni(OH)_2+Cd(OH)_2$$

电解质溶液是质量分数 $w=20\%\sim30\%$的 KOH（或 NaOH）水溶液，它们不参加电池反应，只起导电作用，但放电时消耗水，充电时生成水，充放电过程中密度和组成无明显变化。镍-镉蓄电池的突出优点是寿命长，使用维护方便，循环寿命可达 2000 次以上。

与镍-镉电池相比较，镍-氢蓄电池的反应只是负极充放电过程中的生成物不同，电池符号可表示为：

$$(-)H_2|KOH(w=0.30)|NiO(OH)|C(+)$$

其总电池反应为：

$$2NiO(OH)+H_2 \underset{充电}{\overset{放电}{\rightleftharpoons}} 2Ni(OH)_2$$

镍-氢电池的额定电压与镍-镉电池的相同，都是 1.2V，但与镍-镉电池相比，镍-氢电池有如下优点：①与同体积的镍-镉电池相比，容量可以增加一倍，并且充放电循环次数达到 500 次以后，其容量并无明显减弱；②不用价格很昂贵的有毒物质——金属镉，因此在其生产、使用以及废弃后，均不会污染环境，有绿色电池之称；③无记忆效应，可随时充电，而且充电前不需要先放空电，使用非常方便。

（3）锂电池和锂离子电池

锂电池是以电负性最负、质量最轻的金属锂作为电池负极，再配以正电性较高的化合物（如 FeS_2、V_2O_5 等）作为正极材料，以非水溶剂和电解质作为电解液组成的。若将作为锂电池负极活性物质的锂换为锂离子（可嵌入石油焦炭或石墨和层状石墨混合碳材料中），正极材料换为锂-金属氧化物（如锂-钴氧化物 $LiCoO_2$、锂-镍氧化物 $LiNiO_2$），则可得到锂离子电池。在锂离子电池中，由于存在浓度差别，放电时，锂离子从负极迁移到正极；充电时，又从正极迁移到负极，像“摇椅”一样来回循环，因此也有人称它为“摇椅式电池”，其工作电压可达 3.6V，约为镍-镉电池和镍-氢电池的 3 倍。另外，锂离子电池重量更轻、体积更小，且内阻小、自身放电小、比能量高，平均能量是镍-镉电池的 2.6 倍，是镍-氢电池的 1.75 倍。这样不仅节约了空间体积，又降低了成本，而且该电池既无记忆效应，也无环境污染。因此目前被广泛应用于仪器仪表、小型电子设备、无绳电话、马达驱动器、照相机、遥控装置、摄像设备、人体植入式医疗装置等方面。

（4）其他二次电池

锂电池和锂离子电池虽已进入广泛的产业化应用，但也面临着锂资源匮乏、电池安全、容量不足等方面的问题，因此亟需开发新一代综合性能优异的二次电池，以部分替代锂离子电池。在此背景下，非锂离子电池应运而生（如钠、钾、锌、镁、铝离子电池等），特别是钠离子电池和铝离子电池近年来已成为电池领域的研究热点。

与锂同为第ⅠA 族的钠元素储量丰富（丰度 2.64%），价格低廉，与锂具有相似的理化性质。钠离子电池的工作原理与锂离子电池基本类似，也是通过 Na^+ 在正、负两极之间发生可逆的嵌入与脱出，表现出“摇椅式”电化学充放电行为。钠离子电池通常是以碳质材料或者具有嵌钠性能的材料作为负极（如钠合金 $Na_{15}Sn_4$、Na_3Sb），为了便于 Na^+ 的嵌入与脱出，用具有层状结构的过渡金属氧化物（如钴酸钠 $NaCoO_2$）作为正极，再配以含钠盐的有机电解液（如六氟磷酸钠 $NaPF_6$）。与锂离子电池相比，钠离子电池具有制造成本低、低温性能好、充电快、安全性高等优势，在充电时不易发生短路，即便在挤压、针刺、过充与过放过程中也不会有爆炸风险。但由于 Na^+ 的半径比 Li^+ 的半径大 70%，使其在储钠电极材料中的迁移速率不及 Li^+，导致钠离子电池的能量密度受限。目前，钠离子电池仍处于产业化初期阶段，在能量密度要求不高的固定领域，如电网储能、调峰、存储可再生能源（如水力、风力和太阳能）等方面具有广阔的应用前景。

超快充电铝离子电池

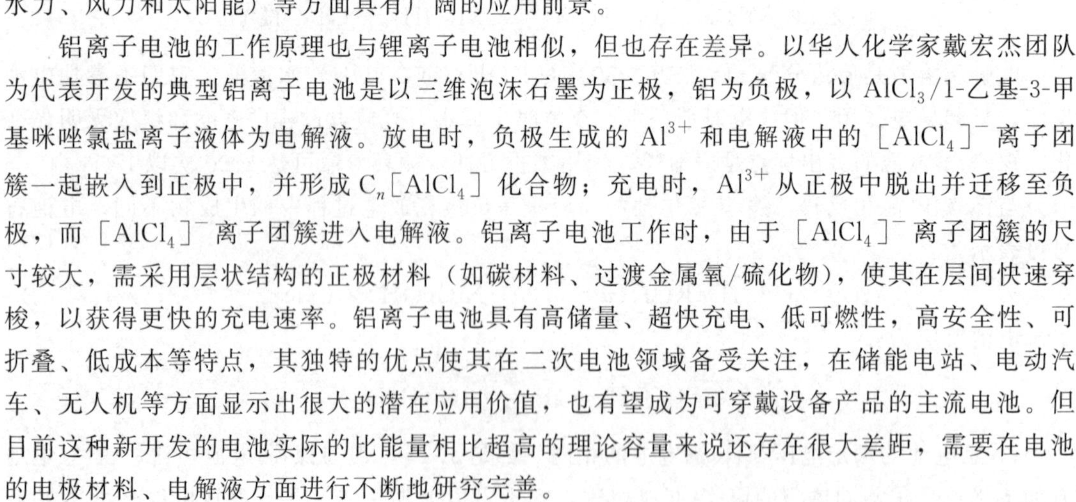

铝离子电池的工作原理也与锂离子电池相似，但也存在差异。以华人化学家戴宏杰团队为代表开发的典型铝离子电池是以三维泡沫石墨为正极，铝为负极，以 $AlCl_3$/1-乙基-3-甲基咪唑氯盐离子液体为电解液。放电时，负极生成的 Al^{3+} 和电解液中的 $[AlCl_4]^-$ 离子团簇一起嵌入到正极中，并形成 $C_n[AlCl_4]$ 化合物；充电时，Al^{3+} 从正极中脱出并迁移至负极，而 $[AlCl_4]^-$ 离子团簇进入电解液。铝离子电池工作时，由于 $[AlCl_4]^-$ 离子团簇的尺寸较大，需采用层状结构的正极材料（如碳材料、过渡金属氧/硫化物），使其在层间快速穿梭，以获得更快的充电速率。铝离子电池具有高储量、超快充电、低可燃性，高安全性、可折叠、低成本等特点，其独特的优点使其在二次电池领域备受关注，在储能电站、电动汽车、无人机等方面显示出很大的潜在应用价值，也有望成为可穿戴设备产品的主流电池。但目前这种新开发的电池实际的比能量相比超高的理论容量来说还存在很大差距，需要在电池的电极材料、电解液方面进行不断地研究完善。

5.6.2.3 燃料电池

燃料电池（fuel cell）是一类连续地将燃料氧化过程的化学能直接转化为电能的化学电池。与一般电池不同，它不是把还原剂、氧化剂物质全部贮存在电池内，而是在工作时不断从外界输入氧化剂和还原剂，同时将电极反应产物不断排出电池。科学家预言，燃料电池将成为未来世界上获得电力的重要途径之一。

地球上的能源燃料，如石油、煤和天然气的储存量是有限的，在逐年减少，人类要珍惜这些宝贵的自然资源，就要充分提高能量的转换效率，而把燃料燃烧的化学反应的热通过热机转换的电能效率很低，一般在 35%以下，但在电池中把燃烧反应的化学能直接转化为电能的效率却非常高，理论上可达 100%，实际可达 70%，超出热机效率的一倍以上。其次，燃料在空气中燃烧时要产生大量的烟、雾、尘和有害气体（如 NO_2、SO_2 等），污染大气。燃料电池要求输入的反应气体相对地“洁净”，否则会使电池催化剂中毒。为此在把燃料转化为电池用反应气体的过程中，必须有分离有害物的处理步骤，使燃料电池不会产生大的污染问题。

图 5-27　氢氧燃料电池示意图

最原始和简单的燃料电池是碱性氢氧燃料电池，如图 5-27 所示。其电池符号为

$$(-)C|H_2(g)|NaOH(aq)|O_2(g)|C(+)$$

负极：$H_2+2OH^- \longrightarrow 2H_2O+2e^-$

正极：$O_2+2H_2O+4e^- \longrightarrow 4OH^-$

总反应：$2H_2+O_2 \longrightarrow 2H_2O$

从反应可见燃烧产物为 H_2O，因此对环境无污染。为了使燃料便于进行电极反应，要求电极材料兼具催化剂的特性，可用多孔碳、镍、铂、银等。早在 1839 年，G. R. Grove 首先用铂黑为电极催化剂制成了氢氧燃料电池，并把多只电池串联起来作为电源，点亮了伦敦讲演厅的照明灯。过了 100 多年，到了 20 世纪 60 年代，美国航天管理局才成功地把离子隔膜式的氢氧燃料电池应用于 Gemini 载人宇宙飞船上。这里主要是人类对电极过程动力问题的重要性认识不足，致使燃料电池研究的进展缓慢。

按电解质的类型分，燃料电池可分为五大类，除了碱性燃料电池外，还有磷酸燃料电池、熔融碳酸盐燃料电池、固体氧化物燃料电池及质子交换膜燃料电池。如国际燃料电池公司在纽约建成的功率为 4.8 兆瓦的燃料电池电力站，就是用磷酸为电解质，用天然气或石脑油为燃料，用高温水蒸气与燃料反应生成氢和一氧化碳的反应气后进入电池。值得一提的是，质子交换膜燃料电池是继其他四类燃料电池之后迅速发展的第五代燃料电池，它不仅具备燃料电池的普遍特征，还兼具可低温快速启动，寿命长，比功率与比能量高等独特优势，被视为实用性最广的燃料电池类型，不仅可用于建设分散型电站，还可用作小、中型可移动动力源，特别是车用能源动力，是军民通用的一种清洁的新型动力源。从 1991 年美国通用汽车公司制造出世界第一台氢燃料电池概念车，到 2015 年日本丰田推出首批量产的氢燃料电池汽车，电池功率从几十千瓦突破至百千瓦级，目前，以质子交换膜燃料电池为主要动力源的电动汽车的发展已取得实质性进展。其核心技术是电极-膜-电极三合一组件的研发，可显著降低整车的成本。早在 1995 年，中国科学院大连化学物理研究所就开始了质子交换膜燃料电池系统的研发，目前也相继开发出了质子交换膜燃料电池相关的系列示范产品。但相较于国外，我国燃料电池行业至今仍处于探索阶段，距离产业化应用尚有较远的距离。专家预测，质子交换膜燃料电池或将成为新能源汽车行业的未来发展趋势，目前仍需要在质子交换膜燃料电池技术更新、氢能储存与输运、基础设施建设等方面做出不懈的努力。

新一代质子交换膜燃料电池的设计

思考题

1. 电导率与浓度的关系如何？摩尔电导率与浓度的关系如何？强电解质溶液和弱电解质溶液的摩尔电导率随浓度的变化规律是否相同？为什么？

2. 如何用外推法求无限稀释电解质溶液的摩尔电导率，该方法适用于哪种电解质？

3. 何谓电极电势？何谓标准电极电势？标准电极电势的数值是怎样确定的？其符号和数值大小有什么物理意义？

4. 标准电极电势是否就等于电极与周围活度为1的电解质溶液之间的电势差？标准电极电势是否为与温度无关的常数？

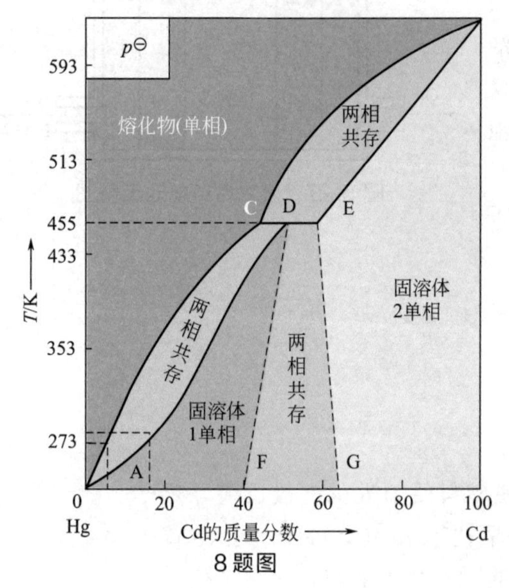

8题图

5. 原电池反应书写形式不同是否会影响该原电池的电动势和反应的吉布斯函数变 $\Delta_r G_m^\ominus$ 以及反应的标准平衡常数？

6. 电池电动势 $E=E_+-E_-$，标准电池电动势$E^\ominus=\frac{RT}{zF}\ln K^\ominus$，电池反应吉布斯函数 $\Delta_r G_m=-zFE$，试问：

(1) 电池中电解质溶液的浓度是否影响 E（电极）、E、$E^\ominus$ 和 $\Delta_r G_m$？

(2) 电池反应的得失电子数是否影响 E（电极）、E、$E^\ominus$ 和 $\Delta_r G_m$？

(3) $E^\ominus$是电池反应达平衡时的电动势吗？

7. 测量原电池电动势时，为什么要在通电的电流趋于零的条件下进行？否则会有什么不同？

8. Hg-Cd相图如左图所示，根据相图说明为什么在一定温度下，Cd的质量分数在5%～14%之间，惠斯顿标准电池的电动势有定值。

9. 讨论盐桥的作用及选用盐桥时应注意的问题。

10. 下列电极可构成浓差电池，从理论上判断，哪一个是正极？

(1) $Cu|Cu^{2+}(1mol\cdot kg^{-1})$；$Cu|Cu^{2+}(0.01mol\cdot kg^{-1})$；

(2) $Ag|AgCl,Cl^-(1mol\cdot kg^{-1})$；$Ag|AgCl,Cl^-(0.01mol\cdot kg^{-1})$。

11. 根据下列反应设计原电池，用电池表示式表示，并写出对应的电极反应。

(1) $Ag^+ + Cu(s) \longrightarrow Ag(s) + Cu^{2+}$

(2) $Pb^{2+} + Cu(s) + S^{2-} \longrightarrow Pb(s) + CuS$

(3) $Pb(s) + 2H^+ + 2Cl^- \longrightarrow PbCl_2(s) + H_2(g)$

12. 等温等压反应 $Zn + Cu^{2+} \xlongequal{} Zn^{2+} + Cu(s)$，可通过下述三种方式实现。

(1) 在烧杯中将Zn投入Cu^{2+}中。

(2) 构成原电池不可逆放电。

(3) 构成原电池可逆放电。

试问上述三种情况下 Q 是否相同？$\Delta_r H_m$ 是否相同？$\Delta_r G_m$ 是否相同？$\Delta_r S_m$ 如何求得？

13. 如何用电化学的方法测定下列热力学量？

(1) $H_2O(l)$ 的标准生成吉布斯函数。

(2) AgCl(s) 的标准摩尔生成焓。

14. 什么是分解电压？为什么实际分解电压总要比理论分解电压高？

15. 在电解池和原电池中，极化曲线有何异同？

16. 电解时主要承担电量迁移任务的离子与首先在电极上发生反应的离子之间有什么关系？

17. 金属电化学腐蚀的特点是什么？防止或延缓腐蚀的方法有哪些？

18. 为了防止铁生锈，分别电镀上一层锌和一层锡，两者的防腐效果是否一样？

19. 解释或回答下列问题：

(1) 含杂质主要为Cu、Fe的粗锌比纯锌更容易在硫酸中溶解。

(2) 在水面附近的金属比在水中的金属更易腐蚀。

(3) 铜制水龙头与铁制水管组合，什么部位易遭腐蚀？为什么？

20. 在一磨光的铁片上，滴上一滴含有少量酚酞的 $K_3[Fe(CN)_6]$ 和 NaCl 溶液，十几分钟后有何现象？试解释之。

21. 常见的化学电源有哪几种类型？写出铅蓄电池放电及充电时的两极反应及电池反应。

概念题

1. 下列各电解质水溶液中，摩尔电导率最大的是

(A) $0.01mol\cdot kg^{-1}$ 的 HCl　(B) $0.01mol\cdot kg^{-1}$ 的 NaOH

(C) $0.01mol\cdot kg^{-1}$ 的 NaCl　(D) $0.01mol\cdot kg^{-1}$ 的 HAc

2. 在 298K 时，无限稀释的水溶液中

(A) Na^+ 的迁移数为定值　(B) Na^+ 的迁移速率为定值

(C) Na^+ 的电迁移率为定值　(D) Na^+ 的摩尔电导率为定值

3. 在 Hittorff 法测迁移数的实验中，用 Ag 电极电解 $AgNO_3$ 溶液，测出在阳极部 $AgNO_3$ 的浓度增加了 $x$mol，而串联在电路中的 Ag 库仑计上有 $y$mol 的 Ag 析出，则 Ag^+ 迁移数为

(A) x/y　(B) y/x　(C) $(x-y)/x$　(D) $(y-x)/y$

4. 浓度为 b 的 $Al_2(SO_4)_3$ 溶液中，正、负离子的活度系数分别为 γ_+ 和 γ_-，则平均活度系数 $\gamma_\pm$ 等于

(A) $(108)^{1/5}b$　(B) $(\gamma_+^2\gamma_-^2)^{1/5}b$　(C) $(\gamma_+^2\gamma_-^3)^{1/5}$　(D) $(\gamma_+^3\gamma_-^2)^{1/5}$

5. 式 $\Lambda_m=\Lambda_m^\infty-B\sqrt{c}$ 适用于

(A) 弱电解质　(B) 强电解质

(C) 无限稀溶液　(D) 强电解质的稀溶液

6. 下列哪一个公式表示了离子独立移动定律？

(A) $\alpha=\Lambda_m/\Lambda_m^\infty$　(B) $\Lambda_{m,+}^\infty=t_+^\infty\Lambda_m^\infty$　(C) $\Lambda_{m,+}^\infty=\Lambda_m^\infty-\Lambda_{m,-}^\infty$　(D) $\Lambda_m=\kappa/c$

7. 已知电极反应 $ClO_3^-+6H^++6e^-=Cl^-+3H_2O$ 的 $\Delta_rG_m^\ominus=-839.6kJ\cdot mol^{-1}$，则 $E^\ominus(ClO_3^-|Cl^-)$值为

(A) 1.45V　(B) 0.73V　(C) 2.90V　(D) −1.45V

8. 测定电池 $Ag(s)|AgNO_3(aq)¦¦KCl(aq)|AgCl(s)|Ag(s)$ 的电动势，组装实验装置时，下列哪一组件不能使用？

(A) 电位差计　(B) 标准电池　(C) 直流检流计　(D) 饱和氯化钾盐桥

9. 电池在恒温恒压及可逆条件下放电，则其与环境的热交换为

(A) Δ_rH　(B) $T\Delta_rS$　(C) 一定为零　(D) 与 Δ_rH、$T\Delta_rS$ 均无关

10. 通过测定原电池电动势求得 AgBr 的溶度积，可设计如下哪一个电池？

(A) $Ag(s)|AgBr(s)|HBr(aq)|Br_2(l)|Pt$

(B) $Ag(s)|AgNO_3(aq)¦¦HBr(aq)|AgBr(s)|Ag(s)$

(C) $Ag(s)|AgBr(s)|HBr(aq)¦¦AgNO_3(aq)|Ag(s)$

(D) $Pt|Br_2(l)|HBr(aq)¦¦AgNO_3(aq)|Ag(s)$

11. 在下列电池中，哪个电池的电动势与氯离子的活度无关？

(A) $Ag(s)|AgCl(s)|KCl(a)|Cl_2(g)|Pt$

(B) $Zn(s)|ZnCl_2(a_1)¦¦KCl(a_2)|AgCl(s)|Ag(s)$

(C) $Zn(s)|ZnCl_2(a)|Cl_2(g)|Pt$

(D) $Hg|Hg_2Cl_2(s)|KCl(a)¦¦AgNO_3(a_2)|Ag(s)$

12. 下列电池中液接电势不能被忽略的是

(A) $Pt|H_2(p_1)|HCl(b)|H_2(p_2)|Pt$

(B) $Pt|H_2(p_1)|HCl(b_1)¦¦HCl(b_2)|H_2(p_2)|Pt$

(C) $Pt|H_2(p_1)|HCl(b_1)¦HCl(b_2)|H_2(p_2)|Pt$

(D) $Pt|H_2(p_1)|HCl(b_1)|AgCl(s)|Ag(s)\text{-}Ag(s)|AgCl(s)|HCl(b_2)|H_2(p_2)|Pt$

13. 已知某氧化还原反应的 $\Delta_rG_m^\ominus$、$K^\ominus$、$E^\ominus$，下列对三者值判断合理的一组是

(A) $\Delta_rG_m^\ominus>0$，$E^\ominus<0$，$K^\ominus>1$　(B) $\Delta_rG_m^\ominus>0$，$E^\ominus>0$，$K^\ominus>1$

(C) $\Delta_r G_m^{\ominus}<0$，$E^{\ominus}>0$，$K^{\ominus}>1$　　(D) $\Delta_r G_m^{\ominus}<0$，$E^{\ominus}>0$，$K^{\ominus}<1$

14. 下述电池的电动势应为（设活度系数均为1）

$Pt|H_2(p^{\ominus})|HI(0.01mol\cdot kg^{-1})|AgI(s)|Ag(s)\text{-}Ag(s)|AgI(s)|HI(0.001mol\cdot kg^{-1})|H_2(p^{\ominus})|Pt$

(A) −0.059V　(B) 0.059V　(C) 0.0295V　(D) −0.118V

15. 醌氢醌电极电势能反映氢离子活度，称为氢离子指示电极。实验中测量pH时该电极在一定pH范围内电极电势稳定，该稳定范围是

(A) 大于8.5　(B) 小于8.5　(C) 等于8.5　(D) 没有限定

16. 电解时，在阳极上首先发生氧化作用而放电的是

(A) 标准还原电极电势最大者

(B) 标准还原电极电势最小者

(C) 考虑极化后，实际还原电极电势最大者

(D) 考虑极化后，实际还原电极电势最小者

17. 298K，$0.10mol\cdot kg^{-1}$的HCl溶液中，氢电极的可逆电势约为−0.060V。当用Cu电极电解此溶液，氢在Cu电极上的析出电势应

(A) 大于−0.060V　(B) 小于−0.060V

(C) 等于−0.060V　(D) 无法判定

18. 下列对铁表面防腐方法中属于“电化学保护”的是

(A) 表面喷漆　(B) 电镀

(C) Fe件上嵌Zn块　(D) 加缓蚀剂

习题

1. 采用Cu电极电解$CuSO_4$溶液。电解前每1kg溶液中含100.6g $CuSO_4$，电解后阳极区溶液为27.283g，含$CuSO_4$ 2.863g，测得库仑计中析出银0.2504g，计算Cu^{2+}和SO_4^{2-}的离子迁移数。

2. 将某电导池盛以$0.01mol\cdot dm^{-3}$ KCl溶液，在298K时测得其电阻为161.5Ω，换以$2.50\times10^{-3}mol\cdot dm^{-3}$的$K_2SO_4$溶液后测得电阻为326Ω。已知298K时$0.01mol\cdot dm^{-3}$ KCl溶液的电导率为$0.14114S\cdot m^{-1}$，求K_2SO_4溶液的电导率和摩尔电导率。

3. 已知291K时$NaIO_3$、CH_3COONa、CH_3COOAg的无限稀释摩尔电导率分别为$7.694\times10^{-3}S\cdot m^2\cdot mol^{-1}$、$7.861\times10^{-3}S\cdot m^2\cdot mol^{-1}$、$8.88\times10^{-3}S\cdot m^2\cdot mol^{-1}$。求$AgIO_3$在291K时的无限稀释摩尔电导率。

4. 25℃时，LiCl的无限稀释摩尔电导率为$115.03\times10^{-4}S\cdot m^2\cdot mol^{-1}$，$t^{\infty}(Cl^-)=0.663$。试计算$Li^+$和$Cl^-$的无限稀释摩尔电导率。

5. 浓度为$0.00319mol\cdot dm^{-3}$的NaCl溶液，$t_+=0.394$，$\Lambda_m^{\infty}(NaCl)=1.264\times10^{-2}S\cdot m^2\cdot mol^{-1}$，若该溶液遵守Onserger关系，$\Lambda_m=\Lambda_m^{\infty}-b\sqrt{c}$，其中$b=1.918\times10^{-4}S\cdot m^{7/2}\cdot mol^{-3/2}$，计算电解质NaCl在该浓度下的摩尔电导率、电导率，以及钠离子和氯离子的摩尔电导率和电导率。

6. 已知298K时纯水的电导率为$5.5\times10^{-6}S\cdot m^{-1}$，纯水的密度为$997kg\cdot m^{-3}$。试计算纯水在298K时的解离度及离子积。

7. 计算25℃时与含有0.050%（体积分数）CO_2的压力为101325Pa的空气成平衡的蒸馏水的电导率。计算时只考虑H^+与HCO_3^-的导电作用，它们在无限稀释时的离子摩尔电导率分别为$349.8\times10^{-4}S\cdot m^2\cdot mol^{-1}$与$44.5\times10^{-4}S\cdot m^2\cdot mol^{-1}$。已知25℃，$CO_2$的分压为101325Pa时，$1dm^3$水中可溶解$0.8266dm^3$ CO_2（25℃时，101325Pa下的体积）；H_2CO_3的一级解离常数为4.7×10^{-7}。

8. 18℃时测得CaF_2的饱和水溶液的电导率为$38.6\times10^{-4}S\cdot m^{-1}$，水的电导率为$1.5\times10^{-4}S\cdot m^{-1}$。已知无限稀释时的摩尔电导率为$\Lambda_m^{\infty}\left(\frac{1}{2}CaCl_2\right)=0.01167S\cdot m^2\cdot mol^{-1}$，$\Lambda_m^{\infty}(NaCl)=0.01089S\cdot m^2\cdot mol^{-1}$，$\Lambda_m^{\infty}(NaF)=0.00902S\cdot m^2\cdot mol^{-1}$。求18℃时$CaF_2$的溶度积。

9. 25℃时，在同一个溶液中，$CuSO_4$和Na_2SO_4的浓度分别为$0.001mol\cdot kg^{-1}$和$0.003mol\cdot kg^{-1}$。

(1) 计算该溶液的离子强度。

（2）计算 Cu^{2+} 和 SO_4^{2-} 的活度系数。

（3）计算 $CuSO_4$ 的平均活度系数。

10. 写出下列各电池的电池反应，应用表 5-7 的数据计算 25℃时各电池的电动势、各电池反应的摩尔吉布斯函数变及标准平衡常数，并指明各电池反应能否自发进行。

（1）$Cd|Cd^{2+}[a(Cd^{2+})=0.01]¦Cl^-[a(Cl^-)=0.5]|Cl_2(g,100kPa)|Pt$

（2）$Zn|Zn^{2+}[a(Zn^{2+})=0.0004]¦Cd^{2+}[a(Cd^{2+})=0.2]|Cd$

11. 在 298.15K 时，有下列反应

$$H_3AsO_4+2I^-+2H^+ \longrightarrow H_3AsO_3+I_2+H_2O$$

（1）已知 $E^{\ominus}(H_3AsO_4 \mid H_3AsO_3)=0.5615V$，$E^{\ominus}(I_2 \mid I^-)=0.5355V$，计算由该反应组成的原电池的标准电池电动势。

（2）计算该反应的标准摩尔吉布斯函数变，并指出在标准态时该反应能否自发进行。

（3）若溶液的 pH=7，而 $a(H_3AsO_4)=a(H_3AsO_3)=a(I^-)=1$，则该反应的 $\Delta_r G_m$ 是多少？此时反应进行的方向如何？

12. 已知电池　$Pb(s)|Pb(NO_3)_2(a=1)¦AgNO_3(a=1)|Ag(s)$

298K 条件下，该电池反应的 $\Delta_r H_m^{\ominus}=-212.858kJ\cdot mol^{-1}$，$E^{\ominus}(Pb^{2+}|Pb)=-0.1265V$，$E^{\ominus}(Ag^+|Ag)=0.7994V$。

（1）写出上述电池的电极反应和电池反应。

（2）计算电池电动势 E、$\Delta_r G_m$、$K^{\ominus}$；并判断电池反应能否自发进行。

（3）计算电池电动势温度系数。

13. 电池 $Zn(s)|ZnCl_2(0.05mol\cdot kg^{-1})|AgCl(s)|Ag(s)$ 的电动势 E 随温度的变化关系为

$$E/V=1.015-4.92\times10^{-4}(T/K-298)$$

试计算在 298K 当电池有 2mol 电子的电量输出时，电池反应的 $\Delta_r G_m$、$\Delta_r S_m$、$\Delta_r H_m$ 及此过程的可逆热效应 Q_R。

14. 在 298K 时，试从标准生成吉布斯函数计算下列电池的电动势

$$Ag(s)|AgCl(s)|NaCl(a=1)|Hg_2Cl_2(s)|Hg(l)$$

已知 AgCl(s) 和 Hg_2Cl_2(s) $\Delta_f G_m^{\ominus}$ 分别为 $-109.57kJ\cdot mol^{-1}$ 和 $-210.35kJ\cdot mol^{-1}$。

15. 电池 Ag|AgCl(s)|KCl 溶液|Hg_2Cl_2(s)|Hg 的电池反应为

$$Ag+\frac{1}{2}Hg_2Cl_2(s) \longrightarrow AgCl(s)+Hg$$

已知 25℃时，此电池反应的 $\Delta_r H_m=5435J\cdot mol^{-1}$，各物质的规定熵 S_m 分别为：Ag(s)，$42.55J\cdot mol^{-1}\cdot K^{-1}$；AgCl(s)，$96.2J\cdot mol^{-1}\cdot K^{-1}$；Hg(l)，$77.4J\cdot mol^{-1}\cdot K^{-1}$；$Hg_2Cl_2$(s)，$195.8J\cdot mol^{-1}\cdot K^{-1}$。试计算 25℃时电池的电动势及电动势的温度系数。

16. 纳米材料的表面热力学性质对纳米材料的吸附、催化、传感等性能具有显著的影响，采用电化学法可以对纳米氧化亚铜的热力学函数进行测定。以纳米（nano）氧化亚铜和块体（bulk）氧化亚铜作为电极，以碱性溶液作为电解液组成可逆电池，电极反应如下：

$$(-)\ Cu_2O(nano,s)+H_2O \longrightarrow 2Cu^{2+}+2OH^-+2e^-$$

$$(+)\ 2Cu^{2+}+2OH^-+2e^- \longrightarrow Cu_2O(bulk,s)+H_2O$$

电池总反应为 $Cu_2O(nano,s) \longrightarrow Cu_2O(bulk,s)$，测得不同温度下可逆电池电动势随温度变化关系为 $E/V=0.30075-0.001T/K$，试求 25℃纳米氧化亚铜的标准摩尔熵、标准摩尔生成吉布斯函数和标准摩尔生成焓。已知块体氧化铜的热力学数据如下。

物质	$\Delta_f H_m^{\ominus}/kJ\cdot mol^{-1}$	$S_m^{\ominus}/J\cdot K^{-1}\cdot mol^{-1}$	$\Delta_f G_m^{\ominus}/kJ\cdot mol^{-1}$
Cu_2O(bulk)	−168.60	93.10	−149.00

题目析自：化学与生物工程，2018，35(12)：20-23.

17. 已知 25℃时，AgBr 的溶度积 $K_{sp}=4.88\times10^{-13}$，$E^{\ominus}(Ag^+|Ag)=0.7994V$，$E^{\ominus}[Br_2(l)|Br^-]=1.065V$。试计算 25℃时

(1) 银-溴化银电极的标准电极电势 $E^{\ominus}[AgBr(s)|Ag]$；

(2) AgBr(s) 的标准生成吉布斯函数。

18. 设计一个电池，使其进行下列反应

$$Ag^{+}(a_1)+Fe^{2+}(a_2)\longrightarrow Ag(s)+Fe^{3+}(a_3)$$

(1) 请写出电池表达式，并计算上述电池反应在 25℃时的标准平衡常数；

(2) 将过量磨细的银粉加到浓度为 $0.04mol\cdot kg^{-1}$ 的 $Fe(NO_3)_3$ 溶液中，当反应达到平衡后，Ag^+ 的浓度为多大？设活度系数为 1，已知 $E^{\ominus}(Ag^+|Ag)=0.7991V$，$E^{\ominus}(Fe^{3+}|Fe^{2+})=0.771V$。

19. 电池 $Zn(s)|ZnCl_2(0.555mol\cdot kg^{-1})|AgCl(s)|Ag(s)$ 在 298K 时 $E=1.015V$，$E^{\ominus}(Zn^{2+}|Zn)=-0.763V$，$E^{\ominus}(AgCl|Ag)=0.222V$。试求该电池反应在 298K 时的平衡常数和电池内 $ZnCl_2$ 溶液的离子平均活度系数。

20. 有可逆电池：$Au(s)|AuI(s)|HI(b)|H_2(g,p^{\ominus})|Pt$

(1) 写出上述电池的电极反应和电池反应；

(2) 温度为 298K 时，当 HI 溶液的浓度为 $b_1=10^{-4}mol\cdot kg^{-1}$时，电池的电动势 $E_1=-0.97V$；当 HI 溶液的浓度为 $b_2=3.0mol\cdot kg^{-1}$时，电池的电动势 $E_2=-0.41V$。已知 HI 的浓度为 $10^{-4}mol\cdot kg^{-1}$时的离子平均活度系数 $\gamma_{\pm}\approx 1$。

试计算：HI 溶液的浓度为 $3.0mol\cdot kg^{-1}$时的离子平均活度系数 $\gamma_{\pm}$。

21. 298K 时，求下列浓差电池的电池电动势（消除了液体接界电势）

$$Ag(s)\left|AgNO_3\begin{pmatrix}b=0.01mol\cdot kg^{-1}\\ \gamma_{\pm}=0.899\end{pmatrix}\right|\left|AgNO_3\begin{pmatrix}b=0.1mol\cdot kg^{-1}\\ \gamma_{\pm}=0.719\end{pmatrix}\right|Ag(s)$$

22. 用醌氢醌电极和甘汞电极组成电池测定溶液的 pH。已知 25℃下，醌氢醌电极的标准电极电势为 0.6993V，$1.0mol\cdot dm^{-3}$甘汞电极的电极电势为 0.2799V。在同温度下对于下边用来测定溶液 pH 的电池而言

$$Pt|Q\cdot H_2Q,H^{+}(pH=?)\,\vdots\vdots\,KCl(1.00mol\cdot dm^{-3})|Hg_2Cl_2(s)|Hg$$

(1) 当 pH 为 5.5 时，该电池的电动势是多少？

(2) 当电动势为$-0.1200V$时，待测液的 pH 为多少？

23. 用玻璃电极测定溶液的 pH 值时，在 25℃，当先把玻璃电极和甘汞电极放入 pH 为 7.00 的标准缓冲溶液中，测得的电动势为 0.062V。然后把玻璃电极和甘汞电极再放入待测溶液中，测得的电动势为 0.145V。求待测溶液的 pH。

24. 25℃时用铜片作阴极，石墨作阳极，电解浓度为 $0.1mol\cdot kg^{-1}$ 的 $ZnCl_2$ 溶液，若电流密度为 $10mA\cdot cm^{-2}$，问在阴极上首先析出什么物质？在阳极上又析出什么物质？已知此电流密度下 H_2 在铜电极上的超电势为 0.584V，O_2 在石墨电极上的超电势为 0.896V，并假定 Cl_2 在石墨电极上的超电势可忽略不计，活度可用浓度代替。

25. 在 25℃、一定条件下，用镍电极电解某镍盐溶液时，欲使 Ni^{2+} 的浓度降低到 $0.0015mol\cdot dm^{-3}$之前无氢气析出，那么电解液的 pH 应控制在多少？已知在实验条件下 $E^{\ominus}(Ni^{2+}|Ni)=-0.23V$，氢在镍电极上的超电势为 0.21V。

26. 298K、标准压力下，用电解法分离含 Cd^{2+}、Zn^{2+} 混合溶液，已知 Cd^{2+} 和 Zn^{2+} 的浓度均为 $0.10mol\cdot kg^{-1}$，$H_2(g)$ 在 Cd(s) 和 Zn(s) 上的超电势分别为 0.48V 和 0.70V，电解液的 pH=7.0 不变。设活度系数均为 1，已知 $E^{\ominus}(Cd^{2+}|Cd)=-0.403V$，$E^{\ominus}(Zn^{2+}|Zn)=-0.763V$。试问：

(1) 阴极上首先析出何种金属？

(2) 第二种金属析出时第一种金属的离子残留浓度为多少？

(3) 氢气是否有可能析出而影响分离效果？

27. 海水直接电解制氢面临的主要挑战之一是海水中的氯离子氧化反应，其产物次氯酸根可能造成催化剂失活和电解槽的腐蚀，因此，研究设计阳极析氧反应的选择性催化剂有着非常重要的意义。若要在近中性及碱性条件下即 pH 大于 7.5 的条件下电解水，氧气分压为 0.21 个大气压，假设发生 Cl^- 氧化为 ClO^- 的反应时，Cl^- 与生成的 ClO^- 的活度相等，且其超电势可以忽略不计，则在 25℃下，若要在阳极上优先发生析氧反应，电解时氧气在所设计的阳极催化剂电极上的超电势应该小于多少？

题目析自：*ChemSusChem*，2016，9：962-972.

第6章　统计热力学初步

热力学研究的是热力学平衡体系的宏观性质及其遵守的规律，而本章要讨论的统计热力学却在物质的微观性质和它的宏观性质之间建立了联系，提供了一种利用结构和光谱数据从理论上计算热力学宏观性质的方法，进而进一步解释体系宏观性质之间规律性的本质。统计热力学是联系物质微观结构与宏观性质的桥梁。

本章概要

6.1　分子的运动形式和能级表达式

统计热力学研究的对象是由大量微观粒子组成的，为了从单个分子的性质得到由大量分子组成的体系的宏观性质，必须研究大量分子的运动所遵循的统计规律性，就要先了解单个分子的运动形式与能级。

6.2　能级分布的微态数及系统的总微态数

在讨论了单个分子的运动形式及能级的基础上，进一步讨论 N 个粒子的能级与能级分布，并用统计学的原理得到平衡的系统中粒子的能级分布遵循最概然分布原理，而最概然分布就是平衡分布，从而为用统计学的方法讨论系统热力学的性质打下基础。

6.3　玻耳兹曼分布定律

对独立子系统的平衡分布进行了定量描述。

6.4　粒子的配分函数

由于玻尔兹曼分布定律中引入了配分函数，要想用统计学的方法继续研究热力学性质，就要先了解粒子各种运动的配分函数及其性质。

6.5　热力学函数与配分函数的关系

讨论系统热力学能和熵与配分函数的关系，通过配分函数从理论上计算系统的热力学能和熵，再通过热力学函数之间的关系计算出其他的热力学函数。

从前面所讨论的有关热力学的原理已经知道，热力学的研究对象是由大量微观粒子构成的宏观系统，它以经验总结的热力学定律为基础，通过严密的逻辑推理导出平衡系统的各宏观性质及其相互关系。

统计热力学则是从系统内部粒子的微观运动性质及结构数据出发，以粒子普遍遵循的力学定律为基础，用统计的方法直接推求大量粒子运动的统计平均结果，以得出平衡系统各种宏观性质的具体数值。因此可以说统计热力学是宏观与微观之间的桥梁，其具体表现在：①统计热力学为系统的热力学量及热力学量之间的关系提供微观解释，反过来也使得从系统宏观热力学性质推测系统的微观结构成为可能；②通过统计热力学可以直接从系统内部粒子的微观运动性质及结构数据计算得出平衡系统各种宏观性质的具体数据。统计热力学是统计力学的一个分支，主要研究的是平衡系统，其基本任务就是根据对物质结构的某些基本假定，以及实验所得的光谱数据，求得物质结构的一些基本常数，如核间距、键角、振动频率等，从而计算分子配分函数，再根据配分函数求出物质的热力学性质。

在统计热力学研究的初期，主要使用的是经典的统计方法，这一时期奥地利物理学家玻尔兹曼（Boltzmann）作了大量的贡献。1900 年英国物理学家普朗克（Planck）提出了量子论，引入了能量量子化的概念。后来，这一概念被英国物理学家麦克斯韦（Maxwell）引入到统计热力学中，发展出麦克斯韦-玻尔兹曼统计，一般简称为玻尔兹曼统计。1924 年量子力学出现，统计热力学的力学基础发生了改变，所用的统计方法也随之有了新的发展。由此而产生了分别适用于不同系统的玻色-爱因斯坦（Bose-Einstein）统计和费米-狄拉克（Fermi-Dirac）统计。但在一定的条件下上述两种统计方法通过适当的近似处理均可得到玻尔兹曼统计。1902 年吉布斯（Gibbs）出版了《统计力学》一书，书中他将玻尔兹曼统计应用到微观粒子间有相互作用的系统，创立了统计系统理论，扩大了统计力学的使用范围。

统计热力学中将构成系统的原子、分子、离子等统称为粒子（简称为子）。按照粒子之间有无相互作用，可分为独立子系统（assembly of independent particles）和相依子系统（assembly of interacting particles）。前者粒子之间除弹性碰撞之外，无其他相互作用，如理想气体。但在实际情况中，粒子之间绝对无相互作用的系统是不存在的，那些粒子之间相互作用非常微弱的系统，可以近似看作独立子系统，如高温低压气体；后者粒子之间有不能忽略的相互作用，如高压低温下的气体、液体、固体等。按照粒子是否可以分辨，又可分为定域子系统（assembly of localised particles）（或称可别粒子系统）和离域子系统（assembly of non-localised particles）（或称等同粒子系统）。前者粒子是可以区分的，例如，在原子晶体中，每个原子在固定的晶格位置上作振动，虽然原子之间并无差别，但每个位置可以想象给予编号而加以区分，所以定域子系统的微观状态数是很大的。后者粒子是不可区分的。例如，气体的分子总是处于混乱运动之中，由于分子本身之间无法分辨且位置不固定，彼此无法区分，所以气体是离域子系统，它的微观状态数在粒子数相同的情况下要比定域子系统少得多。

本章作为统计热力学初步，主要讨论独立子系统，包括独立定域子系统和独立离域子系统的相关原理。

6.1 分子的运动形式和能级表达式

6.1.1 分子的运动形式与能级

分子是由一定数目的原子组成的，各个原子按照一定排列方式通过化学键紧密地连接起来，但分子中各个原子却是在不停地运动着。如果把原子间的结合力比作弹簧，那么整个分子便像是球和弹簧串成的体系。各个分子都有其确定的形状和大小。除单原子分子（如 He）

外，一般分子皆非圆球形状。其热运动方式不仅有平动，而且还可能包括转动和振动。其中，平动是分子在空间的整体运动，也可看作分子的质量中心在空间的位移。转动是分子绕着质量中心的旋转。振动是分子中各原子偏离其平衡点的相对位移。除平动、转动和振动外，分子的运动形式还有电子运动和原子核运动。但在一般情况下，原子核始终保持不变，绝大多数分子的电子运动也都处于基态，而且不易被激发。

根据量子力学，可以近似地认为分子的各种运动形式之间是彼此独立的。因此，若有一个由 n 个原子组成的分子的独立子系统，其分子运动的能量可近似地看作上述平动（t）、转动（r）、振动（v）、电子运动（e）及核运动（n）五种独立运动形式能量之和。即

$$\varepsilon=\varepsilon_{t}+\varepsilon_{r}+\varepsilon_{v}+\varepsilon_{e}+\varepsilon_{n}$$

量子力学认为粒子的各种运动形式的能量都是量子化的，即是不连续的。也就是说，任何微观粒子的能量都只可能是一些特定的数值，通常称为能级（energy level）。各种微观粒子都具有若干个可能的能级，各种运动形式能量最低的那个能级称为各自的基态（ground state），其余的能级统称为激发态（excited state）。对于某一能级，可能有不同的量子态与之相对应，这种现象称为简并（degeneracy），对应的所有不同的量子状态的数目称为该能级的简并度（degree of degeneracy）。简并度亦称为退化度或统计权重，用符号 g 表示，$g=1$ 的能级称为非简并能级。对于独立粒子，其简并度等于各独立运动形式的简并度之积，即

$$g=g_{t}\cdot g_{r}\cdot g_{v}\cdot g_{e}\cdot g_{n}$$

6.1.2 各种运动形式的能级表达式

分子的平动可以看作一个三维平动子（three-dimensional translational particles）在势箱中的自由运动。分子的转动可以用刚性转子来处理。而每个振动自由度上的振动，可作为一个独立的一维谐振子（one-dimensional resonant particles）来处理。这些三维平动子、刚性转子和一维谐振子的能级公式均可由量子力学推导得出，在此只引用其结果。

6.1.2.1 三维平动子

设质量为 m 的分子在边长分别为 a、b、c 的矩形势箱中自由运动，其能级公式为

$$\varepsilon_{t}=\frac{h^{2}}{8m}\times\left(\frac{n_{x}^{2}}{a^{2}}+\frac{n_{y}^{2}}{b^{2}}+\frac{n_{z}^{2}}{c^{2}}\right) \tag{6-1a}$$

式中，h 是普朗克常数，其值为 $6.63\times10^{-34}\,\mathrm{J\cdot s}$；$n_{x}$、$n_{y}$、$n_{z}$ 分别是 x、y、z 轴方向的平动量子数，取 1、2、3 等正整数。

对立方容器 $a=b=c$，$V=a^{3}$，则式(6-1) 变为

$$\varepsilon_{t}=\frac{h^{2}}{8mV^{2/3}}\times(n_{x}^{2}+n_{y}^{2}+n_{z}^{2}) \tag{6-1b}$$

此时，平动能 ε_{t} 与粒子的性质 m 及系统的体积 V 有关。

对于平动能量为 $\varepsilon_{t,0}=\dfrac{h^{2}}{8mV^{2/3}}\times3$ 这一能级，相应于 $n_{x}=1$、$n_{y}=1$、$n_{z}=1$，只有一种可能的状态，所以是非简并的，简并度 $g=1$。由于这一能级能量最低，称为基态。

对于平动能量 $\varepsilon_{t,1}=\dfrac{h^{2}}{8mV^{2/3}}\times6$ 这一能级，n_{x}、n_{y}、n_{z} 可有三种组合：(2，1，1)、(1，2，1)、(1，1，2)，有三种可能的状态，所以是简并的，其简并度 $g=3$。由于这一能级的能量是除基态外激发态能级中最小的，因此称为第一激发态。

6.1.2.2 刚性转子

多原子分子的转动和振动比较复杂，这里只考虑双原子分子。其转动能级为

$$\varepsilon_r = J(J+1)\frac{h^2}{8\pi^2 I} \tag{6-2}$$

式中，I 为转动惯量，可由式 $I=\mu R_0^2$ 计算。其中 R_0 为分子的平衡键长，即两原子的质心距离，$\mu=\dfrac{m_1 m_2}{m_1+m_2}$为分子的折合质量。可见 I 与分子的结构有关，其数值可由光谱数据获得。J 为转动量子数，是转动的角动量在空间的取向，可取 0，1，2 等整数，转动能级的简并度为 $g_r=2J+1$。所以 ε_r 取决于粒子的结构性质。

6.1.2.3 一维谐振子

双原子分子中原子沿化学键方向的振动可近似为一维简谐运动，可作为一维谐振子来处理，其振动能级为

$$\varepsilon_v = \left(v+\frac{1}{2}\right)h\nu \tag{6-3}$$

式中，v 为振动量子数，可取 0、1、2 等整数；ν 为分子的振动频率，与结构有关，数值可由光谱数据获得，$\nu=\dfrac{1}{2\pi}\sqrt{\dfrac{k}{\mu}}$（$k$ 为力学常数，μ 为分子的折合质量）。所以，ε_v 取决于粒子的性质。因为只能限在一个轴的方向上振动，所以任何振动能级的简并度 $g_v=1$，是非简并的。

【例 6-1】 已知氮分子运动于边长 $a=0.1\text{m}$ 的立方容器中，分子质量 $m=4.56\times10^{-26}\text{kg}$，转动惯量 $I=13.9\times10^{-47}\text{kg·m}^2$，振动波数为 $\tilde{\nu}=236000\text{m}^{-1}$，求各种运动形式的基态能级能量及第一激发态与基态的能量差。

解：(1) 平动能级

基态能级 $\quad n_x=n_y=n_z=1$

则 $\quad \varepsilon_{t,0}=\dfrac{3h^2}{8mV^{2/3}}=\dfrac{3\times(6.63\times10^{-34})^2}{8\times4.56\times10^{-26}\times(10^{-3})^{2/3}}\text{J}=1.68\times10^{-40}\text{J}$

第一激发态能级 $\quad n_x=2,\ n_y=1,\ n_z=1$

则 $\quad \varepsilon_{t,1}=\dfrac{h^2}{8mV^{2/3}}\times6=2\varepsilon_{t,0}=3.36\times10^{-40}\text{J}$

所以平动能级差为 $\quad \Delta\varepsilon_t=\varepsilon_{t,1}-\varepsilon_{t,0}=\dfrac{3h^2}{8mV^{2/3}}=1.68\times10^{-40}\text{J}$

(2) 转动能级

$J=0 \qquad \varepsilon_r=0$

$J=1 \qquad \varepsilon_{r,1}=\dfrac{2h^2}{8\pi^2 I}=\dfrac{2\times(6.63\times10^{-34})^2}{8\times8.314^2\times13.9\times10^{-47}}\text{J}=1.14\times10^{-23}\text{J}$

所以转动能级差为 $\quad \Delta\varepsilon_r=\varepsilon_{r,1}-\varepsilon_{r,0}=\dfrac{2h^2}{8\pi^2 I}=1.14\times10^{-23}\text{J}$

(3) 振动能级

$v=0 \qquad \varepsilon_{v,0}=\dfrac{1}{2}h\nu=\dfrac{1}{2}hc\tilde{\nu}=\left(\dfrac{1}{2}\times6.63\times10^{-34}\times3\times10^{8}\times236000\right)\text{J}$
$\qquad =2.3\times10^{-20}\text{J}$

$v=1 \qquad \varepsilon_{v,1}=\left(\dfrac{1}{2}+1\right)h\nu=\dfrac{3}{2}h\nu=3\varepsilon_{v,0}=3\times2.3\times10^{-20}\text{J}$
$\qquad =6.9\times10^{-20}\text{J}$

所以振动能级差 $\quad \Delta\varepsilon_v=2h\nu=4.6\times10^{-20}\text{J}$

由上述例题可以看出，不同运动形式相邻两能级的能级差相差很大。由于统计热力学的处理方法常与 $\Delta\varepsilon/kT$ 的大小有关，其中 k 为玻尔兹曼常数，由摩尔气体常数 R 除以阿伏伽德罗常数 L 而得，其值为 $1.381\times10^{-23}\text{J}\cdot\text{K}^{-1}$。所以常用分子各种运动形式的能级间隔与 kT 的比值来区分哪些运动形式的能级是紧密的，可以作为能量连续变化的经典情况处理；哪些运动形式的能量量子化特征特别显著，不能作为经典情况处理。

上述例题中，若在常温下（$T=298\text{K}$），分别求得各种运动形式的 $\Delta\varepsilon/kT$ 如下

$$\frac{\Delta\varepsilon_{\text{t}}}{kT}=10^{-19}$$

$$\frac{\Delta\varepsilon_{\text{r}}}{kT}=10^{-2}$$

$$\frac{\Delta\varepsilon_{\text{v}}}{kT}=10$$

可见，通常平动子相邻能级间的能量差非常小，量子化效应不显著，可近似认为能级连续变化，计算时可近似用经典力学方法处理；而振动的能级间隔比较大，$\Delta\varepsilon_{\text{v}}/kT=10$，故振动能级必须考虑能量变化的不连续性，即其量子效应明显，计算时不能进行连续化近似处理；而转动能级的能级间隔虽比平动的能级间隔大，但也还是比较小，在多数情况下也可以作为经典情况处理。

6.1.2.4 电子及原子核运动

电子运动及核运动的能级差一般很大，一般的温度变化难以产生能级的跃迁或激发，所以本章只讨论最简单的情况，即一般认为系统中各粒子的这两种运动均处于基态。

不同物质电子运动基态能级的简并度 $g_{\text{e},0}$ 和核运动基态能级的简并度 $g_{\text{n},0}$ 可能有区别，但对指定物质而言，都为常数。即 $g_{\text{e},0}=$常数，$g_{\text{n},0}=$常数。

6.2 能级分布的微态数及系统的总微态数

6.2.1 能级分布与状态分布

设有 N 个粒子，对于 (U,V,N) 固定的系统，粒子的能级是量子化的，以符号 ε_0，ε_1，ε_2，…，ε_i 代表各能级的能量值。如果分布在各能级上的粒子数分别是 n_0，n_1，n_2，…，n_i，则将任一能级 i 上的粒子数目 n_i 称为能级 i 上的分布数。N 个粒子在各个能级上的分布，称为能级分布（energy level distribution），简称分布。

能级分布只说明在各个能级上分布的粒子数，但在能级有简并度或粒子可以区别的情况下，同一能级分布还可以对应不同的状态分布，每一种状态分布称为一个微观状态（microstate）。系统某能级分布 D 具有一定的微态数，以 W_{D} 表示。全部能级分布的微态数之和称为总微态数（total number of microstates），以 Ω 表示。所谓状态分布是指粒子如何分布在各量子态上。若能级是非简并的且粒子不可以区分，每种能级分布也就是它的状态分布；若能级是简并的或能级虽是非简并的但粒子可以区分，则一种能级分布可能对应着多种状态分布。

对于确定体系，任何一种能级分布及状态分布应服从如下两个限制条件。

(1) 粒子数守恒 $\sum_i n_i=N$ 或 $\sum_i n_i-N=0$ (6-4a)

(2) 能量守恒 $\sum_i n_i\varepsilon_i=U$ 或 $\sum_i n_i\varepsilon_i-U=0$ (6-4b)

例如，一个定域子系统中，只有 3 个一维谐振子，它们分别在 A、B、C 三个定点上振动，总能量为 $9h\nu/2$，即

$$N=3，U=9h\nu/2$$

由 $\varepsilon_v=(v+\frac{1}{2})h\nu$ 知，系统中粒子可能处于的振动能级有

$$\varepsilon_0=h\nu/2，\varepsilon_1=3h\nu/2，\varepsilon_2=5h\nu/2，\varepsilon_3=7h\nu/2$$

四种情况，不可能有粒子处于能量大于 ε_3 的能级上，否则，系统的总能量会超过 $9h\nu/2$。表 6-1 列出了三种该系统可能的能级分布方式。

表 6-1　N=3，U= 9hν /2 的一维谐振子于 A、B、C 三个定点上振动的系统能级分布

能级分布	能级分布数				$\sum_i n_i$	$\sum_i n_i\varepsilon_i$
	n_0	n_1	n_2	n_3		
Ⅰ	0	3	0	0	3	$3\times3h\nu/2=9h\nu/2$
Ⅱ	2	0	0	1	3	$2\times h\nu/2+1\times7h\nu/2=9h\nu/2$
Ⅲ	1	1	1	0	3	$1\times h\nu/2+1\times3h\nu/2+1\times5h\nu/2=9h\nu/2$

虽然各能级均为非简并能级，各能级上的粒子只对应一种量子态。但由于三个粒子的振动位置为 A、B、C，可以区分，所以一种能级分布可对应几种状态分布。图 6-1 为每一种能级分布所对应的状态分布示意图。

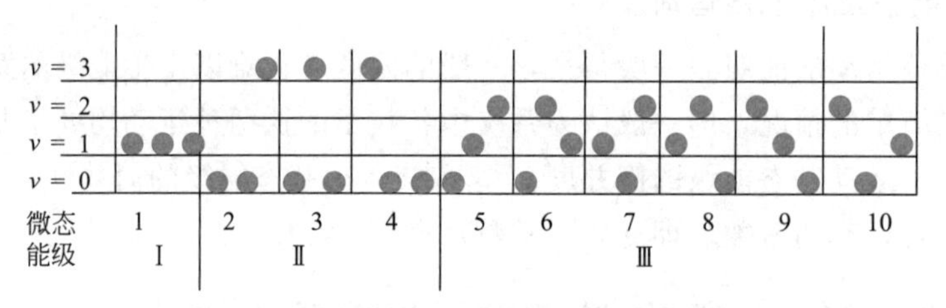

图 6-1　系统能级分布的状态分布示意图

从图中可以看出，能级分布Ⅰ只对应一种状态分布，微态数 $W_{\mathrm{I}}=1$；能级分布Ⅱ却对应三种状态分布，微态数 $W_{\mathrm{II}}=3$；能级分布Ⅲ则对应六种状态分布，微态数 $W_{\mathrm{III}}=6$。故系统的总微态数

$$\Omega=\sum_D W_{\mathrm{D}}=W_{\mathrm{I}}+W_{\mathrm{II}}+W_{\mathrm{III}}=10$$

6.2.2　能级分布微态数的计算

从上例可以看出，计算一种能级分布的微态数的本质是排列组合问题。由于在定域子系统和离域子系统中，粒子存在是否能区分的问题，故其 W_{D} 的计算也有所不同。

6.2.2.1　定域子系统能级分布微态数的计算

先讨论最简单的情况，即任一能级的简并度均为 1，任一能级的分布数也均为 1，即 N 个可辨粒子分布在 $\varepsilon_1\sim\varepsilon_n$ 共 n 个不同能级上，则这种分配的微态数即 N 个粒子的全排列，即 $W_{\mathrm{D}}=N!$。如图 6-1 中能级Ⅲ即属于此种情况，此时微态数 $W_{\mathrm{III}}=3!=6$。

进一步讨论能级的简并度仍是 1，但各能级的分布数是 n_1，n_2，…，n_i 的情况。由于同一能级上各粒子的量子态相同，粒子的排列不会产生新的微态，这显然属于组合问题，即先从 N 个粒子中选择 n_1 个粒子放在能级 ε_1 上，然后继续从剩下的 $N-n_1$ 个粒子中选择 n_2 个粒子放在能级 ε_2 上，依次类推，故这种分配的微态数 W_{D} 为

$$W_D = C_N^{n_1} \cdot C_{N-n_1}^{n_2} \cdots = \frac{N!}{n_1!(N-n_1)!} \times \frac{(N-n_1)!}{n_2!(N-n_1-n_2)!} \cdots$$

$$= \frac{N!}{n_1!n_2!\cdots n_i!} = \frac{N!}{\prod_i n_i!}$$

如图 6-1 中能级Ⅰ、Ⅱ即属于此种情况，由上式可得

$$W_{\text{I}} = \frac{3!}{0! \times 3! \times 0! \times 0!} = 1$$

$$W_{\text{II}} = \frac{3!}{2! \times 0! \times 0! \times 1!} = 3$$

最后讨论最为复杂的情况，即各能级的简并度是 g_1，g_2，…，g_i，能级的分布数是 n_1，n_2，…，n_i。同上相比，由于同一能级的粒子可处于不同量子态，粒子的排列会产生新的微态，故其微观状态数显然要多。相当于先从 N 个分子中选出 n_1 个粒子放在 ε_1 能级上，此时有 $C_N^{n_1}$ 种取法；但 ε_1 能级上有 g_1 个不同状态，每个分子在 ε_1 能级上就有 g_1 种放法，所以共有 $g_1^{n_1}$ 种放法。因此将 n_1 个分子放在 ε_1 能级上，总共有 $C_N^{n_1} \cdot g_1^{n_1}$ 微态数，同理在 ε_2 能级上有 $C_{N-n_1}^{n_2} \cdot g_2^{n_2}$ 种微态数，依次类推，故这种分配的微态数 W_D 为

$$W_D = (g_1^{n_1} \cdot C_N^{n_1})(g_2^{n_2} \cdot C_{N-n_1}^{n_2}) \cdots$$

$$= g_1^{n_1} \cdot \frac{N!}{n_1!(N-n_1)!} \cdot g_2^{n_2} \cdot \frac{(N-n_1)!}{n_2!(N-n_1-n_2)!} \cdots$$

$$= g_1^{n_1} \cdot g_2^{n_2} \cdots \frac{N!}{n_1!n_2!\cdots n_i!} = N! \prod_i \frac{g_i^{n_i}}{n_i!} \tag{6-5}$$

6.2.2.2 离域子系统能级分布微态数的计算

离域子系统与定域子系统的主要区别就在于前者的粒子是不可辨的，故同样粒子在两种不同系统排列，本质区别就是数学中的组合和排列问题。

同样先讨论最简单的情况，即任一能级的简并度均为 1，任一能级的分布数也均为 1，即 N 个不可辨粒子分布在 $\varepsilon_1 \sim \varepsilon_n$ 共 n 个不同能级上。由于粒子之间不可分辨，故只有一种分布方式，即微态数 $W_D=1$。而同样情况下，粒子在定域子系统中的微态数 $W_D=N!$，故两者相差 $N!$ 倍。

进一步讨论最复杂的简并度为 g_i 的能级 ε_i 的情况，其中粒子在任意能级 ε_i，任意简并能级 g_i 的个数不受限制。首先，讨论 n_i 个不可辨粒子在简并度为 g_i 的能级 ε_i 上的分布情况。这就好比 n_i 个不可区别的人分住在 g_i 个不同的房间的住法。因每间房间的人数不限，故总的住法等同于 n_i 个人与 g_i-1 个人的全排列。故总的住法为 $\frac{(n_i+g_i-1)!}{n_i!(g_i-1)!}$。因粒子有多个不同简并度的能级，故总的微态数应为每一能级微态数 W_D 的连乘积，即

$$W_D = \prod_i \frac{(n_i+g_i-1)!}{n_i!(g_i-1)!}$$

当 $g_i \gg n_i$ 时，上式可进一步简化

$$W_D = \prod_i \frac{(n_i+g_i-1)!}{n_i!\ (g_i-1)!}$$

$$= \prod_i \frac{(n_i+g_i-1)(n_i+g_i-2)\cdots(n_i+g_i-n_i)(g_i-1)(g_i-2)\cdots}{n_i!\ (g_i-1)(g_i-2)\cdots}$$

$$\approx \prod_i \frac{g_i^{n_i}}{n_i!} \tag{6-6}$$

只要离域子系统的温度不太低，g_i 比 n_i 大 10^5 倍以上，上述简化条件便可成立。显然，与粒子个数相同的同样能级分布的定域子系统相比，两者的微态数也相差 $N!$ 倍。

6.2.2.3 系统的总微态数

在 N，U，V 确定的情况下，可按式(6-5) 和式(6-6) 计算系统的各个分布方式的微态数，则系统的总微态数为各种可能分布方式具有的微态数之和，即

$$\Omega = \sum_{D} W_D \tag{6-7}$$

由于 N、U、V 确定的系统，各分布方式的 W_D 也是确定的，系统的状态也已确定，所以 Ω 也应为定值，即 Ω 应为系统 N、U、V 的函数，可以理解 Ω 是系统的一个状态函数。

由上述讨论可知，在求算定域或离域子系统的微观状态数时，需要求算 $N!$ 和 $n_i!$。对于含有大量粒子的宏观系统，由于 N 和 n_i 值都很大，直接求算其阶乘值是困难的，这时可利用近似公式——斯特林（Stirling）近似公式，即

$$\ln N! = N\ln N - N \tag{6-8}$$

6.2.3 最概然分布与平衡分布

统计力学的主要任务是依据体系的微观状态的微观量，采用求统计平均的方法求算或阐明体系的宏观量及其规律性。但是，宏观量究竟是哪些微观状态相应微观量的统计平均值呢？为解决此问题，统计力学认为："对于宏观处于一定平衡状态的系统，即 N、U、V 确定的系统，系统各微态出现的概率相等。"这称为等概率假定（postulate of equal probabilities）。若某宏观体系的总微态数为 Ω，则每一种微观状态 P 出现的数学概率都相等，即

$$P = 1/\Omega$$

等概率假定是统计力学的基本假定，虽然其无法直接证明，但其正确性已通过实践得到证明。

在 N、U、V 确定的条件下，粒子的各种分布方式对应的微态数不同。基于等概率假定，由于各微态出现的概率相等，所以各种分布方式出现的概率就不相同。设某一系统粒子处于任一分布 D，则只要系统表现为分布 D 的 W_D 个微态中的任何一个即可，所以分布 D 出现的概率 P_D 应为每个微态出现的概率连加 W_D 次，即

$$P_D = \frac{1}{\Omega} \times W_D = \frac{W_D}{\Omega} \tag{6-9}$$

由上式可知，在指定的 N、U、V 条件下，微态数最大的分布出现的概率亦最大，把这种分布称为最概然分布（the most probable distribution）。如图 6-1 中的分布Ⅲ即为所给条件下的最概然分布。上式还表明任一种分布的数学概率 P_D 与其微态数 W_D 仅差一常数项 $1/\Omega$，所以直接用各分布的微态数也能说明出现这种分布的可能性。故在统计热力学中，常把 W_D 称为分布 D 的热力学概率，把 Ω 称为在指定的 N、U、V 条件下系统总的热力学概率，也就是指定宏观状态的总热力学概率。

当 N、U、V 确定的系统达平衡时，粒子的分布方式几乎不随时间而变化，这种分布就称为平衡分布。对于一个粒子数众多的实际平衡系统而言，其微观状态虽千变万化，但基本上都是辗转于最概然分布以及与最概然分布几乎没有实质性差别的那些分布中。设最概然分布的热力学概率为 W_B，当系统达平衡时，虽然 W_B/Ω 非常小，但在 N 无限增大时

$$\frac{\ln W_B}{\ln \Omega} \approx 1$$

即 $\ln\Omega \approx \ln W_B$。因此统计热力学认为，当系统中粒子数足够大时，最概然分布的那些分布（W_B）即可代表平衡分布。此近似方法即摘取最大项法。据此对系统热力学概率 Ω 的求算就可转化为对最概然分布的微态数 W_B 的计算，从而使统计热力学的推导大为简化。若再建

立热力学概率 Ω 与宏观状态函数之间的关系，即可达到统计力学依据体系的微观状态的微观量采用求统计平均的方法求算或阐明体系的宏观量及其规律性的目的。

6.3 玻尔兹曼分布定律

玻尔兹曼在解决系统微观状态数问题时，对独立子系统的平衡分布作了如下定量的描述：在系统的 N 个粒子中，某一量子态 j（其能量为 ε_j）上的粒子分布数 n_j 正比于其玻尔兹曼因子 $e^{-\varepsilon_j/kT}$，即

$$n_j = \lambda e^{-\varepsilon_j/kT} \tag{6-10a}$$

式中，λ 为比例系数；k 为玻尔兹曼常数；T 为热力学温度。

若能级 i 的简并度为 g_i，说明有 g_i 个量子态对应相同的能量 ε_i，由上式可知每一个量子态的分布数应相等，均为 $\lambda e^{-\varepsilon_i/kT}$，则分布于能级 i 上的粒子数 n_i 应为每一个量子态的分布数的 g_i 倍，即

$$n_i = \lambda g_i e^{-\varepsilon_i/kT} \tag{6-10b}$$

由粒子数守恒，即式(6-4a) 知

$$N = \sum_j n_j = \sum_j \lambda e^{-\varepsilon_j/kT}$$

$$N = \sum_i n_i = \sum_i \lambda g_i e^{-\varepsilon_i/kT}$$

所以比例系数为

$$\lambda = \frac{N}{\sum\limits_j e^{-\varepsilon_j/kT}} = \frac{N}{\sum\limits_i g_i e^{-\varepsilon_i/kT}}$$

令

$$q \xlongequal{\text{def}} \sum_j e^{-\varepsilon_j/kT} \tag{6-11a}$$

$$q \xlongequal{\text{def}} \sum_i g_i e^{-\varepsilon_i/kT} \tag{6-11b}$$

q 称为粒子的配分函数（partition function），将其代入上式得 $\lambda = N/q$，则式(6-10) 可变为

$$n_j = \frac{N}{q} e^{-\varepsilon_j/kT} \tag{6-12a}$$

$$n_i = \frac{N}{q} g_i e^{-\varepsilon_i/kT} \tag{6-12b}$$

式(6-12) 称为玻尔兹曼分布定律，符合玻尔兹曼分布定律的分布方式称为玻尔兹曼分布。

由式(6-11) 和式(6-12) 得任意能级 i 上分布的粒子数 n_i 与系统的总粒子数 N 之比为

$$\frac{n_i}{N} = \frac{g_i e^{-\varepsilon_i/kT}}{\sum\limits_i g_i e^{-\varepsilon_i/kT}} = \frac{g_i e^{-\varepsilon_i/kT}}{q} \tag{6-13}$$

式中，$g_i e^{-\varepsilon_i/kT}$ 称为能级 i 的有效状态数或有效容量。$\sum g_i e^{-\varepsilon_i/kT}$ 则表示所有能级的有效状态数之和，通常简称为“状态和”。

由于玻尔兹曼定律是对独立子系统的平衡分布的定量描述，所以玻尔兹曼分布实质上指出了微观粒子能量分布中最概然的分布方式，其微观状态数可以用 6.2 中的方法进行求算。

【例 6-2】 在体积为 V 的立方体容器中有极大数目的三维平动子，其 $\dfrac{h^2}{8mV^{2/3}} = 0.1kT$，计算该物系在平衡情况下，$n_x^2 + n_y^2 + n_z^2 = 14$ 的平动能级上粒子的分布数 n 与基态能级上分

布数 n_0 之比。

解：平衡态粒子的分布符合玻尔兹曼分布，故

$$\frac{n}{n_0}=\frac{g\mathrm{e}^{-\varepsilon/kT}}{g_0\mathrm{e}^{-\varepsilon_0/kT}}$$

因三维平动子基态能级 $n_x=1$，$n_y=1$，$n_z=1$，所以

$$g_0=1, n_x^2+n_y^2+n_z^2=3$$

平动子基态能级的能值为

$$\varepsilon_0=\frac{h^2}{8mV^{2/3}}(n_x^2+n_y^2+n_z^2)=3\times0.1kT=0.3kT$$

当 $n_x^2+n_y^2+n_z^2=14$ 时，能级的能值为

$$\varepsilon=\frac{h^2}{8mV^{2/3}}(n_x^2+n_y^2+n_z^2)=14\times0.1kT=1.4kT$$

由于量子化条件的限制，$n_x^2+n_y^2+n_z^2=14$ 的能级对应的三个量子数只能是 1、2 及 3 三个数，故 $g=3!=6$。所以

$$\frac{n}{n_0}=\frac{g\mathrm{e}^{-\varepsilon/kT}}{g_0\mathrm{e}^{-\varepsilon_0/kT}}=\frac{6\times\mathrm{e}^{-1.4}}{1\times\mathrm{e}^{-0.3}}=6\times\mathrm{e}^{-1.1}=1.997$$

6.4 粒子的配分函数

配分函数在统计热力学中占有极重要的地位，系统的各种热力学性质都可以用配分函数来表示，而统计热力学的最重要的任务之一就是要通过配分函数来计算系统的热力学函数。

6.4.1 配分函数的析因子性质

由 6.1.1 中讨论可知，独立子系统中粒子的任意能级 i 的能量 ε_i 可表示为平动能、转动能、振动能、电子的能量和核运动五种运动形式能量的代数和，即

$$\varepsilon_i=\varepsilon_{\mathrm{t},i}+\varepsilon_{\mathrm{r},i}+\varepsilon_{\mathrm{v},i}+\varepsilon_{\mathrm{e},i}+\varepsilon_{\mathrm{n},i}$$

总的简并度 g_i 等于各种运动形式能级简并度的乘积，即

$$g_i=g_{\mathrm{t},i}\cdot g_{\mathrm{r},i}\cdot g_{\mathrm{v},i}\cdot g_{\mathrm{e},i}\cdot g_{\mathrm{n},i}$$

因此由式(6-11b)，配分函数 q 又可表示为

$$\begin{aligned}q&=\sum_i g_i\mathrm{e}^{-\varepsilon_i/kT}\\&=\sum_i g_{\mathrm{t},i}\cdot g_{\mathrm{r},i}\cdot g_{\mathrm{v},i}\cdot g_{\mathrm{e},i}\cdot g_{\mathrm{n},i}\mathrm{e}^{-(\varepsilon_{\mathrm{t},i}+\varepsilon_{\mathrm{r},i}+\varepsilon_{\mathrm{v},i}+\varepsilon_{\mathrm{e},i}+\varepsilon_{\mathrm{n},i})/kT}\\&=\left(\sum_i g_{\mathrm{t},i}\mathrm{e}^{-\varepsilon_{\mathrm{t},i}/kT}\right)\left(\sum_i g_{\mathrm{r},i}\mathrm{e}^{-\varepsilon_{\mathrm{r},i}/kT}\right)\left(\sum_i g_{\mathrm{v},i}\mathrm{e}^{-\varepsilon_{\mathrm{v},i}/kT}\right)\left(\sum_i g_{\mathrm{e},i}\mathrm{e}^{-\varepsilon_{\mathrm{e},i}/kT}\right)\left(\sum_i g_{\mathrm{n},i}\mathrm{e}^{-\varepsilon_{\mathrm{n},i}/kT}\right)\end{aligned}$$

令

$$\left.\begin{aligned}q_\mathrm{t}&=\sum_i g_{\mathrm{t},i}\mathrm{e}^{-\varepsilon_{\mathrm{t},i}/kT} &&\text{称为平动配分函数}\\q_\mathrm{r}&=\sum_i g_{\mathrm{r},i}\mathrm{e}^{-\varepsilon_{\mathrm{r},i}/kT} &&\text{称为转动配分函数}\\q_\mathrm{v}&=\sum_i g_{\mathrm{v},i}\mathrm{e}^{-\varepsilon_{\mathrm{v},i}/kT} &&\text{称为振动配分函数}\\q_\mathrm{e}&=\sum_i g_{\mathrm{e},i}\mathrm{e}^{-\varepsilon_{\mathrm{e},i}/kT} &&\text{称为电子配分函数}\\q_\mathrm{n}&=\sum_i g_{\mathrm{n},i}\mathrm{e}^{-\varepsilon_{\mathrm{n},i}/kT} &&\text{称为核配分函数}\end{aligned}\right\}\tag{6-14}$$

则粒子的配分函数可写作

$$q = q_{\mathrm{t}} q_{\mathrm{r}} q_{\mathrm{v}} q_{\mathrm{e}} q_{\mathrm{n}} \tag{6-15}$$

上式表明粒子的配分函数 q 可以用各独立运动的配分函数之积表示，这称为配分函数的析因子性质。相对于各独立运动的配分函数，q 称为粒子的全配分函数。应指出粒子配分函数的析因子性质只对独立子系统才是正确的。

6.4.2 能量零点的选择对配分函数q值的影响

由配分函数的定义可知，其值与各能级的能量 ε_i 有关，因此能级能量的量度对于分子配分函数的求算十分重要。

通常，能量零点的选择有两种规定：一种是选取能量的绝对零点，此时基态能量为 ε_0，于是粒子配分函数：

$$q = \sum_i g_i \mathrm{e}^{-\varepsilon_i/kT} = g_0 \mathrm{e}^{-\varepsilon_0/kT} + g_1 \mathrm{e}^{-\varepsilon_1/kT} + g_2 \mathrm{e}^{-\varepsilon_2/kT} + \cdots$$

另一种方法是规定各独立运动形式的基态能级作为各自能量的相对零点，即 $\varepsilon_0 = 0$。并规定以此为基准的粒子配分函数以 q^0 表示，即

$$q^0 = \sum_i g_i \mathrm{e}^{-\varepsilon_i^0/kT} = g_0 + g_1 \mathrm{e}^{-\varepsilon_1^0/kT} + g_2 \mathrm{e}^{-\varepsilon_2^0/kT} + \cdots$$

其中 $\varepsilon_i^0 = \varepsilon_i - \varepsilon_0$，为 i 能级相对于基态能级的能量。对比以上两种分别选择不同能量零点的粒子配分函数，可以得到

$$q = q^0 \mathrm{e}^{-\varepsilon_0/kT} \quad 或 \quad q^0 = q \mathrm{e}^{\varepsilon_0/kT} \tag{6-16}$$

值得注意的是，能量零点选择的不同，会影响配分函数的值，但并不影响玻尔兹曼分布。

以此类推，可以写出五种独立运动的配分函数 q^0 与 q 的关系。但在常温条件下 $\varepsilon_{\mathrm{t},0} \approx 0$，$\varepsilon_{\mathrm{r},0} = 0$，故 $q_{\mathrm{t}}^0 \approx q_{\mathrm{t}}$，$q_{\mathrm{r}}^0 \approx q_{\mathrm{r}}$。而 q_{v}^0 和 q_{v}、q_{e}^0 和 q_{e}、q_{n}^0 和 q_{n} 的差别不能忽略。

6.4.3 各种运动的配分函数的计算

根据粒子配分函数的析因子性质，要求粒子的全配分函数，根据式(6-15) 只需单独求出粒子各独立运动的配分函数，再取其积便可。

6.4.3.1 平动配分函数

由平动能级公式(6-1a) 知质量为 m 的分子在边长分别为 a，b，c 的矩形箱中平动时的能级能量为

$$\varepsilon_{i,\mathrm{t}} = \frac{h^2}{8m} \times \left(\frac{n_x^2}{a^2} + \frac{n_y^2}{b^2} + \frac{n_z^2}{c^2}\right)$$

将其代入平动配分函数公式(6-14)，因其为非简并的，所以有

$$q_{\mathrm{t}} = \sum_{n_x, n_y, n_z} \exp\left[-\frac{h^2}{8mkT}\left(\frac{n_x^2}{a^2} + \frac{n_y^2}{b^2} + \frac{n_z^2}{c^2}\right)\right]$$

平动量子数 n_x、n_y、n_z 取值为 $1 \sim \infty$ 间的正整数，则

$$\begin{aligned} q_{\mathrm{t}} &= \sum_{n_x, n_y, n_z} \exp\left[-\frac{h^2}{8mkT}\left(\frac{n_x^2}{a^2} + \frac{n_y^2}{b^2} + \frac{n_z^2}{c^2}\right)\right] \\ &= \sum_{n_x=1}^{\infty} \exp\left(-\frac{h^2}{8mkTa^2} n_x^2\right) \cdot \sum_{n_y=1}^{\infty} \exp\left(-\frac{h^2}{8mkTb^2} n_y^2\right) \cdot \sum_{n_z=1}^{\infty} \exp\left(-\frac{h^2}{8mkTc^2} n_z^2\right) \\ &= q_{\mathrm{t},x} q_{\mathrm{t},y} q_{\mathrm{t},z} \end{aligned} \tag{6-17}$$

式中，$q_{\mathrm{t},x}$、$q_{\mathrm{t},y}$、$q_{\mathrm{t},z}$ 分别为三个垂直方向上一维平动子的配分函数。三项组成完全相似，

只需解其中一个，其余类推便可。

如令
$$\frac{h^2}{8mkTa^2}=A^2$$

则
$$q_{t,x}=\sum_{n_x=1}^{\infty}\exp\left(-\frac{h^2}{8mkTa^2}n_x^2\right)=\sum_{n_x=1}^{\infty}\exp(-A^2n_x^2)$$

对于通常温度和体积条件下的一般分子 A^2 值是非常小的，说明上式连续加和的值相差非常小，在数学上可以看作是连续的，因此可用积分代替求和，即

$$q_{t,x}=\sum_{n_x=1}^{\infty}\exp(-A^2n_x^2)=\int_1^{\infty}\exp(-A^2n_x^2)\mathrm{d}n_x\approx\int_0^{\infty}\exp(-A^2n_x^2)\mathrm{d}n_x$$

由积分表得
$$\int_0^{\infty}\exp(-A^2n_x^2)\mathrm{d}n_x=\frac{\sqrt{\pi}}{2A}$$

所以
$$q_{t,x}=\frac{\sqrt{\pi}}{2A}=\left(\frac{2\pi mkT}{h^2}\right)^{1/2}\cdot a \tag{6-18a}$$

同理
$$q_{t,y}=\left(\frac{2\pi mkT}{h^2}\right)^{1/2}\cdot b \tag{6-18b}$$

$$q_{t,c}=\left(\frac{2\pi mkT}{h^2}\right)^{1/2}\cdot c \tag{6-18c}$$

将 $q_{t,x}$、$q_{t,y}$、$q_{t,z}$ 代入式(6-17)，得

$$q_t=q_{t,x}q_{t,y}q_{t,z}=\left(\frac{2\pi mkT}{h^2}\right)^{3/2}a\cdot b\cdot c=\left(\frac{2\pi mkT}{h^2}\right)^{3/2}V \tag{6-19}$$

显然，q_t 与粒子的质量 m 及系统的温度 T 和体积 V 有关。

【例 6-3】 求 $T=300\text{K}$，$V=10^{-6}\text{m}^3$ 时氖气分子的平动配分函数 q_t。

解：Ne 的原子量为 20.179，故 Ne 的质量为

$$m=\frac{20.179\times10^{-3}\text{kg}\cdot\text{mol}^{-1}}{6.022\times10^{23}\text{mol}^{-1}}=3.351\times10^{-26}\text{kg}$$

将此值及 $T=300\text{K}$、$V=10^{-6}\text{m}^3$ 代入式(6-19)，得

$$q_t=\left[\frac{2\times3.1416\times3.351\times10^{-26}\text{kg}\times1.381\times10^{-23}\text{J}\cdot\text{K}^{-1}\times300\text{K}}{(6.626\times10^{-34}\text{J}\cdot\text{s})^2}\right]^{3/2}\times10^{-6}\text{m}^3$$
$$=1.246\times10^{26}$$

6.4.3.2 转动配分函数

这里只考虑双原子分子的转动配分函数。将双原子分子的转动能级公式(6-2) 及简并度，即

$$\varepsilon_r=J(J+1)\frac{h^2}{8\pi^2I}\quad(J=0,1,2,\cdots,g_r=2J+1)$$

代入转动配分函数得

$$q_r=\sum_i g_{i,r}\mathrm{e}^{-\varepsilon_{i,r}/kT}=\sum_{J=0}^{\infty}(2J+1)\exp\left[-J(J+1)\frac{h^2}{8\pi^2IkT}\right] \tag{6-20a}$$

令 $\Theta_r=h^2/8\pi^2Ik$，其具有温度量纲，且其值与粒子的转动惯量 I 有关，可由光谱得到的转动惯量 I 值算出，故称其为转动特征温度（rotational characteristic temperature）。则上式可改写为

$$q_r=\sum_{J=0}^{\infty}(2J+1)\exp\left[-J(J+1)\frac{\Theta_r}{T}\right]$$

在通常温度下，$T\gg\Theta_r$，因此上式连续加和的值相差非常小，在数学上可以看作是连续的，

因此可用积分代替求和，得近似公式

$$q_r = \frac{T}{\sigma\Theta_r} = \frac{8\pi^2 IkT}{\sigma h^2} \tag{6-20b}$$

式中，σ 称为分子的对称数，它是分子围绕对称轴旋转一周，所产生的不可分辨的几何位置数。对于同核双原子分子 $\sigma=2$，异核双原子分子 $\sigma=1$。

【例 6-4】 已知 HBr 分子的转动惯量 $I=3.30\times10^{-47}\text{kg}\cdot\text{m}^2$，试求 HBr 的转动特征温度 Θ_r 及 25℃的转动配分函数 q_r。

解：
$$\Theta_r = \frac{h^2}{8\pi^2 Ik} = \frac{(6.626\times10^{-34}\text{J}\cdot\text{s})^2}{8\times3.1416^2\times3.30\times10^{-47}\text{kg}\cdot\text{m}^2\times1.381\times10^{-23}\text{J}\cdot\text{K}^{-1}}$$
$$=12.20\text{K}$$

HBr 是异核双原子分子，$\sigma=1$，所以

$$q_r = \frac{T}{\sigma\Theta_r} = \frac{298.15\text{K}}{1\times12.20\text{K}} = 24.44$$

6.4.3.3 振动配分函数

双原子分子的振动可以看作一维谐振子，且由于一维谐振子都是非简并的，即 $g_{i,v}=1$，将其振动能级公式

$$\varepsilon_v = (v+\frac{1}{2})h\nu \qquad (v=0,1,2,\cdots)$$

代入振动配分函数得

$$q_v = \sum_i g_{i,v} e^{-\varepsilon_{i,v}/kT} = \sum_{v=0}^{\infty} \exp\left[-\left(v+\frac{1}{2}\right)h\nu/kT\right]$$
$$= e^{-h\nu/2kT}\sum_{v=0}^{\infty} e^{-vh\nu/kT}$$

令 $\Theta_v = \frac{h\nu}{k}$，其具有温度量纲，且其值与粒子的振动频率有关，故称其为振动特征温度（vibrational characteristic temperature）。将其代入上式，并利用级数展开公式得

$$q_v = e^{-\Theta_v/2T}\sum_{v=0}^{\infty} e^{-v\Theta_v/T} = \frac{e^{-\Theta_v/2T}}{1-e^{-\Theta_v/T}} \tag{6-21a}$$

通常温度下，$\frac{\Theta_v}{T}\gg1$，$e^{-\Theta_v/T}\ll1$，则上式可变为

$$q_v \approx e^{-\Theta_v/2T} \tag{6-21b}$$

上式说明振动配分函数是粒子性质及系统温度 T 的函数。在通常温度下，双原子分子总是处于振动基态；只有在温度 T 接近 Θ_v 时，其他各能级才对振动配分函数有贡献。

如果以基态能级的能量为零点，则由式(6-16) 振动配分函数 q_v^0 为

$$q_v^0 = q_v\cdot e^{\varepsilon_{0,v}/kT} = q_v\cdot e^{h\nu/2kT} = e^{\Theta_v/2T}\cdot e^{-\Theta_v/2T}\cdot\frac{1}{1-e^{-\Theta_v/T}}$$
$$= \frac{1}{1-e^{-\Theta_v/T}} = \frac{1}{1-e^{-h\nu/kT}} \tag{6-22}$$

6.4.3.4 电子运动及核运动配分函数

通常情况下，由于电子能级间隔较大，绝大多数粒子的电子均处于基态，所以，电子配分函数的求和公式从第二项起可以忽略不计，即

$$q_e = g_{e,0}e^{-\varepsilon_{e,0}/kT} \quad 或 \quad q_e^0 = q_e e^{-\varepsilon_{e,0}/kT} = g_{e,0} = 常数 \tag{6-23}$$

核运动能级的间隔更大，一般物理或化学变化中核不发生变化，总处于基态，所以与电子运动配分函数相似，核运动的配分函数

$$q_{n}=g_{n,0}e^{-\varepsilon_{n,0}/kT} \quad 或 \quad q_{n}^{0}=g_{n,0}=常数 \tag{6-24}$$

6.5 热力学函数与配分函数的关系

上一节曾提到统计热力学的最重要的任务之一就是要通过配分函数来计算系统的热力学函数，在了解了配分函数的计算方法以后，本节讨论系统的各种热力学函数与配分函数的关系。

6.5.1 热力学能与配分函数的关系

由式(6-4b) 可知，独立子系统的热力学能为

$$U=\sum_{i}n_{i}\varepsilon_{i}$$

将式中的 n_i 用玻尔兹曼分布公式 $n_{i}=\frac{N}{q}g_{i}e^{-\varepsilon_{i}/kT}$ 代入，可得

$$U=\frac{N}{q}\sum_{i}g_{i}e^{-\varepsilon_{i}/kT}\varepsilon_{i} \tag{6-25}$$

将 q 对 T 求偏微商，可得

$$\left(\frac{\partial q}{\partial T}\right)_{V,N}=\left\{\frac{\partial}{\partial T}\left(\sum_{i}g_{i}e^{-\varepsilon_{i}/kT}\right)\right\}_{V,N}$$

$$=\frac{\varepsilon_{i}}{kT^{2}}\sum_{i}g_{i}e^{-\varepsilon_{i}/kT}$$

即

$$\sum_{i}g_{i}e^{-\varepsilon_{i}/kT}\cdot\varepsilon_{i}=kT^{2}\left(\frac{\partial q}{\partial T}\right)_{V,N}$$

将此式代入式(6-25) 得

$$U=\frac{N}{q}kT^{2}\left(\frac{\partial q}{\partial T}\right)_{V,N}=NkT^{2}\left(\frac{\partial \ln q}{\partial T}\right)_{V,N} \tag{6-26}$$

上式即独立子系统的热力学能与配分函数的关系式。此式显然对定域和离域子系统都适用。

将配分函数的析因子性质代入上式，得

$$U=NkT^{2}\left(\frac{\partial \ln q}{\partial T}\right)_{V,N}=NkT^{2}\left[\frac{\partial \ln(q_{t}q_{r}q_{v}q_{e}q_{n})}{\partial T}\right]_{V,N}$$

由于上式中仅 q_t 与系统体积 V 有关，所以上式可整理为

$$U=NkT^{2}\left(\frac{\partial \ln q_{t}}{\partial T}\right)_{V,N}+NkT^{2}\frac{d\ln q_{r}}{dT}+NkT^{2}\frac{d\ln q_{v}}{dT}+NkT^{2}\frac{d\ln q_{e}}{dT}+NkT^{2}\frac{d\ln q_{n}}{dT}$$

令

$$U_{t}=NkT^{2}\left(\frac{\partial \ln q_{t}}{\partial T}\right)_{V,N}, \quad U_{r}=NkT^{2}\frac{d\ln q_{r}}{dT}$$

$$U_{v}=NkT^{2}\frac{d\ln q_{v}}{dT}, \quad U_{e}=NkT^{2}\frac{d\ln q_{e}}{dT} \tag{6-27}$$

$$U_{n}=NkT^{2}\frac{d\ln q_{n}}{dT}$$

所以

$$U=U_{t}+U_{r}+U_{v}+U_{e}+U_{n} \tag{6-28}$$

同理可得各运动形式基态能量规定为零时，系统的热力学能 U^0 为

$$U^{0}=NkT^{2}\left(\frac{\partial \ln q^{0}}{\partial T}\right)_{V,N} \tag{6-29}$$

因 $q^0 = q\mathrm{e}^{\varepsilon_0/kT}$，代入上式得

$$U^0 = U - N\varepsilon_0 \tag{6-30a}$$

上式说明系统的热力学能与能量零点的选择有关。式中 $N\varepsilon_0$ 是系统中全部粒子均处于基态时的能量，可以认为是系统于 0K 时的热力学能 U_0，则

$$U^0 = U - U_0 \tag{6-30b}$$

可见能量零点的选择不同，所求算的系统热力学能值不同。

6.5.2 系统的熵与配分函数的关系

在了解系统的熵与配分函数的关系之前，需先了解统计热力学中的一个极其重要的定理——玻尔兹曼熵定理。

6.5.2.1 玻尔兹曼熵定理

第 1 章中的式(1-48)，即

$$S = k\ln\Omega$$

就是玻尔兹曼熵定理的表达式。玻尔兹曼熵定理适用于孤立系统。式中，S 是孤立系统的熵；Ω 是孤立系统的总微观状态数；k 为玻尔兹曼常数。

由热力学可知，孤立系统中，系统的熵值总是向增大的方向变化，当达到热力学平衡状态时，体系的熵达到最大值。由概率论可知，孤立系统中的一切自发过程都是从概率小的方向向概率大的方向进行，从微观状态数少的方向向微观状态数多的方向进行。在达到平衡时，系统的总微观状态数亦达到最大值。而熵 S 和微观状态数 Ω 又都是 N、U、V 的函数，因此二者之间必然有某种函数关系，可表示为

$$S = f(\Omega)$$

若把系统分成（N_1, U_1, V_1）和（N_2, U_2, V_2）两部分，由于 S 为广度性质，则

$$S(N,U,V) = S_1(N_1,U_1,V_1) + S_2(N_2,U_2,V_2) \tag{6-31}$$

若两部分的微态数分别为 Ω_1、Ω_2，根据概率相乘原理

$$\Omega = \Omega_1 \times \Omega_2$$

取对数

$$\ln\Omega = \ln\Omega_1 + \ln\Omega_2 \tag{6-32}$$

对比式(6-31) 和式(6-32)，可见 S 与 Ω 之间的函数关系为对数关系，即

$$S \propto \ln\Omega$$

引入比例常数，即得

$$S = k\ln\Omega \tag{6-33}$$

此即玻尔兹曼熵定理，其中 k 为玻尔兹曼常数，可以证明

$$k = \frac{R}{N_{\mathrm{A}}} = 1.3805 \times 10^{-23}\,\mathrm{J \cdot K^{-1}}$$

式中，R 是摩尔气体常数；N_{A} 是阿伏伽德罗常数。玻尔兹曼熵定理的重要意义在于它将系统的宏观性质（S）与微观性质（Ω）联系起来，是孤立系统宏观与微观联系的桥梁。

6.5.2.2 熵与配分函数的关系

由摘取最大项原理，玻尔兹曼熵定理可表示成

$$S = k\ln W_{\mathrm{B}} \tag{6-34}$$

由上式可知，只要合理求算出某一系统的最概然分布所对应的微观状态数 W_{B}，就可求出系统的熵值。由于定域子系统和离域子系统的 W_{B} 值不同，故 S 值亦不相同。

对于离域子系统，其最概然分布的微态数 W_{B} 可由式(6-6) 得出，即

$$W_{\mathrm{B}} = \prod_i \frac{g_i^{n_i}}{n_i!}$$

所以 $$S = k\ln W_B = k\sum_i (n_i \ln g_i - \ln n_i!)$$

将斯特林近似公式 $\ln N! = N\ln N - N$ 代入上式，得

$$S = k\ln W_B = k\sum_i (n_i \ln g_i - n_i \ln n_i + n_i)$$

并将玻尔兹曼分布的数学式 $n_i = \frac{N}{q} g_i \mathrm{e}^{-\varepsilon_i/kT}$ 代入上式，得

$$\begin{aligned} S &= k\ln W_B = k\sum_i (n_i \ln g_i - n_i \ln n_i + n_i) \\ &= k\sum_i \left(n_i \ln g_i - n_i \ln \frac{N}{q} - n_i \ln g_i + \frac{n_i \varepsilon_i}{kT} + n_i\right) \\ &= k\sum_i \left(n_i \ln \frac{q}{N} + \frac{n_i \varepsilon_i}{kT} + n_i\right) \\ &= Nk\ln \frac{q}{N} + \frac{U}{T} + Nk \end{aligned} \tag{6-35a}$$

如果用配分函数 q 与 q^0 的关系代入上式，可得

$$S = Nk\ln \frac{q^0}{N} + \frac{U^0}{T} + Nk \tag{6-35b}$$

式(6-35) 是离域子系统中熵与配分函数的关系。对定域子系统，由式(6-5) 可知其最概然分布数 W_B 为

$$W_B = N! \prod_i \frac{g_i^{n_i}}{n_i!}$$

用同样的方法可导出定域子系统熵的统计热力学表达式，为

$$S = Nk\ln q + \frac{U}{T} \tag{6-36a}$$

$$S = Nk\ln q^0 + \frac{U^0}{T} \tag{6-36b}$$

比较上述结果可知，定域子系统和离域子系统的熵值相差 $k\ln N!$ 倍，而且能量零点的选择对系统的熵值无影响。

6.5.3 其他热力学函数与配分函数的关系

在已知 U、S 与配分函数 q 的关系的基础上，根据热力学函数之间的关系，很容易得到其他状态函数如 A、p、G、H、定压热容 C_V 等与配分函数的关系。

(1) 亥姆霍兹函数 A

由亥姆霍兹函数 $A = U - TS$，将 U 和 S 与配分函数的关系式代入，得如下关系式。

对于定域子系统 $$A = -kT\ln q^N \tag{6-37a}$$

对于离域子系统 $$A = -kT\ln(q^N/N!) \tag{6-37b}$$

(2) 压力 p

由 $\mathrm{d}A = -S\mathrm{d}T - p\mathrm{d}V$ 得

$$p = -\left(\frac{\partial A}{\partial V}\right)_{T,N}$$

由式(6-37a) 或式(6-37a) 均可得到

$$p = -\left(\frac{\partial A}{\partial V}\right)_{T,N} = NkT\left(\frac{\partial \ln q}{\partial V}\right)_{T,N} \tag{6-38}$$

(3) 吉布斯函数 G

吉布斯函数 $G = A + pV$，将式(6-37) 和式(6-38) 代入，得

对于定域子系统

$$G=-kT\ln q^{N}+NkTV\left(\frac{\partial \ln q}{\partial V}\right)_{T,N} \tag{6-39a}$$

对于离域子系统

$$G=-kT\ln(q^{N}/N!)+NkTV\left(\frac{\partial \ln q}{\partial V}\right)_{T,N} \tag{6-39b}$$

(4) 焓 H

焓 $H=U+pV$，将式(6-26) 和式(6-38) 分别代入，得

$$H=NkT^{2}\left(\frac{\partial \ln q}{\partial T}\right)_{V,N}+NkTV\left(\frac{\partial \ln q}{\partial V}\right)_{T,N} \tag{6-40}$$

(5) 恒容热容 C_V

已知恒容热容 $C_V=\left(\frac{\partial U}{\partial T}\right)_{V,N}$，$U=NkT^{2}\left(\frac{\partial \ln q}{\partial T}\right)_{V,N}$

所以

$$C_V=2NKT\left(\frac{\partial \ln q}{\partial T}\right)_{V,N}+NKT^{2}\left(\frac{\partial^{2} \ln q}{\partial T^{2}}\right)_{V,N} \tag{6-41}$$

因为 $U^{0}=U-N\varepsilon_{0}$，且 ε_{0} 为常数，故

$$C_V=\left(\frac{\partial U}{\partial T}\right)_{V,N}=\left(\frac{\partial U^{0}}{\partial T}\right)_{V,N} \tag{6-42}$$

从上述热力学函数与配分函数的关系式可知，对于离域、定域子系统，函数 U、H、C_V 相同，S、A、G 不同，相差一个常数项；能量零点选择不同时，函数 S、C_V 相同，U、A、H、G 不同，都是相差一项 $U_0=N\varepsilon_0$。

思考题

1. 何谓数学概率和热力学概率？它们之间有什么关系？

2. 部分氘化的氨样品经分析后发现有等物质的量的氢和氘。假定分布是完全任意的，那么 NH_3、NH_2D、NHD_2 和 ND_3 的比例如何？

3. 何谓最概然分布？何谓平衡分布？它们之间有什么关系？Boltzmann 分布是不是平衡分布？

4. 按统计热力学的系统分类，理想气体属于什么系统，实际气体属于什么系统？

5. 分子能量零点的选择方式有几种？由于能量零点选择方式的不同，对能级的能量值有无影响？对分子的配分函数值有无影响？按 Boltzmann 分布定律，对分子在各能级上的分布数有无影响？

6. 在相同条件下，定域子系统的微观状态数是离域子系统的 $N!$ 倍，所以定域子系统的熵值应该比离域子系统的大 $k\ln N!$。但实际上，固体物质的摩尔熵值总是比其蒸气的小，道理何在？

7. 低温条件下，能否应用公式 $q_r=T/\sigma\Theta_r$ 求算分子转动配分函数？为什么？

概念题

1. 质量为 m 的粒子在长度为 a 的一维势箱中运动，其基态能量

(A) $E<0$　　(B) $E=0$　　(C) $E>0$　　(D) 不确定

2. 统计热力学中实际气体属于

(A) 独立离域子系　　(B) 独立定域子系

(C) 相依离域子系　　(D) 相依定域子系

3. 下列系统中为定域子系统的是

(A) 液溴　　(B) 石墨　　(C) 水蒸气　　(D) 一氧化碳气体

4. 对于粒子数 N，体积 V 和能量 U 一定的体系，其微观状态数最大的分布就是最概然分布，得出这一结论的理论依据是

(A) 玻尔兹曼分布定律　　(B) 分子运动论

(C) 能量均分原理　　　　(D) 等概率假定（定律）

5. 玻尔兹曼统计认为

(A) 玻尔兹曼分布既是最概然分布，也是平衡分布

(B) 玻尔兹曼分布既不是最概然分布，也不是平衡分布

(C) 玻尔兹曼分布只是最概然分布，但不是平衡分布

(D) 玻尔兹曼分布不是最概然分布，只是平衡分布

6. 对于粒子数 N，体积 V 和能量 U 一定的体系，玻尔兹曼方程 $S \propto k\ln\Omega$ 中 Ω 的意义是

(A) 此条件下总微观状态数　　(B) 最概然分布的微态数

(C) 此条件下，可能出现分布的种数　　(D) 任一分布的微态数

7. 将能量零点选为各运动的基态，在通常温度下，下列哪个配分函数不受影响？

(A) q_t　　(B) q_r　　(C) q_v　　(D) q_e，q_n

8. 能量零点的选择对下列哪些函数没有影响？

(A) A　　(B) U　　(C) G　　(D) C_V

9. 公式 $A=-kT\ln(q^N/N!)$ 可用于下列哪些系统中，q 和 N 分别为粒子的配分函数和系统的粒子数？

(A) H_2（看作理想气体）　　(B) 水蒸气　　(C) Cu(s)　　(D) $CH_3OH(l)$

10. 对于粒子数 N，体积 V 和能量 U 确定的独立子系统，沟通热力学与统计力学的关系式是

(A) $U=\sum_i n_i\varepsilon_i$　　(B) $p=NkT\left(\dfrac{\partial \ln q}{\partial V}\right)_{T,N}$

(C) $S=k\ln\Omega$　　(D) $q=\sum_i g_i e^{-\varepsilon_i/kT}$

习题

1. 设有一个由三个定位的一维谐振子组成的系统，这三个振子分别在各自的位置上振动，系统的总能量为 $\frac{11}{2}h\nu$。试求系统的全部可能的微观状态数。

2. 某分子的两个能级的能量值分别为 $\varepsilon_1=6.1\times10^{-21}$J，$\varepsilon_2=8.4\times10^{-21}$J，相应的简并度 $g_1=3$，$g_2=5$。求该分子组成的系统中，在 300K、3000K 时分布在两个能级上的粒子数之比 n_1/n_2 各为多少？

3. 一个系统中有四个可分辨的粒子，这些粒子许可的能级为 $\varepsilon_0=0$，$\varepsilon_1=\omega$，$\varepsilon_2=2\omega$，$\varepsilon_3=3\omega$，其中 ω 为某种能量单位，当系统的总量为 2ω 时，试计算：

(1) 若各能级非简并，则系统可能的微观状态数为多少？

(2) 如果各能级的简并度分别为 $g_0=1$，$g_1=3$，$g_2=3$，则系统可能的微观状态数又为多少？

4. 在一个猴舍中有三只金丝猴和两只长臂猿。金丝猴有红、绿两种帽子可任戴一种，长臂猿有黄、灰和黑三种帽子可任戴一种。试问陈列于该猴舍中的猴子能出现几种不同的陈列情况？

5. 已知某分子的第一电子激发态的能量比基态高 $400\text{kJ}\cdot\text{mol}^{-1}$，且基态和第一激发态都是非简并的，试计算：

(1) 300K 时处于第一激发态的分子所占分数；

(2) 分配到此激发态的分子数占总分子数 10%时温度应为多高？

6. HCl 分子的振动能级间隔为 5.94×10^{-20}J，试计算 298.15K 某一能级与其较低一能级上的分子数的比值。对于 I_2 分子，振动能级间隔为 0.43×10^{-20}J，试作同样的计算。

7. 一氧化氮晶体是由形成二聚物的 N_2O_2 分子组成的，该分子在晶格中有两种随机的空间取向，求算 1mol NO 在 0K 时的熵值。

8. 2mol N_2 置于一容器中，$T=400$K，$p=50$kPa，试求容器中 N_2 分子的平动配分函数。

9. CO 的转动惯量 $I=1.45\times10^{-46}\text{kg}\cdot\text{m}^2$，振动特征温度 $\Theta_v=3084$K，试求 25℃时 CO 的标准摩尔熵。

10. 已知 CO 分子的基态振动波数为 $\tilde{\nu}=2168\text{cm}^{-1}$，求 CO 分子的振动特征温度 Θ_v 和 25℃时的振动配分函数 q_v。

11. 已知 F_2 分子的转动特征温度 $\Theta_r=1.24$K，振动特征温度 $\Theta_v=1284$K，求 F_2 在 25℃时的标准摩尔熵 $S_m^{\ominus}$ 和定压摩尔热容 $C_{p,m}$。

第7章 界面现象

相互接触的两相界面处的分子所受到的力不同于体相内的分子，从而存在界面张力。正是由于界面张力的存在，使得在界面处的物质会具有一些特殊的性质，从而表现出一些界面现象，特别是当系统的分散程度很大时，必须考虑界面层分子的特殊性质和由此产生的界面现象。利用表面热力学能够解释系统发生各种界面现象的热力学原因，与相界面的种类有关。本章在表面热力学的指导下，分别讨论纯液体、固体和溶液表面的界面现象。

本章概要

7.1 界面张力

界面张力的存在是产生所有界面现象的原因。本节讨论界面张力及其影响因素，并用热力学讨论在界面处发生的过程，寻求界面现象的热力学原因。

7.2 润湿现象

润湿现象是纯液体的界面现象，其热力学本质是纯液体的表面张力一定，系统只能通过缩小液体的表面积而降低系统的表面能。通过测定或计算接触角，可以评价液体在界面处的润湿程度，在科研、生产及生活实际中有非常重要的应用。

7.3 弯曲液面的表面现象

也是纯液体的界面现象。与平液面不同，液体在界面处若呈现弯曲液面，则表现出与平液面不同的性质，如产生附加压力，从而导致液体的蒸气压发生变化，可以用此原理解释自然界中出现的过冷、过热、过饱和等一系列亚稳态现象。

7.4 气体在固体表面的吸附

是固体的表面现象，其热力学本质是固体的表面积不可以改变，系统只能通过在固体表面吸附气体分子来降低系统的表面能。本节讨论了气体在固体表面吸附所遵循的规律及其应用。

7.5 溶液表面的吸附

溶液虽然是液体，但由于加入了溶质，使其不同于纯液体，其表面张力会随着溶液浓度的变化而变化，从而产生不同于固体表面吸附的溶液表面吸附，使溶液既具有润湿及弯曲液面的表面现象，在浓度变化时还表现为不同程度的溶液表面吸附现象。本节讨论溶液表面吸附所遵循的规律，还有表面活性剂及其应用。

相互接触的两相之间的过渡区（约有几个分子厚度）称为界面（interface）。物质的气、液、固三态之间，按相互接触相的不同分类，共有气-液、气-固、液-液、液-固、固-固五种界面。由于气相一般不为人眼所见，习惯上把固相、液相与气体之间的界面称为表面（surface），其余两相界面均称为界面，表面也是界面的一类。界面不是纯粹几何面，有一定厚度，可以是多分子层、也可以是单分子层，这一层的结构与本体内部不同。

自然界中的许多现象都与界面的特殊性质有关，如：光滑玻璃上的微小汞滴会自动地呈球形；水在毛细管中会自动地上升，汞在毛细管中会自动地下降；固体表面能自动地吸附其他物质；微小的液滴易于蒸发；人工降雨；煤尘和粉尘容易爆炸等。

在前面所讨论的有关化学热力学的章节中，未曾涉及系统表面的特殊性质，只是把该系统中的各相界面（或表面）当作相本体的一部分来研究。实际上，表面的分子和体相的分子，由于所处的位置不同，其性质亦大不相同。对于表面积不大的系统，表面分子数远小于体相分子数，对系统性质的影响不甚明显。但是当物质被高度分散时，表面性质将会显得十分突出。

物质的分散度可用比表面积（specific surface）表示，其定义为单位质量或单位体积的物质所具有的表面积。即

$$a_S = A/m \text{ 或 } a_V = A/V$$

式中，m 和 V 分别为物质的质量和体积；A 为其表面积；a_S 和 a_V 分别为单位质量和单位体积的表面积。

随着物质分散度的增大，颗粒变小而表面积急剧增大。例如直径为 1cm 的球形液滴，表面积是 3.1416cm^2，当将其分散成 10^{18} 个直径为 10nm 的圆球小水滴时，其总的表面积可高达 314.16m^2，是原来的 10^6 倍。此时表面效应非常突出，对系统性质的影响也愈加强烈。

随着表面科学的深入研究，这一学科所涉及的内容愈来愈广泛，它的重要性愈来愈被人们所重视，在科研、生产中所起的作用也愈来愈明显。本章就是应用热力学的方法，讨论界面的结构、性质及其产生的各种现象。

7.1 表面张力

表面张力

7.1.1 液体的表面张力、表面功及表面吉布斯函数

物质表面层中的分子与体相内的分子二者所处的力场是不同的。例如某纯液体与其饱和蒸气相接触的系统，如图 7-1 所示，液体内部分子所受四周邻近相同分子的作用力是球形对称的，各个方向的力彼此抵消，合力为零；但是处在表面层的分子，则处于力场不对称的环境中，液体内部分子对表面层中分子的吸引力，远远大于液面上蒸气分子对它的吸引力，使表面层中分子恒受到指向液体内部的拉力，它力图把表面层中的分子拉入液体内部而缩小其表面积。液体表面就如同一层绷紧了的橡皮膜，尽量使其表面积最小，在体积足够小时呈现球形，因为球形表面积最小。这就是为什么小液滴总是呈球形，肥皂泡要用力吹才能变大的原因。

动画：
表面张力实验

可见，在气-液两相界面上，处处存在着一种指向液体方向引起液体表面收缩的力，我们把在一定温度和压力下，垂直于单位长度的边界、与表面相切并指向液体方向的力称为表面张力（surface tension），用 γ 表示，单位是 $\text{N}\cdot\text{m}^{-1}$。对水平液面，表面张力沿着液面且与液面平行，对弯曲液面，表面张力与液面相切。

动画：表面功

由于表面张力的存在，要增加系统的表面积，就需要克服表面张力对系统做功，这部分功称为表面功（surface work）。严格地说，在恒温、恒压条件下，可逆地增加系统表面积所消耗的非体积功称表面功。

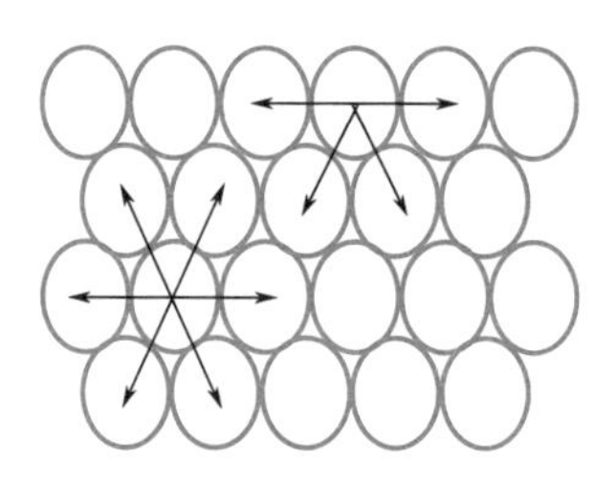

图 7-1 液体表面分子与内部分子受力情况差别示意图

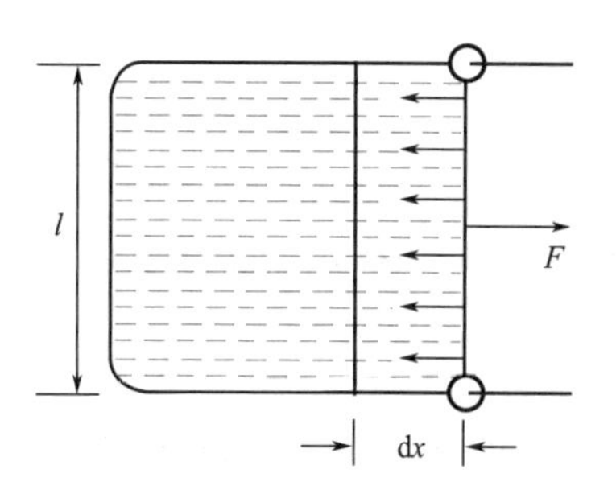

图 7-2 表面功示意图

假如用细钢丝制成一个框架，如图 7-2 所示，其一边是可以自由活动无摩擦的金属丝。将金属丝固定后蘸上一层肥皂膜。若放松金属丝，由于表面张力的作用，金属丝就会自动向左移动而减小液膜的面积。设金属丝长度为 l，作用于液膜单位长度上的紧缩力为表面张力 γ，因液膜有两个面，所以边界总长度为 $2l$，则因液体的表面张力而作用于金属丝上总的力为 $2l\gamma$。

在一定温度、压力下，若使金属丝可逆地向右移动 $\mathrm{d}x$，就需在金属丝上施加一外力 F，且

$$F=2l\gamma$$

在外力 F 的作用下，上述液膜面积可逆地增大 $\mathrm{d}A$ 而做非体积功，称为表面功。在可逆条件下应忽略摩擦力，故可逆表面功为

$$\delta W'_{\mathrm{r}}=F\mathrm{d}x=2l\gamma\mathrm{d}x=\gamma\mathrm{d}A \tag{7-1}$$

上式又可写为

$$\gamma=\delta W'_{\mathrm{r}}/\mathrm{d}A \tag{7-2}$$

即 γ 又可表示为增加单位表面积所需外界对系统做的功，又称为比表面功，单位是 $\mathrm{J\cdot m^{-2}}$。

由于等温、等压下，可逆非体积功等于系统的吉布斯函数变，即

$$\delta W'_{\mathrm{r}}=\mathrm{d}G_{T,p}=\gamma\mathrm{d}A$$

所以

$$\gamma=\left(\frac{\partial G}{\partial A}\right)_{T,p} \tag{7-3}$$

由式(7-3) 可知，γ 又等于系统增加单位表面时所增加的吉布斯函数，也称为比表面吉布斯函数（或简称比表面能），单位为 $\mathrm{J\cdot m^{-2}}$。

表面张力、比表面功、比表面吉布斯函数三者虽为不同的物理量，但它们在数值和量纲上却是等同的，三者的单位皆可化为 $\mathrm{N\cdot m^{-1}}$。由此看来，表面张力、比表面功、比表面吉布斯函数是对同一问题从不同角度上的阐述。

与液体的表面张力类似，其他界面，如固体表面、液-液界面、液-固界面等由于界面层分子受力不均衡，也同样存在着界面张力（interfacial tension）。

7.1.2 表面热力学

在 2.2 中我们曾讨论多组分系统的热力学基本方程式(2-10)～式(2-13)，这四个公式的变量除了 T、p、S、V 外，还考虑了各个物质的量 n_{B}，而未考虑相界面面积 A。但当扩展相界面、增加表面分子数，即增加分散度时，就需对体系做表面功，则表面热力学基本方程中应相应增加表面功 $\gamma\mathrm{d}A$ 一项，即

$$\mathrm{d}U=T\mathrm{d}S-p\mathrm{d}V+\sum_{\mathrm{B}}\mu_{\mathrm{B}}\mathrm{d}n_{\mathrm{B}}+\gamma\mathrm{d}A \tag{7-4}$$

$$\mathrm{d}H=T\mathrm{d}S+V\mathrm{d}p+\sum_{\mathrm{B}}\mu_{\mathrm{B}}\mathrm{d}n_{\mathrm{B}}+\gamma\mathrm{d}A \tag{7-5}$$

$$dA = -SdT - pdV + \sum_{B} \mu_B dn_B + \gamma dA \tag{7-6}$$

$$dG = -SdT + Vdp + \sum_{B} \mu_B dn_B + \gamma dA \tag{7-7}$$

以式(7-7) 为例，等温、等压，且各物质的物质的量均不变时，由此式可得

$$\gamma = \left(\frac{\partial G}{\partial A}\right)_{T,p,n_B} \tag{7-8}$$

同理，再由其他三个表面热力学基本方程可得

$$\gamma = \left(\frac{\partial U}{\partial A}\right)_{S,V,n_B} = \left(\frac{\partial H}{\partial A}\right)_{S,p,n_B} = \left(\frac{\partial A}{\partial A}\right)_{T,V,n_B} = \left(\frac{\partial G}{\partial A}\right)_{T,p,n_B} \tag{7-9}$$

由此可知，γ 是指相应变量不变的情况下，每增加单位表面积时，系统内能、焓、亥姆霍兹函数或吉布斯函数等热力学函数的增值。

按照热力学第二定律，等温、等压下自发过程的方向是吉布斯函数趋于减小。而表面吉布斯函数 G(表面)$=\gamma A$，故

$$dG_{T,p}(\text{表面}) = \gamma dA + A d\gamma \tag{7-10}$$

由上式可知，在一定温度和压力下，当 γ 恒定时，表面积 A 趋于自动缩小。例如常见的雨滴、水珠呈球状；面粉、奶粉长时间放置会自动结成团块等均是表面积自动缩小的现象。而随着固体分散程度的增加，表面积增大，导致 G（表面）增大，表面能增大，使系统处于不稳定状态，如粉尘爆炸就是因为悬浮在空气中的可燃粉尘达到一定的浓度，表面能很高，形成爆炸性混合物，一旦遇到火星，就可能引起爆炸。最常见的可燃粉尘有煤粉尘、玉米粉尘、铝粉尘、锌粉尘、镁粉尘、硫黄粉尘等。2014 年 8 月 2 日发生在江苏昆山的粉尘爆炸事故，就是由于金属加工中产生的铝粉尘导致的；2015 年 6 月 28 日，发生在台湾新北市八仙乐园的粉尘爆炸事故就是由于喷洒彩色玉米粉所致。当表面积 A 恒定时，系统的表面上可能自发地吸附一些能使 γ 下降的物质，而导致 G（表面）的降低。如固体及溶液表面的吸附现象就是这种情况。可见界面吉布斯函数减小是系统发生各种界面现象的热力学原因。本章主要从纯液体的表面现象、溶液的表面现象和固体的表面现象三个方面讨论界面现象问题。

7.1.3 影响表面张力的因素

表面张力 γ 是分子间相互作用的结果，因此凡能影响物质性质的因素，对表面张力皆有影响。现分述如下。

（1）分子间力的影响

物质的表面张力与物质的本性有关。液体或固体中的分子间作用力或化学键力越大，则表面张力 γ 就越大。一般 γ(金属键)$>\gamma$(离子键)$>\gamma$(极性键共价键)$>\gamma$(非极性键共价键)。另外，由于固体分子间的作用力远大于液体的，所以固体物质一般要比液体物质具有较高的表面张力。若是界面张力还与共存的另一相的性质有关。表 7-1 列出了某些液体的表面张力和液-液界面张力。

表 7-1　298.15K 时某些液体的表面张力和液-液界面张力

物　质	$\gamma/10^{-3}N \cdot m^{-1}$	物　质	$\gamma/10^{-3}N \cdot m^{-1}$
汞	485.0	苯	28.86
水	72.88	甲苯	28.52
正己烷	18.43	硝基苯	49.67
氯仿	27.31	甲醇	22.50
汞/水	416	乙醇	22.39
正己烷/水	51.1	乙醚	17.10
正辛烷/水	50.8	四氯化碳	26.66

（2）温度的影响

同一种物质的表面张力因温度不同而异，当温度升高时物质的体积膨胀，分子间的距离增加，分子之间的相互作用减弱，所以表面张力一般随温度的升高而减小。液体的表面张力受温度的影响较大，且表面张力随温度的升高近似呈直线下降。当温度趋于临界温度 T_c 时，气液两相密度趋于相同，相界面趋于消失，此时液体的表面张力趋于 0。拉姆齐（Ramsay）和希尔茨（Shields）提出了表面张力 γ 随温度变化的经验公式，即

$$\gamma V_m^{2/3}=k(T_c-T-6.0) \tag{7-11}$$

式中，V_m 为液体的摩尔体积；k 是经验常数，对于大多数非极性液体，$k\approx 2.2\times10^{-7}\mathrm{J\cdot K^{-1}}$。表 7-2 给出了一些液体在不同温度下的表面张力。

表 7-2 不同温度下液体的表面张力/$\mathrm{mN\cdot m^{-1}}$

表面张力 / 温度 / 液体	0℃	20℃	40℃	60℃	80℃	100℃
水	75.64	72.75	69.58	66.18	62.61	58.85
乙醇	24.05	22.27	20.60	19.01	—	—
甲醇	24.5	22.6	20.9	—	—	15.7
四氯化碳	—	26.8	24.3	21.9	—	—
丙酮	26.2	23.7	21.2	18.6	16.2	—
甲苯	30.74	28.43	26.13	23.81	21.53	19.39
苯	31.6	28.9	26.3	23.7	21.3	—

（3）压力及其他因素的影响

压力对表面张力的影响原因比较复杂，一般来说随压力的增大，表面张力下降，但下降的程度非常小，一般情况下可忽略这种影响。

另外，分散度对表面张力所起的作用也有影响，但要当物质分散程度很高时，才会有显著影响。

【例 7-1】 在 20℃及常压条件下，将 1 滴质量为 1g 的球形水滴分散成半径为 1nm 的雾沫，至少需要做多少功？

解：1g 水滴的半径 R 为

$$\frac{4}{3}\pi R^3\rho=1\mathrm{g}$$

$$\frac{4}{3}\times3.14R^3\times1\mathrm{g\cdot cm^3}=1\mathrm{g}$$

所以 $R=0.620\mathrm{cm}$

$$\text{分散成雾沫的个数}=\frac{\frac{4}{3}\pi R^3}{\frac{4}{3}\pi r^3}=\left(\frac{0.620}{1.00\times10^{-7}}\right)^3=2.38\times10^{20}$$

所以 $\Delta A=4\times3.14\times[(1.00\times10^{-9})^2\times2.38\times10^{20}-(0.620\times10^{-2})^2]\mathrm{m^2}=2.99\times10^3\mathrm{m^2}$

由于 20℃时水的 $\gamma=0.07275\ \mathrm{N\cdot m^{-1}}$

所以 $$W=\gamma\Delta A=(0.07275\times2.99\times10^3)\mathrm{J}=218\mathrm{J}$$

即做 218J 的功，这相当于将 1g 水的温度升高 50℃所需要的能量。

当物质高度分散时，其表面能会很高，使系统处于不稳定状态，这也是可燃性粉尘易爆的原因。2015 年 6 月 27 日台湾省新北八仙水上乐园发生的粉尘爆炸事件就是由彩色玉米粉导致的。

7.2 润湿现象

动画：润湿现象

在日常生活和生产活动中，人们常遇到不少润湿现象。比如，荷叶不沾水而使水滴在叶面上呈球状；棉布易吸水而使衣物浸润；农药需要在枝叶上黏附以发挥药效；油漆要求在附着物上铺展不至于脱落。此外，还有机器的润滑、矿石的浮选、材料的防水等现象，均与润湿作用有关。

润湿（wetting）是固体（或液体）表面上的气体被液体取代的过程。本节主要讨论液体对固体表面润湿的情况。在一块水平放置的、光滑的固体表面上，滴上一滴液体，可能出现如下三种情况：一是液滴在固体表面上呈凸透镜形，这种现象表明液体能润湿固体，如图7-3(a)所示；二是液滴呈扁球形，这种现象则表明液体不能润湿固体表面，如图7-3(b)所示；三是液滴在固体表面上迅速地展开，形成液膜平铺在固体表面上，这种现象称为铺展。可见铺展是一种最高层次的润湿，也称为完全润湿。

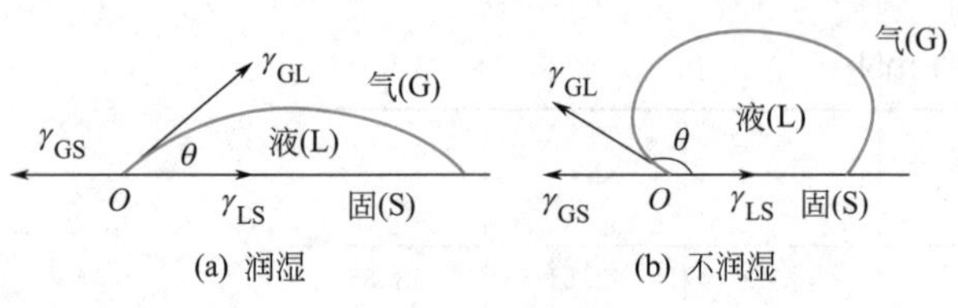

图 7-3 润湿现象

从热力学的观点来看，铺展过程实际上是以固-液界面代替固-气界面的同时还扩大了气-液界面。等温等压条件下，当铺展面积为单位面积时，系统的吉布斯函数的变化为

润湿现象

$$\Delta G=\gamma_{LS}+\gamma_{GL}-\gamma_{GS} \tag{7-12}$$

定义液体在固体上的铺展系数 S

$$S=-(\gamma_{LS}+\gamma_{GL}-\gamma_{GS})=-\Delta G \tag{7-13}$$

显然，液体在固体表面上铺展的必要条件为 $\Delta G\leqslant 0$，也即 $S\geqslant 0$，而且 S 越大，铺展性能越好。若已知三种界面张力的数值大小，就可以判断铺展过程能否进行。但在实际应用中，三种界面张力中只有气-液界面张力可以方便地测定，这使得利用铺展系数来判断铺展及润湿程度就变得比较困难。然而，接触角概念的提出，为研究润湿现象提供了方便。

液体在固体表面润湿的程度，可用接触角来衡量。图7-3为过液滴的中心且垂直于固体表面的剖面图，图中 O 点为三个相界面投影的交点。固-液界面的水平线与过 O 点的气-液界面的切线之间的夹角 θ，称为接触角（contact angle），也称为润湿角。有三个力同时作用于 O 点处的液体上，这三个力实质上就是三个界面上的界面张力：γ_{GS} 力图把液体拉向左方，以覆盖更多的气-固界面；γ_{LS} 则力图把 O 点处液体分子拉向右方，以缩小固-液界面；γ_{GL} 则力图把 O 点处液体分子拉向液面的切线方向，以缩小气-液界面。在光滑的水平面上，当上述三种力处于平衡状态时，液滴保持一定形状，在水平方向上力的矢量之和为零，故界面张力与接触角 θ 有如下关系

$$\gamma_{GS}=\gamma_{LS}+\gamma_{GL}\cos\theta \tag{7-14}$$

或

$$\cos\theta=\frac{\gamma_{GS}-\gamma_{LS}}{\gamma_{GL}} \tag{7-15}$$

式(7-14)和式(7-15)称为杨氏方程或润湿方程，是英国著名医生、物理学家托马斯·杨(Thomas Young，1773～1829年)在1805年提出的，但当时并未给出证明，直到1878年，吉布斯首次给出了热力学推导。在一定温度和压力下，由杨氏方程可知

① 当 $\gamma_{LS}>\gamma_{GS}$ 时，$\cos\theta<0$，$\theta>90°$，液体对固体表面不润湿，θ 越大，就越不能润湿，当 θ 大到接近180°时，则称为完全不润湿。

② 当 $\gamma_{LS}<\gamma_{GS}$ 时，$\cos\theta>0$，$\theta<90°$，液体对固体表面润湿，θ 越小，润湿的程度就越高。

③ 当 $\gamma_{GS}-\gamma_{LS}=\gamma_{GL}$ 时，$\cos\theta=1$，$\theta=0°$，此时 $S=-(\gamma_{LS}+\gamma_{GL}-\gamma_{GS})=0$，液体刚好能在固体表面铺展，即完全润湿。

④ 当 $\gamma_{GS}-\gamma_{LS}>\gamma_{GL}$ 时，$\cos\theta>1$，接触角 θ 不满足式(7-15)，但此时 $S=-(\gamma_{LS}+\gamma_{GL}-\gamma_{GS})>0$，铺展系数 S 比第③种情况还要大，表明液体更易在固体表面铺展。从图 7-3 中合力的方向看，此时也必然可以铺展。

如果说有的界面张力不容易测定，但接触角却可以很方便地用实验方法进行测定，这就使得用接触角的大小来判断液体在固体表面的润湿情况的方法更为有效。当然，若已知相关的界面张力数据，利用式(7-15) 可以从理论上计算接触角，同样可以判断润湿程度。

【例 7-2】 已知 293K 时，乙醚-水、水银-乙醚、水银-水的界面张力分别为 $10.7\mathrm{N\cdot m^{-1}}$、$379\mathrm{N\cdot m^{-1}}$、$375\mathrm{N\cdot m^{-1}}$，若在乙醚与水银的界面上滴一滴水，试判断水能否润湿水银表面。

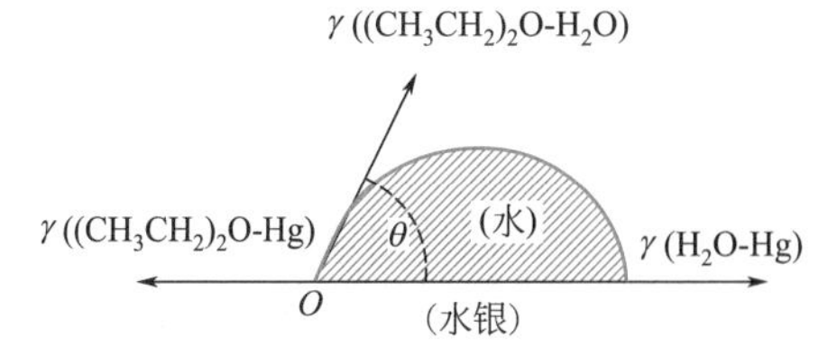

解：如右图所示，三个界面张力在交界点 O 处达到平衡时，三个界面张力服从杨氏方程，则

$$\cos\theta=\frac{\gamma((\mathrm{CH_3CH_2})_2\mathrm{O\text{-}Hg})-\gamma(\mathrm{H_2O\text{-}Hg})}{\gamma((\mathrm{CH_3CH_2})_2\mathrm{O\text{-}H_2O})}=\frac{(379-375)\mathrm{N\cdot m^{-1}}}{10.7\mathrm{N\cdot m^{-1}}}=0.374$$

$$\theta=68.0^\circ<90^\circ$$

所以水能润湿水银表面。

接触角在矿物浮选中有着重要的应用。接触角愈小，$\cos\theta$ 值愈大，其润湿性愈强，则可浮性愈差，被称为亲水性矿物，如云母（θ 约为 0°）、石英（θ 为 0°～4°）等。反之，接触角愈大，$\cos\theta$ 值愈小，其润湿性愈弱，则可浮性愈好，被称为疏水性矿物。图 7-4 为水滴和气泡在不同矿物表面的润湿情况，可见亲水性矿物疏气，疏水性矿物亲气。实际上，接触角真正大于 90°的疏水性矿物是很少的，在实际的矿物浮选中，对自身疏水性不是很好的矿物，通常采用加入捕集剂的方法，以提高矿物的疏水性，使其接触角大于 90°，便于浮选。

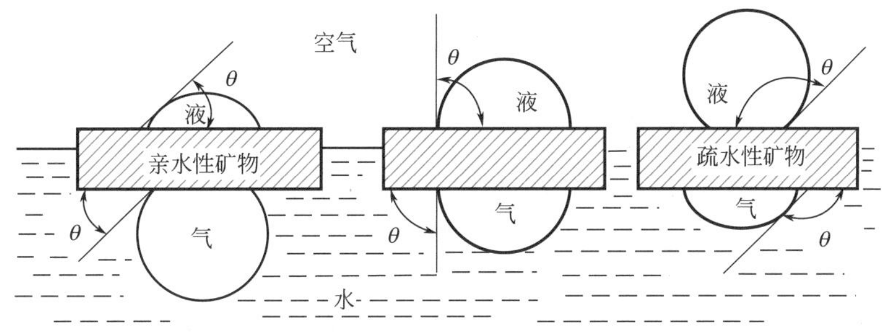

图 7-4 水滴和气泡在不同矿物表面的润湿情况

7.3 弯曲液面的表面现象

7.3.1 弯曲液面的附加压力

众所周知，湖泊的水面是平展的，水滴的液面是弯曲的。液体的表面呈现出平坦或弯曲的不同形状，是由于液体表面所受压力不同的结果。在弯曲界面上，液体不仅承受外部气体的压力，还受到一种由于表面张力而引起的附加压力的作用，如图 7-5 所示，(a) 为平液面，(b) 和 (c) 皆为球形弯曲液面。设液面内承受的压力为 p_L，气相压力为 p_G。

对于平液面，由于表面张力与液面平行，液面上任一点受各个方向的表面张力互相抵消，合力为零，使 $p_L=p_G$。而对于弯曲液面，情况却非如此。如若在凸液面 (b) 上任取一小截面 ABC，沿截面周界线，表面张力的方向垂直于周界线且与液面相切。周界线上表面张力的合力对截面下的液体产生垂直方向且指向液体内部的压力 Δp，使得凸液面的 $p_L>p_G$，即

$$\Delta p = p_L - p_G \tag{7-16}$$

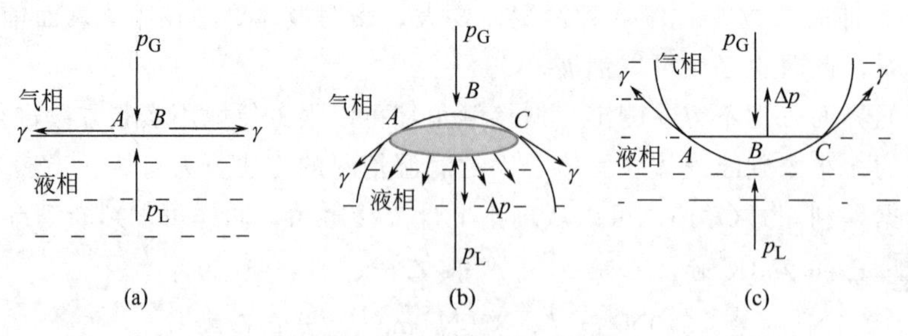

图 7-5 弯曲液面下的附加压力

这种由于液面的弯曲所产生的额外压力 Δp 即称为附加压力（additional pressure）。对于凹液面（c），用同样的方法可以分析也存在一个附加压力 Δp，只不过该 Δp 指向液体外部，使得 $p_L < p_G$，按式(7-16) 对附加压力的定义，则 $\Delta p < 0$。

总之，由于表面张力的作用，使弯曲液面两边的两相存在压差而产生附加压力，不管是凸液面还是凹液面，附加压力的方向总是指向曲率半径的中心。

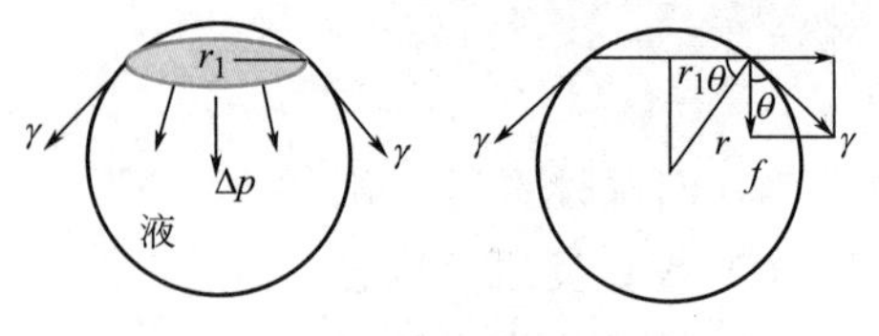

图 7-6 附加压力与曲率半径的关系

弯曲液面的附加压力 Δp 与液体的表面张力 γ 及弯曲液面的曲率半径有关。为导出附加压力 Δp 与曲率半径的关系，可假设有一半径为 r 的球形液滴，并截取一截面，如图 7-6 所示。

在液滴上部取一小圆形切面，其半径为 r_1，切面周界线上表面张力在水平方向的分力互相抵消，而在垂直方向上的分力 $f = \gamma\cos\theta$，所以在垂直方向上这些分力的合力为

$$F = 2\pi r_1 f = 2\pi r_1 \gamma\cos\theta$$

由于

$$\cos\theta = \frac{r_1}{r}$$

所以

$$F = \frac{2\pi r_1^2 \gamma}{r}$$

而垂直作用于单位截面积上的力即为 Δp，所以

$$\Delta p = \frac{F}{\pi r_1^2} = \frac{2\gamma}{r} \tag{7-17}$$

这就是著名的拉普拉斯（Laplace）方程，它表达了附加压力与表面张力、曲率半径间的定量关系。它适用于曲率半径 r 为定值的小液滴或液体中小气泡的附加压力的计算。

由式(7-17) 可见，r 愈小，Δp 愈大；对于凸液面（如小液滴），$r > 0$，$\Delta p = p_L - p_G > 0$，Δp 指向液体；对于凹液面（如液体中的气泡），$r < 0$，$\Delta p = p_L - p_G < 0$，Δp 指向气体；对于平液面，$r \to \infty$，$\Delta p = p_L - p_G = 0$，不受到附加压力作用。与图 7-5 所讨论的结果一致。

对于空气中的气泡，如肥皂泡，因其有内、外两个曲率半径相差极小的气-液界面，均产生指向球心的附加压力，所以 $\Delta p = 4\gamma/r$。

【例 7-3】 在冶金和浇铸过程中，常涉及炉底沸腾现象，即沸腾的钢液中气泡不断从炉底产生并逸出的现象。假设半径 r 分别为 5.0×10^{-8}m 和 1.0×10^{-2}m 的气泡处在熔池内深度为 h 处，已知钢液的表面张力 γ 为 $1.250\text{N}\cdot\text{m}^{-1}$，分别计算熔池内深度为 h 处两个气泡与钢液界面的附加压力，并讨论气泡从钢液中逸出的可能性。

解：根据拉普拉斯方程，钢液中气泡的半径取负值，当 $r_1 = -5.0\times10^{-8}$m 时，有

$$\Delta p_1 = \frac{2\gamma}{r_1} = \frac{2\times1.250\text{N}\cdot\text{m}^{-1}}{-5.0\times10^{-8}\text{m}} = -5.0\times10^{7}\text{Pa}$$

当 $r_2=-1.0\times10^{-2}$ m 时，有

$$\Delta p_2=\frac{2\gamma}{r_2}=\frac{2\times1.250\text{N}\cdot\text{m}^{-1}}{1.0\times10^{-2}\text{m}}=-2.5\times10^2\text{Pa}$$

负值表明附加压力的方向指向气泡内部。从以上 Δp 的计算结果可知，半径为 5.0×10^{-8} m 的气泡产生的附加压力是半径为 1.0×10^{-2} m 的气泡的 2×10^5 倍。由于在熔池内深度为 h 处，加在气泡壁上的总压力为

$$p=p_{ex}+\rho gh+|\Delta p|$$

式中，p_{ex} 为外界大气压；ρ 为钢液的密度。可见，对于半径为 5.0×10^{-8} m 的气泡，其受到的附加压力甚至远比外界大气压大，使得加在气泡壁上的总压力很大，理论上熔池中几乎不可能在纯的钢液中自发产生气泡并且从钢液中逸出。对于半径为 1.0×10^{-2} m 的气泡，其受到的附加压力远小于外界大气压，在加在气泡壁上的总压力中可忽略不计，若钢液中存在如此大小的气泡，则较容易从钢液中逸出。

实际炼钢中，由于粗糙多孔的炉底和炉壁中存在孔隙，保存了气体，提供了半径较大的气泡，如半径为 1.0×10^{-2} m 的气泡，较易在沸腾的钢液中逸出，表现为在炉底产生大量气泡。由于粗糙多孔的炉底和炉壁存在气泡，避免了钢液的暴沸现象，起到了类似沸石的作用(详见 7.3.3.2)，因此这种炉底沸腾现象有利于钢液的排气。

弯曲液面的附加压力可以产生毛细现象。把一支半径一定的玻璃毛细管垂直地插入水中，可出现管中水面上升的现象；当插入汞中，则出现管中汞面下降的现象。这种在毛细管内所出现的液面升高或下降的现象称为毛细现象（capillarity）。液柱的升降直接和接触角 θ 的大小相关。若 $\theta<90°$，液体能润湿毛细管，在管中形成凹液面，凹液面下液体所受的压力 p_L 小于管外水平液面下液体所受的压力 p_G，故液体将被压入管内使液面上升，直至管内外同一水平面上的液体所受压力相等为止。此时附加压力 Δp 等于液柱产生的静压力

$$\Delta p=\frac{2\gamma}{r_1}=gh(\rho-\rho_0) \tag{7-18a}$$

式中，r_1 为弯曲液面的曲率半径；ρ 为液体密度；ρ_0 为气体密度。通常由于$\rho\gg\rho_0$，ρ_0 可以忽略，故上式又可写为

$$\Delta p=\frac{2\gamma}{r_1}=\rho gh \tag{7-18b}$$

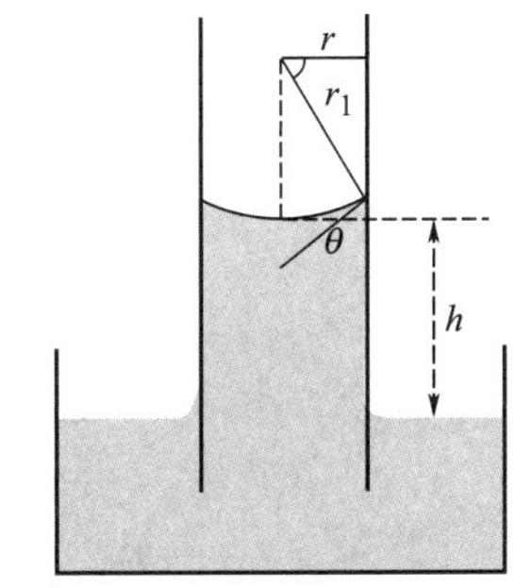

图 7-7　毛细现象

若管壁与液体的接触角为 θ，毛细管半径为 r，则由图 7-7 可知

$$\cos\theta=\frac{r}{r_1}$$

将此式代入(7-18b)，可得

$$\Delta p=\frac{2\gamma\cos\theta}{r}=\rho gh$$

所以

$$h=\frac{2\gamma\cos\theta}{\rho gr} \tag{7-19}$$

利用上式可以求算半径为 r 的毛细管在液体中由于毛细现象而上升或下降的高度。若液体对毛细管润湿，$\theta<90°$，$\cos\theta>0$，计算所得 h 为正值，表明液面上升，且 r 越小，上升的高度 h 就越大，如毛细管在水中的情况即是如此；若液体对毛细管不润湿，$\theta>90°$，$\cos\theta<0$，h 为负值，表明液面下降，同样 r 越小，下降的高度 h 就越大，如毛细管在汞中的情况。

利用毛细现象可以测定液体的表面张力。对于完全润湿的情况，$\theta=0°$，代入式(7-19)，得

$$\gamma=\frac{1}{2}\rho g h r \tag{7-20}$$

上式为测定 γ 的常用公式。当已知毛细管半径和液体的密度ρ 时，只要测出液柱高度 h 即可求出表面张力 γ。

毛细现象在日常生产生活中还有许多应用。如锄地保墒就是通过锄地，不仅可以铲除杂草，还可以破坏土壤中自然形成的毛细管，以避免地下水因毛细现象上升到地表面蒸发而损失，起到了保持土壤水分的作用。

7.3.2 曲率对蒸气压的影响——开尔文公式

曲率对蒸气压的影响

在本章的开始曾提到微小的液滴易于蒸发这一表面现象，这主要是因为弯曲液面存在附加压力，使微小液滴的饱和蒸气压与平液面的不同所致。按照第 4 章克劳修斯-克拉佩龙方程计算出的蒸气压，只反映平液面液体蒸气压的数值，因在热力学推导时没有考虑表面的影响。当蒸气与高度分散的小液滴（呈凸液面）或蒸气气泡（呈凹液面）呈平衡时，由于弯曲液面存在附加压力，导致系统的化学势与平液面的情况不同。结果出现了微小液滴的蒸气压大于平面液体蒸气压，而蒸气气泡的蒸气压小于平面液体蒸气压的现象。现将液滴的曲率半径与蒸气压间的关系推导如下。

若在一定温度下将 1mol 平面液体分散成半径为 r 的小液滴，此分散过程为等温变压过程。由于附加压力的作用，小液滴内的液体所承受的压力 p_r 应为（$p+\Delta p$），若忽略压力对液体体积的影响，则

$$\Delta G=\int_{p}^{p_r} V_m(\mathrm{l})\,\mathrm{d}p=V_m(\mathrm{l})\cdot\Delta p=\frac{2\gamma}{r}V_m(\mathrm{l})$$

式中，$V_m(\mathrm{l})$ 为液体的摩尔体积。若已知液体的摩尔质量 M，液体的密度ρ，则

$$\Delta G=\frac{2\gamma M}{\rho r}$$

上述过程还可设计成如下途径：

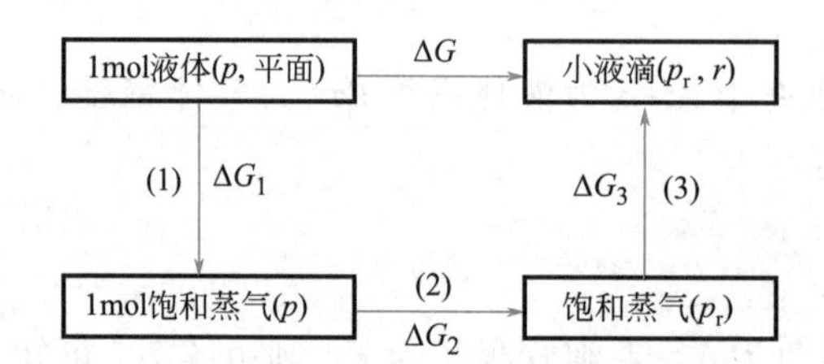

过程（1）由于是等温等压下的可逆蒸发，所以 $\Delta G_1=0$；

过程（2）是等温变压过程，设蒸气为理想气体，由于存在附加压力，小液滴的饱和蒸气压 $p_r=p+\Delta p$，则该过程的吉布斯函数变为

$$\Delta G_2=\int_{p}^{p_r} V_m\,\mathrm{d}p=RT\ln\frac{p_r}{p}$$

过程（3）也是等温等压下的可逆蒸发，所以 $\Delta G_3=0$。

由于 $\Delta G=\Delta G_1+\Delta G_2+\Delta G_3$，所以

$$RT\ln\frac{p_r}{p}=\frac{2\gamma M}{\rho r} \tag{7-21}$$

上式即为著名的开尔文（Kelvin）公式。对于在一定温度下的某液体而言，小液滴的饱和蒸气压 p_r 只是半径 r 的函数。对于凸液面，如小液滴，$r>0$，则 $p_r>p$，即小液滴的饱和蒸气压大于平面液体的饱和蒸气压，且 r 越小，其饱和蒸气压越大；对于凹液面，如液体中的小气泡，$r<0$，则 $p_r<p$，即小气泡内的蒸气压小于平液面的蒸气压，且 r 越小，其饱

和蒸气压越小。

【例 7-4】 在25℃时水的密度 $\rho=998.2\mathrm{kg\cdot m^{-3}}$，表面张力 $\gamma=72.75\times10^{-3}\mathrm{N\cdot m^{-1}}$。试分别计算球形小水滴及在水中的小气泡的半径在 $10^{-5}\sim10^{-9}\mathrm{m}$ 的不同数值下，饱和蒸气压之比 p_r/p 各为多少？

解：$M(H_2O)=18.015\times10^{-3}\mathrm{kg\cdot mol^{-1}}$，小液滴的半径取正值，如 $r=10^{-5}$ 时，则

$$
\begin{aligned}
\ln\frac{p_r}{p}&=\frac{2\gamma M}{RT\rho r}\\
&=\frac{2\times72.75\times10^{3}\mathrm{N\cdot m^{-1}}\times18.015\times10^{-3}\mathrm{kg\cdot mol^{-1}}}{8.314\mathrm{N\cdot m\cdot mol^{-1}\cdot K^{-1}}\times298.15\mathrm{K}\times998.2\mathrm{kg\cdot m^{-3}}\times10^{-5}\mathrm{m}}\\
&=1.0774\times10^{-4}
\end{aligned}
$$

所以
$$p_r/p=1.001$$

对于水中的小气泡，半径取负值，如 $r=-10^{-5}$ 时，可以算出

$$\ln\frac{p_r}{p}=\frac{2\gamma M}{RT\rho r}=-1.0774$$

所以
$$p_r/p=0.9999$$

将计算出的不同半径下的小水滴或水中小气泡内水的饱和蒸气压与平液面水的饱和蒸气压之比 p_r/p 的数值列表如下：

r/m	10^{-5}	10^{-6}	10^{-7}	10^{-8}	10^{-9}
小液滴	1.0001	1.001	1.011	1.114	2.937
小气泡	0.9999	0.9989	0.9897	0.8977	0.3404

由表中数据可见，曲率半径对液体的饱和蒸气压影响是非常大的，如当液滴小到 $10^{-9}\mathrm{m}$ 时，p_r 几乎是 p 的3倍。

运用开尔文公式可以说明许多表面效应。例如在毛细管内，某液体若能润湿管壁，则形成凹液面。某温度下蒸气对平液面尚未达到饱和，但对毛细管内的液体已呈过饱和，蒸气在毛细管内就会凝聚成液体，这种现象称为毛细凝结现象（capillary condensational phenomenon）。这也是硅胶可以用来干燥空气的原因。

开尔文公式不仅适用于液体，也可适用于微小的固体物质，微小晶体的饱和蒸气压恒大于普通晶体的，使得微小晶体的溶解度大于普通晶体的溶解度。

7.3.3 亚稳态与新相的生成

在蒸气的冷凝、纯液态物质的凝固、溶液中溶质的结晶等相变过程中，由于最初生成新相的颗粒是非常微小的，其比表面数值很大，因而表面吉布斯函数很大，使系统处于不稳定状态，因此，要在系统中自动地产生一个新相是比较困难的。由于新相难成而引起处于亚稳定状态的过饱和蒸气、过热液体、过冷液体、过饱和溶液等，这些现象皆可用开尔文公式加以解释。

7.3.3.1 过饱和蒸气

过饱和蒸气之所以可能存在，是因为新生成的极微小的液滴（新相）的蒸气压大于平液面上的蒸气压。如图7-8所示，曲线 OC 和 $O'C'$ 分别表示通常液体和微小液滴的饱和蒸气压曲线。若将压力为 p_0 的蒸气，恒压降温至温度 t_0（A 点），蒸气对通常液体已达到饱和状态，但对微小液滴却未达到饱和状态，所以，蒸气在 A 点不可能凝结出微小的液滴。可以看出：若蒸气的过饱和程度不高，对微小液滴还未达到饱和状态时，微小液滴既不可能产生，也不可能存在。这种按照相平衡的条件，应当凝结而未凝结的蒸气，称为过饱和蒸气

(supersaturated vapour)。例如在0℃附近，水蒸气有时要5倍于平衡蒸气压，才开始自动凝结。其他蒸气，如甲醇、乙醇及醋酸乙酯等也有类似的情况。

当蒸气中有灰尘存在或容器的内表面粗糙时，这些物质可以成为蒸气的凝结中心，使液滴核心易于生成及长大，在蒸气的过饱和程度较小的情况下，蒸气就开始凝结。人工降雨的原理就是当云层中的水蒸气达到饱和或过饱和的状态时，在云层中用飞机喷撒微小的AgI颗粒，此时AgI颗粒就成为水的凝结中心，使新相（水滴）生成时所需要的过饱和程度大大降低，云层中的水蒸气就容易凝结成水滴而落向大地。

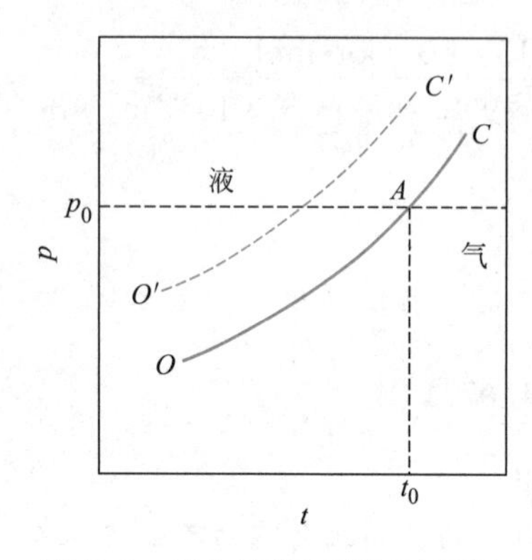

图7-8 产生过饱和蒸气示意图

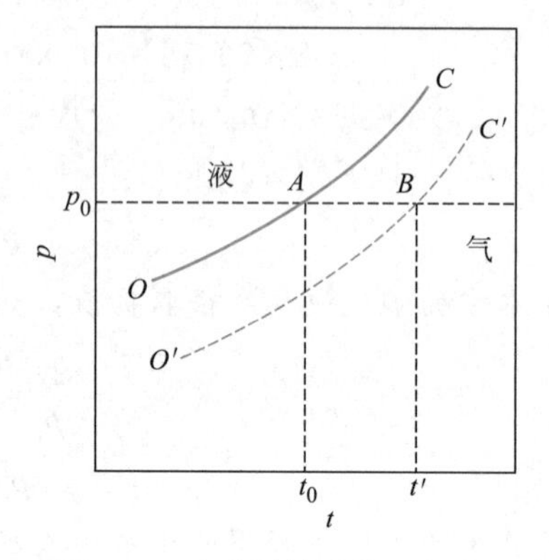

图7-9 产生过热液体示意图

7.3.3.2 过热液体

液体加热到沸点以上仍不沸腾的现象称为过热现象，此时的液体称为过热液体（superheated liquid）。

沸点是一定压力下，液体的饱和蒸气压与外界大气压相等时的温度。过热液体之所以存在，是因为开始沸腾时，液体中首先生成的是小气泡，而液体在小气泡内的蒸气压小于平面液体的蒸气压，如图7-9所示，曲线OC和$O'C'$分别表示通常液体和小气泡内液体的饱和蒸气压曲线。若外界压力为p_0，则通常液体的沸点是t_0(A点)，生成小气泡时液体所对应的沸点是t'(B点)，可见生成小气泡时所对应的沸点高，因此只有再升高温度达到生成小气泡时的沸点时液体才能沸腾，从而导致了过热液体。一旦生成小气泡，则小气泡聚积为大气泡，而大气泡对应的沸点低，从而可产生暴沸。在科学试验中，为了防止液体的过热现象，常在液体中投入一些素瓷片或毛细管等物质。因为这些多孔性物质的孔中储存有气体，加热时这些气体成为新相种子，因而绕过了产生极微小气泡的困难阶段，使液体的过热程度大大降低。例7-3中冶金和浇铸过程中炉底沸腾现象中炉底和炉壁的孔隙也起到了类似沸石的作用。

7.3.3.3 过冷液体

在一定温度下，微小晶体的饱和蒸气压恒大于普通晶体的饱和蒸气压是液体产生过冷现象的主要原因。这可以通过图7-10来说明。图中OC线为平面液体的蒸气压曲线，AO线为普通晶体的饱和蒸气压曲线。由于微小晶体的饱和蒸气压恒大于普通晶体的饱和蒸气压，故微小晶体的饱和蒸气压曲线$A'O'$一定在线AO的上边。O点和O'点对应的温度t_f和t_f'分别为普通晶体和微小晶体的熔点。

当液体冷却时，其饱和蒸气压沿CO'曲线下降到O点，这时与普通晶体的蒸气压相等，按照相平衡条件，应当有晶体析出，但由于新生成的晶粒（新相）极微小，其熔点较低，此时微小晶体的蒸气压尚未达到饱和状态，所以不会有微小晶体析出，温度必须继续下降到正常熔点以下如O'点，液体才能达到微小晶体蒸气压的饱和状态而开始凝固。这种按照相平衡的条件，应当凝固而未凝固的液体称为过冷液体（supercooled liquid）。例如纯净的水，有时可冷却到$-40℃$，仍呈液态而不结冰。在过冷的液体中，若加入小晶体作为新相种子，则能使液体迅速凝固成晶体。

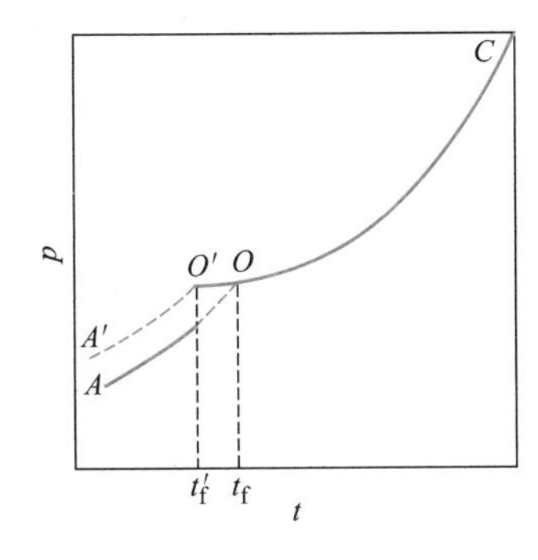

图 7-10 产生过冷液体示意图

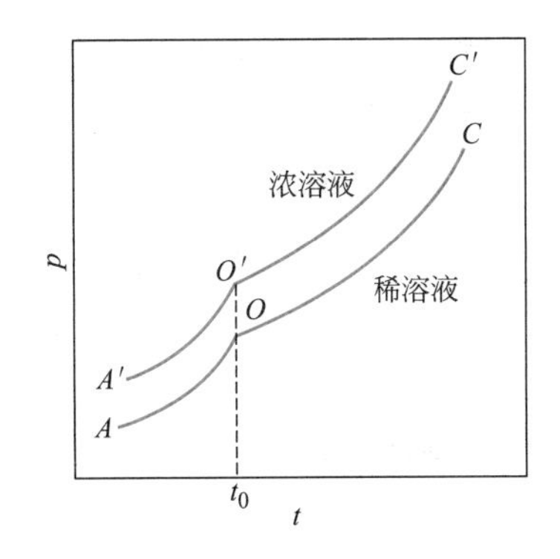

图 7-11 产生过饱和溶液示意图

7.3.3.4 过饱和溶液

在一定温度下，溶液浓度已超过了饱和浓度，但仍未析出晶体的溶液称为过饱和溶液(supersaturated solution)。之所以会产生过饱和现象，是由于同样温度下小颗粒晶体的饱和蒸气压恒大于普通晶体的蒸气压，导致小颗粒晶体的溶解度大于普通晶体溶解度的缘故。

如图 7-11 所示，AO 线和 $A'O'$线分别代表某物质普通晶体和微小晶体的饱和蒸气压曲线，因微小晶体的蒸气压大于同样温度下普通晶体的蒸气压，故 $A'O'$线在 AO 线上方；OC 线和 $O'C'$线分别代表稀溶液和浓溶液中该物质在气相中的蒸气分压，显然 $O'C'$线在 OC 线上方。在温度 t_0 时，稀溶液的 OC 线与普通晶体的蒸气压曲线相交，表明此稀溶液已达饱和，本可析出晶体，但因微小晶体的溶解度高，故不可能从溶液中析出微小晶粒。只有当溶液的浓度达到某一定值，使 $O'C'$ 线与微小晶体的 $A'O'$ 线在 O' 点相交时，才能析出微小晶粒，进而长大。此时的溶液浓度大于该温度下普通晶体饱和溶液，因而是过饱和溶液。

在结晶操作中，若溶液的过饱和程度太大，将会生成很细小的晶粒，不利于过滤和洗涤，因而影响产品的质量。在生产中，常采用向结晶器中投入小晶体作为新相种子的方法，防止溶液的过饱和程度过高，从而获得较大颗粒的晶体。

上述四种亚稳定状态从热力学讲都不是热力学稳定状态，但有时这些状态却能维持相当长时间不变。亚稳定状态之所以可能存在，皆与新相难生成有一定关系。在科研和生产中，有时需要破坏这种状态，如上述的结晶过程。但有时则需要保持这种亚稳状态长期存在，如金属的淬火，就是将金属制品加热到一定温度，保持一段时间后，将其在水、油或其他介质中迅速冷却，保持其在高温时的某种结构，这种结构的物质在室温下，虽属亚稳状态，却不易转变。所以经过淬火可以改变金属制品的性能，从而达到制品所要求的质量。

7.4 气体在固体表面的吸附

7.4.1 气-固吸附的一般概念

与液体表面一样，由于表面分子周围力场不平衡，固体表面同样存在表面张力和表面能。但由于固体的表面积不易改变，所以由式(7-10) 可知，固体不能像液体那样通过收缩表面积来降低体系的表面能，而只能通过依靠表面的剩余价力捕获停留在固体表面的气相中的分子来覆盖表面积，使气-固表面张力减小，从而降低表面能，使体系稳定。这就形成了气体分子在固体表面浓集的现象，称为气体在固体表面上的吸附 (adsorption)。被吸附的气体称为吸附质（adsorbate），吸附气体的固体称为吸附剂（adsorbent）。常用的吸附剂有硅胶、分子筛、活性炭等。

在生产与科学实验中，吸附作用有广泛的应用。如多相催化，气体净化，色层分析，废气回收等均与气-固吸附现象有关。

7.4.1.1 吸附平衡与吸附量

在吸附过程中，固体表面上气体分子的吸附与解吸两个相反的过程是不停地进行的，即气体分子在固体表面上被吸附的同时，还会有气体分子从固体表面解吸返回空间。等温等压下，当吸附速率与解吸速率相等时，气体分子在固体表面上的量不再随时间而变化，此时即达到了吸附的平衡状态，称为吸附平衡（adsorption equilibrium）。

在吸附平衡的条件下，吸附量一般以单位质量吸附剂表面所吸附物质的物质的量，或单位质量吸附剂的表面上所吸附气体的体积表示. 即

$$V^a = V/m \tag{7-22}$$

$$n^a = n/m \tag{7-23}$$

单位分别为 $m^3 \cdot kg^{-1}$ 或 $mol \cdot kg^{-1}$。吸附剂的吸附量大小可由实验测定。

7.4.1.2 吸附的类型

按粒子间作用力性质的不同，一般分为物理吸附（physical adsorption）和化学吸附（chemical adsorption）两种类型。物理吸附是吸附质与吸附剂之间由于分子间力而产生的吸附。由于这种作用力较弱，可以看成是凝聚现象。而化学吸附指吸附质与吸附剂之间发生化学反应，一般包含实质的电子共享或电子转移，形成牢固的化学键和表面络合物。因此两种吸附在许多性质上都有明显的差别，见表 7-3。

表 7-3 物理吸附和化学吸附的区别

吸附类型	物理吸附	化学吸附
吸附力	分子间作用力	化学键力
选择性	无	有
吸附热	近于液化热（$0\sim20kJ\cdot mol^{-1}$）	近于反应热（$80\sim400kJ\cdot mol^{-1}$）
吸附速度	快，易平衡，不需要活化能	较慢，难平衡，常需要活化能
吸附层	单或多分子层	单分子层
可逆性	可逆	不可逆（脱附物性质常不同于吸附质）

物理吸附与化学吸附不是截然分开的，两者有时可同时发生，并且在不同的情况下，吸附性质也可以发生变化。例如，CO(g) 在 Pd 上的吸附，低温下是物理吸附，高温时则表现为化学吸附；而氢气在许多金属上的化学吸附则是以物理吸附为前奏的，故吸附活化能接近于零。

7.4.1.3 吸附曲线

当吸附达平衡时，对于给定的吸附剂与吸附质，其吸附量与温度及气体的压力有关，即 $V^a = f(T, p)$。故根据不同需要，人们可以固定其中一个变量，测知其他两个变量间关系。如在定温下，$V^a = f(p)$，称为吸附等温线（adsorption isotherm）；定压下，$V^a = f(T)$，称为吸附等压线（adsorption isobar）；若吸附量固定不变，则 $p = f(T)$，称为吸附等量线（adsorption isostere）。一般常用的是吸附等温线。从吸附等温线可以反映出吸附剂的表面性质、孔分布以及吸附剂与吸附质之间的相互作用等有关信息。

常见的吸附等温线有如下五种类型，如图 7-12 所示。

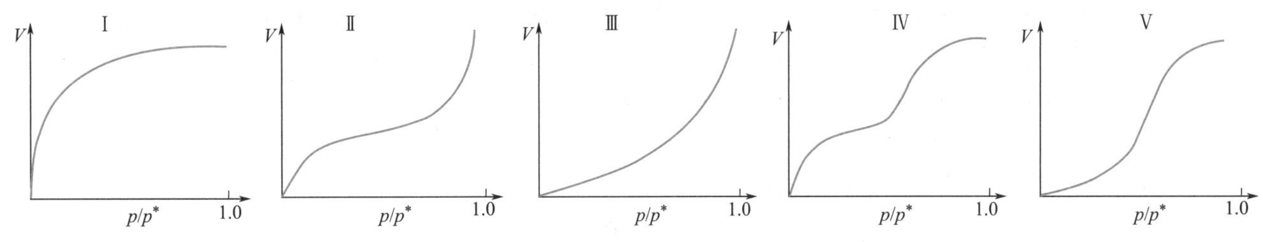

图 7-12　吸附等温线的五种类型

图中 p/p^* 称为比压，p^* 是吸附质在该温度时的饱和蒸气压，p 为吸附质的压力。其中类型Ⅰ是单分子层吸附，通常在 2.5nm 以下微孔吸附剂上的吸附等温线属于这种类型。例如 78K 时 N_2 在活性炭上的吸附及水和苯蒸气在分子筛上的吸附均属于此种类型。其余四种类型均为多分子层吸附。类型Ⅱ常称为 S 型等温线，是第一层吸附热大于凝结热时的多分子层吸附，比较常见，如低温时氮在硅胶或铁催化剂上的吸附，在比压接近 1 时，常发生毛细管和孔凝现象；类型Ⅲ是第一层吸附热小于凝结热时的多分子层吸附，比较少见，当吸附剂和吸附质相互作用很弱时会出现这种等温线，如 352K 时，Br_2 在硅胶上的吸附；多孔吸附剂发生多分子层吸附时会有第Ⅳ种类型的等温线，在比压较高时，有毛细凝聚现象，例如在 323K 时，苯在氧化铁凝胶上的吸附属于这种类型；类型Ⅴ也比较少见，表现有毛细凝聚现象，例如 373K 时，水蒸气在活性炭上的吸附属于这种类型。

7.4.1.4　吸附热

在一定温度和压力下，吸附均为自发过程，故吸附过程的 $\Delta G<0$。而且当气体分子吸附在固体表面时，气体分子由原来的三维空间运动变成二维空间运动，有序度增加，熵减小，故吸附过程熵变小于零，即 $\Delta S<0$。由 $\Delta G=\Delta H-T\Delta S$ 可知，$\Delta H<0$，所以通常等温吸附过程是放热的。但也有个别吸附过程是吸热的，比如氢在 Cu、Ag、Au、Co 上的吸附就是吸热的。总之，一般来说，升高温度会使吸附平衡朝解吸方向移动，使吸附量减少。

吸附热的大小，直接反映吸附剂与吸附质间的作用力的性质，特别是对化学吸附而言，吸附热的测定，对于了解化学吸附键的性质尤为重要。

7.4.2　吸附等温式

吸附等温式

常用的三个吸附等温式为朗格缪尔吸附等温式、弗罗因德利希吸附等温式和 BET 吸附等温式。

7.4.2.1　单分子层吸附理论——朗格缪尔吸附等温式

科学家-朗格缪尔

从实验测得的各类吸附等温线，人们总希望提供恰当的理论模型，便于在理论上加深认识。1916 年美国物理化学家、界面化学的开拓者朗格缪尔（I. Langmuir，1881～1957 年）首先提出了单分子层的吸附理论，并从动力学观点导出了单分子层吸附等温方程。他认为吸附剂表面上存在着不饱和力场，使碰撞到表面上的气体分子被吸附，碰撞分为弹性与非弹性两种方式，弹性碰撞，分子可跃回气相，与固体表面无能量交换；非弹性碰撞，分子可逗留于表面，经一定时间后再跃回气相。这种逗留就是吸附，是气体分子在固体表面上吸附与解吸两个相反过程达到动态平衡的结果。据此，他提出如下假设。

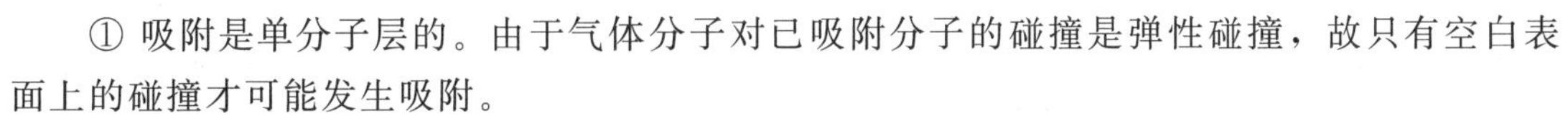

① 吸附是单分子层的。由于气体分子对已吸附分子的碰撞是弹性碰撞，故只有空白表面上的碰撞才可能发生吸附。

② 被吸附分子间无相互作用，且表面是均匀的。这是因为被吸附分子跃回气相的机会不受周围环境和位置的影响。

③ 一定条件下，吸附与脱附可建立动态平衡。

设固体表面上共有 S_0 个吸附位，当有 S 个位置被吸附分子占据时，令 $\theta=S/S_0$，称 θ

为固体表面覆盖率，表示被吸附分子覆盖的表面积占固体总表面积的分数。如果表面盖满了一单分子层，则 $\theta=1$。因此，$(1-\theta)$ 表示空白表面积的分数。气体在表面上的吸附速率与气相中气体的压力 p 和空白表面积的分数 $(1-\theta)$ 成正比，即

$$v(\text{吸附})=k_1 p(1-\theta)$$

而气体分子从表面上脱附的速率为

$$v(\text{脱附})=k_{-1}\theta$$

式中，k_1，k_{-1} 为比例常数，分别称为吸附速率常数和脱附速率常数。当吸附达平衡时，吸附与脱附速率相等，即

$$k_1 p(1-\theta)=k_{-1}\theta$$

$$\theta=\frac{k_1 p}{k_{-1}+k_1 p}$$

令 $k_1/k_{-1}=b$，称吸附系数（吸附平衡常数），则有

$$\theta=\frac{bp}{1+bp} \tag{7-24}$$

式(7-24) 即为朗格缪尔吸附等温式。如果以 V^a 表示覆盖率为 θ 时的平衡吸附量，V^a_m 表示覆盖率为 $\theta=1$ 时的饱和吸附量，则

$$\theta=\frac{V^a}{V^a_m}$$

将上式代入式(7-24)，则朗格缪尔吸附等温式亦可以写成

$$V^a=V^a_m\theta=V^a_m\frac{bp}{1+bp} \tag{7-25a}$$

或

$$\frac{1}{V^a}=\frac{1}{V^a_m}+\frac{1}{bV^a_m p} \tag{7-25b}$$

若以 $\frac{1}{V^a}$ 对 $\frac{1}{p}$ 作图，应得一直线，斜率为 $\frac{1}{bV^a_m}$，截距为 $\frac{1}{V^a_m}$，由此可求 V^a_m 和 b，由 V^a_m 值进一步可以求算吸附剂的比表面积 a_S。

$$a_S=\frac{V^a_m}{V_0}\cdot L\cdot S \tag{7-26}$$

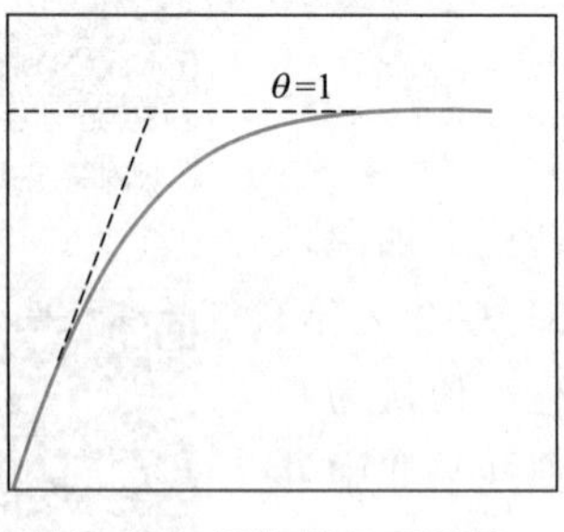

式中，V_0 为 1mol 气体在标准状况（0℃，101.325kPa）下的体积；L 为阿伏伽德罗常数；S 为吸附质分子的截面积。

用朗格缪尔吸附等温式可以很好地解释图 7-12 中第Ⅰ类吸附等温线。讨论如下（见图 7-13）：

θ=1

θ

图 7-13　朗格缪尔吸附等温式示意

① 当气体压力很小时，$bp\ll 1$，$V^a=bV^a_m p$，即 $V^a\propto p$，等温线呈线性；

② 当 p 很大，$bp\gg 1$，则 $V^a=V^a_m$，即达到了饱和吸附，等温线呈水平线段；

③ 当 p 适中时，V^a 与 p 呈曲线。

已经测得许多吸附等温线均能较好地符合朗格缪尔吸附等温式。如 273K、251K 时，氩在硅酸上的吸附等温线，249.5K 时氨在活性炭上的吸附等温线，以及 196.5K 时 CO_2 在活性炭上的吸附等温线等。但也有不少吸附在低压下吸附量与 p 不呈直线关系。这是因为固体表面实际上是不均匀的，吸附热随覆盖率而变化，吸附系数 b 不是常数。

一般来说，绝大多数的化学吸附是单分子层的。如果覆盖率不大，吸附热变化较小，实验结果均能较好地与朗格缪尔吸附等温式相符合。朗格缪尔吸附等温式也适用于溶液中固体

吸附剂对溶液中分子的单分子吸附。朗格缪尔也由于对表面化学研究的贡献而获得 1932 年的诺贝尔化学奖。

【例 7-5】 当活性炭吸附氯仿（$CHCl_3$）时，已知 273.16K 的饱和吸附量为 $93.8dm^3 \cdot kg^{-1}$。测知氯仿的分压为 $0.066 \times 10^5 Pa$ 的平衡吸附量为 $73.06dm^3 \cdot kg^{-1}$。试求：(1) 朗格缪尔吸附等温方程中的吸附系数 b；(2) 氯仿的分压为 $0.150 \times 10^5 Pa$ 时的平衡吸附量为多少？

解：(1) 求吸附系数 b。由 $\theta = \dfrac{V^a}{V^a_m} = \dfrac{bp}{1+bp}$ 得

$$b = \frac{V^a / V^a_m}{(1 - V^a / V^a_m)p} = \frac{73.06/93.8}{[1-(73.06/93.8)] \times 0.066 \times 10^5 Pa}$$
$$= 53.37 \times 10^{-5} Pa^{-1}$$

(2) $p = 0.150 \times 10^5 Pa$ 时，氯仿的平衡吸附量

$$V^a = V^a_m \frac{bp}{1+bp} = 93.8dm^3 \cdot kg^{-1} \times \frac{53.37 \times 10^{-5} Pa^{-1} \times 0.150 \times 10^5 Pa}{1 + 53.37 \times 10^{-5} Pa^{-1} \times 0.150 \times 10^5 Pa}$$
$$= 83.38dm^3 \cdot kg^{-1}$$

7.4.2.2 吸附经验式——弗罗因德利希公式

德国化学家弗罗因德利希（Freundlich，1880～1941 年）通过大量实验数据，在 1906 年总结出以下两常数的经验公式

$$V^a = kp^n \tag{7-27a}$$

式中，p 为达吸附平衡时气体的压力；n 和 k 是两个经验常数，对于指定的吸附系统，它们是温度的函数。实际应用中常将上式两边取对数，即

$$\lg V^a = \lg k + n \lg p \tag{7-27b}$$

以 $\lg V^a$-$\lg p$ 作图，得一直线，由直线的斜率和截距可求出 n 和 k。

弗罗因德利希公式不适用于很高压力下的吸附，但是在中压范围内，此公式比朗格缪尔公式更为准确。由于它简单方便，所以应用较广泛。

7.4.2.3 BET 多分子层吸附等温式

朗格缪尔吸附等温式和弗罗因德利希吸附公式只能较好地说明第Ⅰ种类型的吸附等温线，但对后四种类型的等温线却无法解释。因此很多人都曾尝试以其他理论来解释这些曲线，其中最成功的是布色诺尔（Brunauer）、埃米特（Emmett）和特勒（Teller）三人在 1938 年提出的多分子层吸附理论，又称 BET 吸附理论。该理论是在朗格缪尔理论基础上提出的。他们接受了朗格缪尔提出的吸附作用是吸附与解吸两个相反过程达到动态平衡的结果，以及固体表面是均匀的，各处的吸附能力相同，被吸附分子横向之间没有相互作用的假设。但他们认为被吸附的分子与碰撞在其上面的气体分子之间仍可发生吸附作用，也就是说可以形成多分子层吸附，如图 7-14 所示。

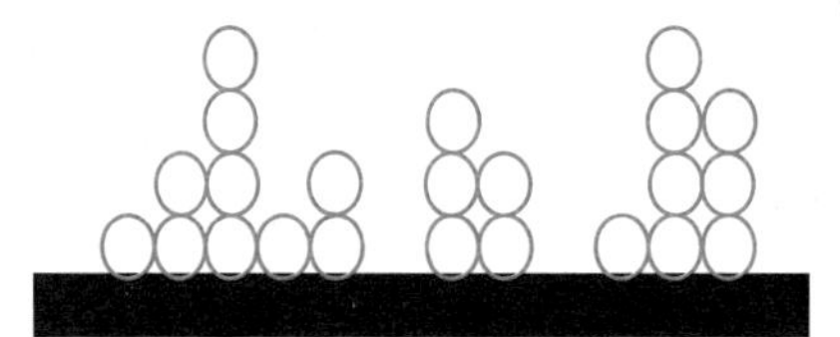

图 7-14 多分子层吸附示意图

在吸附过程中，不一定等待第一层吸附满了之后再吸附第二层，而是从一开始就表现为多层吸附，且吸附达到平衡时，每一层上的吸附速率与解吸速率相等。因第二层以上的各层为相同分子间的相互作用，故他们假定，除第一层吸附热外，以上各层的吸附热都相等，且等于被吸附气体的凝结热。经推导，他们得出

$$V^a = V^a_m \frac{c(p/p^*)}{(1-p/p^*)[1+(c-1)p/p^*]} \tag{7-28}$$

这就是著名的 BET 公式。式中，V^a 为被吸附分子的总体积；V^a_m 为铺满单分子层所需气体

的体积；p^* 为液态吸附质的饱和蒸气压；p 为多层吸附的平衡压力；c 为与吸附热有关的常数。因该式中含有 c 和 V_m^a 两个常数，故又称为 BET 二常数公式。

BET 公式主要适用于类型Ⅱ吸附等温线，在低压下可还原为朗格缪尔公式。当常数 $c<2$ 时，可以得到不常见的第Ⅲ类吸附等温线。该式还可改写成如下形式

$$\frac{p}{V^a(p^*-p)}=\frac{1}{cV_m^a}+\frac{c-1}{cV_m^a}\frac{p}{p^*} \tag{7-29}$$

实验测定不同压力 p 下的吸附量 V^a 后，若以 $\frac{p}{V^a(p^*-p)}$ 对 $\frac{p}{p^*}$ 作图，可得一直线，由其斜率和截距可求出 c 和 V_m^a，即

$$V_m^a=\frac{1}{\text{斜率}+\text{截距}}$$

再根据式(7-26) 可求得吸附剂的比表面积 a_S。

BET 公式被广泛应用于比表面的测定，测量时常采用低温惰性组分作为吸附质。当第一层吸附热远远大于被吸附气体的凝结热时，$c\gg1$，式(7-28) 可近似简化为下列形式

$$\frac{V^a}{V_m^a}\approx\frac{1}{1-p/p^*} \tag{7-30}$$

这时只要测一个平衡压力下的吸附量，就可求出饱和吸附量 V_m^a，所以该式又称为一点法公式。

实验表明，BET 二常数公式只适用于比压 $p/p^*=0.05\sim0.35$ 的范围，压力较高或较低都会产生较大的误差。比压太低，建立不起多分子层物理吸附模型；比压过高，容易发生毛细凝聚，使结果偏高。

BET 理论尽管还有种种缺点，但它仍是现今应用最广、最成功的吸附理论。例如全自动比表面积测定仪就是利用 BET 多分子层吸附理论设计的，在低温（液氮浴）条件下，向样品管内通入一定量的吸附质气体（N_2），通过控制样品管中的平衡压力直接测得吸附分压，进一步计算得到吸附量、吸附等温线及吸附剂的比表面积。

7.5 溶液表面的吸附

7.5.1 溶液表面的吸附现象

溶液的表面吸附

大量实验表明，在溶剂中加入溶质后，由于溶质在溶液表面层及其内部的分布不均，溶液的表面张力随着浓度的增加有着明显规律性变化。以水溶液为例，可分成三类，如图 7-15 所示。曲线Ⅰ表明，随着溶质浓度的增加，溶液的表面张力稍有升高，无机盐（如 NaCl，NH_4Cl，KNO_3 等）和多羟基有机物（蔗糖、甘油等）的水溶液即属于此类。曲线Ⅱ表明随着溶质浓度的增加，溶液的表面张力缓慢地降低，醇、醛、酸等大部分有机化合物的水溶液属于此类。曲线Ⅲ表明，在水中加入少量溶质，就能使溶液的表面张力急剧下降，至浓度达到某一值后，溶液的表面张力几乎不再随溶质浓度的上升而变化，肥皂（高碳直链脂肪酸的碱金属盐类）、洗衣粉（高碳直链烷基磺酸盐及苯磺酸盐）等即属于此类。像这种加入少量就能显著降低表面张力的物质称为表面活性剂（surface-active agent）或表面活性物质。

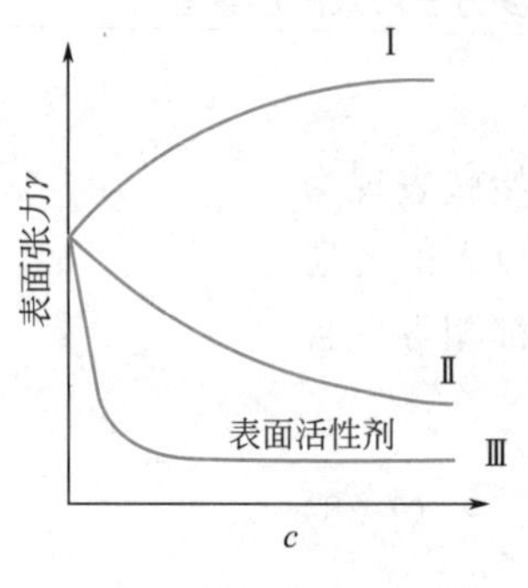

图 7-15 溶液的 γ-c 曲线

从上述三种溶液表面张力的变化规律可以发现，溶质在溶液中分布不均匀，使得溶质在表面层和溶液内部的浓度不同，从而引起溶液表面张力变化。这种溶质在溶液表面层（或表面相）中的浓度与在溶液本体（或体相）中浓度不同的现象称为溶液的表面吸附。使表面层浓度大于溶液本体浓度的作用称为正吸附；反之则称为负吸附。

溶液表面的吸附现象，可用恒温恒压下系统的稳定性取决于表面吉布斯函

数的减少来说明。对于纯液体无所谓吸附，恒温恒压下，表面张力是一定值，要使系统的表面吉布斯函数减少，唯一的途径是尽可能缩小液体表面积。对于溶液来说，溶液的表面张力和表面层的组成有密切的关系，因此还可以由溶液自动调节不同组分在表面层中的数量来促使系统表面吉布斯函数降低。若所加入的溶质表面张力大于溶剂的表面张力，则溶质分子向溶液内部分散，以减小溶液表面浓度，从而降低溶液表面张力；反之若所加入的溶质表面张力小于溶剂的表面张力时，溶质分子则向表面层聚集以增大表面浓度，使溶液表面张力降低。与此同时由于浓度差而引起的扩散，则趋于使溶液中各部分的浓度均一，当两种相反的过程趋于平衡后，即呈现出溶液的表面层和体相的浓度不同的两种吸附现象。前者为负吸附，后者为正吸附。

7.5.2 吉布斯吸附等温式

1878年吉布斯用热力学方法，导出了溶液的浓度、表面张力和表面过剩量（或表面吸附量）之间的关系式，通常称为吉布斯吸附等温式

$$\Gamma=-\frac{c}{RT}\frac{d\gamma}{dc} \tag{7-31}$$

式中，c 为溶质在溶液本体中的平衡浓度；γ 为表面张力；Γ 为溶质的表面过剩量或表面吸附量（surface excess），即在单位面积的表面层中，所含溶质的物质的量与同量溶剂在溶液本体中所含溶质物质的量的差值，单位为 $mol\cdot m^{-2}$，通常也称为吸附量。

由吉布斯吸附等温式可知：

① 若 $d\gamma/dc<0$，即增加浓度使表面张力降低时，$\Gamma>0$，溶质在表面层发生正吸附；

② $d\gamma/dc>0$ 时，即增加浓度使表面张力升高时，$\Gamma<0$，溶质在表面层发生负吸附；

③ 某溶质的（$-d\gamma/dc$）值越高，则它在表面上的吸附量也越大。所以（$-d\gamma/dc$）可以代表溶质表面活性的大小。

用吉布斯吸附等温式计算某溶质的吸附量（即表面过剩量）时，可由实验测定一组恒温下不同浓度 c 时的表面张力 γ，以 γ 对 c 作图，得到 γ-c 曲线。将曲线上指定浓度 c 下的切线的斜率 $d\gamma/dc$ 代入式（7-31），即可求得该浓度下溶质在溶液表面的吸附量。将不同浓度下求得的吸附量对溶液浓度作图，可得到 Γ-c 曲线，即溶液表面的吸附等温线。

【例 7-6】 292.15K 时丁酸水溶液的表面张力可以表示为 $\gamma=\gamma_0-a\ln(1+bc)$，其中 γ_0 为纯水的表面张力，a、b 为常数。(a) 试求该溶液中丁酸的表面过剩量 Γ 和浓度 c 的关系；(b) 若已知 $a=13.1N\cdot m^{-1}$，$b=19.62dm^3\cdot mol^{-1}$，试计算 $c=0.200mol\cdot dm^{-3}$ 时的 Γ。

解：(a) 由 $\gamma=\gamma_0-a\ln(1+bc)$ 得

$$\frac{d\gamma}{dc}=-a\frac{d\ln(1+bc)}{dc}=-\frac{ab}{1+bc}$$

代入吉布斯吸附公式得 Γ 和浓度 c 的关系，即

$$\Gamma=-\frac{c}{RT}\frac{d\gamma}{dc}=\frac{c}{RT}\times\frac{ab}{1+bc}$$

(b) 将浓度 $c=0.200mol\cdot dm^{-3}$ 代入上式，则表面过剩量 Γ 为

$$\Gamma=\frac{0.200mol\cdot dm^{-3}\times13.1N\cdot m^{-1}\times19.62dm^3\cdot mol^{-1}}{8.314N\cdot m\cdot K^{-1}\cdot mol^{-1}\times292.15K\times(1+19.62dm^3\cdot mol^{-1}\times0.200mol\cdot dm^{-3})}$$
$$=4.30\times10^{-3}mol\cdot m^{-2}$$

表面活性剂及其应用

7.5.3 表面活性剂及其应用

7.5.3.1 表面活性剂的结构特点及其分类

表面活性剂之所以能显著降低溶液的表面张力是由其分子结构所决定的。从化学结构

看，表面活性剂分子或离子都包含有亲水的极性基（如—OH、—COOH、$—COO^-$、$—SO_3^-$）和憎水的非极性基（如烷基、苯基）两个部分。根据表面活性剂的化学结构不同，大体上可分为离子型、非离子型和特殊型三大类。当表面活性剂溶于水时，凡能电离成离子的称为离子型表面活性剂；凡是在水中不能电离的，则称为非离子型表面活性剂。对于离子型表面活性剂还可按其在水溶液中发挥表面活性作用的离子的电性而细分为阴离子型表面活性剂、阳离子型表面活性剂和两性表面活性剂。各类表面活性剂及实例如图 7-16 所示。

- 表面活性剂
  - 离子型表面活性剂
    - 阴离子型表面活性剂，有高级脂肪酸盐、磺酸盐、硫酸盐等类型，如肥皂(主要成分$C_{17}H_{35}COONa$)和十二烷基硫酸钠$C_{12}H_{25}SO_4Na$
    - 阳离子型表面活性剂：有胺盐和季铵盐两大类，如十六烷基三甲基溴化铵

      $$C_{16}H_{33}—N^+(CH_3)_2—CH_3Br^-$$

    - 两性表面活性剂：有氨基酸型和甜菜碱型等类型，如十二烷基氨基丙酸钠$C_{12}H_{25}N^+H_2CH_2CH_2COO^-$
  - 非离子型表面活性剂
    - 聚乙二醇型：如烷基酚聚氧乙烯醚和聚乙二醇辛基苯基醚
    - 多元醇型：如季戊四醇脂肪酸酯和山梨醇脂肪酸酯
  - 特殊型表面活性剂
    - 氟表面活性剂：如全氟磺酸盐
    - 硅表面活性剂：如硅氧烷链表面活性剂
    - 氨基酸系表面活性剂：如*N*-酰基氨基酸盐

图 7-16　表面活性剂的分类及实例

7.5.3.2　胶束的形成与表面活性剂的吸附层结构

由于表面活性剂的分子都是由亲水性的极性基团和憎水（亲油）性的非极性基团所构成的，所以表面活性剂的分子能定向地排列于任意两相之间的界面层中，使界面的不饱和力场得到某种程度的补偿，从而使界面张力降低。如在 293.15K 的纯水中加入油酸钠，当油酸钠的浓度从零增加到 $1mmol·dm^{-3}$时，表面张力则从 $72.75mN·m^{-1}$降至 $30mN·m^{-1}$，若再增加油酸钠的浓度，溶液的表面张力都变化不大。许多表面活性剂都具有类似图 7-15 曲线Ⅲ所示的特征。为什么会有这种变化规律呢？这个问题可以借助图 7-17 进行解释。

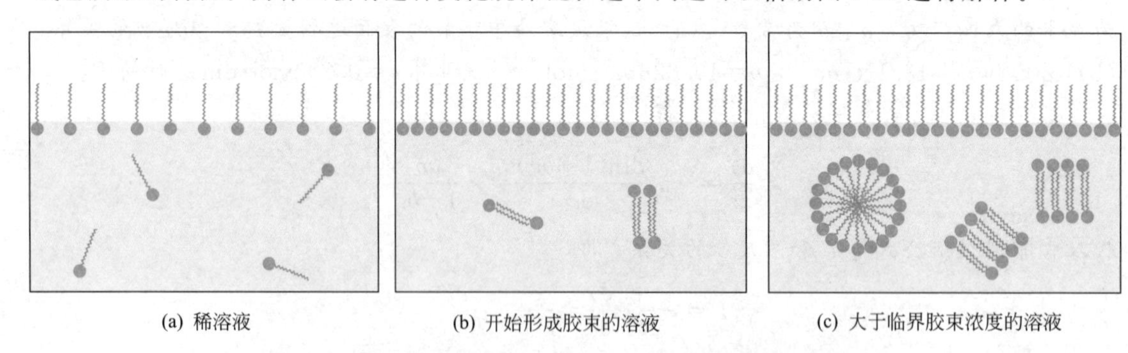

(a) 稀溶液　(b) 开始形成胶束的溶液　(c) 大于临界胶束浓度的溶液

图 7-17　表面活性物质的分子在溶液本体及表面层中的分布

当把表面活性剂溶入水中，亲水的极性基力图进入溶液内部，而非极性的憎水基趋于逃逸水溶液而伸向空气，而使表面活性剂分子趋于定向排列。图 7-17(a) 表示当表面活性剂的浓度很稀时，表面活性剂的分子在溶液本体和表面层中分布的情况。在这种情况下，若稍微增加表面活性剂浓度，一部分表面活性剂分子将自动地聚集于表面层，使水和空气的接触面减小，溶液的表面张力急剧降低。此时，表面活性剂的分子在表面层中不一定都是直立的，也可能是东倒西歪而使非极性的基团翘出水面。另一部分表面活性剂分子则分散在水中，有

的以单分子的形式存在，有的则三三两两相互接触，把憎水性的基团靠拢在一起，形成简单的聚集体。这相当于图 7-15 中曲线Ⅲ急剧下降的部分。

图 7-17(b) 表示表面活性剂的浓度足够大时，达到饱和状态，液面上刚刚挤满一层定向排列的表面活性剂的分子，形成单分子膜。在溶液本体则形成具有一定形状的胶束（micelle)，它是由几十个或几百个表面活性剂的分子，排列成憎水基团向里，亲水基向外的多分子聚集体。胶束中许多表面活性剂分子的亲水性基团与水分子相接触；而非极性基团则被包在胶束中，几乎完全脱离了与水分子的接触。因此，胶束在水溶液中可以比较稳定地存在。这相当于图 7-15 中曲线Ⅲ的转折处。胶束的形状可以是球状、棒状、层状或偏椭圆状，图 7-17 中胶束为球状。形成一定形状的胶束所需表面活性剂的最低浓度，称为临界胶束浓度（critical micelle concentration)，以 CMC 表示。实验表明，CMC 不是一个确定的数值，而常表现为一个窄的浓度范围。例如，离子型表面活性剂的 CMC 一般约在 $1\sim10\mathrm{mmol\cdot dm^{-3}}$ 之间。

图 7-17(c) 是超过临界胶束浓度的情况，这时液面上早已形成紧密、定向排列的单分子膜，达到饱和状态。若再增加表面活性剂的浓度，只能增加胶束的个数（也有可能使每个胶束所包含的分子数增多)。由于胶束是亲水性的，它不具有表面活性，不能使表面张力进一步降低，这相当于图 7-15 中曲线Ⅲ的平缓部分。

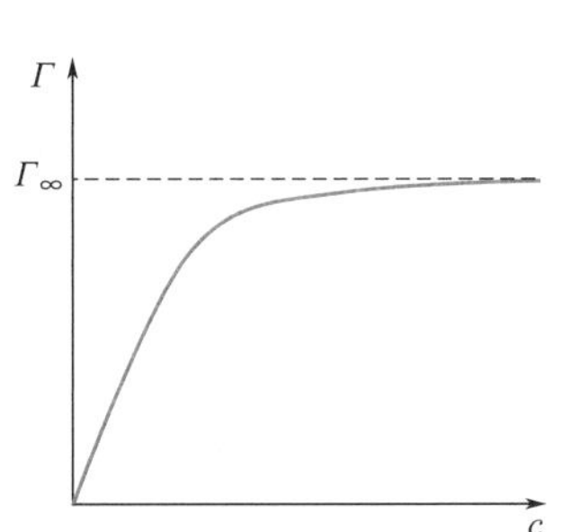

图 7-18 表面活性剂水溶液的表面吸附量与浓度的关系

以上所描述的表面活性剂在溶液表面的吸附规律非常类似于朗格缪尔的单分子吸附，而实验结果证明也确实是如此。图 7-18 为表面活性剂水溶液的表面吸附量与浓度的关系。因此在一定温度下，表面活性剂在溶液中吸附达到平衡时，吸附量 Γ 与浓度 c 的关系可以用与朗格缪尔单分子层吸附等温式相似的经验式来表示，即

$$\Gamma=\Gamma_{\infty}\frac{Kc}{1+Kc} \tag{7-32}$$

式中，K 为经验常数，与溶质的表面活性大小有关；Γ_{∞} 为饱和吸附量；c 为溶液本体的浓度。

当浓度很小时，$\Gamma=\Gamma_{\infty}Kc$，Γ 与 c 呈线性关系；当浓度较大时，Γ 与 c 呈曲线关系；当浓度足够大时，$1+Kc\approx Kc$，呈现一个吸附量的极大值，即 $\Gamma=\Gamma_{\infty}$。此时，若再增加浓度，Γ 不再改变，即溶液的表面吸附已达饱和。这时 Γ_{∞} 可近似地看作是在单位表面上定向排列呈单分子层吸附时溶质的物质的量。若实验测出 Γ_{∞} 的值，即可算出单个被吸附的表面活性剂分子的横截面积 S，即

$$S=\frac{1}{\Gamma_{\infty}L} \tag{7-33}$$

式中，L 为阿伏伽德罗常数。用上式的计算结果一般比用其他方法测得的值较大，这是因为实际上表面层不可能完全被溶质分子所占据，溶剂分子或多或少也会有的。

对于表面活性剂的同系物中不同的化合物，实验结果证实，其饱和吸附量是相同的，与同系物各个不同化合物的特性无关。这是因为表面活性剂分子定向而整齐排列在溶液的表面上，饱和吸附时，表面几乎完全被表面活性剂分子所占据，同系物中不同化合物的差别只是碳链的长短不同，而分子在表面层中的横截面积相同，所以它们具有相同的饱和吸附量。

利用表面活性剂达到饱和吸附时在表面形成单分子膜的这一特性，可以制备各种具有特殊用途的表面膜，如半透膜，采用类似的方法也可以在晶体表面铺上一层分子定向排列的表面膜，以改变晶体的表面性质，制成具有特殊性能的材料。

胶束的存在已被 X 射线衍射图谱及光散射实验所证实。而临界胶束浓度和在液面上开

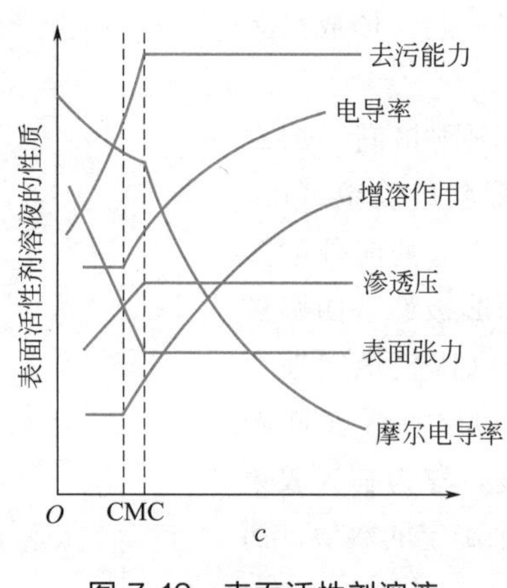

图 7-19　表面活性剂溶液的性质与浓度关系示意图

始形成饱和吸附层所对应的浓度范围是一致的。在这个窄小的浓度范围前后，不仅溶液的表面张力发生明显的变化，其他物理性质，如电导率、渗透压、蒸气压、光学性质、去污能力及增溶作用等皆发生很大的差异，如图 7-19 所示。由图可知，表面活性剂的浓度略大于 CMC 时，溶液的表面张力、渗透压及去污能力等几乎不随浓度的变化而改变，但增溶作用、电导率等却随着浓度的增加而急剧增加。某些有机化合物难溶于水，但可溶于表面活性剂浓度大于 CMC 的水溶液中。

7.5.3.3　表面活性剂的应用

表面活性剂种类甚多，不同表面活性剂具有不同的作用。概括起来，表面活性剂具有润湿、助磨、乳化、分散、增溶、发泡、去污、柔软、抗静电、润滑、防锈、抗氧化、杀毒等多种作用，因此在生产、科研和日常生活中被广泛应用。下面简单介绍几种重要的作用和应用。

（1）润湿作用

在生产和生活中，人们常常需要改变某种液体对某种固体的润湿程度。有时需要把不润湿转变为润湿，有时则正好相反，这些都可借助于表面活性剂来完成。例如喷洒农药消灭虫害时，在农药中常加入少量的润湿剂，以改进药液对植物表面的润湿程度，使药液在植物叶子表面上铺展开，充分发挥农药的作用。但对于防雨布，则希望其表面不能被水润湿。过去曾采用涂油或上胶的办法来制雨布，这种雨布虽能防雨，但透气性很差，做成的雨衣和帐篷既不舒适又较笨重还不耐折。后来采用表面活性剂处理雨布，使其极性基与纤维的醇羟基结合，而非极性剂伸向空气，使得与水的接触角增大，由原来的润湿变为不润湿。实验表明，用季铵盐与氟氢化合物混合处理过的棉布经大雨冲淋 168h 而不透湿。

又如浮游选矿，就是通过改变矿石表面的润湿性来富集有用矿石，提高矿石品位的一种重要选矿方法。其基本原理是将低品位的粗矿石磨碎，投入水中。由于矿物和矿渣都易润湿而均沉入水底。在水中加入少量某种表面活性剂，其极性基仅能在有用矿物表面发生吸附，而非极性基朝外。因此当向水池底部鼓空气泡时，则有用矿石粒子由于表面的憎水性而附着在气泡上，上升到液面而被收集。与此同时，矿渣因不能吸附所加的表面活性剂，其表面仍然亲水，不能附着在气泡上而仍沉在水池底，从而达到选矿的目的。这一方法在煤的精制和矿石品位提高中应用广泛。

（2）增溶作用

非极性的烃类化合物如苯、己烷、异辛烷等几乎不能溶于水。但浓度大于临界胶束浓度的表面活性剂水溶液，却能“溶解”相当量的非极性烃类化合物，形成完全透明、外观与真溶液非常相似的系统。这一现象称为表面活性剂的增溶作用。例如乙基苯在水中的溶解度极小，但在 1L $0.3\mathrm{mol\cdot dm^{-3}}$ 的油酸钾水溶液中可溶解 50g。

增溶作用主要是发生在胶团中的现象。当向水中加入非极性的烃类化合物时，其与水之间的界面张力较大，界面吉布斯函数较高，从而不互溶而分层。但当溶液中有大量表面活性剂胶束存在时，胶束内部是憎水的，所以非极性的烃类化合物就会进入胶束内部，形成了增溶现象，如图 7-20 所示。

○— 表面活性剂分子
～ 被增溶的烃类化合物

图 7-20　在球形胶束中的增溶作用示意图

当烃类化合物增溶后，能形成非常类似于真溶液的稳定系统。但实验证明这一系统不同于真溶液，如溶液的依数性质（凝固点、渗透压等）比相应的真溶液要小得多。这说明增溶过程中溶质并未拆开成分子或离子，而是以“整团”溶解在胶束中，所以溶液的质点数没有增加。

增溶作用的应用相当广泛。例如用肥皂或合成洗涤剂洗去大量油污时，增溶作用起着相当重要的作用。工业上合成丁苯橡胶时，利用增溶作用将原料溶于肥皂溶液中再进行聚合反应。在石油开采中也利用了增溶作用，把表面活性剂注入油层，可以把地层中残留的原油，用增溶的方式引出地层，从而提高了采收率。一些生理过程中也有增溶现象，例如脂肪类食物只有靠胆汁的增溶作用“溶解”之后才能被人体有效吸收。

（3）乳化作用

乳化作用是在一定的条件下使互不混溶的两种液体形成有一定稳定性的液液分散系统的作用。在此分散系统中，被分散的液体（分散相）以微小液珠的形式分散于连续的另一种液体（分散介质）中，此系统称为乳状液（emulsion）。形成乳状液的两种不互溶的液体，一种通常为水，另一种是有机物，统称为油。若油以小液珠形式分散在水中，则称为水包油型乳状液，记作 O/W，如牛奶就是奶油分散在水中形成的 O/W 型乳状液。若水以小水珠形式分散在油中，则称为油包水型乳状液，记作 W/O，如含水分的石油就是 W/O 型乳状液。乳状液一般不稳定，分散的小液珠有自动聚结而分层的趋势。要得到稳定的乳状液必须加入少量表面活性剂——又称为乳化剂。将少量乳化剂加入两种互不相溶的液体中，经过剧烈搅拌或超声振荡，就可制成较稳定的乳化液。

制备不同类型的乳状液应选择不同的表面活性剂。在乳状液中，表面活性剂分子在油水两相界面上吸附，使界面张力大大降低，从而使乳状液能较稳定存在。例如金属切削时所用的润滑冷却液就是一种 O/W 型的乳状液，其中水起冷却作用，油起防腐蚀和润滑作用；许多农药和杀虫剂的主要成分是不溶于水的有机化合物，常常加水制成 O/W 型乳状液，以便用少量药物处理较大面积的作物。

但是，在有些情况下需要破坏乳状液使两相分离，这一过程称为破乳或去乳化。例如原油中的水分严重腐蚀石油设备，往往在贮存和运输前破乳以除去水分；又如天然橡胶乳液通过破乳以制得橡胶。破乳时常使用的物质中大部分也是表面活性剂。例如对某种阴离子型表面活性剂形成的乳状液，可加入另一种阳离子型表面活性剂，使得两种不同的表面活性剂分子的极性基相互结合，使原来伸向水中的极性基变成了非极性基，这样乳状液便不稳定而分层。

（4）去污作用

许多油类对衣物润湿良好，在衣物上能自动地铺展开来，但却很难溶于水中。我们知道，只用水是洗不净衣物上的油污的。在洗衣物时，若使用肥皂，则有明显的去污作用。这是因为肥皂的成分是硬脂酸钠（$C_{17}H_{35}COOH$），它是一种阴离子型的表面活性剂。肥皂的分子能渗透到油污和衣物之间，形成定向排列的肥皂分子膜，从而减弱了油污在衣物上的附着力，只要轻轻搓动，由于机械摩擦和水分子的吸引，油污很容易从衣物（或其他制品）上脱落、乳化、分散在水中，达到洗涤的目的。

思考题

动画：
1.（2）题

1. 解释下列现象：

（1）当用滴管移取相同体积的水、氯化钠和乙醇时，三个滴管所滴的液体的滴数是否相同？为什么？

（2）两个平行的纸条静置在水面上，若在两纸条间滴上一滴肥皂水，将会有何现象发生？为什么？

（3）在一只洁净的杯子里注满矿泉水，然后往杯子里逐粒加入洁净的沙子，会有何现象发生？若再继续滴加一滴肥皂水，又会有何现象发生？

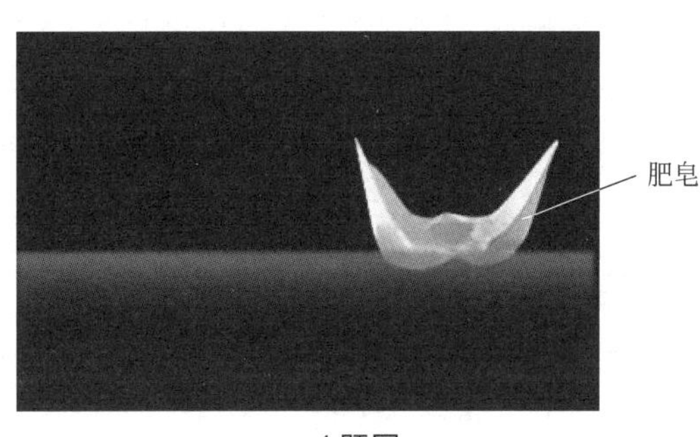

1 题图

动画：
1.（3）题

动画：1.（4）题

动画：5题

动画：6题

（4）如图所示在平静的水面上静置一个小纸船，若在纸船的右尾端涂上肥皂，会有什么现象发生？

（5）为什么气泡、液滴、肥皂泡等都呈圆形？玻璃管口加热后会变得光滑并缩小（俗称圆口），这些现象的本质是什么？

2. 请回答下列问题：

（1）在一个封闭的钟罩内，有大小不等的两个球形液滴，问长时间恒温存放后会出现什么现象？

（2）纯液体、溶液和固体怎样降低自身的表面吉布斯函数？

（3）物理吸附与化学吸附本质的区别是什么？

3. 两块玻璃板和两块石蜡板当中夹带水后，欲将两块板分开，哪个要费力气大？为什么？

4. 根据已有的经验表明，水磨米粉比干磨米粉要细得多，工业上也是如此，湿法粉碎原料，要比干法粉碎的效率高得多。试问：

（1）干法为何效率低？如何才能使干法提高效率，从而得到分散度大的微粒？

（2）湿法除了粉碎效率高以外，还有什么优点？

5. 玻璃管两端分别有一个大的和一个小的肥皂泡，又可通过玻璃管相互连通（如图所示）。假如肥皂泡不会马上破裂的话，打开活塞后，将会出现什么现象？为什么？

6. 如图所示，直管毛细管与弯管毛细管的半径相同，弯管高度低于直管中水的液面，弯管中滴下的水可使叶片转动，试问这样的永动机能否实现？为什么？

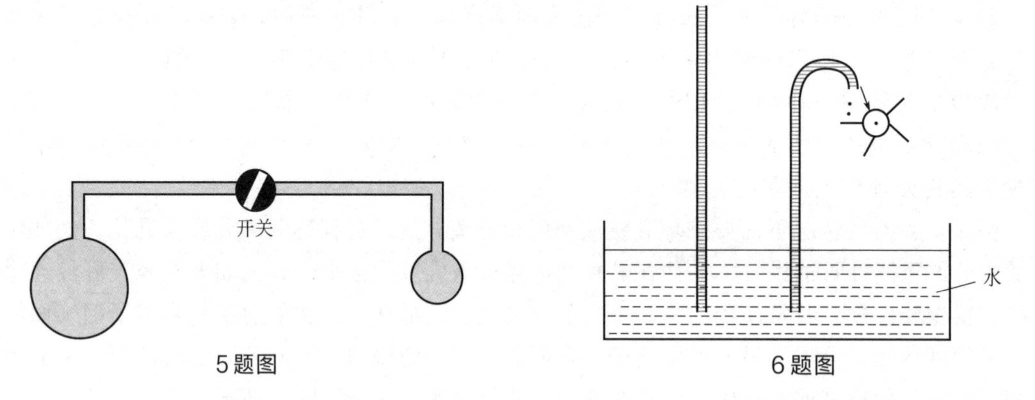

5 题图　　6 题图

7. 如图所示，在装有少量液体的毛细管中，当在一端加热时，问润湿液体向毛细管的哪端移动？不润湿液体向哪端移动？为什么？

8. 制造金属陶瓷材料，如铜-氧化锆金属陶瓷，若在 1373K 的纯铜液中，加入 0.25%左右的镍后，测定含镍铜液在氧化锆表面上的接触角 θ，由原纯铜液的 135°降至 45°。这个现象说明了什么？对生产是否有利？

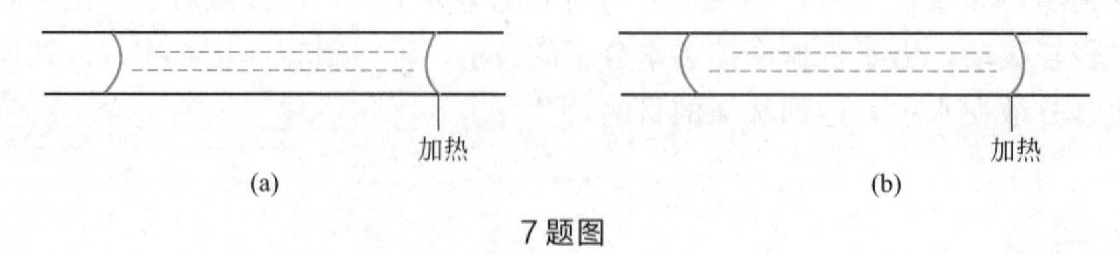

7 题图

9. 用学到的关于界面现象的知识解释以下几种做法或现象的基本原理：（1）人工降雨；（2）有机蒸馏中加沸石；（3）毛细凝聚；（4）过饱和溶液、过饱和蒸气、过冷液体等过饱和现象；（5）重量分析中的“陈化”过程；（6）喷洒农药时常常要在药液中加少量表面活性剂。

习题

1. 银溶胶中，设每个银溶胶粒子均为立方体，边长为 0.03μm，银的密度 $\rho=10.5\text{kg}\cdot\text{dm}^{-3}$，试计算：

（1）1×10^{-4} kg 银可得多少个上述大小的溶胶粒子？

（2）全部粒子的总表面积为多少？

2. 已知293K时，水银-空气的界面张力$\gamma=476\times10^{-3}N\cdot m^{-1}$，试问半径$r=1.0\times10^{-4}m$的一小滴水银表面上的附加压力为多少？

3. 373K时，水在压力101.325kPa下沸腾，此时其表面张力$\gamma=58\times10^{-3}N\cdot m^{-1}$，计算含有50个水分子的蒸气泡中，水的蒸气压应为多少？(设蒸气泡为球形)

4. 293K时，根据下列表面张力的数据

界面	苯-水	苯-气	水-气	汞-气	汞-水
$\gamma\times10^3/N\cdot m^{-1}$	35	28.9	72.7	483	375

试判断下列情况能否铺展。

(1) 苯在水面上（未互溶前）；

(2) 水在水银面上。

5. 氧化铝瓷件上需要涂银，当加热至1273K时，试用计算接触角的方法判断液态银能否润湿氧化铝瓷件表面？已知该温度下固体Al_2O_3的表面张力$\gamma_{SG}=1.0N\cdot m^{-1}$，液态银表面张力$\gamma_{LG}=0.88N\cdot m^{-1}$，液态银与固体$Al_2O_3$的界面张力$\gamma_{SL}=1.77N\cdot m^{-1}$。

6. 用毛细管上升法测定某液体的表面张力。此液体的密度为$0.790g\cdot cm^{-3}$，在半径为0.235mm的玻璃毛细管中上升的高度为$2.56\times10^{-2}m$，设此液体能很好地润湿玻璃，试求此液体的表面张力。

7. 在298K、101.325kPa下，将直径为$1\mu m$的毛细管插入水中，问需在管内加多大压力才能防止水面上升？若不加额外的压力，让水面上升，达平衡后管内液面上升多高？已知该温度下水的表面张力为$0.072N\cdot m^{-1}$，水的密度为$1000kg\cdot m^{-3}$，设接触角为0°，重力加速度为$g=9.8m\cdot s^{-2}$。

8. 在298K时，平面水面上水的饱和蒸气压为3168Pa，求在相同温度下，半径为3nm的小水滴上水的饱和蒸气压。已知此时水的表面张力为$0.072N\cdot m^{-1}$，水的密度设为$1000kg\cdot m^{-3}$。

9. 373K时，水的表面张力为$0.0589N\cdot m^{-1}$，密度为$958.4kg\cdot m^{-3}$，问直径为$1\times10^{-7}m$的气泡内（即球形凹面上），在373K时的水蒸气压力为多少？在101.325kPa外压下，能否从373K的水中蒸发出直径为$1\times10^{-7}m$的蒸气泡？

10. 水蒸气骤冷会发生过饱和现象。在夏天的乌云中，用飞机撒干冰微粒，使气温骤降至293K，水气的过饱和度（p/p^*）达4。已知在293K时，水的表面张力为$0.07288N\cdot m^{-1}$，密度为$997kg\cdot m^{-3}$，试计算

(1) 在此时开始形成雨滴的半径。

(2) 每一雨滴中所含水分子数。

11. 用活性炭吸附$CHCl_3$时，在0℃时的饱和吸附量为$93.8dm^3\cdot kg^{-1}$，已知$CHCl_3$分压为13.375kPa时的平衡吸附量为$82.5dm^3\cdot kg^{-1}$，求

(1) 朗格缪尔等温式中的b值；

(2) $CHCl_3$分压为6.6672kPa时的平衡吸附量。

12. 在273.15K及N_2的不同平衡压力下，实验测得每1kg活性炭吸附N_2的体积V^a数据（已换算成标准状态）如下

p/kPa	0.5240	1.7305	3.0584	4.5343	7.4967
$V^a/dm^3\cdot kg^{-1}$	0.987	3.043	5.082	7.047	10.310

试用作图法求朗格缪尔吸附等温式中的常数b和V^a_m。

13. 77K时测得N_2在TiO_2上的吸附数据如下

p/p^*	0.01	0.04	0.1	0.2	0.4	0.6	0.8
$V^a/dm^3\cdot kg^{-1}$	1.0	2.0	2.5	2.9	3.6	4.3	5.0

试用BET公式计算每千克TiO_2的表面积，设每个N_2分子的截面积为$1.62\times10^{-19}m^2$。

14. 在351.45K时，用焦炭吸附NH_3测得如下数据

p/kPa	0.7224	1.307	1.723	2.898	3.931	7.528	10.102
$V^a/\mathrm{dm^3 \cdot kg^{-1}}$	10.2	14.7	17.3	23.7	28.4	41.9	50.1

试用图解法求弗罗因德利希经验式中的常数。

15. 在液氮温度时，N_2 在 $ZrSiO_4$ 上的吸附符合 BET 公式，今取 1.752×10^{-2}kg 样品进行吸附测定，$p_0=101.325$kPa，所有吸附体积都已换算成标准状况，数据如下

p/kPa	1.39	2.77	10.13	14.93	21.01	25.37	34.13	52.16	62.82
$V\times10^3/\mathrm{dm^3}$	8.16	8.96	11.04	12.16	13.09	13.73	15.10	18.02	20.32

(1) 试计算形成单分子层所需 N_2 (g) 的体积。

(2) 已知每个 N_2 分子的截面积为 $1.62\times10^{-19}\mathrm{m^2}$，求每克样品的表面积。

16. 已知在某活性炭样品上吸附 $8.95\times10^{-4}\mathrm{dm^3}$ 的氮气（在标准状况下），吸附的平衡压力与温度之间的关系为

T/K	194	225	273
p/kPa	466.1	1165.2	3586.9

计算上述条件下，氮在活性炭上的吸附热。

17. 291K 时，各种饱和脂肪酸水溶液的表面张力 γ 与浓度 c 的关系式可表示为 $\gamma/\gamma_0=1-b\lg(c/A+1)$，其中 γ_0 为纯水的表面张力（$\gamma_0=0.07286\mathrm{N \cdot m^{-1}}$），常数 A 因不同酸而异，$b=0.411$，试求

(1) 服从上述方程的脂肪酸吸附量等温式；

(2) 在表面的一个紧密层中（$c\gg A$），每个酸分子所占据的面积。

18. 对于稀溶液来说，溶液表面张力近似地与溶质浓度 c 呈线性关系，$\gamma=\gamma^*-bc$，式中，b 为常数。试证明在稀溶液中，溶液表面的吸附量 Γ 为

$$\Gamma=(\gamma^*-\gamma)/RT$$

19. 25℃时，将少量的某表面活性剂物质溶解在水中，当溶液的表面吸附达到平衡后，实验测得该溶液的浓度为 $0.20\mathrm{mol \cdot m^{-3}}$。用一很薄的刀片快速刮去已知面积的该溶液的表面薄层，测得在表面层中活性剂的吸附量为 $3\times10^{-6}\mathrm{mol \cdot m^{-2}}$。已知 25℃时纯水的表面张力为 $0.07286\mathrm{N \cdot m^{-1}}$，假设在很稀的浓度范围内，溶液的表面张力与溶液浓度呈线性关系。试计算上述溶液的表面张力。

▶视频讲解
▶动画演示
▶拓展阅读

第 8 章 化学动力学

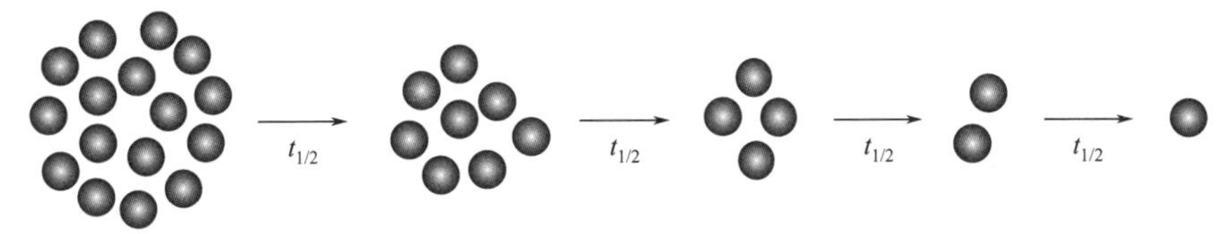

前面所讨论的化学热力学的有关原理，能解决化学反应能否发生的问题，如果能够发生，反应进行的最大程度为多少等问题，但化学热力学中没有涉及与时间有关的速率因素。例如，在给定的条件下，对一个特定的化学反应，化学热力学不能告诉我们该反应何时完成，反应如何进行。要回答上述问题，则需要化学动力学来解决。

本章概要

8.1 化学反应的反应速率和速率方程

本节首先讨论反应速率的表示方法及相关概念，如基元反应和非基元反应、反应级数与反应分子数、速率常数等。

8.2 速率方程的积分形式

速率本身就表达了反应体系中某一物质的浓度随时间的变化率，是微分关系，将其积分得到速率方程的积分式，本节主要讨论具有简单级数的速率方程的积分式。特别要注意不同级数速率方程中各自的速率常数的单位、线性关系和半衰期的三个特点。通过积分式，可以讨论反应过程中浓度、时间和速率常数三者之间的关系。可以说，速率方程的积分形式所解决的问题就是已知这三者之间的两者求第三者的问题。

8.3 速率方程的确定

要想用 8.2 中的积分方程解决反应过程中浓度与时间之间的关系，首先要确定反应是几级的，即要确定反应的级数。速率方程的确定，关键是确定反应级数。

8.4 温度对反应速率的影响和活化能

温度会影响反应速率，本节讨论温度对反应速率影响的经验关系式。

8.5 典型复合反应

前面讨论的都是简单反应，实际反应却多是复合反应，本节讨论典型的复合反应如对峙反应、平行反应和连串反应的速率方程的积分形式及其特点。

8.6 复合反应速率的近似处理方法

实际的复合反应往往比典型的复合反应要复杂得多，对于更复杂的复合反应，如何更方便地处理其动力学问题，本节讨论 3 个近似处理方法。

8.7 链反应

在 8.6 的基础上，讨论特殊规律的复合反应链反应，特别注意支链爆炸反应。

8.8 基元反应速率理论

8.4 所讨论的温度对反应速率的影响是由实验总结出来的经验关系式，本节讨论的是基于理论推导得到的速率理论，注意不同理论的意义及局限性。

8.9 几类特殊反应的动力学

前面介绍的有关动力学的概念基本是针对气相和液相反应的，本节讨论几类特殊反应的动力学，包括溶液中反应、光化学反应和催化作用的相关原理。

8.10 现代化学动力学研究技术简介

交叉分子束技术和飞秒激光技术简介。

化学动力学（chemical kinetics）是研究化学反应速率和反应机理的学科。它的基本任务是研究浓度、压力、温度以及催化剂等各种因素对反应速率的影响，揭示反应进行时经历的具体反应步骤，即反应机理（reaction mechanism），研究物质的结构与反应性能的关系（即构效关系）。在实际生产当中，有的反应人们希望反应速率快些，例如合成氨反应；而有的反应人们则希望反应速率慢些，例如核裂变产生电能过程。研究化学动力学的目的就是为了深入了解并最终控制化学反应，使其按人们所希望的反应速率进行并得到人们所希望的结果。例如，对于一个同时发生主副反应的化学过程，人们可以通过加快主反应速率、减缓或抑制副反应速率来减少原料的消耗，提高主产品的含量，从而达到减轻分离提纯的负担，降低成本的目的。由此可见，化学动力学的研究具有十分重要的理论意义和应用价值。

化学动力学出现于19世纪后半叶。初始阶段实验方法和检测手段较低，对化学动力学的研究处于宏观阶段。19世纪中期确立了质量作用定律。到1889年，瑞典物理化学家阿伦尼乌斯（Arrhenius，1859～1927年）提出活化分子和活化能概念，并导出化学反应速率公式即阿伦尼乌斯方程。随着对化学动力学研究的深入，人们相继提出了碰撞理论和过渡状态理论，并借助量子力学知识从理论上对反应速率理论进行了探讨。从而将反应动力学的研究从宏观阶段扩展到微观阶段。

由于化学动力学的研究比热力学要复杂得多，因此到目前为止其研究还不能像热力学的研究一样成熟，没有形成热力学那样较完整的系统。近几十年来，由于相关学科理论和技术的进步，化学动力学得到了长足的发展。如随着分子束和激光技术在化学中的应用，分子反应动力学的研究也进入到态-态反应的层次。而在化学动力学发展这一过程中，其研究对象也从早期研究气相化学中的基元化学反应，逐步发展到了对凝聚相和界面等领域中的分子相互作用和化学动态过程的研究。化学动力学已成为十分活跃的研究领域之一。

8.1 化学反应的反应速率和速率方程

8.1.1 反应速率的表示法

描述快慢的物理量有“速度”和“速率”两种表达方法。按照物理学的概念“速度”是矢量，有方向性，而“速率”是标量，无方向性，但两者均为正值。本书采用“速率”来描述化学反应进行的快慢。目前，国际上普遍采用的是以反应进度 ξ 随时间的变化率，即转化速率来表示。

影响反应速率的主要因素有浓度和温度，因而描述反应速率与浓度等参数之间的关系或浓度等参数与时间的关系的方程式称为速率方程（rate equation），前者是微分式，后者是积分式。

已知某反应的化学计量式为

$$0=\sum_{B}\nu_B B$$

因反应进度为

$$d\xi=\frac{dn_B}{\nu_B}$$

所以转化速率为

$$\dot{\xi}=\frac{d\xi}{dt}=\frac{1}{\nu_B}\frac{dn_B}{dt} \tag{8-1}$$

因反应进度与物质 B 的选择无关，而与化学计量式的写法有关，故转化速率也是如此。因此应用转化速率时必须同时指明化学反应方程式。

对于体积一定的密闭系统，通常用单位时间单位体积内化学反应的反应进度来表示反应速率 v，它的定义为

$$v=\frac{1}{V}\frac{d\xi}{dt}=\frac{1}{\nu_B}\frac{dn_B/V}{dt}=\frac{1}{\nu_B}\frac{dc_B}{dt} \tag{8-2}$$

对于任一反应

$$aA+bB \longrightarrow yY+zZ$$

根据反应速率定义

$$v=-\frac{1}{a}\frac{dc_A}{dt}=-\frac{1}{b}\frac{dc_B}{dt}=\frac{1}{y}\frac{dc_Y}{dt}=\frac{1}{z}\frac{dc_Z}{dt} \tag{8-3}$$

式中负号是为了使用上式计算出的速率为正值。

为了研究方便，经常采用某指定反应物 A 的消耗速率或某指定产物 Z 的生成速率来表示反应进行的速率，故恒容下

A 的消耗速率
$$v_A=-\frac{dc_A}{dt} \tag{8-4}$$

Z 的生成速率
$$v_Z=\frac{dc_Z}{dt} \tag{8-5}$$

将式(8-4) 和式(8-5) 代入式(8-3)，则

$$v=\frac{v_A}{a}=\frac{v_B}{b}=\frac{v_Y}{y}=\frac{v_Z}{z} \tag{8-6}$$

即各不同物质的消耗速率或生成速率，与各自的化学计量数的绝对值成正比。例如，气相反应

$$2H_2(g)+O_2(g) \longrightarrow 2H_2O(g)$$

在恒温定容条件下，其反应速率可表示为

$$v=-\frac{1}{2}\frac{dc(H_2)}{dt}=-\frac{dc(O_2)}{dt}=\frac{1}{2}\frac{dc(H_2O)}{dt}$$

对于气相反应，由于压力测定往往比浓度容易，因此也可以用分压来代替浓度，表示反应速率。对上述反应有

$$v_p=-\frac{1}{2}\frac{dp(H_2)}{dt}=-\frac{dp(O_2)}{dt}=\frac{1}{2}\frac{dp(H_2O)}{dt}$$

此时 v_p 的单位是压力·时间$^{-1}$。若气体视为理想气体，则

$$p_B=n_B RT/V=c_B RT$$

代入上式，得

$$v_p=vRT \tag{8-7}$$

反应速率的表示法及实验测定

8.1.2 反应速率的实验测定

对于体积一定的反应系统，测定反应速率的关键是求出不同时刻的浓度变化率（$dc_B/$

dt）。这需要测定反应开始后不同时刻的反应物或生成物浓度，并绘制浓度 c 随时间 t 的变化曲线，如图 8-1 所示。该曲线称为动力学曲线（kinetics curve）。在曲线上某一时刻的点作曲线的切线，切线斜率（dc_B/dt）的绝对值即为此时刻某反应物或产物的消耗速率或生成速率。

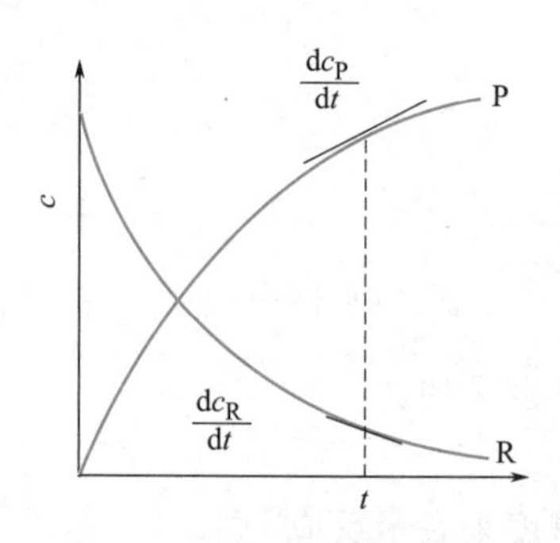

图 8-1 反应物和产物的浓度随时间的变化

P—产物；R—反应物

测定生成物或产物浓度的方法有化学法和物理法两种。化学方法指的是在某一时刻取出部分反应液，并迅速通过骤冷、冲稀、加阻化剂或移走催化剂等方法使化学反应不再继续进行，然后使用化学分析法测定反应物或生成物浓度的方法。化学分析法的优点是设备简单，可直接测得浓度；缺点是操作比较复杂，往往误差较大。物理方法则是原位直接测量反应物和产物的某些与浓度呈单值关系的物理性质（如压力、体积、密度、折射率、比旋光度、电导率、电动势、吸光率等），并记录其随时间的改变值，然后再换算成不同时刻的浓度的方法。物理方法的优点是不用取样，不用终止反应，测量迅速，可连续测定，因而在化学动力学实验中得到了广泛应用。

8.1.3 基元反应和非基元反应

化学动力学的任务之一是弄清楚化学反应的真正历程。而通常我们所写的化学反应方程式往往是一个总的结果，并不代表化学反应的真正历程。对于一个化学反应，反应物分子一般总是经过若干个简单的反应步骤，才最后转化为产物分子的。每一个简单的反应步骤，就称为一个基元反应（elementary reaction）。而非基元反应则指由若干个简单的反应步骤组成的总反应。

例如，对于氢气和氯气发生的反应，其化学计量式为

（1）$H_2+Cl_2 \longrightarrow 2HCl$

研究发现它由以下四个步骤组成

（2）$Cl_2+M^* \longrightarrow 2Cl\cdot+M_0$

（3）$H_2+Cl\cdot \longrightarrow HCl+H\cdot$

（4）$H\cdot+Cl_2 \longrightarrow HCl+Cl\cdot$

（5）$Cl\cdot+Cl\cdot+M_0 \longrightarrow Cl_2+M^*$

式中，M^* 为高能分子；M_0 为能量甚低的分子。其中，方程式（1）是方程式（2）～（5）的总反应，故是非基元反应。而方程式（2）～（5）是反应（1）的简单反应步骤，每一个均为基元反应。这些基元反应代表了反应所经过的途径，在动力学上称为反应机理（或反应历程）（reaction mechanism）。可见，基元反应为组成一切化学反应的基本单元。宏观上，如果一个总反应只由一个基元反应构成，则该反应称为简单反应；如果一个总反应由多个基元反应构成，则该反应称为复合反应或复杂反应。

根据在基元反应中，实际参加反应的分子数目，基元反应可分为单分子反应，双分子反应和三分子反应。单分子反应常见于热分解反应或异构化反应。双分子反应则最为常见。三分子反应数目较少，一般只出现在原子复合反应或自由基复合反应中。目前为止，四分子反应尚未发现。

8.1.4 基元反应的速率方程——质量作用定律

基元反应的速率方程——质量作用定律

质量作用定律是经验定律。早在 1879 年，古德贝格（M. Guldberg）和瓦格（P. Waage）提出“化学反应速率与反应物的有效质量成正比”。此即质量作用定律（law of mass action），其中的有效质量实际是指浓度。近代实验证明，质量作用定律只适用于基元反应，而对于非基元反应，质量作用定律不适用，因此该定律可以更严格完整地表述为：基元反应的反应速率与各反应物的浓度的幂的乘积成正比，其中各反应物的浓度的幂即为基元

反应方程式中各反应物化学计量数的绝对值。

例如对于基元反应 $aA+bB \longrightarrow yY+zZ$，根据质量作用定律，其反应速率可表示为

$$v=-\frac{1}{a}\frac{dc_A}{dt}=kc_A^a c_B^b \tag{8-8}$$

值得注意的是，基元反应一定适用于质量作用定律，而符合质量作用定律表达形式的反应则不一定是基元反应。例如：反应 $H_2+I_2 \longrightarrow 2HI$ 的速率方程符合质量作用定律的表达形式，即

$$v=kc(H_2)c(I_2)$$

但该反应却是由三个基元反应组成的复杂反应。

8.1.5 反应级数与反应分子数

对于一般任意反应，如

$$aA+bB \longrightarrow yY+zZ$$

若反应速率方程具有质量作用定律的表达形式，即

$$v=kc_A^{\alpha}c_B^{\beta} \tag{8-9}$$

则为了说明浓度对反应速率的影响，人们定义了反应级数（order of reaction）的概念。式中，α 和 β 分别称为反应物 A 和 B 的反应分级数，而各分级数之和 n，即 $n=\alpha+\beta$，则称为反应总级数。例如，反应 $H_2+I_2 \longrightarrow 2HI$ 的速率公式为 $v=kc(H_2)c(I_2)$，对 H_2 和 I_2 而言均为一级反应，反应总级数为二级。而对于不具有质量作用定律表达形式的反应，则无级数可言。例如，反应 $H_2+Br_2 \longrightarrow 2HBr$，经测定，其反应速率为

$$v=\frac{kc(H_2)c(Br_2)^{1/2}}{1+k'\dfrac{c(HBr)}{c(Br_2)}} \tag{8-10}$$

显然这是复杂反应，且无反应级数。

值得注意的是，反应分子数与反应级数不同，两者属于不同的概念。反应分子数是对于基元反应和简单反应而言的，是理论数值，其值只能是简单的正整数 1、2 或 3，对非基元反应说反应分子数是没有意义的；而反应级数是对宏观化学反应而言的，是实验数值，其值可以是整数（包括 0）、分数或负数，而且反应级数不一定存在，但如果条件发生变化，则又可能有反应级数。如由式(8-10) 可知 HBr 的生成反应无反应级数，但起始时，若 $c(Br_2) \gg c(HBr)$，则式(8-10) 变为

$$v=kc(H_2)c(Br_2)^{1/2}$$

则 HBr 的生成反应又有反应级数，且其反应总级数为 1.5。

8.1.6 速率常数

式(8-8)和式(8-9)中都有比例常数 k，称为反应速率常数（rate constant of reaction），它与温度和催化剂等有关，而与浓度无关。它有以下四个特点。

① k 可看作是反应物的浓度均为一个单位时的反应速率。同一温度下，根据速率常数的大小，即可比较不同反应的反应速率，

② k 有单位，但随反应级数而异，其单位为 $[浓度]^{1-n}\cdot[时间]^{-1}$。

③ k 与浓度表达形式有关。

例如，对于任意一个反应

$$aA+bB \longrightarrow yY+zZ$$

若其反应速率服从质量作用定律，则

$$v=kc_A^a c_B^b$$

反应物的消耗速率和产物的生成速率分别表示如下

$$v_A=-\frac{dc_A}{dt}=k_A c_A^a c_B^b; \qquad v_B=-\frac{dc_B}{dt}=k_B c_A^a c_B^b$$

$$v_Y=\frac{dc_Y}{dt}=k_Y c_A^a c_B^b; \qquad v_Z=\frac{dc_Z}{dt}=k_Z c_A^a c_B^b$$

结合式(8-6)，即

$$v=\frac{v_A}{a}=\frac{v_B}{b}=\frac{v_Y}{y}=\frac{v_Z}{z}$$

可得

$$k=\frac{k_A}{a}=\frac{k_B}{b}=\frac{k_Y}{y}=\frac{k_Z}{z} \tag{8-11}$$

即用不同物质表示的反应速率常数与相应物质的化学计量数的绝对值成正比，故在易混淆时，k 的下标不可忽略。

④ 对于气相化学反应，如果用分压来表示反应速率，则速率常数用 k_p 表示，单位为[压力]$^{1-n}$·[时间]$^{-1}$。例如，对于气相反应

$$aA \longrightarrow yY$$

分别以 A 的浓度 c_A 和 A 的分压 p_A 表示 A 的消耗速率，即

基于浓度表示的 A 的消耗速率 $$-\frac{dc_A}{dt}=kc_A^n$$

基于分压表示的 A 的消耗速率 $$-\frac{dp_A}{dt}=k_p p_A^n \tag{8-12}$$

因为 $$p_A=c_A RT$$

所以 $$-\frac{dp_A}{dt}=-\frac{d(c_A RT)}{dt}=-\frac{dc_A}{dt}\cdot RT=kRTc_A^n=kRT\left(\frac{p_A}{RT}\right)^n$$

与式(8-12) 对比可知

$$k_p=k(RT)^{1-n} \tag{8-13}$$

【例 8-1】 反应 $2O_3 \longrightarrow 3O_2$，实验结果表明其速率方程可表示为 $-\frac{dc(O_3)}{dt}=kc(O_3)^2 c(O_2)^{-1}$，或 $\frac{dc(O_2)}{dt}=k'c(O_3)^2 c(O_2)^{-1}$，求 k 和 k' 的关系。

解：因为 $2O_3 \longrightarrow 3O_2$，由式(8-6) 可知

$$\frac{v(O_3)}{2}=\frac{v(O_2)}{3}$$

所以 $$\frac{k}{2}=\frac{k'}{3}$$

则 $$3k=2k'$$

8.2 速率方程的积分形式

速率方程的积分形式

对于任意一个化学反应，如 $aA+bB \longrightarrow yY+zZ$，若其速率方程可表示为质量作用定律的形式，即

$$v_A=-\frac{dc_A}{dt}=kc_A^\alpha c_B^\beta$$

则该方程明确表达了浓度与时间之间的微分关系，称其为速率方程的微分形式。该微分形式

表达了浓度对反应速率的影响。将上述方程移项整理可得

$$dt=-\frac{dc_A}{v_A}$$

对其积分

$$t=\int_0^t dt=-\int_{c_{A,0}}^{c_A}\frac{dc_A}{v_A}$$

将 v_A 代入即可得速率方程的积分形式。速率方程的积分形式明确地表达了浓度与时间之间的函数关系。利用该积分形式人们就可以知道任意反应时间内任意反应组分的浓度，或达到一定的转化率所需要的反应时间。这无疑对实际生产具有重大的指导作用。下面讨论具有简单级数（即非负的整数级数）反应的速率方程的积分形式。

8.2.1 零级反应

反应速率方程中，反应速率与反应物浓度无关的反应称为零级反应（zeroth order reaction）。其速率微分公式可表示为

$$-\frac{dc_A}{dt}=k_0c_A^0=k_0 \tag{8-14}$$

常见的零级反应有表面催化反应和酶催化反应，这时反应物总是过量的，反应速率决定于固体催化剂的有效表面活性位或酶的浓度。又如光化学反应也是零级反应，其速率只与光的强度有关，当光强一定时，反应速度就一定，不随反应物浓度的变化而变化。

零级反应的速率常数 k_0 的单位与 v_A 相同，为［浓度］·［时间］$^{-1}$，它表示单位时间内反应物 A 减少的量。将式(8-14) 改写成 $-dc_A=k\,dt$ 形式，不定积分可得

$$c_A=-k_0t+B \tag{8-15}$$

式中，B 为积分常数。若以 c_A 对时间 t 作图，应得到斜率为 $-k_0$ 的直线，见图 8-2。

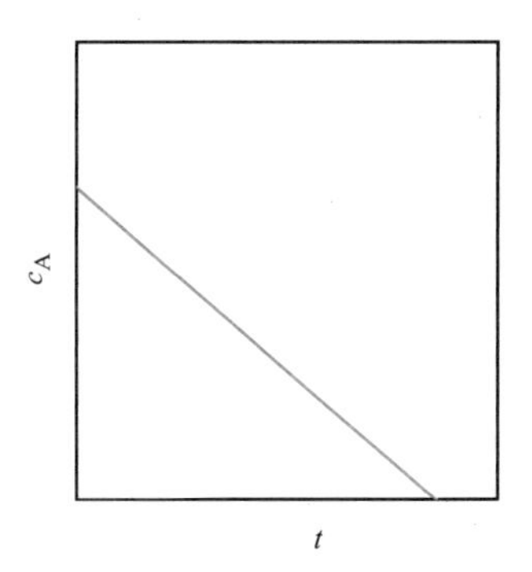

图 8-2　零级反应的直线关系

对式 $-dc_A=k\,dt$ 作定积分，即

$$-\int_{c_{A,0}}^{c_A}dc_A=\int_0^t k_0\,dt$$

得

$$c_{A,0}-c_A=k_0t \tag{8-16}$$

式中，$c_{A,0}$ 为反应开始时反应物 A 的浓度；c_A 为反应至某一时刻 t 时反应物的浓度。

反应物消耗掉一半所需要的时间，被称为半衰期（half-life），以 $t_{1/2}$ 表示。则由式(8-16) 可知，零级反应的半衰期为

$$t_{1/2}=c_{A,0}/2k_0 \tag{8-17}$$

由上式可以看出，零级反应的半衰期与反应物的起始浓度成正比。

8.2.2 一级反应

反应速率与反应物浓度的一次方成正比的反应称为一级反应（first order reaction）。其速率微分公式可表示为

$$-\frac{dc_A}{dt}=k_1c_A \tag{8-18}$$

一级反应常见于热分解反应和分子重排反应。除此以外，一些放射性元素的蜕变也是典型的一级反应。在地质和考古领域，根据放射性元素的动力学性质，可以推断物体的年代，即常见的“同位素断代法”。

一级反应的速率常数 k_1 的单位为（时间）$^{-1}$。将式(8-18) 改写，即

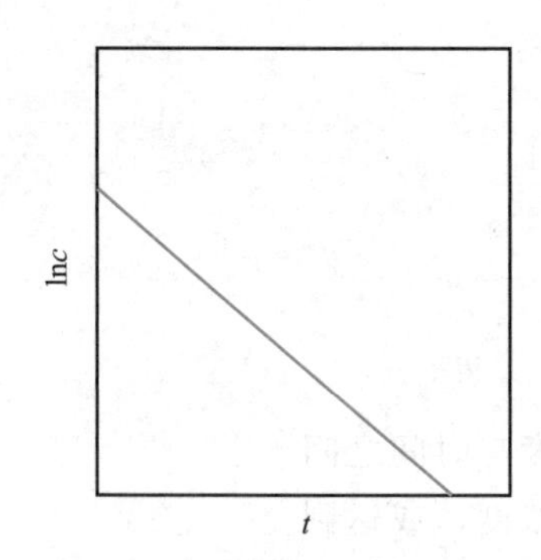

图 8-3 一级反应的直线关系

$$-(\mathrm{d}c_A/c_A)/\mathrm{d}t=k_1 \tag{8-19}$$

则一级反应 k_1 的物理意义可以理解为单位时间内反应物 A 反应掉的分数。如果将式(8-18) 改写成 $-\mathrm{d}c_A/c_A=k_1\mathrm{d}t$ 形式，进行不定积分，得

$$\ln c_A=-k_1t+B \tag{8-20}$$

式中，B 为积分常数。若以 $\ln c_A$ 对时间 t 作图，应得到斜率为 $-k_1$ 的直线，见图 8-3。

对式 $-\mathrm{d}c_A/c_A=k_1\mathrm{d}t$ 作定积分，即

$$-\int_{c_{A,0}}^{c_A}\frac{\mathrm{d}c_A}{c_A}=\int_0^t k_1\mathrm{d}t$$

得

$$\ln\frac{c_{A,0}}{c_A}=k_1t \quad 或 \quad c_A=c_{A,0}\mathrm{e}^{-k_1t} \tag{8-21}$$

当反应物浓度等于初始浓度的一半时，即 $c_A=1/2c_{A,0}$，此时半衰期为

$$t_{1/2}=\frac{\ln 2}{k_1}=\frac{0.693}{k_1} \tag{8-22}$$

由上式可以看出，一级反应的半衰期与反应速率常数 k_1 成反比，与反应物的起始浓度 $c_{A,0}$ 无关。

值得注意的是，由式(8-19) 还可以看出，对于一级反应，不管反应物的起始浓度如何，在相同的时间内反应物反应掉的分数相同。这是一级反应所特有的特点，据此特点可以判断反应是否为一级。

8.2.3 二级反应

反应速率方程中，浓度项的指数和等于 2 的反应称为二级反应（second order reaction)，有两种类型：

① $2A \longrightarrow P$ 速率方程为：$v=k_2c_A^2$

② $A+B \longrightarrow P$ 速率方程为：$v=k_2c_Ac_B$

常见的二级反应有乙烯、丙烯的二聚作用，碘化氢的热分解反应，乙酸乙酯的皂化等。

首先讨论第一种只有一种反应物的情形，其速率方程的微分式为

$$-\frac{\mathrm{d}c_A}{\mathrm{d}t}=k_2c_A^2 \tag{8-23}$$

二级反应的速率常数 k_2 的单位与为［浓度］$^{-1}$·［时间］$^{-1}$。将式(8-23) 改写为 $-\mathrm{d}c_A/c_A^2=k_2\mathrm{d}t$，其不定积分为

$$\frac{1}{c_A}=k_2t+B \tag{8-24}$$

式中，B 为积分常数。若以 $1/c_A$ 对时间 t 作图，应得到斜率为 k_2 的直线，见图 8-4。

若对式(8-23) 作定积分，即

$$-\int_{c_{A,0}}^{c_A}\frac{\mathrm{d}c_A}{c_A^2}=\int_0^t k_2\mathrm{d}t$$

得

$$\frac{1}{c_A}-\frac{1}{c_{A,0}}=k_2t \tag{8-25}$$

当反应物浓度等于初始浓度的一半时，即 $c_A=1/2c_{A,0}$，此时半衰期为

$$t_{1/2}=\frac{1}{k_2c_{A,0}} \tag{8-26}$$

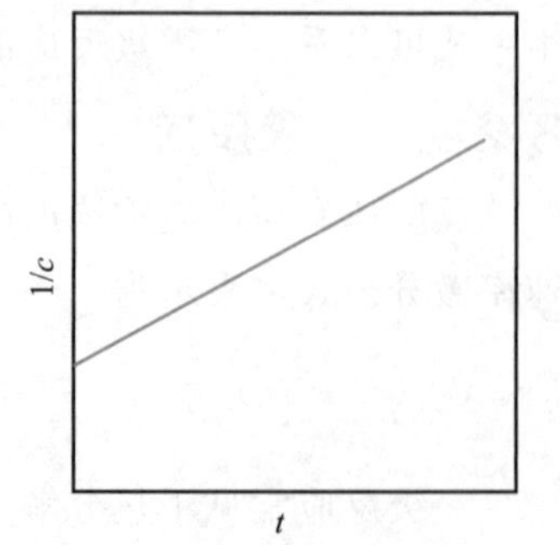

图 8-4 二级反应的直线关系

由上式可以看出，二级反应的半衰期与反应物的起始浓度 $c_{A,0}$ 成反比。

再来讨论第二种有两种反应物的情形，其速率方程的微分式为

$$-\frac{dc_A}{dt}=k_2c_Ac_B \tag{8-27}$$

① 当两种反应物初始浓度相等，即 $c_{B,0}=c_{A,0}$，则任一时刻两反应物的浓度相等，$c_B=c_A$。于是式(8-27) 可简写为

$$-\frac{dc_A}{dt}=k_2c_A^2$$

其结果与只有一种反应物情况相同。

② 当两种反应物初始浓度不等，即 $c_{B,0}\neq c_{A,0}$，则任一时刻 $c_B\neq c_A$，则

$$-\frac{dc_A}{dt}=k_2c_Ac_B$$

设 t 时刻反应掉的浓度为 c_X，则 $c_A=c_{A,0}-c_X$，$c_B=c_{B,0}-c_X$，$dc_A=-dc_X$。于是上式可写为

$$\frac{dc_X}{dt}=k_2(c_{A,0}-c_X)(c_{B,0}-c_X) \tag{8-28}$$

将上式移项后进行定积分，得

$$\frac{1}{c_{A,0}-c_{B,0}}\ln\frac{c_{B,0}(c_{A,0}-c_X)}{c_{A,0}(c_{B,0}-c_X)}=k_2t \tag{8-29}$$

因为 $c_{B,0}\neq c_{A,0}$，所以对反应物 A 和 B 而言半衰期是不一样的，没有统一的形式。

【例 8-2】 已知在温度 T 时，反应 $A\longrightarrow 2B$ 的速率方程为 $\frac{dc_B}{dt}=kc_A^2$，则此反应的半衰期 $t_{1/2}$ 为多少？

解：由于半衰期只是针对反应物而言，所以首先须将题给速率方程以反应物 A 的消耗速率表示，即

$$-\frac{dc_A}{dt}=\frac{1}{2}\frac{dc_B}{dt}=\frac{k}{2}c_A^2=k'c_A^2$$

则根据半衰期的定义可得

$$t_{1/2}=\frac{1}{k'c_{A,0}}=\frac{2}{kc_{A,0}}$$

8.2.4 n 级反应

反应速率方程中，浓度项的指数和等于 n 的反应称为 n 级反应。现只讨论速率方程为

$$v_A=-\frac{dc_A}{dt}=k_nc_A^n \tag{8-30}$$

类型的 n 级反应。通常有以下三种情况的速率方程符合以上通式。

① 只有一种反应物的反应，即 $aA\longrightarrow$产物。

② 除 A 外，其余组分保持大量过量，其浓度可视为常数的反应。例反应

$$aA+bB+cC\longrightarrow 产物$$

则反应速率方程为

$$-\frac{dc_A}{dt}=k'c_A^{\alpha}c_B^{\beta}c_C^{\gamma}=k''c_A^{\alpha}$$

其中 $\alpha=n$ 为反应物 A 的分级数。

③ 各反应物组分起始浓度与计量系数成比例的反应。如反应

$$aA+bB \longrightarrow 产物$$

起始时，$c_{A,0}/a=c_{B,0}/b$，则任一瞬间 $c_A/a=c_B/b$，则反应速率方程为

$$-\frac{dc_A}{dt}=k'c_A^{\alpha}c_B^{\beta}=k'c_A^{\alpha}\left(\frac{b}{a}c_A\right)^{\beta}=k'\left(\frac{b}{a}\right)^{\beta}c_A^{\alpha+\beta}$$

所以

$$-\frac{dc_A}{dt}=kc_A^n$$

其中 $k=k'\left(\frac{b}{a}\right)^{\beta}$，$n=\alpha+\beta$ 为反应总级数。

将式(8-30) 进行定积分，即

$$-\int_{c_{A,0}}^{c_A}\frac{dc_A}{c_A^n}=\int_0^t k_n dt$$

得积分式

$$\frac{1}{(n-1)}\left(\frac{1}{c_A^{n-1}}-\frac{1}{c_{A,0}^{n-1}}\right)=k_n t(n\neq 1) \tag{8-31}$$

式中，k 的单位为［浓度］$^{1-n}$·［时间］$^{-1}$。值得注意的是，上式适用于 $n\neq 1$ 的任何级数（包括非整数级数）反应。

当反应物浓度等于初始浓度的一半时，即 $c_A=1/2c_{A,0}$，且 $n\neq 1$ 时，反应物的半衰期为

$$t_{1/2}=\frac{1}{(n-1)k_n}\left[\frac{1}{(c_{A,0}/2)^{n-1}}-\frac{1}{c_{A,0}^{n-1}}\right]=\frac{2^{n-1}-1}{(n-1)k_n c_{A,0}^{n-1}} \tag{8-32}$$

由上式可以看出，n 级反应的半衰期与 $c_{A,0}^{n-1}$ 成反比。

为了便于查阅，现将一些简单级数反应的速率方程及其特征列于表 8-1 中。

表 8-1　具有简单级数反应的速率方程及其特征

级数	速率方程		特征		
	微分式	积分式	k 的单位	直线关系	$t_{1/2}$
0	$-\frac{dc_A}{dt}=k_0$	$c_{A,0}-c_A=k_0t$	［浓度］［时间］$^{-1}$	c_A-t	$\frac{c_{A,0}}{2k_0}$
1	$-\frac{dc_A}{dt}=k_1c_A$	$\ln\frac{c_{A,0}}{c_A}=k_1t$	［时间］$^{-1}$	$\ln c_A$-t	$\frac{\ln 2}{k_1}$
2	$-\frac{dc_A}{dt}=k_2c_A^2$	$\frac{1}{c_A}-\frac{1}{c_{A,0}}=k_2t$	［浓度］$^{-1}$［时间］$^{-1}$	$\frac{1}{c_A}$-t	$\frac{1}{k_2c_{A,0}}$
3	$-\frac{dc_A}{dt}=k_3c_A^3$	$\frac{1}{2}\left(\frac{1}{c_A^2}-\frac{1}{c_{A,0}^2}\right)=k_3t$	［浓度］$^{-2}$［时间］$^{-1}$	$\frac{1}{c_A^2}$-t	$\frac{3}{2k_3c_{A,0}^2}$
n	$-\frac{dc_A}{dt}=k_nc_A^n$	$\frac{1}{(n-1)}\left(\frac{1}{c_A^{n-1}}-\frac{1}{c_{A,0}^{n-1}}\right)=k_nt$	［浓度］$^{1-n}$［时间］$^{-1}$	$\frac{1}{c_A^{n-1}}$-t	$\frac{2^{n-1}-1}{(n-1)k_nc_{A,0}^{n-1}}$

利用上述动力学方程的积分形式，可以解决具有简单级数反应的速率常数、半衰期、反应到一定程度所需时间或反应一定时间后反应物或产物的浓度等的求算问题。如一些对环境和人类健康有害的放射性元素若被排到环境中，可通过动力学的积分公式测算其对环境的影响时间。

【例 8-3】假设某污水中含有钴 60、锶 90、铯 137 等对人体有害的放射性元素，其中钴 60 的含量是国际排放标准的 4 倍。已知钴的半衰期是 5.26 年，问要经过多少年污水中钴 60 的含量才能降到国际排放标准？

解：已知放射性元素的衰变是一级反应，根据半衰期公式得

$$k_1=\frac{\ln 2}{t_{1/2}}=\frac{\ln 2}{5.26}y^{-1}$$

设国际排放标准浓度为 c_0，则起始排放浓度为 $4c_0$，代入一级反应速率的积分公式得

$$t=\frac{1}{k_1}\ln\frac{4c_0}{c_0}=\frac{5.26}{\ln 2}\ln 4=10.52\text{y}$$

【例 8-4】氯化重氮苯的反应如下：$C_6H_5N_2Cl(l) \longrightarrow C_6H_5Cl(l)+N_2(g)$，50℃时测得放出的 N_2 体积（在一定温度和压力下）V 与时间 t 的关系如下：

t/min	6	9	12	14	18	22	24	26	30	∞
V/cm^3	19.3	26.0	32.6	36.0	41.3	45.0	46.5	48.4	50.4	58.3

已知该反应为一级反应，求反应速率常数。

解：以 A 代表反应物氯化重氮苯，由题意可将反应物的初始浓度和任意时刻浓度表示如下：

$$c_{A,0}\propto V_\infty,\ c_A\propto(V_\infty-V_t)$$

由一级反应速率方程的积分式得

$$k_A=\frac{1}{t}\ln\frac{c_{A,0}}{c_A}=\frac{1}{t}\ln\frac{V_\infty}{(V_\infty-V_t)}$$

将表中不同时刻测得的 N_2 体积和时间无穷大时的 N_2 体积代入上式，求得各时刻的反应速率常数，并列表如下：

t/min	6	9	12	14	18	22	24	26	30
$k_A/10^{-2}\text{min}^{-1}$	6.70	6.56	6.83	6.86	6.85	6.72	6.66	6.82	6.66

所以该反应的平均速率常数为 $\bar{k}_A=6.74\times10^{-2}\text{min}^{-1}$

【例 8-5】在 858K 时把 N_2O 放在抽空密闭容器内发生反应

$$N_2O \longrightarrow N_2+\frac{1}{2}O_2$$

已知反应为一级反应，当 $t=0$ 时，反应体系的总压力 $p_总=36.21p^\ominus$，经 26.5h 后 $p_总$ 为 40.19 $p^\ominus$。求反应的速度常数 k 及 $t_{1/2}$。

解：因题给的实测数据为总压 $p_总$，故先求出一氧化二氮的分压 p_t 与总压的关系

$$\begin{array}{llll} & N_2O(g) \longrightarrow & N_2(g) + & \frac{1}{2}O_2(g) \\ t=0 & p_0=36.21p^\ominus & 0 & 0 \\ t=t & p_t & p_0-p_t & \frac{1}{2}(p_0-p_t) \quad p_总=\frac{3}{2}p_0-\frac{1}{2}p_t \end{array}$$

故得

$$p_t=3p_0-2p_总$$

将上式代入分压表示的一级反应速率方程 $-\frac{dp_t}{dt}=kp_t$，得

$$-\frac{d(3p_0-2p_总)}{dt}=k(3p_0-2p_总)$$

上式进行积分得

$$\int_{p_0}^{p_总}\frac{d(3p_0-2p_总)}{3p_0-2p_总}=-\int_0^t k\,dt$$

则

$$\ln\frac{p_0}{3p_0-2p_总}=kt$$

将题给数据代入得

$$\ln\frac{36.21p^\ominus}{(3\times36.21-2\times40.19)p^\ominus}=k\times26.5\text{h}$$

解得 $$k=9.37\times10^{-3}\mathrm{h}^{-1}$$

将速率常数 k 代入一级反应的半衰期公式得

$$t_{1/2}=\frac{\ln2}{k}=\frac{\ln2}{9.37\times10^{-3}\mathrm{h}^{-1}}=74.0\mathrm{h}$$

8.3 速率方程的确定

反应速率方程本质上反映的是反应物浓度与时间的关系，它包括微分与积分两种形式。根据前两节可知，求得速率方程的关键是先确定速率方程的微分形式，即找出反应速率与反应物浓度的关系。根据 8.1.2 节可知，利用化学法和物理法两种方法可确定某一时刻反应物的浓度，并得到浓度与时间的关系数据，进而求得瞬时反应速率。利用不同时刻的反应速率与反应物浓度的数据，便可求得反应速率方程。本节只讨论具有如下形式速率方程的情况

$$-\mathrm{d}c_{\mathrm{A}}/\mathrm{d}t=kc_{\mathrm{A}}^{\alpha}c_{\mathrm{B}}^{\beta}c_{\mathrm{C}}^{\gamma}\cdots$$

在这种方程中，动力学参数只有速率常数 k 和各个物质的反应级数。因此确定速率方程就是确定这两个参数。但是，k 和反应级数对速率方程积分形式的影响不同，如表 8-1 所示，积分式只决定于 n 而与 k 无关，n 不同，速率方程积分式大不相同。n 一旦确定，即可由简单级数反应动力学方程的积分式通过实验测定的浓度与时间的关系数据求得速率常数 k。所以速率方程的确定关键是确定各个物质反应级数的数值。通常确定反应级数的方法有多种，下面只介绍微分法和积分法。

8.3.1 微分法

微分法指的是直接利用反应速率方程的微分形式来求反应级数的方法。假设一个反应的速率方程可写为

$$-\frac{\mathrm{d}c_{\mathrm{A}}}{\mathrm{d}t}=kc_{\mathrm{A}}^{n}$$

对上式两边取对数，得

$$\ln\left(-\frac{\mathrm{d}c_{\mathrm{A}}}{\mathrm{d}t}\right)=\ln k+n\ln c_{\mathrm{A}} \tag{8-33}$$

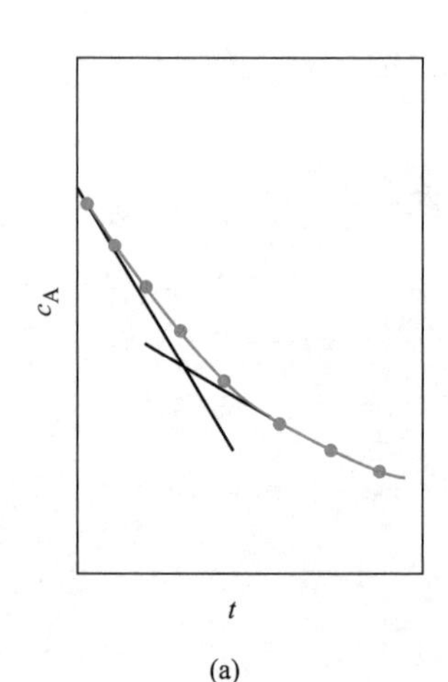

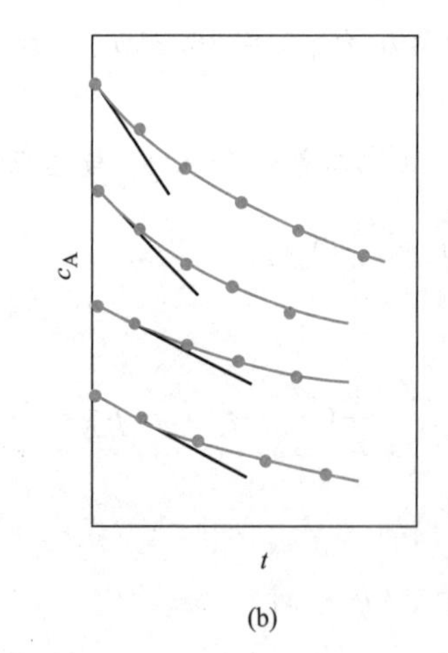

图 8-5 微分法求反应速率 $-\mathrm{d}c_{\mathrm{A}}/\mathrm{d}t$

由上式可知，只要根据化学法或物理法得到的浓度和时间的实验数据作 c_{A}-t 曲线，然后在不同时刻 t 求曲线的斜率 $-\mathrm{d}c_{\mathrm{A}}/\mathrm{d}t$，其值便为 t 时刻浓度为 c_{A} 时的反应速率［见图 8-5(a)］。以 $\ln(-\mathrm{d}c_{\mathrm{A}}/\mathrm{d}t)$ 对 $\ln c_{\mathrm{A}}$ 作图，从直线斜率求出 n 值，其截距则为 $\ln k$。

另外，也可利用数学计算直接得到。具体步骤如下：从 c_{A}-t 曲线上任取两个不同浓度的点 c_1 和 c_2，对这两点作切线，求得相应浓度下的速率 $-\mathrm{d}c_1/\mathrm{d}t$ 和 $-\mathrm{d}c_2/\mathrm{d}t$，将其分别代入式(8-33)，得

$$\ln\left(-\frac{\mathrm{d}c_1}{\mathrm{d}t}\right)=\ln v_1=\ln k+n\ln c_1$$

$$\ln\left(-\frac{\mathrm{d}c_2}{\mathrm{d}t}\right)=\ln v_2=\ln k+n\ln c_2$$

两式相减整理即得反应级数 n，即

$$n=\frac{\ln v_2-\ln v_1}{\ln c_2-\ln c_1}=\frac{\ln \frac{v_2}{v_1}}{\ln \frac{c_2}{c_1}} \tag{8-34}$$

图 8-5(a) 中的 c_A-t 曲线只有一条，即只有一个起始浓度，每个不同浓度点所对应的时间均不相同，通常称由此类图所得到的级数为时间级数，用符号 n_t 表示。但对于一些反应，有时反应产物的存在会对反应速率产生影响，为了避免这种影响，常采用初始浓度法。具体做法就是利用不同的起始浓度，作多条 c_A-t 曲线，然后在每条曲线的初始浓度处做切线，求得不同浓度下的初始速率（此时产物浓度为零，从而避免对反应速率的影响），再按照上述两种方法求得反应级数 n [见图 8-5(b)]。通常称由此方法所得到的级数为浓度级数，用符号 n_c 表示。n_t 与 n_c 不一定相等，对于简单反应 $n_t=n_c$；对于复杂反应 $n_t>n_c$ 或 $n_t<n_c$。由于消除了产物对反应速率的影响，所以 n_c 更可靠一些。

在使用微分法确定反应级数时应注意以下几个方面：

① 利用微分法求取反应级数要作三次图，引入的误差较大，但其优点是适用于非整数级数反应；

② 对反应物不止一种的反应，如果反应速率公式仍为 $-\mathrm{d}c_A/\mathrm{d}t=kc_A^n$，此时各反应物必须按计量比配料，且测得的反应级数是总级数；

③ 若想求取某一反应物的分级数，可用隔离法（isolation method）。即取少量 A 而保持其他反应物大量过剩，以保持在反应过程中浓度基本不变。然后按照上述方法求得的就是反应物 A 的分级数，同理可依次求得其他反应物的分级数。另外，也可使用改变物质初始浓度比例的方法确定反应物的分级数。即定量改变反应物 A 初始浓度的比，而固定其他反应物的初始浓度不变，根据两个初始浓度下的反应速率的比，即可求得反应物 A 的分级数，同理可求得其他反应物的分级数。

【例 8-6】 反应 $H_2+Br_2 \longrightarrow 2HBr$ 服从速率方程：$\mathrm{d}c(HBr)/\mathrm{d}t=kc(H_2)^a c(Br_2)^b c(HBr)^c$，在温度为 T 时，当 $c(HBr)$ 为 $2\mathrm{mol\cdot dm^{-3}}$，$c(H_2)$、$c(Br_2)$ 均为 $0.1\mathrm{mol\cdot dm^{-3}}$ 时，其反应速率为 v_1，其他浓度下的反应速率列于下表：

浓度/$\mathrm{mol\cdot dm^{-3}}$			$\frac{\mathrm{d}c(HBr)}{\mathrm{d}t}$	浓度/$\mathrm{mol\cdot dm^{-3}}$			$\frac{\mathrm{d}c(HBr)}{\mathrm{d}t}$
$c(H_2)$	$c(Br_2)$	$c(HBr)$		$c(H_2)$	$c(Br_2)$	$c(HBr)$	
0.1	0.1	2	v_1	0.2	0.4	2	$16v_1$
0.1	0.4	2	$8v_1$	0.1	0.2	3	$1.88v_1$

试确定 a，b，c 之值，该反应的总反应级数为多少？

解： 因为反应速率方程符合 $v=kc(H_2)^a c(Br_2)^b c(HBr)^c$

所以
$$\lg v=\lg k+a\lg c(H_2)+b\lg c(Br_2)+c\lg c(HBr)$$

故对于不同浓度下的速率，有如下关系

$$\lg v_2-\lg v_1=a[\lg c(H_2,2)-\lg c(H_2,1)]+b[\lg c(Br_2,2)-gc(Br_2,1)]+ c[\lg c(HBr,2)-\lg c(HBr,1)]$$

当只有一种物质浓度变化时，可以使用下列关系式求出相应的级数

$$n=\frac{\lg v_2-\lg v_1}{\lg c_2-\lg c_1}=\frac{\lg(v_2/v_1)}{\lg(c_2/c_1)}$$

故代入 2、3 组数据得：
$$a=\frac{\lg(16/8)}{\lg(0.2/0.1)}=1$$

代入 1、2 组数据得：
$$b=\frac{\lg(8/1)}{\lg(0.4/0.1)}=1.5$$

将 a、b 代入 $\lg v=\lg k+a\lg c(H_2)+b\lg c(Br_2)+c\lg c(HBr)$，得

$$\lg\frac{dc_{HBr}}{dt}=\lg k+\lg c(H_2)+1.5c(Br_2)+c\lg c(HBr)$$

取 1、4 组数据得：$\lg(1.88v_1)-\lg v_1=1.5\lg(0.2/0.1)+c\lg(3/2)$

故
$$c=\frac{\lg(1.88/1)-1.5\lg 2}{\lg(3/2)}=-1$$

所以，总级数
$$n=a+b+c=1+1.5-1=1.5$$

8.3.2 积分法

积分法指的是利用反应速率方程的积分形式来求反应级数的方法。主要分为尝试法和半衰期法两种。

8.3.2.1 尝试法

尝试法（trial method）又称为试差法。它是把实验测得的一系列浓度与时间的动力学数据代入各反应级数的速率积分公式，并求算各级反应的速率常数。如果代入零级反应的速率公式，求得的 k 为一常数，则该反应为零级反应。如果代入一级反应的速率公式，求得的 k 为一常数，则该反应为一级反应，依次类推。

另外，也可使用作图的方法进行尝试。具体尝试方法是根据表 8-1 提供的各级反应中的浓度项与时间成直线关系这一特点，分别以 $\ln c$ 对 t 作图和 $1/c_A^{n-1}$ 对 t 作图，如果有一种图呈直线，则该直线所代表的级数即为该反应的级数。

尝试法的优点是若一次尝试成功，则可迅速得到反应级数，并可顺便求出反应速率常数。缺点是若一次尝试不成功，则计算量比较大（目前，在计算机的帮助下，工作量不再是难题，直线斜率可以通过回归直线的斜率求得）。该方法的另一缺点就是不够灵敏，只能运用于简单级数反应。如果级数为分数级，则很难尝试成功。

8.3.2.2 半衰期法

由表 8-1 可以看出，一级反应的半衰期与反应物的起始浓度无关，除此以外，其余级数反应的半衰期与反应物的起始浓度的关系为

$$t_{1/2}=\frac{2^{n-1}-1}{(n-1)kc_{A,0}^{n-1}}$$

即
$$t_{1/2}=Bc_{A,0}^{1-n}$$

式中，B 为常数，所以

$$\ln t_{1/2}=\ln B+(1-n)\ln c_{A,0} \tag{8-35}$$

以 $\ln t_{1/2}$ 对 $\ln c_{A,0}$ 作图应为一直线，直线的斜率为 $m=1-n$，由此可求得反应级数，即 $n=1-m$。

当只有两组数据时，由式(8-35) 可得

$$\ln t_{1/2}-\ln t'_{1/2}=(1-n)\ln\frac{c_{A,0}}{c'_{A,0}}$$

即
$$n=1-\frac{\ln(t_{1/2}/t'_{1/2})}{\ln(c_{A,0}/c'_{A,0})} \tag{8-36}$$

此法并不限于反应一定要进行到半衰期，用反应物反应掉 1/3、1/4、2/3、…所对应的时间 $t_{1/3}$、$t_{1/4}$、$t_{2/3}$、…，同样可以求反应级数。

【例 8-7】 某气体物质 AB_3 分解的化学计量关系式为 $AB_3 \longrightarrow 1/2A_2+3/2B_2$，200℃时 AB_3 分压随时间变化数据如下表所示（$t=0$ 时只有 AB_3）

t/min	0	5	15	35
$p(AB_3)$/kPa	88	44	22	11

由题给数据，确定反应级数；并求该温度下的反应速率常数。

解：解法一　用尝试法来解。

若为一级，则 $\ln\dfrac{p_0}{p}=kt$

由 1、2 组数据　　　$k=\dfrac{\ln(88/44)}{5\text{min}}=0.137\text{min}^{-1}$

由 1、3 组数据　　　$k=\dfrac{\ln(88/22)}{15\text{min}}=0.092\text{min}^{-1}$

由于求得的两个速率常数 k 不相等，所以，该反应不是一级反应。

若为二级，则 $kt=\dfrac{1}{p}-\dfrac{1}{p_0}$

由 1、2 组数据 $k=\left(\dfrac{1}{44\text{kPa}}-\dfrac{1}{88\text{kPa}}\right)/5\text{min}=0.00227\text{kPa}^{-1}\cdot\text{min}^{-1}$

由 1、3 组数据 $k=\left(\dfrac{1}{22\text{kPa}}-\dfrac{1}{88\text{kPa}}\right)/15\text{min}=0.00227\text{kPa}^{-1}\cdot\text{min}^{-1}$

由于求得的两个速率常数 k 相等，所以，该反应是二级反应。且该反应的速率常数为 $0.00227\text{kPa}^{-1}\cdot\text{min}^{-1}$。

解法二　用半衰期法求解。

由所给数据可见，起始压力为 88kPa 时，反应一半到 44kPa 时所需的时间即半衰期为 5min，起始压力为 44kPa 时，反应一半到 22kPa 时所需的时间即半衰期为 10min，起始压力为 22kPa 时，再反应一半到 11kPa 时所需的时间即半衰期为 20min。

所以由半衰期法可得

$$n=1-\frac{\ln(t_{1/2}/t'_{1/2})}{\ln(p_{\text{A},0}/p'_{\text{A},0})}=1-\frac{\ln(5/10)}{\ln(88/44)}=2$$

即为二级反应。

另外，相同转化率下（皆 50%），若起始浓度减半，而时间加倍，则是二级反应的特征，由此也可以判断此反应为二级反应。

对于二级反应，$t_{1/2}=\dfrac{1}{kp_{\text{A},0}}$

当 $p_{\text{A},0}=88\text{kPa}$ 时，$t_{1/2}=5\text{min}$，故

$$k=\frac{1}{t_{1/2}p_{\text{A},0}}=\frac{1}{5\text{min}\times 88\text{kPa}}=0.00227\text{kPa}^{-1}\cdot\text{min}^{-1}$$

8.4　温度对反应速率的影响和活化能

温度对反应速率的影响

前面讨论了温度一定时浓度对反应速率的影响，下面讨论浓度固定时，温度对反应速率的影响。实验表明，温度改变，反应速率常数 k 改变，速率改变，且温度对反应速率的影响比浓度的影响更为显著。所以，研究温度对反应速率的影响，实际上是研究温度对速率常数 k 的影响。

8.4.1　范特霍夫规则——k-T 关系的近似经验式

荷兰化学家范特霍夫（van't Hoff，1852～1911 年）根据大量的实验数据总结出一条经验规律：温度每升高 10K，反应速率近似增加 2～4 倍。用公式可表示为

$$\frac{k_{T+10\text{K}}}{k_T}=2\sim4\quad\text{或}\quad\frac{k_{T+10n}}{k_T}=\gamma^n\tag{8-37}$$

式中，γ 也称为反应速率的温度系数。利用这个经验规律可以粗略估算温度对反应速率的影

响，这个规律有时也称为 van't Hoff 近似规则。

8.4.2 阿伦尼乌斯方程——k-T 关系的准确经验式

19 世纪末，瑞典化学家阿伦尼乌斯（Arrhenius）在做了大量实验的基础上，提出了活化分子和活化能的概念，并提出了速率常数 k 与反应温度 T 之间的定量关系，即

$$\frac{\mathrm{d}\ln k}{\mathrm{d}T}=\frac{E_\mathrm{a}}{RT^2} \tag{8-38}$$

上式即为著名的阿伦尼乌斯方程。式中 E_a 为阿伦尼乌斯活化能（activation energy），也称为“实验活化能”，一般可将它看作与温度无关的常数，其单位为 $\mathrm{J\cdot mol^{-1}}$。上式表明 k 值随 T 的变化率决定于 E_a 值的大小。

将式(8-38) 作不定积分，得

$$\ln k=-\frac{E_\mathrm{a}}{RT}+\ln A \tag{8-39}$$

该式描述了速率常数与 $1/T$ 之间的线性关系。根据不同温度下测定的 k 值，以 $\ln k$ 对 $1/T$ 作图，可得一条直线。从直线的斜率和截距，可分别求出活化能 E_a 和 A。

此外，式(8-39) 也可写为指数形式，即

$$k=A\mathrm{e}^{-\frac{E_\mathrm{a}}{RT}} \tag{8-40}$$

A 称为指前因子或频率因子，与 k 的单位相同。

将式(8-38) 作定积分，得

$$\ln\frac{k_2}{k_1}=\frac{E_\mathrm{a}}{R}\left(\frac{1}{T_1}-\frac{1}{T_2}\right) \tag{8-41}$$

该式常用于由已知温度下的速率常数 k_1，求另一温度下的速率常数 k_2。

式(8-38)～式(8-41) 是阿伦尼乌斯方程的几种不同形式，它适用于基元反应和非基元反应，甚至某些非均相反应。但并不是所有的反应都符合阿伦尼乌斯方程。一些反应的反应速率与温度的关系往往比较复杂。目前已知的主要有图 8-6 所示的五种类型。

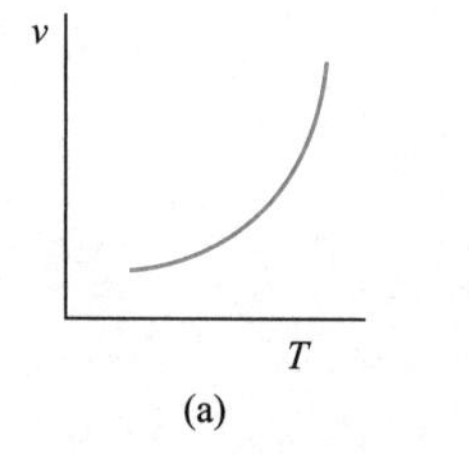

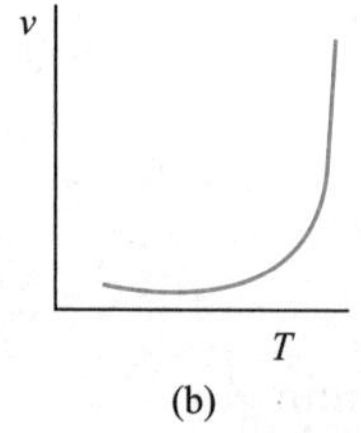

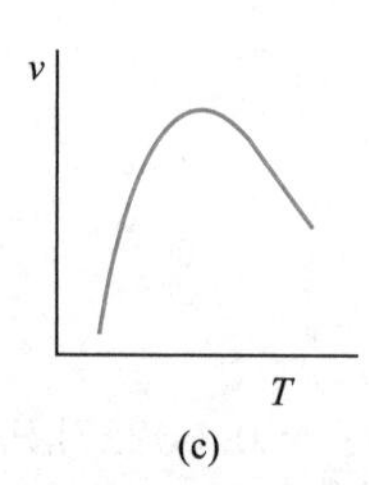

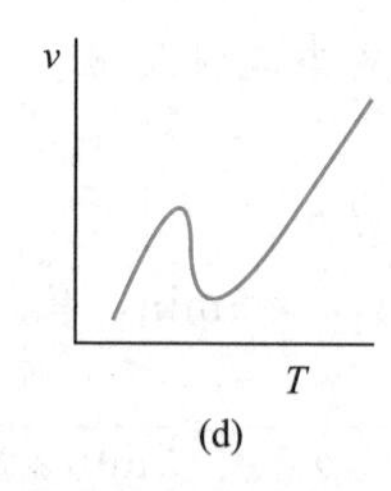

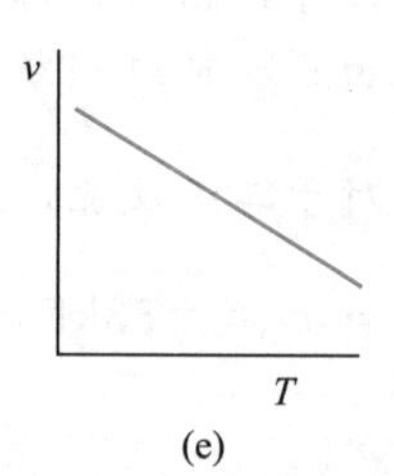

图 8-6　反应速率与温度之间关系示意图

图 8-6(a)：反应速率随温度的升高而逐渐加快，它们之间呈指数关系，这类反应即阿伦尼乌斯型反应，最为常见。

图 8-6(b)：开始时温度影响不大，到达一定极限时，反应速率会急剧无限增大，如爆炸反应即是此种类型。

图 8-6(c)：在温度不太高时，速率随温度的升高而加快，到达一定的温度，速率反而下降。酶催化反应（如酶催化加氢反应）即为此种类型。由于酶是有活性的物质，温度过低或过高都对酶的活性有抑制作用。另外，部分多相催化反应也为此种类型，主要是因为反应速率受固体表面吸附量的控制。由于吸附过程一般是放热的，温度低时吸附速率较慢，对反应不利；温度升高时吸附容易达到平衡，但平衡吸附量会随温度的升高而减少，对反应也不利。

图 8-6(d)：速率在随温度升到某一高度时下降，再升高温度，速率又迅速增加，这是由于在温度升高过程中，反应机理有所变化所致，如碳的氢化反应即为此种类型。

图 8-6(e)：温度升高，速率反而下降。这种类型很少，如一氧化氮氧化成二氧化氮的反应即为此种类型。

阿伦尼乌斯方程作为动力学中的一个重要公式，其应用领域十分广泛。

首先利用阿伦尼乌斯方程可以解释许多实验现象。由阿伦尼乌斯方程的指数形式［式(8-40)］可以看出，E_a 越大，k 越小；反之，E_a 越小，k 越大。若 $E_a < 40\text{kJ}\cdot\text{mol}^{-1}$，则 k 将大到用一般实验方法无法测量的程度。由方程的微分形式［式(8-38)］可以看出，反应的活化能 E_a 越大，则 k 随温度的变化越大；反之，E_a 越小，则 k 随温度的变化越小，即活化能大的反应对温度的变化越敏感。

另外，由阿伦尼乌斯方程还可以求反应的活化能，由已知温度下的速率常数求另一温度下的速率常数以及确定反应较适宜温度等，现举例如下。

【例 8-8】 环氧乙烷分解反应为一级反应，已知在 380℃时，半衰期为 63min，$E_a = 217.67\text{kJ}\cdot\text{mol}^{-1}$，试求在 450℃时分解 75%的环氧乙烷需要多少时间？

解：若要利用一级反应的动力学方程求 450℃时分解 75%的环氧乙烷需要多少时间，就必须先确定该温度下的速率常数 k。题目中给出了反应的活化能及另一温度 380℃时的半衰期，所以在先确定出 380℃时 k_1 的基础上，利用阿伦尼乌斯方程，就可求出 450℃时的 k_2。

因为，一级反应半衰期为

$$t_{1/2} = \frac{\ln 2}{k}$$

所以，380℃时的速率常数为

$$k_1 = \frac{\ln 2}{t_{1/2}} = \frac{\ln 2}{63\text{min}} = 0.011\text{min}^{-1}$$

又因为

$$\ln\frac{k_2}{k_1} = \frac{E_a}{R}\left(\frac{1}{T_1} - \frac{1}{T_2}\right) = \frac{217.67\times10^3}{8.314}\left(\frac{1}{653} - \frac{1}{723}\right) = 3.882$$

所以

$$k_2 = k_1 e^{3.882} = 0.011\text{min}^{-1}\times 48.52 = 0.534\text{min}^{-1}$$

又因为一级反应

$$\ln\frac{c_0}{c} = kt$$

所以，450℃时分解 75%的环氧乙烷所需的时间为

$$t = \frac{\ln(c_0/c)}{k_2} = \frac{\ln(1/0.25)}{0.534\text{min}^{-1}} = 2.60\text{min}$$

【例 8-9】 已知某反应 A ⟶ B+C 在给定温度范围内的速率常数与温度的关系为 $\ln k = -9622/T + 24.00$（k 以 s^{-1} 为单位）。

(1) 确定此反应的级数；

(2) 求该反应的活化能；

(3) 若需 A 经 40min 时反应掉 60%，问反应温度应控制在多少？

解：(1) 由速率常数的单位可以判断，该反应为一级反应。

(2) 将题给速率常数与温度的关系 $\ln k = -9622/T + 24.00$ 与式(8-39) 比较可知

$$E_a/R = 9622$$

所以

$$E_a = 9622\times R = (8.314\times9622)\text{J}\cdot\text{mol}^{-1} = 8.0\times10^3\ \text{J}\cdot\text{mol}^{-1}$$

(3) 对于一级反应，因为

$$\ln\frac{c_{A,0}}{c_A} = kt，即\ k = \frac{\ln(c_{A,0}/c_A)}{t} = \frac{\ln(1/0.4)}{40\times60\text{s}} = 3.82\times10^{-4}\text{s}^{-1}$$

代入题给式

$$\ln(3.82\times10^{-4}) = -\frac{9622}{T} + 24.00$$

所以

$$T = 301.9\text{K}$$

8.4.3 化学反应的活化能

阿伦尼乌斯方程的提出成功地解决了温度对反应速率的影响，大大促进了反应速率理论的发展。该方程中引入了活化能这一概念，其物理意义究竟如何？而且，为什么活化能越小，反应速率越快？

活化能的物理意义多年来有许多解释，其中主要有碰撞理论、过渡状态理论、托尔曼（Tolman）等解释方法。碰撞理论和过渡状态理论都是针对某一具体模型的活化能的物理意义进行解释的（见8.8节），所以有一定的局限性。1925年托尔曼用统计的方法，把实验测得的活化能看成是反应系统中大量分子的微观量的统计平均值。因此托尔曼的解释方法，是合理准确和普遍适用的。下面作简单介绍。

8.4.3.1 基元反应活化能的物理意义

现在已经知道，只有基元反应的活化能才有明确的物理意义。在通常条件下，反应系统都是由大量分子组成的，这些分子所具有的能量大小不一致，符合玻尔兹曼能量分布定律。对于一个基元反应，反应物分子之间要发生化学反应，它们必须发生碰撞。虽然反应物分子之间的碰撞频率很高，但并不是所有的碰撞都能发生反应。这是因为化学反应的本质是旧键的断裂，新键的形成。因此，只有能够克服新键形成前的斥力和旧键断裂前的引力、能量足够高的那部分分子的碰撞才能发生化学反应。这些在直接碰撞中能够发生反应的、能量高的分子称为“活化分子”（activated molecule）。

对普通分子而言，只有吸收足够的能量先变成活化分子，才有可能发生化学反应。普通分子变成活化分子至少需吸收的能量即为活化能。因为无论是普通分子还是活化分子，每个分子的能量都不尽相同，所以这里讲的活化能是一个平均值。即活化能是活化分子的平均能量与所有分子平均能量之差。

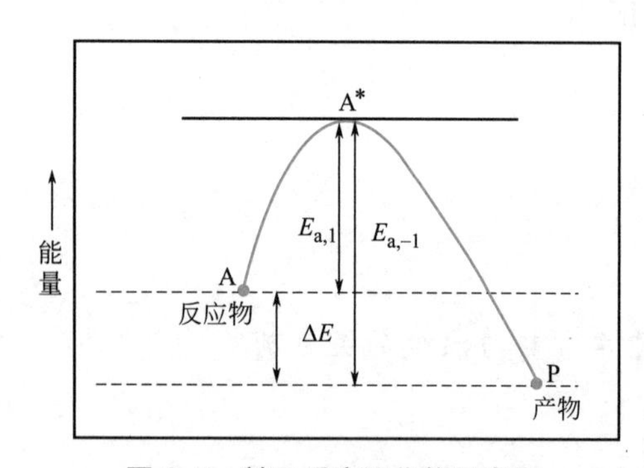

图 8-7 基元反应活化能示意图

设一基元反应为 A ⟶P。反应物 A 要生成产物 P，首先必须获得能量 $E_{a,1}$，变成活化状态 A^*。同理，如果反应可逆，产物 P 只有先吸收足够能量 $E_{a,-1}$ 变成活化状态 A^*，越过能垒，才能生成反应物 A，如图8-7所示。图中活化状态所对应的平均能量既高于反应物分子的平均能量，也高于生成物分子的平均能量。因此，无论是正反应还是逆反应，反应物分子均要越过一定高度的能垒，能垒越高反应的阻力就越大，一定温度下，活化分子所占比例就越小，故反应速率常数就越小；反之，反应速率就越大。而对于一定的反应，活化能一定，若温度越高，则分子的能量越高，活化分子百分数就越高，因而反应就越快。

由上图可知，1mol普通反应物分子要变成产物，需先吸收 $E_{a,1}$ 的活化能生成活化状态，然后再放出 $E_{a,-1}$ 的能量，整个反应前后净吸收了 $E_{a,1}-E_{a,-1}$ 的能量。该差值等于在恒容条件下正反应的反应进度为1mol时的反应热。现证明如下。

设恒容条件下有一个正、逆向都能进行的基元反应：

$$A+B \underset{k_{-1}}{\overset{k_1}{\rightleftharpoons}} C+D$$

式中，k_1 和 k_{-1} 分别是正、逆反应的速率常数。当反应达到平衡时，正、逆反应的速率应当相等，即

$$k_1 c_A c_B = k_{-1} c_C c_D$$

设反应的平衡常数为 K_c，根据上式得

$$K_c=\frac{c_C c_D}{c_A c_B}=\frac{k_1}{k_{-1}}$$

由阿伦尼乌斯方程得

$$\frac{\mathrm{d}\ln K_c}{\mathrm{d}T}=\frac{\mathrm{d}\ln k_1}{\mathrm{d}T}-\frac{\mathrm{d}\ln k_{-1}}{\mathrm{d}T}=\frac{E_{a,1}}{RT^2}-\frac{E_{a,-1}}{RT^2}=\frac{\Delta E_a}{RT^2}$$

根据热力学的结论，恒容反应平衡常数 K_c 随温度的变化有下列关系

$$\frac{\mathrm{d}\ln K_c}{\mathrm{d}T}=\frac{\Delta U}{RT^2}$$

比较以上两式可得 $\Delta E_a=\Delta U$。因为恒容热等于反应的热力学能变，即 $Q_V=\Delta U$，所以 $\Delta E_a=Q_V$，即正、逆向反应活化能之差等于恒容反应热。

8.4.3.2 非基元反应的表观活化能

非基元反应也有活化能，但其没有能峰的物理意义。因为对于一些非基元反应，其活化能甚至可能为负值。下面通过实例来看一下非基元反应活化能的本质。

例如：非基元反应 $\qquad H_2+I_2 \longrightarrow 2HI$

该反应总的速率方程为

$$\frac{1}{2}\frac{\mathrm{d}c(\mathrm{HI})}{\mathrm{d}t}=kc(\mathrm{H_2})c(\mathrm{I_2}) \quad \text{其中 } k=A\mathrm{e}^{-\frac{E_a}{RT}}$$

式中，E_a 为非基元反应的总活化能，因该活化能是利用阿伦尼乌斯方程由实验数据计算而得，故也称为表观活化能（apparent activation energy）或实验活化能。

已知该反应的反应历程为

① $I_2+M \underset{k_{-1}}{\overset{k_1}{\rightleftharpoons}} 2I\cdot+M \qquad k_1=A_1\mathrm{e}^{-\frac{E_{a,1}}{RT}}$；$k_{-1}=A_{-1}\mathrm{e}^{-\frac{E_{a,-1}}{RT}}$

② $H_2+2I\cdot \xrightarrow{k_2} 2HI \qquad k_2=A_2\mathrm{e}^{-\frac{E_{a,2}}{RT}}$

式中，$E_{a,1}$、$E_{a,-1}$ 和 $E_{a,2}$ 分别为三个基元反应的活化能。

当反应①达到平衡时

$$K_c=\frac{c(\mathrm{I\cdot})^2}{c(\mathrm{I_2})}=\frac{k_1}{k_{-1}}$$

所以

$$c(\mathrm{I\cdot})^2=\frac{k_1}{k_{-1}}c(\mathrm{I_2})$$

由反应②可得

$$\frac{1}{2}\frac{\mathrm{d}c(\mathrm{HI})}{\mathrm{d}t}=k_2c(\mathrm{H_2})c(\mathrm{I\cdot})^2=k_2\frac{k_1}{k_{-1}}c(\mathrm{H_2})c(\mathrm{I_2})$$

对比总的速率方程，得

$$k=k_2\frac{k_1}{k_{-1}}$$

将 k_1、k_{-1} 和 k_2 的阿伦尼乌斯方程代入上式，得

$$k=k_2\frac{k_1}{k_{-1}}=A_2\mathrm{e}^{-\frac{E_{a,2}}{RT}}\times\frac{A_1\mathrm{e}^{-\frac{E_{a,1}}{RT}}}{A_{-1}\mathrm{e}^{-\frac{E_{a,-1}}{RT}}}=A\mathrm{e}^{-\frac{E_a}{RT}}$$

其中 $A=A_2\dfrac{A_1}{A_{-1}}$，$E_a=E_{a,1}+E_{a,2}-E_{a,-1}=Q_V+E_{a,2}$。$Q_V$ 为反应①的恒容热效应。由此可见，非基元反应的表观活化能为组成该非基元反应的基元反应活化能的代数和，没有明确的物理意义。若反应①为放热反应，有可能使 $Q_V+E_{a,2}$ 的值为负，从而使总反应的表观活化能为负，

表现为随着温度的升高，反应速率反而下降，如图8-6中第五种曲线所表示的反应类型。

典型复合反应

8.5 典型复合反应

复合反应是相对简单反应而言的，是由两个或两个以上基元反应组合而成的反应。8.2节提到的简单级数反应，既可以是简单反应，也可以是复合反应。例如，$H_2+I_2 \longrightarrow 2HI$ 便是复合反应，其级数为2。但一般情况下，复合反应比较复杂，往往不具有简单级数，且速率方程也比较复杂。下面只讨论三种典型的复合反应：对峙反应、平行反应和连串反应。

8.5.1 对峙反应

正、逆两个方向同时进行的反应称为对峙反应（opposing reaction），也称对行反应或可逆反应。严格来讲，任何反应都是可逆反应。正、逆反应可以为相同级数，也可以为具有不同级数的反应；可以是基元反应，也可以是非基元反应。下面以最简单的1-1级对峙反应为例，讨论对峙反应的速率和特点。对于反应

$$\mathrm{A} \underset{k_{-1}}{\overset{k_1}{\rightleftharpoons}} \mathrm{B}$$

		A	B
设	$t=0$	$c_{A,0}$	0
	$t=t$	c_A	$c_{A,0}-c_A$
	$t=t_e$	$c_{A,e}$	$c_{A,0}-c_{A,e}$

式中，A的初始浓度为 $c_{A,0}$；B的浓度为0；符号“e”表示平衡。

正向反应A的消耗速率为：$-\dfrac{dc_A}{dt}=k_1c_A$

逆向反应A的生成速率为：$\dfrac{dc_A}{dt}=k_{-1}(c_{A,0}-c_A)$

所以，反应物A的总消耗速率等于正反应速率与逆反应速率之差，即

$$-\frac{dc_A}{dt}=k_1c_A-k_{-1}(c_{A,0}-c_A) \tag{8-42}$$

当反应达到平衡时，正，逆反应速率相等，即

$$-\frac{dc_{A,e}}{dt}=k_1c_{A,e}-k_{-1}(c_{A,0}-c_{A,e})=0 \tag{8-43}$$

将式(8-43) 化简整理，得

$$\frac{k_1}{k_{-1}}=\frac{c_{A,0}-c_{A,e}}{c_{A,e}}=K_c \tag{8-44}$$

式中，K_c 为平衡常数。将式(8-42) 与式(8-43) 相减，得

$$-\frac{dc_A}{dt}=k_1(c_A-c_{A,e})+k_{-1}(c_A-c_{A,e})$$

$$=(k_1+k_{-1})(c_A-c_{A,e}) \tag{8-45}$$

温度一定时，只要反应物A的起始浓度 $c_{A,0}$ 一定，平衡浓度 $c_{A,e}$ 值必一定。令 $c_A-c_{A,e}=\Delta c$，称为反应物A的距平衡浓度差，则 $d\Delta c=dc_A$，两者代入式(8-45)，得

$$-\frac{d\Delta c}{dt}=(k_1+k_{-1})\Delta c \tag{8-46}$$

可见，Δc 对时间的变化率符合一级反应的规律，其速率常数为 k_1+k_{-1}。将上式定积分，得

$$\ln\frac{c_{A,0}-c_{A,e}}{c_A-c_{A,e}}=(k_1+k_{-1})t \tag{8-47}$$

即，以 $\ln(c_A - c_{A,e})$ 对时间 t 作图应为一直线，直线的斜率为 $m=-(k_1+k_{-1})$。结合式(8-44) $K_c=k_1/k_{-1}$，即可求得 k_1 和 k_{-1}。

当反应物 A 的距平衡浓度差等于起始时的最大距平衡浓度差一半时，即

$$c_A - c_{A,e} = (c_{A,0} - c_{A,e})/2$$

所需的时间称为 1-1 级对峙反应的半衰期 $t_{1/2,e}$，显然半衰期值为 $\ln 2/(k_1+k_{-1})$，与反应物的初始浓度 $c_{A,0}$ 无关。

若以反应物 A 和产物 B 的浓度对时间作图，根据平衡后反应物和产物浓度大小的不同，可得如图 8-8 所示的三种图形。无论哪种情况，开始时，反应物 A 的浓度最大，产物 B 的浓度为零，随着时间的推移，A 的浓度逐渐变小，B 的浓度逐渐增大，当达到平衡后，反应物和产物的浓度均不再随时间而改变，在图中表现为一条直线。

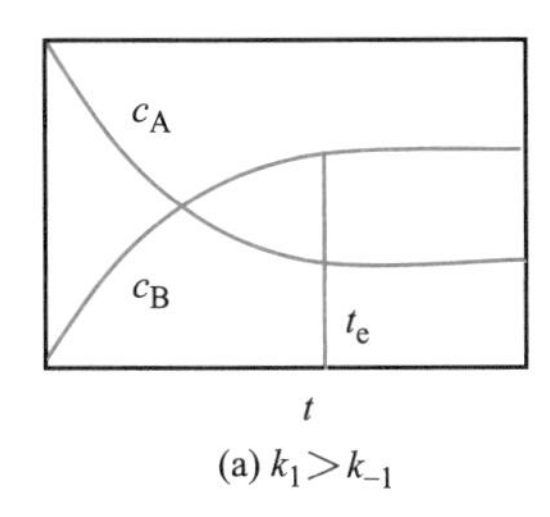

(a) $k_1>k_{-1}$

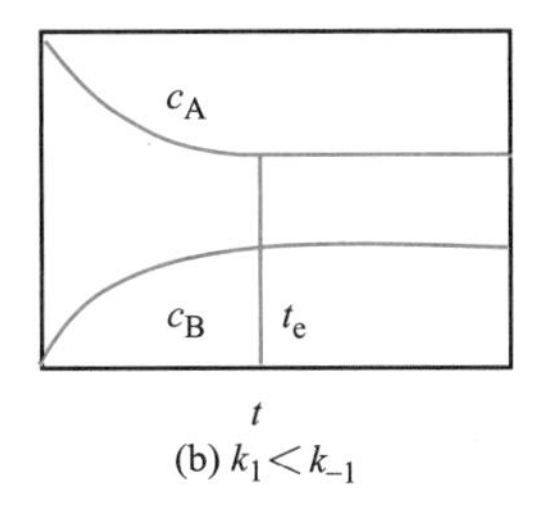

(b) $k_1<k_{-1}$

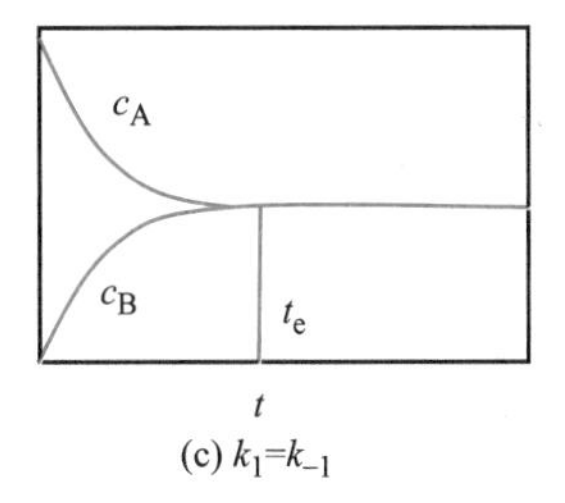

(c) $k_1=k_{-1}$

图 8-8 1-1 级对峙反应的 c-t 图

常见的内重排或异构化反应为 1-1 级对峙反应，而醋酸和乙醇的反应则为 2-2 级对峙反应。

【例 8-10】 某对峙反应 $A \underset{k_{-1}}{\overset{k_1}{\rightleftharpoons}} B$。已知 $k_1=0.006\text{min}^{-1}$，$k_{-1}=0.002\text{min}^{-1}$，如果反应开始时只有 A。(1) 当 A 和 B 的浓度相等时需要多少时间？(2) 经 100min 后，A 和 B 的浓度各为若干？

解：(1) $\qquad A \underset{k_{-1}}{\overset{k_1}{\rightleftharpoons}} B$

平衡时 $\qquad c_{A,e} \qquad c_{A,0}-c_{A,e}$

则由式(8-44) 得

$$K_c=\frac{c_{B,e}}{c_{A,e}}=\frac{k_1}{k_{-1}}=3$$

则

$$\frac{c_{A,0}-c_{A,e}}{c_{A,e}}=\frac{3}{1} \qquad \frac{c_{A,0}}{c_{A,e}}=\frac{4}{1}$$

所以

$$c_{A,e}=0.25c_{A,0}$$

当 $c_A=c_B$ 时，$c_A=1/2c_{A,0}$ 所以

$$\ln\frac{c_{A,0}-c_{A,e}}{c_A-c_{A,e}}=\ln\frac{c_{A,0}-0.25c_{A,0}}{0.5c_{A,0}-0.25c_{A,0}}=\ln 3=(k_1+k_{-1})t$$

即

$$t=\frac{\ln 3}{k_1+k_{-1}}=\frac{\ln 3}{(0.006+0.002)\text{min}^{-1}}=137.3\text{min}$$

(2) 100min 时

$$\ln\frac{c_{A,0}-c_{A,e}}{c_A-c_{A,e}}=\ln\frac{(1-0.25)c_{A,0}}{c_A-0.25c_{A,0}}=(0.006+0.0002)\times 100$$

解得 $c_A=0.587c_{A,0}$，$c_B=(1-0.587)c_{A,0}=0.413c_{A,0}$

8.5.2 平行反应

同一反应物同时进行若干个不同的反应称为平行反应（parallel reaction），也称为竞争

反应。在有机反应中这种情况比较常见。通常将生成期望产物的反应称为主反应，其余的反应称为副反应，总的反应速率等于所有平行反应速率之和。

平行反应的级数可以相同，也可以不同，前者数学处理较为简单。下面讨论由两个基元反应构成的最简单的一级平行反应，即

$$A \begin{cases} \xrightarrow{k_1} B \\ \xrightarrow{k_2} C \end{cases}$$

由质量作用定律，得

$$dc_B/dt = k_1 c_A \tag{8-48a}$$

$$dc_C/dt = k_2 c_A \tag{8-48b}$$

若反应开始时只有 A，则按物质守恒原理可知

$$c_A + c_B + c_C = c_{A,0}$$

对时间 t 微分，得

$$\frac{dc_A}{dt} + \frac{dc_B}{dt} + \frac{dc_C}{dt} = 0$$

即

$$-\frac{dc_A}{dt} = \frac{dc_B}{dt} + \frac{dc_C}{dt} = (k_1 + k_2) c_A \tag{8-49}$$

上式变形作定积分，得

$$\ln \frac{c_{A,0}}{c_A} = (k_1 + k_2) t \tag{8-50}$$

上式与一般一级反应的速率方程形式完全相同（包括微分式与积分式），只不过速率常数不同，后者为两个一级平行反应的速率常数之和。将该式写成指数形式，即

$$c_A = c_{A,0} e^{-(k_1 + k_2)t} \tag{8-51}$$

将式(8-51) 代入式(8-48a) 和式(8-48b) 中，然后定积分可得

$$c_B = \frac{k_1 c_{A,0}}{k_1 + k_2} [1 - e^{-(k_1 + k_2)t}] \tag{8-52a}$$

$$c_C = \frac{k_2 c_{A,0}}{k_1 + k_2} [1 - e^{-(k_1 + k_2)t}] \tag{8-52b}$$

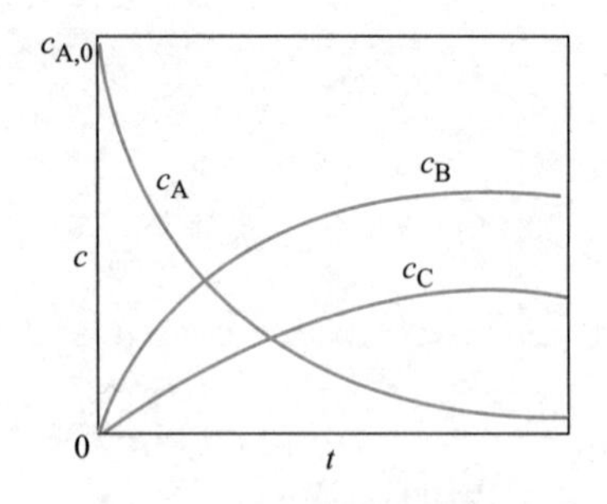

图 8-9 一级平行反应的 c-t 图 ($k_1 > k_2$)

根据式(8-51)～式(8-52b) 绘制反应物 A 和产物 B 和 C 的浓度与时间的关系曲线，其图形如图 8-9 所示。开始时，反应物 A 的浓度最大，产物 B 与 C 的浓度为零，随着时间的推移，A 的浓度逐渐变小，B 与 C 的浓度逐渐增大。

若式(8-52a) 除以式 (8-52b)，则得

$$\frac{c_B}{c_C} = \frac{k_1}{k_2} \tag{8-53}$$

上式表明，任意时刻两产物浓度之比等于反应速率常数之比。只要测得任意时刻两产物的浓度，即可求得 k_1/k_2 的比值。再结合式(8-50) 求得 ($k_1 + k_2$) 的值，两者联立，即可求出 k_1 和 k_2。

从式(8-53) 可以看出，对于反应级数相同的平行反应，产物的浓度之比等于反应速率常数之比。因此，为了使目标产物为主要产物，就要设法增大生成该产物的反应速率常数同其他产物反应速率常数的比值。一种方法是利用活化能高的反应，速率常数随温度的变化率大，即温度升高有利于活化能大的反应这一特点，通过改变温度的方法来增大比值；另一种方法是选择适当的催化剂来专一地加速生成目标产物的反应。例如：甲苯的氯化，可以直接在苯环上取代，也可以在侧链甲基上取代。在低温（30～50℃）、$FeCl_3$ 为催化剂时主要发

生苯环上的取代；高温（120～130℃）用光激发，则主要发生侧链取代。

【例 8-11】 已知下列两平行一级反应的速率常数 k 与温度 T 的函数关系

$$A \begin{cases} \xrightarrow{k_1} B & \lg(k_1/s^{-1}) = -2000/(T/K)+4 \\ \xrightarrow{k_2} C & \lg(k_2/s^{-1}) = -4000/(T/K)+8 \end{cases}$$

(1) 试证明该反应总的活化能 E 与反应 1 和反应 2 的活化能 E_1 和 E_2 的关系为：$E=(k_1E_1+k_2E_2)/k_1+k_2$，并计算 400K 时的 E 为多少？

(2) 求在 400K 的密闭容器中，$c_{A,0}=0.1\text{mol}\cdot\text{dm}^{-3}$，反应经过 10s 后 A 剩余的百分数为多少？

(3) 若指前因子 $A_1 \approx A_2$，要想提高产物 B 的产率，应升高温度，还是降低温度？为什么？

解：(1) 总反应的速率常数

$$k=k_1+k_2 \qquad ①$$

上式对 T 微分可得

$$\frac{dk}{dT}=\frac{dk_1}{dT}+\frac{dk_2}{dT} \qquad ②$$

由阿伦尼乌斯方程的微分式 $\frac{d\ln k_i}{dT}=\frac{dk_i}{k_i dT}=\frac{E_i}{RT^2}$ 可知

$$\frac{dk_i}{dT}=\frac{k_iE_i}{RT^2}$$

所以②式可写成

$$\frac{kE}{RT^2}=\frac{k_1E_1}{RT^2}+\frac{k_2E_2}{RT^2}=\frac{k_1E_1+k_2E_2}{RT^2}$$

将①式代入上式，即可证明

$$E=\frac{k_1E_1+k_2E_2}{k_1+k_2}$$

由题给两平行一级反应的速率常数 k 与温度 T 的函数关系可求得两个反应的活化能分别为

$$E_1=2000\times2.303R=(2000\times2.303\times8.314)\text{J}\cdot\text{mol}^{-1}=3.83\times10^4\text{J}\cdot\text{mol}^{-1}$$

$$E_2=4000\times2.303R=(4000\times2.303\times8.314)\text{J}\cdot\text{mol}^{-1}=7.66\times10^4\text{J}\cdot\text{mol}^{-1}$$

当 $T=400\text{K}$ 时，

$$\lg k_1=-2000/400+4=-1.0；\lg k_2=-4000/400+8=-2.0$$

所以

$$k_1=0.1\text{s}^{-1}；k_2=0.01\text{s}^{-1}$$

则

$$E=\frac{k_1E_1+k_2E_2}{k_1+k_2}=\left(\frac{0.1\times3.83\times10^4+0.01\times7.66\times10^4}{0.1+0.01}\right)\text{J}\cdot\text{mol}^{-1}$$

$$=4.18\times10^4\text{J}\cdot\text{mol}^{-1}$$

(2) $T=400\text{K}$，$c_{A,0}=0.1\text{mol}\cdot\text{dm}^{-3}$，$t=10\text{s}$，设 A 的转化率为 α，则由式(8-50)可得，

$$(k_1+k_2)t=\ln\frac{c_{A,0}}{c_A}=\ln\frac{c_{A,0}}{c_{A,0}(1-\alpha)}=\ln\frac{1}{1-\alpha}$$

$$\ln(1-\alpha)=-(k_1+k_2)t=-(0.1+0.01)\times10=-1.10$$

所以

$$1-\alpha=0.333$$

即反应 10s 之后 A 剩余的百分数为 33.3%。

(3) 由式(8-53) 可得

$$\frac{c_B}{c_C}=\frac{k_1}{k_2}=\frac{A_1 e^{-E_1/RT}}{A_2 e^{-E_2/RT}}=e^{(E_2-E_1)/RT}$$

因为 $E_2>E_1$，所以，当 T 下降时，c_B/c_C 值增大，即要提高产物B的收率，应采用降温的措施。

8.5.3 连串反应

有很多化学反应是经过连续几步才完成的，前一步生成物中的一部分或全部作为下一步反应的部分或全部反应物，依次连续进行，这种反应称为连串反应（consecutive reaction）或连续反应。例如苯的逐步氯化反应就是典型的连串反应。连串反应的数学处理极为复杂，在此只考虑最简单的由两个单向一级反应组成的连串反应。

$$\begin{array}{cccc} & A \xrightarrow{k_1} & B \xrightarrow{k_2} & C \\ t=0 & c_{A,0} & 0 & 0 \\ t=t & c_A & c_B & c_C \end{array}$$

设反应开始时，A的浓度为 $c_{A,0}$，B与C的浓度均为零。则任意时刻 t，A的消耗速率为

$$-\frac{dc_A}{dt}=k_1 c_A$$

将上式定积分，得

$$\ln\frac{c_{A,0}}{c_A}=k_1 t \text{ 或 } c_A=c_{A,0}e^{-k_1 t} \tag{8-54}$$

而中间产物由第一步反应产生，又被第二步反应消耗掉，所以其生成速率为

$$\frac{dc_B}{dt}=k_1 c_A-k_2 c_B \tag{8-55}$$

将式(8-54) 代入上式，得

$$\frac{dc_B}{dt}=k_1 c_{A,0}e^{-k_1 t}-k_2 c_B \tag{8-56}$$

将上式作定积分，得

$$c_B=\frac{k_1 c_{A,0}}{k_2-k_1}(e^{-k_1 t}-e^{-k_2 t}) \tag{8-57}$$

因为 $c_C=c_{A,0}-c_A-c_B$，将式(8-54) 和式(8-57) 代入，得

$$c_C=c_{A,0}\left(1-\frac{k_2}{k_2-k_1}e^{-k_1 t}+\frac{k_1}{k_2-k_1}e^{-k_2 t}\right) \tag{8-58}$$

按照式(8-54)、式(8-57) 和式(8-58) 绘制浓度对时间的关系图，其可能呈现的曲线形式如图8-10所示。由图可见，反应物A的浓度随时间逐渐减小，产物C的浓度随时间逐渐增大；而中间产物B因其既是前一步反应的生成物，又是后一步反应的反应物，故它的浓

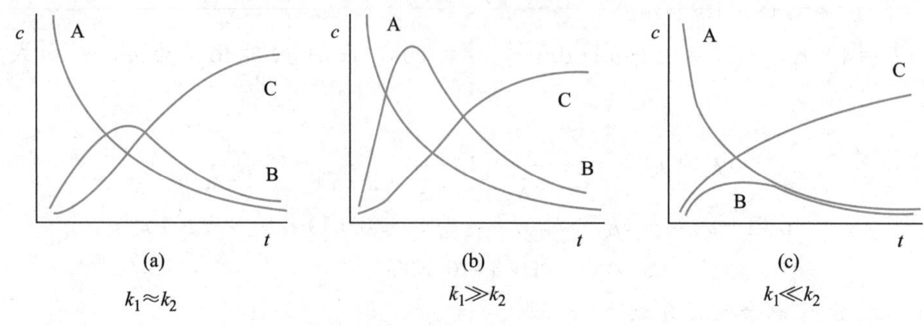

图8-10 一级连串反应的 c-t 图

度随时间先增大，然后减小，在中间阶段会出现一个极大值。

在中间产物浓度B出现极大值时，它的一阶导数应为零，即

$$\frac{dc_B}{dt}=\frac{k_1c_{A,0}}{k_2-k_1}(k_2e^{-k_2t}-k_1e^{-k_1t})=0$$

对上式求解，得中间产物浓度达极大值时的时间 t_m，即

$$t_m=\frac{\ln k_2-\ln k_1}{k_2-k_1}$$

将上式代入式(8-57)，得B的最大浓度为

$$c_{B,m}=c_{A,0}\left(\frac{k_1}{k_2}\right)^{\frac{k_2}{k_2-k_1}}$$

上式表明中间产物浓度极大值的时间和大小决定于两个速率常数的相对大小，如图8-10所示。

8.6 复合反应速率的近似处理方法

前节讨论的三种典型复合反应均为最简单的复合反应，即使对于最简单的两步连串反应，各物种浓度对时间的表达式的求算就已经相当复杂。然而，很多复合反应要比这复杂得多，它们往往同时包含有对峙反应、平行反应或连串反应等。此时，要精确求解反应的速率方程往往十分困难，甚至无法求解。为了解决这个问题，化学动力学中常使用近似的方法处理这一问题。常使用的近似方法主要有选取控制步骤法、稳态近似法和平衡态近似法。

复合反应的近似处理方法

8.6.1 选取控制步骤法

由于连串反应的数学处理比较复杂，一般作近似处理。当其中某一步反应的速率很慢，就将它的速率近似作为整个反应的速率，这个慢步骤称为连串反应的速率控制步骤（rate determining step）。控制步骤与其他各串联步骤的速率相差倍数越多，则此规律就越准确。以上节提到的连串反应为例

$$A\xrightarrow{k_1}B\xrightarrow{k_2}C$$

当 $k_2\gg k_1$，此时第一步为慢步骤，应为速率控制步骤，即总反应的速率等于第一步的速率

$$\frac{dc_C}{dt}=-\frac{dc_A}{dt}=k_1c_A \tag{8-59a}$$

由上式可得 $dc_C=-dc_A$，两边作定积分

$$\int_0^{c_C}dc_C=-\int_{c_{A,0}}^{c_A}dc_A \tag{8-59b}$$

得

$$c_C=c_{A,0}-c_A=c_{A,0}(1-e^{-k_1t}) \tag{8-59c}$$

上述结果与利用 c_C 的精确解式(8-58)化简得到的结果一致。可见选取控制步骤法避免了传统方法先求取精确的解，然后再简化的烦琐步骤，用此方法处理连串反应大为方便。值得注意的是控制步骤的反应速率与其他步骤的速率相比越慢，准确度越高。

8.6.2 稳态近似法

所谓稳态（steady-state）指的是物质的浓度不随时间的变化而变化的状态。在连串反应中，若中间产物B很活泼，极易继续反应，则B一旦生成，就会立即经下一步反应掉，所以系统中B基本上没积累，c_B 很小。如图8-10(c)中所示，在较长的反应时间段内B的浓度近似应为贴近横坐标轴的一条直线，此时B处于稳态，c-t 曲线的斜率为零，即

$$\frac{dc_B}{dt}=0 \tag{8-60}$$

用这种近似方法得到复合反应速率方程，就称为稳态近似法（steady-state approximation）。以上节的连串反应 $A \xrightarrow{k_1} B \xrightarrow{k_2} C$ 为例，当 $k_2 \gg k_1$，即B很活泼，此时根据稳态近似法有

$$\frac{dc_B}{dt}=k_1c_A-k_2c_B=0 \tag{8-61a}$$

所以

$$c_B=\frac{k_1}{k_2}c_A \tag{8-61b}$$

将式(8-54) $c_A=c_{A,0}e^{-k_1t}$ 代入上式，得

$$c_B=\frac{k_1}{k_2}c_{A,0}e^{-k_1t} \tag{8-61c}$$

【例 8-12】 某一反应 $2A \longrightarrow P$ 是通过下列历程进行的

$$A \underset{k_{-1}}{\overset{k_1}{\rightleftharpoons}} B$$

$$A+B \xrightarrow{k_2} C$$

$$C \xrightarrow{k_3} P$$

其中B和C是活泼中间产物，P为终产物。问在什么条件下反应速率方程显示为二级反应？

解：

$$v=\frac{dc_P}{dt}=k_3c_C \quad ①$$

按稳态近似法

$$\frac{dc_C}{dt}=k_2c_Bc_A-k_3c_C=0 \quad ②$$

$$\frac{dc_B}{dt}=k_1c_A-k_{-1}c_B-k_2c_Bc_A=0 \quad ③$$

由③得

$$c_B=\frac{k_1c_A}{k_{-1}+k_2c_A}$$

①+②得

$$v=k_2c_Bc_A=\frac{k_1k_2c_A^2}{k_{-1}+k_2c_A}$$

当 $k_2c_A \ll k_{-1}$ 时，即低浓度时 $v=\frac{k_1k_2}{k_{-1}}c_A{}^2$，显示为二级反应。

当 $k_2c_A \gg k_{-1}$ 时，即高浓度时 $v=k_1c_A$，显示为一级反应。

8.6.3 平衡态近似法

如果复合反应中包含有对峙反应，且假定该对峙反应易于达到平衡，则该复合反应的速率方程可以借助平衡常数进一步简化。假如有一复合反应

$$A+B \underset{\text{快平衡}}{\overset{K_c}{\rightleftharpoons}} C \underset{\text{慢}}{\overset{k_1}{\longrightarrow}} D$$

其中对峙反应为快反应，而后一步则为慢步骤，也就是说中间产物C的消耗速率很慢，因此可以近似认为对峙反应能随时达到平衡状态，即

$$K_c=\frac{c_C}{c_Ac_B} \tag{8-62a}$$

所以

$$c_C=K_cc_Ac_B$$

因为慢步骤为整个反应的速控步骤，所以总反应的速率取决于该步骤的速率，即

$$\frac{dc_D}{dt}=k_1c_C \tag{8-62b}$$

这种处理方法称为平衡态近似法（equilibrium approximation）。将 $c_C=K_cc_Ac_B$ 代入式(8-62b)，得

$$\frac{dc_D}{dt}=k_1c_C=k_1K_cc_Ac_B=kc_Ac_B \quad (k=k_1K_c) \tag{8-62c}$$

上式即为用平衡态近似法由反应机理得到的速率方程。值得注意的是，只有快平衡后面是速率控制步骤，才能用平衡态近似法。用这种近似法得到的总反应速率及表观速率常数 k 仅决定于速率控制步骤和它以前的快平衡过程，而与速率控制步骤以后的快速反应步骤无关。

8.7 链反应

链反应是具有特殊规律的常见的复合反应，由大量反复循环的连串反应所组成，此类反应一经引发，便能自动进行下去。许多重要的化工产品的生产，如高聚物的合成，石油的裂解，碳氢化合物的氨化和卤化，有机物的燃烧及爆炸反应等都与链反应密切相关。

链反应

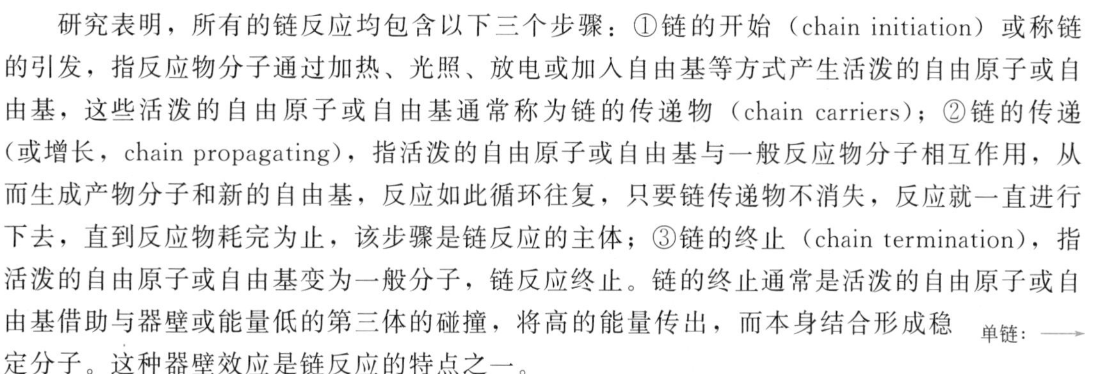

研究表明，所有的链反应均包含以下三个步骤：①链的开始（chain initiation）或称链的引发，指反应物分子通过加热、光照、放电或加入自由基等方式产生活泼的自由原子或自由基，这些活泼的自由原子或自由基通常称为链的传递物（chain carriers）；②链的传递（或增长，chain propagating），指活泼的自由原子或自由基与一般反应物分子相互作用，从而生成产物分子和新的自由基，反应如此循环往复，只要链传递物不消失，反应就一直进行下去，直到反应物耗完为止，该步骤是链反应的主体；③链的终止（chain termination），指活泼的自由原子或自由基变为一般分子，链反应终止。链的终止通常是活泼的自由原子或自由基借助与器壁或能量低的第三体的碰撞，将高的能量传出，而本身结合形成稳定分子。这种器壁效应是链反应的特点之一。

根据链的传递方式不同，链反应可分为：单链（直链）反应和支链反应。凡是在链传递过程中，消耗一个自由基或自由原子的同时只产生一个新的自由基或自由原子，即反应链数不变的链反应称为单链反应；凡是消耗一个自由基或自由原子的同时产生两个或两个以上新的自由基或自由原子，即反应链数增加的链反应称为支链反应，如图 8-11 所示。下面通过实例来分析单链反应和支链反应的动力学特征。

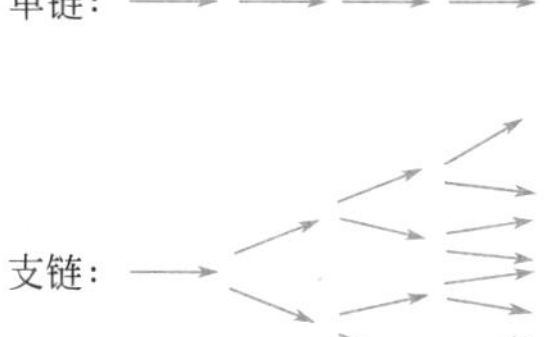

图 8-11 链传递方式示意图

8.7.1 单链反应

下面以 $H_2+Cl_2 \longrightarrow 2HCl$ 这个典型的单链反应为例，探讨一下单链反应的动力学特征及处理方法。

经研究发现，该反应的速率方程为

$$v=\frac{1}{2}\frac{dc(HCl)}{dt}=kc(H_2)c(Cl_2)^{1/2}$$

即反应速率与氢气浓度成正比，与氯气浓度的二分之一次方成正比。显然该反应不是简单反应，如上所述，是单链反应。其机理为

① $Cl_2+M \xrightarrow{k_1} 2Cl\cdot+M$

② $Cl\cdot+H_2 \xrightarrow{k_2} HCl+H\cdot$

③ $H\cdot+Cl_2 \xrightarrow{k_3} HCl+Cl\cdot$

……

④ $2Cl\cdot + M \xrightarrow{k_4} Cl_2 + M$

其中 M 是转移能量的其他分子。显然①为链的引发反应；②、③为链的传递反应，Cl•或 H•为链的传递物。据统计，一个 Cl•往往能循环反应生成$10^4 \sim 10^6$ 个 HCl；④为链的终止反应。由反应机理可以看出，产物 HCl 的生成只与②、③步有关。因此，其 HCl 生成速率可表示为

$$\frac{dc(HCl)}{dt} = k_2 c(H_2) c(Cl\cdot) + k_3 c(Cl_2) c(H\cdot) \tag{8-63}$$

上式中不但涉及反应物分子 H_2 和 Cl_2，还涉及自由基 H•和 Cl•，其中后两者十分活泼，寿命很短，浓度极低，所以可以采用稳态近似法处理。

对于 Cl•原子，涉及反应①～④，故

$$\frac{dc(Cl\cdot)}{dt} = 2k_1 c(Cl_2) c(M) - k_2 c(H_2) c(Cl\cdot) + k_3 c(H\cdot) c(Cl_2) - 2k_4 c(M) c(Cl\cdot)^2 = 0 \tag{8-64}$$

对于 H•原子，涉及反应②～③，故

$$\frac{dc(H\cdot)}{dt} = k_2 c(H_2) c(Cl\cdot) - k_3 c(Cl_2) c(H\cdot) = 0 \tag{8-65}$$

将式(8-65) 代入式(8-64)，得

$$k_1 c(Cl_2) = k_4 c(Cl\cdot)^2 \qquad 即\ c(Cl\cdot)^2 = \frac{k_1}{k_4} c(Cl_2) \tag{8-66}$$

将式(8-65) 和式(8-66) 代入式(8-63) 得

$$\frac{dc(HCl)}{dt} = 2k_2 \sqrt{\frac{k_1}{k_4}} c(H_2) c(Cl_2)^{1/2} \tag{8-67}$$

上式表明从反应机理导出的速率方程和实验值相符，其反应总级数均为 1.5 级。

8.7.2 支链反应与爆炸界限

爆炸是十分常见的现象，它通常瞬间完成。对于化学爆炸而言，按发生原因可以分为两类。一类是热爆炸，其产生原因是放热反应发生在一个狭小空间内，由于放出的热无法及时散出，导致温度升高，而温度升高又进一步加快反应速率，进而放出更多的热。如此循环，最终导致反应无法控制而发生爆炸。另一类是支链爆炸，其产生原因是链反应数目在短时间内的急速增加，从而导致大量放热，反应无法控制，进而发生爆炸。

如要控制支链反应的进行，就必须及时销毁链传递物——自由基。自由基的销毁有两种途径：①与器壁碰撞而失去活性，称为器壁销毁；②自由基在气相中相互碰撞或与惰性气体碰撞而失去活性，称为气相销毁。由于存在这两种自由基销毁的途径，使得支链爆炸反应存在爆炸界限。氢气与氧气的反应就是一个非常典型的例子。人们通过对该反应的实验研究发现，这个反应并不是在所有情况下都发生爆炸。图 8-12 是物质的量比为 2∶1 的 H_2 和 O_2 混合气体的支链爆炸反应受温度、压力影响的示意图。由图可以看出，当温度低于 a 点对应的温度，氢气和氧气反应平稳，此时增大压力也不会发生爆炸；当温度位于 a 点和 b 点对应的温度之间，爆炸是否发生则跟压力的范围有关。例如，混合物的温度在 500℃，压力低于 200Pa 时，不会发生爆炸；在压力位于 0.2～7kPa 时，则会发生爆炸；当压力高于 7kPa 时，又不会发生爆炸。若压力再高到一定程度又会发生爆炸。其中 200Pa 称为该温度下的爆炸下限，7kPa 则称为该温度下的爆炸上限，

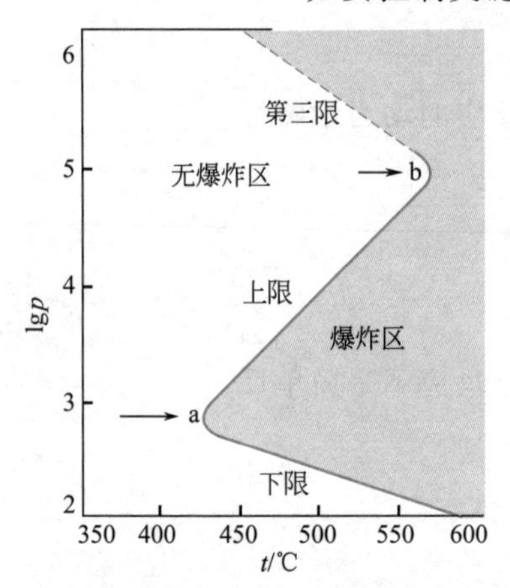

图 8-12 H_2 和 O_2 混合系统的爆炸界限

而当压力高于 7kPa 后，再发生爆炸的最小压力称为第三限。

为了解释上述三个爆炸界限，可参照下面的反应机理：

① $H_2 + O_2 \longrightarrow HO_2\cdot + H\cdot$ 链引发

② $H_2 + HO_2\cdot \longrightarrow H_2O + HO\cdot$

③ $H_2 + HO\cdot \longrightarrow H_2O + H\cdot$

（②③：单链传递）

④ $H\cdot + O_2 \longrightarrow HO\cdot + O\cdot$

⑤ $O\cdot + H_2 \longrightarrow HO\cdot + H\cdot$

（④⑤：支链传递）

⑥ $H_2 + \cdot O\cdot + M \longrightarrow H_2O + M$

⑦ $H\cdot + H\cdot + M \longrightarrow H_2 + M$

⑧ $H\cdot + HO\cdot + M \longrightarrow H_2O + M$

（⑥⑦⑧：链终止（气相））

⑨ $H\cdot + HO\cdot +$ 器壁 $\longrightarrow$ 稳定分子 链终止(器壁上)

从以上反应机理可以看出，反应中存在大量活性物质，例如 H•、O•、HO•和 $HO_2\cdot$。其中反应②和③为单链反应，而反应④和⑤为支链反应，有可能引发支链爆炸。而究竟能否发生爆炸，主要看 H•主要发生哪类反应。当压力很低时，H•与其他分子的碰撞概率很小，有利于向器壁扩散，从而在器壁上化合生成稳定分子，如反应⑨，使自由基发生器壁销毁而不发生爆炸。随着压力的升高，H•与反应分子碰撞次数增加，使支链迅速增加，如反应④和⑤，从而引发支链爆炸。因此存在爆炸下限，下限与链传递物的器壁销毁有关，受容器大小和表面性质的影响。

当压力进一步上升，粒子浓度很高，有可能发生三分子碰撞而使活性物质销毁，如反应⑥～⑧，此时爆炸也不发生，故存在爆炸上限。爆炸上限决定于链传递物的气相销毁。

压力继续升高，反应速率加快，放热增多，发生热爆炸，这就是爆炸的第三限。

除了温度、压力以外，爆炸还和气体的组成有关。例如当 H_2 按体积百分数 4%～74%与空气混合，就成为“可爆气体”。而当混合气中 H_2 的含量在 4%以下或 74%以上时，就不会发生爆炸，它们分别称为 H_2 在空气中的“爆炸低限”和“爆炸高限”。

很多可燃气体都有一定的爆炸界限。表 8-2 列出了工业上常见的一些气体的爆炸界限。因此在使用这些气体时应十分注意，在适当位置装上含有化学传感器的报警器，以免发生事故。

表 8-2 几种物质在空气中的爆炸界限

物质	在空气中的爆炸界限(体积分数)/%		物质	在空气中的爆炸界限(体积分数)/%	
	低限	高限		低限	高限
H_2	4	74	C_3H_8	2.1	9.5
NH_3	16	25	C_6H_6	1.2	7.8
CO	12.5	74	CH_3OH	6.0	36
CH_4	5	15	C_2H_5OH	3.3	19
C_2H_6	3.0	12.5	$(C_2H_5)_2O$	1.9	36
C_2H_4	2.7	36	$(CH_3)_2CO$	2.5	12.8
C_2H_2	2.5	100	CS_2	1.3	50

8.8 基元反应速率理论

阿伦尼乌斯方程是经验方程式，其正确性毋庸置疑。式中给出了两个重要物理量，指前因子和活化能，并对活化能的本质作了定性解释。为了对这些宏观的、经验上的动力学规律进行微观的、理论上的解释，特别是希望从理论上能够得到指定条件下的速率常数以及活化能的数值及其物理意义，人们已经做了许多研究工作，建立了一些反应速率理论，如简单碰撞理论、过渡状态理论、单分子反应的林德曼理论、分子反应动力学等。因为任何化学反应都是由基元反应组成的，所以如果能够从理论上解决基元反应的速率问题，就可以为研究和控制反应速率提供理论基础。因此，反应速率理论的主要内容是在基元反应中分子如何反应，基元反应的速率常数如何计算等。到目前为止，反应速率理论还不够完善，仍处在不断地发展完善之中。本节将简单介绍碰撞理论和过渡状态理论。

8.8.1 气体反应碰撞理论

8.8.1.1 气体反应碰撞理论的要点

气体反应碰撞理论

气体分子的碰撞理论是由美国化学家路易斯（Lewis，1875～1946 年）于 1918 年在气体分子运动理论基础上建立起来的，它又被称为简单碰撞理论（simple collision theory）。该理论对气体分子发生反应主要有三点基本假设。现以异类气相双分子反应 A+B→P 为例加以讨论。

① 气体分子是无结构的刚性球体。气体分子 A 和 B 必须通过碰撞才可能发生反应。对于发生碰撞的一对分子，称为相撞分子对（简称分子对）。

② 并不是所有的碰撞均能发生反应，只有碰撞动能大于或等于某临界能 ε_c（critical energy）或阈能的活化碰撞才能发生反应，碰撞能量 $\varepsilon \geqslant \varepsilon_c$ 的“分子对”越多，则反应速率越大。

③ 假设反应物分子为无内部结构的刚性球体，单位时间单位体积中发生的活化碰撞即为反应速率。

由以上三点可以看出，要计算反应速率只要求出单位时间单位体积内 A、B 分子间的碰撞数 Z_{AB} 和活化碰撞占总碰撞数的分数 q（活化碰撞分数），然后求取两者乘积即可。由假设②可得活化碰撞分数 q 为

$$q=\frac{\varepsilon \geqslant \varepsilon_c \text{ 的“分子对”数}}{\text{“分子对”总数}}=\frac{\varepsilon \geqslant \varepsilon_c \text{ 的碰撞数}}{\text{总碰撞数}}$$

因此，此异类气相双分子反应的反应速率（即单位时间单位体积内发生反应的分子数）应为

$$-\frac{\mathrm{d}C_A}{\mathrm{d}t}=Z_{AB}q \tag{8-68}$$

式中，C_A 为分子浓度，即单位体积内 A 的分子数目。

8.8.1.2 有效碰撞数 q 与反应速率

假设运动中无内部结构的刚性球体 A 分子和 B 分子的半径分别为 r_A 和 r_B，两者要发生碰撞，则两者质心的投影必落在 A、B 两种分子平均直径为 d_{AB} 的圆截面之内，d_{AB} 称为有效碰撞直径，数值上等于 A 分子和 B 分子的半径之和（$d_{AB}=r_A+r_B$），如图 8-13 所示。其中虚线圆的面积称为碰撞截面，数值上等于 πd_{AB}^2。

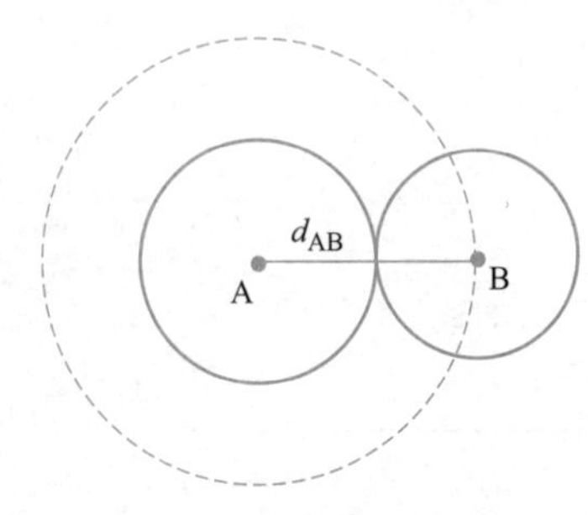

图 8-13 分子间的碰撞和有效直径

对于一些分子对，虽然其质心落在碰撞截面以内，但由于其碰撞动能小于临界能，故不能发生反应。这里应当指出对于发生碰撞的分子对，它们的运动可分为两项，一项是分子对的整体运动，另一项是两分子相对于其共同质心的相对运动。整体运动对反应所需的能量毫无贡献，只有相对于质心运动的平动能才对反应有贡献。所以碰撞动能是指相对于质心运动的平动能，即指连心线互相接近的平动能。

对于以一定角度相互接近的气体分子 A 和 B，二者的相对速率可根据气体分子运动论求得，即

$$v_{AB}=\left(\frac{8k_B T}{\pi\mu}\right)^{\frac{1}{2}} \tag{8-69}$$

式中，k_B 为玻尔兹曼常数；μ 为两个分子的折合质量，即 $\mu=\frac{m_A m_B}{m_A+m_B}$，故单位时间单位体积内分子 A 和 B 的碰撞频率为

$$Z_{AB}=\pi d_{AB}^2 v_{AB} C_A C_B \tag{8-70}$$

将式(8-69）代入上式，得

$$Z_{AB}=d_{AB}^2\left(\frac{8\pi k_B T}{\mu}\right)^{\frac{1}{2}} C_A C_B \tag{8-71}$$

根据分子运动论和玻尔兹曼能量分布定律可知，活化碰撞数占碰撞数的分数，即有效碰撞分数为

$$q=e^{-\frac{E_c}{RT}}=e^{-\frac{\varepsilon_c}{k_B T}} \tag{8-72}$$

式中，E_c 为摩尔临界能，$E_c=L\varepsilon_c$；L 为阿伏伽德罗常数；k_B 玻尔兹曼常数，$R=Lk_B$。将式(8-71）和（8-72）代入式(8-68)，即得异类双分子反应的速率方程

$$-\frac{dC_A}{dt}=d_{AB}^2\left(\frac{8\pi k_B T}{\mu}\right)^{\frac{1}{2}} e^{-\frac{E_c}{RT}} C_A C_B \tag{8-73}$$

对于同类双分子反应 $A+A \longrightarrow P$，则其反应速率方程应为

$$-\frac{dC_A}{dt}=16r_A^2\left(\frac{\pi k_B T}{m_A}\right)^{\frac{1}{2}} e^{-\frac{E_c}{RT}} C_A^2 \tag{8-74}$$

8.8.1.3　碰撞理论与阿伦尼乌斯方程的比较

前面根据质量作用定律得出的速率方程中涉及的浓度项 c 是摩尔浓度，与分子浓度 C 不同，两者关系为 $C=Lc$，代入式(8-73)，得

$$-\frac{dc_A}{dt}=Ld_{AB}^2\left(\frac{8\pi k_B T}{\mu}\right)^{\frac{1}{2}} e^{-\frac{E_c}{RT}} c_A c_B$$

根据反应速率方程的一般形式，上式可写为如下形式

$$-\frac{dc_A}{dt}=kc_A c_B$$

$$k=Ld_{AB}^2\left(\frac{8\pi k_B T}{\mu}\right)^{\frac{1}{2}} e^{-\frac{E_c}{RT}} \tag{8-75}$$

式中，k 称为反应速率常数。按照阿伦尼乌斯方程的指数形式，此反应速率常数又可以写为 $k=Ae^{-\frac{E_c}{RT}}$，其中 $A=Ld_{AB}^2\left(\frac{8\pi k_B T}{\mu}\right)^{\frac{1}{2}}$，与碰撞数有关，所以指数前因子又称为碰撞频率因子。当参加反应的分子一定时，上式又可写为如下形式

$$k=BT^{1/2}e^{-\frac{E_c}{RT}} \tag{8-76}$$

式中，B 为与温度无关的物理量。上式两边取对数，然后对 T 微分，得

$$\frac{d\ln k}{dt}=\frac{E_c+1/2RT}{RT^2}$$

对比阿伦尼乌斯方程的微分式，即 $\frac{d\ln k}{dT}=\frac{E_a}{RT^2}$，得

$$E_c = E_a - \frac{1}{2}RT \tag{8-77}$$

上式表明了摩尔临界能 E_c 与实验活化能的关系。由于摩尔临界能 E_c 与温度无关，则由上式可见阿伦尼乌斯方程的实验活化能与温度有关，但大多数反应在温度不太高时，$E_c \gg 1/2RT$，使 $E_a \approx E_c$。即 E_a 一般可认为与温度 T 无关。实验事实同样证明，在温度不太高时，在一定的温度范围内以 $\ln k$ 对 $1/T$ 作图，可得一直线。

后来研究发现，用上述理论计算得到的 A 值和 k 值与实验得到的值，两者并不相等，有的甚至相差很大。产生上述现象，主要是由于简单碰撞理论所采用的模型过于简单，没有考虑分子的结构与性质。为了解决这一问题，通常用概率因子 P 来校正理论计算值与实验值的偏差，即

$$P = k(\text{实验})/k(\text{理论})$$

概率因子又称为空间因子或方位因子，其值根据不同的反应有所变化，通常在 $1 \sim 10^{-9}$ 之间。P 值之所以小于 1，其原因主要有以下两点：一是简单碰撞理论将反应物分子看作是无内部结构的刚性球体，简单地认为只要碰撞能量高于临界能反应就能发生，而实际上分子并不都是简单的硬球，有的结构甚为复杂，碰撞部位不同，效果可能不同，甚至有的分子只有在某一方向相撞才有效，因而降低了反应速率；二是分子从相撞到反应中间有一个能量传递过程，若这时分子恰又与另外的能量较低的分子相撞而失去能量，则反应仍不会发生；三是化学反应涉及某些键的断裂，而有的分子在能引发反应的化学键附近有较大的原子团，由于位阻效应，减少了这个键与其他分子相撞的机会等。所以，P 是有效碰撞的一个校正项，它是对碰撞模型的一个修正。

综上所述，碰撞理论对阿伦尼乌斯公式中的指数项、指前因子和活化能都提出了较明确的物理意义，认为指数项相当于有效碰撞分数，指前因子 A 相当于碰撞频率。它也能定量地解释基元反应的质量作用定律。除此以外，它还能解释一部分实验事实，且理论所计算的速率常数 k 值与较简单的反应的实验值相符。但该理论由于模型过于简单，故计算所得结果的误差很多情况下比较大。为了解决这一问题，从而引入概率因子，但一般情况下概率因子的值很难具体计算。除此以外，要从简单碰撞理论来计算速率常数 k，必须提前知道阈能 E_c，而阈能值不能从碰撞理论中预测得到，还必须从实验活化能求得，而要求实验活化能，又必须事先测得速率常数 k，这就使该理论失去了从理论上预测速率常数的意义，所以碰撞理论还是半经验的。故碰撞理论要进一步发展，必须解决 P 和 E_c 的求算问题。

【例 8-13】 已知 HI 的分解反应 $2HI \longrightarrow H_2 + I_2$，在 556K 时其速率常数 $k_1 = 3.50 \times 10^{-7} L \cdot mol^{-1} \cdot s^{-1}$；在 573K 时 $k_2 = 1.14 \times 10^{-6} L \cdot mol^{-1} \cdot s^{-1}$。试计算 565K 时 HI 分子的有效碰撞分数。

解：由阿伦尼乌斯方程式(8-41) 得

$$E_a = \frac{2.303RT_1T_2}{T_2 - T_1}\lg\frac{k_2}{k_1} = \left(\frac{2.303 \times 8.314 \times 556 \times 573}{573 - 556}\lg\frac{1.14 \times 10^{-6}}{3.50 \times 10^{-7}}\right) J \cdot mol^{-1}$$

$$= 1.84 \times 10^5 J \cdot mol^{-1}$$

所以 $E_c \approx E_a = 1.84 \times 10^5 J \cdot mol^{-1}$，则由式(8-73) 得

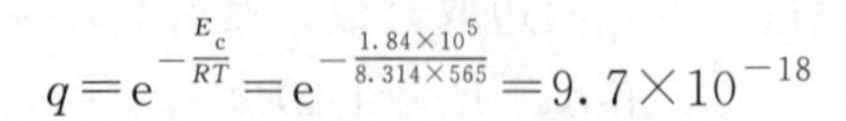

$$q = e^{-\frac{E_c}{RT}} = e^{-\frac{1.84 \times 10^5}{8.314 \times 565}} = 9.7 \times 10^{-18}$$

过渡状态理论

8.8.2 过渡状态理论

到 20 世纪 20 年代末，由于量子力学渗透到化学领域，人们已能在微观水平上认识分子的结构及其内部运动。为了弥补碰撞理论把两分子的反应仅仅看作硬球间的碰撞所导致的理

论缺陷，1935年由艾林（H. Eyring）和波兰尼（Polany）等人在统计热力学和量子力学的基础上提出了过渡状态理论（transition state theory，TST），又称活化络合物理论（activated complex theory，ACT）。该理论的主要论点大致如下：化学反应中，当两个具有足够能量的反应物分子相互接近时，分子的价键会发生重排，系统的势能也会随时变化，能量经过重新分配后，反应物最终经过过渡状态变成产物分子，处于过渡状态的反应系统称为活化络合物。活化络合物以单位时间 ν 次的频率分解为产物，此速率即为该基元反应的速率。

8.8.2.1 势能面和过渡状态理论中的活化能

过渡状态理论认为反应物分子之间有相互作用，这种作用体现在势能随着分子间相对位置的变化而变化。现以一个原子和一个分子的置换反应为例加以讨论。

对于反应

$$A + B—C \longrightarrow A—B + C$$

原子间的相互作用表现为原子间存在势能 E_P。势能是原子核间距 r 的函数，即 $E_P=f(r)$。当原子A与分子B—C接近时，A与B之间的作用越来越强，而B—C键的强度却逐渐减弱。当A与B进一步接近，二者之间逐渐成键，而B—C键即将断裂，此时三个原子形成一个过渡状态即活化络合物 $[A\cdots B\cdots C]^{\neq}$。生成活化络合物后，反应继续进行，此时A与B逐渐成键，而B—C键断裂，但B与C之间仍存在一定作用力，最后A与B成键形成新的分子A—B，C与B分离，形成单原子。上述五个阶段，用图表示如下

$$A + B—C \longrightarrow A\cdots B\cdots C \longrightarrow [A\cdots B\cdots C]^{\neq} \longrightarrow A\cdots B\cdots C \longrightarrow A—B + C$$

上述过程的本质是随着A、B、C间距离的改变，碰撞动能逐渐变为原子间的势能，反应后多余的势能又逐渐变为动能的过程。由上例可见，系统的势能 E_P 与 r_{A-B}、r_{B-C}、r_{A-C} 或 r_{A-B}、r_{B-C}、$\angle ABC$ 三个参数有关，即

$$E_P=f(r_{A-B},r_{B-C},r_{A-C})\text{或}E_P=f(r_{A-B},r_{B-C},\angle ABC)$$

若以图形表示，显然需要四维空间，这是不可能的。此时，若固定一个变量不变，则可以用三维空间表示，通常固定∠ABC为180°，此时的碰撞为直线碰撞，活化络合物为直线分子。以势能 E_P 对 r_{A-B} 和 r_{B-C} 作图，得到一个三维曲面，称为势能面（potential energy surface，PES），如图8-14所示。

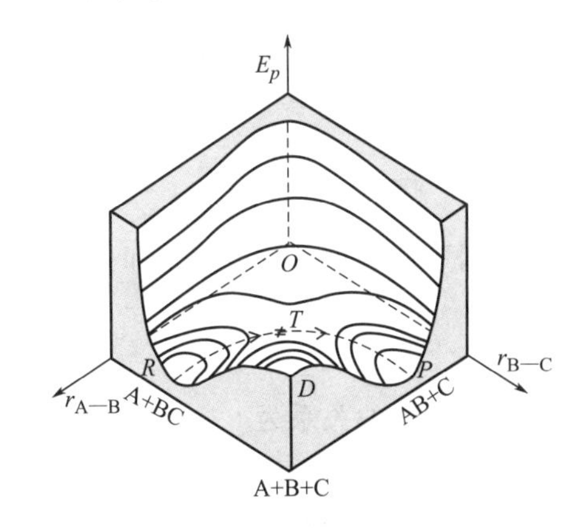

图8-14 势能面的立体示意图

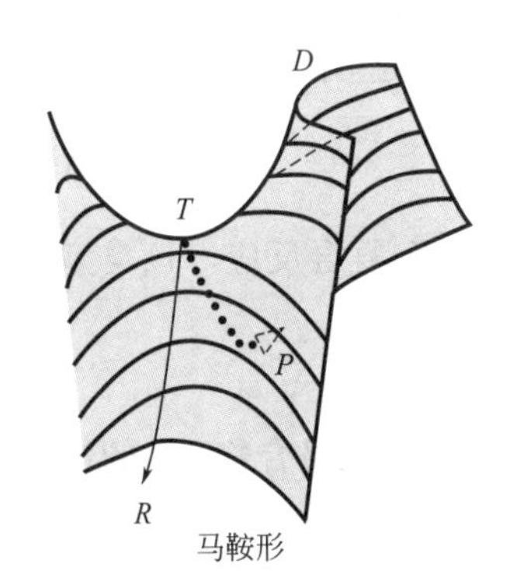

图8-15 反应途径示意图

随着 r_{A-B} 和 r_{B-C} 的改变，势能也在改变。这些处于不同空间位置的点构成了一个起伏的势能面，这就好比起伏的山峰。这个势能面有两个低谷，两个低谷的谷口分别与反应的始态和终态相对应，在图中分别与 R 点和 P 点对应。从 R 点和 P 点往谷深方向走，势能均越来越高，两者在 T 点交汇，形成一个山脊点，由于整个势能面形似马鞍，故 T 点也称为马鞍点。形成山谷的整个过程是：图中 R 点是反应物BC分子的基态，随着A原子的靠近，势能沿着 RT 线升高，到达 T 点形成活化络合物。随着C原子的离去，势能沿着 TP 线下降，到 P 点是生成物AB分子的稳态（见图8-15）。由图8-14可以看出，从 R 点到 P 点显

然有很多的途径可以完成，但沿着虚线 RTP 所示的途径需要翻越的势垒最低，所消耗的能量最小，从而反应进行的可能性最大。如果以虚线 RTP 所示的途径为横坐标，以能量为纵坐标作图，可得到图 8-16。显然，当始态与马鞍点都处于基态时，它们之间的势能差即为活化能。

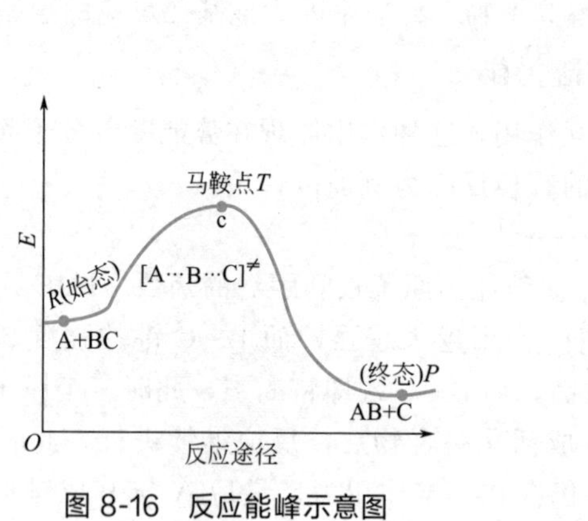

图 8-16　反应能峰示意图

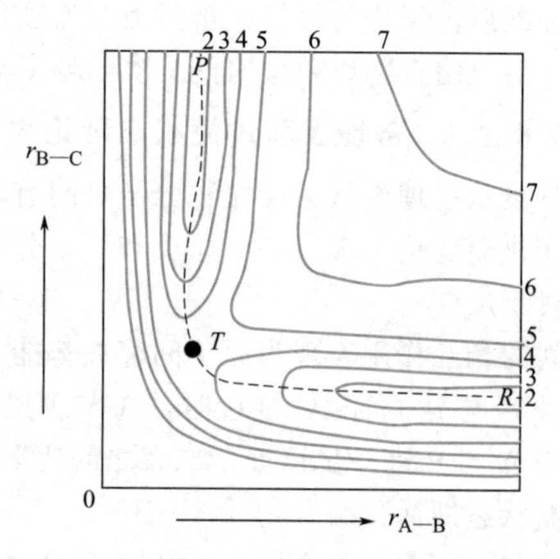

图 8-17　势能面投影图

势能面处于三维空间，如果将三维势能面投影到 r_{A-B} 和 r_{B-C} 平面上，就得到势能面的投影图，这好比地图上的等高线（见图 8-17）。图中每条曲线上的点具有相同的势能，所以称为等势能线，每条势能线旁边的数字代表了该势能线的相对势能值，数值越大，表示系统的势能越高；数值越小，表示系统的势能越低。图中势能线的密集程度代表了势能变化的陡度。

8.8.2.2　过渡状态理论速率常数公式的建立

过渡状态理论是以反应系统的势能面为基础的。该理论认为，反应物分子要变成产物分子，必须经过足够能量的碰撞先形成高势能的活化络合物 $X^{\neq}$；活化络合物可能分解为原始反应物，并迅速达到平衡，也可能分解为产物；其中过渡状态的活化络合物 $X^{\neq}$ 向产物转化是整个反应的速度控制步骤。此时单位时间、单位体积内活化络合物分解为产物的频率，即为该基元反应的速率。该过程可表示如下：

$$A+B \underset{\text{快平衡}}{\overset{K_c^{\neq}}{\rightleftharpoons}} X^{\neq} \underset{\text{慢}}{\overset{k_1}{\longrightarrow}} \text{产物}$$

上式为一个复合反应，该类型的反应速率可以根据平衡态近似法处理，即

$$-\frac{dc_A}{dt}=k_1c^{\neq} \tag{8-78}$$

式中，$c^{\neq}$ 代表活化络合物 $X^{\neq}$ 的浓度，其值与平衡常数之间的关系为

$$K_c^{\neq}=c^{\neq}/c_Ac_B$$

或

$$c^{\neq}=K_c^{\neq}c_Ac_B \tag{8-79}$$

此外活化络合物 $X^{\neq}$ 存在一种振动，该络合物每振动一次，便有一个 $X^{\neq}$ 分子分解，生成产物分子。因此，$X^{\neq}$ 的振动频率 ν 即为活化络合物的反应速率，即

$$-\frac{dc_A}{dt}=\nu c^{\neq} \tag{8-80}$$

对比式(8-78) 和式(8-80) 得

$$k_1=\nu \tag{8-81}$$

将式(8-79) 代入式(8-80)，得

$$-\frac{\mathrm{d}c_{\mathrm{A}}}{\mathrm{d}t}=\nu c^{\neq}=\nu K_{c}^{\neq}c_{\mathrm{A}}c_{\mathrm{B}}=kc_{\mathrm{A}}c_{\mathrm{B}} \tag{8-82}$$

式中，$k_1=\nu K_c^{\neq}$。根据量子力学理论，任一振动自由度的能量为 $h\nu$，其中 h 为普朗克常数，又根据能量均分原理，任一振动自由度的能量为 $k_{\mathrm{B}}T$，其中 k_{B} 为玻尔兹曼常数，故

$$h\nu=k_{\mathrm{B}}T$$

即

$$\nu=k_{\mathrm{B}}T/h \tag{8-83}$$

上式代入 $k=\nu K_c^{\neq}$ 得

$$k=\frac{k_{\mathrm{B}}T}{h}K_c^{\neq} \tag{8-84}$$

上式即为基于反应过渡状态理论的基本公式，被称为艾林方程的简化式。由此可见，只要从理论上求出平衡常数 $K_c^{\neq}$，即可求速率常数。原则上说，$K_c^{\neq}$ 值可以用统计热力学，也可以用热力学求得，这样不依靠动力学实验数据就可以计算出速率常数。因此，过渡状态理论又称为绝对反应速率理论。根据热力学理论可以得到下面的公式

$$\Delta^{\neq}G_c^{\ominus}=-RT\ln K_c^{\neq\ominus} \tag{8-85}$$

$$\Delta^{\neq}G_c^{\ominus}=\Delta^{\neq}H_c^{\ominus}-T\Delta^{\neq}S_c^{\ominus} \tag{8-86}$$

式中，$\Delta^{\neq}G_c^{\ominus}$、$\Delta^{\neq}S_c^{\ominus}$、$\Delta^{\neq}H_c^{\ominus}$分别表示以 $c^{\ominus}=1\mathrm{mol\cdot dm^{-3}}$ 为标准态的标准活化吉布斯函数、标准活化熵和标准活化焓，即反应物生成活化络合物时反应的标准吉布斯函数变、熵变和焓变。由式(8-85) 和式(8-66) 得

$$K_c^{\neq\ominus}=\mathrm{e}^{\frac{-\Delta^{\neq}G_c^{\ominus}}{RT}}=\mathrm{e}^{\frac{\Delta^{\neq}S_c^{\ominus}}{R}}\mathrm{e}^{-\frac{\Delta^{\neq}H_c^{\ominus}}{RT}}$$

将上式及 $K_c^{\neq\ominus}=K_c^{\neq}c^{\ominus}$ 代入式(8-84) 得

$$k=\frac{k_{\mathrm{B}}T}{hc^{\ominus}}\mathrm{e}^{-\frac{\Delta^{\neq}G_c^{\ominus}}{RT}}=\frac{k_{\mathrm{B}}T}{hc^{\ominus}}\mathrm{e}^{\frac{\Delta^{\neq}S_c^{\ominus}}{R}}\mathrm{e}^{-\frac{\Delta^{\neq}H_c^{\ominus}}{RT}} \tag{8-87}$$

此式为双分子反应的艾林方程的热力学表示式。该方程也可用于单分子或三分子反应以及溶液反应，但形式稍有差别。将该式与阿伦尼乌斯公式相比较，并近似得到 $\Delta^{\neq}H^{\ominus}=E_{\mathrm{a}}$，则

$$A=\frac{k_{\mathrm{B}}T}{hc^{\ominus}}\mathrm{e}^{\frac{\Delta^{\neq}S^{\ominus}}{R}}$$

由此可见，指前因子 A 与标准活化熵有关。

综上所述，过渡状态理论形象地描绘了基元反应进展的过程，并说明了反应为什么需要活化能以及反应遵循的能量最低原理，并对阿伦尼乌斯的指前因子作了理论说明，认为它与反应的活化熵有关，原则上可以从原子结构的光谱数据和势能面计算宏观反应的速率常数，与简单碰撞理论相比明显有所进步。但其引进的平衡假设和速控步假设并不能符合所有的实验事实，而且由于实验技术等问题，大多数活化络合物的结构还不清楚，绘制势能面也有很大的困难，使理论的应用受到一定的限制。所以反应速率理论的进一步完善，有待于结构理论的发展。

【例 8-14】 某反应在催化作用下的 $\Delta^{\neq}H_{\mathrm{m}}^{\ominus}(298.15\mathrm{K})$ 比非催化反应降低了 $20\mathrm{kJ\cdot mol^{-1}}$，$\Delta^{\neq}S_{\mathrm{m}}^{\ominus}$降低了 $50\mathrm{J\cdot K^{-1}\cdot mol^{-1}}$，计算 298.15K 下，催化反应速率常数与非催化反应速率常数之比。

解：由艾林方程的热力学表示式，即

$$k=\frac{k_{\mathrm{B}}T}{hc^{\ominus}}\mathrm{e}^{\frac{\Delta^{\neq}S^{\ominus}}{R}}\mathrm{e}^{-\frac{\Delta^{\neq}H^{\ominus}}{RT}}$$

可得催化反应速率常数 k 与非催化反应速率常数 k' 之比为

$$\frac{k}{k'}=e^{\frac{\Delta^{\neq}S^{\ominus}-\Delta^{\neq}S^{\ominus'}}{R}}e^{\frac{\Delta^{\neq}H^{\ominus}-\Delta^{\neq}H^{\ominus'}}{RT}}=e^{\frac{-50}{8.314}}e^{\frac{20\times1000}{8.314\times298.15}}=7.80$$

8.9 几类特殊反应的动力学

8.9.1 溶液中反应

溶液中反应

前面介绍的有关动力学的大多数概念对气相和液相反应均适用。而溶液中的反应物分子要发生反应，也要如同气体分子一样，必须经过碰撞。但溶液中的反应与气相反应有所不同，主要表现在溶液中存在溶剂分子。反应物分子时时刻刻处在溶剂分子的包围之中，分子之间要发生碰撞就必须通过扩散穿过周围的溶剂分子。因此，研究溶液中反应物分子的反应，必须考虑反应组分与溶剂间的相互作用，以及它们在溶剂中扩散所产生的影响。通常可分为两种情况：一种是溶剂对反应组分无明显相互作用；另一种是溶剂对反应组分有明显相互作用。此处只讨论第一种情况。

8.9.1.1 笼蔽效应

液体中的每个反应物分子均匀地分散于溶剂中，它的周围被溶剂分子所包围，好像关在周围溶剂分子构成的笼子中，笼子中的反应物分子不能像气体分子那样自由地运动，只能不停地在笼中振动，不断地与周围分子碰撞。据估计，反应物分子在笼中振动，平均停留时间为 $10^{-12}\sim10^{-8}$s，期间发生 $10^{2}\sim10^{4}$ 次碰撞。当碰撞获得足够的能量后，反应物分子能挤出旧笼，但立即又陷入一个相邻的新笼之中。这种溶剂分子包围反应物分子并对其运动产生影响的现象，称为笼蔽效应（cage effect）。若两个溶质分子扩散到同一个笼中相互接触，则称为遭遇（encounter），如图 8-18 所示。只有发生遭遇，才能发生反应。

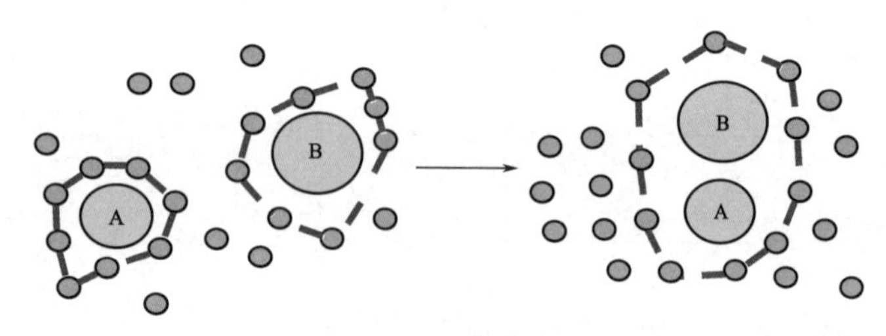

图 8-18 笼蔽效应示意图

因此，反应物分子在溶液中的反应历程可表示为扩散和反应两个串联的步骤，即

$$A+B\xrightarrow{扩散}\{A\cdots B\}\xrightarrow{反应}产物$$

式中，$\{A\cdots B\}$ 表示反应物 A 和 B 扩散到一起而形成的遭遇对。若反应快，扩散慢，则为扩散控制的反应。反之则为反应控制或活化控制的反应。但扩散活化能一般比反应的活化能小得多。所以，活化控制的反应对温度比较敏感，而扩散控制的反应对温度不很敏感。

8.9.1.2 扩散控制的反应

一些有自由基参加的反应或酸碱中和反应，它们的活化能一般不大，此时溶液中的反应受反应物分子扩散形成遭遇对的速率控制，即为扩散控制的反应。扩散控制的反应，其总速率等于扩散速率，扩散速率可按扩散定律计算。

溶液中每一个溶质分子向任一方向运动的概率都是相等的，但浓度高处单位体积中的分子数比浓度低处多，所以扩散方向总是从高浓度指向低浓度。若距离某一截面的距离为 x 处，溶质 B 的浓度为 c_B，则根据菲克扩散第一定律，即在一定温度下，单位时间扩散过截面积 A_s 的物质 B 的物质的量 dn_B/dt，与截面积 A_s 和浓度梯度 dc_B/dx 的乘积成比例，即

$$\frac{dn_B}{dt}=-DA_s\frac{dc_B}{dx} \tag{8-88}$$

式中，负号表示扩散的方向和浓度增加的方向相反；比例系数 D 为扩散系数，单位为 m^2/s。对于球形粒子，扩散系数 D 可根据斯托克斯-爱因斯坦公式求得，即

$$D=\frac{RT}{6L\pi r\eta} \tag{8-89}$$

式中，R 为摩尔气体常数；L 为阿伏伽德罗常数；η 为黏度；r 为球形粒子的半径。

若半径和扩散系数分别为 r_A 和 r_B 及 D_A 和 D_B 的两种球形粒子 A 和 B 发生扩散控制的溶液反应，假设 A 分子不动，B 分子向其扩散，一旦 B 分子进入到以 A 为中心，半径为 (r_A+r_B) 的球形范围内，A 与 B 即发生反应。因此只要计算出单位时间内进入该球形内的 B 粒子个数，即可求出一个 A 粒子的反应速率。反之，结果亦然。根据菲克扩散律即可推导出该二级反应的速率常数 k 为

$$k=4\pi L(D_A+D_B)(r_A+r_B) \tag{8-90}$$

若假设 r_A 约等于 r_B，并将公式(8-89) 代入上式，得扩散控制的速率常数为

$$k=\frac{8RT}{3\eta} \tag{8-91}$$

显然，温度越高，黏度越小，扩散控制的反应速率越大。若溶液中反应有离子参加即 A、B 为离子时，扩散动力学就更为复杂，此处不再详述。

8.9.1.3 活化控制的反应

若遭遇对变为产物的活化能较大，反应速率较慢，相对来说扩散速率较快，则反应为活化控制的反应。溶液中大多数的反应为活化控制的反应。若溶剂对反应物无显著作用，则溶液反应速率与气相反应速率相近。之所以有这样的结果，是因为笼蔽效应虽然使反应物分子之间的碰撞频率减小，即反应物分子扩散到同一笼子中比较慢，但一旦到了同一笼子中形成遭遇对，其反复碰撞速率就快得多。因此，总体来看笼蔽效应的总结果对碰撞起到分批作用，总的反应速率没有多大变化。所以，溶液中的一些二级反应的速率与按气体碰撞理论的计算相当接近。如表 8-3 所示，N_2O_5 在气相或不同溶剂中的分解速率几乎相等。

表 8-3 N_2O_5 分解反应在不同溶剂中的动力学实验数据

溶剂	$k/10^{-5}s^{-1}$	$\lg(A/s^{-1})$	$E_a/kJ\cdot mol^{-1}$
(气相)	3.38	13.6	103.3
四氯化碳	4.69	13.6	101.3
三氯甲烷	3.72	13.6	102.5
二氯乙烯	4.79	13.6	102.1
硝基甲烷	3.13	13.5	102.5
溴	4.27	13.3	100.4

8.9.2 光化学反应

光化学反应

在光的作用下才能进行的化学反应称为光化学反应（photochemical reaction），如植物的光合作用，胶片的感光作用，橡胶、塑料制品的光照老化等过程都是光化学反应。对光化学反应有效的光是可见光和紫外光，红外光由于能量较低，不足以引起化学反应。

相对于光化学反应，平常所指的化学反应称为热反应。光化学反应与热反应有许多不同，主要表现在以下方面。①在恒温、恒压、不做非体积功的条件下，热化学反应进行的方向为吉布斯函数减小的方向。而许多光化学反应却能使系统的吉布斯函数增加，例如植物中的光合作用，氧气变为臭氧等。产生上述现象主要是由于系统吸收光能所致。②热反应的活化主要来源于分子间的碰撞，因此其反应速率受温度的影响比较大，温度每升高 10K，速率增加 2～4 倍。而光化学反应的活化主要来源于光子的能量，其反应速率受温度影响很小，主要取决于光的强度，其温度系数仅为 0.1～1。③光化学反应不能用一般热力学平衡常数来表示平衡时体系的组成，其平衡组成与所用光的波长和强度有关。

总之，光化学反应比热反应具有许多独特的优点，如在足够强的光源下，常温就能达到热反应在高温才能达到的速率，因而能抑制在较高温度下才能发生的副反应，提高反应的选择性，所以在化工生产中逐渐得到更多的应用。

8.9.2.1 光化学反应的初级过程、次级过程和猝灭

光化学反应是从物质吸收光能开始的，此过程称为光化学反应的初级过程（primary process）。反应物分子吸光后，其内部的电子受到激发，本身由基态跃迁到激发态，若光子能量很高，分子也可能发生解离。其激发过程可表示为

$$A+h\nu \longrightarrow A^*$$

式中，h 为普朗克常数；ν 为光的频率；$h\nu$ 为光子的能量；A^* 为激发态的 A 分子，常称为活化分子。

激发态的分子由于能量比较高，很不稳定，还会发生一系列的后续过程，例如猝灭、荧光和磷光等，重新回到基态，也可以继续反应生成产物。这些初级过程的产物后续进行的一系列过程称为次级过程（secondary process）。

处于激发态的分子，若直接跃迁回到基态而放出的光，称为荧光（fluorescence）。由于激发态的寿命很短，一般只有 $10^{-9}\sim10^{-6}$s，故切断光源，荧光立即停止。但有的被照射物质，切断光源后仍能在若干秒或更长的时间内发光，这种光称为磷光（phosphorescence）。之所以发生磷光，原因是激发态分子在回到基态时经过介稳状态的缘故。

除了通过荧光和磷光两种辐射跃迁方式回到基态，激发态分子也可以通过与其他分子或器壁间的碰撞而释放热量，发生失活而回到基态，此过程称为猝灭（quenching）。例如

$$A^*+M \longrightarrow A+M$$

式中，A^* 为激发态分子；M 为其他分子或器壁。

可见，光化学反应是由初级过程和次级过程组成的，若初级反应产生自由原子或自由基，则次级反应将会发生链反应；若初级过程的产物在次级过程发生光猝灭，放出荧光或磷光等，再跃迁回到基态，将使次级反应停止。

有一些化学反应，它的反应物不能吸收某波长范围的光，所以不发生反应。但如果加入另外的分子，这种分子能吸收这种波长的光，受激后再通过碰撞把能量传给反应物分子，反应就能进行，这即为光敏反应（photosensitized reaction）。能起这种传递光能作用的物质叫光敏剂（photosensitizer）。如氢气分解时必须用汞蒸气作感光剂，当 Hg 吸收波长为 254nm 的辐射光后，把能量传给氢分子，使之活化并解离，反应以链反应机理进行，即

$$Hg(g)+h\nu \longrightarrow Hg^*(g)$$

$$Hg^*(g)+H_2(g) \longrightarrow Hg(g)+H_2^*(g)$$

$$H_2^*(g) \longrightarrow 2H\cdot$$

此反应中汞蒸气起了光敏剂的作用。

8.9.2.2 光化学基本定律与量子效率

光化学反应遵循光化学第一定律和光化学第二定律。

光化学第一定律是 19 世纪由格罗特斯（Grotthus）和德拉波（Draper）提出来的。该定律指出只有被分子吸收的光，对于光化学反应才是有效的。也就是说只有被系统吸收的光，且是被反应物吸收的光才能引起光化学反应。

光化学第二定律是由斯塔克（J. Stark）和爱因斯坦（A. Einstein）分别在 1908 年和 1912 年提出的，也称为爱因斯坦光化当量定律（law of photochemical equivalent），即在光化学反应初级过程中，一个反应物分子吸收一个光子而被活化。该定律描述了被吸收的光子与被活化的分子之间的当量关系。根据该定律，要活化 1mol 分子，就要吸收 1mol 光子。

1mol 光子的能量 E_m，称为 1 个爱因斯坦，即

$$E_m = Lh\nu = \frac{Lhc}{\lambda} = \frac{0.1196\text{m}}{\lambda}\text{J·mol}^{-1}$$

式中，波长 λ 的单位为 m。可见波长越短，能量越高。紫外、可见光能引发化学反应。

应该强调的是，反应物分子吸收一个光子而被活化，但活化的分子并不一定能继续发生反应生成产物分子，所以该定律只适用于初级过程；另外，该定律只在光源强度为 10^{14}～10^{18} 光子·s^{-1}之间有效，由于激光的强度超过此范围，在激发态寿命较长的情况下，有的分子可以吸收两个或更多个光子而被活化，此时该定律不再适用。

由上可以看出，一个分子活化不一定会使一个分子发生反应，要取决于次级过程。一个活化分子可能引起多个分子反应（如链反应），也可能放出光子而失活。为了衡量光化学反应的效率，引入量子效率（quantum yield）的概念，用符号 φ 表示。对于指定的反应

$$\varphi \xlongequal{\text{def}} \frac{\text{发生反应的分子数}}{\text{吸收的光子数}} = \frac{\text{发生反应的物质的量}}{\text{吸收光子的物质的量}} \tag{8-92}$$

由于次级过程的存在，使得 φ 偏离于 1。通常光化学反应的量子效率 $\varphi \leqslant 1$。$\varphi < 1$，表明次级过程不易进行，即当分子在初级过程吸收光量子之后，处于激发态的高能分子有一部分还未来得及反应便发生分子内的物理过程或分子间的传能过程而失去活性。$\varphi > 1$ 表明次级过程较易进行，若次级过程为链反应，则 φ 可以大到 10^6。表 8-4 列出了某些气相光化学反应的量子效率。

表 8-4　某些气相光化学反应的量子效率

反　应	λ/nm	量子效率	备　注
$2NH_3 = N_2 + 3H_2$	210	0.25	随压力而变
$SO_2 + Cl_2 = SO_2Cl_2$	420	1	
$2HI = H_2 + I_2$	207～282	2	在较大的温度压力范围内保持常数
$2HBr = H_2 + Br_2$	207～253	2	
$H_2 + Br_2 = 2HBr$	<600	2	近 200℃(25℃时极小)
$3O_2 = 2O_3$	170～253	1～3	近于室温
$CO + Cl_2 = COCl_2$	400～436	$\approx 10^3$	随温度而降，也与反应物压力有关
$H_2 + Cl_2 = 2HCl$	400～436	$\approx 10^3$	随 p_{H_2} 及杂质而变

【例 8-15】 用波长为 253.7nm 的光来光解气体 HI：

$$2HI \longrightarrow H_2 + I_2$$

实验表明吸收 307J 的光能可分解 1.30×10^{-3}mol HI。试求量子效率。

解：1mol 波长为 253.7nm 的光的能量为

$$E_m = \frac{0.1196\text{m}}{\lambda}\text{J·mol}^{-1} = \frac{0.1196}{253.7\times10^{-9}}\text{J·mol}^{-1} = 4.71\times10^5\text{J·mol}^{-1}$$

所以吸收光子的物质的量为

$$n_{\text{吸收光子}} = \frac{307}{E_m} = \frac{307}{4.71\times10^5}\text{mol} = 6.51\times10^{-4}\text{mol}$$

所以量子效率为
$$\varphi = \frac{1.30\times10^{-3}}{6.51\times10^{-4}} = 1.99$$

即吸收一个光子能发生 2 个分子反应。其反应机理可推断为

初级过程　　$HI + h\nu \longrightarrow H\cdot + I\cdot$

次级过程　　$H\cdot + HI \longrightarrow H_2 + I\cdot$

$$2I\cdot + M \longrightarrow I_2 + M$$

总反应 $$2HI \longrightarrow H_2 + I_2$$

此机理表明 1mol HI 吸收 1mol 光子后使 2mol HI 反应，故量子效率 $\varphi=2$。

8.9.2.3 光化学反应的机理与速率方程

光化学反应与热反应的速率方程相比要复杂一些，这是因为它的活化能与光子的能量有关，主要表现在其初级过程是零级反应，其速率仅与光的频率、强度有关，而与反应物浓度无关。因此在推导光化学反应的动力学方程时一定要注意这一点，其他反应步骤同热反应。

设有如下光化学反应 $A_2 \xrightarrow{h\nu} 2A$，其机理如下

① $A_2 + h\nu \xrightarrow{k_1} A_2^*$ （激发活化） 初级过程

② $A_2^* \xrightarrow{k_2} 2A$ （解离）

③ $A_2^* + A_2 \xrightarrow{k_3} 2A_2$ （失活）

（②、③）次级过程

产物 A 的生成速率为

$$\frac{dc_A}{dt} = 2k_2 c_{A_2^*} \tag{8-93}$$

由于初级过程的速率仅取决于吸收光子的速率，即初级过程相对 A_2 为零级反应，其速率正比于吸收光的强度 I_a，而与反应物浓度无关，即 $v_1 = k_1 I_a$；而 A_2^* 为活泼中间产物，由稳态法，得

$$\frac{dc_{A_2^*}}{dt} = k_1 I_a - k_2 c_{A_2^*} - k_3 c_{A_2^*} c_{A_2} = 0$$

式中，吸收光的强度 I_a 表示单位时间、单位体积内吸收光子的物质的量。将上式整理得

$$c_{A_2^*} = \frac{k_1 I_a}{k_2 + k_3 c_{A_2}} \tag{8-94}$$

将上式代入式(8-93)，得

$$\frac{dc_A}{dt} = \frac{2k_1 k_2 I_a}{k_2 + k_3 c_{A_2}} \tag{8-95}$$

8.9.3 催化作用

如果一个化学反应系统中存在某种物质（可以是一种或几种），它可以显著改变反应速率，但并不影响化学平衡，其本身在化学反应前后的数量和化学性质也不发生变化，则该种物质称为催化剂（catalyst），这种作用则称为催化作用（catalysis）。若催化剂的作用是加快反应速率的，称为正催化剂；反之，若催化剂的作用是减慢反应速率的，称为负催化剂。在不特别指出的情况下，都是指正催化剂。另外，有的反应产物就是该反应的催化剂，例如高锰酸钾滴定草酸，最初滴加的几滴高锰酸钾并不立即褪色，但一旦滴加的高锰酸钾的紫色消失，再滴加高锰酸钾就可以快速褪色，这就是由于该反应的产物 Mn^{2+} 对高锰酸钾的还原反应有催化作用。像这种催化剂就称为自身催化剂，所发生的催化作用被称为自催化作用。目前催化剂已广泛应用在科学实验和工业生产中，如石油炼制、有机合成、聚合物生产和制药等领域均离不开催化剂，据统计 80%以上的化工产品的生产过程中使用到催化剂。

催化作用根据反应物和催化剂相态的异同可以分为两类：一是均相催化（homogeneous catalysis）；二是多相催化（heterogeneous catalysis）。前者催化剂和反应物处于同一相，最普遍的是酸碱催化反应。如硫酸催化下蔗糖的水解以及乙烯与水合成乙醇，碱催化下含氰根

有机物的水解以及由环氧氯丙烷生成甘油等；后者则不处于同一相中，如 V_2O_5 对 SO_2 氧化为 SO_3 的催化，或 MnO_2 对 $KClO_3$ 分解制 O_2 的催化。

8.9.3.1 催化作用的通性

无论何种催化反应，它都具有以下四个通性。

① 催化剂参与催化反应，但反应终了时，催化剂的化学性质和数量都不变，但由于催化剂参与了反应过程，所以在化学反应前后，其物理形貌常有改变。例如，在 $KClO_3$ 分解制 O_2 的反应中，催化剂 MnO_2 在反应前是块状，而反应后变为粉末。

② 催化剂只能缩短达到平衡的时间，而不能改变平衡状态。对于催化反应，催化剂的加入并不改变反应系统的始、末状态，从热力学的观点来看，反应的 $\Delta_r G_m$、$\Delta_r G_m^\ominus$ 均保持不变，因而反应的平衡常数 K_c 也不能改变。而 $K_c = k_1/k_{-1}$，所以催化剂加快正逆反应的速率常数 k_1 及 k_{-1} 的倍数必然相同，即能加快正反应速率的催化剂，必然也能加快逆反应的反应速率，这为优良催化剂的选择提供了不同的途径。例如用 CO 和 H_2 制 CH_3OH 极具经济价值，但反应速率很慢，需要寻找优良的催化剂。若按照正向反应进行实验需要高压，不易进行。根据上述原理，在常压下找到的甲醇分解反应的优良催化剂，必是高压下合成甲醇的优良催化剂，这大大简化了筛选优良催化剂的实验条件。

③ 催化剂不改变反应系统的始、末状态，当然也不会改变 $\Delta_r H_m$，不会改变反应热。所以可用于在较低温度下方便地测定反应热。

④ 催化剂对反应的加速作用具有选择性。这包含两方面含义：

其一，不同类型的反应需用不同的催化剂，例如氧化反应和脱氢反应的催化剂是不同类型的，即使同一类型的反应通常催化剂也不同，如 SO_2 的氧化用 V_2O_5 作催化剂，而乙烯氧化却用 Ag 作催化剂；

其二，对同样的反应物选择不同的催化剂可得到不同的产物，例如乙醇转化，在不同催化剂作用下可制取 25 种产品：

$$C_2H_5OH\begin{cases}\xrightarrow[200\sim250℃]{Cu} CH_3CHO+H_2 \\ \xrightarrow[350\sim360℃]{Al_2O_3或ThO_2} C_2H_4+H_2O \\ \xrightarrow[250℃]{Al_2O_3} (C_2H_5)_2O+H_2O \\ \xrightarrow[400\sim450℃]{ZnO\cdot Cr_2O_3} CH_2=CH-CH=CH_2+H_2O+H_2 \\ \xrightarrow{Na} C_4H_9OH+H_2O \\ \cdots\cdots \\ \cdots\cdots\end{cases}$$

可见，对于同样的反应物，在适当的反应条件下，选择不同的催化剂可得到希望的产品。对于这类反应，工业上常用一定条件下某一反应物转换的总量中，用于转化成某一产物的量所占百分数来表示催化剂的选择性，即

$$选择性=\frac{转化成目标产品的原料量}{原料总的转化量}\times100\%$$

对于只有单一产物的催化反应，显然选择性为 100%。

8.9.3.2 催化作用的机理

催化剂之所以能改变反应速率，是由于催化剂与反应物生成不稳定的中间化合物，改变了反应途径，降低了表观活化能，或增大了表观指前因子。

以催化剂 K 能加速反应 $A+B \xrightarrow{K} AB$ 为例，若机理为

① $A+K \underset{k_{-1}}{\overset{k_1}{\rightleftharpoons}} AK$ （快速）

② $AK+B \xrightarrow{k_2} AB+K$ （慢速）

因为反应②为慢反应，为速控步骤，所以总反应速率为

$$\frac{dc_{AB}}{dt}=k_2 c_{AK} c_B$$

因为反应①为快平衡反应，利用平衡态近似法可得

$$k_1 c_A c_K = k_{-1} c_{AK}$$

将此式代入前式，得

$$\frac{dc_{AB}}{dt}=k_2 \frac{k_1}{k_{-1}} c_K c_A c_B = k c_A c_B$$

式中，k 为表观速率常数，$k=k_2 \frac{k_1}{k_{-1}} c_K$。将式中各基元反应的速率常数用阿伦尼乌斯方程表示，则得

$$k=A_2 \frac{A_1}{A_{-1}} c_K e^{-(E_{a,1}-E_{a,-1}+E_{a,2})/RT} = A c_K e^{-E_a/RT}$$

式中，$A=A_1 A_2 / A_{-1}$ 为表观指前因子；$E_a = E_{a,1} - E_{a,-1} + E_{a,2}$ 为催化反应的表观活化能。

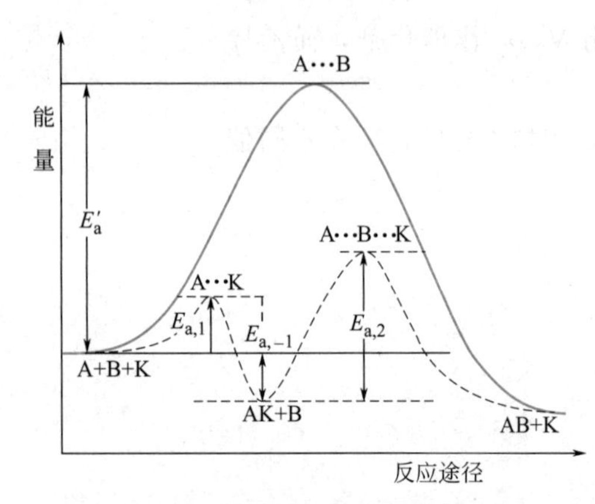

图 8-19 活化能与反应途径示意图

上述关系可用图 8-19 表示。图中非催化反应需要越过一个活化能为 E_a' 的较高能峰才能发生，而在催化剂 K 存在下，反应途径改变，只需越过两个较小的能峰便能发生，其总的表观活化能 E_a 远小于 E_a'，因此，在指前因子变化不大的情况下，反应的速率必然会加快。

另外，由图 8-19 还可以看出，在催化反应中催化剂应易于与反应物作用，即 $E_{a,1}$ 要小，但中间化合物 AK 不应太稳定，否则 $E_{a,2}$ 就要增大，不利于反应进行到底。所以那些不易与反应物作用或虽能作用将生成稳定性中间化合物的物质不宜作催化剂。

除了上述情况，有些催化反应，活化能降低得不多，但反应速率变化很大。这种现象多是表观指前因子相差悬殊所至。

8.9.3.3 多相催化反应

如前所述，催化反应分为均相催化反应和多相催化反应。虽然均相催化反应具有反应物和催化剂能够充分均匀接触、活性及选择性较高、反应条件温和等特点，但催化剂的分离和回收较为困难，从而限制了其广泛应用。近几十年来在液相均相催化中有较大发展的是均相络合催化，即在反应过程中，催化剂与反应基团直接构成配位键，形成中间络合物，使反应基团活化。由于这种催化具有速率高、选择性好等优点，目前已在聚合、氧化、还原、异构化、环化、羟基化等反应中得到广泛应用。由于多相催化反应可将催化剂填充到反应器中，反应物连续通过其中进行反应，产物可不断从反应器送出，因此多相催化反应具有重要的实际意义。多相催化反应一般有固体催化剂催化气相反应的气-固相催化反应和固体催化剂催化液相反应的液-固相催化反应两种。其中气-固相催化反应最为常见，最重要的化学工业如合成氨、硫酸工业、硝酸工业、原油裂解工业及基本有机合成工业等，几乎都属于这种类型

的多相催化。本书着重介绍多相催化反应中的气-固相催化反应。

气体分子要发生反应，首先要吸附在催化剂表面上，然后才能进一步发生化学反应。而此类催化剂大多是多孔固体颗粒，因此气-固多相催化反应是由如下一系列的串联步骤组成的。

① 外扩散：反应物分子由气体本体扩散到催化剂外表面。

② 内扩散：反应物分子由催化剂外表面向内表面扩散。

③ 吸附：反应物吸附在催化剂表面上。此吸附为化学吸附，它能使被吸附分子的价键力发生变化或引起分子变形，因而能改变反应途径，降低活化能，从而产生催化作用。所以化学吸附是多相催化的基础。

④ 反应：反应物在表面上进行化学反应生成产物。

⑤ 产物解吸：产物从表面上解吸。

⑥ 产物内扩散。

⑦ 产物外扩散。

其中③、④、⑤是表面上进行的，称为表面过程。显然，整个多相催化反应的速率取决于最缓慢的步骤，即常说的速控步骤。若为扩散控制，则③、④、⑤能随时保持平衡；若为表面控制过程，则认为扩散能很快达到平衡，即催化剂表面附近的气体浓度与气体本体浓度相同。一般若气流速率大，催化剂颗粒小、孔径大，反应温度低、催化活性小，则扩散速率大于表面过程的速率，为表面控制过程或动力学控制；反之，若反应在高温下，催化剂活性很高，催化剂颗粒小、孔径大，但气流速率较低，则表面和内扩散都较快，则反应为外扩散控制。

若上述七个步骤中表面反应是最慢的一步，其余六步均能随时保持平衡，则可以认为催化剂内表面上反应组分的分压与主体气流中反应组分的分压相等，而且随着反应的进行能随时处于吸附平衡。而表面反应的速率应当与固体表面上气体分子的浓度成正比，即与吸附分子在固体表面的覆盖率成正比。因此，可按朗格缪尔吸附平衡来计算反应速率。

(1) 假设只有一种反应物的表面反应

若反应机理

$$A+S \rightleftharpoons A\cdot S \quad (快) \quad 吸附$$

$$A\cdot S \longrightarrow B\cdot S \quad (慢) \quad 表面反应$$

$$B\cdot S \rightleftharpoons B+S \quad (快) \quad 解吸$$

式中，A 为反应物；B 为产物；S 为表面活性中心。因表面反应为速控步骤，按表面质量作用定律，即表面单分子反应的速率应正比于该分子 A 对表面的覆盖率 θ_A，即

$$-\frac{dp_A}{dt}=k\theta_A$$

若 A 在固体催化剂表面的吸附符合朗格缪尔吸附等温式，即

$$\theta_A=\frac{bp_A}{1+bp_A}$$

则速率公式可表示为

$$-\frac{dp_A}{dt}=\frac{kbp_A}{1+bp_A} \tag{8-96}$$

对于上式，又可以分以下三种情况作近似处理。

① 若 A 在固体表面的吸附很弱，即 b 的数值很小，或者是压力很低时，则 $bp_A \ll 1$，$\theta_A=bp_A$，式(8-96) 可简化为

$$-\frac{dp_A}{dt}=kbp_A$$

即此催化反应表现为一级反应。例如 HI 在铂上的分解；甲酸蒸气在玻璃、铂、铑上的分解都属于这种情况。

② 若 A 在固体表面的吸附很强，即 b 的数值很大，或者是压力很高时，则 $bp_A \gg 1$，$\theta_A=1$，式(8-96) 可简化为

$$-\frac{dp_A}{dt}=k$$

表现为零级反应。如 NH_3 在钨表面上的解离，HI 在金丝上的解离均属于这种情况。

③ 若 A 在固体表面的吸附介于强弱之间，或者是压力介于高低压之间时，式(8-96) 可近似地写为

$$-\frac{dp_A}{dt}=kp_A^n \qquad (0<n<1)$$

此时表现为分数级数反应。如 SbH_3 在锑表面上的解离即属于这种情况，其 $n=0.6$。

（2）假设有两种反应物的表面反应

若反应机理

$$\left.\begin{aligned} A+S &\rightleftharpoons A\cdot S(\text{快}) \\ B+S &\rightleftharpoons B\cdot S(\text{快}) \end{aligned}\right\}\text{吸附}$$

$$A\cdot S+B\cdot S \longrightarrow R\cdot S(\text{慢})\ \text{表面反应}$$

$$R\cdot S \rightleftharpoons R+S(\text{快})\ \text{解吸}$$

式中，A、B 为反应物；R 为产物；S 为表面活性中心。此机理称为朗格缪尔-欣谢尔伍德机理。因表面反应为控制步骤，按表面质量作用定律

$$-\frac{dp_A}{dt}=k\theta_A\theta_B$$

若产物吸附较弱，根据朗格缪尔复合吸附等温式

$$\theta_A=\frac{b_Ap_A}{1+b_Ap_A+b_Bp_B} \qquad \theta_B=\frac{b_Bp_B}{1+b_Ap_A+b_Bp_B}$$

则速率公式可表示为

$$-\frac{dp_A}{dt}=k\theta_A\theta_B=\frac{kb_Ap_Ab_Bp_B}{(1+b_Ap_A+b_Bp_B)^2}=\frac{Kp_Ap_B}{(1+b_Ap_A+b_Bp_B)^2} \tag{8-97}$$

式中，$K=kb_Ab_B$。若 A 和 B 的吸附都很弱，或 p_A 和 p_B 很小，则 $1+b_Ap_A+b_Bp_B \approx 1$。因此式(8-97) 可简化为

$$-\frac{dp_A}{dt}=kp_Ap_B$$

表现为二级反应。

在使用固体催化剂时，人们非常关心的两个问题是催化剂的活性和中毒。

催化剂的催化能力，即催化活性。影响催化剂活性的因素主要有以下三个。①制备方法。固体催化剂都有巨大的比表面，通常呈多孔结构，制备过程的温度等操作条件会直接影响催化剂的活性。②分散程度。通常分散程度越大，活性越高。③使用温度。由于温度会影响催化剂的表面结构，所以一般催化剂都有适宜的使用温度。

有时反应系统中含有少量杂质就能使催化剂的活性严重降低甚至完全丧失，这种现象称为催化剂中毒。这种少量的杂质称为催化毒物，毒物通常是具有孤对电子元素（如 S、N、P 等）的化合物，如 H_2S、HCN、PH_3 等，而且是一些极易被催化剂表面吸附的物质。

上述讨论虽然阐明了固体催化剂的催化作用是通过其表面来实现的，但并没有涉及固体催化剂究竟是如何加速反应的这一根本问题，也无法从理论上解释催化剂的活性与中毒问题。为了从理论上加以解释，以便更好地指导实际生产，几十年来，人们在大量有关气-固催化反应研究的基础上，提出了多种催化理论，但都尚不成熟。其中比较公认的是 1926 年泰勒（Taylor）等人提出的化学吸附和活性中心的概念。他们认为多相催化主要是由于化学吸附，而不是物理吸附。并认为催化剂表面只有一小部分能起催化作用，这部分叫作活性中心（active center）。固体催化剂中活性中心往往位于表面上微晶的角、棱等突起的位置，这是因为这种位置上的原子的价力不饱和性较大，易于与反应物分子结合，发生化学吸附，从而引起分子的变形而发生活化，因而反应得以加速。由于化学吸附带有化学键的性质，所以催化反应有选择性。也正是由于这种原因，催化剂会由于温度过高发生微晶的熔解而失去活性。除此以外，由于活性中心是分散在固体表面上的一些活性的点，它只占总面积的一个很小的分数，所以微量杂质就足以占据大部分甚至全部活性中心，使催化剂完全失效，即导致催化剂中毒。

虽然多相催化具有催化剂易分离和回收、可连续操作等特点，但与均相催化剂比较，其活性和选择性有一定的限制。近期研究表明，可以把均相络合催化剂通过化学键固定到载体上，即所谓的担载催化剂。这样的催化剂兼具均相和多相催化剂的优点，为催化学科展示了无限广阔的应用前景。

8.10 现代化学动力学研究技术简介

在 8.8 节中，简单介绍了研究基元反应速率的碰撞理论和过渡状态理论，从不同角度推导了计算基元反应速率常数的公式。然而，反应物分子相互碰撞时可以具有不同的碰撞速率、碰撞角度，分子可以处于不同的量子状态，而产物分子也可以具有不同的运动速率和量子状态，所以，基元反应也还是很复杂的。如何从分子水平上来研究一个基元反应，使化学反应动力学的研究从宏观进入微观，从而了解一个基元反应中究竟发生了哪些情况，是现代化学动力学研究的一个重要课题。分子反应动力学就是在此基础上产生并发展起来的。

分子反应动力学又称为分子动态学，或态-态化学，它是研究从一个量子状态的反应物到另一个量子状态的产物的动力学。通过研究分子反应动力学，可以用最基本的力学原理来了解化学反应，也可以为发展其他新的工艺奠定基础。但要想在分子水平上研究化学反应，必须借助于先进的研究方法和实验手段，主要是利用各种快速的探测方法来研究化学反应是如何进行的，这方面的成果很多。如化学弛豫技术和闪光光解技术，可以检测出寿命只有 10^{-6} s 或 10^{-9} s，甚至 10^{-12} s 的中间物，从而来检测出化学反应的具体步骤，这两个技术在 1967 年获得诺贝尔化学奖；20 世纪 70 年代之后，交叉分子束技术及飞秒激光技术又相继被用于分子反应动力学研究，并取得了显著的成果，下面分别作简单介绍。

8.10.1 交叉分子束技术

交叉分子束（crossed molecular beam）技术指的是让两束在高真空容器中飞行的十分稀薄的分子束在交叉区域内发生单次碰撞反应，利用初生态产物分子不经碰撞这一特性，通过测量产物分子的角分布和速度分布，得到基元反应的微观反应机理的新技术。可以获得分子的排列取向和中间体寿命等信息，这些信息是经典化学动力学方法所不能得到的，是分子反应碰撞研究的有力工具。1986 年，台湾的美籍华裔化学家李远哲和美国物理化学家赫希巴赫（D. R. Herschbach），因在交叉分子束实验研究中作出了杰出的贡献，共同获得了当年的诺贝尔化学奖。

交叉分子束装置如图 8-20 所示，由束源、速度选择器、散射室、检测器和产物速度分析器等几个主要部分组成。束源的作用主要是使反应物产生蒸气，经绝热自由膨胀后温度降低到十几开，形成平动能较大、转动和振动处于基态，且速度分布比较窄的分子束。速度选择器是由装在与分子束前进方向平行的转动轴上的一系列有齿孔的圆盘组成的。调控转轴速度可以选择性地让一定速度的分子通过各个圆盘上的齿孔到达散射室，达到选择反应分子平动能量的要求。散射室又称反应室，两束垂直交叉分子束在那里发生弹性碰撞、非弹性碰撞和反应碰撞，反应碰撞生成的产物分子和非反应碰撞的反应物分子以不同的角度和速度散向各处。散射室要求真空度很高，周围有多个窗口，以便于检测激光的进入和粒子辐射信号的透出。检测器利用灵敏的光谱或质谱方法（如红外化学发光、激光诱导荧光、时间分辨质谱等）测量产物的角分布、速度分布和内部能量的分布。通常发生反应碰撞的产物分子的强度很低，因此检测器的灵敏度至关重要。李远哲和赫希巴赫教授正是因为设计制造了灵敏的质谱检测器，并利用该仪器研究了氟原子和氢分子的基元反应获得了诺贝尔奖。

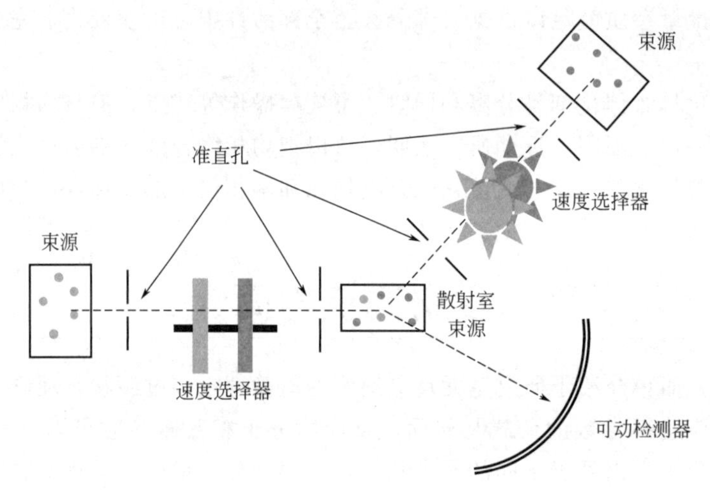

图 8-20 交叉分子束研究装置示意图（整个装置位于真空室中）

8.10.2 飞秒激光技术

飞秒激光（飞秒 femtosecond，简写为 fs，$1fs=10^{-15}s$），亦称超短激光，指的是快速激光脉冲的时间标度达到飞秒数量级。这个时标与分子中的电子或质子的运动速率大致相当。飞秒激光具有非常高的瞬时功率，可达到百万亿瓦，且能聚焦到比头发的直径还要小的空间区域，使电磁场的强度比原子核对其周围电子的作用力还要高数倍。飞秒激光技术可以检测反应过程中某些寿命极短的中间体，特别是在电子转移或质子转移初期所形成的过渡态或中间体，并获得有关它们的结构与能量状态方面的确切信息，它在观测分子动力学过程中扮演了一个“超高速摄影”的角色。加州理工学院化学系泽维尔（A. H. Zewail）教授首先采用超短脉冲激光，以飞秒的时间尺度实时观察分子运动，并目击分子的诞生，为此在1999 年被授予诺贝尔化学奖，以表彰他在飞秒化学领域的杰出贡献。

飞秒激光技术的实现离不开飞秒激光器的产生。它的产生为人们研究化学动力学提供了一个强有力的工具，特别是 1991 年掺钛蓝宝石固体飞秒激光器的研制成功，表明了飞秒激光技术的成熟。高功率飞秒激光系统由四部分组成：振荡器、展宽器、放大器和压缩器。在振荡器内产生飞秒激光脉冲。展宽器将这个飞秒激光脉冲按不同波长在时间上拉开。放大器使这一展宽的脉冲获得充分能量。压缩器把放大后的不同成分的光谱会聚到一起，恢复到飞秒宽度，从而形成具有极高瞬时功率的飞秒激光脉冲。

飞秒化学在探测反应过渡态时所用的方法是泵浦-探测技术。泵浦光将样品分子从初始状态激发到激发态，探测激光经过飞秒级时间延迟后作用于样品分子进行检测，研究化学反应中分子激发态的超快动力学过程，观察寿命超短的反应过渡态。例如，1987 年，泽维尔教授首次利用飞秒激光泵浦-探测激光诱导荧光（LIF）技术，观测了如下的光解离反应：$ICN \longrightarrow I+CN$。首先，将ICN分子用泵浦光激发到解离态上，然后测量CN利用探测激光诱导产生的荧光光谱，随着I和CN逐渐分离，CN光谱发生变化。人类第一次从实验上目睹了化学键的断裂和形成。

目前，飞秒激光在物理学、生物学、化学控制反应、光通信等领域中得到了广泛应用。随着研究的拓展，飞秒化学已经渗透到许多领域，例如，在表面化学、溶液、聚合物方面和生命科学等方面都得到应用。总之，泽维尔的飞秒激光技术让人们可以通过“慢动作”观察处于化学反应过程中的原子与分子的转变状态，从根本上帮助我们了解了反应机理，为进一步控制反应创造了条件。

思考题

1. “吉布斯自由能为很大负值的化学反应，它的反应速率一定很大。”这种说法是否正确？请举例说明。

2. 用物质的量浓度与用压力表示浓度时，对速率常数的值有无影响？

3. 基元反应 $A+B \longrightarrow P$ 是否可写作 $2A+2B \longrightarrow 2P$？

4. 零级反应是否为基元反应？具有简单级数的反应是否一定为基元反应？

5. 符合质量作用定律的反应一定是基元反应吗？

6. 某一反应进行完全所需要的时间是有限的，且等于 c_0/k（c_0 为反应物起始浓度），则该反应是几级反应？

7. 对一级反应来说，当反应完成了 1/e（即 $c=c_0/e$）时，所需的时间称为反应的“平均寿命”，用 τ 表示。试证明 $k\tau=1$。

8. 实验室中将 H_2 和 Cl_2 混合，在强光照或点燃下均会发生爆炸，但工厂中用 H_2 和 Cl_2 合成 HCl 时采用两条管子分别引出 H_2 和 Cl_2，可以让 Cl_2 在 H_2 中“安静地燃烧”，如何解释这一现象？

9. 对于吸热的对峙反应，不论从热力学（反应平衡位置）还是动力学（反应速率）来讲，升高反应温度都对正反应有利吗？如果是，依据是什么？

10. 一个具有复杂机理的反应，其正、逆向反应的速率控制步骤是否一定相同？

11. 从反应机理推导速率方程通常有哪几种方法？各有什么适用条件？

12. 碰撞理论中的阈能 E_c 的物理意义是什么？与阿伦尼乌斯活化能 E_a 在数值上有何关系？

13. 如何判断溶液中反应是扩散控制，还是活化控制？

14. 在光的作用下，$O_2 \longrightarrow O_3$，生成 1mol O_3，吸收 3.011×10^{23} 个光子，问量子效率是多少？

15. 为什么催化剂不能使 $\Delta_r G_m>0$ 的反应进行，而光化学反应却可以？

概念题

1. 反应 $2N_2O_5 \longrightarrow 4NO_2+O_2$ 的速率常数单位是 s^{-1}。对该反应的下述判断哪个正确？

(A) 单分子反应　　(B) 双分子反应

(C) 复合反应　　(D) 不能确定

2. 反应 $A+B \longrightarrow C+D$ 的速率方程为 $r=kc_Ac_B$，则反应为

(A) 双分子反应　　(B) 是二级反应但不一定是双分子反应

(C) 不是双分子反应　　(D) 是对A、B各为一级的双分子反应

3. 某具有简单级数反应的速率常数的单位是 $mol\cdot dm^{-3}\cdot s^{-1}$，该化学反应的级数为

(A) 3级　　(B) 2级　　(C) 1级　　(D) 0级

4. 在反应中 $A \xrightarrow{k_1} B \xrightarrow{k_2} C$，$A \xrightarrow{k_3} D$，活化能 $E_1>E_2>E_3$，C是所需要的产物，从动力学角度考虑，为了提高C的产量，选择反应温度时，应选择

(A) 适中反应温度　　(B) 较低反应温度

(C) 较高反应温度　　(D) 任意反应温度

5. 某反应速率常数与各基元反应速率常数的关系为 $k=k_2\left(\frac{k_1}{2k_4}\right)^{\frac{1}{2}}$，则该反应的表观活化能 E_a 与各基元反应活化能的关系为

(A) $E_a=E_2+\frac{1}{2}E_1-E_4$　　(B) $E_a=E_2+\frac{E_1-E_4}{2}$

(C) $E_a=E_2+(E_1-2E_4)^{\frac{1}{2}}$　　(D) $E_a=E_2+E_1-E_4$

6. 某反应的活化能为 $290\text{kJ}\cdot\text{mol}^{-1}$，加入催化剂后活化能为 $236\text{kJ}\cdot\text{mol}^{-1}$，设加入催化剂前后指前因子不变，则在773K时加入催化剂后速率常数增大为原来的多少倍？

(A) 2.3×10^{-5}　(B) 4.3×10^{3}　(C) 4.46×10^{3}　(D) 2.24×10^{-4}

7. 对行反应 $\text{A}\underset{k_{-1}}{\overset{k_1}{\rightleftharpoons}}\text{B}$ 当温度一定时由纯A开始，下列说法中哪一点是不对的？

(A) 起始时A的消耗速率最快

(B) 反应进行的净速率是正逆二向反应速率之差

(C) k_1/k_{-1} 的值是恒定的

(D) 达到平衡时正逆二向的速率常数相等

8. 有关链反应的特点，以下哪种说法是不正确的？

(A) 链反应一开始速率就很大

(B) 链反应一般有自由原子或自由基参加

(C) 很多链反应对痕量物质敏感

(D) 单链反应进行过程中，传递物消耗与生成的速率相等

9. 气体反应碰撞理论的要点是

(A) 气体分子可看成刚性分子，一经碰撞即可发生反应

(B) 反应分子必须在一定方向上进行碰撞才能发生反应

(C) 反应分子只要迎面碰撞就能发生反应

(D) 反应分子具有足够能量的迎面碰撞才能发生反应

10. 关于阈能，下列说法中正确的是

(A) 阈能的概念只适用于基元反应

(B) 阈能值与温度有关

(C) 阈能是宏观量、实验值

(D) 阈能是活化分子相对平动能的平均值

11. 反应过渡态理论认为

(A) 反应速率取决于活化络合物的生成

(B) 反应速率取决于活化络合物分解为产物的分解速率

(C) 用热力学方法可算出速率常数

(D) 活化络合物和产物间可建立平衡

12. 下列关于催化剂的描述，哪一点是不正确的？

(A) 催化剂只能缩短反应达到平衡的时间，不能改变平衡的状态

(B) 催化剂在反应前后物理和化学性质均不发生改变

(C) 催化剂不改变平衡常数

(D) 加入催化剂不能实现热力学上不可能进行的反应

13. 光化学反应的量子效率

(A) 一定大于1　　(B) 一定等于1

(C) 一定小于1　　(D) 大于1，小于1，等于1都有可能

14. 某一反应在一定条件下的平衡转化率为25%，当加入适合的催化剂后，反应速率提高10倍，其平衡转化率将

(A) 大于25%　(B) 小于25%　(C) 不变　(D) 不确定

习题

1. 某物质按一级反应进行分解。已知反应完成40%需时50min，试求：(1) 以s为单位的速率常数；(2) 完成80%反应所需时间。

2. N_2O_5 在25℃时分解反应的半衰期为5.70h，且与 N_2O_5 的初始压力无关。试求此反应在25℃条件下完成90%所需时间？

3. 25℃时，酸催化蔗糖转化反应

$$C_{12}H_{22}O_{11}(\text{蔗糖})+H_2O \longrightarrow C_6H_{12}O_6(\text{葡萄糖})+C_6H_{12}O_6(\text{果糖})$$

的动力学数据如下（蔗糖的初始浓度 c_0 为 $1.0023\text{mol}\cdot\text{dm}^{-3}$，时刻 t 的浓度为 c）

t/min	0	30	60	90	130	180
$(c_0-c)/\text{mol}\cdot\text{dm}^{-3}$	0	0.1001	0.1946	0.2770	0.3726	0.4676

试用作图法证明此反应为一级反应。求算速率常数及半衰期；问蔗糖转化95%所需时间？

4. 碳的放射性同位素 ^{14}C 在自然界树木中的分布基本保持为总碳量的 $1.10\times10^{-13}\%$。某考古队在一个山洞中发现一些古代木头燃烧的灰烬，经分析 ^{14}C 的总含量为总碳量的 $9.87\times10^{-14}\%$。已知 ^{14}C 的半衰期为5700年，试计算这灰烬距今约有多少年？

5. 假设某污水中含有放射性同位素碘129，已知其蜕变反应速率常数为 $1.4\times10^{-15}\text{ s}^{-1}$，试求碘129的半衰期，若分解掉90%所需时间是多少？

6. 某抗生素在人体血液中分解呈现简单级数的反应，如果病人在上午8点注射一针抗生素，然后在不同时刻 t 测定抗生素在血液中的质量浓度 ρ [单位以 $\text{mg}/(100\text{cm}^3)$ 表示]，得到如下数据

t/h	4	8	12	16
$\rho/[\text{mg}/(100\text{cm}^3)]$	0.480	0.326	0.222	0.151

试计算：

(1) 该分解反应的级数；

(2) 求反应的速率常数 k 和半衰期 $t_{1/2}$；

(3) 若抗生素在血液中质量浓度不低于 $0.37\text{mg}/(100\text{cm}^3)$ 才为有效，求反应注射第二针的时间。

7. 偶氮甲烷的热分解反应 $CH_3NNCH_3(g)\longrightarrow C_2H_6(g)+N_2(g)$ 为一级反应。在恒温278℃、于真空密封的容器中放入偶氮甲烷，测得其初始压力为21332Pa，经1000s后总压力为22732Pa，求 k 及 $t_{1/2}$。

8. 某物质A分解反应为二级反应，当反应进行到A消耗了1/3时，所需时间为2min，若继续反应掉同样量的A，应需多长时间？

9. 在 T、V 恒定条件下，反应 $A(g)+B(g)\longrightarrow D(g)$ 为二级反应、当A、B的初始浓度皆为 $1\text{mol}\cdot\text{dm}^{-3}$ 时，经10min后A反应掉25%，求反应的速率常数 k。

10. 在781K，初压力分别为10132.5Pa和101325Pa时，HI(g) 分解成 H_2 和 $I_2(g)$ 的半衰期分别为135min和13.5min。试求此反应的级数及速率常数。

11. 已知某反应的速率方程可表示为 $v=kc_A^{\alpha}c_B^{\beta}c_C^{\gamma}$，请根据下列实验数据，分别确定该反应对各反应物的级数 α，β，γ 的值和计算速率常数 k。

$v/10^{-3}\text{mol}\cdot\text{dm}^{-3}\cdot\text{s}^{-1}$	5.0	5.0	2.5	14.1
$c_{A_0}/\text{mol}\cdot\text{dm}^{-3}$	0.010	0.010	0.010	0.020
$c_{B_0}/\text{mol}\cdot\text{dm}^{-3}$	0.005	0.005	0.010	0.005
$c_{C_0}/\text{mol}\cdot\text{dm}^{-3}$	0.010	0.015	0.010	0.010

12. 某同学买了一台国产电压力锅，说明书上标注为70kPa高压快煮，请帮他算一算用这个压力锅煮熟一个鸡蛋比常压下煮一个鸡蛋少用多少分钟？已知卵白蛋白的热变作用为一级反应，活化能为 $85\text{kJ}\cdot\text{mol}^{-1}$，常压下煮熟一个鸡蛋需要10min，水的正常汽化热为 $40.66\text{kJ}\cdot\text{mol}^{-1}$。

13. 某溶液中含有NaOH及 $CH_3COOC_2H_5$，浓度均为 $0.01\text{mol}\cdot\text{dm}^{-3}$。在298K时，反应经10min有39%的 $CH_3COOC_2H_5$ 分解，而在308K时，反应10min有55%的 $CH_3COOC_2H_5$ 分解。该反应速率方程

为 $v=kc_{NaOH}c_{CH_3COOC_2H_5}$。试计算

(1) 在 298K 和 308K 时反应的速率常数；

(2) 在 288K 时，反应 10min，$CH_3COOC_2H_5$ 分解的摩尔分数；

(3) 在 293K 时，若有 50%的 $CH_3COOC_2H_5$ 分解，所需的时间。

14. 甲酸在金表面上的分解反应在 140℃及 185℃时速率常数分别为 $5.5\times10^{-4}s^{-1}$ 及 $9.2\times10^{-3}s^{-1}$。试求此反应的活化能。

15. 环氧乙烷的分解是一级反应，380℃的半衰期为 363min，反应的活化能为 $217.57kJ\cdot mol^{-1}$。试求该反应在 450℃条件下完成 75%所需时间。

16. 在水溶液中，2-硝基丙烷与碱作用为二级反应。其速率常数与温度的关系为

$$\lg(k/mol^{-1}\cdot dm^3\cdot min^{-1}) = 11.9-\frac{3163}{T/K}$$

试求反应的活化能，并求出当两种反应物的初始浓度均为 $8.0\times10^{-3}mol\cdot dm^{-3}$，10℃时反应的半衰期为多少？

17. 在 673K 时，设反应 $NO_2 \longrightarrow NO+1/2O_2$ 可以进行完全，产物对反应速率无影响，经实验证明该反应是二级反应 $-\frac{dc_{NO_2}}{dt}=kC_{NO_2}^2$，$k$ 与温度 T 之间的关系为

$$\ln(k/mol^{-1}\cdot dm^3\cdot s^{-1})=20.27-\frac{12886.7}{T/K}$$

(1) 求此反应的指前因子 A 及实验活化能 E_a；

(2) 若在 673K 时，将 $NO_2(g)$ 通入反应器，使其压力为 26.66kPa，发生上述反应，当反应器中的压力达到了 32.0kPa 时所需的时间。

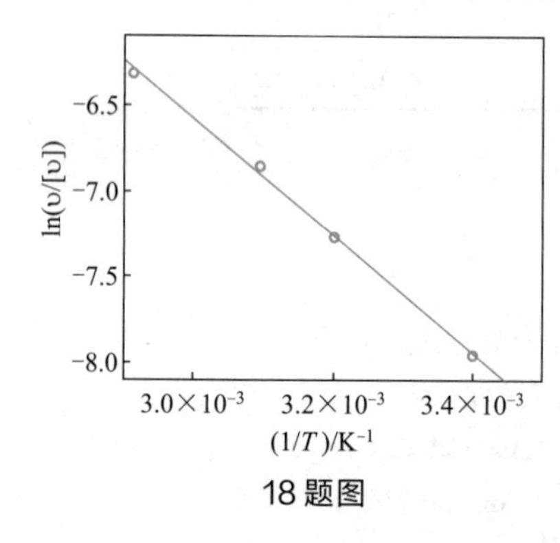

18 题图

18. 氢气是一种绿色无污染的未来燃料，其应用的关键是有效的贮存。科学家使用掺杂 Pd 的 Li_3N 制备了高活性的固体贮氢材料 $Li_3NPd_{0.03}$。在 21～70℃范围内，温度一定时，一定质量该材料发生氢化反应 $Li_3N+H_2 \rightleftharpoons Li_2NH+LiH$，材料增加质量比与时间呈线性关系。其反应速率与温度关系如图所示，直线斜率为−3397K。

(1) 判断该反应为几级反应；

(2) 求该反应的活化能；

(3) 求反应温度分别在 21℃、70℃时，材料增加相同的质量，两者消耗的时间比；

(4) 科学家认为氢化反应的能垒主要来自吸附的氢原子从 Pd 到 N 原子的扩散能垒，密度泛函（DFT）计算发现，扩散能垒为 0.257 eV，试计算理论与实验值的相对误差。

题目析自：J. Phys. Chem. C，2009，113：8513-8517.

19. 当有 I_2 存在作为催化剂时，氯苯（C_6H_5Cl）与 Cl_2 在 $CS_2(l)$ 溶液中发生如下的平行反应（均为二级反应）

$$C_6H_5Cl + Cl_2 \rightarrow \begin{cases} o\text{-}C_6H_4Cl_2 + HCl \\ p\text{-}C_6H_4Cl_2 + HCl \end{cases}$$

设在温度和 I_2 的浓度一定时，C_6H_5Cl 与 Cl_2 在 CS_2 (l) 溶液中的起始浓度均为 $0.5mol\cdot dm^{-3}$，30min 后，有 15%的 C_6H_5Cl 转变为 o-$C_6H_4Cl_2$，有 25%C_6H_5Cl 转变为 p-$C_6H_4Cl_2$。试计算两个反应的速率常数 k_1 和 k_2。

20. 某液相反应 $A \underset{k_{-1}}{\overset{k_1}{\rightleftharpoons}} B$，其正逆反应均为一级反应，已知

$$\lg(k_1/s^{-1})=4.0-\frac{2000}{T/K}$$

$$\lg K_c=-4.0+\frac{2000}{T/K}$$

反应开始时 $c_{A,0}=0.5mol\cdot dm^{-3}$，$c_{B,0}=0.05mol\cdot dm^{-3}$，求

(1) 逆反应的活化能；

(2) 在 400K 下，反应经 10s 时 A、B 的浓度；

(3) 400K 下，反应达平衡时 A、B 的浓度。

21. 某一气相反应 $A(g) \underset{k_2}{\overset{k_1}{\rightleftharpoons}} B(g)+C(g)$，已知在 298K 时，$k_1=0.21s^{-1}$，$k_2=5\times10^{-9}Pa^{-1}\cdot s^{-1}$，当温度升至 310K 时，$k_1$ 和 k_2 值均增加 1 倍，试求：

(1) 298K 时平衡常数 K_p；

(2) 正、逆反应的实验活化能；

(3) 反应的 $\Delta_r H_m$；

(4) 在 298K 时，A 的起始压力为 101.325kPa，若使总压力达到 151.99kPa 时，问需时若干？

22. 恒温、恒容气相反应 $2NO+O_2 \longrightarrow 2NO_2$ 的机理为

$$2NO \underset{k_2}{\overset{k_1}{\rightleftharpoons}} N_2O_2\text{(快速平衡)}$$

$$N_2O_2+O_2 \xrightarrow{k_3} 2NO_2\text{(慢)}$$

上述三个基元反应的活化能分别为 $80kJ\cdot mol^{-1}$、$200kJ\cdot mol^{-1}$ 及 $80kJ\cdot mol^{-1}$。

(1) 根据机理导出题给反应以 O_2 的消耗速率表示的速率方程；

(2) 当温度升高时，反应的速率将如何变化？

23. 求具有下列机理的某气相反应的速率方程

$$A \underset{k_{-1}}{\overset{k_1}{\rightleftharpoons}} B \qquad B+C \xrightarrow{k_2} D$$

B 为活泼物质，可运用稳态近似法。证明此反应在高压下为一级反应，低压下为二级反应。

24. 反应 $2A+B_2 \longrightarrow 2AB$ 的速率方程为 $\frac{dc_{AB}}{dt}=kc_A c_{B_2}$。假设反应机理如下

$$A+B_2 \xrightarrow{k_1, E_1} AB+B$$

$$A+B \xrightarrow{k_2, E_2} AB$$

$$2B \xrightarrow{k_3, E_3} B_2$$

并假定 $k_2 \gg k_1 \gg k_3$。

(1) 请按上述机理，引入合理近似后，导出速率方程；

(2) 导出表观活化能 E_a 与各基元反应活化能的关系。

25. 某环氧烷受热分解，反应机理如下

$$RH \xrightarrow{k_1} R\cdot + H\cdot$$

$$R\cdot \xrightarrow{k_2} \cdot CH_3 + CO$$

$$RH + \cdot CH_3 \xrightarrow{k_3} R\cdot + CH_4$$

$$R\cdot + \cdot CH_3 \xrightarrow{k_4} \text{稳定产物}$$

证明反应速率方程为 $\frac{dc(CH_4)}{dt}=kc(RH)$

26. 实验发现高温下 DNA 双螺旋分解为两个单链，冷却时两个单链上互补的碱基配对，又恢复双螺旋结构，此为连续反应，动力学过程如下

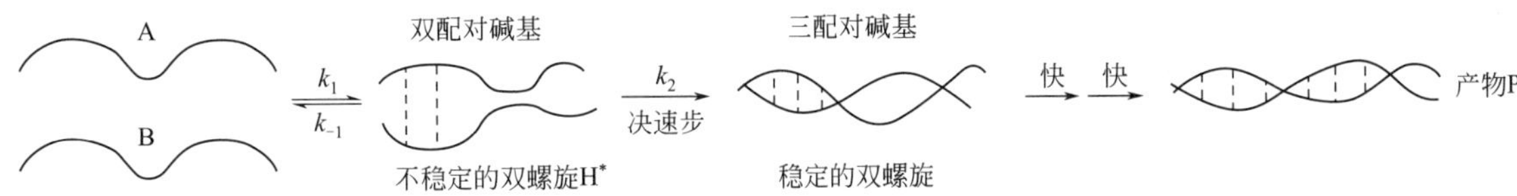

其中双配对碱基不稳定，解离比形成快，形成三配对碱基最慢，一旦形成，此后形成完整双螺旋结构的各步骤都十分迅速。已知实验测得该总反应的速率常数 $k_{实}=10^6\ mol^{-1}\cdot dm^3\cdot s^{-1}$。不稳定双螺旋 H^* 形成的平衡常数

$$K = k_1 / k_{-1} = c_{H^*} / c_A c_B = 0.1 \text{mol}^{-1} \cdot \text{dm}^3$$

试写出该反应的速率方程，并求出决速步的速率常数 k_2。

27. 反应 $H_2 + I_2 \longrightarrow 2HI$ 的机理为：

$$I_2 + M \xrightarrow{k_1} 2I\cdot + M \qquad E_{a,1} = 150.6 \text{kJ} \cdot \text{mol}^{-1}$$

$$2I\cdot + H_2 \xrightarrow{k_2} 2HI \qquad E_{a,2} = 20.9 \text{kJ} \cdot \text{mol}^{-1}$$

$$2I\cdot + M \xrightarrow{k_3} I_2 + M \qquad E_{a,3} = 0$$

(1) 推导该反应的速率方程；

(2) 计算反应的表观活化能。

28. 在 300K 条件下将 1g N_2 及 0.1g H_2 在体积 1.00dm^3 的容器中混合。已知 N_2 和 H_2 分子的碰撞直径分别为 3.5×10^{-10} m 及 2.5×10^{-10} m。试求此容器中每秒内两种分子间的碰撞次数。

29. 实验测得反应 $H_A + H_B H_C \longrightarrow H_C + H_A H_B$ 的活化能 $E_a = 31.4 \text{kJ} \cdot \text{mol}^{-1}$；指前因子 $A = 8.45 \times 10^{10} \text{mol} \cdot \text{dm}^{-3} \cdot \text{s}^{-1}$。另外已知 H 及 H_2 的碰撞直径分别为 7.4×10^{-11} m 及 2.5×10^{-10} m。试分别用阿伦尼乌斯方程和简单碰撞理论公式计算上述反应在 300K 条件下的速率常数，并将结果进行比较。

30. 乙醛气相热分解为二级反应，活化能为 $190.4 \text{kJ} \cdot \text{mol}^{-1}$，乙醛分子的直径为 5×10^{-10} m。

(1) 试计算 101.325kPa、800K 下的分子碰撞数；

(2) 计算 800K 时以乙醛浓度变化表示的速率常数。

31. 在 $H_2(g) + Cl_2(g)$ 的光化学反应中，用 480nm 的光照射，量子效率约为 1×10^6，试估算每吸收 1J 辐射能将产生 HCl(g) 多少摩尔？

32. 有两个级数相同的反应，其活化能数值相同，但二者的活化熵相差 $60.00 \text{J} \cdot \text{mol}^{-1} \cdot \text{K}^{-1}$。试求此两反应在 300K 时的速率常数之比。

33. 已知反应 $2NO(g) \longrightarrow N_2(g) + O_2(g)$ 在 1423K 时和 1681K 时，速率常数分别为 $1.843 \times 10^{-3} \text{mol}^{-1} \cdot \text{dm}^3 \cdot \text{s}^{-1}$、$5.743 \times 10^{-2} \text{mol}^{-1} \cdot \text{dm}^3 \cdot \text{s}^{-1}$。试计算此反应的活化焓和活化熵，并根据过渡状态理论的公式计算反应在 1373K 时的速率常数。

34. 某反应在催化剂存在时，反应的活化能降低了 $41.840 \text{kJ} \cdot \text{mol}^{-1}$，反应温度为 625.0K，测得反应速率常数增加为无催化剂时的 1000 倍，试通过计算，并结合催化剂的基本特征说明该反应中催化剂是怎样使反应速率常数增加的？

35. 一氯乙酸在水溶液中进行分解，反应式如下

$$CH_2ClCOOH + H_2O \longrightarrow CH_2OHCOOH + HCl$$

今用 $\lambda = 253.7$nm 的光照射浓度为 $0.500 \text{mol} \cdot \text{dm}^{-3}$ 的一氯乙酸样品 0.823dm^3，照射时间为 837min 时，样品吸收能量 $E = 34.36$J，此时测定 Cl^- 的浓度为 $2.825 \times 10^{-5} \text{mol} \cdot \text{dm}^{-3}$，当用同样的样品在暗室中进行实验时，发现每分钟有 3.5×10^{-10} mol 的 Cl^- 生成，试计算反应的量子效率。

第 9 章　胶体化学

由于构成胶体分散系统的分散相粒子大小的特殊性，使胶体具有不同于溶液和粗分散系统而特有的光学、力学和电学性质，胶体的这些性质在自然界中普遍存在，并且在人们的生产生活实践中有着广泛的应用。

本章概要

9.1　胶体分散系统的分类及制备

不同的分散系统有不同的特征，按不同的分类方法，胶体分散系统有不同的分类。制备溶胶的关键在于控制分散相粒子的大小。

9.2　溶胶的光学性质

只有胶体系统才具有丁铎尔效应，用瑞利公式可以描述导致丁铎尔效应的散射光强度，从而可以解释一些由溶胶光学性质而发生的现象。

9.3　溶胶的动力学性质

只有胶体系统才具有布朗运动，布朗运动、扩散、沉降和沉降平衡通为胶体所特有的动力学性质，这一特有的性质也是溶胶能够稳定存在的原因之一。

9.4　溶胶的电学性质

溶胶的电学性质表现为电动现象，导致电动现象的根本原因是溶胶粒子带电，这一特有的性质是溶胶能够稳定存在的重要原因。本节讨论了溶胶粒子带电的原因及胶粒的双电层理论，在此基础上，用胶团结构表示溶胶。

9.5　溶胶的稳定与聚沉

事物都是具有两面性的，溶胶的稳定与聚沉也各有其应用。了解了溶胶能够稳定存在的原因，就可以控制条件使溶胶稳定存在或聚沉。本节讨论了溶胶稳定的三个原因及使溶胶聚沉的方法。

9.6　高分子溶液简介

单个高分子化合物分子就能达到胶体颗粒大小的范围，可表现出胶体的一些性质，因此，研究高分子溶液的许多方法和研究胶体的方法有许多相似之处。但需要注意的是，高分子溶液是均匀分布的真溶液，是热力学平衡的单相系统，具有热力学稳定性，这是高分子溶液与溶胶最本质的区别。

9.1 胶体分散系统的分类及制备

9.1.1 分散系统的分类及特征

分散系统的分类及特征

科学家-格雷厄姆

科学家-席格蒙迪

最先提出“胶体”这个名词的科学家是英国的格雷厄姆（T. Thomas Graham），是他在1861年研究物质的扩散性和渗透性时提出的。他用的仪器极为简单，将一块羊皮纸缚在一个玻璃筒上，筒里装着要试验的溶液，并把筒浸在水中。他发现有些物质，如糖、可溶性无机盐类、尿素等扩散很快，很容易透过羊皮纸；而另一些物质，如明胶、氢氧化铝、硅酸等则扩散很慢，不能或很难透过羊皮纸。前一类物质当溶剂蒸发时易于形成晶体析出，而后一类物质则不能结晶，大多是无定形胶状物质。于是，格雷厄姆便把后一类物质称为胶体（colloid），其溶液称为溶胶。后来经过大量的试验发现，在适当的条件下，如降低其溶解度或选用适当介质，前一类物质也能制成胶体。如将前一类物质中的食盐设法分散在适当的有机溶剂（如酒精或苯）中，则形成的体系就不能透过羊皮纸，表现出“胶体”的特性。因此，胶体只是物质以一定分散程度存在的一种状态，称为胶态，而不是一种特殊类型的物质。1903年两位德国科学家西登托夫（Siedentopf）与席格蒙迪（Zsigmondy）发明了超显微镜，第一次成功地观察到胶体体系中粒子的运动，证明了胶粒的存在，使胶体化学获得了较大的发展。到1907年德国化学家奥斯特瓦尔德（W. Ostwald）创办了第一个胶体化学的专门刊物《胶体化学和工业杂志》，标志着胶体化学正式成为一门独立的学科。同年胶体化学家学会成立，提出了分散系统的概念。

分散系统（dispersed system）是一种或几种物质分散在另一种物质中所构成的系统。被分散的物质称为分散相（dispersed phase），被分散物周围的介质称为分散介质（dispersing medium）。如糖水，糖分子是分散相，水是分散介质；含水的原油，水是分散相，油是分散介质。又如云雾，水滴是分散相，空气是分散介质。

按分散相粒子的大小，常把分散系统分为粗分散系统、胶体分散系统和真溶液（表9-1）。

表9-1 分散系统按分散相粒子大小分类及各类性质的比较

分散系统	真溶液	胶体分散系统		粗分散系统
		高分子溶液	溶胶	
系统举例	NaCl水溶液	蛋白质水溶液	$Fe(OH)_3$	泥浆
粒子大小	$<10^{-9}m$	$1\sim1000nm(10^{-9}\sim10^{-6}m)$		$>10^{-6}m$
透过性	能透过半透膜	能透过滤纸，不能透过半透膜		不能透过滤纸
扩散性	扩散快	扩散慢		不能扩散
可见性	超显微镜下不可见	超显微镜下可见		显微镜下可见
		差	好	
热力学稳定性	均相的热力学稳定系统，符合相律		多相，热力学不稳定系统，不符合相律	
光散射性	弱	弱	强	弱

由表9-1可知，胶体分散系统是指分散相粒子大小在1～1000nm之间的分散系统，其中主要包括溶胶（sol）和高分子溶液（macromolecular solution）两大类。

溶胶是憎液溶胶的简称，是由难溶物分散在分散介质中形成，分散相的粒子是许多原子或分子的聚集体，如$Fe(OH)_3$在水中的溶胶、金溶胶。它们是超微多相系统，具有极大的相表面和表面能，粒子间有自动聚结以减少相表面、降低表面能的趋势。因此，是热力学不稳定系统，易被破坏而聚沉，且一旦被聚沉后，不能再自动分散到介质中去。因此，其基本特征可归纳为：特有的分散程度、不均匀（多相）性和聚结（热力学）不稳定性。

分散相粒子是高分子的溶液，如蛋白质、橡胶、尼龙溶液，即为高分子溶液。其分子大小达到胶体范围，因此具有胶体的一些特性，例如扩散慢、不透过半透膜、对光有散射等。但是，它却是分子分散的真溶液。高分子化合物在适当的介质中，可以自动溶解而形成均相溶液，若设法使其沉淀，当除去沉淀剂，重新再加入溶剂后高分子化合物又可以自动再分散，因而它是热力学上稳定、可逆的体系。由于被分散物和分散介质之间的亲合能力很强，所以过去曾被称为亲液溶胶，但是显然使用“高分子溶液”这个名词应更能反映其实际情况。因此至今“憎液溶胶”这个词被保留了下来，而亲液溶胶则逐渐被高分子溶液这一词所代替。由于高分子溶液和憎液溶胶在性质上有显著的不同，而高分子物质在实用及理论上又具有重要意义，因此近几十年来，高分子化合物已经逐渐形成一个独立的学科。这样胶体分散系统中实际上主要讨论的是溶胶。

按分散相和分散介质的聚集状态，胶体分散系统又可分为如表 9-2 所示的八类，并以分散介质的聚集状态分别命名。如以气体为分散介质的溶胶称为气溶胶；以液体为分散介质的称为液溶胶（常简称为溶胶）；以固体为分散介质的称为固溶胶。液溶胶中分散相若为液体又命名为乳状液；若为气体则命名为泡沫。

胶体在自然界中是普遍存在的，人类赖以生存的衣食住行中各行业都与胶体有关。如纺织业的上浆、印染等工艺过程都需要胶体的基本原理作指导，在生产过程中产生的工业废水净化、贵金属的提取，无不涉及胶体的形成与破坏。又如蔚蓝色天空中的大气层是由水滴和尘埃等物质分散在空气中的胶体构成的，对它的研究在环境保护、耕耘、人工降雨等方面具有重要的意义；近几十年来发展的纳米超微粒子研究十分活跃，这些系统表现出不平常的化学和物理特性，如超导性等正在被人们开发和利用。另外，人体各部分的组织都是含水的胶体，所以要了解生理机能、病理原因和药物疗效等都要依据胶体的研究成果。因此，掌握胶体化学知识，对指导我们进行有关科学研究具有重要的意义。

表 9-2　按分散相和分散介质的聚集状态对溶胶的分类

分散相	分散介质	名称	实例
气	液	泡沫	肥皂水、泡沫
液		乳状液	牛奶、石油
固		溶胶、悬浮液	油墨、泥浆
气	固	固体泡沫	馒头、泡沫塑料
液		凝胶	珍珠
固		固溶胶	有色玻璃
液	气	气溶胶	云雾
固		气溶胶	烟、尘

9.1.2 溶胶的制备

溶胶的制备及净化

由于胶体并非一种特殊的物质，而是物质以一定分散程度存在的特殊状态。根据胶体系统分散度的大小，制备溶胶不外乎两条根本途径，一是大化小，即将物质分割成胶粒；二是小变大，即将小的分子（或离子）聚集成胶粒。前者称为分散法，后者称为聚集（或凝聚）法。以下简要介绍这两种方法。

9.1.2.1 分散法

分散法是用适当方法使大块物质在有稳定剂存在时分散成胶体粒子般大小。常用的有以下几种方法。

(1) 研磨法

研磨法即机械粉碎的方法，常用设备是胶体磨。胶体磨有两块由坚硬合金或金刚砂制成的磨盘，紧靠的上下磨盘以高速反向转动（转速一般在5000～10000r/min），研碎粗粒。磨细粒度约为10^{-7}m。由于分散度大，小颗粒易趋于重新聚结，故在研磨时，常加入丹宁或明胶等稳定剂，也可以加溶剂冲稀，以防止颗粒的聚集。

(2) 胶溶法

胶溶法亦称解胶法，它不是使粗粒分散成溶胶，而只是使暂时聚集起来的分散相又重新分散。许多新鲜的沉淀经洗涤除去过多的电解质，再加少量的电解质作为稳定剂（此处又称胶溶剂），胶粒因吸附离子而带电使之变得稳定，沉淀在适当地搅拌下会重新分散成溶胶，这种作用称为胶溶作用。但胶溶作用只发生于新鲜的沉淀，如果沉淀放置较长时间，小颗粒经老化变成大颗粒，就不能再利用胶溶作用制备溶胶。例如：

$$Fe(OH)_3(\text{新鲜沉淀}) \xrightarrow{FeCl_3} Fe(OH)_3(\text{溶胶})$$

$$AgCl(\text{新鲜沉淀}) \xrightarrow{AgNO_3 \text{ 或 } KCl} AgCl(\text{溶胶})$$

(3) 超声分散法

超声分散法是以高频、高能的超声波（大于20000Hz）传入介质，在介质中产生相同频率的机械振荡，使分散相均匀分散，从而制得溶胶或乳状液。其优点是产品纯度高。

(4) 电弧法

将欲制金属溶胶的金属丝置于水中作为电极，通入高压电流，使两极间产生电弧。在电弧高温下，产生的金属蒸气立即冷凝成胶粒，若预先在水中加入少量碱作为稳定剂，便可形成稳定的溶胶。由此看来，电弧法兼有分散和冷凝两个过程。用此法可以制成金、银、铂等贵金属的溶胶。

动画：凝聚法

9.1.2.2 聚集法

与分散法相反，聚集法是将分子（或原子、离子）分散状态凝聚为胶体分散状态的一种方法。通常根据凝聚过程所发生的变化类型分为物理凝聚法和化学凝聚法。

(1) 物理凝聚法

如溶剂置换法，是利用一种物质在不同溶剂中溶解度相差悬殊的特性来制备溶胶。例如用此法制备硫黄的水溶胶时，是将硫黄的酒精溶液倒入水中，由于硫黄在水中的溶解度很低，以胶粒大小析出，形成硫黄的水溶胶。

(2) 化学凝聚法

利用各种化学反应生成不溶性产物，在不溶性产物从溶液中析出时，使之停留在胶粒大小。因为胶体粒子的成长取决于两个因素：晶核生成速度和晶体生长速度，那些有利于晶核大量生成而减慢晶体生长速度的因素，都有利于溶胶的形成，如较大的过饱和度、较低的温度等。可利用的化学反应有氧化还原反应、水解反应和复分解反应等，举例如下。

① 利用氧化还原反应　如用甲醛还原金盐制得金溶胶，即

$$2HAuCl_4(\text{稀溶液})+3HCHO(\text{少量})+11KOH \xrightarrow{\triangle} 2Au(\text{溶胶})+3HCOOK+8KCl+8H_2O$$

反应得到的金粒子吸附稳定剂 AuO_2^- 而成为稳定的负电性金溶液，金粒子直径和颜色随着制备条件的变化而改变。

② 利用水解反应　如三氯化铁水解生成红棕色的氢氧化铁溶胶，即

$$FeCl_3(\text{稀溶液})+3H_2O(\text{沸水}) \longrightarrow Fe(OH)_3(\text{溶胶})+3HCl$$

又如，烷氧基铝水解制备氢氧化铝溶胶

$$Al(OR)_3 + H_2O \longrightarrow Al(OR)_2(OH) + ROH$$

$$2Al(OR)_2(OH) + 2H_2O \longrightarrow 2AlOOH + 4ROH$$

$$Al(OR)_2(OH) + 2H_2O \longrightarrow Al(OH)_3(\text{溶胶}) + 2ROH$$

③ 复分解反应　如黄色的碘化银溶胶可按下列反应制得

$$AgNO_3(\text{稀溶液}) + KI(\text{稀溶液}) \longrightarrow AgI(\text{溶胶}) + KNO_3$$

为了在 AgI 表面形成双电层而使溶胶稳定，制备中 $AgNO_3$ 或 KI 必须过量。

9.1.3　溶胶的净化

在制得的溶胶中常含有一些电解质，通常除了形成胶团所需要的电解质以外，过多的电解质存在反而会破坏溶胶的稳定性，因此必须将溶胶净化。

最常用的方法是渗析（dialysis）法。即利用胶粒不透过半透膜，而分子、离子能透过半透膜的性质，将溶胶盛入装有半透膜的容器中（常见的半透膜如羊皮纸、动物膀胱膜、硝酸纤维、醋酸纤维等），并置此容器于水中。由于膜内外电解质浓度的差异，膜内的离子或分子向膜外迁移，从而降低溶胶中的电解质和杂质的浓度，达到净化溶胶的目的。

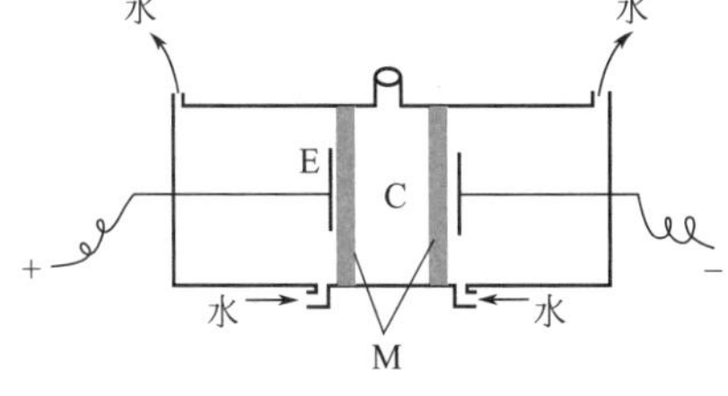

图 9-1　电渗析装置示意

有时，为了提高渗析的速度，可外加电场，利用电场力推动渗析过程加快完成。图 9-1 是电渗析装置的示意图，图中 E 为电极，M 为半透膜，C 处盛溶胶。

9.2　溶胶的光学性质

9.2.1　丁铎尔效应

1869 年，丁铎尔（Tyndall）发现，若令一束会聚的光通过溶胶，则从侧面（即光束垂直的方向）可以看到一个浑浊发亮的光柱，如图 9-2 所示，这就是丁铎尔效应。其他分散系统也会产生这种现象，但是远不如溶胶显著，因此丁铎尔效应实际上就成为判别溶胶与真溶液的最简便的方法。

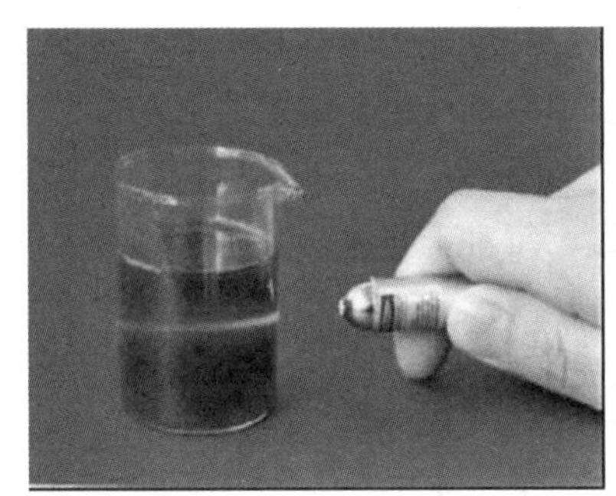

图 9-2　丁铎尔效应

可见光的波长在 400～760nm 之间，当光束通过分散系统时，一部分自由地通过，一部分被吸收、反射或散射。不同的分散系统对照射的光束有不同的表现。①当光束通过粗分散系统时，由于粒子大于入射光的波长，此时分散相对光主要发生反射，使体系呈现浑浊；②当光束通过胶体系统时，由于胶粒直径小于可见光波长，此时主要发生散射，溶胶粒子在入射光的作用下被迫做与入射光波频率相同的振动，成为二次光源，并向各个方向发射电磁波，即散射光波，也称为乳光，从而可以观察到浑浊发亮的光柱；③当光束通过真溶液时，由于溶液十分均匀，散射光因相互干涉而完全抵消，看不见散射光。可见丁铎尔现象的实质是胶体分散系统对光的散射。

9.2.2 瑞利公式

1871 年英国科学家瑞利（Rayleigh）研究了光的散射作用，得出了散射光的强度 I 与入射光的强度 I_0、入射光的波长 λ、单位体积溶胶中的粒子数目 C、单个胶粒的体积 V、分散相及分散介质的折射率 n、n_0 之间的关系，即

$$I=\frac{9\pi^2V^2C}{2\lambda^4l^2}\left(\frac{n^2-n_0^2}{n^2+2n_0^2}\right)^2(1+\cos^2\theta)I_0 \tag{9-1}$$

式中，θ 为散射角，即观察的方向与入射光方向间的夹角；l 为观察者与散射中心的距离。式(9-1) 被称为瑞利公式。由此公式可以得出如下结论。

① 散射光强度与入射光波长的四次方成反比。即入射光波长愈短，所引起的散射光强度愈强。如果入射光是白光，则白光中波长最短的蓝光与紫光最易散射，而波长最长的红、橙色光则最不易发生散射，因此侧面的散射光呈淡蓝紫色，而透过光则呈橙红色。

② 散射光强度与粒子体积的平方成正比。一般真溶液粒子的体积甚小，仅可产生微弱的散射光；粗分散的悬浮液，粒子的尺寸大于可见光的波长，主要是反射和折射现象，不能产生光散射，故只有在胶体范围内的粒子散射光强度最强。故用丁铎尔效应鉴别溶胶是一种有效的方法。

③ 散射光强度与单位体积内的粒子数，即分散粒子的浓度成正比。若在相同条件下，比较两种同一物质形成的溶胶，其中一种溶胶的浓度已知，则可以求出另一种溶胶的浓度。这类测定仪器称为浊度计。其原理和比色计相似，不同之处在于浊度计的光源是从侧面射入溶胶，而观测到的应是散射光的强度。

④ 散射光与系统的折射率有关。分散相与分散介质的折射率相差愈大，则散射光愈强。若分散相与分散介质之间界面明显，散射光就会很强。否则，若两者界面模糊，且颗粒表面亲液性较强，则散射光就弱，不能显示出丁铎尔效应。如高分子真溶液是均相系统，乳光甚弱，故可依此来区别高分子溶液与溶胶。

一般纯气体和纯液态物质，由于 $n=n_0$，不应有光散射现象。但实验发现它们也能产生微弱的乳光效应，这主要是出于它们在局部范围内发生密度的涨落，使折射率产生相应的差异所致。例如万里晴空呈蔚蓝色，而朝霞、晚霞呈红色，这主要是由于大气密度的涨落引起太阳光的散射作用所造成的，白天天气晴朗时看到的是蓝色散射光，而朝霞、晚霞出现时看到的主要是红色透过光。

应该指出，瑞利公式对非金属溶胶是适用的，而对于金属溶胶，不仅有光的散射，还有光波吸收的现象，故情况要复杂得多。

德国科学家西登托夫与席格蒙迪在 1903 年发明的超显微镜就是利用了溶胶的丁铎尔效应。他们利用很强的光源（弧光灯再经聚焦），目的是使散射光达到最强。从侧面照射溶液，可观察到闪烁发光的胶粒。利用超显微镜可观察到半径为 5～150nm 的粒子，大大扩充了人们的视野。应当指出，在超显微镜下看到的并非粒子本身的大小，而是其散射光，而散射光的影像要比胶体粒子的投影大数倍之多。

目前，已应用电子显微镜来研究胶体，它能将物像放大 10 万～50 万倍，可以直接观测粒子的形状，并确定某些胶粒的大小。

溶胶的动力学性质

9.3 溶胶的动力学性质

胶体粒子在分散介质中的热运动和在重力场或离心力场作用下的运动决定了溶胶具有布朗运动、扩散和沉降等一系列动力学性质。

9.3.1 布朗运动

科学家-布朗

1827 年，植物学家布朗（Brown）用显微镜观察到悬浮在液面上的花粉粉末不断地做不规则运动，此后发现凡是线度小于 4μm 的粒子，在分散介质中皆呈现这种运动。由于这种现象是布朗首先发现的，故称为布朗运动（Brownian motion）。

布朗运动是分子热运动的直接结果。在胶体分散系统中，胶体粒子是处在液体分子的包围之中，而液体分子一直处于不停的、无序的热运动状态，撞击着胶体粒子。如果胶体粒子较小，那么在某一瞬间粒子各个方向受力不能相互抵消，就会向某一方向运动，在另一瞬间又向另一方向运动，因此会观察到粒子的布朗运动，如图 9-3(a) 所示。图 9-3(b) 是每隔相等的时间，在超显微镜下观察一个粒子运动的情况，它是空间运动在平面上的投影，可近似地描绘胶粒的无序运动。但这不是粒子运动的轨迹，粒子真实运动状况要比该图复杂得多。当粒子直径大于 4μm 时，就没有了布朗运动。因为粒子大，受到液体分子撞击次数多，则互相抵消的可能性也大。而溶胶粒子大小在 4μm 之下，可观察到显著的布朗运动。

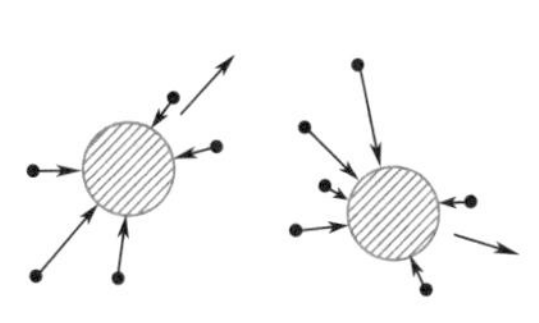
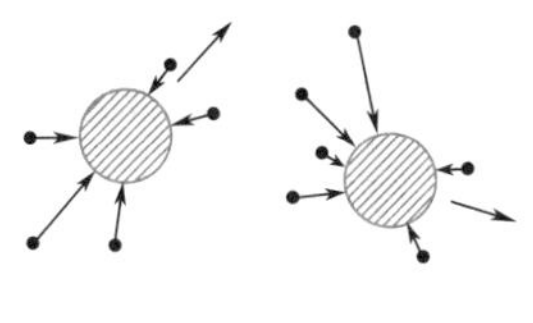
(a) 胶粒受介质分子冲击示意图

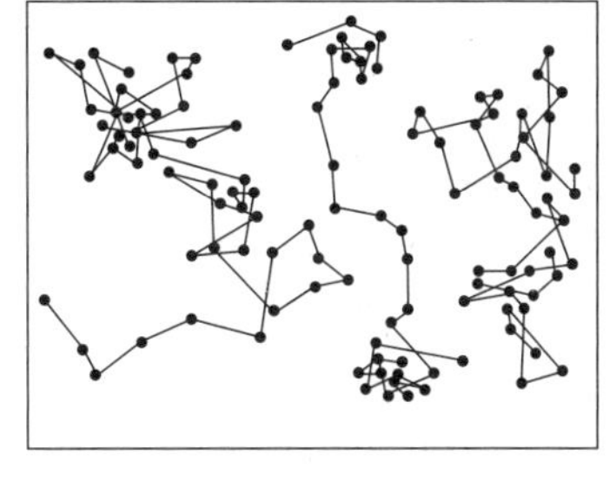
(b) 超显微镜下胶粒的布朗运动

动画：
超显微镜观察
布朗运动

图 9-3 布朗运动示意图

尽管布朗运动复杂而无规则，但在一定条件下，一定时间内粒子的平均位移却具有确定数值。实验表明，微粒越小，温度越高，且介质黏度越小，则布朗运动越剧烈。据此，1905 年，爱因斯坦（Einstein）运用概率的概念和分子运动论的观点，导出了布朗运动的基本公式，即

$$\bar{x}=\sqrt{\frac{RT}{L}\times\frac{t}{3\pi\eta r}} \tag{9-2}$$

此为著名的爱因斯坦-布朗平均位移公式。式中，$\bar{x}$ 为 t 时间内粒子的平均位移；t 为间隔的时间；L 为阿伏伽德罗常数；η 为介质的黏度；r 为胶粒的半径；T 为热力学温度；R 为摩尔气体常数。

由于布朗运动的存在，使胶粒从周围介质不断获得动能，从而抗衡重力作用而不发生聚沉。因而布朗运动是胶体能够稳定存在的原因之一。

9.3.2 扩散

扩散是粒子从高浓度区向低浓度区迁移的现象，它是布朗运动的直接结果。虽然溶胶的扩散速率比起低分子真溶液中的低分子物质慢得多，但仍服从菲克（Fick）定律，即

$$\frac{\mathrm{d}n}{\mathrm{d}t}=-DA\frac{\mathrm{d}c}{\mathrm{d}x} \tag{9-3}$$

该式表示单位时间内通过某一截面积 A 的扩散量 $\frac{\mathrm{d}n}{\mathrm{d}t}$ 与截面积 A 及该处的浓度梯度 $\frac{\mathrm{d}c}{\mathrm{d}x}$ 成正比。D 为比例常数，称为扩散系数（diffuse coefficient），式中的负号是使扩散量 $\frac{\mathrm{d}n}{\mathrm{d}t}$ 为正，

因为在扩散方向上的浓度梯度$\frac{dc}{dx}$为负值。

1905 年爱因斯坦假设分散相的粒子为球形而导出了扩散系数 D 的表达式

$$D=\frac{RT}{L}\times\frac{1}{6\pi\eta r} \tag{9-4}$$

将式(9-4) 和式(9-2) 结合，则有

$$D=\frac{\overline{x}^2}{2t} \tag{9-5}$$

因此可以由 $\overline{x}$ 求 D，由 D 可进一步求胶粒的半径 r，还可以求胶粒“平均相对摩尔质量” M。设 ρ 为胶粒密度，则

$$M=\frac{4}{3}\pi r^3\rho L \tag{9-6}$$

人们曾用式(9-6) 求算了各种蛋白质的平均相对摩尔质量为 5000～700000。其数值与从凝固点下降法所得结果非常接近。

9.3.3 沉降和沉降平衡

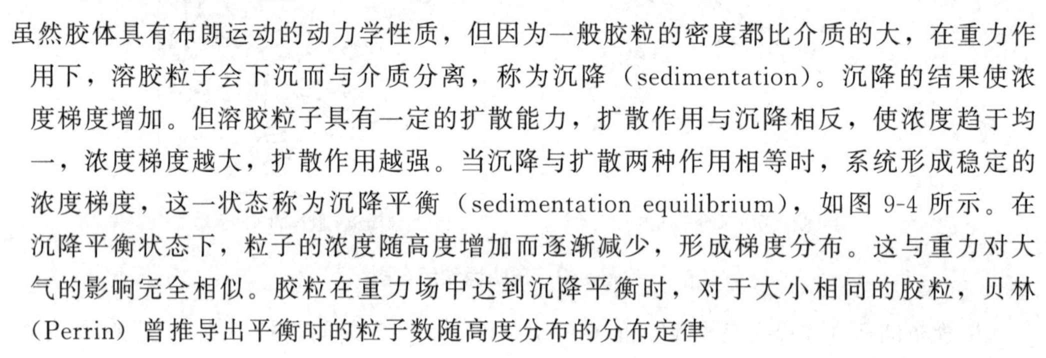

虽然胶体具有布朗运动的动力学性质，但因为一般胶粒的密度都比介质的大，在重力作用下，溶胶粒子会下沉而与介质分离，称为沉降（sedimentation）。沉降的结果使浓度梯度增加。但溶胶粒子具有一定的扩散能力，扩散作用与沉降相反，使浓度趋于均一，浓度梯度越大，扩散作用越强。当沉降与扩散两种作用相等时，系统形成稳定的浓度梯度，这一状态称为沉降平衡（sedimentation equilibrium），如图 9-4 所示。在沉降平衡状态下，粒子的浓度随高度增加而逐渐减少，形成梯度分布。这与重力对大气的影响完全相似。胶粒在重力场中达到沉降平衡时，对于大小相同的胶粒，贝林（Perrin）曾推导出平衡时的粒子数随高度分布的分布定律

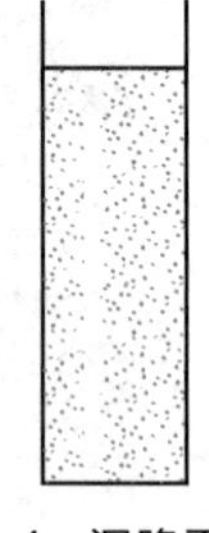

图 9-4　沉降平衡

$$n_2=n_1\exp\left[-\frac{L}{RT}\times\frac{4}{3}\pi r^3(\rho_0-\rho)(h_2-h_1)g\right] \tag{9-7a}$$

或

$$\ln\frac{n_2}{n_1}=-\frac{gLV}{RT}(\rho_0-\rho)(h_2-h_1) \tag{9-7b}$$

式中，n_1、n_2 分别为高度在 h_1、h_2 时相同体积溶胶内的粒子数；ρ_0、ρ 分别为胶粒和介质的密度；r 为球状胶粒的半径；L 为阿伏伽德罗常数；R 为摩尔气体常数；g 为重力加速度。由式(9-7) 可知，粒子愈大，质量愈重，其浓度梯度也愈明显。例如粒度约为 1.860×10^{-7} m 的金溶胶，高度约增加 2×10^{-7} m，即可使浓度减小一半。

应当指出，通常的胶体系统，含有大小不一的各种微粒，这类分散系称为多级分散系统。当系统达到平衡时，大粒子的浓度随高度的变化较之小粒子明显，因而在沉降平衡状态，位于上部的粒子，其平均粒径总是小于底部的粒子。

【例 9-1】 已知某溶胶粒子的半径为 6.02×10^{-8} m。在 298.15K 下，容器内达到沉降平衡。当用超显微镜在两个不同高度观察，测到 $\Delta h=4.40\times10^{-5}$ m，并得出每立方米中胶粒的数目 $n_1=9.9\times10^8$，$n_2=1.35\times10^8$。已知水的密度为 1.0×10^3 kg·m^{-3}，胶粒的密度为 1.932×10^4 kg·m^{-3}，试求 L。

解：因为胶粒的体积 V 为

$$\begin{aligned}V&=\frac{4}{3}\pi r^3=\frac{4}{3}\times3.1416\times(6.25\times10^{-8})^3\,\text{m}^3\\&=1.023\times10^{-21}\,\text{m}^3\end{aligned}$$

由式(9-7b)得

$$L=\frac{RT}{gV(\rho_0-\rho)(h_2-h_1)}\ln\frac{n_1}{n_2}$$

$$=\left[\frac{8.314\times298.15}{9.80\times1.023\times10^{-21}(19.32-1.0)\times10^3\times4.40\times10^{-5}}\ln\frac{9.9\times10^8}{1.35\times10^8}\right]\text{mol}^{-1}$$

$$=6.06\times10^{23}\,\text{mol}^{-1}$$

计算结果表明，所得 L 值与阿伏伽德罗常数非常接近，这也从实验上验证了高度分布定律的正确性。

9.4 溶胶的电学性质

胶体系统是高分散度的多相系统，从热力学上看，胶粒有很大的界面和界面吉布斯函数。因此，胶粒有自动聚结、沉降，以减小其界面吉布斯函数的趋势，故胶体系统是热力学不稳定系统。但是，事实上却有不少胶体系统相当稳定，如金溶胶可以存放几十年而不沉降。应该说，胶体系统之所以能稳定存在而不沉降，除了布朗运动以外，最主要的原因是溶胶具有电性，即溶胶胶粒的带电对其稳定性有着非常重要的影响。

9.4.1 电动现象

1809 年，俄国科学家列依斯（Reuss）在潮湿黏土中插入两根玻璃管，管中各放入少量洗净的砂砾，然后注入清水使之达到同一高度。再在玻璃管中分别插入一电极，并接上直流电源，经一定时间后，黏土粒子移向正极，在正极管中呈现浑浊，且管内水面相对下降。与此同时，负极则不出现浑浊，而水面却慢慢上升，如图 9-5 所示。实验表明，黏土粒子带负电，而周围的水层则带正电。

随后，大量的实验也证明胶粒是带电的。人们通常把外电场作用下，胶粒在分散介质中定向移动的现象称为电泳（electrophoresis）。若在外电场作用下，分散相固定（如胶粒被吸附而固定）而分散介质通过多孔性固体发生定向移动的现象称为电渗（electroosmosis），如图 9-6 所示。

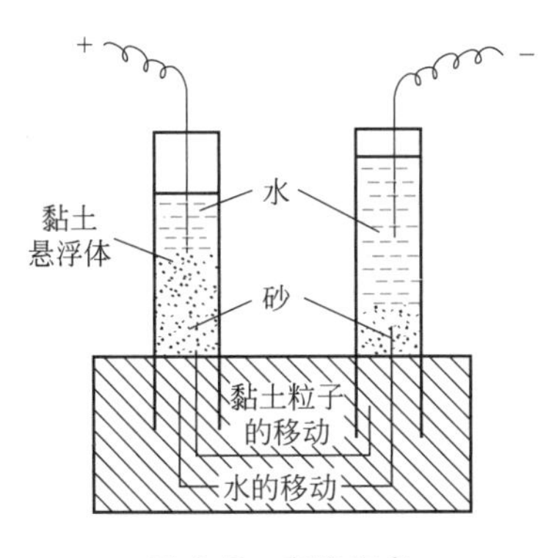

图 9-5　电泳现象

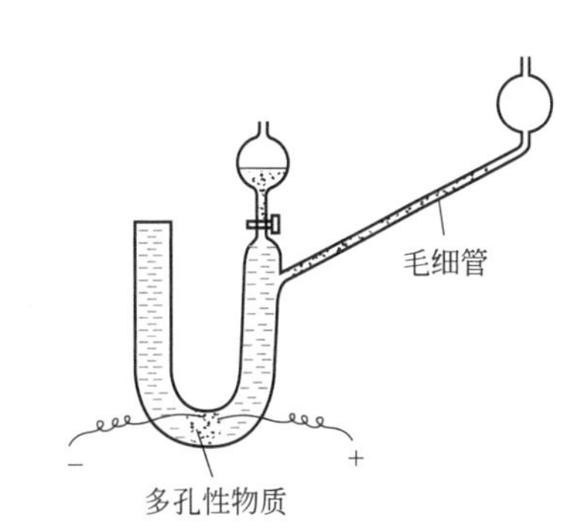

图 9-6　电渗装置示意图

电泳和电渗均为外电场作用下，分散相与分散介质发生相对运动的现象。1880 年，道恩（Dorn）发现，当分散相粒子由于重力场的作用，在液相中自由降落时也会产生电势差，这种电势差称为沉降电势（sedimentation potential）。这是电泳的对抗现象。另外，当加压于液体，使之流过毛细管或多孔膜片，这时在毛细管或膜片的两端出现电势差，这种电势称为流动电势（streaming potential）。显然，这是电渗的对抗现象。

综上所述，电泳和电渗是外电场作用下，固相与液相产生了相对运动。而沉降电势和流动电势则是在外力作用下，固、液两相发生相对运动时产生的电势。这四种现象统称为电动现象（electrokinetic phenomenon）。研究电动现象对了解胶体的结构与稳定性具有重要的意义。

电泳和电渗在工业上有着广泛的用途。例如应用电泳原理可以使橡胶镀在金属、布匹或木材上，乳胶手套即是利用橡胶电镀制成的。又如电泳应用于天然石油乳状液的分离、蛋白质的分离等；电渗应用于泥土、泥炭的脱水等。

9.4.2 溶胶粒子带电的原因

电动现象表明了胶粒是带电的。胶粒带电的原因主要有以下几个方面。

（1）吸附作用

溶胶是高分散的固、液系统，胶粒具有很大的界面吉布斯函数，这使得胶体粒子有吸附介质中的离子而降低界面吉布斯函数的倾向。胶体粒子对被吸附离子的选择与胶粒的表面结构和被吸附离子的性质以及胶体形成的条件有关。当有几种离子同时存在时，法扬斯（Fajans）经验规则表明，“胶体粒子优先选择吸附与胶粒具有相同化学元素的离子”，而使胶粒带电。例如用 $AgNO_3$ 和 KBr 制备 AgBr 溶胶，先产生的 AgBr 粒子表面容易吸附 Ag^+ 或 Br^-，而不易吸附 K^+ 或 NO_3^-。这是因为 AgBr 易于吸附组成相同的离子连续形成晶格。至于胶粒的带电性，则取决于 Ag^+ 或 Br^- 的过量情况，当 KBr 过量时，AgBr 颗粒吸附 Br^- 而带负电；当 $AgNO_3$ 过量时，AgBr 颗粒则吸附 Ag^+ 而带正电。

（2）电离作用

当分散相固体与液体介质接触时，固体表面分子发生电离，有一种离子溶于液相，因而使固体粒子带电。例如，SiO_2 形成的胶粒，由于表面分子水解生成了 H_2SiO_3，而 H_2SiO_3 进一步发生了电离，即

$$SiO_2 + H_2O \longrightarrow H_2SiO_3 \rightleftharpoons 2H^+ + SiO_3^{2-}$$

从而使硅胶粒子吸附了 SiO_3^{2-} 而带负电。

又如可电离的高分子溶胶，由于高分子本身发生电离，而使胶粒带电。例如蛋白质分子，有许多羧基和氨基，在 pH 较高的溶液中，解离生成 $P-COO^-$ 而带负电；在 pH 较低的溶液中，生成 $P-NH_3^+$ 而带正电。在某一特定的 pH 条件下，生成的 $-COO^-$ 和 $-NH_3^+$ 数量相等，蛋白质分子的净电荷为零，这时的 pH 称为蛋白质的等电点。

（3）晶格取代

晶格取代是一种比较特殊的情况，许多硅铝酸盐黏土矿物，例如高岭土和蒙脱土，常因黏土晶体中的晶格同晶取代而带电。如晶格中的 Al^{3+} 或 Si^{4+} 若被 Mg^{2+} 或 Ca^{2+} 取代，可以使黏土晶格带负电。

9.4.3 胶粒的双电层理论

胶粒的双电层理论及溶胶的胶团结构

胶粒带电时液体介质中必然存在电性与胶粒相反的离子（称为反离子），因为只有这样才能保持整体溶胶的电中性。与电极和溶液界面处的情况相似，在胶粒与介质的界面处也会形成双电层。随着科学的不断发展，人们相继提出了多种关于双电层结构及电荷分布的模型，下面按其发展过程，简单介绍几个具有代表性的双电层模型。

9.4.3.1 亥姆霍兹平板双电层模型

1879 年，亥姆霍兹首先提出在固液两相之间的界面上形成双电层的概念。他认为带电胶粒的结构与平板电容器相似，两个电层相互平行排列（见图 9-7）。一面是胶粒带电的离子，相对一面是溶液中带反电荷的离子，两层间的距离 δ 相当于一个水化离子的大小。两层间的电势差即固体与液体之间的总电势，称为表面电势 φ_0（即热力学电势）。在外加电场的作用下，带电质点和溶液中的反离子分别向相反的方向移动，产生电动现象。

平板双电层理论虽然可以解释一些电动现象，但应该看到，这个平板电容器模型与溶胶实际的电学性质是有矛盾的，主要是由于亥姆霍兹忽略了溶液中离子的热运动。实际上溶液中的离子一方面受到胶体表面上反电荷离子的静电吸引，力图把它拉向表面；另一方面还要受到离子本身热运动的牵制，使它们脱离表面，扩散到溶液中去。两个相反作用力的结果，使离子在固、液界面以外的溶液中形成平衡分布。即出现在胶粒表面附近的反离子数目较多，而反离子数目随着离开胶粒表面距离的增大而逐渐减少。就像地面上空气的密度分布不均匀一样。

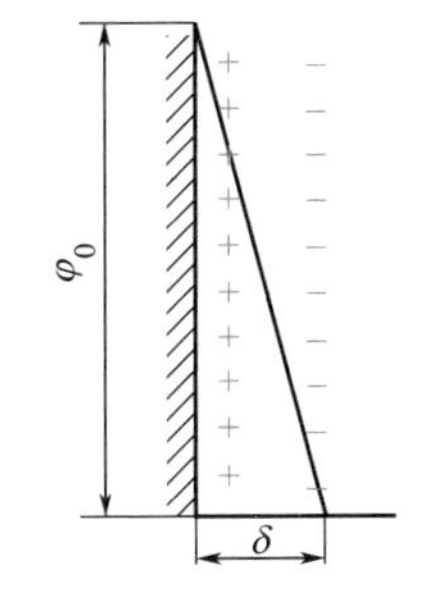

图 9-7 亥姆霍兹平板双电层模型

9.4.3.2 古依-查普曼扩散双电层模型

1910 年古依（Gouy）和 1913 年查普曼（Chapman）修正了上述模型，提出了扩散双电层的模型。他们认为由于正、负离子静电吸引和热运动两种效应的结果，溶液中的反离子只有一部分紧密地排在固体表面附近，相距 1～2 个离子厚度称为紧密层；另一部分离子按一定的浓度梯度扩散到本体溶液中，离子的分布可用玻尔兹曼分布公式表示，称为扩散层。紧密层和扩散层构成双电层。当在电场作用下，固液之间发生电动现象时，移动的切动面（或称滑动面）为 AB 面（如图 9-8 所示），相对运动边界处与溶液本体之间的电势差称为电动电势（electrokinetic potential），或称为 ζ 电势。显然，ζ 电势只是表面电势 φ_0 的一部分，二者数值不等。随着电解质浓度的增加，或电解质价型增加，双电层厚度减小，ζ 电势也减小。

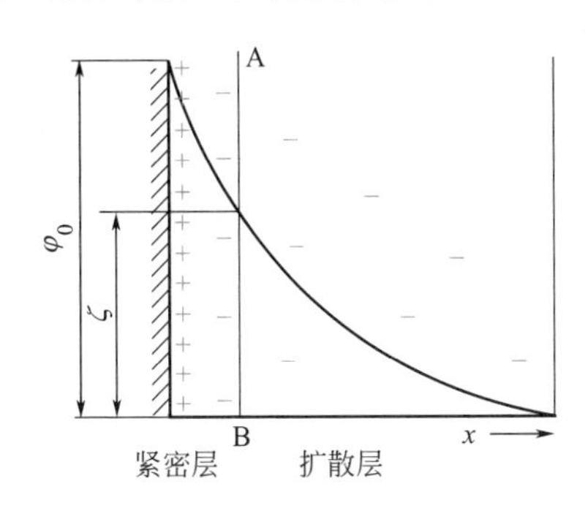

图 9-8 古依-查普曼的扩散双电层模型

该模型虽然克服了亥姆霍兹模型的缺陷，但也有许多不能解释的实验事实。如虽然提出了 φ_0 与 ζ 电势的不同，但没能明确 ζ 电势的物理意义；虽然解释了 ζ 电势与离子浓度和价数十分敏感的实验现象，但此模型的 ζ 电势永远与表面电势同号，其极限值为零，无法解释有时 ζ 电势会随离子浓度的增加而增加，甚至有时可与 φ_0 反号等现象。

9.4.3.3 斯特恩双电层模型

1924 年斯特恩（Stern）对古依-查普曼扩散双电层模型又作了进一步的修正。他认为，离子是有一定大小的，而且离子与质点表面除了静电作用以外，还有范德华吸引力。并提出将古依-查普曼模型的双电层再分为两部分，邻近固体表面 1～2 个分子厚的区域内，反离子受静电引力和范德华引力的双重作用，与质点表面牢固地结合在一起，形成了与亥姆霍兹模型类似的平板结构，这些吸附离子的中心形成了斯特恩面，斯特恩面与质点表面之间的区域构成了斯特恩层。其余的反离子扩散地分布在溶液中构成双电层的扩散部分，如图 9-9 所示。在斯特恩层内，电势由 φ_0 迅速下降到 φ_δ，φ_δ 称为斯特恩电势。在扩散层中，电势由

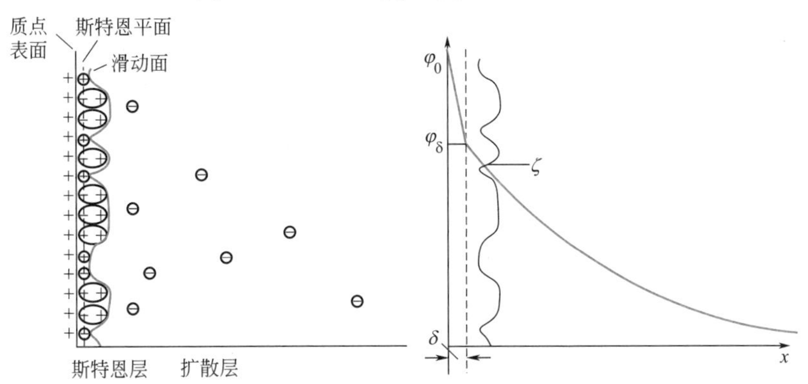

图 9-9 斯特恩扩散双电层模型

φ_δ 降至 0，扩散层中电势变化的规律服从古依-查普曼理论，只需用 φ_δ 代替 φ_0 即可。所以说斯特恩模型是亥姆霍兹平板模型和古依-查普曼扩散双电层模型的结合。由于离子的溶剂化作用，当固液两相做相对运动时，紧密层会结合一定数量的溶剂分子一起移动，所以滑移的滑动面是在斯特恩层与扩散层的界面上，其位置略比斯特恩层靠右。滑动面与溶液内部电势为零的地方的电势差即为 ζ 电势。由图可以看出 ζ 电势与 φ_δ 在数值上相差很小，但却有不同的含义，由于 ζ 电势与电动现象密切相关，只有胶粒与介质做相对运动时才表现出来，故又称电动电势。显然，ζ 电势的绝对值总是要小于表面电势 φ_0 的绝对值。

ζ 电势的大小反映了胶粒带电的程度。ζ 电势越高，表明胶粒带电越多，其滑动面与溶液本体之间的电势差越大，扩散层也越厚。当溶液中电解质浓度增大时，介质中反离子的浓度增大，挤进滑动面内的反离子数目增加，则扩散层由于剩余的反离子数目相对减少而被压缩变薄，从而使 ζ 电势在数值上减小，如图 9-10 所示。当电解质浓度足够大时（对应于图中 c_4），扩散层厚度压缩为 0，这时 ζ 电势亦下降为 0，此即溶胶的等电点。脱掉了带电层“外衣”的胶粒，很不稳定，容易聚沉。此外，如果加入的电解质中反离子价数高，则在溶剂化层内可能吸附了过多反离子而使 ζ 电势改变符号。

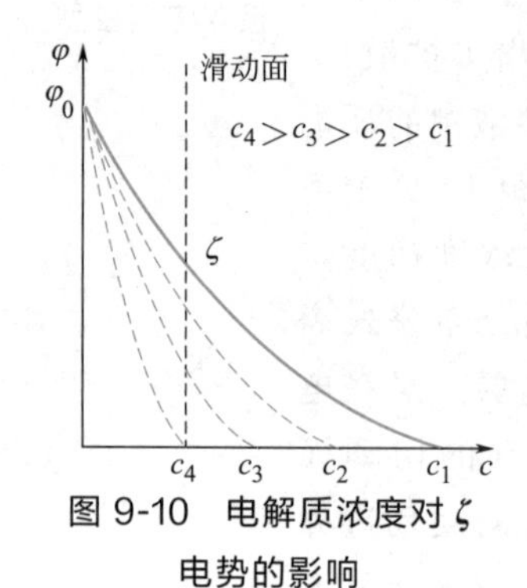

图 9-10 电解质浓度对 ζ 电势的影响

斯特恩模型给出了 ζ 电势明确的物理意义，很好地解释了溶胶的电动现象，并且可以定性地解释电解质浓度对溶胶稳定性的影响。因此，若能测定 ζ 电势，对溶胶稳定性的研究是非常有意义的。

根据双电层模型，由电学理论可以推导出胶粒的 ζ 电势与其电泳速率的关系式，即

$$\nu=\varepsilon E\zeta/\eta \tag{9-8}$$

式中，ν 是电泳速率，单位为 $m\cdot s^{-1}$；E 为外加电场的电势梯度，单位为 $V\cdot m^{-1}$；η 为介质的黏度，单位为 $Pa\cdot s$；ε 是介质的介电常数，单位为 $F\cdot m^{-1}$，其与相对介电常数 ε_r、真空介电常数 ε_0 的关系是 $\varepsilon_r=\varepsilon/\varepsilon_0$。

可见，通过电泳速率的测定，即可求出 ζ 电势。

9.4.4 溶胶的胶团结构

根据溶胶的扩散双电层理论及溶胶的电动现象，可以想象出溶胶的胶团结构。

通常情况下，先有一定量的难溶物分子聚集形成胶粒的中心，称为胶核（colloidal core），胶核常具有晶体结构。然后胶核按照法扬斯规则选择性地吸附周围介质中与胶核具有相同元素的某种离子而带电。由于正、负电荷相吸，一旦胶核因吸附带电后，就会在滑动面内吸引一部分介质中的反离子，构成与吸附离子带相同电荷的胶粒（colloidal partical），而另一部分反离子呈扩散状分布在介质之中。整个扩散层及其所包围的胶粒，形成一个电中性的胶团（micelle）。

如 AgI 溶胶，当以 $AgNO_3$ 和 KI 的稀溶液作用，如果其中有一种电解质适当地过量起到稳定剂的作用，就能制得稳定的 AgI 溶胶。胶核由 m 个 AgI 分子聚集而成。若 KI 过量，则胶核优先吸附 I^- 而带负电。反离子 K^+ 一部分进入滑动面，与吸附离子及胶核一起构成胶粒，还有一部分在扩散层中，胶粒与扩散层一起构成胶团。整个胶团是电中性的，可以用下式表示为

$$\underbrace{\underbrace{[\underbrace{(AgI)_m}_{\text{胶核}}nI^-\cdot(n-x)K^+]^{x-}}_{\text{胶粒(带负电)}}\cdot xK^+}_{\text{胶团(电中性)}}$$

式中，m 表示胶核中物质的分子数；n 为胶核所吸附的离子数。通常情况下 $n\ll m$。$(n-x)$

为紧密层内的反离子数；x 为扩散层的反离子数。应该指出，m 是一个不定的数值，即使是同一溶胶，胶核的大小也不相同，故相应的 n、x 值亦不同。胶核成长的大小，是以其吸附层的形成而告终的。

若 $AgNO_3$ 过量，则胶团结构为

$$\underbrace{\underbrace{[\overbrace{(AgI)_m}^{\text{胶核}} nAg^+ \cdot (n-x)NO_3^-]^{x+}}_{\text{胶粒(带正电)}} \cdot xNO_3^-}_{\text{胶团(电中性)}}$$

再如 SiO_2 溶胶，当 SiO_2 微粒与水接触时，由于生成的弱酸 H_2SiO_3 电离，使其表面吸附了 SiO_3^{2-} 而形成了带负电的胶粒。SiO_2 溶胶的胶团结构式可表示为

$$[(SiO_2)_m nSiO_3^{2-} \cdot 2(n-x)H^+]^{2x-} \cdot 2xH^+$$

若周围介质中没有与胶核具有相同元素的离子，则胶核优先吸附水化能力较弱的负离子，所以自然界中的胶粒大多带负电，如泥水、豆浆等都是负溶胶。

9.5 溶胶的稳定与聚沉

实践活动中，人们常常遇到溶胶的稳定性问题。例如染色的有机染料，大多以胶体状态分散于水中，必须使之成为稳定的溶胶。相反，有时却希望溶胶不稳定，如在净化污水时，就必须破坏各类物质形成的溶胶，使之聚沉。这样，只有了解溶胶稳定的原因，才能选择适当的条件，保持或破坏溶胶的稳定性。

溶胶的稳定与聚沉

9.5.1 溶胶稳定的原因

（1）溶胶的动力稳定作用

溶胶是高度分散系统，胶粒很小，布朗运动较强，能克服重力影响而不沉降，使系统保持均匀分散。这种作用称为溶胶的动力稳定性。一般来说，布朗运动越强烈，其动力稳定性越高，胶粒越不易于沉降。此外，从介质来看，分散介质的黏度越大，胶粒与分散介质的密度差越小，胶粒越难沉降，溶胶的动力稳定性也越高。

（2）溶胶的电学稳定作用

由胶团结构可知，每个胶粒都带有同性的净余电荷，同性相斥从而阻止了彼此的接近，如果两个胶粒的距离较大，而扩散层尚未重叠时，胶粒之间无排斥力；一旦粒子靠近而部分发生重叠时，则相互排斥。且随着重叠区域的增大，斥力亦相应增强。当胶粒间的排斥力大于其吸引力时，则两个胶粒相撞后，因排斥而又分离，溶胶仍保持其稳定性。由此看来，ζ 电势是溶胶稳定的主要原因，而且胶粒带电的多少，还直接与溶剂化层的薄厚相关。

（3）溶剂化的稳定作用

以上所讨论的溶胶，通常是指憎液溶胶，即在水溶液中其胶核是憎水的。但它周围的离子和反离子却是水化的。因而胶粒的水化（离子）外壳形成了它的保护层。这就降低了胶粒的界面吉布斯函数，增加了胶粒的稳定性。

ζ 电势绝对值的高低，是反离子在滑动面内和扩散层中占有比例的尺度。ζ 电势越高，说明反离子在扩散层中的数目越多，胶粒带电荷越多，溶剂化层也越厚，溶胶就越稳定。

总之，不论是从电学稳定性，或是从溶剂化稳定性来看，ζ 电势都是溶胶稳定的重要标志。

9.5.2 溶胶的聚沉

溶胶的聚沉（coagulation），是指溶胶中胶粒相互聚结，使颗粒变大以致发生沉降的现

象。按理说来，胶粒很小，系统具有很大的界面吉布斯函数，胶粒间的碰撞有使其自发聚集的趋势，故溶胶是热力学不稳定系统，胶粒的聚沉是必然的。由于影响溶胶聚沉的因素较多，现择其主要因素分述如下。

(1) 电解质的聚沉作用

由上述讨论可知，ζ 电势越高，溶胶越稳定。一般说来，ζ 电势大于 0.03V 时，溶胶是稳定的。如果不断地向溶胶中加入电解质，胶粒的 ζ 电势不断降低，当 ζ 电势小于某一数值时，溶胶即开始聚沉。且 ζ 电势愈低，聚沉速度愈快，当 ζ 电势等于 0，即达到等电状态时，聚沉速率最大。在电解质作用下，溶胶开始聚沉时的 ζ 电势称为临界电势（critical potential）。一般临界电势在 $\pm 25 \sim 30$mV 之间，而能引起溶胶明显聚沉所需电解质的最小浓度，称为该电解质对此溶胶的聚沉值（coagulation value）。聚沉值的倒数，习惯上称为聚沉能力（coagulation capability）。各种电解质均能使溶胶显示聚沉，而其聚沉能力不相同。根据实验结果，可归纳出以下规律。

① 电解质的聚沉能力随反离子价数升高而迅速增加。此即舒尔采-哈迪（Schulze-Hardy）价数规则。若以一价正离子为比较标准，反离子为一价、二价或三价的电解质，其聚沉能力有如下关系：

$$Me^{+} : Me^{2+} : Me^{3+} = 1^6 : 2^6 : 3^6 = 1 : 64 : 729$$

这表明，电解质的聚沉能力与反离子价数的六次方成正比。必须指出，由于测定聚沉值的实验条件很难取得一致，对不同溶胶和电解质可能有不同的变化，故上述比值是很粗略的。另外，尚有不少例外，如 H^+ 虽为一价，却有很高的聚沉能力；又如有机化合物的离子，不论价数如何，其聚沉能力都很强，这与其特有的结构密切相关。

② 对于同价反离子来说，聚沉能力也各不相同。例如，同价正离子，由于正离子的水化能力很强，而且离子半径愈小，水化能力愈强，所以，水化层愈厚，被吸附的能力愈小，使其进入滑动面的数量减少，而使聚沉能力减弱；对于同价的负离子，由子负离子的水化能力很弱，所以负离子的半径愈小，吸附能力愈强，聚沉能力愈强。根据上述原则，某些一价正、负离子，对带相反电荷胶体粒子的聚沉能力大小的顺序，可排列为

$$H^+ > Cs^+ > Rb^+ > NH_4^+ > K^+ > Na^+ > Li^+$$

$$F^- > Cl^- > Br^- > NO_3^- > I^- > SCN^- > OH^-$$

这种将价数相同的正、负离子，按聚沉能力大小，依次排成的顺序称为感胶离子序(lyotropic series)。

③ 在相同反离子的情况下，与溶胶同电性离子的价数越高，则电解质的聚沉能力越低，聚沉值越大。这可能与同电性离子吸附有关。例如，若胶粒带正电，反离子为 SO_4^{2-}，则聚沉能力为 $Na_2SO_4 > MgSO_4$。

(2) 电解质混合物的聚沉作用

电解质混合物对溶胶的聚沉能力，不具有加和性。譬如把两种电解质的混合物加入溶胶中，则它们的聚沉能力有的相互削弱，有的彼此增加，有的相互影响不大。混合电解质的聚沉作用，由于受到离子之间、离子与胶团之间以及离子与溶剂之间作用的影响，情况较为复杂。

此外，两种反电荷的溶胶相互混合，也会发生聚沉。只有当一种溶胶所带电荷电量的总和恰好与另一种溶胶所带反电荷电量的总和相等时，才能发生完全聚沉，否则就不能完全聚沉。例如，将负电性的 As_2S_3 溶胶与正电性的 $Fe(OH)_3$ 溶胶相混合，即发生聚沉；又如两种不同电性的墨水相混合，也会发生聚沉而使墨水失效。

(3) 高分子化合物对溶胶的作用

在溶胶中加入高分子化合物既可使溶胶稳定，也可能使溶胶聚沉。作为一个好的聚沉

剂，应当是分子量很大的线型聚合物。例如，聚丙烯酰胺及其衍生物就是一种良好的聚沉剂，其分子量可高达几百万。聚沉剂可以是离子型的，也可以是非离子型的。其聚沉作用表现在以下三个方面。

① 搭桥效应　一个长碳链的高分子化合物，可以同时吸附在许多个分散相的微粒上，起到搭桥的作用，如图 9-11(a) 所示。高分子化合物的这种搭桥作用，可以把许多胶粒联结起来，变成较大的聚集体而聚沉。

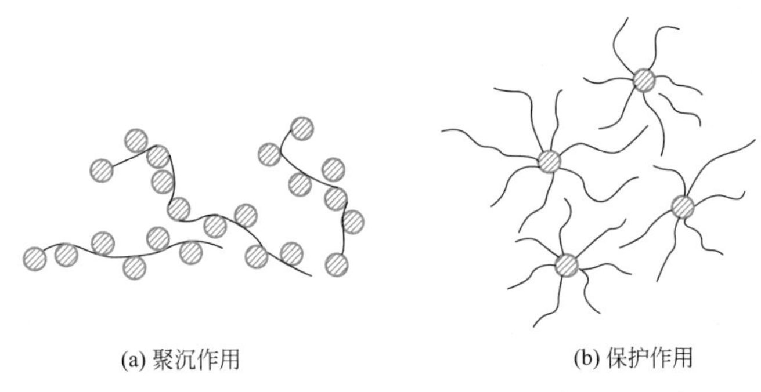

图 9-11　高分子化合物对溶胶的聚沉和保护作用示意图

② 脱水效应　高分子化合物对水有更强的亲和力，由于它的溶解与水化作用，使胶体粒子脱水，失去水化外壳而聚沉。

③ 电中和效应　离子型的高分子化合物吸附在带电的胶体粒子上，可以中和分散相粒子的表面电荷，使粒子间的斥力势能降低，从而使溶胶聚沉。

若在憎液溶胶中加入过多的高分子化合物，许多个高分子化合物的一端都吸附在同一个分散相粒子的表面上，如图 9-11(b) 所示；或者是许多个高分子线团环绕在胶体粒子的周围，形成水化外壳，将分散相粒子完全包围起来，对溶胶则起到保护作用。例如血液中所含的碳酸钙、磷酸钙等难溶盐类物质，就是靠血液中蛋白质保护而存在；医学上滴眼用的蛋白银就是蛋白质所保护的银溶胶。

9.6　高分子溶液简介

一般来说，人们常把平均分子量在 1000 以上的物质，称为高分子化合物（macromolecular compound），例如木质素、蛋白质、聚乙烯、聚丙烯酰胺等。高分子化合物分子较大，单个分子就能达到胶体颗粒大小的范围，可表现出胶体的一些性质，如扩散很慢，不能透过半透膜等。因此，研究高分子溶液的许多方法也和研究胶体的方法有相似之处。但高分子化合物以分子或离子的状态均匀分布在溶液中，在分散相与分散介质之间无相界面存在。故高分子溶液是均匀分布的真溶液，是热力学平衡的单相系统，具有热力学稳定性。这是高分子溶液与溶胶最本质的区别。

9.6.1　高分子溶液的盐析作用

前述已知，溶胶对电解质是十分敏感的，而对高分子溶液来说，当加入少量电解质时，其稳定性并不会受到影响，以至在等电点时也不会聚沉。直到加入足够多的电解质时，才能使它发生聚沉。通常把高分子溶液的这种聚沉现象称为盐析（salting out）。

实验表明，各种电解质对高分子溶液的盐析能力不同，这主要是由其溶剂化趋势决定的，其次还与电解质的价数有关。这和电解质对溶胶的聚沉能力主要由价数决定，其次才与水化趋势有关的情况正好相反。这表明高分子溶液稳定性的关键在于它具有水化壳层，其次才是电性的影响。当大量电解质加入高分子溶液中时，由于离子发生强烈水化作用的结果，致使原来已水化的高分子去水化，因而发生聚沉作用，出现盐析现象。由此可见，发生盐析作用的主要原因是去水化。

一般电解质离子的盐析能力按以下顺序发生变化。负离子盐析能力顺序为

$$SO_4^{2-}>CH_3COO^->Cl^->NO_3^->I^->CN^-$$

正离子盐析能力顺序为

$$Li^+>Na^+>NH_4^+>K^+>Rb^+>Cs^+$$

这个顺序亦称为感胶离子序。对不同种类的高分子溶液，其顺序稍有改变。

9.6.2 高分子溶液的黏度

与一般液体或溶胶相比，高分子溶液的黏度（viscosity）要大得多。如1%橡胶的苯溶液，其黏度约为纯苯黏度的十几倍。高分子溶液的高黏性，是其主要特征之一，产生高黏性的原因主要有以下几个方面。

① 高分子化合物分子在溶液中占有的体积大，妨碍了介质的自由移动。

② 由于高分子的溶剂化作用，而束缚了大量的溶剂分子。

③ 高分子之间的相互作用，彼此牵制。

显然，高分子溶液的高黏性在上述因素中，除了浓度的影响以外，还与高分子的分子量、形状等条件有关。

高分子溶液黏度的测定无论在理论上还是应用上都具有重大的意义。例如科学研究上常常应用黏度的测定来求算高分子的分子量，进而推断其结构和性能，鉴定高分子的质量，以及控制化学反应的进程等。

9.6.3 高分子溶液的胶凝作用

高分子溶液在一定条件下，可以失去流动性，而变为弹性半固体状态，从结构上来看，这是由于高分子好似一团弯曲的细线，相互联结成“骨架”，进而形成空间网状结构，并在骨架的孔隙中填满了溶剂分子，使之无法自由流动，但仍具有一定的柔顺性和弹性，这类系统称为凝胶（gel），含有较多液体的凝胶，又称之为冻胶。如琼脂、鱼冻、血块等，其含水量有时可达到95%以上。高分子溶液形成凝胶的过程称为胶凝作用（gelation）。胶凝作用不是凝聚过程的终点，在通常情况下，将凝胶放置后，不久将有微小的液滴渗出，随之液滴汇合可形成一个液相，与此同时凝胶的体积收缩，逐渐使凝胶转化为两相的这一过程，称为脱水收缩。凝胶在脱水收缩过程中，除体积缩小以外，其几何外形、化学成分以及溶剂化程度均保持不变。这种情况对于纺织、人造纤维和食品工业的生产均有密切的关系。

生物细胞中的原生质、可塑性的黏土以及低浓度的明胶等凝胶，它们的网状结构不稳定，可因摇晃、振动而变成具有流动性的液体，待外力解除以后，又可复原成凝胶，这种现象称为触变（thixotropy）。触变现象的发生是因为振动时，网状结构遭受破坏，线状分子互相分离而呈现流动性；静置时线状分子又重新交联成网状结构。触变是日常生活、生产中常见的现象，如草原上的沼泽地、可变性黏土、混凝土注浆等。

9.6.4 高分子溶液的渗透压和唐南平衡

9.6.4.1 高分子溶液的渗透压

在第2章讨论稀溶液的依数性时，曾推导出稀溶液的渗透压Π与溶质浓度c_B之间的关系式(2-67)，即

$$\Pi=c_B RT$$

该式也适用于高分子溶液。

在高分子溶液中，分散质与介质之间存在着较强的亲和力，产生明显的溶剂化效应，这势必影响溶液的渗透压。若以ρ_B代表溶质的质量浓度，M为溶质的摩尔质量，上式可以改

写为

$$\Pi = RT\rho_B/M \tag{9-9}$$

当上式应用于高分子稀溶液时，实验表明，在恒温下，Π/ρ_B 往往不是常数，而是随ρ_B 的变化而变化，在这种情况下，可采用维里（virial）方程的模型，来表示渗透压 Π 与高分子溶液溶质的质量浓度ρ_B 之间的关系，即

$$\Pi/\rho_B = RT(1/M + A_2\rho_B + A_3{\rho_B}^2 + \cdots) \tag{9-10}$$

式中，A_2，A_3，…皆为常数，称为维里系数。当高分子溶液的质量浓度很小时，可忽略高次方项，上式变为

$$\Pi/\rho_B = RT(1/M + A_2\rho_B) \tag{9-11}$$

在恒温下，若以 Π/ρ_B 对ρ_B 作图，应得一直线，可由该直线的截距及斜率计算高分子化合物的摩尔质量 M 及第二维里系数 A_2。

渗透压法测定高分子摩尔质量的范围是 $10 \sim 10^3\,kg \cdot mol^{-1}$，摩尔质量太小时，高分子化合物容易通过半透膜，制膜有困难；摩尔质量太大时，渗透压很低，测量误差大。式(9-11)只适用于不能解离的高分子稀溶液。对于蛋白质水溶液，只有处于等电状态时才可适用。

9.6.4.2 唐南平衡

第 2 章推导稀溶液的依数性时，讨论的是非电解质溶液，一个溶质分子在溶液中即是一个质点。但对电解质溶液来讲，一个强电解质 $C_{\nu_+}A_{\nu_-}$ 分子可以解离出（$\nu_+ + \nu_-$）个质点，故依数性的公式应用于电解质溶液时要作相应的修改。

若蛋白质（或其他能解离的高分子化合物）不在等电点，可视为强电解质（以 Na_zP 表示），它在水中能完全解离

$$Na_zP \longrightarrow zNa^+ + P^{z-}$$

即一个蛋白质分子产生 $z+1$ 个离子。此时若将蛋白质水溶液与纯水用只允许溶剂 H_2O 和小离子 Na^+ 透过而 P^{z-} 不能透过的半透膜隔开，达到渗透平衡时，所产生的渗透压为

$$\Pi = (z+1)cRT \tag{9-12}$$

显然，对发生解离的高分子化合物，若按式(9-9)计算摩尔质量时，计算值要远远低于实际摩尔质量。为解决此问题，常在缓冲溶液或在加盐的情况下进行可解离高分子化合物摩尔质量的测定，其原理如下。

如图 9-12(a)所示，开始时把浓度为 c 的蛋白质 Na_zP 溶于水，放置在半透膜的左边，浓度为 c_0 的 NaCl 溶液放在半透膜的右边，由于 Cl^- 可以自右侧透过半透膜到达左侧，而每有一个 Cl^- 通过半透膜，必然同时有一个 Na^+ 也透过半透膜以维持两侧溶液的电中性。设平衡时有浓度为 x 的 NaCl 从右侧透过半透膜达到左侧，则左右两侧各离子浓度如图 9-12(b) 所示。

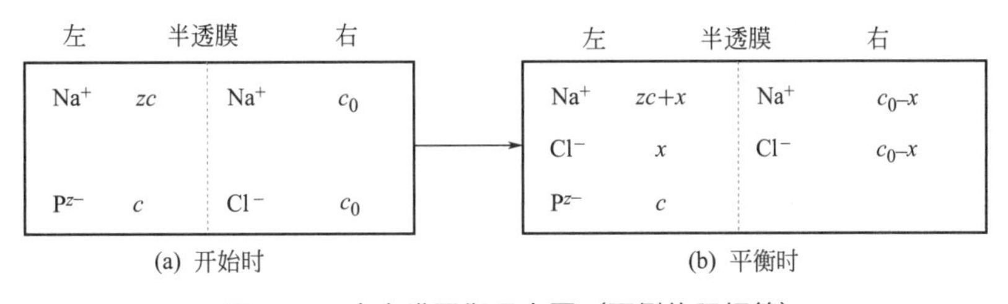

图 9-12 唐南膜平衡示意图（两侧体积相等）

达到渗透平衡时，NaCl 在膜两侧的化学势必然相等，即

$$\mu_L(NaCl)=\mu_R(NaCl)$$

因

$$\mu_L(NaCl)=\mu^\ominus(NaCl)+RT\ln a_L(NaCl)$$

$$\mu_R(NaCl)=\mu^\ominus(NaCl)+RT\ln a_R(NaCl)$$

则有

$$a_L(NaCl)=a_R(NaCl)$$

$$a_L(Na^+)\cdot a_L(Cl^-)=a_R(Na^+)\cdot a_R(Cl^-)$$

对稀溶液，活度可用浓度代替，则

$$c_L(Na^+)\cdot c_L(Cl^-)=c_R(Na^+)\cdot c_R(Cl^-)$$

即渗透平衡时，半透膜右边的钠离子与氯离子浓度的乘积等于半透膜左边的钠离子（包括蛋白质电离出来的钠离子）与氯离子浓度的乘积，此关系称为唐南平衡。

将平衡时半透膜左、右两侧离子浓度代入上式，有

$$(zc+x)\cdot x=(c_0-x)^2$$

整理得

$$x=\frac{c_0^2}{zc+2c_0} \tag{9-13}$$

因渗透压与半透膜两边溶质浓度之差成比例，即

$$\begin{aligned}\Pi&=\left(\sum c_{B,L}-\sum c_{B,R}\right)RT\\&=\{(zc+x+x+c)-(c_0-x+c_0-x)\}RT\\&=(zc+c-2c_0+4x)RT\end{aligned}$$

将式(9-13) 代入上式，得

$$\Pi=\frac{z^2c^2+zc^2+2c_0c}{2c_0+zc}RT \tag{9-14}$$

下面讨论两种极限情况：

当 $c_0 \ll c$，即加入盐的浓度远小于蛋白质的浓度时，由式(9-14) 得

$$\Pi=\frac{z^2c^2+zc^2}{zc}RT=(z+1)cRT \tag{9-15}$$

当 $c_0 \gg c$ 即加入盐的浓度远大于蛋白质的浓度时，由式(9-14) 得

$$\Pi=\frac{2c_0c}{2c_0}RT=cRT \tag{9-16}$$

由上面的讨论可看出，第一种极限情况（加入盐的浓度很低），渗透压公式简化成了式(9-12)，即与无盐存在时的渗透压相等。在第二种极限情况（加入盐的浓度很高）下，公式简化成了式(2-67) 即符合理想稀溶液的渗透压公式。因此可得出如下结论：若加入足够的中性盐，可以消除唐南平衡效应对高分子电解质摩尔质量测定的影响，因而可直接应用最简单的式(2-67) 测定、计算高分子化合物的摩尔质量。

唐南平衡最重要的功能是控制物质的渗透压，这对医学、生物学等研究细胞膜内外的渗透平衡具有十分重要的意义。

思考题

1. 如何定义胶体系统？胶体系统的主要特征是什么？
2. 粗制的溶胶如何净化？
3. 丁铎尔效应是由光的什么作用引起的？其强度与入射光波长有什么关系？粒子大小在什么范围内可以观察到丁铎尔效应？

4. 为什么危险信号灯用红色、雾灯用黄色？

5. 影响胶粒电泳速率的主要因素有哪些？电泳现象说明什么问题？

6. 溶胶是热力学的不稳定系统，却能够在相当长的时间范围内稳定存在，其主要原因是什么？

7. 电泳和电渗有何异同点？流动电势和沉降电势有何不同？这些现象有何应用？

8. 什么是 ζ 电势？如何确定 ζ 电势的正、负号？ζ 电势在数值上一定要少于热力学电势吗？请说明原因。

9. 胶粒带电的主要原因是什么？

10. 破坏溶胶最有效的方法是什么？试说明原因。

11. 高分子溶液和（憎液）溶胶有哪些异同点？

12. 请解释：

(1) 江河入海处为什么常形成三角洲？

(2) 加明矾为何能使浑浊的水澄清？

(3) 使用不同型号的墨水，为什么有时会使钢笔堵塞而写不出来？

(4) 重金属离子中毒的病人，为什么喝了牛奶可使症状减轻？

(5) 请尽可能多地列举出日常生活中遇到的有关胶体的现象及其应用。

习题

1. 当温度为 298.15K，介质黏度 $\eta=0.001\mathrm{Pa\cdot s}$，胶粒半径 $r=2\times10^{-7}\mathrm{m}$ 时，假定粒子只有扩散运动，计算球形胶粒移动 $4.00\times10^{-4}\mathrm{m}$ 时，所需时间是多少？

2. 某溶胶中粒子的平均直径为 4.2nm，设其黏度和纯水相同。已知 298K 纯水黏度 $\eta=1.0\times10^{-3}\mathrm{Pa\cdot s}$，试计算：(1) 298K 时胶体的扩散系数 D；(2) 在 1s 里，由于布朗运动粒子沿 x 轴方向的平均位移 $(\overline{x})$。

3. 在 298K 时，某粒子半径为 $3\times10^{-8}\mathrm{m}$ 的金溶胶，在地心力场中达沉降平衡后，在高度相距 $1.0\times10^{-4}\mathrm{m}$ 的某指定区间内两边粒子数分别为 277 和 166。已知金的密度为 $1.93\times10^{4}\mathrm{kg\cdot m^{-3}}$，分散介质的密度为 $1\times10^{3}\mathrm{kg\cdot m^{-3}}$，试计算阿伏伽德罗常数 L 的值为多少？

4. 已知水和玻璃界面的 ζ 电势为 $-0.050\mathrm{V}$，试问在 298K 时，在直径为 1.0mm、长为 1m 的毛细管两端加 40V 的电压，则介质水通过该毛细管的电渗速率为若干？设水的黏度为 $0.001\mathrm{Pa\cdot s}$，介电常数 $\varepsilon=8.89\times10^{-9}\mathrm{C\cdot V^{-1}\cdot m^{-1}}$。

5. 某带正电荷溶胶，KNO_3 作为沉淀剂时，聚沉值为 $50\times10^{-3}\mathrm{mol\cdot dm^{-3}}$，若用 K_2SO_4 溶液作为沉淀剂，其聚沉值大约为多少？

6. 在碱性溶液中用 HCHO 还原 $HAuCl_4$ 以制备金溶胶，反应可表示为：

$$HAuCl_4+5NaOH \longrightarrow NaAuO_2+4NaCl+3H_2O$$

$$2NaAuO_2+3HCHO+NaOH \longrightarrow 2Au+3HCOONa+2H_2O$$

(1) 此处 $NaAuO_2$ 是稳定剂，试写出胶团结构式。

(2) 已知该金溶胶中含 Au(s) 微粒的质量浓度 $\rho(\mathrm{Au})=1.00\mathrm{kg\cdot m^{-3}}$，金原子的半径 $r_1=1.46\times10^{-10}\mathrm{m}$，纯金的密度 $\rho=19.3\times10^{3}\mathrm{kg\cdot m^{-3}}$。假设每个金的微粒皆为球形，其半径 $r_2=1.00\times10^{-8}\mathrm{m}$。试求：

a. 每立方厘米溶胶中含有多少金胶粒？

b. 每立方厘米溶胶中，胶粒的总表面积为多少？

c. 每个胶粒含有多少金原子？

7. 将 $0.012\mathrm{dm^3}$、$0.02\mathrm{mol\cdot dm^{-3}}$ 的 KCl 溶液和 $0.10\mathrm{dm^3}$、$0.005\mathrm{mol\cdot dm^{-3}}$ 的 $AgNO_3$ 溶液混合以制备 AgCl 溶胶，写出溶胶的胶团结构式。

8. 写出 $FeCl_3$ 水解得到的 $Fe(OH)_3$ 溶胶的结构。已知稳定剂为 $FeCl_3$。

9. 欲制备 AgI 的正溶胶。在浓度为 $0.016\mathrm{mol\cdot dm^{-3}}$，体积为 $0.025\mathrm{dm^3}$ 的 $AgNO_3$ 溶液中最多只能加入 $0.005\mathrm{mol\cdot dm^{-3}}$ 的 KI 溶液多少立方厘米？试写出该溶胶胶团结构的表示式。相同浓度的 $MgSO_4$ 及 $K_3Fe(CN)_6$ 两种溶液，哪一种更容易使上述溶胶聚沉？

10. 在三个烧瓶中分别盛有 0.02dm^3 $Fe(OH)_3$ 溶胶，分别加入 NaCl、Na_2SO_4 和 Na_3PO_4 溶液使溶胶发生聚沉，至少需加入电解质的数量为：（1）1mol·dm^{-3} 的 NaCl 0.021dm^3；（2）0.005mol·dm^{-3} 的 Na_2SO_4 0.125dm^3；（3）0.0033mol·dm^{-3} 的 Na_3PO_4 $7.4\times10^{-3}dm^3$，试计算各电解质的聚沉值和它们的聚沉能力之比，从而判断胶粒带什么电荷。

11. 如下图所示，在 27℃时，膜内某高分子水溶液的浓度为 0.1mol·dm^{-3}，膜外 NaCl 浓度为 0.5mol·dm^{-3}，R^+ 代表不能透过膜的高分子正离子，试求平衡后溶液的渗透压为多少?

R^+，Cl^-		Na^+，Cl^-
0.1，0.1		0.5，0.5

概念题和习题参考答案

第1章 热力学基本原理

概念题

1. A	2. B	3. B	4. D	5. B	6. B
7. B	8. A	9. C	10. D	11. B	12. D
13. D	14. D	15. C	16. B	17. B	18. B
19. B	20. D	21. D	22. C	23. B	24. C

习题

1. −2.0kJ

2. −8.314J

3. (1) −2.49kJ (2) −22.5kJ (3) −57.4kJ

4. (1) −0.157J (2) −3102J

5. (1) 10.50kJ (2) 10.85kJ

6. 1451K，24kJ

7. (1) $Q=2270$J $W=1135$J $\Delta U=3405$J $\Delta H=5674$J

(2) $Q=2527$J $W=877$J $\Delta U=3405$J $\Delta H=5674$J

8. $W=17.74$kJ $\Delta U=1.464$kJ $\Delta H=2.046$kJ $Q=-16.28$kJ

9. (1) $W=\Delta U=-3557$J $\Delta H=-5929$J (2) $W=\Delta U=-2398$J $\Delta H=-3397$J

10. (1) $W=0$ $Q=\Delta U=10.1$kJ $\Delta H=14.2$kJ

(2) $W=-8.1$kJ $Q=\Delta H=28.4$kJ $\Delta U=20.3$kJ

(3) $\Delta U=0$，$\Delta H=0$，$W=-5.62$kJ，$Q=5.62$kJ

(4) $Q=0$，$W=\Delta U=-3.38$kJ，$\Delta H=-4.73$kJ

11. (1) $\Delta U=0$ $Q=-W=-1718$J

(2) $Q=0$ $\Delta U=W=-1376$J

(3) $b=0.761$ $\Delta U=8321$J $W=-945.2$J $Q=9266$J

12. 8×10^3kPa

13. $Q=\Delta H=108.38$kJ $\Delta U=102.18$kJ $W=-6.20$kJ

14. $-0.28\text{J}\cdot\text{mol}^{-1}$

15. $\Delta_r H_m^\ominus=-632\text{kJ}\cdot\text{mol}^{-1}$ $\Delta_r U_m^\ominus=-624.6\text{kJ}\cdot\text{mol}^{-1}$

16. $-486.02\text{kJ}\cdot\text{mol}^{-1}$

17. $-127.13\text{kJ}\cdot\text{mol}^{-1}$

18. $\Delta_r H_m^\ominus=-283.67\text{kJ}\cdot\text{mol}^{-1}$ $\Delta_r U_m^\ominus=-281.59\text{kJ}\cdot\text{mol}^{-1}$

19. $-14.88\text{kJ}\cdot\text{mol}^{-1}$

20. 1392K

21. (1) 16.08% (2) 41.81%

22. $\eta=62.5\%$ $W=-500$kJ

23. (1) $Q=3435$J $W=-3435$J $\Delta S_{sys}=11.5\text{J}\cdot\text{K}^{-1}$ $\Delta S_{sur}=-11.5\text{J}\cdot\text{K}^{-1}$ $\Delta S_{iso}=0$ 过程可逆

(2) $Q=2478$J $W=-2478$J $\Delta S_{sys}=11.5\text{J}\cdot\text{K}^{-1}$ $\Delta S_{sur}=-8.32\text{J}\cdot\text{K}^{-1}$ $\Delta S_{iso}=3.18\text{J}\cdot\text{K}^{-1}$，过程不可逆

24. $\Delta S_{iso}>0$，不可逆过程

25. $-86.61 J \cdot K^{-1}$

26. $Q=0$　$W=9105J$　$\Delta U=9105J$　$\Delta H=12747J$　$\Delta S=28.81 J \cdot K^{-1}$

27. $W=-3.40kJ$　$\Delta U=17.03kJ$　$Q=20.43kJ$　$\Delta H=23.84kJ$　$\Delta S=34.58 J \cdot K^{-1}$

28. $\Delta U=\Delta H=0$　$W=-Q=15.36kJ$　$\Delta S=-39.87 J \cdot K^{-1}$

29. $69.14 J \cdot K^{-1}$

30. $1.035 J \cdot K^{-1}$

31. (1) $8.29 J \cdot K^{-1}$；(2) 0

32. $1.40 J \cdot K^{-1}$

33. 略

34. $Q=\Delta H=-9874J$　$\Delta U \approx Q=-9874J$　$\Delta S=-35.50 J \cdot K^{-1}$　$\Delta A=-355J$　$\Delta G=-355J$

35. $-38.45 J \cdot K^{-1}$

36. $\Delta S=123.83 J \cdot K^{-1}$　$S_m^{\ominus}(I_2, g)=239.97 J \cdot mol^{-1} \cdot K^{-1}$

37. $\Delta_r H_m \approx -103.3 kJ \cdot mol^{-1}$　$\Delta_r S_m=-249.78 J \cdot mol^{-1} \cdot K^{-1}$　$\Delta_r G_m=64.85 kJ \cdot mol^{-1}$

38. 略

39. (1) $\Delta U=\Delta H=0$　$Q=-W=-2306J$　$\Delta S=-5.76 J \cdot K^{-1}$　$\Delta A=\Delta G=2306J$

　(2) ΔU、ΔH、ΔS、ΔA、ΔG 同 (1)　$Q=-W=-3327J$

40. (1) $Q=-W=-1573J$　$\Delta U=\Delta H=0$　$\Delta S=-5.76 J \cdot K^{-1}$　$\Delta A=\Delta G=1572J$

　(2) $W=2270J$　$\Delta U=3405J$　$Q=\Delta H=5674J$　$\Delta S=14.41 J \cdot K^{-1}$　$\Delta A=-31.8kJ$　$\Delta G=-29.5kJ$

　(3) $W=0$　$Q=\Delta U=3405J$　$\Delta H=5674J$　$\Delta S=8.64 J \cdot K^{-1}$　$\Delta A=-28.6kJ$　$\Delta G=-26.3kJ$

　(4) $Q=0$　$W=\Delta U=-824J$　$\Delta H=-1374J$　$\Delta S=0$　$\Delta A=5786J$　$\Delta G=5226J$

　(5) $Q=0$　$W=\Delta U=-681J$　$\Delta H=-1135J$　$\Delta S=1.12 J \cdot K^{-1}$　$\Delta A=4534J$　$\Delta G=4080J$

41. (1) $W=-3190J$　$Q=\Delta H=33.38kJ$　$\Delta U=30.19kJ$　$\Delta S=87.0 J \cdot K^{-1}$　$\Delta A=-3190J$　$\Delta G=0$

　(2) $W=-319J$　$Q=30.51kJ$　ΔU、ΔH、ΔS、ΔA、ΔG 同 (1)

42. (1) $\Delta S=-21.28 J \cdot mol^{-1} \cdot K^{-1}$　$\Delta G=-108.3J$　(2) 421Pa

43. (1) 25.6kPa　(2) $\Delta H=\Delta S=\Delta G=0$　(3) $\Delta H=2.51kJ$　$\Delta S=9.28 J \cdot K^{-1}$　$\Delta G=-350J$

44. $W=-9977J$　$Q=\Delta H_m=98.93 kJ \cdot mol^{-1}$　$\Delta U_m=88.95 kJ \cdot mol^{-1}$　$\Delta S_m=276.79 J \cdot mol^{-1} \cdot K^{-1}$

　$\Delta A_m=-77.12 kJ \cdot mol^{-1}$　$\Delta G_m=-67.14 kJ \cdot mol^{-1}$

45. 略

46. 略

47. 略

第2章　多组分系统热力学

概念题

1. D	2. C	3. A	4. D	5. B	6. D
7. A	8. A	9. C	10. D	11. C	12. B
13. B	14. B	15. D	16. A	17. D	18. B

习题

1. $18.05 cm^3 \cdot mol^{-1}$，$24.75 cm^3 \cdot mol^{-1}$，$1008.99 cm^3$

2. $26.01 cm^3$，$1.09 cm^3$

3. 略

4. 不合格

5. 6.06kPa

6. (1) $y_1=0.855$，$y_2=0.145$；　(2) $x_1=0.403$，$x_2=0.597$，$p=21.98kPa$

7. 0，0，$57.63 J \cdot K^{-1}$，$-17.3kJ$

8. $50.1 J \cdot mol^{-1}$

9. 每 1000g 水中含甘油 495g

10. 分子量为 0.245，以二聚分子形式存在

11. 分子量为 228，分子式为 $C_{12}H_{20}O_4$

12. 302.6mol·m^{-3}，0.0523

13. (1) 100.42℃； (2) 3.13×10^3 Pa； (3) 2.00×10^6 Pa

14. 30.9kJ·mol^{-1}

15. 2.762×10^6 Pa

16. (1) 0.814，0.894； (2) 1.628，1.788；

(3) A 的标准态是 300K，$p^\ominus$ 条件下的纯 A 液体；B 的标准态是 300K，$p^\ominus$ 条件下的纯 B 液体；

(4) −1586J

第 3 章　化学平衡

概念题

一、填空题

1. $K^\ominus=\exp\left(-\dfrac{\Delta_r G_m^\ominus}{RT}\right)$；温度；压力和组成；$J_p$

2. $K^\ominus=\exp\left(-\dfrac{\Delta_r G_m^\ominus}{RT}\right)$；$\dfrac{\mathrm{d}\ln K^\ominus}{\mathrm{d}T}=\dfrac{\Delta_r H_m^\ominus}{RT^2}$；$\ln\dfrac{K_2^\ominus}{K_1^\ominus}=-\dfrac{\Delta_r H_m^\ominus}{R}\left(\dfrac{1}{T_2}-\dfrac{1}{T_1}\right)$

3. 各气相组成的压力项，各凝聚相的压力无关

4. ∞；$a:b$

5. 降低温度；减小压力；加入惰性组分；不断将产物排出

6. 趋势；不是

7. 一个；必须满足

8. 3.589×10^{20}

9. $\Delta_r G_m^\ominus(2)=-2\Delta_r G_m^\ominus(1)$；$K_2^\ominus=1/(K_1^\ominus)^2$

二、选择题

1. B　　2. D　　3. D　　4. C　　5. A　　6. C　　7. B

习题

1. $K^\ominus=780$，$K^\ominus(1)=6.08\times10^5$，$K^\ominus(2)=1.28\times10^{-3}$

2. $K_x=1.87\times10^{-4}$，$K_p=1.87\times10^{-14}\,\mathrm{Pa}^{-2}$，$K_c=5.86\times10^{-7}\,\mathrm{mol}^{-2}\cdot\mathrm{m}^6$

3. $K^\ominus=K_2^\ominus/K_1^\ominus$

4. $K^\ominus=0.916$

5. $p(COCl_2)=0.099963\mathrm{Pa}>0.01\mathrm{Pa}$

6. (1) $K^\ominus=0.111$； (2) $p(NH_3)=17529$Pa； (3) $p(H_2S)=63125$Pa

7. (1) $K^\ominus=0.89$；(2) $\alpha(D)=0.6$

8. (1) $\Delta_r G_m=4.161\mathrm{kJ}\cdot\mathrm{mol}^{-1}$，不能生成；(2) $p>161.1$kPa

9. 2.42

10. (1) 36.7%；(2) 26.8%

11. (1) 77.73kPa；(2) $p(H_2S)>167$kPa

12. (1) 可能发生腐蚀；(2) $a\leqslant0.05=5\%$

13. (1) $\Delta_r H_m^\ominus=-125.4\mathrm{kJ}\cdot\mathrm{mol}^{-1}$；(2) $T=648.5$K

14. (1) $\ln k^\ominus=\dfrac{30213}{T/\mathrm{K}}-15.28$；(2) $\Delta_r H_m^\ominus=-251.2\mathrm{kJ}\cdot\mathrm{mol}^{-1}$　$\Delta_r S_m^\ominus=-127.1\mathrm{J}\cdot\mathrm{K}^{-1}\cdot\mathrm{mol}^{-1}$

15. $T=2216$K，$x=0.0163$，$K^\ominus(1000\mathrm{K})=7.37\times10^{-9}$

16. (1) $\Delta_r G_m^\ominus=9909\mathrm{J}\cdot\mathrm{mol}^{-1}$； $\Delta_r H_m^\ominus=9.274\times10^4\,\mathrm{J}\cdot\mathrm{mol}^{-1}$；

$\Delta_r S_m^\ominus=144.51\mathrm{J}\cdot\mathrm{mol}^{-1}\cdot\mathrm{K}^{-1}$； (2) $p=3.5\times10^4$Pa； (3) $p=4.24\times10^5$Pa

17. $\Delta_r G_m^\ominus=-4.804\mathrm{kJ}\cdot\mathrm{mol}^{-1}$　$\Delta_r S_m^\ominus=221.48\mathrm{J}\cdot\mathrm{K}^{-1}\cdot\mathrm{mol}^{-1}$　$\Delta_r H_m^\ominus=61.23\mathrm{kJ}\cdot\mathrm{mol}^{-1}$

18. $\Delta_r G_m^\ominus$(1000K)=2.70×10^5J·mol^{-1}；$\Delta S_m^\ominus$(1000K)=2.74×10^2J·mol^{-1}·K^{-1}

19. (1) K_p=536.3kPa (2) 无影响 增大

20. (1) $p(O_2)$=1.89×10^{-8}Pa；(2) $p(O_2)$≥1.89×10^{-8}Pa

第 4 章 相平衡

概念题

1. C	2. A	3. C	4. A	5. C	6. D
7. A	8. D	9. B	10. A	11. D	12. B
13. C	14. B	15. C	16. B	17. C	

习题

1. 10.51kJ·mol^{-1}
2. −4.72℃，可以滑冰
3. (1) 48.20kPa
   (2) 16.96MPa
4. 1448.1Pa 49551J·mol^{-1}
5. 280.1K，5.3kPa，10.50kJ·mol^{-1}
6. −12.9℃
7. 1.22MPa
8. 2897 倍
9. (1) 略；(2) 约为 376.5K，0.42
10. (1) 略；(2) $y_{乙醇}$=0.64；(3) 不能
11. (1) m_1=59.1g，m_2=90.9g
    (2) 45.2g
12. 13875
13. (1) 95.2℃
    (2) 0.614
14. (1) 60g
    (2) 84g，36g
15. (1) 略；(2) m(Hg)=327.2g，$m(Tl_2Hg_5)$=172.8g
16. (1) 略；(2) −21.1℃；(3) 13.7g
17～21. 略
22. (1) (2) (3) 略；(4) m(l)=3.33kg，m(s) =1.67kg
23. 略
24. (1) (2) 略；(3) 化合物 C，0.7kg，接近 200℃
25～26. 略

第 5 章 电化学

概念题

1. A	2. C、D	3. D	4. C	5. D	6. C
7. A	8. D	9. B	10. B	11. A	12. C
13. C	14. A	15. B	16. D	17. B	18. C

习题

1. 0.29；0.71

2. 69.9×10^{-3} S·m^{-1}；27.96×10^{-3} S·m^2·mol^{-1}
3. 8.76×10^{-3} S·m^2·mol^{-1}
4. 76.26×10^{-4} S·m^2·mol^{-1}；38.77×10^{-4} S·m^2·mol^{-1}
5. $\Lambda_m(NaCl)=1.230\times10^{-2}$ S·m^2·mol^{-1}；$\kappa(NaCl)=0.0392$S·m^{-1}
   $\Lambda_m(Na^+)=4.846\times10^{-3}$ S·m^2·mol^{-1}；$\kappa(Na^+)=1.546\times10^{-2}$ S·m^{-1}
   $\Lambda_m(Cl^-)=7.45\times10^{-3}$ S·m^2·mol^{-1}；$\kappa(Cl^-)=2.377\times10^{-2}$ S·m^{-1}
6. 1.81×10^{-9}；1.00×10^{-14}
7. 1.02×10^{-4} S·m^{-1}
8. 2.71×10^{-11}
9. (1) 0.013mol·kg^{-1}；(2) 0.586，0.586；(3) 0.586
10. (1) 1.8380V，-354.7kJ·mol^{-1}；3.48×10^{59}
    (2) 0.4398V，-84.89kJ·mol^{-1}；1.48×10^{12}
11. (1) 0.026V；(2) -5.017kJ·mol^{-1}；(3) 74.89kJ·mol^{-1}
12. (1) $Pb(s)+2Ag^+ \longrightarrow Pb^{2+}+2Ag(s)$
    (2) 0.9259V，-178.7kJ·mol^{-1}；2.108×10^{31}
    (3) 5.939×10^{-4} V·K^{-1}
13. $\Delta_r G_m=-195.9$kJ·mol^{-1}；$\Delta_r S_m=-94.94$J·K^{-1}·mol^{-1}；$\Delta_r H_m=-224.2$kJ·mol^{-1}；$Q_R=-28.3$kJ
14. 0.04555V
15. 0.04611V；3.436×10^{-4} V·K^{-1}
16. $S_m^\ominus=286.0$J·K^{-1}·mol^{-1}　$\Delta_f H_m^\ominus=-110.56$kJ·mol^{-1}　$\Delta_f G_m^\ominus=-148.50$kJ·mol^{-1}
17. (1) 0.0715V；(2) -95.91kJ·mol^{-1}
18. (1) $Pt|Fe^{2+}(a_2)$，$Fe^{3+}(a_3)\Vert Ag^+(a_1)|Ag(s)$，2.99；
    (2) 0.036mol·kg^{-1}
19. 2.08×10^{33}；0.520
20. (1) 略；(2) 1.806
21. 0.0534V
22. (1) -0.094V；(2) pH=5.06
23. pH=8.40
24. Zn，Cl_2
25. pH=1.76
26. (1) 首先析出 Cd；(2) 6.7×10^{-14} mol·kg^{-1}；(3) 不会发生 H_2 的析出反应
27. $\eta(O_2)<0.50$V

第6章　统计热力学初步

概念题

1. C　2. C　3. B　4. D　5. A　6. A
7. A，B　8. D　9. A　10. C

习题

1. 15
2. 1.05，0.63
3. (1) 10；(2) 66
4. 24
5. (1) 2.2×10^{-70}；(2) 2.2×10^4 K
6. 对 HCl 分子比值为 5.37×10^{-7}，对 I_2 分子比值为 0.352
7. 2.88J·K^{-1}
8. 2.965×10^{31}
9. 197.6J·K^{-1}·mol^{-1}

10. 3123K，5.33×10^{-3}

11. $202.8J\cdot K^{-1}\cdot mol^{-1}$，$31.23J\cdot K^{-1}\cdot mol^{-1}$

第7章　界面现象

习题

1. (1) $n=3.527\times10^{14}$；(2) $S=1.9m^2$
2. $\Delta p=9520Pa$
3. $p=93.56kPa$
4. (1) 能铺展；(2) 能铺展
5. $\theta=151°$，不能润湿
6. $23.3mN\cdot m^{-1}$
7. $p=288kPa$　$h=29.4m$
8. $p=4490Pa$
9. $p=99.91kPa$，气泡出不来
10. (1) $r=7.8\times10^{-10}m$；(2) 66个
11. (1) $b=0.5459kPa^{-1}$；(2) $V^a=73.58dm^3\cdot kg^{-1}$
12. $b=0.0537kPa^{-1}$；$V_m^a=36.0dm^{-3}\cdot kg^{-1}$
13. $1.07\times10^4m^2\cdot kg^{-1}$
14. $k=12.46dm^3\cdot kg^{-1}\cdot(kPa)^{-0.602}$，$n=0.602$
15. (1) $V_m=10.5cm^3$；(2) $2609m^2\cdot kg^{-1}$
16. $Q=11.37kJ$
17. (1) $\Gamma=b\gamma_0c/[2.303RT/(c+A)]$
    (2) $3.1\times10^{-19}m^2$
18. 略
19. $64.56\times10^{-3}N\cdot m^{-1}$

第8章　化学动力学

概念题

1. C	2. B	3. D	4. C	5. B	6. C
7. D	8. A	9. D	10. A	11. B	12. B
13. D	14. C				

习题

1. (1) $1.7\times10^{-4}s^{-1}$；(2) 9.47×10^3s
2. 18.9h
3. $3.49\times10^{-3}min^{-1}$；199min；859min
4. 888.5
5. 5216万年
6. (1) 一级；(2) $0.096h^{-1}$，7.22h；(3) 6.72h
7. $6.788\times10^{-5}s^{-1}$，10211s
8. 6min
9. $0.0333mol\cdot dm^{-3}\cdot min^{-1}$
10. 2，$7.31\times10^{-7}Pa^{-1}\cdot min^{-1}$
11. 1.5，−1，0；$2.5\times10^{-4}(mol\cdot dm^{-3})^{1/2}\cdot s^{-1}$
12. 6.67min

13. （1）$6.39(\mathrm{mol \cdot dm^{-3}})^{-1} \cdot \mathrm{min}^{-1}$，$12.22(\mathrm{mol \cdot dm^{-3}})^{-1} \cdot \mathrm{min}^{-1}$；（2）0.24；（3）22min

14. $98.4\mathrm{kJ \cdot mol^{-1}}$

15. 15min

16. $60.56\mathrm{kJ \cdot mol^{-1}}$；23.64min

17. （1）$6.36 \times 10^{8}\mathrm{mol^{-1} \cdot dm^{3} \cdot s^{-1}}$，$107.1\mathrm{kJ \cdot mol^{-1}}$；（2）45.7s

18. （1）0 级；（2）$28.24\mathrm{kJ \cdot mol^{-1}}$；（3）5.2；（4）12.23%

19. $1.65 \times 10^{-2}\mathrm{mol^{-1} \cdot dm^{3} \cdot s^{-1}}$；$2.75 \times 10^{-2}\mathrm{mol^{-1} \cdot dm^{3} \cdot s^{-1}}$

20. （1）$76.59\mathrm{kJ \cdot mol^{-1}}$；（2）$0.2\mathrm{mol \cdot dm^{-3}}$，$0.35\mathrm{mol \cdot dm^{-3}}$；（3）$0.05\mathrm{mol \cdot dm^{-3}}$，$0.5\mathrm{mol \cdot dm^{-3}}$

21. （1）$4.2 \times 10^{7}\mathrm{Pa}$；（2）$E_{\mathrm{a,正}} = E_{\mathrm{a,逆}} = 44.36\mathrm{kJ \cdot mol^{-1}}$；（3）0；（4）3.3s

22～25. 略

26. $10^{7}\mathrm{s^{-1}}$

27. （1）略；（2）$\dfrac{\mathrm{d}c_{\mathrm{HI}}}{\mathrm{d}t} = \dfrac{k_1 k_2}{k_3} c_{\mathrm{I_2}} c_{\mathrm{H_2}}$；$171.5\mathrm{kJ \cdot mol^{-1}}$

28. $3.4 \times 10^{32}\mathrm{dm^{3} \cdot s^{-1}}$

29. 2.88×10^{5}；$8.61 \times 10^{5}\mathrm{mol^{-1} \cdot dm^{3} \cdot s^{-1}}$

30. （1）$2.831 \times 10^{34}\mathrm{m^{-3} \cdot s^{-1}}$；（2）$0.1533\mathrm{dm^{3} \cdot mol^{-1} \cdot s^{-1}}$

31. 8.02mol

32. 1.36×10^{3}

33. $2.52 \times 10^{5}\mathrm{kJ \cdot mol^{-1}}$，$-133\mathrm{J \cdot K^{-1} \cdot mol^{-1}}$，$8.34 \times 10^{-4}\mathrm{mol^{-1} \cdot dm^{3} \cdot s^{-1}}$

34. 略

35. 0.316

第 9 章　胶体化学

习题

1. $\Delta t = 7.34 \times 10^{4}\mathrm{s}$

2. （1）$D = 1.04 \times 10^{-10}\mathrm{m^{2} \cdot s^{-1}}$；（2）$\overline{x} = 1.44 \times 10^{-5}\mathrm{m}$

3. $L = 6.25 \times 10^{23}\mathrm{mol^{-1}}$

4. $v = 1.778 \times 10^{-5}\mathrm{m \cdot s^{-1}}$

5. $0.78 \times 10^{-3}\mathrm{mol \cdot dm^{-3}}$

6. （1）$\{\mathrm{Au}_m \cdot n\mathrm{AuO_2^-} \cdot (n-x)\mathrm{Na^+}\}^{x-} \cdot x\mathrm{Na^+}$；（2）a. 1.24×10^{13}；b. $0.0157\mathrm{m^{2}}$；c. 3.21×10^{5}

7～8. 略

9. $0.08\mathrm{dm^{3}}$；$\mathrm{K_3Fe(CN)_6}$

10. （1）NaCl，$c = 0.512\mathrm{mol \cdot dm^{-3}}$；（2）$\mathrm{Na_2SO_4}$，$c = 4.31 \times 10^{-3}\mathrm{mol \cdot dm^{-3}}$ $\mathrm{Na_3PO_4}$，$c = 9.0 \times 10^{-4}\mathrm{mol \cdot dm^{-3}}$；
（3）$\mathrm{NaCl} : \mathrm{Na_3SO_4} : \mathrm{Na_3PO_4} = 1 : 119 : 569$；胶粒带正电

11. 272.5kPa

附　录

附录 I　国际单位制 (SI)

附录 I-1　SI 基本单位①

量		单位	
名　称	符　号	名　称	符　号
长度	l	米	m
质量	m	千克(公斤)	kg
时间	t	秒	s
电流	I	安[培]	A
热力学温度	T	开[尔文]	K
物质的量	n	摩[尔]	mol
发光强度	I_v	坎[德拉]	cd

① 按《中华人民共和国法定计量单位》规定：[ ] 内的字，是在不致引起混淆的情况下，可以省略掉字；( ) 内的字为前者的同义词，下同。

附录 I-2　常用的 SI 导出单位

量		单位		
名　称	符号	名　称	符号	定义式
频率		赫[兹]	Hz	s^{-1}
能量	E	焦[耳]	J	$kg·m^2·s^{-2}$
力	F	牛 [顿]	N	$kg·m·s^{-2} = J·m^{-1}$
压力	p	帕 [斯卡]	Pa	$kg·m^{-1}·s^{-2} = N·m^{-2}$
功率	P	瓦 [特]	W	$kg·m^2·s^{-3} = J·s^{-1}$
电荷量	Q	库 [仑]	C	$A·s$
电位、电压、电动势	E	伏 [特]	V	$kg·m^2·s^{-3}·A^{-1} = J·A^{-1}·s^{-1}$
电阻	R	欧 [姆]	Ω	$kg·m^2·s^{-3}·A^{-2} = V·A^{-1}$
电导	G	西 [门子]	S	$kg^{-1}·m^{-2}·s^3·A^2 = \Omega^{-1}$
电容	C	法 [拉]	F	$A^2·s^4·kg^{-1}·m^{-2} = A·s·V^{-1}$
电感	L	亨 [利]	H	$kg·m^2·s^{-2}·A^{-2} = V·A^{-1}·s$

附录 I-3　用于构成十进倍数和分数单位的词头

因数	词头名称		词头符号
	英文	中文	
10^{24}	yotta	尧[它]	Y
10^{21}	zetta	泽[它]	Z
10^{18}	exa	艾[可萨]	E
10^{15}	peta	拍[它]	P
10^{12}	tera	太[拉]	T

续表

因数	词头名称		词头符号
	英文	中文	
10^{9}	giga	吉[咖]	G
10^{6}	mega	兆	M
10^{3}	kilo	千	k
10^{2}	hecto	百	h
10	deca	十	da
10^{-1}	deci	分	d
10^{-2}	centi	厘	c
10^{-3}	milli	毫	m
10^{-6}	micro	微	μ
10^{-9}	nano	纳[诺]	n
10^{-12}	pico	皮[克]	p
10^{-15}	femto	飞[母托]	f
10^{-18}	atto	阿[托]	a
10^{-21}	zepto	仄[普托]	z
10^{-24}	yocto	幺[科托]	y

附录Ⅱ　希腊字母表

名　称	正体		斜 体	
	大写	小写	大写	小写
alpha	A	α	A	α
bata	B	β	B	β
gamma	Γ	γ	Γ	γ
delta	Δ	δ	Δ	δ
epsilong	E	ε	E	ε
zeta	Z	ζ	Z	ζ
eta	H	η	H	η
theta	Θ	θ	Θ	θ
iota	I	ι	I	ι
kappa	K	κ	K	κ
lambda	Λ	λ	Λ	λ
mu	M	μ	M	μ
nu	N	ν	N	ν
xi	Ξ	ξ	Ξ	ξ
omicron	O	o	O	o
pi	Π	π	Π	π
rho	P	ρ	P	ρ
sigma	Σ	σ	Σ	σ
tau	T	τ	T	τ
upsilon	Y	υ	Y	υ
phi	Φ	φ	Φ	φ
chi	X	χ	X	χ
psi	Ψ	ψ	Ψ	ψ
omega	Ω	ω	Ω	ω

附录Ⅲ 一些物理和化学的基本常数

量	符号	数值	单位
光速	c	299792458	$m \cdot s^{-1}$
普朗克常数	h	$6.62606896(33) \times 10^{-34}$	$J \cdot s$
基本电荷	e	$1.602176487(40) \times 10^{-19}$	C
电子质量	m_e	$9.10938215(45) \times 10^{-31}$	kg
质子质量	m_p	$1.672621637(83) \times 10^{-27}$	kg
阿伏伽德罗常数	L, N_A	$6.02214179(30) \times 10^{23}$	mol^{-1}
摩尔气体常数	R	8.314472(15)	$J \cdot mol^{-1} \cdot K^{-1}$
法拉第常数	F	96485.3399(24)	$C \cdot mol^{-1}$
玻尔兹曼常数	k, k_B	$1.3806504(24) \times 10^{-23}$	$J \cdot K^{-1}$

附录Ⅳ 常用的换算因子

附录Ⅳ-1 能量换算因子

单位	J	cal	erg	$cm^3 \cdot atm$	eV
J	1	0.2390	10^7	9.869	6.242×10^{18}
cal	4.184	1	4.184×10^7	41.29	2.612×10^{19}
erg	10^{-7}	2.390×10^{-3}	1	9.869×10^{-7}	6.242×10^{11}
$cm^3 \cdot atm$	0.1013	2.422×10^{-2}	1.013×10^5	1	6.325×10^{17}
eV	1.602×10^{19}	3.829×10^{-20}	1.602×10^{-12}	1.58×10^{-18}	1

附录Ⅳ-2 压力换算因子

单位	Pa	atm	mmHg(torr)	Bar(巴)	$dyn \cdot cm^{-2}$ (达因·厘米$^{-2}$)	$bf \cdot in^{-2}$ (磅力·英寸$^{-2}$)
Pa	1	9.869×10^{-5}	7.501×10^{-3}	10^{-5}	10	1.450×10^{-4}
atm	1.013×10^{-5}	1	760.0	1.013	1.013×10^6	14.70
mmHg(torr)	133.3	1.316×10^{-3}	1	1.333×10^{-3}	1333	1.924×10^{-2}
Bar	10^5	0.9869	750.1	1	10^6	14.50
$dyn \cdot cm^{-2}$	10^{-1}	9.869×10^{-7}	7.501×10^{-4}	10^{-6}	1	1.450×10^{-5}
$bf \cdot in^{-2}$	6895	6.805×10^{-2}	51.71	6.895×10^{-2}	6.895×10^4	1

附录Ⅴ 某些气体的范德华常数

气	体	$10^3 a/Pa \cdot m^6 \cdot mol^{-2}$	$10^3 b/m^3 \cdot mol^{-1}$
Ar	氩	135.5	32.0
H_2	氢	24.52	26.5
N_2	氮	137.0	38.7
O_2	氧	138.2	31.9
Cl_2	氯	634.3	54.2

续表

气体		$10^3 a$/Pa·m^6·mol^{-2}	$10^3 b$/m^3·mol^{-1}
H_2O	水	553.7	30.5
NH_3	氨	422.5	37.1
HCl	氯化氢	370.0	40.6
H_2S	硫化氢	454.4	43.4
CO	一氧化碳	147.2	39.5
CO_2	二氧化碳	365.8	42.9
SO_2	二氧化硫	686.5	56.8
CH_4	甲烷	230.3	43.1
C_2H_6	乙烷	558.0	65.1
C_3H_8	丙烷	939	90.5
C_2H_4	乙烯	461.2	58.2
C_3H_6	丙烯	842.2	82.4
C_2H_2	乙炔	451.6	52.2
$CHCl_3$	氯仿	1534	101.9
CCl_4	四氯化碳	2001	128.1
CH_3OH	甲醇	947.6	65.9
C_2H_5OH	乙醇	1256	87.1
$(C_2H_5)_2O$	乙醚	1746	133.3
$(CH_3)_2CO$	丙酮	1602	112.4
C_6H_6	苯	1882	119.3

附录Ⅵ 热力学数据表

附录Ⅵ-1 在100kPa、298.15K时，一些单质和无机化合物的标准摩尔生成焓、标准摩尔生成吉布斯函数、标准摩尔熵及摩尔定压热容

单质或化合物	$\Delta_f H_m^\ominus$ /kJ·mol^{-1}	$\Delta_f G_m^\ominus$ /kJ·mol^{-1}	$S_m^\ominus$ /J·mol^{-1}·K^{-1}	$C_{p,m}$ /J·mol^{-1}·K^{-1}
Ag(s)	0	0	42.55	25.351
AgCl(s)	−127.068	−109.789	96.2	50.79
Ag_2O(s)	−31.05	−11.20	121.3	65.86
Al(s)	0	0	28.33	24.35
Al_2O_3(α,刚玉)	−1657.7	−1582.3	50.92	79.04
Br_2(l)	0	0	152.231	75.689
Br_2(g)	30.907	3.110	245.463	36.02
HBr(g)	−36.40	−53.45	198.695	29.142
Ca(s)	0	0	41.42	25.31
CaC_2(s)	−59.8	−64.9	69.96	62.72
$CaCO_3$(方解石)	−1206.92	−1128.79	92.9	81.88
CaO(s)	−635.09	−604.03	39.75	42.80
$Ca(OH)_2$(s)	−986.09	−898.49	83.39	87.49
C(石墨)	0	0	5.740	8.527
C(金刚石)	1.895	2.900	2.377	6.113
CO(g)	−110.525	−137.168	197.674	29.142

续表

单质或化合物	$\Delta_f H_m^\ominus$ /kJ·mol^{-1}	$\Delta_f G_m^\ominus$ /kJ·mol^{-1}	$S_m^\ominus$ /J·mol^{-1}·K^{-1}	$C_{p,m}$ /J·mol^{-1}·K^{-1}
CO_2(g)	−393.509	−394.359	213.74	37.11
CS_2(l)	89.70	65.27	151.34	75.7
CS_2(g)	117.36	67.12	237.84	45.40
CCl_4(l)	−135.44	−65.21	216.40	131.75
CCl_4(g)	−102.9	−60.59	309.85	83.30
HCN(l)	108.87	124.97	112.84	70.63
HCN(g)	135.1	124.7	201.78	35.86
Cl_2(g)	0	0	223.066	33.907
HCl(g)	−92.307	−95.299	186.908	29.12
Cu(s)	0	0	33.150	24.435
CuO(s)	−157.3	−129.7	42.63	42.30
Cu_2O(s)	−168.6	−146.0	93.14	63.64
F_2(g)	0	0	202.78	31.30
HF(g)	−271.1	−273.2	173.779	29.133
Fe(s)	0	0	27.28	25.10
$FeCl_2$(s)	−241.79	−302.30	117.95	76.65
$FeCl_3$(s)	−399.49	−334.00	−142.3	96.65
Fe_2O_3(赤铁矿)	−824.2	−742.2	87.40	103.85
Fe_2O_3(磁铁矿)	−1118.4	−1015.4	146.4	143.43
$FeSO_4$(s)	−928.4	−820.8	107.5	100.58
H_2(g)	0	0	130.684	28.824
H_2O(l)	−285.830	−237.129	69.91	75.291
H_2O(g)	−241.818	−228.572	188.825	33.577
Hg(l)	0	0	76.02	27.983
HgO(s)	−90.83	−58.54	70.29	44.06
Hg_2Cl_2(s)	−265.22	−210.75	192.5	102.0
Hg_2SO_4(s)	−743.12	−625.815	200.66	131.96
I_2(s)	0	0	116.135	54.438
I_2(g)	62.438	19.327	260.69	36.90
HI(g)	26.48	1.70	206.594	29.158
Mg(s)	0	0	32.68	24.89
$MgCl_2$(s)	−641.32	−591.79	89.62	71.38
MgO(s)	−601.70	−569.43	26.94	37.15
$Mg(OH)_2$(s)	−924.54	−833.51	63.18	77.03
Na(s)	0	0	51.21	28.24
Na_2CO_3(s)	−1130.68	−1044.44	134.98	112.30
$NaHCO_3$(s)	−950.81	−851.0	101.7	87.61
NaCl(s)	−411.153	−384.138	72.13	50.50
$NaNO_3$(s)	−467.85	−367.00	116.52	92.88
NaOH(s)	−425.609	−379.494	−64.455	59.54
Na_2SO_4(s)	−1387.08	−1270.16	149.58	128.20
N_2(g)	0	0	191.61	29.125
NH_3(g)	−46.11	−16.45	192.45	35.06
NO(g)	90.25	86.55	210.761	29.844

单质或化合物	$\Delta_f H_m^\ominus$ /kJ·mol^{-1}	$\Delta_f G_m^\ominus$ /kJ·mol^{-1}	$S_m^\ominus$ /J·mol^{-1}·K^{-1}	$C_{p,m}$ /J·mol^{-1}·K^{-1}
NO_2(g)	33.18	51.31	240.06	37.20
N_2O(g)	85.05	104.20	219.85	38.45
N_2O_3(g)	83.72	139.46	312.28	65.61
N_2O_4(g)	9.16	97.89	304.29	77.28
N_2O_5(g)	11.3	115.1	355.7	84.5
HNO_3(l)	−174.10	−80.71	155.60	109.87
HNO_3(g)	−135.06	−74.72	266.38	53.35
NH_4NO_3(s)	−365.56	−183.87	151.08	139.3
O_2(g)	0	0	205.138	29.355
O_3(g)	142.7	163.2	238.93	39.20
P(α-白磷)	0	0	41.09	23.840
P(红磷,三斜晶系)	−17.6	−12.1	22.80	21.21
P_4(g)	58.91	24.44	279.98	67.15
PCl_3(g)	−287.0	−267.8	311.78	71.84
PCl_5(g)	−374.9	−305.0	364.58	112.80
H_3PO_4(s)	−1279.0	−1119.1	110.50	106.06
S(正交晶系)	0	0	31.80	22.64
S(g)	278.805	238.250	167.821	156.44
S_8(g)	102.30	49.63	430.98	156.44
H_2S(g)	−20.63	−33.56	205.79	34.23
SO_2(g)	−296.830	−300.194	248.22	39.87
SO_3(g)	−395.72	−371.06	256.76	50.67
H_2SO_4(l)	−813.989	−690.003	156.904	138.91
Si(s)	0	0	18.83	20.00
$SiCl_4$(l)	−687.0	−619.84	239.7	145.30
$SiCl_4$(g)	−657.01	−616.98	330.73	90.25
SiH_4(g)	34.3	56.9	204.62	42.83
SiO_2(α石英)	−910.94	−856.64	41.84	44.43
SiO_2(s,无定形)	−903.49	−850.70	46.9	44.4
Zn(s)	0	0	41.63	25.40
$ZnCO_3$(s)	−812.78	−731.52	82.4	79.71
$ZnCl_2$(s)	−415.05	−369.398	111.46	71.34
ZnO(s)	−348.28	−318.30	43.64	40.25

附录Ⅵ-2 在100kPa、298.15K时，一些有机化合物的标准摩尔生成焓、标准摩尔生成吉布斯函数、标准摩尔熵、摩尔定压热容及标准摩尔燃烧焓

有机化合物	$\Delta_f H_m^\ominus$ /kJ·mol^{-1}	$\Delta_f G_m^\ominus$ /kJ·mol^{-1}	$S_m^\ominus$ /J·mol^{-1}·K^{-1}	$C_{p,m}$ /J·mol^{-1}·K^{-1}	$\Delta_c H_m^\ominus$ /kJ·mol^{-1}
烃类					
CH_4(g)	−74.81	−50.72	186.26	35.31	−890
C_2H_2(g)	226.73	209.20	200.94	43.93	−1300
C_2H_4(g)	52.26	68.15	219.56	43.56	−1411
C_2H_6(g)	−84.68	−32.82	229.60	52.63	−1560

续表

有机化合物	$\Delta_f H_m^\ominus$ /kJ·mol^{-1}	$\Delta_f G_m^\ominus$ /kJ·mol^{-1}	$S_m^\ominus$ /J·mol^{-1}·K^{-1}	$C_{p,m}$ /J·mol^{-1}·K^{-1}	$\Delta_c H_m^\ominus$ /kJ·mol^{-1}
C_3H_8(g)	−103.85	−23.49	269.91	73.5	−22200
C_4H_{10}(g)	−126.15	−17.03	310.23	97.45	−2878
C_6H_6(l)	49.0	124.3	173.3	136.1	−3268
C_6H_6(g)	82.93	129.72	269.31	81.67	−3302
醇,酚					
CH_3OH(l)	−238.66	−166.27	126.8	81.6	−726
CH_3OH(g)	−200.66	−161.96	239.81	43.89	−764
C_2H_5OH(l)	−277.69	−174.78	160.7	111.46	−1368
C_2H_5OH(g)	−235.10	−168.49	282.70	65.44	−1409
C_6H_5OH(s)	−165.0	−50.9	146		−3054
酸、酯					
HCOOH(l)	−424.72	−361.35	128.95	99.04	−255
CH_3COOH(l)	−484.5	−389.9	159.8	124.3	−875
CH_3COOH(g)	−432.25	−374.0	282.5	66.5	
C_6H_5COOH(s)	−385.1	−245.3	167.6	146.8	−3227
$CH_3COOC_2H_5$(s)	−479.0	−332.7	259.4	170.1	−2231
醛、酮					
HCHO(g)	−108.57	−102.53	218.77	35.40	−571
CH_3CHO(l)	−192.30	−128.12	160.2		−1166
CH_3CHO(g)	−166.19	−128.86	250.3	57.3	−1199
CH_3COCH_3(l)	−248.1	−155.4	200.4	124.7	−1790
糖					
$C_6H_{12}O_6$(s,α)	−1274				−2802
$C_6H_{12}O_6$(s,β)	−1268	−910	212		−2808
$C_{12}H_{22}O_{11}$(s)	−2222	−1543	360.2		−5645
含氮化合物					
$CO(NH_2)_2$(s)	−333.51	−197.33	104.60	93.14	−632
CH_3NH_2(g)	−22.97	32.16	243.41	53.1	−1085
$C_6H_5NH_2$(l)	−31.1				−3393
$CH_2(NH_2)COOH$(s)	−532.9	−373.4	103.5	99.2	−969

附录Ⅵ-3　某些气体的摩尔等压热容与温度的关系

$$C_{p,m}=a+bT+cT^2$$

物　质	a /J·K^{-1}·mol^{-1}	10^3b /J·K^{-2}·mol^{-1}	10^6c /J·K^{-3}·mol^{-1}	温度范围 /K
H_2　氢	26.88	4.347	−0.3265	273～3800
Cl_2　氯	31.696	10.144	−4.038	300～1500
Br_2　溴	35.241	4.075	−1.487	300～1500
O_2　氧	28.17	6.297	−0.7494	273～3800
N_2　氮	27.32	6.226	−0.9502	273～3800
HCl　氯化氢	28.17	1.810	1.547	300～1500
H_2O　水	29.16	14.49	−2.022	273～3800
CO　一氧化碳	26.537	7.6831	−1.172	300～1500

续表

物　　质	a /$J·K^{-1}·mol^{-1}$	10^3b /$J·K^{-2}·mol^{-1}$	10^6c /$J·K^{-3}·mol^{-1}$	温度范围 /K
CO_2　二氧化碳	26.75	42.258	−14.25	300～1500
CH_4　甲烷	14.15	75.496	−17.99	298～1500
C_2H_6　乙烷	9.401	159.83	−46.229	298～1500
C_2H_4　乙烯	11.84	119.67	−36.51	298～1500
C_3H_6　丙烯	9.427	188.77	−57.488	298～1500
C_2H_2　乙炔	30.67	52.810	−16.27	298～1500
C_3H_4　丙炔	26.50	120.66	−39.57	298～1500
C_6H_6　苯	−1.71	324.77	−110.58	298～1500
$C_6H_5CH_3$　甲苯	2.41	391.17	−130.65	298～1500
CH_3OH　甲醇	18.40	101.56	−28.68	273～1000
C_2H_5OH　乙醇	29.25	166.28	−48.898	298～1500
$(C_2H_5)_2O$　二乙醚	−103.9	1417	−248	300～400
$HCHO$　甲醛	18.82	58.379	−15.61	291～1500
CH_3CHO　乙醛	31.05	121.46	−36.58	298～1500
$(CH_3)_2CO$　丙酮	22.47	205.97	−63.521	298～1500
$HCOOH$　甲酸	30.7	89.20	−34.54	300～700
$CHCl_3$　氯仿	29.15	148.94	−90.734	273～773

参考文献

[1] 天津大学物理化学教研室. 物理化学. 7版. 北京：高等教育出版社，2024.
[2] 印永嘉，奚正楷，张树永，等. 物理化学简明教程. 5版. 北京：高等教育出版社，2023.
[3] 傅献彩，侯文华，物理化学. 6版. 北京：高等教育出版社，2022.
[4] 韩德刚，高执棣，高盘良. 物理化学. 2版. 北京：高等教育出版社，2011.
[5] 周鲁. 物理化学教程. 4版. 北京：科学出版社，2017.
[6] 刘建兰，韩明娟，裴文博，吴雅静. 物理化学. 2版. 北京：化学工业出版社，2021.
[7] 王明德. 物理化学. 2版. 北京：化学工业出版社，2015.
[8] 张玉军. 物理化学. 2版. 北京：化学工业出版社，2014.
[9] 朱文涛，王军民，陈琳. 简明物理化学. 北京：清华大学出版社，2008.
[10] 朱志昂，阮文娟，郭东升. 近代物理化学. 7版. 北京：科学出版社，2023.
[11] 刘国杰，黑恩成. 物理化学导读. 北京：科学出版社，2008.
[12] 戴志松，饶定轲，白锦会，朱传方. 化学基石史略. 北京：科学出版社，1992.
[13] 范崇正，杭瑚，蒋淮渭. 物理化学概念辨析解题方法. 合肥：中国科学技术出版社，2004.
[14] 张丽丹. 物理化学例题与习题. 3版. 北京：化学工业出版社，2022.
[15] 王新葵，王旭珍，王新平. 基础物理化学学习指导. 2版. 北京：高等教育出版社，2020.
[16] Peter Atkins，Julio de Paula，James Keeler. Atkins' Physical Chemistry. 12th ed. Oxford University Press，2023.